DER EISENBETON IM HOCH-
UND TIEFBAU

In sechs Sprachen:

Deutsch, Englisch, Französisch, Russisch, Italienisch, Spanisch

Unter redaktioneller Mitwirkung von
Ingenieur **Heinrich Becher**

———

Mit 805 Abbildungen und Formeln

MÜNCHEN und BERLIN
DRUCK UND VERLAG VON R. OLDENBOURG

Ausführliche Angaben über die bereits erschienenen und in Vorbereitung befindlichen Bände der „Illustrierten Technischen Wörterbücher“ am Schlusse dieses Bandes.

Vorwort.

Der Eisenbeton in Verwendung bei Hoch- und Tiefbauten hat eine ganz außergewöhnliche Bedeutung erlangt. Er hat die Bau- und Berechnungsmethoden beeinflußt und zum Teil umgewälzt. Es werden heute kaum noch Bauten größeren Umfanges ausgeführt, ohne daß der Eisenbeton dabei Verwendung findet. So kann man mit Fug und Recht behaupten, daß die eingehende Kenntnis des Eisenbetonbaues sowohl für den Architekten wie für den eigentlichen Bauingenieur unerläßliche Vorbedingung ist.

Nachdem die bisher erschienenen Bände der Illustrierten Technischen Wörterbücher fast ausschließlich dem Maschinenbau gewidmet waren, soll jetzt der vorliegende VIII. Band ›Der Eisenbeton im Hoch- und Tiefbau‹ den Ausgangspunkt für die später erscheinenden dem Hoch- und Tiefbau gewidmeten Spezialbände bilden. Dieser Band wird also dem Hoch- und Tiefbau-Ingenieur die conditio sine qua non für das Studium der fremdsprachigen Eisenbetonliteratur bilden; nicht minder wird ihm diese Arbeit als Sprachführer bei Studienreisen in das Ausland an die Hand gehen.

Die in diesen Band aufgenommene Terminologie darf nach der Prüfung, die sie von hervorragenden Fachleuten gefunden hat, wohl als die allgemein gültige und überall verständliche aufgefaßt werden. Bei der Festlegung der Terminologie waren eine ganze Reihe
VIII

von Schwierigkeiten zu überwinden, die besonders
darin zu erblicken sind, daß die Technik des Eisenbetonbaues noch verhältnismäßig jung ist und die diese
Technik behandelnden Lehrbücher und Abhandlungen
in der technischen Bezeichnungsweise und Nomen-
klatur fast in allen Sprachen variieren.

Die der Bearbeitung zugrunde gelegte Systematik
wurde in der für die Bearbeitung eines Wörterbuches
zweckmäßigsten Weise aufgestellt. Nach Aufzählung
der mechanischen Grundbegriffe folgt die Betonbereitung; dieser schließt sich die Verarbeitung des Eisen-
betons auf den Bauten, je nach dem Zwecke der
Verwendung, an, wobei Wert darauf gelegt wurde, die
allgemeinen Baukonstruktionselemente bei den ver-
schiedenen Verwendungszwecken mit einzuschalten.

Selbstverständlich konnten im Rahmen dieser Ab-
handlung nicht die gesamte Statik und deren Rechnungs-
methoden behandelt werden, da dies über den Rahmen
dessen hinausgegangen wäre, was in diesem Bande
geboten werden soll. Die Grundbegriffe der Mechanik
sind in Band I »Die Maschinenelemente« behandelt,
auf den hiermit verwiesen sein soll. Im übrigen wird
bei den folgenden Bänden, die das Hoch- und Tiefbau-
wesen behandeln, die Statik an der ihr zukommenden
Stelle den ihr gebührenden Raum einnehmen.

Die vorliegende Arbeit hat eine große Zahl von
Mitarbeitern erforderlich gemacht, denen ich an dieser
Stelle meinen herzlichsten Dank für die Unterstützung
ausspreche, die sie mir zur Erreichung meines Zieles
angedeihen ließen. In erster Linie gebührt dieser
Dank Herrn Ingenieur Heinrich B e c h e r , Mitinhaber
der Firma M. C z a r n i k o w & Co., Berlin, der die
Zusammenstellung der Worte und die Auswahl der
Skizzen besorgt hat. Sodann gilt mein Dank den auf
der Redaktion ständig tätigen Herren, Dipl.-Ing August
B o s h a r t, Pietro C o n t i n, Douglas J. C r u i c k s h a n k,
Wenzeslaw D o b r o t w o r s k y, Victor R u e l e n s und
Alexander T r e t t l e r.

In der fremdsprachlichen Bearbeitung bot dieser Band ganz besondere Schwierigkeiten, da die zwischen den Ingenieuren des Hoch- und Tiefbaues bestehenden internationalen Beziehungen nicht in dem Maße ausgeprägt sind, wie es bei den Ingenieuren z. B. des Maschinenbaues und der Elektrotechnik der Fall ist. Um möglichst einwandfreie Arbeit zu liefern, mußte deswegen die Übertragung der Ausdrücke auf Reisen im Auslande unter Beihilfe von Spezialisten vorgenommen werden, wofür die Verlagsbuchhandlung R. Oldenbourg bereitwilligst die Mittel zur Verfügung stellte.

Ich hoffe mit der Herausgabe des Bandes ›Der Eisenbeton im Hoch- und Tiefbau‹ der Bautechnik gedient zu haben. Möge dieser Band mir aus den Kreisen der Hoch- und Tiefbau-Ingenieure für die weiteren in Bearbeitung befindlichen Bände, die der Bautechnik gewidmet sein sollen, in reichem Maße Freunde und Förderer zuführen.

München, Januar 1910.

Der Herausgeber:
Alfred Schlomann, Ingenieur.

Verzeichnis der Mitarbeiter.

Ingenieur R. Adam, K. K. niederösterreichische Statthalterei, Wien I.
Professor Ingenieur Mario Baroni, Mailand, Fatebenefratelli 21.
Ingenieur É. Charlier-Desmet; Brüssel, Rue des Boers 82.
Ingenieur Enrique Cisneros, Orellana 9, Madrid.
Ingenieur Bodo v. Egestorff, St. Petersburg.
Dr.-Ing. F. v. Emperger, K. K. Baurat in Wien.
Monsieur le lieutnant colonel Espitalier, rue de St.-Pétersburg 22, Paris.
Monsieur Hennebique, Béton armé, 1 rue Danton, Paris.
Ingenieur Henry Hirschsohn, St. Petersburg.
Emer. Pastor Hölscher, Karlsruhe
W. F. Jacobi, Moskau, Unternehmungen für Eisenbetonbauten.
Ingenieur Paul Loleit, Moskau.
A. V. Magny, 5 Vincent Square, Westminster, London.
Ingenieur O Michalowsky, Moskau
Dr. Ing. E. Probst, Technisches Bureau, Redakteur der Zeitschrift »Armierter Beton«, Berlin W. 50.
Dr. Alfred B. Searle, Consulting Technologist & Analytical Chemist, 14 Claremont, Sheffield.
Ingenieur Benvenuto Tavolato, Berlin.
A. M. Tjichomiroff, Dozent am Technologischen Institut, St. Petersburg.
»Adler«, Deutsche Portlandzement-Fabrik, A.-G., Berlin.
Alfons Custodis, A.-G., Moskau. Unternehmungen für Eisenbetonbauten.
Wayß & Freytag, A.-G., Unternehmung für Beton- und Eisenbetonbauten, Neustadt a. d. H.

Inhaltsübersicht.

I. Allgemeines 1

II. Mechanische Grundbegriffe 40

III. Betonbereitung 51

IV. Eisenbearbeitung 69

V. Schalung 78

VI. Gründung, Fundierung 89

VII. Mauerwerk 125

VIII. Zwischendecken 141

IX. Säulen 157

X. Treppen 161

XI. Dächer 167

XII. Wasserbau 175

XIII. Straßenbau 203

XIV. Flüssigkeitsbehälter 213

XV. Brücken 227

XVI. Kunststeine 239

XVII. Silo 249

Alphabetisch geordnetes Wortregister mit Angabe
der Seite und Spalte, in denen jedes einzelne
Wort zu finden ist.

   a) Deutsch, englisch, französisch, italienisch, spanisch
   in einem Alphabet 251

   b) Russisch 388

I.

Allgemeines
General Terms
Généralités

Общая часть
Generalità
Generalidades

Beton (m)
concrete
béton (m)

бетонъ (m)
calcestruzzo (m), beton
           (m)
hormigón (m)   *1*

Eisenbeton (m), armier-
   ter Beton (m)
reinforced concrete,
   armoured concrete,
   ferro-concrete, con-
   crete-steel (A)
béton (m) armé

желѣзобетонъ (m)
cemento (m) armato
hormigón (m) armado, *2*
   cemento (m) armado

Betonbau (m)
concrete construction
construction (f) en béton

примѣненіе (n) бетона
   въ постройкахъ; бе-
   тонное строительство
   (n) *или* сооруженіе (n) *3*
costruzione (f) in calce-
   struzzo
construcción (f) de
   hormigón

Eisenbetonbau (m)
reinforced concrete
   construction
construction (f) en béton
   armé

примѣненіе (n) желѣзо-
   бетона въ построй-
   кахъ; строительство
   (n) изъ желѣзобето-
   на; желѣзобетонное
   сооруженіе (n)   *4*
costruzione (f) in ce-
   mento armato
construcción (f) de hor-
   migón armado

Materialprüfungswesen
   (n), Baustoffprüfwesen
           (n)
testing of materials
essai (m) des matériaux

испытаніе (n) мате-
   ріаловъ
metodo (m) per la prova *5*
   dei materiali
ensayo (m) ó prueba (f)
   de los materiales

Materialprüfungs-
   anstalt (f), Baustoff-
   prüfanstalt (f)
material testing labora-
   tory
laboratoire (m) d'essai
   des matériaux

механическая лабора-
   торія (f); станція (f)
   для испытанія ма-
   теріаловъ
stabilimento (m) per la *6*
   prova dei materiali
laboratorio (m) para
   pruebas de material

1
Baustoff (m)
building material
matériaux (m pl) de
construction

строительный ма-
теріалъ (m)
materiale (m) da costru-
zione
materiales (m pl) de
construcción

2
Eisen (n)
iron
fer (m)

желѣзо (n)
ferro (m)
hierro (m)

3
bewehren (v), armieren
(v)
to reinforce, to armour
armer (v)

усиливать; армировать
armare (v)
armar (v)

4
Haftfestigkeit (f)
adhesion
[résistance (f) d']ad-
hérence (f)

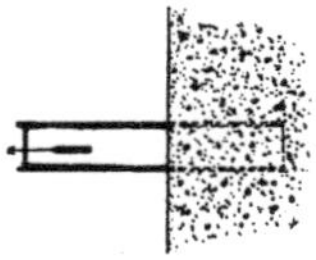

прочность (f) сцѣпле-
нія
resistenza (f) all'ade-
sione
[resistencia (f) de] ad-
herencia (f)

5
Druckspannung (f)
compressive stress
effort (m) de compres-
sion

напряженіе (n) на сжа-
тіе или при сжатіи
sollecitazione (f) di compressione
esfuerzo (m) de com-
presión

6
Zugspannung (f)
tensile stress
effort (m) de traction

напряженіе (n) на раз-
рывъ; напряженіе
при растяженіи
sollecitazione (f) di
trazione
esfuerzo (m) de tracción

7
Biegungsspannung (f)
bending stress
effort (m) de flexion

напряженіе (n) на
изгибъ или при
изгибѣ
sollecitazione (f) di flessione
esfuerzo (m) de flexión

8
Formänderung (f)
deformation
déformation (f)

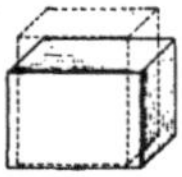

деформація (f)
variazione (f) di forma,
deformazione (f)
deformación (f)

9
Zusammenziehen (n)
des Betons (beim Er-
härten)
contraction of the con-
crete (during setting)
retrait (m) du béton (à
la prise)

усадка (f) бетона [во
время твердѣнія]
contrazione (f) del cal-
cestruzzo
contracción (f) del hor-
migón (al fraguado)

10
Klemmfestigkeit (f)
binding strength
résistance (f) au serrage

прочность (f) защем-
ленія
resistenza (f) all'azione
di una morsa
resistencia (f) al empo-
tramiento

rosten (v)
to rust, to oxidise
rouiller (v)

ржавѣть
arrugginire (v)
enmohecer (v), oxidar
(v) — *1*

Wärmeausdehnungs-
koeffizient (m), Wärme-
ausdehnungszahl (f)
coefficient of thermal
expansion
coefficient (m) de dila-
tation thermique

коеффиціентъ (m) рас-
ширенія
coefficiente (m) di dila-
tazione termica
coeficiente (m) de dila-
tación térmica — *2*

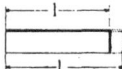

Feuerwiderstandfähig-
keit (f)
fire resisting property
sécurité (f) à l'égard du
feu

огнестойкость (f)
resistenza (f) al fuoco
resistencia (f) al fuego — *3*

Schweißeisen (n)
wrought iron
fer (m) soudé

сварочное желѣзо (n)
ferro (m) saldato
hierro (m) soldado — *4*

Flußeisen (n)
mild steel
fer (m) fondu

литое желѣзо (n)
ferro (m) fuso
hierro (m) dulce — *5*

---

schmiedbares Eisen (n)
forgeable iron, iron
capable of being
wrought
fer (m) malléable

ковкое желѣзо (n)
ferro (m) malleabile
hierro (m) maleable — *6*

Stahl (m)
steel
acier (m)

сталь (f)
accidio (m)
acero (m) — *7*

Längenänderung (f)
(durch Zugbean-
spruchung)
elongation due to pull
or tension
allongement (m) par
traction

удлиненіе (n) при
растяженіи
allungamento (m) alla
trazione
alargamiento (m) por
tracción — *8*

Querschnittver-
änderung (f)
alteration of cross-
section
variation (f) de la
section

деформація (f) попереч-
наго сѣченія
variazione (f) della
sezione
variación (f) de la
sección — *9*

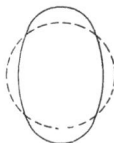

---

elastische Formände-
rung (f)
elastic deformation
déformation (f) élastique

упругая деформація (f)
deformazione (f) elastica
deformación (f) elástica — *10*

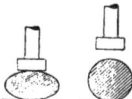

---

bleibende Formände-
rung (f)
permanent deformation
déformation (f) perma-
nente

остающаяся *или* оста-
точная деформація (f)
deformazione (f) perma-
nente
deformación (f) perma-
nente — *11*

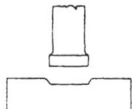

1	Elastizität (f) elasticity élasticité (f)	упругость (f) elasticità (f) elasticidad (f)
2	Belastungsgrenze (f) load limit limite (f) de charge	предѣлъ (m) нагрузки limite (m) di carico limite (m) de carga
3	Elastizitätsgrenze (f) elastic limit limite (f) d'élasticité	предѣлъ (m) упругости limite (m) di elasticità límite (m) de elasticidad
4	Proportionalitätsgrenze (f) point beyond which the deformations cease to be proportional to the loads limite (f) d'allongement proportionnel (à l'effort)	предѣлъ (m) пропорціональности limite (m) di proporzionalità limite (m) de alargamiento proporcional
5	Belastung und Formänderung sind proportional (stehen im gleichen Verhältnisse) load and deformation are proportional l'effort et la déformation sont proportionnels	нагрузка (f) и деформація (f) взаимно пропорціональны carico e deformazione sono proporzionati el esfuerzo y la deformación son proporcionales
6	Meßgerät (n), Meßwerkzeug (n) measuring apparatus, deflectometer appareil (m) de mesure (des déformations)	измѣрительный приборъ (m) apparecchio (m) di misura aparato (m) de medida (de las deformaciones)
7	Spiegelapparat (m) mirror apparatus or extensometer appareil (m) à miroir	зеркальный приборъ (m) apparecchio (m) di misura a specchio aparato (m) de espejo

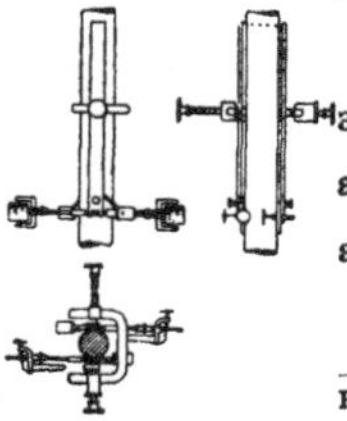

8	Fließgrenze (f), Streckgrenze (f) yield point, upper yield point limite (f) de ductibilité ou d'étirage	начало (n) теченія; предѣлъ (m) текучести limite (m) di duttilità límite (m) de estirado ó de resistencia á la tracción
9	die Überschreitung der Fließgrenze ist äußerlich erkennbar the exceeding of the yield point is externally visible le dépassement de la limite de ductibilité est apparent	переходъ (m) за начало теченія характеризуется внѣшними признаками il varco del limite di fusione è riconoscibile dall'esterno el traspaso del límite de estirado se conoce eu la superficie

der Zunder springt ab
the forge-scale flies off
les battitures se dé-
  tachent

окалина (f) отскаки-
  ваетъ
la scorza salta via
las batiduras se sueltan
  ó se caen   *1*

Eisen (n) mit blanker
  Oberfläche
iron with polished
  surface
fer (m) à surface polie

желѣзо (n) съ ясной
  поверхностью
ferro (m) con superficie
  liscia
hierro (m) con super-
  ficie lisa   *2*

Fließfigur (f)
strain figure
moirage (m), aspect (m)
  moiré (du à l'étirage)

видъ (m) матеріала въ
  состояніи текучести
figura (f) della duttilità
aspecto (m) de muaré
  metálico   *3*

---

die Oberfläche wird matt
the surface becomes dull
la surface se ternit

поверхность тускнѣ-
  етъ; поверхность
  дѣлается тусклой
la superficie si offusca
la superficie se empaña
  ó se vuelve mate   *4*

---

krispelig (adj)
brittle (adj)
rugueux (adj)

шероховатый
rugoso (agg)
rugoso (adj), áspero
  (adj)   *5*

Bruchspannung (f)
ultimate stress
tension (f) de rupture

предѣльное напря-
  женіе (n)
sollecitazione (f) di
  rottura
tensión (f) de ruptura   *6*

Sicherheitszahl (f),
  Sicherheitskoeffizient
  (m)
coefficient of safety,
  factor of safety
coefficient (m) de sé-
  curité

коеффиціентъ(m)проч-
  ности или надёжно-
  сти или запаса
coefficiente (m) di sicu-
  rezza
coeficiente (m) de se
  guridad   *7*

Formeisen (n)
special shaped bars (pl)
fer (m) profilé

сортовое (фасонное)
  желѣзо (n)
ferro (m) profilato
hierro (m) perfilado   *8*

Rundeisen (n)
round iron
fer (m) rond

круглое желѣзо (n)
ferro (m) tondo
hierro (m) redondo   *9*

Flacheisen (n)
flats (pl), hoop iron,
  hoop steel
fer (m) plat, fer (m)
  feuillard

полосовое желѣзо (n)
ferro (m) piatto
hierro (m) plano, llanta
  (f) de hierro   *10*

Gleiten (n) im Beton
slipping (of the bar) in
  the concrete
glissement (m) dans le
  béton

скольженіе (n) въ бе-
  тонѣ
scorrimento (m) nel cal-
  cestruzzo
deslizamiento (m) en el
  hormigón   *11*

1	Thacher-Eisen (n) Thacher bar; Diamond- bar fer (m) Thacher	желѣзо (n) Тахера ferro (m) Thacher hierro (m) [de] Thacher
2	Ransome-Eisen (n) Ransome bar, twisted steel fer (m) Ransome	желѣзо (n) Рансома ferro (m) Ransome hierro (m) Ransome
3	Kahn-Eisen (n), Kahn- sches Eisen (n) Kahn-bar fer (m) de Kahn	желѣзо (n) Кана ferro (m) di Kahn hierro (m) Kahn
4	Streckmetall (n) expanded metal métal (m) déployé	цѣльнорѣшетчатый металлъ (m) metallo (m) duttile metal (m) desplegado
5	Welleneisen (n) corrugated iron tôle (f) ondulée	волнообразное желѣзо (n) ferro (m) ondulato palastro (m) de hierro ondulado
6	Wulsteisen (n), Bulb- eisen (n) bulb-iron fer (m) à champignon	бимсовое желѣзо: же- лѣзо (n) „бульба" ferro (m) a fungo hierro (m) de hongo
7	wellenförmiger Steg (m) corrugated fillet or stay, waved tee web âme (f) ondulée	волнообразное ребро (n) stelo (m) o gambo (m) ondulato alma (f) ondulata
8	Frankesche Kegelwelle (f) T-bar with fluted web (Franke type) barre (f) en T ondulée ou de Franke	коническая волна (f) Франка lamiera (f) ondulata Franke barra (f) en T de alma ondulada de Franke
9	Nuteneisen (n) channel iron fer (m) cannelé	желобчатое желѣзо (n) ferro(m) con scanalature hierro (m) acanalado

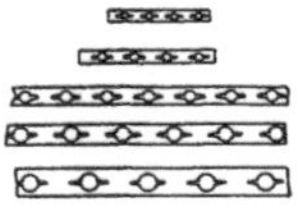

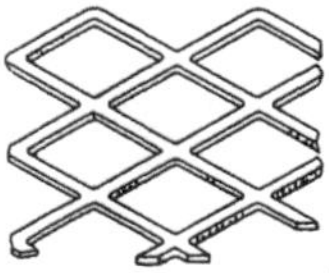

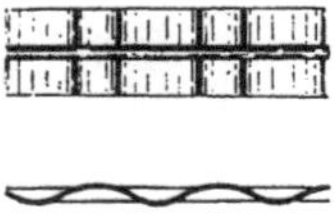

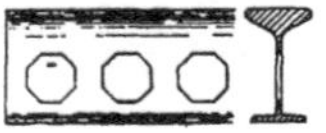

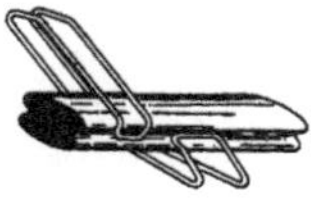

Bindemittel (n), Binde-
stoff (m)
matrice, matrix
agent (m) *ou* matière (f)
de liage

связывающее вещество
(n)
materia (f) collegante *1*
materia (f) ó agente (m)
de trabazón

---

an der Luft erhärten (v)
to set in air
durcir (v) à l'air, prendre
(v) *ou* faire (v) corps
à l'air

твердѣть на воздухѣ
indurirsi (v) al contatto
dell'aria *2*
fraguar (v) ó endurecer
(v) al aire

Kohlensäure (f)
carbonic acid
acide (m) carbonique

угольная кислота (f);
углекислота (f)
acido (m) carbonico, *3*
anidride (f) carbonica
acido (m) carbónico

Zusammenwirken (n)
von Kalk und Hy-
draulefaktoren (hy-
draulischen Faktoren)
combined action of
lime and hydraulic
ingredients
action (f) combinée de la
chaux et des éléments
d'hydratation

взаимодѣйствіе (n) из-
вести и гидравли-
ческихъ факторовъ
azione (f) combinata
della calce e degli *4*
agenti idraulici
acción (f) combinada de
la cal y de los ele-
mentos hidráulicos

---

lösliche Kieselsäure (f)
soluble silicic acid
anhydride (m) silicique
soluble, silice (f) so-
luble

растворимая кремне-
вая кислота (f)
acido (m) silicico solu- *5*
bile
ácido (m) siliceo soluble

Tonerde (f)
silicate of alumina
argile (f)

глинозёмъ (m)
argilla (f) *6*
arcilla (f)

---

selbständig erhärten (v)
to harden by itself
se durcir (v) spontané-
ment *ou* de soi-même

твердѣть самостоя-
тельно
indurirsi (v) *7*
endurecerse (v) por sí
solo

Luftkalk (m)
common lime, air har-
dening lime
chaux (f) grasse, chaux
(f) durcissant à l'air

воздушная известь (f)
calce (f) grassa *8*
cal (f) grasa

---

hydraulisches Binde-
mittel (n), unter
Wasser erhärtendes
Bindemittel (n)
hydraulic cement *or*
matrice
corps (m) *ou* ciment (m)
hydraulique, matière
(f) durcissant sous
l'eau

гидравлическое связы-
вающее вещество (n);
связывающее веще-
ство, твердѣющее въ
водѣ
materia (f) idraulica di *9*
presa al contatto del-
l'acqua
material (m) que en-
durece bajo del agua

Brennen (n) von Kalk-
stein
burning of lime-stone
calcination (f) des pier-
res calcaires

обжиганіе (n) извести
combustione (f) o bru-
ciare (v) della pietra
calcare *10*
calcinación (f) ó cocción
(f) ó cochura (f) de
piedra caliza

1
in Stückform
in pieces
en morceaux
въ кускахъ
in pezzi
en trozos, en pedazos

2
hydratisieren (v)
to hydrate
hydrater (v)
гидратизировать
bagnare (v) con acqua
hidratar (v)

3
in Pulverform
in powder
en poudre
въ порошкѣ
in polvere
pulverizado (adj), en forma de polvo

4
Wasserkalk (m), hydraulischer Kalk (m)
hydraulic lime
chaux (f) hydraulique
гидравлическая известь (f)
calce (f) idraulica
cal (f) hidraulica

5
Kalkmergel (m)
lime marl
chaux (f) marneuse
известковый мергель (m)
calce (f) marnosa, marna (f)
marga (f) calcárea

6
Kieselkalk (m)
silicious lime
chaux (f) siliceuse
кремневая известь (f)
calce (f) silicea
cal (f) silicea

7
Hydratisierung (f)
hydration
hydratation (f)
гидратизація (f)
idratazione (f)
hidratación (f)

8
Zerkleinerung (f) auf Mehlfeinheit, Zerkleinerung (f) zu Mehl
pulverisation, fine grinding
mouture (f), pulvérisation (f) *ou* broyage (m) à l'état de farine
размельченіе (n) въ муку
sminuzzamento (m) alla finezza della farina
trituración (f) hasta la finura de la harina

9
Roman-Zement (m)
natural cement, Roman cement
ciment (m) romain, ciment (m) de grappiers
романъ-цементъ (m); романскій цементъ
cemento (m) romano
cemento (m) romano

10
tonreicher Kalkmergel (m)
marl rich in clay
marne (f) calcaire très argileuse
известковый мергель (m), богатый глиною
marna (f) calcare ricca di argilla
marga (f) calcárea muy arcillosa

11
Puzzolan-Zement (m)
puzzolana cement
ciment (m) de pouzzolane
пуццолановый цементъ (m)
cemento (m) di pozzolana
cemento (m) de puzolana

12
pulverförmiges Kalkhydrat (n)
powdered hydrate of lime
chaux (f) éteinte en poudre
порошкообразный гидратъ (m) извести
idrato (m) di calce in polvere
hidrato (m) de cal pulverizado

hydraulischer Zuschlag (m) hydraulic addition *or* ingredient agent (m) d'hydratation	гидравлическій добавокъ (m); ц мянка(f) aggiunta (f) idraulica agente (m) de hidratación *1*
Brennen (n) unterhalb der Sintergrenze burning below the sintering limit cuisson (f) sans atteindre l'état de concrétion	обжигать ниже точки спеканія riscaldamento (m) sotto il limite di concrezione o solidificazione calcinación (f) maneciendo bajo el límite de la concreción *2*
Eisenportlandzement (m) slag cement ciment (m) de laitier	шлаковый портландъцементъ (m) cemento (m) Portland a scorie cemento (m) Portland de escoria (de altos hornos) *3*
Hochofenschlacke (f) blast furnace slag laitier (m) de haut fourneau	шлакъ (m) доменныхъ печей scorie (f) d'alto forno escoria (f) de altos hornos *4*
Hochofenschlackensand (m) blast furnace slag sand laitier (m) de haut fourneau à l'état pulvérulent	песокъ (m) изъ доменнаго шлака sabbia (f) di scorie d'alto forno escoria (f) de altos hornos en polvo *5*
Portlandklinker (m) Portland clinker brique (f) de ciment Portland	портландъ-клинкеръ (m) mattonella (f) in cemento Portland ladrillo (m) de cemento Portland *6*
körnen (v), granulieren (v) to granulate granuler (v)	дробить; гранулировать sminuzzare (v) granular (v) *7*
Erzzement (m) metallic-cement ciment (m) métallique *ou* de minerai (de chaux et de fer *ou* de manganèse)	безглинозёмный цементъ (m); рудный цементъ cemento (m) metallico o con minerale cemento (m) de óxido de hierro (ó de manganeso) *8*
Mischzement (m) mixed cement ciment (m) bâtard	смѣшанный цементъ (m) cemento (m) mescolato cemento (m) mezclado *9*
Sandzement (m) sand cement ciment (m) au sable, ciment (m) siliceux	песочный цементъ (m); зандъ-цементъ cemento (m) sabbioso cemento (m) de arena *10*

1
Portlandzement (m)
Portland cement
ciment (m) Portland
портландъ-цементъ (m); портландскій цементъ
cemento (m) Portland
cemento (m) Portland

2
Zementerzeugung (f)
production of cement
fabrication (f) du ciment
производство (n) цемента
produzione (f) di cemento
fabricación (f) del cemento

3
Aufbereitung (f) der Rohstoffe
dressing or preparation of the raw material
préparation (f) des matières premières
приготовленіе (n) или предварительная обработка (f) сырья
elaborazione (f) delle materie prime
preparación (f) de la materia prima, preparación (f) de los materiales brutos ó crudos

4
aufbereiten (v)
to prepare
préparer (v)
приготовлять
preparare (v)
preparar (v)

5
Naß- und Schlämmverfahren (n)
wet or washing process
procédé (m) [par voie] humide et schlammage
мокрый способъ (m)
processo (m) di lavaggio o per via umida
procedimiento (m) por la vía húmeda y por lavado

6
Kreide (f)
chalk
craie (f)
мѣлъ (m)
creta (f), gesso (m)
creta (f), tiza (f)

7
Trockenverfahren (n)
dry process
procédé (m) par voie sèche
сухой способъ (m)
processo (m) per via secca
procedimiento (m) por la vía seca

8
harter Kalkstein (m)
hard lime-stone
pierre (f) à chaux dure
твёрдый известнякъ (m)
pietra (f) in calce dura
piedra (f) caliza dura

9
gemischtes Verfahren (n), halbtrocknes Verfahren (n), halbnasses Verfahren (n)
mixed process
procédé (m) mixte
смѣшанный способъ (m); полусухой способъ; полусырой способъ
processo (m) misto
procedimiento (m) mixto

10
Rohmasse (f)
raw material
masse (f) brute
сырая масса (f); сырьё (n)
massa (f) greggia
masa (f) cruda, materia (f) prima

11
zu Ziegeln formen (v)
to shape into bricks
façonner (v) des briqu[ett]es
формовать въ кирпичи
formare (v) in tegole od in mattoni
formar (v) briquetas ó ladrillos, briquetar (v)

German	English / French	Russian / Italian / Spanish	№
trocknen (v)	to dry / sécher (v)	сушить / seccare (v) / secar (v)	1
Brennen (n) der Rohmasse	burning the raw material / cuisson (f) de la masse brute	обжиганіе (n) сырой массы или сырья / cottura (f) della massa cruda / cocción (f) ó cochura (f) de la masa cruda	2
Ofen (m) mit unterbrochenem Betriebe	alternate working kiln / four (m) discontinu	печь (f) періодическаго дѣйствія / forno (m) con funzionamento interrotto / horno (m) de marcha intermitente	3
Schachtofen (m)	shaft-kiln / four (m) à cuve	шахтенная печь (f) / forno (m) a pozzo / horno (m) de pozo	4
Ofen (m) mit ständigem Betriebe	continuous working kiln / four (m) continu	печь (f) непрерывнаго дѣйствія / forno (m) con funzionamento continuo / horno (m) de marcha continua	5
Ringofen (m)	rotary kiln / four (m) circulaire	кольцевая печь (f) / forno (m) circolare / horno (m) circular	6
Etagenofen (m)	kiln with overlying beds / four (m) à étages	этажная печь (f) / forno (m) a ripiani / horno (m) de [varios] pisos	7
Schneiderscher Ofen (m)	Schneider kiln / four (m) Schneider	печь (f) Шнейдера / forno (m) Schneider / horno (m) Schneider	8
Drehrohrofen (m)	revolving tubular kiln / four (m) tubulaire tournant	вращающаяся печь (f) / forno (m) tubolare girevole / horno (m) tubular giratorio	9
Brennwärme (f)	calcining heat / température (f) de cuisson	температура (f) обжига / calore (m) di cottura / temperatura (f) de cocción ó de calcinación	10
Segerkegel (m)	Seger cone / cône (m) de Seger	конусъ (m) Зегера / cono (m) Seger / cono (m) de Seger	11

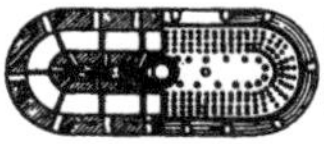

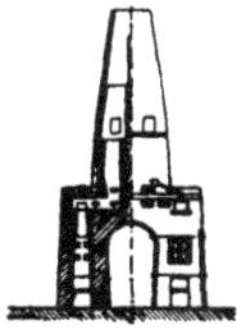

1
die Kohlensäure austreiben (v)
to drive out the carbonic acid
chasser (v) *ou* expulser (v) l'acide carbonique

выгонять углекислоту
espellere (v) l'acido carbonico
separar (v) ó expulsar (v) el ácido carbónico

2
chemisch gebundenes Wasser (n)
chemically combined water
eau (f) chimiquement combinée

химически связанная вода (f)
acqua (f) chimicamente combinata
agua (f) combinada quimicamente

3
Sinterungshitze (f)
incrustation heat
température (f) de solidification

температура (f) спеканія
calore (m) sino all'incrostatura
temperatura (f) de concreción

4
aufschließen (v)
to combine, to flux
désagréger (v)

разлагать; освобождать
disaggregare (v)
disgregar (v), separar (v)

5
Reaktionen eingehen (v)
to react
produire (v) des réactions, réagir (v)

вступать въ реакцію
determinare (v) delle reazioni, produrre (v) delle reazioni
producir (v) las reacciones

6
Brenngut (n)
material to be burned
matière (f) cuite *ou* calcinée

продуктъ (m) обжига
materiale (m) cotto o da cuocersi
materia (f) cocida

7
Klinker (m)
clinker
brique (f), briquette (f)

клинкеръ (m)
mattonella (f)
ladrillo (m), briqueta (f)

8
mahlen (v)
to grind
moudre (v)

молоть
macinare (v)
moler (v)

9
Steinbrecher (m)
stone breaker
concasseur (m), broyeur (m)

камнедробилка (f)
rompipietre (m)
rompe-piedras (m), quebrantadora (f)

10
Walzwerk (n)
rolling mill
moulin (m) a cylindres

вальцовая мельница (f)
mulino (m) a cilindri, mola (f)
molino (m) de cilindros

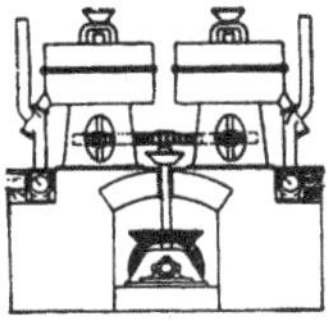

Mahlgang (m)		мельничный поставъ (m)	
stone mill		mulino (m) *o* mola (f) a	*1*
moulin (m) à meules		ruote orizzontali	
		molino (m) de muelas	

Kugelmühle (f)	шаровая мельница (f)	
ball mill	mulino (m) a sfere	
broyeur (m) à boulets	molino (m) *ó* quebradora	*2*
	(f) de bolas	

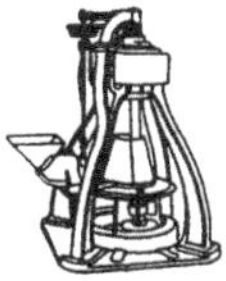

Griffinmühle (f)	мельница (f) Гриффина	
Griffin mill	mulino (m) Griffin	*3*
moulin (m) Griffin	molino (m) Griffin	

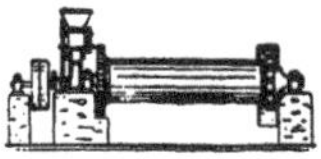

Rohrmühle (f)	трубчатая мельница(f)	
tube mill	tubo (m) trituratore di	
broyeur (m) à tambour	sassi	*4*
	tambor (m) quebran-	
	tador	

Gips zusetzen (v)	добавлять гипсъ	
to add gypsum *or* plaster	aggiungere (v) del gesso	*5*
of Paris	añadir (v) yeso	
ajouter (v) du plâtre		

Faß (n)	бочка (f)	
barrel	botte (f), barile (m)	*6*
fût (m), baril (m)	barril (m), tonel (m)	

Sack (m)	мѣшокъ (m)	
sack	sacco (m)	*7*
sac (m)	saco (m)	

Normalfaß (n), Einheits-	нормальная бочка (f)	
faß (n)	botte (f) *o* barile (m) nor-	
standard gauge barrel	male	*8*
fût (m) *ou* baril (m)	tonel (m) *ó* barril (m)	
normal, caisse (f) de	normal	
jauge		

Normalsack (m), Ein-	нормальный мѣшокъ	
heitssack (m)	(m)	*9*
standard gauge bag *or*	sacco (m) normale	
sack	saco (m) normal	
sac (m) normal		

1	Raumgewicht (n) weight per unit of volume poids (m) par [unité de] volume	объёмный вѣсъ (m) peso (m) per volume peso (m) por unidad de volumen
2	Litergewicht (n) weight per litre poids (m) par litre	вѣсъ (m) литра peso (m) per litro peso (m) por litro
3	lose einlaufen lassen (v) to fill in loosly introduire (v) sans tasser	насыпать рыхло или неплотно introdurre (v) senza ammucchiare entrar (v) sin apilar (el cemento)
4	fest einrütteln (v) to get compact by shaking tasser (v) par secousse	плотно утряхивать ammucchiare (v) per scuotimento apilar (v) por sacudida
5	Einlaufapparat (m) shoot, chute appareil (m) d'introduction	приборъ (m) для насыпки apparecchio (m) d'introduzione aparato (m) para echar
6	spezifisches Gewicht (n) specific gravity or weight poids (m) spécifique	удѣльный вѣсъ (m) peso (m) specifico peso (m) específico
7	Volumenmesser (m), Volumeter (n), Raummesser (m) volume measuring apparatus mesure (f) de volume	измѣритель (m) объёма misuratore (m) del volume medidor (m) de volumen
8	mit einer Gradeinteilung versehenes Meßrohr (n), graduiertes Meßrohr (n) graduated measuring tube éprouvette (f) graduée	градуированная или калиброванная измѣрительная трубка (f) tubo (m) graduato, provetta (f) graduata probeta (f) graduada
9	Glühverlust (m) loss due to burning perte (f) par cuisson	потеря (f) при накаливаніи perdita (f) per arroventamento pérdida (f) por cocción
10	Wasseraufnahme (f) absorption of water absorption (f) d'eau	поглощеніе (n) воды assorbimento (m) d'acqua absorción (f) de agua

Kalkhydrat (n)
hydrate of lime
hydrate (m) de calcium,
  chaux (f) hydratée

гидратъ (m) извести
idrato (m) di calcio
hidrato (m) de cal, cal   *1*
  (f) hidratada

Kohlensäureaufnahme
  (f)
absorption of carbonic
  acid
absorption (f) d'acide
  carbonique

поглощеніе (n) угле-
  кислоты
assorbimento (m) di
  acido carbonico   *2*
absorción (f) de ácido
  carbónico

kohlensaurer Kalk (m)
carbonate of lime
carbonate (m) de chaux

углекислая известь (f)
carbonato (m) di calcio *3*
carbonato (m) de cal

Hempel-Ofen (m)
Hempel furnace
four (m) Hempel

печь (f) Гемпеля
forno (m) Hempel   *4*
horno (m) Hempel

Mahlfeinheit (f)
fineness of grinding
finesse (f) de mouture

тонкость (f) измола *или*
  помола
finezza (f) della macina- *5*
  tura
finura (f) de la molienda

Sieb (n)
sieve
tamis (m)

сито (n)
crivello (m), tamiso (m)
criba (f), tamiz (m),   *6*
  cedazo (m)

Rückstand (m)
residue
résidu (m), refus (m) (de
  tamisage)

остатокъ (m)
residuo (m), rifiuto (m)
  della crivellatura   *7*
residuos (m pl), restos
  (m pl) del cribado

Masche (f)
mesh
maille (f)

отверстіе (n)
maglia (f)   *8*
malla (f)

a

Drahtstärke (f) des
  Siebes
thickness of sieve-wire
grosseur (f) du fil de fer
  du crible

толщина (f) проволокъ
  сита
spessore (m) del fildi-
  ferro del crivello   *9*
grosor (m) del alambre
  de la criba

Rüttelapparat (m)
shaking sieve
appareil (m) à secousses

аппаратъ (m) для
  встряхиванія
apparecchio (m) scuoti- *10*
  tore
[aparato (m)] sacudidor
  (m)

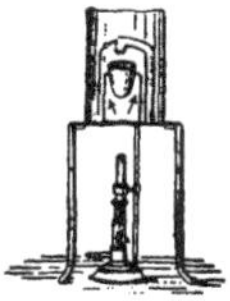

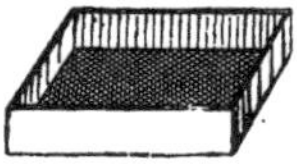

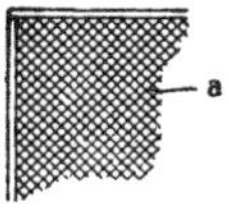

1	900-Maschensieb (n) sieve with 900 meshes blutoir (m) à 900 mailles	сито (n) въ 900 отвер- стій crivello (m) a maglie a 900 criba (f) de 900 mallas
2	5000-Maschensieb (n) sieve with 5000 meshes blutoir (m) à 5000 mailles	сито (n) въ 5000 отвер- стій crivello (m) a maglie a 5000 criba (f) de 5000 mallas
3	Normensieb (n), Ein- heitsieb (n) standard sieve tamis (m) normal	нормальное сито (n) crivello (m) normale criba (f) ó tamiz (m) normal
4	Abbindeverhältnis (n) setting conditions (time, energy, etc.) condition (f) de prise	гидромодуль (m) durata (f) della presa condición (f) del fra- guado
5	Brei (m) paste bouillie (f)	тѣсто (n) impasto (m), malta (f) lechada (f), argamasa (f)
6	Abbinden (n) setting prise (f)	схватываніе (n) presa (f) fraguado (m)
7	Abbindezeit (f) setting time durée (f) de la prise	время (n) схватыванія durata (f) della presa duración (f) del fraguado
8	Erhärtungsbeginn (m) commencement of set- ting commencement (m) de la prise	начало (n) затвердѣ- ванія или схватыва- нія inizio (m) di presa principio (m) del fra- guado
9	Erhärtungsende (n) finish of setting fin (f) de la prise	конецъ (m) затвердѣ- ванія или схватыва- нія fine (f) della presa fin (m) del fraguado
10	Raumvergrößerung (f) increase of volume dilatation (f) cubique	увеличеніе (n) объёма aumento (m) di volume, dilatazione (f) dilatación (f) cúbica
11	Wärmeerhöhung (f) increase of heat augmentation (f) de chaleur	повышеніе (n) тем- пературы innalzamento (m) della temperatura aumento (m) de tem- peratura

rasch abbindender Zement (m), Raschbinder(m), Schnellbinder (m), Gießzement (m)
quick setting cement, quick cement
ciment (m) à prise rapide, matière (f) *ou* agent (m) *ou* élément (m) de prise *ou* d'agrégation rapide, liant (m) à prise rapide

быстро схватывающійся цементъ (m)
cemento (m) a rapida presa, legame (m) rapido
cemento (m) de fraguado rápido, materia (f) para el fraguado rápido ó agregación rápida   *1*

Mittelbinder (m)
medium setting cement
matière (f) *ou* agent (m) *ou* élément (m) pour prise *ou* agrégation de durée moyenne

средне-схватывающійся цементъ (m)
legame (m) medio
materia (f) ó agente (m) para fraguado ó agregación de duración media   *2*

langsam abbindender Zement (m), Langsambinder (m)
slow setting cement, slow cement
ciment (m) à prise lente, matière(f) *ou* agent (m) *ou* élément (m) pour prise *ou* agrégation lente, liant (m) à prise lente

медленно схватывающійся цементъ (m)
cemento (m) a lenta presa, legame (m) lento
cemento (m) de fraguado lento, materia (f) ó agente (m) de fraguado lento ó de agregación lenta   *3*

Normalbinder (m)
standard set, normal set
matière (f) d'agrégation normale

нормально схватывающійся цементъ (m)
legame (m) normale
materia (f) de agregación normal   *4*

chemische Wasserbindung (f)
chemical combination of water
combinaison (f) chimique de l'eau

химическое (n) схватываніе воды
combinazione (f) chimica dell'acqua
combinación (f) química de agua   *5*

Anmachen (n) des Zementes
mixing of cement
malaxage (m) *ou* malaxation (f) du ciment, mélange (m) du ciment

смѣшиваніе (n) цемента съ водой; растворять цементъ
impastare (v) il cemento
amasamiento (m) del cemento, mezcla (f) del cemento   *6*

Anmachewasser (n)
mixing water
eau (f) servant au mélange *ou* au malaxage

вода (f) для цементнаго раствора
acqua (f) per l'impasto
agua (f) para el amasamiento ó la mezcla   *7*

Starrheit (f)
rigidity
consistance (f), durcissement (m), rigidité (f)

жёсткость (f)
rigidità (f), consistenza (f)
rigidez (f), tiesura (f)   *8*

VIII

1	Anziehen (n) commencement of setting commencement (m) de la prise	начало (n) затвердѣванія presa (f) iniziale comienzo (m) del fraguado
2	erhärten (v) to harden durcir (v)	твердѣть indurire (v) endurecer (v), fraguar (v)
3	tonerdereich (adj) argillaceous (adj), rich in clay très argileux (adj)	богатый глинозёмомъ ricco (agg) di terra argillosa muy arcilloso (adj)
4	Kali (n) protoxide of potassium potasse (f)	кали (n) potassa (f) potasa (f)
5	Natron (n) sodium soude (f)	натръ (m) soda (f) sosa (f)
6	Natriumkarbonat (n) carbonate of soda, sodium carbonate carbonate (m) de sodium ou de soude	углекислый натръ (m); карбонатъ (m) натрія carbonato (m) di sodio carbonato (m) de sosa
7	Kalziumchlorid (n) calcium chloride chlorure (m) de calcium	хлористый кальцій (m) cloruro (m) di sodio cloruro (m) de calcio
8	durchrühren (v) to mix thoroughly, to agitate agiter (v), malaxer (v) énergiquement	промѣшивать agitare (v) agitar (v), entremezclar (v), amasar (v) vivamente
9	überrühren (v) to have an excess of mixing agiter (v) excessivement, malaxer (v) trop énergiquement	перемѣшивать sopragitare (v) agitar (v) ó amasar (v) demasiadamente
10	Temperatureinfluß (m) influence of temperature influence (f) de la température	вліяніе (n) температуры influenza (f) della temperatura influencia (f) de la temperatura
11	Luftfeuchtigkeit (f) dampness of the atmosphere, humidity of air humidité (f) de l'air, état (m) hygrométrique	влажность (f) воздуха umidità (f) dell'aria humedad (f) del aire
12	Störung (f) des Abbindeprozesses disturbance of the setting process interruption (f) dans le phénomène de la prise	нарушеніе (n) процесса схватыванія disturbo (m) del processo di presa interrupción (f) en el fenómeno del fraguado

Fingernagelprobe (f)
finger-nail test
essai (m) à l'ongle

проба (f) ногтёмъ
prova (f) della durezza
per mezzo dell'unghia   *1*
ensayo (m) ó prueba (f)
con la uña

Normalnadel (f), Vicat-
apparat (m)
standard needle
aiguille (f) d'essai,
aiguille (f) Vicat

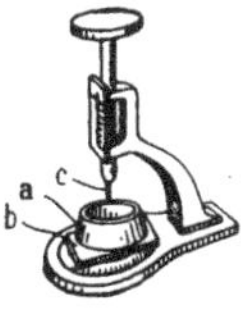

a c
b

нормальная игла (f);
приборъ (m) Вика
ago (m) normale, appa-   *2*
recchio (m) Vicat
aguja (f) de ensayo ó de
Vicat

Hartgummiring (m)
ebonite ring, vulcanite
ring
bague (f) en ébonite *ou*
en caoutchouc durci

a

эбонитовое кольцо (п)
anello (m) di gomma in-
durita   *3*
anillo (m) ó aro (m) de
goma endurecida

Glasplatte (f)
glass plate
plaque (f) de verre

b

стеклянная пластинка
(f)
lastra (f) di vetro   *4*
placa (f) de vidrio

Nadel (f)
needle
aiguille (f)

c

игла (f)
ago (m)   *5*
aguja (f)

Abbindeverlauf (m)
process of setting
processus (m) de la prise

процессъ (m) схваты-
ванія
procedimento (m) di   *6*
presa
proceso (m) del fraguado

Raumbeständigkeit (f)
constancy of volume
constance (f) de volume

постоянство (п) объёма
costanza (f) di volume
invariabilidad (f) ó con-   *7*
stancia (f) de volumen

Martensscher registrie-
render Abbindeappa-
rat (m)
Marten's set registering
apparatus
appareil (m) enrégistreur
du degré de prise sys-
tème Martens

аппаратъ (m) *или* при-
боръ (m) Мартенса,
регистрирующій
схватываніе цемента
apparecchio (m) regi-   *8*
stratore di presa si-
stema Martens
aparato (m) registrador
del fraguado Martens

Volumenveränderung (f)
alteration of volume
variation (f) de volume

измѣненіе (п) объёма
variazione (f) di volume   *9*
variación (f) de volumen

---

schwinden (v), sich stark
zusammenziehen (v)
to contract
se contracter (v)

садиться
contraersi (v)   *10*
contraerse (v)

---

treiben (v), sich stark
ausdehnen (v)
to expand
gonfler (v), pousser (v)

расширяться
gonfiarsi (v)   *11*
hinchar (v)

2*

1
Schwachbrand (m)
insufficiently burnt
cuisson (f) insuffisante

слабый обжигъ (m)
cottura (f) debole
cocción (f) insuficiente

2
Treibneigung (f)
degree of expansion
tendance (f) à la poussée
ou au gonflement

способность (f) *или*
свойство (n) расши-
ряться; расширяе-
мость (f)
inclinazione (f) alla di-
latazione
tendencia (f) à hin-
charse

3
Farbzusatz (m)
addition of colour
addition (f) de matière
colorante

красящее добавленіе
(n); прибавленіе (n)
красящаго вещества
aggiunta (f) di colore
adición (f) de color

4
Treibererscheinung (f)
appearance of expansion
phénomène (m) de la
poussée *ou* du gonfle-
ment

явленіе (n) расширенія
apparizione (f) della di-
latazione
fenómeno (m) de la ex-
pansión

5
Normalkuchen (m)
standard sample pat
or briquette
plaquette (f) normale,
gateau (m) normal,
disque (m) normal

нормальная лепёшка
(f)
impasto (m) normale
probeta (f) de pasta nor-
mal

6
Verkrümmung (f)
distortion, bending, de-
formation
distorsion (f) *ou* déformation (f) (par retrait)

искривленіе (n)
incurvamento (m)
torcedura (f), deforma-
ción (f)

7
Kantenriß (m)
edge fracture *or* crack
fendillement (m) sur le
bord

разрывъ (m) кромки
screpolatura (f) del-
l'estremità
grieta (f) ó raja (f) en
el borde

a

8
vor Zugluft schützen (v)
to protect against
draught
protéger (v) contre le
courant d'air

предохранять отъ
сквозняка
riparare (v) dalla cor-
rente d'aria
proteger (v) contra la
corriente de aire

9
vor Sonnenschein schüt-
zen (v)
to protect against the
sun
abriter (v) contre le
soleil

предохранять отъ
солнца
riparare (v) dai raggi
del sole
poner (v) al abrigo del
sol

10
Schwindriß (m)
crack due to con-
traction
fendillement (m) dû au
retrait

b

разрывъ (m) вслѣд-
ствіе усадки
screpolatura (f) pel ritiro
grieta (f) debida á la
contracción

c

Treibriß (m)
crack due to expansion
fissure (f) due à la
poussée

разрывъ (m) вслѣд-
ствіе расширенія
screpolatura (f) per la
dilatazione o per il
gonfiamento
grieta (f) debida á la
dilatación ó al hincha-
miento

1

Luftbeständigkeit (f)
proof against the action
of the atmosphere
résistance (m) ou in-
altérabilité (f) à l'air

способность (f) не вывѣ-
триваться
resistenza (f) od insen-
sibilità (f) all'azione
dell'aria
inalterabilidad (f) á la
acción del aire

2

Lufttreiber (m)
expansion due to the
atmosphere
poussée (f) due à l'action
de l'air

расширеніе (n) или
вспучиваніе (n) отъ
воздуха
dilatazione (f) o gon-
fiamento (m) per
azione dell'aria
hinchamiento (m) debi-
do al acción del aire

3

Normenprobe (f), Kalt-
wasserprobe (f)
standard test, cold
water test
essai (m) normal, essai
(m) à l'eau froide

нормальная проба (f);
проба на пребываніе
въ холодной водѣ
prova (f) normale, prova
(f) all'acqua fredda
ensayo (m) normal, en-
sayo (m) con agua fria

4

Plattenkochprobe (f)
slab heating test
essai (m) de cuisson
d'une plaquette

испытаніе (n) лепёшки
кипяченіемъ
prova (f) di cottura di
una lastra
ensayo (m) de cocción
de una placa

5

Kugelglühprobe (f)
pebble heating test
essai (m) à la chaleur
sur une boulette

проба (f) на прокали-
ваніе шарика
prova (f) di incande-
scenza di una palla
ensayo (m) del acción
del calor sobre una
bolita

6

Kugelkochprobe (f)
pebble boiling test
essai (m) de cuisson
d'une boule

проба (f) на кипяченіе
шарика
prova (f) di cottura di
una sfera
ensayo (m) de cocción
de una bolita

7

kombinierte Heiß-
wasserprobe (f)
combined hot-water
test
essai (m) combiné à
l'eau chaude

комбинированное
испытаніе (n) кипя-
ченіемъ
prova (f) combinata
all'acqua bollente
ensayo (m) combinado
con agua hirviendo

8

Dampfprobe (f)
steam test
essai (m) à la vapeur

испытаніе (n) паромъ
prova (f) a vapore
ensayo (m) al vapor

9

1

Hochdruckdampfprobe (f)
high-pressure steam test
essai (m) à la vapeur à haute pression

испытаніе (n) паромъ высокаго давленія
prova (f) col vapore ad alta pressione
ensayo (m) al vapor de alta presión

2

Preßkuchenprobe (f)
briquette test
essai (m) des plaques à la compression

испытаніе (n) прессованной лепёшки
prova (f) di compressione dell'impasto o della massa
ensayo (m) de las placas á la compresión

3

Dampfdarrprobe (f)
steam drying test
essai (m) à la vapeur

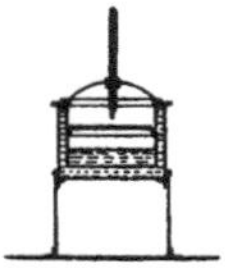

испытаніе (n) паровой сушкой
prova (f) al vapore
ensayo (m) al vapor

4

Festigkeit (f)
strength
résistance (f)

крѣпость (f)
resistenza (f)
resistencia (f)

5

Bindekraft (f)
setting strength
puissance (f) de prise

связующая сила (f)
forza (f) di presa
fuerza (f) del fraguado

6

Eigenfestigkeit (f)
own strength
résistance (f) propre

крѣпость (f) чистаго матеріала; собственная крѣпость
resistenza (f) propria
resistencia (f) propia

7

Normenmischung (f)
standard mixture
mélange (m) normal

нормальная смѣсь (f)
miscela (f) secondo le norme
mezcla (f) normal

8

Gewicht[s]teil (m)
part of weight
partie (f) en poids

вѣсовая часть (f); часть по вѣсу
parte (f) di peso
parte (f) en peso

9

Normalsand (m)
standard sand
sable (m) normal

нормальный песокъ (m)
sabbia (f) normale
arena (f) normal

10

erdfeucht angewandter Mörtel (m)
mortar used moist
mortier (m) à consistance de la terre humide

растворъ (m), употреблённый въ полусухомъ состоянія
malta (f) impiegata umida
mortero (m) empleado húmido como la tierra

11

in feuchter Luft lagern (v)
to store in damp atmosphere
exposer (v) à l'air humide

выдерживать во влажномъ воздухѣ
conservare (v) all'aria umida
dejar (v) al aire húmido

12

unter Wasser lagern (v)
to deposit or place under water
couler (v) sous l'eau

выдерживать въ водѣ
versare (v) sott'acqua
colar (v) bajo agua

Versuchsreihe (f)
series of tests
série (f) d'essais

ряд (m) однородныхъ
испытаній
serie (f) di prove
serie (f) de ensayos
1

Parallelversuch (m)
parallel test
essai (m) parallèle *ou*
comparatif

параллельное испы-
таніе (n)
ricerca (f) parallela
ensayo (m) comparativo
2

Zeitraum (m) von 28
Tagen
28 days duration
durée (f) de 28 jours,
laps (m) de temps de
28 jours

періодъ (m) въ 28 дней
lasso (m) di tempo di
28 giorni
duración (f) de 28 dias
3

Erhärtungsenergie (f)
hardening energy
énergie (f) de durcisse-
ment *ou* de la prise

энергія (f) твердѣнія
energia (f) di induri-
mento
energía (f) de endureci-
miento ó de fraguado
4

Probekörper (m)
test sample
éprouvette (f)

образецъ (m); проба (f)
provetta (f)
probeta (f)
5

Mörtelmischmaschine(f)
mortar mixing machine
malaxeur (m) à mortier

мѣшалка (f) для раст-
вора
macchina (f) impasta-
trice di malta
mezcladora (f) de mor-
tero
6

Einheitsringform (f),
Normalringform (f)
standard ring
forme (f) annulaire
normale

нормальная кольцеоб-
разная форма (f)
forma (f) anulare nor-
male
forma (f) anular normal
7

Einheitswürfelform (f),
Normalwürfelform (f)
standard cube
cube (m) normal

форма (f) нормальнаго
кубика
forma (f) cubica nor-
male
forma (f) cúbica normal
8

Einheitszugform (f),
Normalzugform (f)
standard of tension
forme (f) normale pour
[l'essai à] la traction

нормальная форма (f)
образца на растя-
женіе
forma (f) normale di
trazione
forma (f) normal para
[el ensayo á] la trac-
ción
9

Hammerapparat (m)
hammer apparatus
appareil (m) à marteler,
marteau-pilon (m)

механическій копёръ
(m)
apparecchio (m) per la
martellazione
aparato (m) para dar
martillazos
10

nicht absaugende
Unterlage (f)
non absorbing base
aire (f) *ou* couche (f)
inférieure imper-
méable à l'humidité

невсасывающая под-
кладка (f)
strato (m) inferiore non
assorbente, strato (m)
impermeabile
lecho (m) no absorbente
ó impermeable
11

1
entformen (v)
to take out *or* to withdraw from the mould
démouler (v)

отнимать форму
levare (v) dalla forma,
deformare (v)
quitar (v) del molde

2
Normaldruckform (f),
Einheitsdruckform (f)
standard of pressure
forme (f) normale pour
[l'essai à] la traction

нормальная форма (f)
[образца] на сжатіе
forma (f) della pressione
normale
forma (f) normal para [el
ensayo á] la tracción

3
Würfel (m) von 7,1 cm
Kantenlänge
cube having a length
of side of 7,1 cm
cube (m) ayant une
arête de 7,1 cm

кубикъ (m) въ 7,1 сант.
въ сторонѣ
cubo (m) di 7,1 cm di
lato
cubo (m) con arista de
7,1 cm

4
Normalapparat (m)
standard apparatus
appareil (m) [d'essai]
normal

нормальный приборъ
(m)
apparecchio (m) normale
aparato (m) normal

5
Zugfestigkeitsprüfung
(f)
tensile strength test
essai (m) de résistance
à la traction

испытаніе (n) на разрывъ
prova (f) di resistenza
alla trazione
prueba (f) de resistencia
á la tracción

6
Hebelapparat (m) (Frühling-Michaelis)
lever apparatus (Frühling-Michaelis)
appareil (m) [d'essai] à
levier (de Frühling-Michaelis)

рычажный приборъ
(m) (Фрюлингъ-Михаэлисъ)
apparecchio (m) a leva
(Frühling-Michaelis)
aparato (m) de palanca
(Frühling-Michaelis)

7
Druckfestigkeitsmaschine (f)
compression-testing
machine
machine (f) d'essai de
résistance à la compression

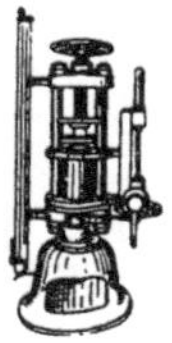

машина (f) для испытанія на раздавливаніе
macchina (f) per la prova
della resistenza alla
compressione
máquina (f) para el ensayo de la resistencia
á la compresión

8
mechanisch betriebene
Presse (f)
mechanically driven
press
presse (f) mécanique

приводный прессъ (m);
механическій прессъ
pressa (f) a movimento
meccanico
prensa (f) accionada
mecanicamente

9
hydraulische Presse (f)
hydraulic press
presse (f) hydraulique

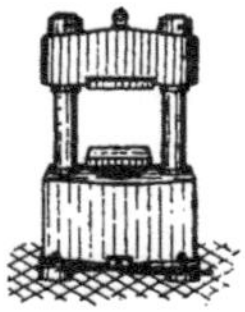

гидравлическій прессъ
(m)
pressa (f) idraulica
prensa (f) hidráulica

Lastanzeiger (m)
load indicator
indicateur (f) de charge

der Druck erfolgt senk-
recht zur Einschlag-
richtung
the pressure is vertical
to the direction of
impact
la pression agit verti-
calement à la direc-
tion d'introduction

Festigkeitsmindestwert
(m)
minimum value of
strength
valeur (f) minimum de
la résistance

Festigkeitshöchstwert
(m)
maximum value of
strength
valeur (f) maximum de
la résistance

Reinheit (f) des Ze-
mentes
purity of cement
pureté (f) du ciment

Fremdstoff (m)
foreign material
matière (f) étrangère

Zuschlagstoff (m)
aggregate, material to
be added
matière (f) ajoutée

Magerungsmittel (n)
material which mixed
with cement renders
it less binding
matière (f) servant à
rendre le ciment
maigre

Mörtel (m)
mortar
mortier (m)

kleinkörnige Mischung
(f)
fine grain mixture
mélange (m) à fin grain
ou finement granulé

показатель (m) на-
грузки
indicatore (m) del carico   1
indicador (m) de carga

сжатіе (n) происходитъ
отвѣсно *или* пер-
пендикулярно къ на-
правленію трамбова-
нія
la pressione agisce in   2
modo perpendicolare
alla direzione di intro-
duzione
la presión obra verti-
calmente á la direc-
ción de introducción

минимальное (наи-
меньшее) сопроти-
вленіе (n)
valore (m) minimo della   3
resistenza
valor (m) mínimo de la
resistencia

максимальное (наи-
большее) сопроти-
вленіе (n)
valore (m) massimo   4
della resistenza
valor (m) máximo de la
resistencia

чистота (f) цемента
purezza (f) del cemento   5
pureza (f) del cemento

посторонняя примѣсь
(f)
sostanza (f) eterogenea   6
materia (f) extraña

добавокъ (m); доба-
вочная примѣсь (f)
sostanza (f) aggiunta   7
materia (f) añadida

средство (n) отощать
растворъ; отощатель
(m)   8
sgrassatore (m)
materias (fpl) para em-
pobrecer el cemento

растворъ (m)
malta (f)   9
mortero (m)

мелкозернистая смѣсь
(f)
miscela (f) a piccoli   10
grani
mezcla (f) de grano fino

1
grobkörnige Mischung (f)
coarse grain mixture
mélange (m) à gros grain *ou* grossièrement granulé

крупнозернистая смѣсь (f)
miscela (f) a grandi grani
mezcla (f) de grano grueso

2
Sand (m)
sand
sable (m)

песокъ (m)
sabbia (f)
arena (f)

3
natürlicher Sand (m)
natural sand
sable (m) naturel

естественный песокъ (m)
sabbia (f) naturale
arena (f) natural

4
künstlicher Sand (m)
artificial sand
sable (m) artificiel (provenant du laitier)

искусственный песокъ (m)
sabbia (f) artificiale
arena (f) artificial

5
Kies (m)
gravel
gravier (m)

гравій (m); хрящъ (m)
ghiaia (f)
grava (f)

6
Geschiebe (n)
shingle
galets (m pl)

валуны (m pl)
ciottoli (m pl)
guijarros (m pl)

7
Gerölle (n)
pebbles (pl)
cailloux (m pl) roulés

галька (f)
sassaiola (f)
cantos (m pl) rodados

8
Steinschlag (m)
broken stone
pierraille (f)

щебень (m)
pietrame (m)
cascajo (m)

9
Kleinschlag (m)
finely broken stone, chippings (pl)
pierraille (f) de petite dimension, gros gravier (m)

щебёнка (f); мелкій щебень (m)
pietrame (m) minuto
cascajo (m) menudo

10
Schotter (m)
broken stone, ballast
caïlloutis (m), pierres (f pl) concassées, ballast (m)

щебень (m)
zavorra (f), ballast (m), ghiaia (f)
piedras (f pl) quebrantadas

11
natürliches Gestein (n)
natural stones (pl)
pierre (f) naturelle

естественная каменная порода (f)
pietrame (m) naturale
piedra (f) natural

12
künstlicher Stein (m)
artificial stone
pierre (f) artificielle

искусственный камень (m)
pietra (f) artificiale
piedra (f) artificial

13
Grubensand (m)
pit sand
sable (m) extrait d'une sablonnière

карьерный (горный) песокъ (m)
sabbia (f) di cava
arena (f) de cantera

Flußsand (m) river sand sable (m) de rivière	рѣчной песокъ (m) sabbia (f) di fiume arena (f) de rio *1*
Seesand (m) sea sand sable (m) marin *ou* de mer	морской песокъ (m) sabbia (f) di mare arena (f) del mar *2*
Dünensand (m) down sand sable (m) des dunes	дюнный песокъ (m) sabbia (f) delle dune arena (f) de dunas *3*
Quarzsand (m) quartz sand sable (m) quartzeux	кварцевый песокъ (m) sabbia (f) quarzifera arena (f) de cuarzo *4*
Kalksand (m) lime sand sable (m) calcaire	известняковый песокъ (m) sabbia (f) calcarea arena (f) calcárea *5*
Vulkansand (m) vulcan sand sable (m) d'origine volcanique	вулканическій песокъ (m) sabbia (f) vulcanica arena (f) de origén volcánico *6*
Granitsand (m) granite sand sable (m) granitique	гранитный песокъ (m) sabbia (f) granitica arena (f) granitica *7*
Bimssand (m) pumice sand sable (m) de pierre ponce	пемзовый песокъ (m) sabbia (f) di pietra pomice arena (f) de piedra pómez *8*
Basaltsand (m) basalt sand sable (m) basaltique	базальтовый песокъ (m) sabbia (f) basaltica arena (f) basáltica *9*
Dolomitsand (m) dolomite sand sable (m) dolomitique	доломитовый песокъ (m) sabbia (f) dolomitica arena (f) dolomitica *10*
gekörnte Hochofenschlacke (f) granulated blast furnace slag laitier (m) granulé de haut fourneau	дроблёный доменный шлакъ (m) scorie (f) granulata d'alto forno escoria (f) granulada de altos hornos *11*
Steinmehl (n) stone powder pierre (f) pulverisée	каменная мука (f) polvere (f) di pietra polvo (m) de piedra *12*
Flußkies (m) river gravel gravier (m) de rivière	рѣчной гравій (m) ghiaia (f) alluviale grava (f) de rio *13*
Grubenkies (m) pit gravel gravier (m) de carrière	карьерный (горный) гравій (m) ghiaia (f) di scavo grava (f) de cantera *14*

1
Granit (m)
granite
granite (f)

гранитъ (m)
granito (m)
granito (m)

2
Porphyr (m)
porphyry
porphyre (m)

порфиръ (m)
porfido (m)
pórfido (m)

3
Grauwacke (f)
gray-wacke
grauwacke (m), grès (m)
schisteux

сѣрая вакка (f); сѣро-
вакковый конгломе-
ратъ (m)
psammite (f)
gres (m) esquitoso

4
Grünstein (m)
diorite
diorite (f)

діабазъ (m); діоритъ(m)
diorite (f)
diorita (f)

5
Hornblendegestein (n)
Hornblende
Hornblende (f), granite
(m) à amphibole

роговая обманка (f)
gneis (m) anfibolico
blenda (f) córnea

6
Marmor (m)
marble
marbre (m)

мраморъ (m)
marmo (m)
mármol (m)

7
Basalt (m)
basalt
basalte (m)

базальтъ (m)
basalto (m)
basalto (m)

8
Steinschlag (m) aus
Ziegelsteinen
broken bricks (pl)
briquaille (f)

кирпичный щебень (m)
rottami (mpl) di mat-
toni
cascajo (m) de ladrillos

9
Hochofenschlacke (f)
blast furnace slag
laitier (m) de haut four-
neau

доменный шлакъ (m)
scorie (fpl) d'alto forno
escoria (f) de altos-hor-
nos

10
Betonbruch (m)
broken concrete
béton (m) concassé

бетонный щебень (m)
calcestruzzo (m) trito-
lato, tritume (m) di
beton
hormigón (m) quebran-
tado

11
Rückstände (mpl) ver-
brannter Kohle
residues(pl)of burnt coal
résidus (mpl) de la com-
bustion du charbon

гарь (f), остатки (mpl)
сгорѣвшаго угля
residui (mpl) di carbone
bruciato
residuos (mpl) del car-
bón quemado

12
Rückstände (mpl) der
Müllverbrennung
residues (pl) of burnt
town refuse
résidus (mpl) de l'in-
cinération des im-
mondices

остатки (mpl) мусо-
росжиганія
residui (mpl) della com-
bustione delle immon-
dizie
residuos (mpl) de la
combustión de in-
mundicias

13
Asche (f)
ashes (pl)
cendre (f)

пепелъ (m)
cenere (f)
ceniza (f)

Koks (m)
coke
coke (m)

Schlacke (f)
slag
scorie (f), laitier (m)

Lösche (f)
cinder
escarbille (f)

Kornbeschaffenheit (f)
des Magerungsmittels
nature of grain of the
aggregate
nature (f) du grain
pour faire un mélange
maigre

feines Korn (n)
fine grain
grain (m) fin

mittleres Korn (n)
medium grain
grain (m) moyen

grobes Korn (n)
rough grain
gros grain (m)

120-Maschen-Sieb (n)
sieve with 120 meshes
tamis (m) à 120 mailles

7 mm-Sieb (n)
7 mm sieve
tamis (m) de 7 mm

Siebrückstand (m)
sieve residue
refus (m) de tamis

Kornform (f)
shape of grain
forme (f) du grain

splitterig (adj)
splintery (adj)
esquilleux (adj), qui se
fend aisément

Oberflächenbeschaffen-
heit (f)
nature of surface
nature (f) de la surface

коксъ (m)
coke (m)   1
cok (m)

шлакъ (m)
scorie (f pl)   2
escoria (f)

угольный мусоръ (m)
residui (m pl) di carbon   3
fossile
carbonilla (f)

родъ (m) зерна, упо-
требляемаго въ ка-
чествѣ отощателя
natura (f) o qualità (f)   4
del grano dello sgras-
satore
naturaleza (f) del grano
para hacer una mezcla
pobre

мелкое зерно (n)
grano (m) fino   5
grano (m) fino

среднее зерно (n)
grano (m) medio   6
grano (m) medio

крупное зерно (n)
grano (m) grosso   7
grano (m) grueso

сито (n) въ 120 отвер-
стій
crivello (m) o staccio (m)   8
a 120 maglie
tamiz (m) ó cedazo (m)
de 120 mallas

семимиллиметровое
сито (n)
crivello (m) o staccio (m)   9
a 7 mm
tamiz (m) ó cedazo (m)
de 7 mm

остатокъ (m) на ситѣ
rifiuto (m) del crivello 10
resto (m) del tamizado

форма (f) зерна
graniforma (f)   11
forma (f) del grano

острый
a scheggia   12
astilloso (adj)

характеръ (m) поверх-
ности
natura (f) della super- 13
ficie
naturaleza (f) de la
superficie

1	glatte Oberfläche (f) smooth surface surface (f) lisse	гладкая поверхность (f) superficie (f) lucida o liscia superficie (f) lisa
2	rauhe Oberfläche (f) rough surface surface (f) rugueuse	шероховатая поверхность (f) superficie (f) ruvida superficie (f) rugosa ó áspera
3	scharfer Sand (m) sharp sand sable (m) cru ou à grains anguleux	острый песокъ (m) sabbia (f) acuta arena (f) de granos angulosos
4	weicher Sand (m) soft sand sable (m) doux ou à grains ronds	мягкій песокъ (m) sabbia (f) dolce arena (f) blanda ó de granos redondos
5	Dichtigkeitsverhältnis (n) ratio of density rapport (m) de densité	отношеніе (n) плотностей rapporto (m) di densità relación (f) de densidad
6	Dichtigkeitsgrad (m) degree of density degré (m) de densité	степень (f) плотности grado (m) di densità grado (m) de densidad
7	Waschen (n) der Zu- schlagstoffe washing of the aggre- gates lavage (m) des matières du mélange	промываніе (n) при- мѣсей lavatura (f) delle so- stanze aggiunte lavado (m) de las ma- terias añadidas
8	Abschlämmen (n) clearing débourbage (m), lavage (m) du minérai	споласкивать lavatura (f) o lavaggio (m) del minerale lavado (m) del mineral, el separar el fango
9	humusartiger Stoff (m) mouldy substance matière (f) se rappro- chant de l'humus	частицы (f pl) перегноя sostanza (f) simile al humus od alla terra vegetale material (m) semejante al humus
10	torfartiger Stoff (m) peaty substance matière (f) tourbeuse	торфяныя частицы (f pl) sostanza (f) torbosa material (m) semejante á la turba, material (m) turboso
11	Humussäure (f) mould acid acide (m) humique	ульминовая кислота (f); перегнойная кисло- та acido (m) della terra vegetale ácido (m) húmico

Kalkhumusseife (f)
paste produced by mix-
ing lime and humus
savon (m) à base de
chaux et d'humus

известково-ульмино-
вая роасыпь (f)
sapone (m) a base di
calce e humus
jabón (m) á base de cal
y de humus

1

---

kohliger Stoff (m)
substance rich in car-
bon
matière (f) charbon-
neuse

обугленное вещество
(n)
sostanza (f) carboniosa
materia (f) carbonada

2

Schwefelkies (m)
pyrite
pyrite (f)

сѣрный колчеданъ (m)
pirite (f)
pirita (f)

3

Wasseraufnahme-
vermögen (n)
water absorbing capa-
city
pouvoir (m) absorbant
à l'eau, capacité (f)
d'absorption pour
l'eau

способность (f) впиты-
вать воду
capacità (f) d'assorbi-
mento dell'acqua
capacidad (f) de absor-
ción de agua

4

---

porös (adj), porig (adj)
porous (adj)
poreux (adj)

пористый
poroso (agg)
poroso (adj)

5

---

glasig (adj)
vitreous (adj)
vitreux (adj), hyalin
(adj)

стекловидный
vetroso (agg)
vidrioso (adj)

6

---

frostbeständig (adj)
frost-proof
résistant (adj) à la gelée

способный сопроти-
вляться морозу; мо-
розостойкій
resistente (agg) al gelo
resistente (adj) à las
heladas

7

---

wetterbeständig (adj)
weather-proof
à l'épreuve des intem-
péries

невывѣтривающійся
resistente (agg) all'azione del tempo od alle
variazioni atmo-
sferiche
resistente (adj) á la in-
temperie

8

Leitungswasser (n)
main-water
eau (f) de conduite

проведёная вода (f)
acqua (f) di conduttura
agua (f) de canalización

9

Brunnenwasser (n)
well-water
eau (f) de puits

колодезная вода (f)
acqua (f) di pozzo
agua (f) de pozo

10

Regenwasser (n)
rain-water
eau (f) de pluie

дождевая вода (f)
acqua (f) piovana
agua (f) de lluvia

11

Flußwasser (n)
river-water
eau (f) de rivière

рѣчная вода (f)
acqua (f) di fiume
agua (f) de río

12

1
Seewasser (n)
lake-water
eau (f) de lac

озёрная вода (f)
acqua (f) di lago
agua (f) de lago

2
Talsperrenwasser (n)
dam-water
eau (f) de réservoir de
vallée barrée

прудовая вода (f)
acqua (f) degli sbarra-
menti delle valli
agua (f) de pantano

3
gipshaltiges Wasser (n)
calcarious water
eau (f) séléniteuse

вода (f), содержащая
гипсъ
acqua (f) selenitosa o
contenente gesso
agua (f) selenitosa

4
kohlensäurehaltiges
Wasser (n)
water containing car-
bonic acid
eau (f) chargée d'acide
carbonique

вода (f), содержащая
углекислоту; угле-
кислая вода
acqua (f) acidulata dal-
l'acido carbonico
agua (f) conteniendo
ácido carbónico

5
schwefelhaltiges Wasser
(n)
water containing sul-
phur
eau (f) sulfureuse

сѣрная вода (f)
acqua (f) solforosa
agua (f) sulfurosa

6
Meerwasser (n)
sea-water
eau (f) de mer

морская вода (f)
acqua (f) di mare
agua (f) de mar

7
Ausblühen (n) der Salze
efflorescing
[s']effleurir (v)

выцвѣтаніе (n) солей
sfiorire (v) dei sali
eflorecerse (v)

8
Zementbeton (m)
cement concrete
béton (m) de ciment

цементный бетонъ (m)
beton (m) o calcestruzzo
(m) di cemento
hormigón (m) de cemen-
to

9
Kalkbeton (m)
lime concrete
béton (m) de chaux

известковый бетонъ(m)
beton (m) o calcestruzzo
(m) di calce
hormigón (m) de cal

10
Traßbeton (m)
trass concrete
béton (m) de trass

трассовый бетонъ (m)
calcestruzzo (m) di tufo
del Reno, beton (m)
di pozzolana trass
hormigón (m) de trass

11
Gipsbeton (m)
gypsum concrete
béton (m) de plâtre

гипсовый бетонъ (m)
calcestruzzo (m) di gesso
hormigón (m) de yeso

12
Asphaltbeton (m)
asphalt concrete
béton (m) d'asphalte

асфальтовый бетонъ
(m)
calcestruzzo (m) d'as-
falto
hormigón (m) de asfalto

13
Kiesbeton (m)
gravel concrete
béton (m) de gravier

бетонъ (m) съ гравіемъ
calcestruzzo (m) di
ghiaia
hormigón (m) de grava

Schlackenbeton (m) slag concrete béton (m) de laitier	шлаковый бетонъ (m) calcestruzzo (m) di scorie hormigón (m) de escorias	*1*
Ziegelbeton (m) brick concrete béton (m) de briquaillons	кирпичный бетонъ (m) calcestruzzo (m) di rottami di mattoni hormigón (m) de ladrillo	*2*
Stampfbeton (m) tamped *or* rammed concrete béton (m) damé	трамбованный бетонъ (m) calcestruzzo (m) battuto hormigón (m) apisonado	*3*
Schüttbeton (m) shaked concrete béton (m) coulé	насыпной бетонъ (m) calcestruzzo (m) versato hormigón (m) colado	*4*
Gußbeton (m) cast concrete béton (m) moulé	литой бетонъ (m) calcestruzzo (m) colato hormigón (m) hecho en molde	*5*
Mischungsverhältnis (n) proportion of mixture, proportion of ingredients 1:3:5 proportion (f) de mélange, degré (m) de 1:2:6 plein	составъ (m) смѣси; пропорція (f) смѣси proporzione (f) dell'impasto proporción (f) de la mezcla	*6*
die Sandkörner mit dem Verkittungsmaterial satt umhüllen (v) to get a full mixture faire (v) un béton plein	плотно облѣплять песчинки связывающимъ веществомъ avvolgere (v) completamente i grani di sabbia col materiale di collegamento hacer (v) un hormigón lleno, envolver (v) bien saturado	*7*
fette Mischung (f) rich mixture mélange (m) gras	жирный растворъ (m) impasto (m) grasso mezcla (f) grasa	*8*
magere Mischung meagre *or* poor mixture mélange (m) maigre	тощій растворъ (m) impasto (m) magro mezcla (f) árida ó pobre	*9*
Raumteil (n) volume-part *or* section partie (f) en volume	часть (f) по объёму; объёмная часть parte (f) di volume parte (f) en volumen	*10*
Wasserzusatz (m) addition of water addition (f) d'eau	прибавленіе (n) воды aggiunta (f) d'acqua adición (f) de agua	*11*
erdfeucht (adj) moist (adj) détrempé (adj)	полусухой umido (agg) come la terra empapado (adj), remojado (adj)	*12*

1 plastisch (adj), weich (adj)
plastic' (adj)
plastique (adj)

пластичный; мягкій
plastico (agg), molle (agg)
plástico (adj)

---

2 Steife (f) der Mischung
consistency of the mixture
consistance (f) du mélange

густота(f) раствора или смѣси
rigidità (f) dell'impasto
consistencia (f) de la mezcla

---

3 wasserarmer Beton (m)
dry concrete
béton (m) peu mouillé

бетонъ (m), бѣдный водой; бетонъ, содержащій мало воды
calcestruzzo (m) povero d'acqua
hormigón (m) poco mojado

---

4 Ausbeute (f), Ergiebigkeit (f)
ratio of the volume of the ready mixture to the sum of the volume of the ingredients
rendement (m) net [en béton] (rapport entre le volume de béton et celui des constituants)

использованіе (n)
produttività (f)
rendimiento (m)

---

5 wasserreicher Beton (m)
wet concrete
béton (m) très mouillé

бетонъ (m), богатый водой; бетонъ, содержащій много воды
calcestruzzo (m) esuberante d'acqua
hormigón (m) muy mojado

---

6 Formänderungsvermögen (n) des Betons
capacity of shape alteration of concrete
capacité (f) de déformation ou élasticité (f) du béton

способность (f) бетона подвергаться деформаціямъ; пластичность (f) бетона
attitudine (f) di modellamento del calcestruzzo (plasticità)
capacidad (f) de deformación del hormigón

---

7 unelastisch (adj)
non-elastic (adj)
non élastique (adj)

неэластичный; непластичный
anelastico (agg)
sin elasticidad

---

8 Spannungswechsel (m)
change of stresses
variation (f) de tension

перемѣна (f) напряженія
variazione (f) della tensione
variación (f) de tensión

---

9 Stampfbetonprobekörper (m)
test piece of rammed concrete
éprouvette (f) de béton damé

пробный образецъ (m) трамбованнаго бетона
provino (m) in calcestruzzo
probeta (f) de hormigón apisonado

Würfelform (f) cube shape moule (m) cubique		форма (f) куба mola (f) cubica molde (m) cúbico · 1
Normalstampfer (m) standard rammer dame (f) *ou* demoiselle (f) *ou* hie (f) normale		нормальная трамбовка (f) pestone (m) normale · 2 pisón (m) normal
Schichthöhe (f) height of layer hauteur (f) de couche		высота (f) слоя; толщина (f) слоя altezza (f) dello strato · 3 altura (f) de la capa
Stampfstoß (m) ramming impact coup (m) de dame *ou* de pilon		ударъ (m) трамбовки colpo (m) di pestone · 4 golpe (m) de pisón
die Betonmasse in die Form einlegen (v) to put concrete into the mould mettre (v) une masse de béton dans le moule		накладывать бетонную массу въ форму mettere (v) il calce- struzzo nella forma · 5 colocar (v) en el molde una masa de hormigón
Einfüllhöhe (f) height of filling hauteur (f) de rem- plissage		высота (f) наполненія ' altezza (f) di riempi- mento · 6 altura (f) para llenar
die Schicht ebnen (v) to level the layer régaler (v) *ou* aplanir (v) la couche		равнять *или* уравни- вать слой spianare (v) lo strato · 7 aplanar (v) *o* enrasar (v) la capa
Normalspatel (m) standard spatula *or* trowel pelle (f) normale, spatule (f) normale		нормальная лопатка (f) spatola (f) normale · 8 espátula (f) normal
mit dem Spatel an den Wandungen herunter- stechen (v) to release from side by the trowel séparer (v) de la paroi (en introduisant la spatule)		снимать со стѣнокъ ло- паткой tagliare (v) con la spatola lungo le · 9 pareti quitar (v) de la pared (con la espátula)

1	6	7,
2	5	8
3	4	9

a

1 Stampfreihe (f)
ramming-row *or* section
bande (f) pilonnée

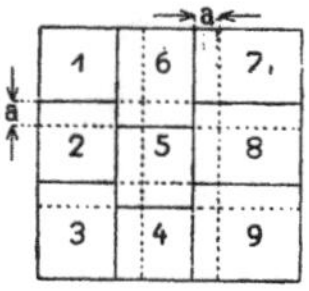

трамбовочный рядъ (m)
riga (f) della pestata *o*
della battitura
superficie (f) apisonada

2 Überdeckung (f) der
einzelnen Stampf-
flächen
covering of the ram-
ming surfaces
chevauchement (m) des
différentes bandes de
damage

перекрываніе (n) от-
дѣльныхъ затрам-
бованныхъ слоевъ
ricoprimento (m) delle
differenti superfici di
battitura
recubrimiento (m) de las
diversas superficies
apisonadas

3 die Oberfläche der
Schicht aufrauhen (v)
to roughen the surface
gratter (v) *ou* racler (v)
la surface

вадирать поверхность
слоя
rendere (v) ruvida la
superficie dello strato
rascar (v) la superficie

4 die Oberfläche mit
einem Lineal ab-
ziehen (v)
to draw off
aplanir (v) la surface
avec la règle

ровнять *или* сглажи-
вать поверхность ли-
нейкой
spianare (v) la superficie
con il lineare *o* con
la riga
aplanar (v) ó arasar (v)
la superficie con la
regla

5 ([24] Stunden) in der
Form bleiben (v)
to remain in the mould
(for 24 hours)
rester (v) (pendant 24 h)
dans le moule

оставаться (24 часа) въ
формѣ
rimanere (v) (24 ore)
nella forma
permanecer (v) (24 horas)
en el molde

6 frostfreier Lagerraum
(m)
frost-proof store-room
dépôt (m) à l'abri de la
gelée

складочное помѣщеніе
(n), защищённое отъ
мороза
deposito (m) dove non
geli
depósito (m) á cubierto
de las heladas

7 Druck (m) in der Stampfrichtung
pressure in the direction
of ramming
pression (f) dans la
direction du damage

сжатіе (n) по напра-
вленію трамбованія
pressione (f) nella dire-
zione della battitura
presión (f) en la direc-
ción del apisonado

8 Druck (m) senkrecht zur
Stampfrichtung
pressure vertical to the
direction of ramming
pression (f) normale à
la direction du damage

сжатіе (n) нормально
къ направленію трам-
бованія
pressione (f) perpendi-
colarmente alla dire-
zione di percussione
o battitura
presión (f) perpendicular
á la dirección del api-
sonado

im Abbinden begriffener
  Beton (m)
concrete during setting
béton (m) pendant la
  prise

Wasserbeständigkeit (f)
water resisting pro-
  perty
inaltérabilité (f) *ou*
  résistance (f) à l'humidité *ou* à l'eau

Frostbeständigkeit (f)
cold resisting property
résistance (f) *ou* inal-
  térabilité (f) à la gelée

Feuerbeständigkeit (f)
fire resisting property
propriété (f) d'être ré-
  fractaire, incombusti-
  bilité (f)

nasser gefrorener Beton
  (m)
wet frozen concrete
béton (m) mouillé gelé

Wasserdichtigkeit (f)
water tightness
imperméabilité (f) à
  l'eau

wasserundurchlässig
  (adj)
watertight (adj), water-
  proof (adj)
imperméable (adj) à
  l'eau

Durchfeuchtung (f)
penetration of damp-
  ness
pénétration (f) par
  l'humidité

Durchsickern (n) des
  Wassers
trickling through of
  water
infiltration (f) d'eau

die Außenfläche ver-
  putzen (v)
to dress the outer sur-
  face
enduire (v) *ou* badigeonner (v) *ou* ravaler (v)
  la surface extérieure

бетонъ (m) въ періодѣ
  схватыванія
calcestruzzo (m) durante
  la presa
hormigón (m) durante
  el fraguado   *1*

водостойкость (f)
resistenza (f) *od* inalterabilità (f) all'acqua
inalterabilidad (f) *ó*
  resistencia (f) *ó* in-
  sensibilidad (f) al
  agua   *2*

морозостойкость (f)
resistenza (f) *od* inalterabilità (f) al gelo
inalterabilidad (f) ó resistencia (f) á la helada   *3*

огнестойкость (f)
resistenza (f) *od* inalterabilità (f) al fuoco
incombustibilidad (f),
  inalterabilidad (f) al
  fuego   *4*

мокрый бетонъ (m),
  мёрзлый
calcestruzzo (m) bagnato
  e gelato
hormigón (m) humido
  helado   *5*

водонепроницаемость
  (f)
impermeabilità (f) al-
  l'acqua
impermeabilidad (f) al
  agua   *6*

водонепроницаемый
impermeabile (agg) al-
  l'acqua
impermeable (adj) al
  agua   *7*

насыщеніе (n) водою
penetrazione (f) del-
  l'umidità
penetración (f) de la
  humidad   *8*

просачиваніе (n) воды
infiltrazione (f) d'acqua   *9*
infiltración (f) de agua

отдѣлывать поверх-
  ность
intonacare (v) le pareti
  esterne   *10*
enlucir (v) ó revocar (v)
  la superficie exterior

1	mit wasserdichtem An-strich versehen (v) to provide with a water-tight coating enduire (v) avec une matière hydrofuge *ou* garantissant contre l'humidité	снабжать водонепро-ницаемой окраской provvedere (v) di un in-tonaco impermeabile revocar (v) con materia impermeable
2	Alaunlösung (f) solution of alum solution (f) d'alun	растворъ (m) квасцовъ soluzione (f) d'allume solución (f) de alumbre
3	Seifenlösung (f) soap solution solution (f) de savon	мыльный растворъ (m) soluzione (f) di sapone solución (f) de jabón
4	Leinöl (n) linseed oil huile (f) de lin	льняное масло (n) olio (m) di lino aceite (m) de linaza
5	Asphalt (m) asphalt asphalte (m)	асфальтъ (m) asfalto (m) asfalto (m)
6	Raumänderung (f) der Betonmasse variation of volume of the concrete mass variation (f) de volume de la masse de béton	измѣненіе (n) объёма бетонной массы variazione (f) del vo-lume della massa di calcestruzzo variación (f) de volumen de la masa de hor-migón
7	Arbeiten (n) des Betons internal action of con-crete travail (m) du béton	работа (f) бетона lavoro (m) proprio del calcestruzzo trabajo (m) del hormi-gón
8	Bewegungsfuge (f) expansion joint joint (m) de dilatation	шовъ (m), обезпечи-вающій свободу дви-женія giunzione (f) di movi-mento junta (f) de dilatación
9	Abnutzung (f) des Betons wear of concrete usure (f) du béton	снашиваніе (n) бетона logorio (m) del calce-struzzo desgaste (m) del hor-migón
10	Widerstand (m) gegen Abreiben resistance to rubbing off résistance (f) au frotte-ment	сопротивленіе (n) сти-ранію resistenza (f) allo sfrega-mento resistencia (f) al roza-miento ó frotamiento
11	Widerstand (m) gegen Abschleifen resistance to grinding off résistance (f) au polis-sage	сопротивленіе (n) ста-чиванію resistenza (f) al liscia-mento resistencia (f) al amola-dura

Schleifversuch (m)
grinding test
essai (m) au polissage
ou meulage

wagerecht kreisende
Gußeisenscheibe (f)
horizontal revolving
cast iron disc
meule (f) en fonte tour-
nant horizontalement

Schmirgel (m)
emery
émeri (m)

Stoffverlust (m)
loss of material
perte (f) de matière

Sandstrahlgebläse (n)
sand blast
meuleuse (f) à jet de
sable

Gefügeeigenschaften
zur Erscheinung
bringen (v)
to let properties of structure appear
faire (v) apparaître des
propriétés de struc-
ture

Schichtung (f)
lamination, stratifi-
cation
stratification (f)

Nest (n)
nest
nodule (m)

Einschluß (m)
enclosure, incasement
inclusion (f) de matière

Korn (n) des Zuschlag-
materiales
grain of the aggregate
noyau (m) de matière
de mélange

Betonplattenprobe (f)
concrete slab test
essai (m) d'une plaque
de béton

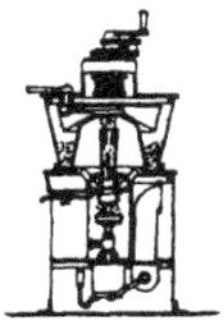

испытаніе (n) на ста-
чиваніе
prova (f) di lisciamento   1
ensayo (m) al amolado

горизонтально вра-
щающійся чугунный
дискъ (m)
disco (m) di ferro-fuso
(ghisa) rotante oriz-   2
zontalmente
muela (f) de fundición
con movimiento gira-
torio horizontal

наждакъ (m)
smeriglio (m)   3
esmeril (m)

потеря (f) матеріала
perdita (f) di materia   4
pérdida (f) de materia

пескоструйный аппа-
ратъ (m); пескодув-
ная машина (f)
smerigliatrice (f) a getto
di sabbia   5
aparato (m) para amo-
lar con chorro de
arena

обнаруживать свой-
ства внутренняго
строенія
fare apparire (v) la pro-
prietà di struttura   6
poner (v) manifesto las
propriedades de la
estructura

напластованіе (n); на-
слоеніе (n)
stratificazione (f) della 7
massa
estratificación (f)

гнѣздо (n)
nido (m) o bolla (f) d'aria
entro la massa   8
nódulo (m)

заполненіе (n) массой
[бетона]
inclusione (f) della mas- 9
sa
inclusión (f) de materia

зерно (n) примѣси
grano (m) del materiale
aggiunto   10
núcleo (m) de materia
mezclada

испытаніе (n) бетон-
ной плиты
prova (f) delle matto-
nelle in calcestruzzo 11
ensayo (m) de una placa
de hormigón

II.

Mechanische Grundbegriffe	Основныя понятія по механикѣ
Fundamental Principles of Mechanics	**Nozioni fondamentali meccaniche**
Notions de mécanique	Nociones de mecánica

1

Festigkeitslehre (f) mechanics of materials *or* solids résistance (f) des matériaux

теорія (f) сопротивленія матеріаловъ; ученіе (n) о сопротивленіи матеріаловъ norme (f pl) per la stabilità *o* solidità dei materiali [ciencia (f) de la] resistencia (f) de los materiales

2

Statik (f) statics (pl) statique (f)

статика (f) statica (f) estática (f)

3

Belastung (f) loading, load charge (f)

нагрузка (f) carico (m) carga (f)

4

Normalkraft (f), Kraft (f) unter 90° force at right angles effort (m) normal, force (f) normale

нормальная сила (f) sforzo (m) normale fuerza (f) normal

5

Druckkraft (f) compression, compressive force *or* strain effort (m) *ou* force (f) extérieure de compression

сжимающая сила (f) forza (f) di compressione fuerza (f) (exterior) de compresión

6

Zugkraft (f) tensile force, tension effort (m) *ou* force (f) extérieure de traction

растягивающая сила (f) forza (f) di trazione fuerza (f) (exterior) de tracción

7

Biegungsbelastung (f), Biegebelastung (f) load producing bending moment effort (m) *ou* force (f) extérieure de flexion

изгибающая нагрузка (f) sforzo (m) di flessione fuerza (f) (exterior) de flexión

Spannung (f) stress, strain tension (f), effort (m)		напряженіе (n) tensione (f) tensión (f), esfuerzo (m) *1*
Bruchbeanspruchung (f) ultimate straining *or* stressing effort (m) de rupture		предѣльное напряже- ніе (n) sforzo (m) *o* sollecita- *2* zione (f) alla rottura fuerza (f) ó esfuerzo (m) de rotura
zulässige Bean- spruchung (f) safe stress *or* strain effort (m) *ou* charge (f) de sécurité		допускаемое напря- женіе (n) sollecitazione (f) ammis- *3* sibile *o* di sicurezza esfuerzo (m) ó carga (f) de seguridad
Elastizitätszahl (f), Elastizitätsmodul (m) modulus of elasticity module (m) *ou* coeffi- cient (m) d'élasticité	— *E* —	модуль (m) упругости coefficiente (m) di elasticità coeficiente (m) de *4* elasticidad, módulo (m) de elasticidad
Formänderungszahl (f), Formänderungs- koeffizient (m) coefficient of defor- mation coefficient (m) de défor- mation		коеффиціентъ (m) деформаціи coefficieute (m) di *5* deformazione coeficiente (m) de defor- mación
Dehnungszahl (f), Deh- nungskoeffizient (m) coefficient of extension coefficient (m)d'allonge- ment	— *α* —	коеффиціентъ (m) удлиненія coefficiente (m) di allun- *6* gamento *o* di dilata- zione coeficiente (m) de alar- gamiento
die Belastung und die Entlastung wieder- holen (v) to alternately load and unload, to subject to intermittent loading alterner (v) la charge et la décharge		повторять нагрузку и разгрузку; подвер- гать перемѣнной на- грузкѣ ripetere (v) il carico e *7* lo scarico alternar (v) la carga y la descarga
bleibende Zusammen- drückung (f) permanent compression compression (f) *ou* charge (f) permanente		остаточное сжатіе (n) compressione (f) per- manente *8* compresión (f) ó carga (f) permanente
federnde Zusammen- drückung (f) elastic compression compression(f) élastique		упругое сжатіе (n) compressione (f) elastica *9* compresión (f) elástica
Grenzwert (m) limit value valeur (f) limite, limite (f)		предѣльное значеніе (n) *10* valore (m) limite valor (f) límite

1
Belastungsstufe (f)
stage of loading
taux (m) de la charge

ступень (f) нагрузки
grado (m) di carico
grado (m) de cargo

2
Proportionalitätsgesetz (n)
law of proportionality
loi (f) de proportionnalité

законъ (m) пропорціональности
legge (f) o norma (f) di proporzionalità
ley (f) de proporcionalidad

3
Abhängigkeit (f) der Elastizitätszahl vom Mischungsverhältnisse
dependance of the modulus of elasticity on the composition of the mixture
relation (f) entre le coefficient d'élasticité et le dosage

зависимость (f) модуля упругости отъ соотношенія составныхъ частей смѣси
dipendenza (f) del modulo di elasticità dalla dosatura dell'impasto
relación (f) entre el coeficiente de elasticidad y las proporciones de la mezcla

4
Abhängigkeit (f) der Elastizitätszahl vom Wasserzusatz
dependance of the modulus of elasticity on the amount of water added
relation (f) entre le coefficient d'élasticité et la quantité d'eau

зависимость (f) модуля упругости отъ количества добавленной воды
dipendenza (f) del modulo di elasticità dal quantitativo d'acqua aggiunta
relación (f) entre el coeficiente de elasticidad y la cantidad de agua

5
Abhängigkeit (f) der Elastizitätszahl von der Spannung
dependance of the modulus of elasticity on the stress
relation (f) entre le coefficient d'élasticité et la tension

зависимость (f) модуля упругости отъ напряженія
dipendenza (f) del modulo di elasticità dalla tensione
relación (f) entre el coeficiente de elasticidad y la tensión

6
Querverbindung (f)
cross binding or tying, transverse reinforcement
armature(f)transversale, ligature (f)

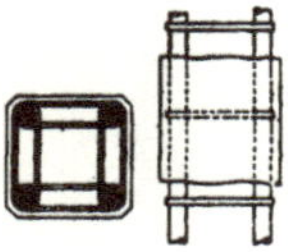

поперечная связь (f)
fasciatura (f) trasversale
ensamblaje (m) transversal, ligadura (f)

7
Spiralbewehrung (f), Spiralarmierung (f)
spiral reinforcement
armature (f) en hélice

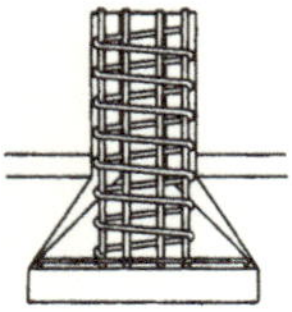

спиральная арматура (f)
armatura (f) a spirale
armazón (m) en espiral

Spirale (f) spiral hélice (f)		спираль (f) spirale (f) espiral (m)

1

Ganghöhe (f)
pitch of spiral
pas (m)

a

высота (f) шага
altezza (f) del passo
paso (m)

2

Navier'sches Biegungs-
  gesetz (n)
Navier's law of bending
théorie (f) de la flexion
de Navier

законъ (m) изгиба На-
  вье
legge (f) *o* teoria (f) della
  flessione del Navier
ley (f) de flexión de Na-
vier

3

Würfelfestigkeit (f)
cubic strength
résistance (f) d'un cube
à la compression

прочность (f) кубика
resistenza (f) del cubo
  a compressione
resistencia (f) de un cubo
á la compresión

4

Schubkraft (f), Scher-
  kraft (f)
shear, shearing force
effort (m) tranchant *ou*
de cisaillement

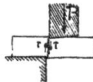

P

сила (f) сдвига; сдвига-
  ющее усилie (n); срѣ-
  зывающее усилie (n)
sforzo (m) di spinta,
  sforzo (m) di taglio
esfuerzo (m) cortante

5

Schubspannung (f),
  Scherspannung (f)
shearing stress
tension (f) due à l'effort
  tranchant *ou* au ci-
saillement

$$\tau = \frac{Q}{b\left(h - a - \dfrac{x}{3}\right)}$$

напряженie (n) на
  сдвигъ *или* при
  сдвигѣ; напряженie
  (n) на срѣзываніе *или*
  при срѣзываніи
tensione (f) di spinta,
  tensione (f) di taglio
tensión (f) del esfuerzo
cortante

6

---

geschlitztes Betonpris-
  ma (n)
slotted prism of con-
  crete
prisme (m) de béton
  évidé *ou* ajouré

бетонная призма (f) съ
  продольнымъ про-
  рѣзомъ
prisma (m) di calce-
  struzzo intagliato
prisma (m) de hormigón
  agujerado ó perforado

7

Durchbrechung (f)
perforation (f)
évidement (m)

a

прорѣзъ (m)
rottura (f) trasversale *o*
  perforante
perforación (f)

8

---

neutrale Achse (f)
neutral axis
axe (m) neutre, fibre (f)
  neutre

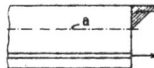

a

нейтральная ось (f)
asse (m) neutro
eje (m) neutro, fibra (f)
  neutra

9

1
in schrägen Ebenen wir-
kende Zugkraft (f)
tensile force acting in
inclined planes
effort (m) de traction
incliné sur le plan de
la section

растягивающее усиліе
(n), дѣйствующее въ
наклонныхъ плоско-
стяхъ
forza (f) di trazione
agente in piani incli-
nati
esfuerzo (m) de tracción
obrando en un plano
inclinado

2
unter 45⁰ ansteigende
Schraubenfläche (f)
screw with a thread
angle of 45⁰
surface (f) hélicoïdale
à 45⁰

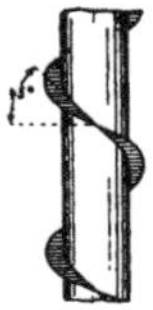

винтовая поверхность
(f), поднимающаяся
подъ угломъ въ 45⁰
superficie (f) elicoidale
che sale con l'incli-
nazione di 45⁰
superficie (f) helicoidal
á 45⁰

3
Drehfestigkeit (f)
twisting resistance or
strength
résistance (f) à la tor-
sion

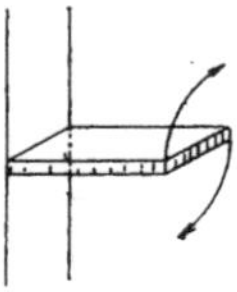

сопротивленіе (n) скру-
чиванію
resistenza (f) dell'avvolgimento
resistencia (f) á la tor-
sión

4
Laststeigerung (f)
increase of load
augmentation (f) de
charge

возрастающее увели-
ченіе (n) нагрузки
aumento (m) del carico
aumento (m) de carga

5
abgedrehter Stab (m)
turned bar or rod
barre (f) tournée

точёный прутъ (m)
verga (f) tornita
barra (f) torneada

6
Walzhaut (f)
thin skin or film of
rolled bars
texture (f) superficielle
résultant du laminage

окалина (f)
scaglia (f)
piel (f) de laminar

7
Gleiten (n)
slipping, sliding
glissement (m)

скольженіе (n)
scorrimento (m), scivo-
lare (v)
deslizamiento (m)

8
Aufrauhung (f) der Stab-
oberfläche
roughing of the surface
of the bar or rod
rugosité (f) sur la sur-
face de la barre

приданіе (n) пруту
шероховатой по-
верхности
scabrosità (f) o ruvidezza
(f) della superficie
esterna della verga
aspereza (f) de la super-
ficie de la varilla

9
Gleitwiderstand (m)
resistance to sliding or
slipping
résistance (f) au glisse-
ment

сопротивленіе (n)
скольженію
resistenza (f) allo scor-
rimento od allo scivo-
lare
resistencia (f) al des-
lizamiento

Querkraft (f)
transversal force
effort (m) transversal,
force (f) transversale

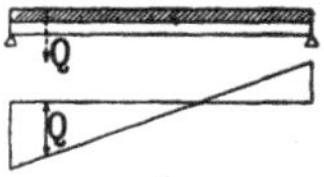

поперечная сила (f)
sforzo (m) trasvèrsale
fuerza (f) transversal

1

---

unbelasteter Zustand
    (m)
unloaded condition
sans charge

ненагруженное состоя-
ніе (n)
stato (m) di scarico
sin carga

2

---

spannungslos (adj)
unstrained, unstressed
sans tension

въ состояніи нулевыхъ
нагряженій
senza tensione
sin tensión

3

Längenveränderung (f)
infolge Abbindens
change of length due
   to setting
changement (m) de
   longueur ensuite de
   la prise

измѣненіе (n) длины
вслѣдствіе схватыва-
нія
variazione (f) di lun-
ghezza in seguito alla
slegatura
variación (f) de longitud
después del fraguado

4

---

ausdehnen (v)
to expand
se dilater (v), s'allonger
   (v)

удлиняться
dilatarsi (v), estendersi
   (v)
dilatarse (v), alargarse
   (v)

5

Molekularkraft (f)
molecular force
force (f) moléculaire

молекулярная сила (f)
forza (f) molecolare
fuerza (f) molecular

6

Riß (m)
crack
fente (f), fissure (f)

трещина (f); разрывъ
   (m)
crepaccio (m), fessura (f)
grieta (f), raja (f)

7

Temperaturspannung (f)
stress due to tempera-
   ture
tension (f) due à la
   température

температурное напря-
женіе (n)
tensione (f) per la tem-
peratura
tensión (f) térmica ó
debida á la tempera-
tura

8

Ausdehnungszahl (f),
   Ausdehnungskoeffi-
   zient (m)
coefficient of expansion
coefficient (m) de dila-
   tation

коеффиціентъ (m) уд-
линенія
coefficiente (m) di dila-
tazione
coeficiente (m) de dila-
tación

9

---

linear (adj)
linear, lineal
linéaire (adj)

линейный
lineare (agg)
lineal (adj)

10

---

statische Berechnung (f)
static calculation
calcul (m) statique

статическій расчётъ
   (m)
calcolo (m) statico
cálculo (m) estático

11

1
Versuch (m)
test, trial, experiment
essai (m)

испытаніе (n)
esperienza (f), prova (f), esame (m)
ensayo (m)

2
theoretische Ermittlung (f)
theoretical solution *or* determination
détermination (f) théorique

теоретическое опредѣленіе (n)
determinazione (f) teorica
determinación (f) teórica

3
Verlauf (m) der Kräfte
variation of forces
action (f) successive *ou* différente des forces

игра (f) силъ
decorso (m) delle forze
acción (f) sucesiva ó diferente de las fuerzas

4
statisch unbestimmt (adj)
not statically determined
statiquement indéterminé (adj)

статически неопредѣлимый
staticamente indeterminato (agg)
indeterminado (adj) estaticamente

5
Proportionalität (f)
proportionality
proportionnalité (f)

пропорціональность (f)
proporzionalità (f)
proporcionalidad (f)

6
Spannungswechsel (m)
change of tension, inversion of stresses
variation (f) *ou* inversion (f) de tension

перемѣна (f) напряженій
variazione (f) di tensione
variación (f) ó inversión (f) de tensión

7
dynamische Beanspruchung (f)
dynamical stresses (pl)
effort (m) dynamique

динамическое дѣйствіе (n) нагрузки
sforzo (m) dinamico
esfuerzo (m) dinámico

8
Prüfung (f)
test, testing
épreuve (f), essai (m)

испытаніе (n)
prova (f), esame (m)
ensayo (m), prueba (f)

9
Bruchphase (f)
point *or* period of rupture *or* fracture
phase (f) de rupture

фаза (f) разрушенія
fase (f) di rottura
fase (f) de rotura

10
Haftspannung (f)
gripping force, force of adhesion
tension (f) d'adhérence

τ_h

прочность (f) сцѣпленія
tensione (f) di aderenza
tensión (f) de adherencia

11
Spannungsnullinie (f)
neutral line
ligne (f) *ou* axe (m) neutre, fibre (f) neutre

траекторія (f) *или* линія (f) нулевыхъ напряженій
asse (m) delle tensioni nulle
fibra (f) neutra

12
Streckenlast (f)
load distributed over a certain length *or* area
charge (f) locale

распредѣлённый грузъ (m)
carico (m) disteso
carga (f) local

über dem ganzen Träger
verteilte Last (f)
load distributed over
the whole length of
the beam
charge (f) répartie sur
toute la poutre

нагрузка (f), распредѣ-
лённая по всей длинѣ
балки
carico (m) ripartito su
tutta la trave
carga (f) distribuida
sobre toda la viga

1

Einzellast (f)
single load, concen-
trated load
charge (f) isolée

сосредоточенный
грузъ (m)
carico (m) concentrato
od isolato
carga (f) aislada

2

Stützweite (f)
span
portée (f), distance (f)
entre les points d'appui

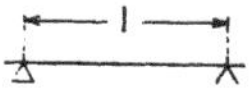

пролётъ (m)
distanza (f) fra gli ap-
poggi, portata (f)
luz (f), distancia (f) entre
los puntos de apoyo

3

---

den Auflagerdruck be-
stimmen (v)
to determine the pres-
sure on the support
déterminer (v) la pres-
sion sur l'appui ou la
réaction de l'appui

опредѣлять опорное
давленіе
determinare (v) la pres-
sione d'appoggio
determinar (v) la presión
sobre el apoyo ó la
reacción del apoyo

4

---

graphisch (adj)
graphically
graphique (adj), gra-
phiquement, par la
méthode graphique

графическій
grafico (agg), grafica-
mente, con metodo
grafico
gráficamente, por el
método gráfico

5

Seileck (n)
funicular polygon
polygone (m) funiculaire

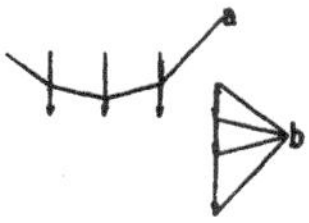

верёвочный много-
угольникъ (m)
poligono (m) funicolare
poligono (m) funicular

6

Krafteck (n)
parallelogram of forces
parallélogramme (m)
des forces

многоугольникъ (m)
силъ
parallelogramma (m)
delle forze
paralelógramo (m) de
las fuerzas

7

Bruchlast (f)
breaking load
charge (f) de rupture

предѣльная нагрузка
(f); разрушающій
грузъ (m); нагрузка
разрушенія; разрыв-
ное усиліе (n)
carico (m) di rottura
carga (f) de rotura

8

Bruchspannung (f)
breaking stress
tension (f) de rupture

предѣльное напря-
женіе (n)
tensione (f) di rottura
tensión (f) de rotura

9

Eigengewicht (n)
sole (individual) weight
poids (m) propre

собственный вѣсъ (m)
peso (m) proprio
peso (m) propio

10

1

Trägheitsmoment (n)
moment of inertia
moment (m) d'inertie

моментъ (m) инерцiи
momento (m) d'inerzia
momento (m) de inercia

2

statisch unbestimmte
Größe (f)
value *or* magnitude
which is not deter-
mined statically
grandeur (f) statique-
ment indéterminée

статически неопредѣ-
лимая величина (f)
grandezza (f) statica-
mente indeterminata
magnitud (f) indetermi-
nada estaticamente,
valor (m) indetermi-
nado estaticamente

3

Momentenfläche (f)
area comprised between
the diagram of mo-
ments and the base
line
aire (f) des moments

площадь (f) моментовъ
area (f) *o* diagramma (m)
dei momenti
área (f) de los momen-
tos

4

die positive Momenten-
fläche auftragen (v)
to plot the positive
moments
ajouter (v) *ou* porter (v)
au dessus les aires des
moments positifs

наносить положитель-
ную площадь момен-
товъ
riportare (v) il diagram-
ma dei momenti po-
sitivi
añadir (v) ó adicionar
(v) las áreas de los mo-
mentos positivos

5

das Stützenmoment ab-
tragen (v)
to subtract the moment
of the supports
soustraire (v) *ou* porter
(v) en dessous les mo-
ments sur l'appui

откладывать опорный
моментъ
sottrare (v) il momento
d'appoggio
substraer (v) los momen-
tos sobre el apoyo

6

Schlußlinienzug (m)
closing lines (pl)
tracé (m) des lignes de
fermeture *ou* de sé-
paration (du dia-
gramme)

ломанная (f) замыкаю-
щихъ
tracciato (m) delle linee
di chiusura
trazo (m) de las lineas
de cierre (del dia-
grama)

7

Schlußlinie (f)
closing line
ligne (f) de fermeture
du diagramme

a

замыкающая (f)
linea (f) di chiusura del
diagramma
linea (f) de cierre del
diagrama

8

Grundgleichung (f)
fundamental equation
équation (f) fondamen-
tale

$$\frac{\sigma_b}{\sigma_e} = \frac{1}{n}\;\frac{x}{2-x-c}$$

основное уравненiе (n)
equazione (f) fonda-
mentale
ecuación (f) funda-
mental

9

Kräftemaßstab (m)
scale of forces
échelle (f) des forces

масштабъ (m) силъ
scala (f) delle forze
escala (f) de las fuerzas

10

Kräftepolygon (n)
polygon of forces
polygone (m) des forces

многоугольникъ (m)
силъ
poligono (m) delle forze
poligono (m) de las
fuerzas

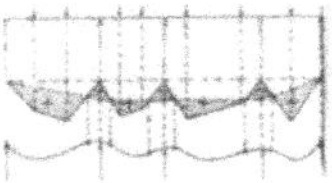

German / English / French	Russian / Italian / Spanish	No.
Plattenbalken (m), Rippenbalken (m) T-shaped *or* ribbed beam plancher (m) à nervures	ребристая плита (f) soletta (f) con trave piso (m) con nervios ó costillas	*1*
Randträger (m) angle course *or* L-shaped beam console (f) sur poutrelle	крайняя балка (f) trave (f) di faѕcia, trave (f) a peducᴄio viga (f) del borde, ménsula (f) sobre viga	*2*
die Eiseneinlagen in zwei Reihen anordnen (v) to place the iron work in two layers disposer (v) les armatures en deux rangées	располагать желѣзную арматуру въ два ряда distribuire (v) le armature di ferro su due ordini disponer (v) las armaduras en dos filas	*3*
Druckzone (f) zone of pressure zone (f) de pression	поясъ (m) сжатія zona (f) di pressione zona (f) de presión	*4*
Nebenspannung (f) secondary force *or* stress tension (f) secondaire	добавочное *или* второстепенное напряженіе (n) tensione (f) secondaria tensión (f) secundaria	*5*
parallel zur Achse gelegene Faser (f) fibre parallel to the axis fibre (f) parallèle à l'axe	паралельно оси расположенное волокно (n) fibre (f pl) distribuite parallelamente all'asse fibra (f) paralela al eje	*6*
Schubkraftkurve (f) curve representing the shear courbe (f) d'effort tranchant	кривая (f) сдвигающихъ усилій; діаграмма (f) скалывающихъ усилій linea-curva (f) dello sforzo di taglio *o* di spinta curva (f) de los esfuerzos cortantes	*7*
Säule (f), Stütze (f) pillar, support, column, post, stancheon colonne (f), pilier (m)	колонна (f); стойка (f) colonna (f), pilastro (m), pila (f) columna (f), pilar (m)	*8*
zentrisch belasten (v) to load centrally *or* evenly charger (v) suivant l'axe de figure	нагружать центрально caricare(v) centralmente cargar (v) en el centro	*9*
Knickfestigkeit (f) resistance to collapse, buckling resistance résistance (f) au flambage	сопротивленіе (n) продольному изгибу resistenza (f) alla rottura resistencia (f) á la compresión axial	*10*

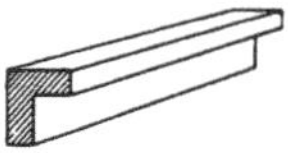

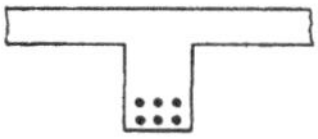

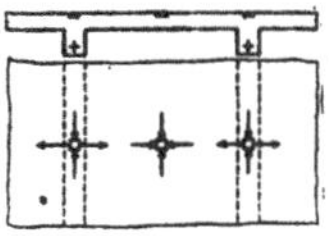

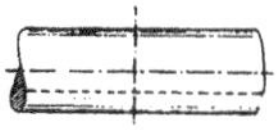

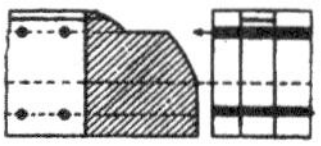

VIII

4

1

Gewölbeberechnung (f)
calculation for arch-con-
struction
calcul (m) d'une voûte

расчётъ (m) свода
calcolo (m) di una volta
cálculo (m) de una bó-
veda

2

Brückengewölbe (n)
arch of a bridge
voûte (m) de pont

мостовой сводъ (m);
мостовая арка (f)
volte (f pl) dei ponti
bóveda (f) de puente

3

Pfeilverhältnis (n)
ratio between the rise
and the span
rapport (m) de flèche
(entre la flèche et la
corde)

подъёмъ (m); отно-
шеніе (n) стрѣлы къ
пролёту
rapporto (m) delle saette
relación (f) entre la
flecha y la cuerda

4

Steifigkeitszahl (f),
Steifigkeitsziffer (f)
coefficient of rigidity
coefficient (m) de rigi-
dité

$$E_b \cdot J$$

коеффиціентъ(m)жёст-
кости
coefficiente (m) di rigi-
dità
coeficiente (m) de rigi-
dez

III.

Betonbereitung

Preparation of Concrete

Préparation du béton

Приготовленіе бетона

Lavorazione del calcestruzzo

Preparación del hormigón

Mischung (f) mixture mélange (m)	смѣсь (f) impasto (m), miscela (f) mezcla (f)	*1*
Handmischung (f) hand mixing mélange (m) à la main	ручное смѣшиваніе (n) miscela (f) *od* impasto (m) a mano mezcla (f) á mano	*2*
Werkzeug (n) tool outil (m)	инструментъ (m) utensile (m) útil (m), instrumento (m)	*3*
Mischtreppe (f) steps of mixing stage *or* platform échelle (f) à mortier	ступенчатая мѣшалка (f) scala (f) per l'impasto escalera (f) para mezclar	*4*
Podium (n). Plattform (f), Mischbühne (f) stage, platform plate-forme (f)	платформа (f) piattaforma (f), palco (m) plataforma (f)	*5*
Holzpodium (n) timber stage *or* platform plate-forme (f) en bois	деревянная платформа (f) piattaforma (f) in legno, palconata (f) plataforma (f) de madera	*6*
Blechauflage (f) metal covering sheet couverture (f) en tôle	жестяная обшивка (f) copertura (f) in latta cubierta (f) de plancha	*7*
Messen (n) des Sandes measuring of the sand mesurage (m) des matières sableuses	отмѣриваніе (n) песка misurazione (f) del materiale sabbioso medida (f) de los materiales arenosos	*8*
Schiebkarre (f), Schieb- karren (m) wheelbarrow brouette (f)	тачка (f) carriuola (f) carretilla (f)	*9*

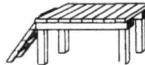

4*

German		Russian / Italian / Spanish
1 Sandmeßrahmen (m) sand measure box caisse (f) pour mesurer le sable		бездонный ящикъ (m) для обмѣриванія песка cassone (m) o appa- recchio (m) per misu- rare la sabbia caja (f) para medir arena
2 Handschaufel (f) hand shovel pelle (f) à main		лопата (f) pala (f), vanga (f), badile (m) pala (f)
3 die Mischung benetzen (v) to moisten the mixture, to sprinkle the mass mouiller (v) le mélange		смачивать или увлаж- нять смѣсь bagnare (v) l'impasto humedecer (v) la mezcla
4 Gießkanne (f) watering can arrosoir (m)		лейка (f) inaffiatoio (m) regadera (f)
5 Sack (m) bag, sack sac (m)		мѣшокъ (m) sacco (m) saco (m)
6 Meßkästchen (n) measuring box, measure caisse (f) de mesure		измѣрительный ящикъ (m) cassetta (f) per misurare caja (f) para medir
7 den Boden nicht naß werden lassen to prevent the bottom from becoming wet ne pas laisser le plancher se mouiller		не допускать смачива- нія дна non lasciare bagnare l'impiantito no dejar que se moje el suelo
8 Zementkruste (f) crust or coating of cement croûte (f) du ciment		цементная кора (f) или корка (f) crosta (f) di cemento costra (f) del cemento
9 Mischungsvorgang (m) process or order of mixing processus (m) de mélange, marche (f) des opérations de malaxage		процессъ (m) смѣши- ванія procedimento (m) per l'impasto proceso (m) que se desarrolla durante la mezcla
10 Mischer (m) mixer mélangeur(m),malaxeur (m)	a	мѣшалка (f) impastatore (m), marra (f) mezclador (m)
11 Haufe[n] (m) heap, pile tas (m)	b	куча (f) mucchio (m) montón (m)

in die Häufchen um-
schaufeln (v)
to turn the heap over
with a shovel
pelleter (v) les tas

пере700пачивать въ
кучки
smuovere (v) a vanga
i mucchi   1
palear (v), mover (v) con
la pala en los mon-
toncillos

---

trocken aufschütten (v)
to heap or pile in a dry
state
charger (v) à sec

насыпать въ сухомъ
видѣ
ammucchiare (v) a secco   2
cargar (v) en seco

---

mit der Gießkanne
benetzen (v)
to sprinkle with the
watering can
mouiller (v) avec l'arro-
soir

смачивать изъ лейки
bagnare (v) od inaffiare
(v) con l'inaffiatoio   3
mojar (v) ó humedecer
(v) con la regadora

Maschinenmischung (f)
machine or mechanical
mixing
mélange (m) mécanique
ou à la machine

машинная смѣсь (f)
miscela (f) a macchina   4
mezcla (f) con máquina

---

innigeres Mischen (n)
homogeneous mixing,
mixing to a uniform
composition
mélange (m) plus intime

болѣе тѣсное смѣши-
ваніе (n)
miscela (f) più accurata
od intensiva o com-   5
pleta
mezcla (f) mas intima

---

absatzweiser Betrieb
(m)
intermittent work
fonctionnement (m)
intermittent

періодическое дѣйст-
віе (n)
funzionamento (m) a   6
gradini
marcha (f) intermitente

Freifallmischer (m)
gravity mixer
mélangeur (m) à chute
libre

ступенчатая мѣшалка
(f)
impastatrice (f) a libero
scarico   7
mezclador (m) á caída
libre

Chargenmischer (m),
Mischvorrichtung (f)
mit absatzweisem Be-
triebe
pug-mill mixer, inter-
mittent working
mixer
malaxeur (m) à foncti-
onnement discontinu

мѣшалка (f) періоди-
ческаго дѣйствія
impastatore (m) a fun-
zionamento interrom-   8
pibile
mezclador (m) de
marcha interrumpida

---

der Mischbehälter steht
fest
the mixing drum is
fixed
l'enveloppe du ma-
laxeur est fixe

пріёмникъ (m) мѣшал-
ки неподвиженъ
il raccoglitore d'im-
pasto è fermo   9
el recipiente mezclador
es fijo

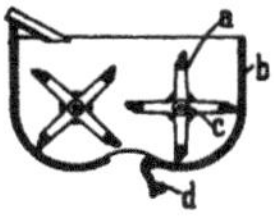

1	doppelt wirkende Maschine (f) double action machine machine (f) à double effet	машина (f) двойного дѣйствія macchina (f) a doppio effetto o girante nei due sensi máquina (f) de doble efeᴄto
2	Rührarm (m) stirring arm bras (m) d'agitateur	a	мѣшальная лопасть (f) braccio (m) dell'agitatore brazo (m) agitador
3	Schaufel (f) shovel pelle (f), palette (f)		лопатка (f) aletta (f), paletta (f) pala (f), paleta (f)
4	Trog (m) trough, tub auge (f), cuve (f)	b	корыто (n) vasca (f), tinozzo (m), truogolo (m) cuba (f)
5	wagerecht nebeneinander liegende Wellen (f pl) shafts arranged side by side horizontally arbres (m pl) horizontaux parallèles ou conjugués	c	рядомъ лежащіе горизонтальные валы (m pl) alberi (m pl) disposti orizzontalmente uno appresso l'altro ejes (m pl) horizontales paralelos
6	Klappe (f) trap, dump clapet (m), valve (f)	d	клапанъ (m); задвижка (f) valvola (f), scappatoia (f) válvula (f), trampilla (f)
7	den Mischvorgang beobachten (v) to look after or watch the order of mixing observer (v) la marche du mélange		наблюдать за процессомъ смѣшиванія osservare (v) il procedere dell'impasto observar (v) la marcha de la mezcla
8	durchkneten (v) to pug or mix thoroughly brasser (v), malaxer (v)		проминать maneggiare(v) l'impasto batir (v), agitar (v)
9	Broughton-Mischer (m) Broughton mixer malaxeur (m) Broughton		мѣшалка (f) Браутона impastatrice (f) tipo Broughton mezclador (m) Broughton
10	die Rührwellen drehen sich in entgegengesetzter Richtung the shafts carrying the stirring arms revolve in opposite directions les arbres des agitateurs tournent en sens inverses		мѣшальные валы (m pl) вращаются въ противоположномъ направленіи gli alberi agitatori ruotano in direzioni contrarie los ejes mezcladores giran en sentidos contrarios

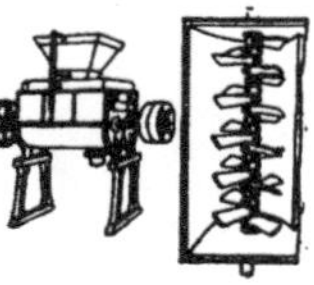

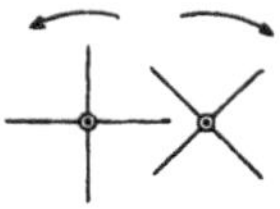

Materialaufzug (m) material hoist *or* elevator monte-charge (m), élévateur (m)	подъёмникъ (m) для матеріала elevatore (m) di materiali montacargas (m)

a

a

1

Motor (m) engine, motor moteur (m)	моторъ (m) motore (m) motor (m)

2

Kraftverbrauch (m) *or* power consumed *or* absorbed consommation (f) *ou* dépense (f) de force motrice	расходъ (m) силы consumo (m) di energia consumo (m) ó gasto (m) de fuerza motriz

3

der Mischbehälter ist kippbar auf der Welle the mixing drum can be rotated on its axis le malaxeur est à tambour basculant autour de l'arbre	пріёмникъ (m) мѣшалки приспособленъ къ опрокидыванію на валу la cassa (f) per l'impasto è montata a bilico sull'albero el recipiente mezclador báscula sobre el eje

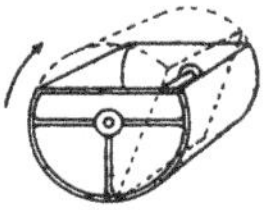

4

denMischbehälterdurch Riegel in aufrechter Stellung halten (v) to hold the mixer in upright position by means of stops maintenir (v) le tambour-malaxeur par un verrou dans la position verticale	удерживать пріёмникъ въ стоячемъ положеніи посредствомъ крюка mantenere (v) la cassa per l'impasto in posizione verticale mediante traverse o barre mantener (v) vertical el recipiente mezclador por medio de un cerrojo ó pestillo

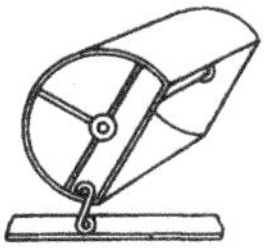

5

den Riegel auslösen (v) to release *or* unfasten the stop hook dégager (v) le verrou	оттягивать *или* освобождать откидной крюкъ sganciare (v) l'arresto soltar (v) el cerrojo ó pestillo

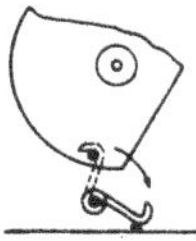

6

die Trommel dreht sich selbsttätig nach unten the drum turns back automatically, the mixer rights itself le tambour se redresse automatiquement	барабанъ (m) опрокидывается автоматически il tamburo gira automaticamente verso il basso el tambor gira por si mismo hacia abajo

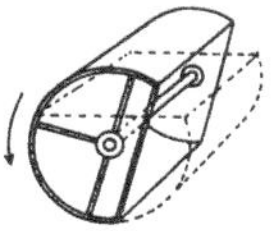

7

1	denMischbehälterdurch Bremse festhalten (v) to keep the mixer in position by means of a brake arrêter (v) le tambour par un frein		удерживать прiёмникъ въ опредѣлённомъ положенiи тормазомъ trattenere (v) il tamburo dell'impastatrice mediante freno sujetar (v) ó mantener (v) el tambor mezclador por medio de freno
2	Entleerungsstellung (f) emptying position position (f) de vidange		положенiе (n) при опоражниванiи posizione (f) di scaricamento posición (f) de descarga
3	selbsttätig in die aufrechte Lage zurückkehren (v) to return automatically to an upright position reprendre (v) automatiquement la position verticale		возвращаться автоматически въ вертикальное положенiе riprendere (v) automaticamente la posizione verticale volver (v) automáticamente á la posición vertical
4	Kipptrogmischmaschine (f) tipping trough mixer malaxeur (m) à auge basculante		мѣшалка (f) съ опрокидывающимся корытомъ impastatrice (f) o mescolatrice (f) con cassa a bilico máquina (f) mezcladora de cuba basculante
5	feststehende Maschine (f) stationary or fixed machine machine (f) fixe	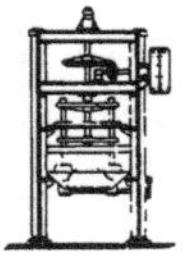	неподвижная машина (f) macchina (f) verticale fissa máquina (f) fija
6	umlaufende Trommel (f) rotating drum tambour (m) tournant ou rotatif	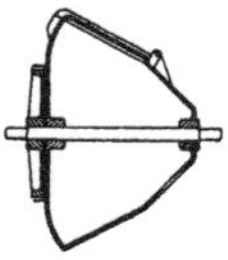	вращающiйся барабанъ (m); вращающаяся бетоньерка (f) tamburo (m) girevole tambor (m) giratorio
7	Überstürzen (n) der Mischtrommel overturning of the mixing drum renversement (m) du tambour		переваливанiе (n) или переворачиванiе (n) барабана или бетоньерки rovesciamento (m) della miscela volcamiento (m) ó acción (f) de volcar del tambor

1

würfelförmiger Misch-
behälter (m)
cubical mixing tank
malaxeur (m) de forme
cubique

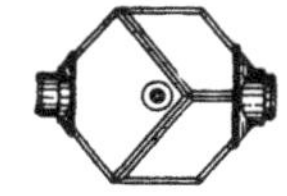

кубическій барабанъ
(m); бетоньерка (f)
въ формѣ куба
cassa (f) dell'impasto a
forma cubica o dadi-
forme
mezclador (m) en forma
de cubo

2

lose in die Trommel
eingelegte Eisenkugeln
(f pl)
iron balls (pl) placed
loosely in the drum
boulets (m pl) de fer se
mouvant librement
dans le tambour

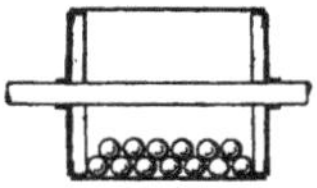

свободно положенные
въ барабанъ желѣз-
ные шары (m pl)
sfere (f pl) di ferro introdotte libere nel tam-
buro
bolas (f pl) de hierro
movimiendose libre-
mente en el tambor

3

zur Drehachse geneigte
Stellung (f) des Be-
hälters
position of the drum
inclined to the axis
of rotation
position (f) inclinée du
malaxeur sur son
arbre

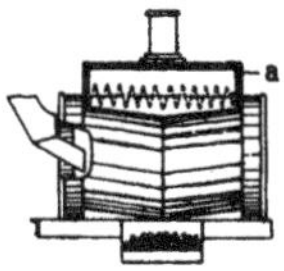

наклонное положеніе
(n) барабана къ оси
вращенія
posizione (f) inclinata
della cassa d'impasto
sull'albero di rota-
zione
posición (f) inclinada del
[tambor] mezclador
sobre el eje de rota-
ción

4

Führungskranz (m)
driving ring or rim
couronne (f) de guidage

a

ведущій поясокъ (m)
corona (f) di guida
corona (f) para guía

5

Kreuz- und Quer-
vermengung (f)
criss-cross mixing
mélange (m) par se-
cousses alternatives
croisées ou mouve-
ments croisés

смѣшиваніе (n) вдоль и
поперёкъ
mescolanza (f) per agi-
tazione per dritto e
per traverso
mezcla (f) por sacudidas
longitudinales y trans-
versales ó movimien-
tos transversales y
longitudinales

6

Ransomesche Misch-
maschine (f)
Ransome's mixer
malaxeur (f) Ransome

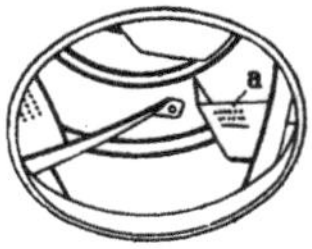

мѣшалка (f) Рансома
impastatrice (f) Ran-
some
mezclador (m) Ransome

7

Misch- und Transport-
flügel (m)
mixing and conveying
blade
palette (f) pour le ma-
laxage et le transport

a

смѣшивающія и транс-
портирующія
крылья (n pl)
aletta (f) trasportatrice
e mescolatrice
paleta (f) mezcladora y
transportadora

1
senkrechte und längs-
gerichtete Bewegung
(f)
vertical motion in the
direction of the main
axis
mouvement (m) vertical
et longitudinal

вертикальное и посту-
пательное движеніе
(n)
movimento (m) verticale
e longitudinale
movimiento (m) vertical
y longitudinal

2
zum Entleerungsende
transportieren (v)
to convey to the exit
or discharging end
transporter (v) vers l'extrémité de vidange

передвигать къ вы-
пускному концу
trasportare (v) verso
l'estremità di scarico
transportar (v) al ex-
tremo donde tiene
lugar el vaciado

3
Entleerungsöffnung (f)
discharge opening, exit
orifice (m) de vidange

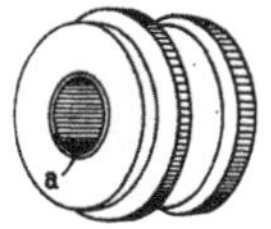

a

выпускное отверстіе (n)
apertura (f) *od* orifizio
(m) di scarico
orificio (m) de vacia-
miento

4
taschenartiger Behälter
(m)
pocket-shaped holder
[récipient (m) en forme
de] poche (f)

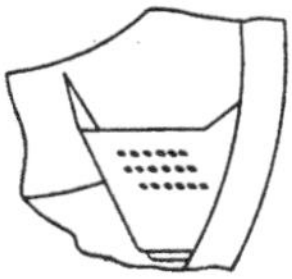

пріёмникъ (m) въ видѣ
ковша
recipiente (m) a forma
di bisaccia
recipiente (m) en forma
de bolsillo

5
Aufschüttrinne (f)
shoot, chute
rigole (f) de versage

насыпной жёлобъ (m)
doccia (f) per racco-
gliere, doccione (m)
di scarico
canal (m) para echar

6
Smithsche Misch-
maschine (f)
Smith's mixer
malaxeur (m) Smith

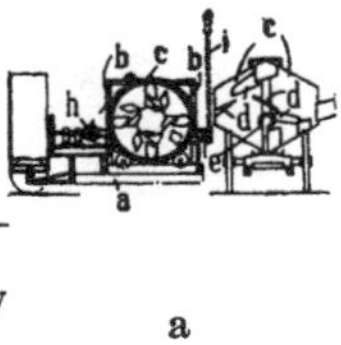

мѣшалка (f) Смита
impastatrice (f) Smith
mezcladora (f) Smith

7
Fahrgestell (n)
under wagon *or* trolley
châssis (m) transpor-
table *ou* roulant

a

перевозочный станъ
(m)
carrello (m) della mac-
china
bastidor (m) móvil

8
Kippgestell (n)
tipping frame
châssis (m) basculant

b

станокъ (m) для опро-
кидыванія
carrello (m) a bilico
bastidor (m) basculante

doppelkegelförmige
 Mischtrommel (f)
mixing drum shaped like
 a double cone
tambour (m) mélangeur
 à double cône

c

барабанъ (m) *или* бе-
 тоньерка (f) въ фор-
 мѣ двойного конуса
tamburo (m) conico dop-
 pio per la miscela
tambor (m) mezclador
 bicónico

1

Führungsplatte (f)
conveyor plate
plaque (f) de guidage

d

направляющая плита
                    (f)
placca (f) di guida
placa (f) de guia

2

---

sich kreuzende spiral-
 förmige Windungen
           (f pl)
spiral coils which cross
 each other
spires (f pl) croisées

скрещивающіеся спи-
 ральные витки (m pl)
spire (f pl) incrociate
espiras (f pl) cruzadas

3

Lager (n)
bearing
palier (m)

e

подшипникъ (m)
sopporto (m), cuscinetto
                    (m)
soporte (m)

4

---

die Kette greift ein
the chain catches hold
 or grips *or* engages
la chaîne engrène

цѣпь (f) захватываетъ
la catena s'ingrana *o*
 gira su di una ruota
 dentata
la cadena agarra

5

Querwelle (f)
cross shaft
arbre (m) transversal

поперечный валъ (m)
albero (m) trasversale
eje (m) ó árbol (m)
 transversal

6

Kettenrad (n)
chain wheel *or* sprocket
roue (f) à chaîne

h

цѣпное колесо (n)
ruota (f) a catena
rueda (f) de cadena

7

Handhebel (m)
hand lever
levier (m) à main *ou* de
 manœuvre

i

ручной рычагъ (m)
leva (f) a mano
palanca (f) de maniobra

8

Tragrolle (f)
carrying roller
galet (m) porteur

опорный валикъ (m)
rullo (m) portante
galete (m) ó rodillo (m)
 portador

9

Führungsrolle (f)
guide roller
galet (m) de guidage

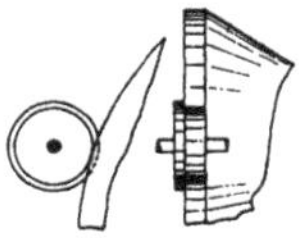

направляющій валикъ
                    (m)
rullo (m) di guida
rodillo (m) guiador

10

---

drehbar lagern (v)
to mount on a rotary
 manner
monter (v) pour [per-
 mettre] un mouve-
 ment de rotation

установить вращаю-
 щейся на оси
vuotare (v) con movi-
 mento girevole
montar (v) para un mo-
 vimiento giratorio

11

1
Schildzapfen (m)
trunnion
tourillon (m) fixé à un
flasque

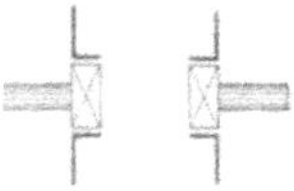

торцевой шипъ (m)
pernoruota (m), orec-
chione (m)
muñon (m) fijado á una
placa

2
Kegelrad (n)
conical *or* bevil spur
wheel
engrenage (m) conique,
roue (f) d'angle

коническое колесо (n)
ruota (f) conica
rueda (f) de ángulo ó
cónica

3
in ständigem Eingriff
bleiben (v)
to remain in engage-
ment
rester (v) en prise,
être (v) toujours en
prise

находиться въ по-
стоянномъ запѣ-
пленіи
rimanere (v) sempre in
presa
permanecere (v) aga-
rrado

4
Gegengewicht (n)
balance- *or* counter-
weight
contrepoids (m)

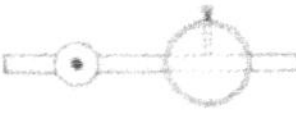

противовѣсъ (m)
contrappeso (m)
contrapeso (m)

5
Gilbrethsche Misch-
maschine (f)
Gilbreth's mixer
malaxeur (m) Gilbreth

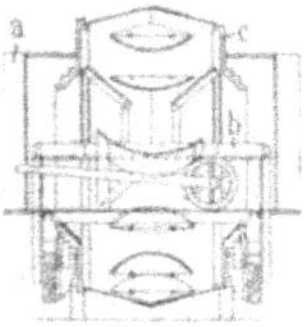

мѣшалка(f) Жильбрета
impastatrice (f) Gilbreth
mezcladora (f) Gilbreth

6
Schließtür (f)
door
porte (f) (à coulisse)

a

заслонка (f)
porta (f) scorrevole
puerta (f) de cierre

7
Plattform (f)
platform, stage
plate-forme (f)

b

платформа (f)
piattaforma (f)
plataforma (f)

8
Außenfläche (f) des
Deckels
outer face of the cover
surface (f) extérieure du
couvercle

c

наружная поверхность
(f) крышки
superficie (f) esterna del
coperchio
superficie (f) exterior de
la cubierta

9
birnenförmige Gestalt
(f) des Mischbehälters
pear-shape of the mix-
ing drum
forme (f) de poire du
malaxeur

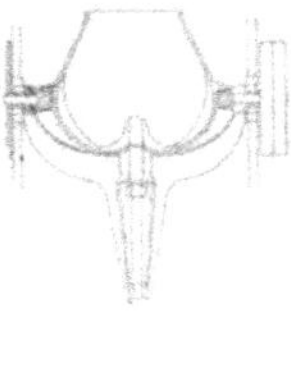

грушевидная форма (f)
мѣшальнаго бара-
бана; грушевидная
бетоньерка (f)
forma (f) a pera del
serbatoio d'impasto
[recipiente (m)] mez-
clador (m) en forma
de pera

Maschine (f) mit un-
unterbrochenem Be-
triebe
machine with uninter-
rupted drive
machine (f) à fonction-
nement continu

машина (f) непрерыв-
наго дѣйствія
macchina (f) a funziona-
mento continuo
máquina (f) de marcha
continua

1

wagerechter mulden-
förmiger Mischbehäl-
ter (m)
horizontal trough-shap-
ed mixing-tub
malaxeur (m) horizon-
tal à auge

горизонтальный коры-
тообразный бара-
банъ (m)
serbatoio (m) dell'im-
pasto orizzontale a
forma concava *od* a
truogolo
mezclador (m) horizon-
tal en forma de ar-
tesa

2

drehbare Mischer-
schaufel (f)
rotating mixing scoop
palette (f) d'agitateur
rotatif

a

вращающаяся мѣ-
шальная лопасть (f)
paletta (f) agitatrice
girevole
paleta (f) de mezcladora
giratoria

3

Einlaßende (n)
inlet *or* feed end
[extrémité (f) d'] entrée
(f)

b

впускной конецъ (m)
estremità (f) di entrata
extremidad (f) de en-
trada

4

Auslaßende (n)
outlet *or* delivery end
[extrémité (f) de] sortie
(f)

c

выпускной конецъ (m)
estremità (f) di uscita
extremidad (f) de salida

5

geneigte Stellung (f) des
Mischtroges
sloping position of the
trough
position (f) inclinée de
l'auge de mélange

наклонное положеніе
(n) мѣшальнаго ко-
рыта
posizione (f) inclinata
del truogolo mescola-
tore
posición (f) inclinada
de la artesa mezcla-
dora

6

Gasparysche Misch-
maschine (f)
Gaspary's mixer
malaxeur (m) Gaspary

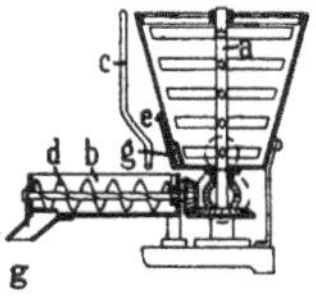

мѣшалка (f) Гаспари
macchina (f) impasta-
trice Gaspary
mezcladora (f) Gaspary

7

getrennteMischbehälter
(m pl) für Trocken-
und Naßmischung
separate mixing drums
(pl) for dry- and wet-
mixing
malaxeur (m) double
pour mélange à sec
et humide

отдѣльные барабаны
(m pl) для сухого
и мокраго смѣши-
ванія
recipienti (m pl) da im-
pasto per impasto
secco ed umido
recipiente (m) mezcla-
dor *ó* mezcladora (f)
para mezcla seca y
humida

8

1
senkrechtes Rührwerk (n)
vertical mixing *or* stirring device
agitateur (m) vertical

a

вертикальный мѣшальный механизмъ (m)
agitatore (m) verticale
agitador (m) vertical

2
Befeuchtungsrinne (f)
damping *or* moistening channel
rigole (f) de mouillage

b

жёлобъ (m) для смачиванія
scolatoio (m) *o* doccione (m) di inaffiamento
canal (f) para humedecer

3
Berieselungsrohr (n)
water spray pipe
tuyau (m) d'arrosage

c

оросительная трубка (f)
tubo (m) inaffiatore
tubo (m) regador

4
Förderschnecke (f)
conveying worm *or* spiral
vis (f) transporteuse, transporteur (m) à vis

d

винтовой транспортёръ (m)
coclea (f)
tornillo (m) transportador

5
Schieber (m)
slide
registre (m), vanne (f)

e

задвижка (f)
tiretto (m), registro (m), catenaccio (m)
registro (m), válvula (f)

6
Auslauf (m)
discharge opening
orifice (f) d'écoulement

g

выпускъ (m)
scarico (m), scolo (m)
orificio (m) de salida

7
selbsttätiger Antrieb (m)
automatic drive
commande (f) automatique

a

самодѣйствующій приводъ (m)
comando (m) automatico
movimiento (m) automático

8
Schaufelrad (n)
rotating shovel *or* paddle wheel
roue (f) à palettes

a

лопастное колесо (n)
ruota (f) a palette
rueda (f) de paletas

9
Fallgewicht (n) des Betons
falling weight of the concrete
poids (m) du béton tombant

живая сила (f) падающаго бетона
peso (m) di caduta del calcestruzzo
peso (m) del hormigón que cae

10
treppenförmig angeordnete Mischschaufeln (f pl)
mixing scoops arranged in steps
palettes (f pl) mélangeuses en échelons

лопасти (f pl), расположенныя ступенями
palette (f pl) mescolatrici scaglionate *o* disposte a scalinata
paletas (f pl) mezcladoras dispuestas en forma de escalera

11
Gegenschaufel (f)
scoops working in a contrary direction
contre-palette (f) (disposée en sens inverse)

встрѣчная лопасть (f)
contropale (f pl) *o* pale (f pl) disposte in direzioni opposte
contrapaleta (f)

der Mischbehälter ist in
schwingender Be-
wegung
the mixing tray has a
swinging motion
le malaxeur est à mouve-
ment pendulaire

мѣшальный барабанъ
(m) находится въ ка-
чательномъ движенiи
il recipiente dell'im-
pasto è dotato di un
movimento pendolare
od oscillante
el recipiente mezclador
tiene movimiento osci-
lante *1*

Transportwagen (m) als
Mischmaschine
hauling wagon as mixer
wagon-malaxeur (m)

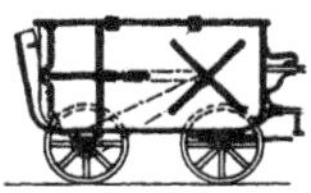

вагонетка-мѣшалка (f)
carro (m) da trasporto
come macchina im-
pastatrice
vagón (m) transporta-
dor como máquina
mezcladora *2*

Kupplung (f)
connection, coupling
accouplement (m), cou-
plage (m), embrayage
(m)

соединенiе (n)
giunto (m), accoppia-
mento (m)
acoplamiento (m) *3*

Transportvorrichtung(f)
conveyor
véhicules (m pl) et ap-
pareils (m pl) de trans-
port

транспортное приспо-
собленiе (n)
veicoli (m pl) ed appa-
recchi (m pl) di tras-
porto, trasportatori
(m pl)
vehículos (m pl) y apa-
ratos (m pl) transpor-
tadores *4*

Lagerplatz (m)
yard, store, depot
dépôt (m)

складочное мѣсто (n)
spazio (m) di deposito,
deposito (m), amma-
gazzinamento (m)
depósito (m) *5*

Verwendungsstelle (f)
place where the ma-
terial is used
lieu (m) d'utilisation

мѣсто (n) потребленiя
località (f) d'impiego
lugar (m) de empleo *6*

Horizontaltransport (m)
horizontal transport
transport (m) horizontal

горизонтальное пере-
мѣщенiе (n)
trasporto(m) orizzontale
transporte (m) hori-
zontal *7*

Handkippkarren (m)
hand tipping-barrow,
hand tip-cart
camion (m) (basculant)
à bras

ручная телѣжка (f)
carretta (f) a bilico a
mano
carretilla (f) basculante
de mano *8*

---

eiserner Kippkarren (m)
iron tip-cart
camion (m) à caisse bas-
culante en fer

желѣзная телѣжка (f)
съ опрокиднымъ ку-
зовомъ
carretta (f) in ferro a
bilico *o* rovesciabile *9*
vagoneta(f) ó carretilla(f)
de hierro basculante

	German / English / French	Russian / Italian / Spanish

1
Rollbahn (f)
railroad *or* metal track
voie (f) de roulement

путь (m) для откатки
strada (f) di rotolamento su binario
vía (f) ó carril (m) de rodadura

2
Seitenkippwagen (m)
side-tipper
wagonnet (m) basculant sur le côté

вагонетка (f), опрокидывающаяся на сторону
carro (m) o vagoncino (m) rovesciabile lateralmente
carretilla (f) basculante lateralmente

3
Handbetrieb (m)
hand-drive
traction (f) à bras

ручная тяга (f)
esercizio (m) a mano
tracción (f) á mano

4
Pferdebetrieb (m)
horse-drive
traction (f) à chevaux

конная тяга (f)
traino (m) od esercizio (m) con cavalli
tracción (f) con caballos

5
Lokomotivbetrieb (m)
locomotive-drive, engine-drive
traction (f) par locomotives

паровая тяга (f)
traino (m) od esercizio (m) con locomotiva
tracción (f) con locomotoras

6
Transportband (n)
conveyor-belt
courroie (f) transporteuse

транспортная лента (f); безконечное полотно (n)
nastro (m) trasportatore
banda (f) trasportadora

7
Vertikaltransport (m)
vertical *or* upright conveying
transport (m) vertical

вертикальное перемѣщеніе (n)
trasporto (m) in senso verticale
transporte (m) vertical

8
Kübel (m)
bucket
seau (m), benne (f)

бадья (f)
tinozza (f), mastello (m)
cubo (m)

9
Kübelaufzug (m)
bucket winch *or* hoist
monte-charge (m) à bennes, treuil (m) de puits

воротъ (m) съ бадьями
verricello (m) od elevatore (m) a secchie o tazze
montacargas (m) ó elevador (m) con cubos

10
Seil (n)
rope
câble (m)

канатъ (m)
cavo (m), fune (f)
cable (m)

11
Kran (m)
crane
grue (f)

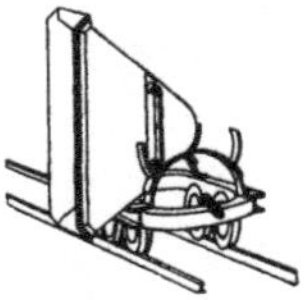

кранъ (m)
gru (f)
grúa (f,

Fahrstuhl (m)
lift, elevator
plate-forme (f) *ou* cage
(f) d'ascenseur *ou* de
monte-charge[s]

подъёмникъ (m)
sedia (f) dell'ascensore
o del montacarichi
plataforma (f) ó jaula
(f) de montacargas   *1*

Kübel (m) mit herab-
klappbarem Boden
tub with hinged *or* dump
bottom
benne (f) à fond ouvrant
ou se rabattant

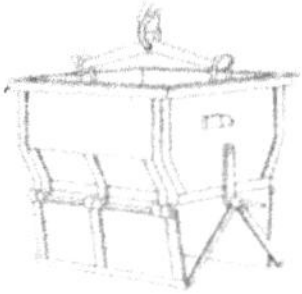

бадья (f) съ откиднымъ
дномъ
secchia (f) con fondo a
botola
caja (f) de fondo osci-
lante   *2*

Kette (f) ohne Ende
endless chain
chaîne (f) sans fin

безконечная цѣпь (f)
catena (f) senza fine
cadena (f) sin fin   *3*

Bremsberg (m)
braking incline
plan-incliné (m) (auto-
moteur)

тормазная горка (f);
бремсбергъ (m)
piano (m) inclinato
piano (m) inclinado
[automotor]   *4*

Schwenkkran (m)
slewing *or* rotating crane
grue (f) pivotante

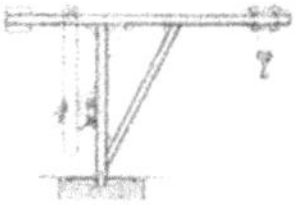

поворотный кранъ (m)
gru (f) girevole
grúa (f) giratoria ó de
pivote   *5*

---

den Materialaufzug an
die Mischmaschine
kuppeln (v)
to couple the hoist for
the material to the
mixer
accoupler (v) le monte-
charge avec le mala-
xeur

сопрягать подъёмникъ
съ мѣшалкой
accoppiare (v) il mon-
tacarichi (m) all'im-
pastatrice
acoplar (v) el monta-
cargas á la mezcla-
dora   *6*

Stampfen (n)
tamping, ramming
battage (m), damage (m)

трамбовать
battitura (f), pestatura
(f)
apisonado (m)   *7*

---

in Schichten einbringen
(v)
to place in layers
introduire (v) par cou-
ches

укладывать слоями
introdurre (v) per stratti
colocar (v) por capas   *8*

1
gußeiserner Stößel (m)
cast-iron tamp or
  rammer
pilon (m) ou dame (f)
  en fonte

чугунная трамбовка (f)
pestello (m) in ghisa
pisón (m) de hierro fun-
  dido

2
Holzstößel (m)
wooden tamp or rammer
pilon (m) ou dame (f)
  en bois

деревянная трамбовка
  (f)
pestello (m) in legno
pisón (m) de madera

3
Seitenstößel (m)
thwacker
dame (f) plate

боковая трамбовка (f)
pestello (m) appiattito
pisón (m) llano

4
kleiner Betonstößel (m)
small rammer
petit pilon (m) à béton

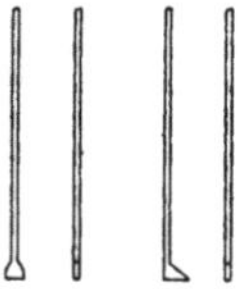

малая бетонная трам-
  бовка (f)
pestellino (m) per calce-
  struzzo
pisón (m) pequeño para
  hormigón

5
Schlagbrett (n), Tatsche
  (f), Praker (m)
muller and plate
batte (f), dame (f) plate
  à manche courbe

валёкъ (m); колотушка
  (f); шлёпка (f)
battola (f) a largo piatto
bate (m) (de mango
  curvo)

6
erdfeuchter Beton (m)
slightly moist or damp
  concrete
béton (m) à consistance
  de terre humide

полусухой бетонъ (m)
calcestruzzo (m) umido
  come la terra
hormigón (m) húmido
  de la consistencia de
  la tierra

7
hohle Stelle (f)
hollow place
excavation (f)

пустота (f)
luogo (m) cavo
excavación (f)

8
das Ziegelmauerwerk
  reinigen (v)
to clean the brickwork
nettoyer (v) la maçon-
  nerie de briques

очищать кирпичную
  кладку
pulire (v) la muratura
  in mattoni
limpiar (v) ó rascar (v)
  la mampostería de
  ladrillo

das Ziegelmauerwerk
nässen (v)
to moisten *or* damp the
brickwork
mouiller (v) la maçon-
nerie de briques

смачивать кирпичную
кладку
inumidire (v) *o* bagnare
(v) la muratura in 1
mattoni
humedecer (v) la mam-
postería de ladrillos

die Oberfläche ebnen (v)
to smooth the surface
régler (v) *ou* araser (v)
la surface

выравнивать поверх-
ность
lisciare (v) *o* spianare (v) 2
la superficie
alisar (v) ó aplanar (v)
la superficie

Abziehlatte (f)
striker, smoothing
board
latte (f) de régalage

правило (n) [рейка (f)]
assicella (f) per spianare 3
lata (f) para aplanar

Reibbrett (n)
rubbing board, trowel
planchette (f) à régaler

тёрка (f)
tavoletta (f) per strofi-
nare, frattazzo (m) 4
aplanadora (f)

Arbeitsunterbrechung
(f)
interruption of work
interruption (f) de tra-
vail

перерывъ (m) въ ра-
ботѣ
interruzione (f) del la- 5
voro
interrupción (f) del tra-
bajo

Verbindungsstelle (f)
joint
joint (m)

спай (m); мѣсто (n)
соединенія
luogo (m) di giunzione 6
junta (f)

einschlämmen (v)
to cleanse *or* wash
remplir (v) [les joints]

смачивать спрыскомъ
riempire (v) con la
fanghiglia il giunto 7
llenar (v) las juntas

Dehnungsfuge (f)
expansion joint
joint (m) de dilatation

температурный шовъ
(m)
crepaccio (m) *o* fuga (f) 8
per dilatazione
junta (f) de dilatación

Arbeitsabschnitt (m)
section of work
section (f) d'un chantier
de travail

періодъ (m) работы
sezione (f) di lavoro
parte (f) de la obra en 9
construcción

Tagesleistung (f)
daily output
travail (m) journalier

дневная производи-
тельность (f)
portata (f) di un giorno,
lavoro (m) della gior- 10
nata
trabajo (m) diario

Pappeinlage (f)
insertion of paper *or*
cardboard
garniture (f) intérieure
ou joint (m) de carton

картонная *или* толе-
вая прокладка (f)
guarnizione (f) interna
od inserimento (m) di 11
cartone
guarnición (f) interior de
cartón

1
Blecheinlage (f)
insertion of metal
garniture (f) intérieure
ou joint (m) de tôle

жестяная прокладка (f)
guarnizione (f) interna
od inserimento (m) di
lamiera
guarnición (f) interior
de chapa

2
Holzeinlage (f)
insertion of wood
garniture (f) intérieure
ou joint (m) de bois

деревянная прокладка
(f)
guarnizione (f) interna
od inserimento (m) di
legno
guarnición (f) interior
de madera

3
genügend zusammen-
pressen (v)
to press together suf-
ficiently
comprimer (v) suffisam-
ment

достаточно сжимать
comprimere (v) suffi-
cientemente
comprimir (v) suficiente-
mente

4
schwitzen (v)
to sweat
suer (v), ressuer (v)

потѣть
trasudare (v)
transpirar (v), sudar (v)

5
nasser Sand (m)
wet sand
sable (m) mouillé

мокрый песокъ (m)
sabbia (f) umida
arena (f) mojada

6
nasse Sägespäne (m pl)
wet sawdust
sciure (f) mouillée

мокрыя опилки (f pl)
segatura (f) umida
aserrin (m) de madera
húmido

7
Betonnieren (n) bei Frost
working concrete in
frosty weather
bétonnage (m) pendant
la gelée

бетонить при морозѣ
getto (m) durante il gelo
trabajos (m pl) de hor-
migón ó hormigonado
(m) durante las he-
ladas

8
das Wasser anwärmen
(v)
to warm the water
réchauffer (v) l'eau

подогрѣвать воду
riscaldare (v) l'acqua
calentar (v) el agua

9
den Sand anwärmen (v)
to heat the sand
réchauffer (v) le sable

подогрѣвать песокъ
scaldare (v) la sabbia
calentar (v) la arena

10
Salzzusatz (m)
addition of salt
addition (f) de sel

добавленіе (n) соли
aggiunta (f) di sale
adición (f) de sal

11
Sodazusatz (m)
addition of soda
addition (f) de soude

добавленіе (n) соды
aggiunta (f) di soda
adición (f) de sosa

12
Ausblühung (f)
efflorescence
efflorescence (f)

выцвѣтаніе (n)
efflorescenza (f)
eflorescéncia (f)

IV.

Eisenbearbeitung

Treatment of Rein-
forcing Metal

Mise en œuvre du
métal

Обработка желѣза

Lavorazione del ferro

Preparación y colo-
cación del hierro

Vorrichten (n) des
Eisens
adapting the iron-work
préparation (f) des arma-
tures

выправка (f) желѣза
preparazione (f) del ferro
preparación (f) de las
armaduras

1

---

ablängen (v)
to cut into lengths
couper (v) de longueur

размѣчать длину
tagliare (v) su misura
cortar (v) (los hierros)
á medida

2

Eisenschere (f)
iron cutters, shears
cisaille (f) à fer

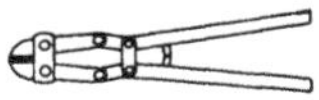

ножницы (f pl) для
рѣзки желѣза
cesoia (f) per ferro
cizalla (f) para hierros

3

Eisenschneidevorrich-
tung (f)
appliance for cutting
iron bars
cisaille (f)

приборъ (m) для рѣзки
желѣза
apparecchio (m) per
tagliare i ferri
máquina (f) de cortar
los hierros

4

---

mit dem Meißel ab-
schlagen (v)
to cut off with the chisel
couper (v) au burin

рубить зубиломъ
troncare (v) collo scal-
pello
cortar (v) con el escoplo

5

---

das Eisen biegen (v)
to bend the iron
courber (v) le fer

гнуть желѣзо
piegare (v) il ferro
doblar (v) el hierro

6

---

das Eisen kalt biegen (v)
to bend the iron whilst
cold
courber (v) le fer à froid

гнуть желѣзо на холод-
но или въ холодномъ
состоянiи
piegare (v) il ferro a
freddo
doblar (v) el hierro en
frio

7

1
Kaltbiegevorrichtung (f)
appliance for bending
the iron whilst cold
appareil (m) à courber
à froid

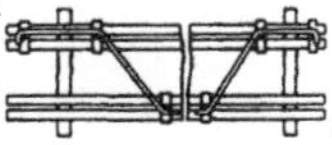

прибор (m) *или* приспособление (n) для гнутья (сгибанія) желѣза на-холодно *или* въ холодномъ состоянiи
apparecchio (m) per piegare a freddo
disposición (f) para doblar el hierro en frio

2
Schablone (f)
gauge, gage (A), form, jig
gabari[t] (m)

шаблонъ (m)
modello (m), sagoma (f)
gálibo (m)

3
Unterlagbrett (n) mit Dornen
board provided with pegs (used for bending board)
planchette(f) *ou* planche (f) garnie de goujons

доска (f) *или* подкладка (f) съ шипами
assicella (f) *o* asse (f) a perni *o* spini
tablero (m) guarnecido de clavos

4
das Eisen warm biegen (v)
to bend the iron whilst hot
courber (v) le fer à chaud

гнуть желѣзо на-горячо *или* въ горячемъ состоянiи
piegare (v) il ferro a caldo
doblar (v) el hierro en caliente

5
Feldschmiede (f)
portable forge
forge (f) de campagne

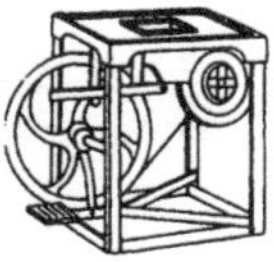

переносное горно (n)
fucina (f) da campagna
fragua (f) portátil

6
Reißboden (m)
marking-off board
aire (f) de traçage

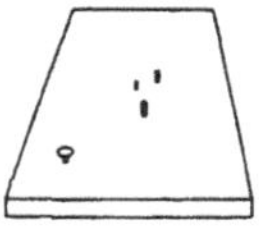

чертёжный щитъ (m) *или* станокъ (m)
tavolato (m) da modellatore per tracciare
tablero (m) para el trazado

7
das Eisen verlängern (v)
to lengthen the iron
rallonger (v) les barres

удлинять желѣзо; наращать желѣзо
allungare (v) il ferro
alargar (v) los hierros pasamanos ó las varillas

8
schweißen (v)
to weld
souder (v) au feu *ou* par voie ignée

сваривать
saldare (v) a fuoco *o* per via ignea
soldar (v) el hierro caliente

9
Schmiede (f)
forge, smithy
forge (f)

кузница (f)
fucina (f)
fragua (f)

elektrische Schweißvor-
richtung (f)
electric welding plant
appareil (m) pour sou-
dure électrique

прибор (m) для
сваривания электри-
чеством
apparecchio (m) elet-
trico per saldare
aparato (m) para solda-
dura eléctrica   *1*

Schweißstelle (f)
weld
soudure (f)

сварка (f); мѣсто (n)
сварки
saldatura (f)
soldadura (f)   *2*

Beilageeisen (n)
bending or strengthen-
ing iron
fer (m) ajouté ou auxi-
liaire

добавочный прутъ (m)
ferro (m) di allunga-
mento o di aggiunta
hierro (m) auxiliar   *3*

---

versetzt anordnen (v)
to place alternately
disposer (v) alternative-
ment, [faire (v)] alter-
ner (v)

располагать въ раз-
бѣжку
disporre (v), mettere (v)
a posto
disponer (v) alternativa-
mente   *4*

---

die Eiseneinlagen über-
greifen lassen (v)
to let the iron-work
overlap
faire (v) chevaucher les
barres de fer

запускать желѣзныя
прутья другъ за дру-
га
lasciar accavallare (v)
le armature in ferro
solapar (v) las varillas   *5*

---

mit Eisendraht um-
wickeln (v)
to bind with iron wire
entourer (v) de fil de
fer, ligaturer (v) avec
du fil de fer

обматывать желѣзной
проволокой
avvolgere (v) col fildi-
ferro
hacer (v) ligaduras ó
envolver (v) con
alambre   *6*

---

binden (v)
to bind
lier (v), ligaturer (v)

вязать
legare (v)
hacer (v) una ligadura   *7*

---

verhaken (v)
to hook together
accrocher (v)

соединять крючкомъ
agganciare (v)
enganchar (v)   *8*

Zugstoßverbindung (f)
joint made to resist
pull or tension
assemblage (m) de bar-
res parallèles soumis
à la traction

стыковое соединеніе
(n) растягиваемаго
прута
giunto (m) o giunzione
(f) lavorante alla tra-
zione ed alla scossa
ligadura (f) de varillas
tensoras   *9*

---

gabelförmig (adj)
forked
fourchu (adj)

вилкообразный
forcelliforme (agg)
ahorquillado (adj)   *10*

Verbindungsstück (n)
jointing piece or link
pièce (f) d'assemblage

соединительное звено
(n)
pezzo (m) di giunzione
pieza (f) de unión   *11*

1
ausgeglühter Eisen-
draht (m)
annealed iron wire
fil (m) de fer recuit

отожжённая желѣз-
ная проволока (f)
fildiferro (m) ricotto
alambre (m) recocido

2
Bindedraht (m)
binding wire
fil (m) de ligature ou de
liaison

вязательная проволока
(f)
fildiferro (m) per lega-
ture
(hilo (m) de) ligadura (f)

3
zusammendrehen (v)
to draw together, to
draw up, to twist
tordre (v) ensemble

скручивать
torcere (v), attorcigliare
(v) assieme
torcer (v) juntos

4
abzwicken (v)
to cut off
couper (v) ou trancher
(v) à la pince

откусить щипцами
sfasciare (v), disbrigare
(v)
cortar (v) con la pinza

5
Endhaken (m)
end hook
crochet (m) d'extrémité

концевой крюкъ (m)
gancio (m) di estremità
gancho (m) de extremi-
dad

6
spalten (v)
to split, to cleave, to
fish-tail
fendre (v) [en queue de
carpe]

разводить; разрубать
spaccare (v), tagliare (v)
in due
hender (v)

7
Rost (m)
rust
rouille (f)

ржавчина (f)
griglia (f)
orin (m)

8
Zementbrei (m)
grout, cement paste
bouillie (f) de ciment,
lait (m) de ciment

цементное тѣсто (n)
impasto (m) di cemento
pasta (f) de cemento

9
Rosthaut (f)
film of rust
pellicule (f) de rouille

ржавый налётъ; плён-
ка (f) ржавчины
pellicella (f) di ruggine
pelicula (f) de orin

10
Abfalleisen (n)
scrap-iron, crops (pl)
déchet (m) de fer,
ferraille (f)

желѣзные обрубки
(m pl)
ferro (m) di scarto
desperdicios (m pl) de
hierro

11
Anheben (n) der Eisen-
einlagen
raising the iron work
relèvement (m) des ar-
matures métalliques

приподнять (встряхи-
вать) желѣзную ар-
матуру
rilevare (v) o togliere (v)
le armature di ferro
enderezamiento (m) ó
levantamiento (m) de
las armaduras

12
Vorrichtung (f) zum
Richten der Eisen-
einlagen
appliance for adjusting
the iron work
outil (m) pour redresser
l'armature métallique

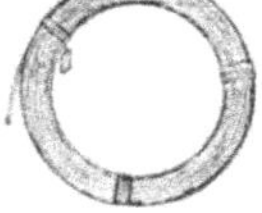

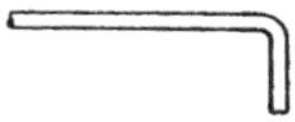

приспособление (n) для
выправленія стерж-
ней желѣзной арма-
туры
apparecchio (m) per
raddrizzare le ar-
mature in ferro
herramienta (f) ó útil
(m) para enderezar
las armaduras

V.

Schalung	Опалубка
Falsework, Casing, Mould, Form (A)	**Armatura in legno Molde, tabique, entibación, encajonado**
Coffrage	

einschalen (v)
to encase, to set up the moulds, to erect the falsework
établir (v) un coffrage, coffrer (v)

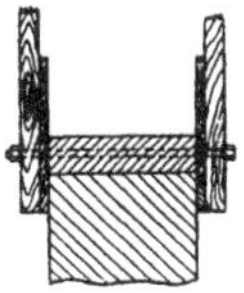

палубить; запалубить; опалубить
armare (v)
rodear (v), de un tabique, meter (v) en un molde   *1*

Schalwand (f)
sheeting
panneau (m) en planches, banche (f), banchage (m)

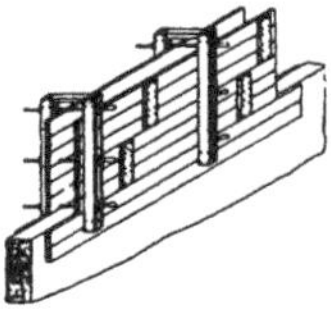

палубный щитъ (m)
parete (f) dell'armatura, armatura (f) in tavole   *2*
tabique (m) de tablas, molde (m) de tablas

Bohle (f)
plank
madrier (m), poutre (f)

толстая доска (f)
tavola (f), assicella (f), assone (m)   *3*
madero (m), tablón (m)

Brett (n)
board
planche (f)

доска (f)
asse (f), tavola (f)   *4*
tabla (f)

Pfosten (m)
standard, post, upright
poteau (m), montant (m)

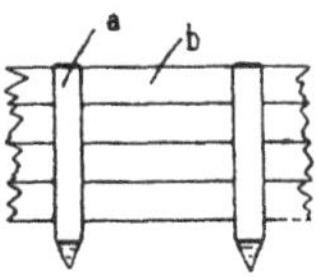

стойка (f)
mandiere (m), palo (m)   *5*
poste (m), montante (m)

Schaldiele (f)
sheeting board
poteau du coffrage, madrier (m) du coffrage, dosse (f)

палуба (f)
tavolone (m), ascialone (m)   *6*
madero (m) ó tablón (m) del molde

1

wagerecht legen (v),
horizontal legen (v)
to lay flat
poser (v) horizontale-
ment

укладывать горизон-
тально
posare (v) orizzontal-
mente
poner (v) horizontal-
mente

2

senkrecht stellen (v)
to place upright *or* vertically
placer (v) verticalement,
dresser (v)

устанавливать верти-
кально *или* по от-
вѣсу
piazzare (v) *o* drizzare
(v) verticalmente '
colocar (v) vertical-
mente

3

abstützen (v) auf den
umgebenden Boden
to prop against the
ground
appuyer (v) sur le sol
environnant, étayer
(v)

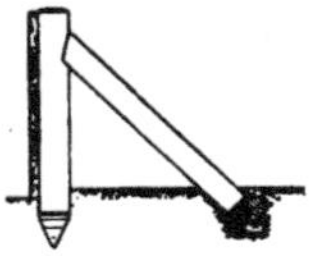

опирать на грунтъ
appoggiare (v) sul suolo
circostante
apuntalar (v) sobre el
suelo cercano

4

die Sprieße in den
Pfosten einlassen (v)
to let the prop *or* strut
into the upright
assembler (v) *ou* em-
brever (v) une contre-
fiche *ou* un étai dans
le montant

врѣзать *или* укрѣ-
плять подкосы въ
стойки
infilare (v) una punta
nel palo *od* una bietta
per stringere
empotrar (v) un puntal
ó un jabalcón en el
poste

5

fertige Mauerteile zur
Aufnahme der Scha-
lung für den höher
liegenden Teil be-
nutzen (v)
to raise the sheeting *or*
forms to the finished
section for the mould-
ing of the next tier
utiliser les parties de
mur terminées pour
recevoir le coffrage
destiné aux parties
supérieures

опирать опалубку
верхнихъ частей
сооруженія на воз-
ведённыя части
стѣнъ
utilizzare le parti di
muro per ricevere le
armature destinate
alle parti superiori
utilisar las partes de
muro terminadas para
recibir el molde de-
stinado á las partes
superiores

6

Benützung (f) (Benut-
zung (f)) von Loch-
steinen
use of grouters
emploi (m) de briques
perforées

примѣненіе (n) пусто-
тѣлыхъ камней
impiego (m) dei mattoni
forati
utilización (f) de ladri-
llos perforados

7

die Schalung durch An-
ziehen der Mutter
heranpressen (v)
to close up the frame-
work by tightening
the nuts
appliquer (v) le coffrage
[contre le bétonnage]
par le serrage d'écrous
ou par longs boulons

прижимать опалубку
подтягиваніемъ
гайки
comprimere (v) l'impal-
catura *od* armatura
mediante i bulloni e
le madreviti
prensar (v) en el molde
apretando las tuercas

Verspannen (n) der Schalwände tying the sheetings together serrage (m) des liens de coffrage	a	стягиваніе (n) палубныхъ щитовъ stringimento (m) delle armature delle pareti in legno apriete (m) de las ligaduras del molde	1
Drahtschließe (f) wire tie ligature (f) en fil métallique	a	проволочная связь (f) legatura (f) con filo metallico ligadura (f) de alambre de hierro	2
ausgeglühter Eisendraht (m) annealed iron wire fil (m) de fer recuit		отожжённая желѣзная проволока (f) filo (m) di ferro ricotto alambre (m) de hierro recocido	3
Schaltafel (f) sheeting, panel (A) planche (f) du coffrage, banches (f pl)		палубный щитъ (m) tavola (f) della parete armata tablón (m) ó tabla (f) del molde	4
Stellschraube (f) adjusting screw vis (f) de réglage	a	установочный винтъ (m) vite (f) regolatrice tornillo (m) de asiento ó de fijación	5
Schraubenmutter (f) mit Handgriff winged nut écrou (m) à oreilles	a	гайка (f) съ рукояткой; гайка съ ушками madrevite (f) con impugnatura tuerca (f) de alas	6
Schrauben lösen (v) to loosen or unfasten the screws desserrer (v) les boulons		освобождать (отпускать) болты allentare (v) i bulloni o le madreviti soltar (v) los tornillos	7
verstellbarer Schalrahmen (m) adjustable frame châssis (m) de coffrage démontable	b	раздвижная палубная рама (f) telaio (m) d'armatura mobile o spostabile armazón (m) de molde móvil	8
den Schalrahmen mit Löchern versehen (v) to provide holes in the frame munir (v) de trous le châssis du coffrage	a	снабжать палубную раму отверстіями munire (v) il telaio di fori proveer (v) de agujeros el armazón del tabique	9
Stift (m) peg, pin cheville (f)	b	шпинёкъ (m) punta (f), chiodo (m) claviga (f), pasador (m)	10

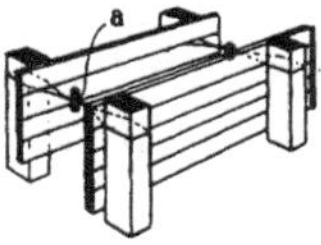

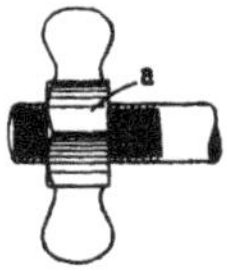

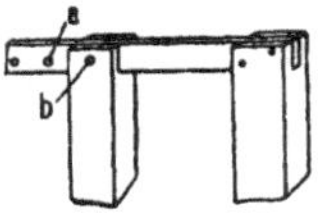

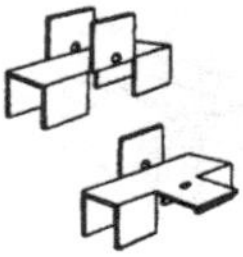

1	Dielhalter (m) clamp agrafe (f) pour planches		палубная закрѣпа (f) ferma-assi (m) grapa (f) de fijación de las tablas

2	Schalkern (m) core, mould core noyau (m) de coffrage		палубный кернъ (m) или стержень (m); внутренній болванъ (m) nocciolo (m) dell'arma- tura centro (m) de molde ó tabique

3	die Schalwände zum Zusammenklappen einrichten (v) to make the sheetings to fold together établir (v) un coffrage pouvant se replier sur lui-même		устраивать палубные щиты складными ordinare (v) o disporre (v) le armature in modo che si possono piegare su sè stesse instalar (v) un tabique ó encajonado que puede doblarse sobre si mismo

4	beide Schalwände all- mählich errichten (v) to set both sheetings up gradually élever (v) graduellement les deux parois		возводить постепенно оба палубныхъ щита innalzare (v) gradata- mente le due pareti dell'armatura elevar (v) gradualmente las dos paredes

5	eine Schalwand stück- weise aufstellen (v) to set up or erect a sheeting in sections monter (v) une cloison par parties		возводить палубный щитъ по частямъ innalzare (v) o sovrap- porre (v) una parete armata pezzo per pezzo subir (v) un tabique por partes

6	Monierwandver- schalung (f) falsework or mould for Monier walls coffrage (m) de mur sys- tème Monier		опалубка (f) стѣнки Монье armatura (f) da muro sistema Monier molde (m) de muro sis- tema Monier

7	ein Lattenstück (n) auf- nageln to nail a lath on clouer (v) un bout de atte	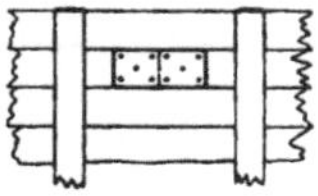	прибивать (нашивать) брусокъ inchiodare (v) un pezzo d'assicella clavar (v) un trozo de listón

den Beton von oben ein-
gießen (v)
to pour in the concrete
from the top *or* above
couler (v) du béton par
le haut

наливать бетонъ свер-
ху
colare (v) *o* gittare (v)
il calcestruzzo dal-
l'alto   *1*
echar (v) hormigón por
arriba

Tasche (f) zum Aus-
gießen der Monier-
wände
pocket for moulding
Monier walls
manche (f) à couler (le
béton) dans les murs
(système Monier)

воронка (f) для отлив-
ки стѣнокъ Монье
tubolo (m) per la gettata
delle pareti Monier   *2*
manga (f) para echar (el
hormigón) en los mu-
ros (sistema Monier)

---

die Monierwand aus-
drücken (v)
to form Monier wall
by throwing on and
ramming concrete
against mould
comprimer (v) le mur
Monier contre le cof-
frage

намазывать стѣнку
Монье
comprimere (v) il muro
Monier   *3*
comprimir (v) el muro
Monier contra el tabi-
que ó molde

Säulenverschalung (f)
post *or* column *or* pillar
mould *or* casing
coffrage (m) des piliers
ou colonnes

опалубка (f) колоннъ
assito (m) *od* impalca-
tura (f) della colonna *4*
molde (m) de columnas

Wandsäulenschalung (f)
counterfort *or* wall-pillar
mould *or* casing
coffrage (m) des pilastres
(compris entre deux
parties d'un mur)

опалубка (f) пиляст-
ровъ
impalcatura (f) dei pi-
lastri da parete armata *5*
tabique (m) de pilar ó
pilastra de muro

Verzahnung (f) des Be-
tons mit dem Mauer-
werk
encasing the concrete
with masonry
encastrement (m) du
béton dans la maçon-
nerie

задѣлка (f) бетона въ
кладку; соединеніе
бетона съ кладкой
зубомъ
innesto (m) di calce-
struzzo colla mura-
tura, incastro (m) di *6*
calcestruzzo nella
muraglia
trabazón (f) del hormi-
gón con la mampos-
tería

Terrakottaplatten (f pl)
als Schalung
terra cotta slabs as
moulds
plaques (f pl) en terre
cuite pour revêtement
servant de coffrage

гончарныя плиты (f pl)
для опалубки
lastre (f pl) o piastre (f pl)
di terracotta come *7*
rivestimento
planchas (f pl) de tierra
cocida como tabique

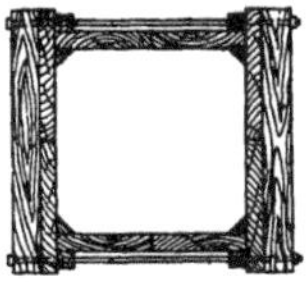

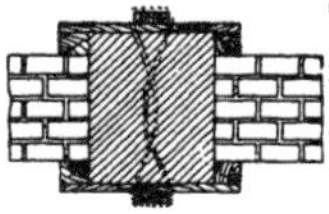

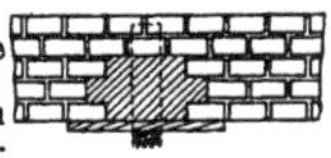

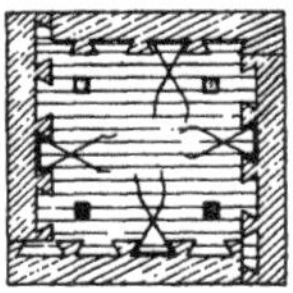

1 Verschalung (f) des Säulenfußes form *or* mould for base of column *or* pillar coffrage (m) du pied de la colonne	опалубка (f) подошвы колонны armatura (f) del plinto della colonna molde (m) del pie de la columna
2 Flacheisenrost (m) flat iron grating gril (m) *ou* cadre (m) en fer plat	рѣшётка (f) *или* каркасъ (m) изъ полосового желѣза griglia (f) in ferro piatto rejilla (f) de hierro plano
3 konischer Holzstöpsel (m) conical wooden plug *or* core tampon (m) conique en bois	коническая деревянная пробка (f) tappo (m) conico in legno tapón (m) cónico de madera
4 Säuleneisen (n) pillar *or* column reinforcement bar barre (f) d'armature de pilier	колонное желѣзо (n) ferro (m) d'armatura per pilastri e colonne hierro (m) de armazón de pilar
5 Vorrichtung (f) zur Aufrechterhaltung der Säuleneisen arrangement for keeping the column reinforcement bars vertical dispositif (m) pour maintenir verticalement l'armature *ou* les barres du pilier	приспособленіе (n) для удержанія колоннаго желѣза въ вертикальномъ положеніи disposizione (f) per mantenere in piedi l'armatura dei pilastri e delle colonne disposición (f) para mantener en pie el armazón de la columna
6 Säulenkasten (m) pillar box coffrage (m) du pilier	колонная форма (f) cassone (m) per colonne e per pilastri molde (m) ó caja (f) de la columna, encajonado (m) del pilar
7 Armierungseisen (n) reinforcement metal barres (f pl) d'armature	желѣзная арматура (f) ferri (m pl) dell'armatura hierros (m pl) ó varillas (f pl) de la armadura
8 Einschubbrett (n) packing board, inset panneau (m) *ou* planchette (f) à glissière pour le coulage du béton	вставная доска (f) assicella (f) per versare il calcestruzzo tablilla (f) corrediza para echar el hormigón
9 Nut (f) groove rainure (f)	пазъ (m) scanalatura (f) ranura (f)

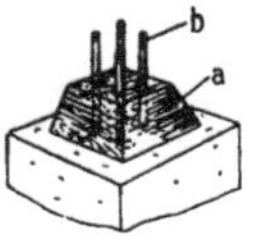

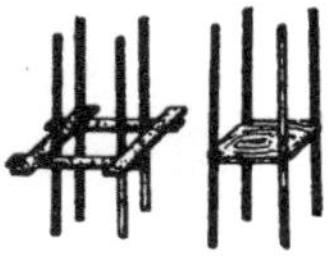

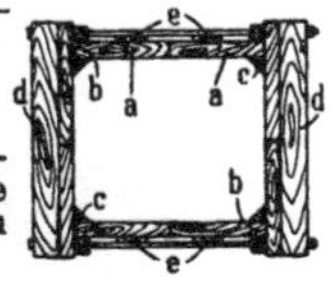

Dreikantleiste (f)
triangular strip or fillet
listel (m) triangulaire   c

Rahmenschenkel (m)
clamping batten
madrier (m) de l'en-
  cadrement   d

Keil (m)
wedge
coin (m), cale (f)   e

die Ausschnitte für
  Deckenträger heraus-
  sägen (v)
to saw out spaces or
  openings for beams
  or joists
pratiquer (v) des ouver-
  tures à la scie pour
  les solives

Schalung einer
  Fassadensäule (f)
mould or form (A) for a
  front column or pillar
coffrage(m) d'un pilastre
  ou pilier de la façade

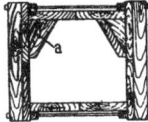

Futterholz (n)
liner
fourrure (f) en bois   a

Fensteranschlag (m)
rabbet, rebate
tableau (m) de fenêtre

Fensterleibung (f)
window jamb or reveal
embrasure (f) de fenêtre

Bohlenzwinge (f)
clamp or cramp for
  mould
presse (f) de menuisier,
  clef (f) de serrage

durch Eisenklammern
  zusammenhalten (v)
to hold together by
  iron cramps or clamps
serrer (v) ou main-
  tenir (v) au moyen
  de presses

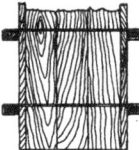

треугольная планка (f)
listello (m) a sezione
  triangolare   1
listón (m) triangular

брусокъ (m) рамы
montante (m) o cosciale
  (m) o piedritto (m) del
  telaio   2
madero (m) del marco
  ó cuadro

клинъ (m)
chiavetta (f), cuneo (m)   3
cuña (f), cala (f)

прорѣзать окошки для
  потолочныхъ балокъ
tagliar (v) fuori le aperture per le travi por-
  tanti l'impiantito od il   4
  soffitto
recortar (v) ó aserrar (v)
  aberturas para las
  vigas

опалубка (f) фасадной
  колонны
armatura (f) della co-
  lonna da facciata o   5
  da ornamento
molde (m) de pilastro ó
  columna de fachada

деревянный вкладышъ
  (m)
legno (m) di rivesti-
  mento o di guar-   6
  nizione
madera (f) de relleno

оконный притворъ (m)
listello (m) della finestra
[entalladura (f) de]
  contorno (m) de   7
  ventana

оконный откосъ (m)
telaio (m) della finestra   8
alfeizar (m) de ventana

схватка (f)
pressa (f) o morsa (f) per
  assi, staffa (f) di   9
  ritegno dell'assicella
barrilete (m) de aire

схватывать желѣз-
  ными скобами
mantenere (v) il colle-
  gamento mediante
  fasciature in ferro   10
mantener (v) junta-
  mente con el barrilete
  de aire

1 Holzring (m)
wooden circular rib
or ring
bague (f) en bois

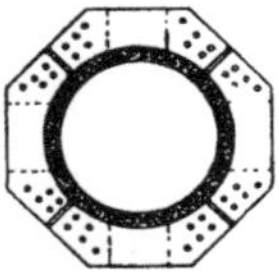

деревянное кольцо (n)
anello (m) in legno
anillo (m) de madera

2 Flacheisenreifen (m)
band clip, ring clamp
cercle (m) en fer plat

a

óбручъ (m) изъ полосо-
ваго желѣза
cerchio (m) di ferro
piatto
aro (m) ó cello (m) de
hierro plano, fleje (m),
cincho (m)

3 Kopfverschalung (f)
cap *or* top mould
coffrage (m) de la tête

a

опалубка (f) головки
conformazione (f) a
norma di capitello del-
la testa della colonna
entibación (f) de cap tel

4 kapitälartige Ausbil-
dung (f) des Säulen-
kopfes
providing head of post
with a coping
forme (f) de chapiteau
de la tête de la co-
lonne

придание (n) головкѣ
колонны формы ка-
пители
armatura (f) dell'estre-
mità *o* della testa del-
la colonna
forma (f) en capitel de
la cabeza de la co-
lumna

5 Rahmenholz (n)
framing timber
bois (m) pour châssis

брусокъ (m) рамы; ра-
мочный брусъ (m)
legno (m) per intelaia-
ture
madera (f) para marco

6 Gerüsthalter (m)
device for carrying cen-
tering
suspension (f) de l'arma-
ture (du plafond)

палубный крюкъ (m)
sostegno (m) dell'arma-
tura
suspensión (f) de la ar-
madura del piso

7 Flacheisen (n) als Trageisen
flat iron used as main
bar *or* rib
fer (m) feuillard comme
support

a
b

кружало (n) изъ поло-
соваго желѣза
ferro (m) piatto funzio-
nante come ferro por-
tante
hierro (m) pasamanos
portador

8 Hängeeisen (n)
stirrup
fer (m) de suspension

a

желѣзная подвѣска (f)
ferro (m) di sospensione
hierro (m) de suspen-
sión

9 Flacheisenkeil (m)
flat iron wedge
coin (m) en fer plat

b

клинъ (m) изъ полосо-
ваго желѣза
chiavetta (f) di ferro
piatto
cuña (f) de hierro plano

Schere (f), Krebs (m) double clip attache (f) en forme de tenaille		захватъ (m) въ видѣ ножницъ tenaglia (f), morsa (f), mordente (m) suspensión (f) en forma de tijera — *1*
Voutendeckeneinschalung (f), Kehldeckeneinschaluug (f) falsework *or* form for arched floor coffrage (m) de plafond voûté		опалубка (f) перекрытія съ падугами armatura (f) per coperture *o* soffitti a volta molde (m) ó entibación (f) de piso abovedado — *2*
zweiteiliges Flacheisen (n) double flat iron bar fer (m) plat en deux parties	a	двойное или составное полосовое желѣзо (n) ferro (m) piatto divisorio *od* in due parti llanta (f) en dos partes — *3*
Lattengestell (n) lathwork lattis (m)		опалубка (f) для перекрытія съ подшивными пятами incastellatura (f) di tavole *o* di assicelle armazón (m) de tablas delgadas ó latas — *4*
Traglatten an die Träger anbinden (v) to fasten the laths to the joists *or* beams fixer (v) des lattes de support aux poutres		подвязывать основные бруски къ балкамъ collegare (v) colle travi le tavole portanti, legare (v) le tavole portanti sui piedritti *o* puntelli fijar (v) las latas portadoras á las vigas — *5*
gegen das Mauerwerk abspreizen (v) to prop *or* stay against the masonry arcbouter (v) contre la maçonnerie		упирать въ кладку appoggiare (v) contro la muratura acodalar (v) contra la mampostería — *6*
Schalung (f) einer reinen Eisenbetondecke centering (A) *or* falsework for a reinforced concrete roof coffrage (m) d'un plancher en béton armé		опалубка (f) чисто желѣзобетоннаго покрытія armatura (f) in legno per un semplice soffito di cemento armato molde (m) de un piso de hormigón armado — *7*
Trägerschalung (f) girder *or* beam mould *or* casing coffrage (m) de poutre	a c b	опалубка (f) балокъ armatura (f) in legno delle travi portanti *o* dei piedritti molde (m) ó entibación (f) ó encajonado (m) de vigas — *8*

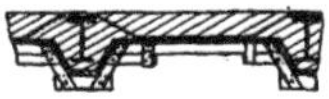

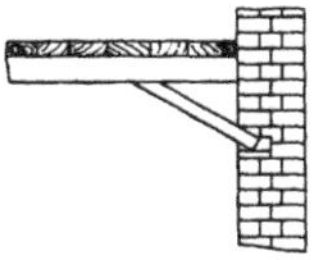

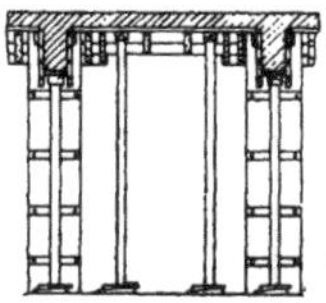

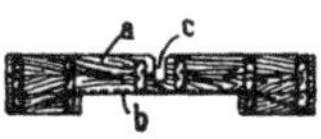

Wange (f)
1 cheek, side piece
paroi (m) (latérale)

a

щека (f)
fianco (m), parte (f) laterale, fiancata (f)
pared (f) (lateral)

Trägerboden (m)
soffit or bottom of a
2 girder mould
fond (m) [du coffrage]
de la poutre

b

дно (n) балки
pavimento (m) a travi,
panconcellata (f)
suelo (m) del molde de
la viga

Ausschnitt (m) für
Nebenträger
3 opening for secondary
joists
échancrure (f) pour le
passage des solives

c

окошко (n) для второстепенныхъ балокъ
incavatura (f) per correnti, incastro (m) per
travetti secondari
escotadura (f) para vigas
secundarias

Herrichten (n) der
Einzelteile
4 assembling
confection (f) des pièces
détachées

заготовка (f) отдѣльныхъ частей
preparazione (f) delle
singole parti
confección (f) de las
piezas sueltas

Trägerkasten (m)
5 girder mould or form
coffre (m) de poutre

балочная форма (f)
cassone (m) per travi
portanti
caja (f) ó molde (m) de
vigas

Bohlenboden (m)
6 plank centering (A) or
falsework
fond (m) en planches

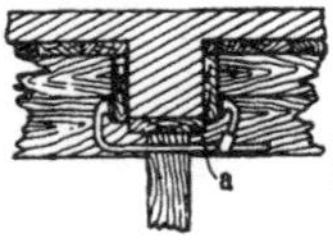

a

досчатое дно (n)
pavimento (m) di assoni
suelo (m) de tablas

Versteifung (f) hoher
Trägerseiten
stiffener or stay for
deep beams
7 échantignolles (f pl)
maintenant les parois de coffrage des
poutres, raidissement
(m) des parois [du
coffre] des poutres

распираніе (n) боковыхъ щитовъ высокихъ балокъ
puntellamento (m) delle
alte pareti a travi
apuntalamiento (m) de
las paredes del molde
de las vigas

Eisenblechform (f) als
Schalungskern
sheet-iron form as
8 mould core
moule (m) en tôle de
fer servant de noyau
de coffrage

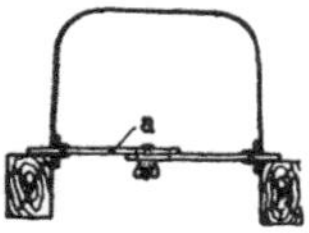

a

форма (f) изъ листового желѣза въ качествѣ палубнаго
керна или стержня
forma (f) di latta o di
lamiera come nocciolo
dell'armatura
molde (m) de palastro
como alma de entibación

Abstandhalter (m)
9 distance piece
pièce (f) d'écartement

a

распорка (f)
tirante (m) fra i travetti di un soffitto
pieza (f) de distancia,
tirante (m)

Schalung (f) mit Well-
blechtafeln
casing or centering (A)
of corrugated iron
coffrage (m) en tôle on-
dulée

опалубка (f) изъ вол-
нистаго желѣза
armatura (f) con fogli
di lamiera ondulata
entibación (f) con pla-
cas de palastro on-
duladas

1

Hohlkörperschalung (f)
centering (A) by means
of hollow beams or
tubes
coffrage (m) cellulaire

опалубка (f) изъ пусто-
тѣлыхъ элементовъ
armatura (f) a cassettoni
od a lacunari
entibación (f) celular ó
con cuerpos huecos

2

Gipsform (f)
gypsum or plaster mould
moule (m) en plâtre

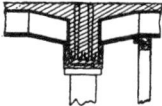

гипсовая форма (f)
forma (f) in gesso, mo-
dello (m) in stucco
molde (m) de yeso

3

Untersprießung (f)
propping or staying
falsework or scaffold-
ing
étayement (m) en des-
sous

подпираніе (n); устрой-
ство (n) подпоръ
puntello (m) o sostegno
(m) o saetta (f) per so-
stenere muri e co-
struzioni
puntal (m) inferior,
apuntalamiento (m)
inferior

4

Rundholz (n)
round timber
bois (m) rond

круглое дерево (n);
круглякъ (m)
legname (m) intero o
non segato, legno (m)
tondo
madera (f) redonda

5

Holzkeil (m)
wooden wedge
coin (m) de calage en
bois

деревянный клинъ (m)
cuneo (m) o bietta (f) in
legno
cuña (f) de madera

6

Brettstück (n) unter dem
Keil
packing piece under the
wedge
semelle (f) de calage

подкладка (f) подъ кли-
номъ
tavoletta (f) o suoletta
(f) sotto la bietta
tablilla (f) bajo la cuña

7

das Querholz abstreben
(v)
to strut or prop the
cross-piece
contreventer (v) la tra-
verse

подпирать поперечину
подкосами
puntellare (v) la tra-
versa
apuntalar (v) la traviesa

8

6*

1	Doppelsprieße (f)¹ double set of stays double contrefiche (f)	двойная подпора (f) puntellatura (f) doppia, contrafisso (m) doppio doble puntal (m)
2	Stahlrohrdeckenstütze (f) tubular steel prop colonne (f) creuse en acier servant d'appui de plancher	стойка (f) изъ стальной трубы appoggio (m) del soffitto o del pavimento con tubi in acciaio apoyo (m) de piso de tubo de acero
3	Universalrüster (m) adapter, corbel étrier (m) universel	универсальный кронштейнъ sostegno (m) o staffa (f) universale, sella (f) di sopporto universale estribo (m) universal
4	Eisenarmierung (f) als Schalungsträger use of reinforcement for carrying the centering (A) or casing armature (f) servant de support ou coffrage	желѣзная арматура (f), служащая для поддержанія опалубки armatura (f) in ferro per sostenere le armature in legno armazón (m) de hierro como soporte de la entibación
5	Hängewerk (n) truss-frame, trussing poutre (f) armée	подвѣсная система (f); подвѣсная ферма (f) cavalietto (m) di sospensione, trave (m) armato viga (f) armada
6	hölzerne Hängesäule (f) wooden truss-post or king-post poinçon (m) en bois en aiguille pendante	деревянная подвѣска (f) или бабка (f) colonna (f) di legno a tirante sospeso pendolón (m) de madera, mangueta (f)
7	Hängestrebe (f) suspension stay or truss tirant (m) d'une poutre armée	раскосъ (m) подвѣсной системы или фермы tirante (m) pendente, roggio (m) di scarico tirante (m) inclinado

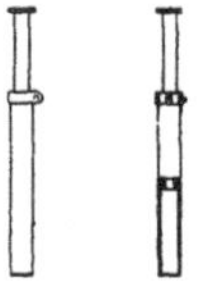

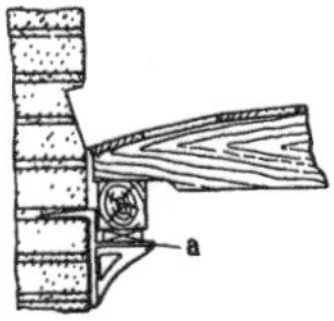

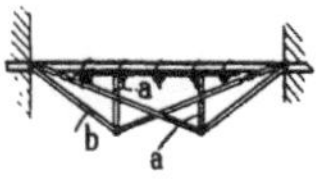

die Schalung vor dem
Betonieren begießen
(v)
to sprinkle *or* wet the
casing before laying
the concrete
arroser (v) le coffre
avant le bétonnage

поливать опалубку
передъ забетони-
ваніемъ
inaffiare (v) l'armatura
prima del getto di
calcestruzzo
regar (v) el cajón antes
de echar el hormigón   *1*

Dachpappenstreifen (m)
strip of asphaltic roof-
ing felt strip of paste-
board for roofing
bande (f) de carton
bitumé

толевая полоса (f)
striscia (f) di cartone
catramato per tetti
cinta (f) de cartón em-
betunado   *2*

Stich geben (v)
to camber
donner (v) de la flèche,
augmenter (v) la hau-
teur de flèche

давать подъёмъ
dare (v) uno sfogo,
aumentare (v) di
saetta
aumentar (v) la altura
de la flecha   *3*

---

ausschalen (v)
to strike centres, to
remove moulds, to dis-
mantle falsework
décoffrer (v)

отнимать опалубку;
распалубливать
stavolare (v), scogliare
(v) l'impalcatura,
disarmare (v) il tavo-
lato
quitar (v) el encajonado   *4*

Erschütterungen ver-
meiden (v)
to avoid shaking *or*
jarring
éviter (v) les trépida-
tions

избѣгать сотрясеній
evitare (v) le vibrazioni
o le scosse
evitar (v) las trepida-
ciones   *5*

Unterstützung (f) der
Decken nach dem
Ausschalen
supporting the floor
after removal of cen-
tres *or* falsework
étayement (m) du plan-
cher après le décof-
frage

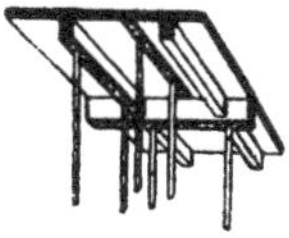

подпираніе (n) пере-
крытій послѣ отъём-
ки опалубки
puntellamento (m) del
soffitto o del pavi-
mento dopo il disarmo
sostenimiento (m) del
piso después del des-
encajonado   *6*

---

gehobeltes Brett (n)
planed board
planche (f) rabotée *ou*
blanchie

строганная доска (f)
asse (f) o tavola (f) piallata
plancha (f) acepillada   *7*

Bogenschalung (f)
arch centering (A) *or*
falsework
coffrage (m) pour voûtes

опалубка (f) свода *или*
арки
armatura (f) degli archi,
manto (m) delle volte
entibación (f) de las
bóvedas   *8*

Kranzholz (n)
stringer
[boisage (m) de] cintre
(m)

кружало (n)
legname (m) delle cen-
tine
madera (f) de la cimbra   *9*

	German / English / French		Russian / Italian / Spanish

1 Bogenlehre (f)
bow member, curve
piece
cintre (m), élément (m)
du cintre

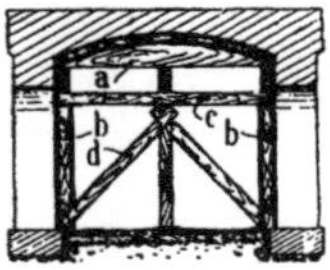

a

кружало (n); кружаль-
ное ребро (n); кру-
жальная доска (f)
elemento (m) o sagoma
(m) della centina
cimbra (f)

продольная расшивка
(f)

2 Längsverstrebung (f)
longitudinal bracing
support (m) latéral

b

puntellamento (m) lon-
gitudinale, sopporto
(m) laterale della cen-
tina
apuntalamiento (m) lon-
gitudinal

3 Zange (f)
scaffolding tie or batten
binding piece
moise (f)

c

схватка (f)
pinza (f), ascialone (m)
crucero (m), cepo (m)

поперечныя распорки
(f pl)

4 Querstrebe (f)
diagonal strut or stay
contre-fiche (f), jambe
(f) de force

d

puntellatura (f) trasver-
sale
puntal (m), jabaleón (m)

5 Andreaskreuz (n)
St. Andrew's cross
croix (f) de St André

Андреевскій крестъ (m)
croce (f) di Sant'Andrea
cruz (f) de San Andrés

6 Holm (m)
cross beam
chapeau (m)

насадка (f)
cappello (m)
carrera (f)

7 Lehrgerüst (n)
centering (A), scaffold-
ing
[charpente (f) de] cintre
(m)

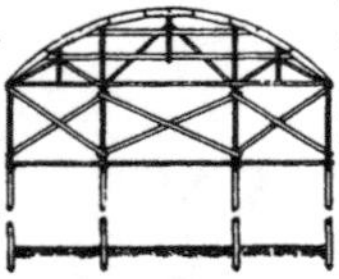

лѣса (m pl)
centinatura (f) a tralic-
cio, armatura (f) della
centina
maderaje (m) de cimbra

8 Hilfsgerüst (n)
auxiliary gantry or
scaffolding
échafaudage (m) de
service

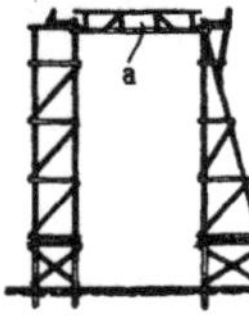

a

вспомогательные лѣса
(m pl)
armatura (f) o travatura
(f) ausiliare in legno
maderaje (m) ó andamio
(m) de servicio

9 Arbeitsbrücke (f)
temporary gangway
passerelle (f) de service

a

мостки (m pl)
ponte (m) o palconata
(f) dell'armatura di
servizio
puente (m) de servicio

10 Ständerwerk (n)
uprights (pl)
cintre (m) établi sur
pieux

система (f) [кружаль]
на стойкахъ
palancata (f) o arma-
tura (f) su piloni
cimbra (f) sobre pilotes

Strebewerk (n)
struts, diagonals
charpente (f) *ou* cintre
(m) à contre-fiches

раскосная система (f)
centinatura (f) su contrafissi
maderaje (m) ó cimbra
(f) de puntales
1

Dreiecksprengwerk (n)
triangular falsework,
fan scaffolding
ferme (f) triangulaire à
réseau

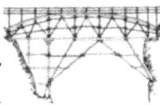

треугольная
шпренгельная си-
стема (f)
capriata (f) triangolare
armadura (f) triangular
de rejilla
2

Bogenträger (m)
arched falsework
cintre (m)

кривой брусъ (m)
palancata (f) ad arcò
cimbra (f)
3

Vielecksprengwerk (n)
polygonal scaffolding *or*
falsework
ferme (f) polygonale [à
contre-fiches]

многоугольная
шпренгельная си-
стема (f)
capriata (f) poligonale
armadura (f) poligonal
4

Trapezsprengwerk (n)
quadrangular falsework
ferme (f) trapézoïdale

трапецоидальная
шпренгельная си-
стема (f)
capriata (f) trapeziforme
armadura (f) ó cercha
(f) de forma trapezoi-
dal
5

Untergerüst (n)
lower scaffolding
membrure (f) inférieure

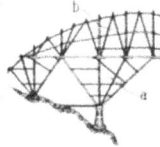

основные лѣса (m pl)
armatura (f) inferiore
cordón (m) inferior
6

a

Obergerüst (n)
upper scaffolding
membrure (f) supérieure

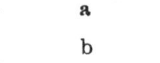

b

верхніе лѣса (m pl)
armatura (f) superiore
cordón (m) superior
7

Joch (n)
trestle, standard
pilier (m) de support

деревянный быкъ (n)
travata (f), giogo (m)
pilar (m) de apoyo
8

Ausrüstungsvorrich-
tung (f)
"centre striking" de-
vice *or* arrangement
dispositif (m) pour le
décintrage *ou* dé-
cintrement

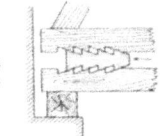

приспособленіе (m) для
опусканія опалубки
disposizione (f) d'arma-
mento
dispositivo (m) para
descimbrar
9

Sandsack (m)
1 sand bag
sac (m) de sable

мѣшокъ (m) съ пес-
комъ
sacco (m) di sabbia
saco (m) lleno de arena

Sandtopf (m)
2 sand holder
sablier (m)

горшокъ (m) съ пес-
комъ; песочный гор-
шокъ (m)
cassa (f) per sabbia
arenero (m)

Blechbüchse (f)
3 sheet-iron holder or container
boîte (f) en tôle

a

желѣзный барабанъ
(m)
scatola (f) di latta
caja (f) de palastro

Holzpfropfen (m)
4 wooden plug
tampon (m) de bois

b

деревянная пробка (f)
tappo (m) di legno
tapón (m) de madera

zylindrischer Stempel
(m)
5 cylindrical piston
piston (m) cylindrique

c

поршень (m)
pistone (m) cilindrico
pistón (m) cilindrico

Ausflußloch (n)
6 outlet
orifice (m) d'écoulement

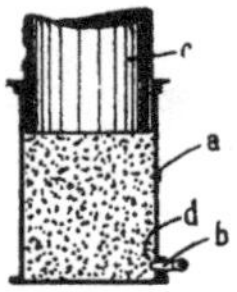

d

выходное отверстіе (n)
buco (m) di scarico
agujero (m) de vaciado
ó de derrame

VI.

Gründung, Fundierung

Foundation

Fondations

Основанія

Fondazione

Fundaciones

Gelände vermessen (v)
to survey the land
mesurer (v) un terrain

производить съёмку мѣстности
misurare (v) nel terreno
medir un terreno *1*

Flächenaufnahme (f)
survey of area
levé (m) d'une surface

съёмка (f) плана
rilevamento (m) di una superficie
levantamiento (m) de superficie *2*

Höhenaufnahme (f)
survey of heights
mesurage (m) de hauteur

съёмка (f) высотъ мѣстности; [нивеллировка (f)]
rilevamento (m) delle altezze od altitudini
determinación (f) de la altura *3*

Festpunkt (f), Fixpunkt (m)
base
repère (m), point (f) fixe

реперъ (m)
caposaldo (m), punto (m) fisso
marca (f), punto (m) fijo *4*

Normal-Null (f)
zero, datum level
zéro (m) normal

нормальный нуль (m)
zero (m) normale
cero (m) normal *5*

Abstecken (n) der Baugrube
marking out the foundation
piquetage (m) de la fouille

разбивка (f) котлована
segnare (v) con picchetti lo scavo per la costruzione
piquetaje (m) de la excavación *6*

Meßgeräte (n pl)
measuring appliances (pl)
instruments (m pl) d'arpentage

измѣрительные приборы (m pl)
istrumentos (m pl) per rilievi, grafometros (m pl)
instrumentos (m pl) de agrimensura *7*

	German / English / French	Russian / Italian / Spanish
1	Winkelspiegel (m) goniometer apparail (m) *ou* goniomètre (m) à miroir	зеркальный эккеръ (m) *или* гоніометръ (m) goniometro (m) a specchio *od* a riflessione aparato (m) de espejo
2	Meßlatte (f) measuring staff *or* bar, surveyor's rod règle (f) divisée, mire (f) parlante	мѣрная рейка (f) biffa (f) da misura regla (f) divitida, mira (f) parlante
3	Fluchtstab (m) lining peg, ranging rod jalon (m)	вѣха (f) palina (f) jalón (m)
4	Signalfahne (f) flag guidon (m)	сигнальный флачокъ (m) bandiera (f) per segnalazioni banderola (f) de señal
5	Meßkette (f) chain, land chain, surveyor's chain chaîne (f) d'arpenteur	мѣрная цѣпь (f) catena (f) per misurare cadena (f) de agrimensor
6	Meßkettenstab (m) peg fiche (f) *ou* piquet (m) pour chaîne d'arpenteur	колъ (m) мѣрной цѣпи; багоръ (m) bastone (m) *o* paletto (m) per fissare la catena bastón (f) de cadena de agrimensor
7	Merkstab (m), Markierstab (m) ring peg fiche (f)	игла (f); шпилька (f); цѣпной колышекъ (m) stadia (f) piquete (m)
8	Stahlbandmaß (n) steel tape décamètre (m) à ruban d'acier	стальная мѣрная лента (f) metro (m) a nastro d'acciaio decámetro (m) de cinta de acero

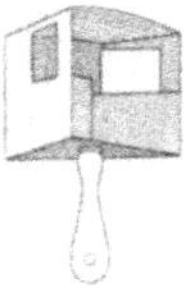

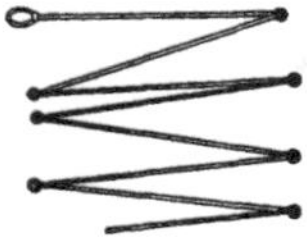

Bandmaß (n) tape mesure (m) *ou* déca- mètre (m) à ruban		мѣрная лента (f); рулетка (f) metro (m) a nastro medida (f) ó decámetro (m) de cinta *1*
Wasserwage (f), Libelle (f) water level niveau (m) d'eau		водяной уровень (m); ватерпасъ (m) livello (m) ad acqua *od 2* a bolla d'aria nivel (m) de agua
Lot (n), Senklot (n) plumb, plummet plomb (m), fil (m) à plomb		лотъ (m); отвѣсъ (m) piombino (m), piombo *3* (m) a scandaglio plomo (m), plomada (f)
Visiertafel (f) sighting board voyant (m), mire (f)		визирка (f) segnale (m) a traguardo *4* mira (f) de tablilla
Schlauchwage (f) rubber tube level niveau (m) d'eau à tube flexible		водяной нивеллиръ (m) съ гутаперчевой трубкой livello (m) ad acqua su *5* tubo flessibile nivel (m) de agua de tubo flexible
Kanalwage (f) water level niveau (m) d'eau à tube rigide		водяной нивеллиръ (m) livello (m) ad acqua con tubo fisso *6* nivel (m) de agua con tubo rígido
Dreifuß (m), Stativ (n) stand, tripod pied (m) de niveau, trépied (m)		треножникъ (m); ста- тивъ (m); штативъ (m) trepiede (m) *7* soporte (m) de nivel, tripode (m)
Nivellierinstrument (n) levelling instrument, level niveau (m)		нивеллиръ (m) grafometro (m) con livello a bolla *8* instrumento (m) de nivelación
Nivellierband (n) levelling tape bande (f) divisée pour mire		нивеллировочная лен- та (f) regolo (m) sulla biffa *o 9* sulla stadia cinta (f) dividida para mira

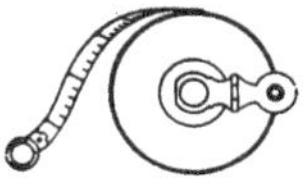

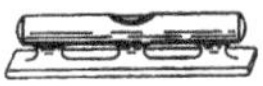

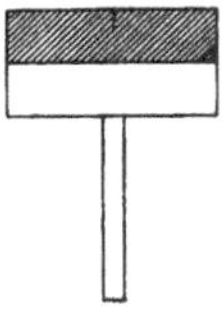

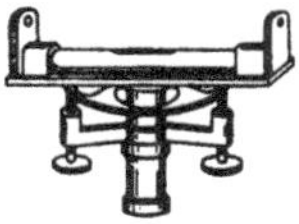

1
Nivellierlatte (f)
levelling rod
mire (f) de nivellement

нивеллирная рейка (f)
stadia (f) graduata per
livellare, biffa (f)
scorrevole
tabla (f) de nivelación,
mira (f)

2
Untersuchung (f) des
Baugrundes
examination of the
building ground or
site or plot
examen (m) du terrain
a bâtir

изслѣдованіе (n) строи-
тельнаго грунта
esame (m) del terreno
fabbricabile
examen (m) del terreno
para edificar

3
Bohrung (f)
boring
sondage (m)

буреніе (n)
trivellazione (f), son-
daggio (m) del terreno
sondaje (m), sondeo (m)

4
Bohrloch (n)
bore hole, bore
trou (m) de sondage

буровая скважина (f)
foro (m) della trivella-
zione
agujero (m) de sondaje

5
Ventilbohrer (m)
self-emptying borer or
drill
sonde (f) à clapet

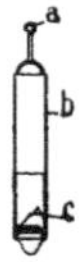

буръ (m) съ клапаномъ
trivella (f) a valvola
sonda (f) de válvula

6
Gelenk (n)
link
articulation (f)

a

шарниръ (m)
articolazione (f), anello
(m)
articulación (f)

7
Rohr (n)
pipe, tube
tube (m), tuyau (m)

b

труба (f)
tubo (m)
tubo (m)

8
Klappenventil (n)
flap-valve
clapet (m)

c

клапанъ (m)
valvola (f) a cerniera
válvula (f)

9
dreibeiniger Bock (m)
tripod, three-legged
boom
trépied (m)

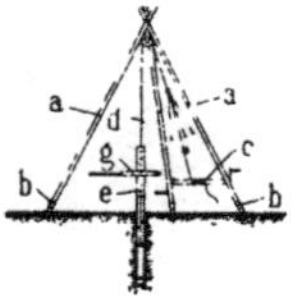

тренога (f)
cavalletto (m) a trepiedi
tripode (m)

10
Rüststange (f)
grip
jambe (f) ou montant (m)
[du trépied]

a

нога (f) треноги
pertica (f) od asta (f)
del trepiedi
montante (m) de tripode

spitzer eiserner Fuß (m) spike pied (m) avec pointe de fer	b	заострённая желѣзная нога (f) piede (m) appuntito in ferro, puntazza (f) in ferro pie (m) puntiagudo de hierro	1
Welle (f) axle [arbre (m) de] treuil (m)	c	валъ (m) [ворота] albero (m), perno (m) [eje (m) de] torno (m)	2
Tau (n) rope câble (m), corde (f)	d	канатъ (m) fune (f), cavo (m) cable (m), cuerda (f)	3
Gestänge (n) stakes (pl) tige (f)	e	штанга (f) asta (f) articolata, articolazione (f) vástago (m)	4
Klemme (f) lever head clef (f) (de manœuvre du tube)	g	хомутъ (m) tenaglia (f), morsetto (m), griffa (f) pinza (f)	5
Anheben (n) des Bohrers lifting the boring tool soulèvement (m) de la sonde		подъёмъ (m) бура attacco (m) colla tri- vella o con la sonda levantamiento (m) de la sonda	6
Fallenlassen (n) des Bohrers dropping the boring tool chute (f) de la sonde		спускъ (m) бура caduta (f) della sonda caida (f) de la sonda	7
Futterrohr (n) guide tubage (m)		обсадная труба (f); закрѣпительная труба tubo (m) di rivestimento, fodera (f) tubolare tubo (m) de revesti- miento	8
das Gestänge aus- einandernehmen (v) to take the rod apart démonter (v) la tige		развинчивать штангу togliere (v) le aste l'una dall'altra, togliere (v) o smontare (v) le articolazioni desmontar (v) el vástago	9
Kronenbohrer (m) splayed boring tool, splayed drill or jumper trépan (m) à couronne		пирамидальный буръ (m) trivello (m) o trapano (m) a corona trepano (m) de corona ó de teta	10
Spitzbohrer (m) pointed drill trépan (m) à pointe ou en fer de lance		острое долото (n) trivello (m) a punta, trapano (m) o suc- chiello (m) svizzero trepano (m) puntiagudo	11

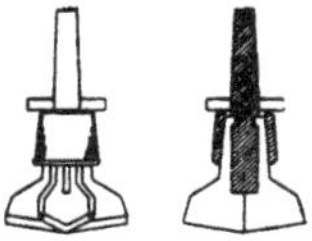

1

Meißelbohrer (m)
chisel *or* flat jumper
trépan (m) à tranchant

долото (n)
тривелло (m) a scalpello
trepano (m) de cincel

2

Steinzieher (m)
stone drawing tool,
  worm
caracole (f) à retirer les
  pierres

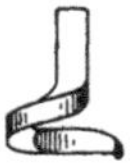

камнеподъёмный
  крюкъ (m)
cavapietre (m), fioretto
  (m) da fondazione
saca-piedras (m)

3

Zylinderbohrer (m)
tubular drill
tarière (f) cylindrique

желонка (f)
sondaggio (m) cilindrico
  od. a cucchiaio
taladro (m) cilíndrico

4

Löffelbohrer (m)
gouge, half round drill,
  auger
[sonde (f) à] cuiller (f)

ложка (f); ложкообраз-
  ное сверло (n)
succhio (m) a sgorbia,
  saetta (f) a cucchiaio
sonda (f) de cuchara

5

Beschaffenheit (f) des
  Baugrundes
nature of the building
  ground
nature (f) du terrain à
  bâtir

качество (n) строитель-
  наго грунта
natura (f) del terreno
  fabbricabile
naturaleza (f) del terreno
  de edificar

6

mittelfester Boden (m)
moderately firm ground,
  softish earth
terrain (m) de consis-
  tance *ou* de stabilité
  moyenne

грунтъ (m) средней
  крѣпости *или* плот-
  ности
terreno (m) di media
  consistenza
terreno (m) de consis-
  tencia media

7

fester Boden (m)
solid bottom *or* ground
terrain (m) ferme, terre
  (f) franche

плотный грунтъ (m);
  материкъ (m)
terreno (m) compatto
terreno (m) firme

8

Schlammboden (m)
mud, slimey ground
vase (f)

илистый грунтъ (m)
terreno (m) paludoso
terreno (m) fangoso

9

Sand (m)
sand
sable (m)

песокъ (m)
sabbia (f)
arena (f)

10

Kies (m)
gravel
gravier (m)

гравій (m)
ghiaia (f) *o* selci (m pl)
  di silice
grava (f)

11

Schotter (m)
boulder, rubble
pierraille (f)

галька (f)
pietrisco (m), ciottoli
  (m pl) rotti
cascajo (m)

Mergelboden (m) marl ground terrain (m) marneux	мергелистый грунтъ (m) terreno (m) marnoso terreno (m) margoso	1

Tonboden (m)
clay ground
terrain (m) argileux

глинистый грунтъ (m)
terreno (m) argilloso
terreno (m) arcilloso   *2*

tonhaltiger Sandboden (m)
clayey *or* argillaceous
  sand ground
terrain (m) de sable
  argileux

глинисто-песчаный
  грунтъ (m)
terreno (m) sabbioso
  argillifero
terreno (m) arenoso-
  arcilloso   *3*

mittelfester Ton (m)
clay of fair solidity,
  stiff clay
argile (f) de consistance
  moyenne

глина (f) средней плот-
  ности
argilla (f) di media con-
  sistenza
arcilla (f) de consistencia
  media   *4*

weicher Tonboden (m)
soft clay ground
terrain (m) d'argile
  plastique

мягкій глинистый
  грунтъ (m)
terreno (m) argilloso
  molle *o* anelastico
terreno (m) arcilloso
  blando   *5*

feinkörniger Sandboden (m)
fine sand ground
terrain (m) de sable à
  grains fins

мелкозернистый пес-
  чаный грунтъ (m)
terreno (m) sabbioso a
  granuli fini
terreno (m) arcilloso de
  grano fino   *6*

Mächtigkeit (f) der
  Bodenschicht
size of the layers, depth
  of the strata
épaisseur (f) *ou* puis-
  sance (f) de la couche
  de terrain

мощность (f) пласта
potenzialità (f) *o* spessore (m) dello strato
  di terreno
espesor (m) de la capa
  de terreno   *7*

Belastung (f) des Bau-
  grundes
load on the building
  ground
charge (f) sur le terrain
  à bâtir

нагрузка (f) грунта
carico (m) sul terreno
  fabbricabile
carga (f) sobre el terreno
  á edificar   *8*

Probebelastung (f)
test-load
charge (f) d'essai

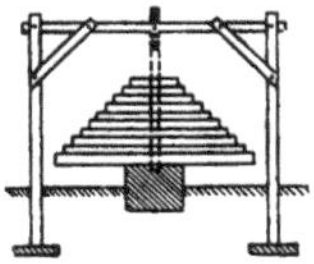

пробная нагрузка (f)
carico (m) di prova
carga (f) de ensayo   *9*

Ausheben (n) der Bau-
  grube
digging the foundation
fouille (f) du terrain

рытьё (n) котлована
scavo (m) per la co-
  struzione, scavo (m)
  generale
cavadura (f) del terreno   *10*

96

1
Grubenwand (f)
foundation wall
paroi (f) de la fouille

стѣнка (f) котлована
parete (f) dello scavo
pared (f) de la excava-
ción

2
mit Böschung anlegen
(v)
to give a batter *or* slope
exécuter (v) une fouille
en talus

закладывать откосъ
scavare (v) a scarpa
ataludar (v), cavar (v)
en talud

3
Fundamentgraben (m)
foundation trench
fouille (f) *ou* tranchée
(f) de fondation

фундаментная канава
(f)
scavo (m) delle fonda-
zione
excavación (f) de fun-
dación

4
Bankett (n), Bärme (f),
Berme (f)
bench, terrace
banquette (f), berme (f)

банкетъ (m); берма (f)
banchina (f), zoccolo
(m), berma (f)
banqueta (f)

5
Aushub (m)
dug out earth
creusement(m), déblaie-
ment (m), déblai (m)

выемка (f)
scavo (m)
cavadura (f), desmonte
(m)

6
Grabespaten (m)
spade
pelle (f)

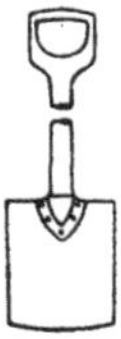

земляная лопата (f)
vanga (f), pala (f), badile
(m)
pala (f)

7
Spatenstiel (m)
haft of the spade
manche (m) de pelle

ручка (f) лопаты
manico (m) della pala
mango (m) de pala

8
Kastenkarren (m)
wheel barrow
brouette (f)

тачка (f)
carretta (f) *o* carriuola
(f) a cassa
carretilla (f), volquete
(m)

9
Vorderkipper (m)
end tipping barrow
brouette (f) basculant
en avant

тачка (f) съ корытомъ,
опрокидывающимся
впередъ
rovesciabile (m) in avan-
ti, carriuola (f) a bilico
anteriore
carretilla (f) volcadora
por delante

Spitzhacke (f)
pick
pioche (f)

мотыга (f)
zappa (f), piccone (m)   *1*
azadón (m)

Brechstange (f)
crowbar
pince (f)

ломъ (m)
palanca (f) per rompere,   *2*
leva (f) ferrata
palanca (f) de hierro

Absteifen (n) der Bau-
    grube
shoring the foundation
    or trench
étrésillonnement (m)
    ou étayement (m) de la
    fouille

крѣпленіе (n) **или** рас-
    пираніе (n) котло-
    вана
puntellamento (m) dello   *3*
    scavo
apuntalamiento (m) de
    la excavación

---

gegeneinander ver-
    spreizen (v)
to prop up against each
    other
étrésillonner (v), étayer
    (v)

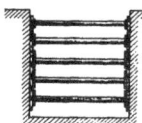

распирать: устанавли-
    вать распорки другъ
    противъ друга
stradacchiare (v) dei tra-   *4*
    versi fra una parete
    e l'altra di uno scavo
acodalar (v), apuntalar
    (v)

---

verkeilen (v)
to wedge tight
caler (v)

заклинивать
rinceppare (v), forzare   *5*
    (v) con cunei
calar (v)

---

verstellbare Spreize (f)
adjustable *or* expanding
    prop *or* shore
étrésillon (m) à serrage

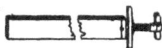

раздвижная распорка
    (f)
sbadacchio (m) *o* pun-   *6*
    tello (m) mobile *o* spo-
    stabile
virotillo (m) móvil

Mannesmann-Rohr (n)
Mannesmann tube,
    seamless tube
tube (m) Mannesmann

труба (f) Маннесманна
tubo (m) Mannesmann
tubo (m) de Mannes-   *7*
    mann

Erddamm (m)
earth-bank,   embank-
    ment
remblai (m), levée (f)
    de terre, digue (f)

земляная насыпь (f)
argine (m) *o* diga (f) in
    terra   *8*
terraplén (m), dique (m)

Sickerwasser (n)
leakage water
eau (f) d'infiltration

верховая вода (f)
acqua (f) d'infiltrazione   *9*
agua (f) de infiltración

Grundwasser (n)
underground water
eau (f) souterraine,
    nappe (f) souterraine

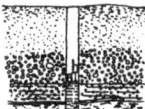

грунтовая вода (f)
acqua (f) del sottosuolo,
    acqua (f) soggiacente   *10*
agua (f) subterránea,
    manto (m) de agua
    subterránea

1
Grundwasserstand (m)
level of underground
water
niveau (m) de la nappe
souterraine

a

уровень (m) грунтовой
воды
livello (m) delle acque
del sottosuolo, aves
(m)
nivel (m) del agua sub-
terránea

2
Grundwasserspiegel (m)
surface of underground
water
surface (f) de la nappe
souterraine

b

поверхность (f) грунто-
вой воды
estensione (f) dell'aves
superficie (f) del manto
de agua subterránea

3
Entwässerung (f) des
Baugrundes
draining the foundation
ground
drainage (m) ou assèche-
ment (m) du terrain
à bâtir

осушеніе (n) строитель-
наго грунта
drenaggio (m) o prosciu-
gamento (m) delle
acque dell'area fab-
bricabile
drenaje (m) ó deseca-
miento (m) del terreno
de edificar

4
Ausschöpfen (n) des
Wassers
baling out the water
épuisement (m) de l'eau

вычерпываніе (n) воды
estrare (٤) l'acqua con
recipienti, prosciuga-
mento (m) dell'acqua
attingendola con sec-
chie
agotamiento (m) del
agua

5
Handeimer (m)
bucket
seau (m)

ведро (n)
secchia (f) a mano
cubo (m)

6
Baupumpe (f)
pump
pompe (f) d'épuise-
ment

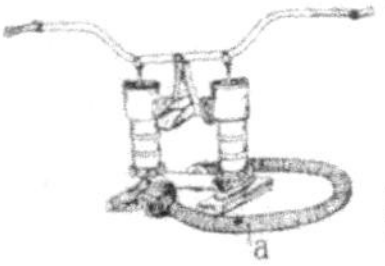
a

строительный насосъ
(m); [фиг.:] насосъ
„Летестю" для строи-
тельныхъ работъ; [у
рабочихъ:] литисья
(f)
pompa (f) cavatrice
bomba (f) de agota-
miento

7
Schlauch (m)
hose pipe
boyau (m), tuyau (m)
flexible

a

рукавъ (m)
tubo (m) flessibile
manguera (f), tubo (m)
flexible

8
Diaphragmapumpe (f)
diaphragm pump
pompe (f) à dia-
phragme

насосъ (m) съ діафраг-
мой
pompa (f) a diaframma,
pompa (f) a membrana
bomba (f) con diafragma

Trockenlegung der
  Baugrube (f)
subsoil drainage
assèchement (m) ou
  mise (f) à sec de
  la fouille

осушеніе (n) котлована
просciugamento (m)
  dello scavo generale   1
desecamiento (m) de la
  excavación

die in der Baugrube
  auftretenden Quellen
  ableiten (v)
to lead off or deviate
  springs found in the
  foundation
détourner (v) ou cana-
  liser (v) les sources
  de fond de la fouille

отводить ключи, про-
  бивающiеся въ кот-
  лованѣ
deviare (v) le sorgenti
  che scaturiscono nello   2
  scavo generale
canalizar (v) las fuentes
  ó las manantiales que
  se presentan en una
  excavación

die in der Baugrube
  auftretenden Quellen
  fassen (v)
to close up any springs
  found in the foun-
  dation
capter (v) les sources
  de fond de la fouille

перехватывать ключи,
  пробивающiеся въ
  котлованѣ
prendere (v) le sorgenti
  che compaiono affio-
  ranti nello scavo   3
  generale
captar (v) las fuentes
  ó las manantiales que
  se presentan en el
  fondo de la excava-
  ción

Sumpf (m)
pit, sump
marais (m), marécage
                    (m)

болото (n)
pantano (m), palude (f) 4
pantano (m)

Wasserabzuggraben (m)
catch-pit
fossé (m) d'écoulement,
  drain (m)

водоотводная канава
                    (f)
fosso (m) per lo scolo   5
  delle acque
zanja (f) de desagüe

die Quellen nach einem
  tiefer gelegenen
  Punkte ableiten (v)
to lead the water off at
  a lower point
détourner (v) les sources
  vers un point plus
  profond

отводить ключи къ
  ниже лежащей точкѣ
deviare (v) le sorgenti
  verso un punto situato
  più in basso o verso   6
  un punto più profondo
conducir (v) las manan-
  tiales hacia un punto
  más profundo

Sickerschlitz (m)
rubble drain
drain (m) à pierrailles
  [pour les eaux] d'in-
  filtration, pierrée (f)

водоотводная канавка
                    (f)
scolatoio (m), fenditura 7
  (f) di scolo
tarjea (f) para aguas de
  infiltración

Sickerkanal (m)
rubble catch-water
  channel
canal (m) pour les eaux
  d'infiltration

водоотводный каналъ
                    (m)
canale (m) d'infiltra-   8
  zione
canal (m) para las aguas
  de infiltración

	German	English / French	Image	Russian / Italian / Spanish

1
Tonrohr (n)
earthenware-pipe
tuyau (m) en poterie

гончарная труба (f)
tubo (m) in cotto, tubo
(m) di argilla
tubo (m) cerámico

2
Senken (n) des Grund-
wasserspiegels
sinking *or* lowering of
the underground water
level
abaissement (m) de la
nappe souterraine

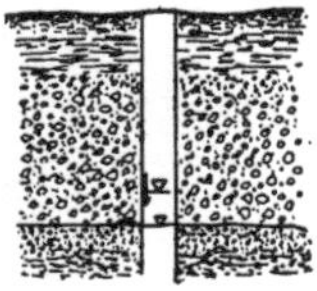

пониженіе (n) уровня
грунтовой воды
abbassamento (m) del-
l'aves o delle acque
sotterrane
descenso (m) del manto
de agua subterránea

3
Wasserhaltung (f)
pumping, draining
installation (f) d'épuisement

задерживаніе (n) воды
tenuta (f) dell'acqua
instalación (f) de agota-
miento

4
Rohr (m)
pipe
tuyau (m)

труба (f)
tubo (m)
tubo (m)

5
Bogen (m)
bend
coude (m)

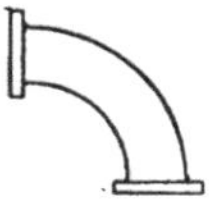

отводъ (m)
gomito (m)
codo (m)

6
Brunnen (m)
spring, well
puits (m)

колодезь (m)
pozzo (m)
pozo (m)

7
einen Brunnen senken
(v)
to sink a well
foncer (v) un puits

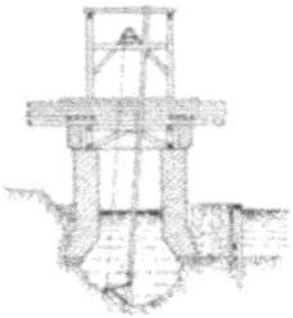

опускать колодезь
approfondire (v) un
pozzo
profundizar (v) un pozo

8
Filter (n)
filter, screen
filtre (m)

фильтръ (m)
filtro (m)
filtro (m)

9
Motorpumpe (f)
motor driven pump
pompe (f) à moteur

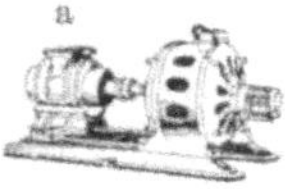

моторный насосъ (m)
pompa (f) a motore
bomba (f) con motor

10
Kreiselpumpe (f), Zentri-
fugalpumpe (f)
centrifugal pump
pompe (f) centrifuge

a

центробѣжный насосъ
(m)
pompa (f) centrifuga
bomba (f) centrifuga

Lokomobile (f) portable engine locomobile (f)	локомобиль (m) locomobile (f) locomóvil (f) *1*
Gasmotor (m) gas engine moteur (m) à gaz	газовый моторъ (m) или двигатель (m) motore (m) a gas *2* motor (m) de gas
Wasserdruck (m) water pressure pression (f) d'eau	давленіе (n) воды pressione (f) dell'acqua *3* presión (f) de agua

Wasserauftrieb (m)
buoyancy
poussée (f) de l'eau
	подпоръ (m) воды
	spinta (f) dell'acqua
	  verso l'alto *4*
	empuje (m) del agua
	  (hacia arriba)

Eigengewicht (n) des
  Bauwerkes
weight of masonry
poids (m) mort *ou* propre
  de la construction
	собственный вѣсъ (m)
	  сооруженія
	peso (m) proprio del
	  fabbricato *5*
	peso (m) propio de la
	  obra

den Wasserdruck mit
  dem Eigengewicht
  zusammensetzen (v)
to combine the weight
  of the masonry with
  the water pressure
composer (v) la pression
  de l'eau avec le poids
  propre
	складывать давленіе
	  воды съ собствен-
	  нымъ вѣсомъ
	comporre (v) la pressione
	  dell'acqua col peso *6*
	  proprio del fabbricato
	componer (v) la presión
	  del agua con el peso
	  propio

Bodenpressung (f)
pressure of the ground
compression (f) du ter-
  rain
	сжатіе (n) грунта
	pressione (f) unitaria
	  sul terreno *7*
	compresión (f) del te-
	  rreno

Moment (n) moment moment (m)	моментъ (m) momento (m) *8* momento (m)
negatives Moment (n) negative moment moment (m) négatif	отрицательный мо- ментъ (m) momento (m) negativo *9* momento (m) negativo
Maximalmoment (n) maximum moment moment (m) maximum	наибольшій (макси- мальный) моментъ (m) momento (m) massimo *10* momento (m) máximum
Spannweite (f) span portée (f)	пролётъ (m) portata (f), apertura (f), *11* corda (f) abertura (f)

German		Spanish/Italian/Russian

1 trocken gelegte Baugrube (f)
foundation ditch drained dry
fouille (f) asséchée

осушенный котлованъ (m)
scavo (m) generale prosciugato
excavación (f) desecada

---

2 rammen (v)
to ram or tamp
enfoncer (v) ou battre (v) à la sonnette ou avec le mouton, damer (v)

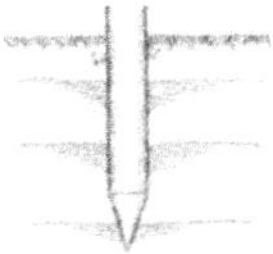

забивать
affondare (v) od introdurre (v) colla berta palafitte, conficcare (v) col battipalo
hundir (v) con el martinete ó pilón, apisonar (v)

---

3 Handramme (f)
hand rammer or tamp
dame (f), demoiselle (f), hie (f)

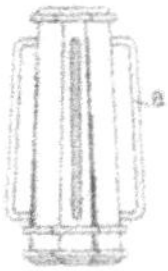

ручная баба (f)
battipalo (m) a mano, mazzapicchio (m)
pisón (m) de mano

---

4 Bügel (m)
bow-shaped handle
anse (m)

a

скоба (f); ручка (f)
staffa (f)
asa (f)

---

5 eiserner Schuh (m)
iron shoe
sabot (m) en fer

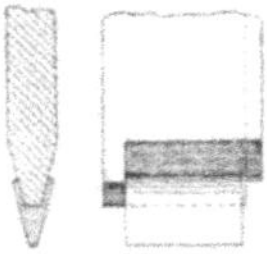

желѣзный башмакъ (m)
puntazza (f)
azuche (m) de hierro, zueco (m) de hierro

---

6 Fallwerk (n)
monkey or ram pile driver
sonette (f)

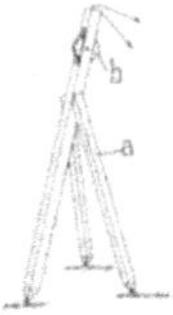

ударный механизмъ (m); копёръ (m)
battipalo (m) a scattatoio
martinete (m)

---

7 Dreibein (n)
tripod
trépied (m)

a

тренога (f)
trepiede (m), capra (f)
trípode (m)

---

8 Rolle (f)
pulley
poulie (f)

b

роликъ (m); колесо (n)
puleggia (f), tamburo (m), rotella (f)
polea (f)

---

9 Läuferrute (f)
runner
montant (m) ou jumelle (f) de la glissière

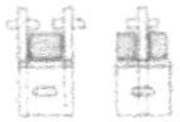

направляющая (f)
asta (f) scorrevole
montante (m) de la resbaladera

Rammetube (f)
ramming space
sole (f) *ou* enrayure (f)
(d'appui de la son-
nette)

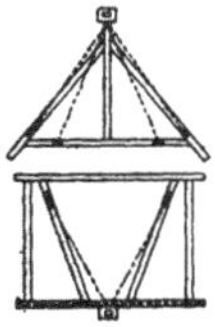

основная рама (f); рам-
ное основаніе (n)
camera (f) *o* spazio (m)
del battipalo *1*
cámara (f) del martinete
ó pisón (espacio occu-
pado por el martinete)

Zugramme (f)
common ram *or* pile-
driver
sonnette (f) à tiraude

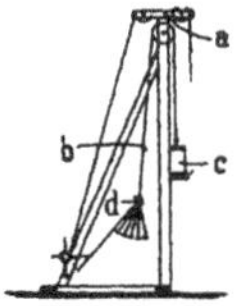

ручной копёръ (m)
berta (f) a nodo, batti-
palo (m) semplice *2*
martinete (m) con cuer-
das

Trietzkopf (m)
pile hoisting and sup-
porting head **a**
châssis (m) des poulies
[de levage des pilotis]

насадка (f) съ блокомъ;
голова (f) копра съ
блоками
testata (f) della berta
con puleggie per la *3*
fune reggente il palo
rama (f) superior ó ca-
beza (f) del martinete
ó pisón

Rammtau (n)
lifting rope
câble (m) *ou* corde (f) **b**
de sonnette

лопарь (m)
fune (f) del battipalo *4*
cable (m) del pisón

Rammbär (m)
ram weight monkey
mouton (m) [de son- **c**
nette]

баба (f)
ariete (m) del battipalo,
maglio (m) *5*
pilón (m) de martinete

Kranztau (n)
strap
erseau (m) *ou* estrope (f) **d**
d'attache des tiraudes

танька (f)
fune (f) della corona
d'attacco *6*
estrovo (m) de fijación
de las cuerdas

Schwanzmeister (m)
attendant of a pile
driver
enrimeur (m), chef (m)
d'équipe

закопёрщикъ (m);
запѣвало (m)
caporale (m) che dirige
la manovra del batti- *7*
palo
capataz (m)

den Takt angeben (v)
to regulate the strokes
marquer (v) la cadence,
battre (f) la mesure

давать тактъ
marcare (v) il tempo
o la cadenza *8*
marcar (v) la cadencia

Bärgewicht (n)
weight of the ram
or monkey
poids (m) du mouton

вѣсъ (m) бабы
peso (m) dell'ariete *9*
peso (m) del pilón

#			
1	Hubhöhe (f) height of lift hauteur (f) de chute		высота (f) подъёма corsa (f) di sollevamento o di caduta, semplice caduta (f) dell'ariete altura (f) de caída, altura (f) de elevación
		h	
2	Hitze (f) series of strokes volée (f), série (f) de coups [de sonnette]		залогъ (m) serie (f) di colpi sulla testata del palo serie (f) de golpes
3	Dampframme (f) steam pile-driver sonnette (f) à vapeur		паровой копёръ (m) battipalo (m) a vapore martinete (m) de vapor
4	der Bär fällt frei the ram or monkey falls freely le mouton tombe libre- ment		баба (f) падаетъ сво- бодно l'ariete cade libera- mente el pisón cae libremente
5	Kunstramme (f) pile-driver with auto- matic ram or monkey release sonnette (f) à treuil		механическій копёръ (m) ariete (m) del battipalo a scattatoio, appa- recchio (m) speciale che fa ricadere il ma- glio sulla testata del palo martinete (m) de torno
6	Spülung (f) beim Rammen combined flushing and ramming injection (f) d'eau pen- dant le battage		забиваніе (n) свай съ промывкой getto (m) d'acqua du- rante il funziona- mento del battipalo inyección (f) de agua durante el batido con el pisón
7	Spülrohr (n) flush water pipe, flushing pipe tuyau (m) d'injection d'eau ou de lavage	a	промывная труба (f) tubo (m) per il getto d'acqua tubo (m) de inyección de agua
8	Druckwasserstrahl (m) jet of pressure water jet (m) d'eau sous pression		напорная струя (f) воды getto (m) d'acqua sotto pressione chorro (m) de agua con presión

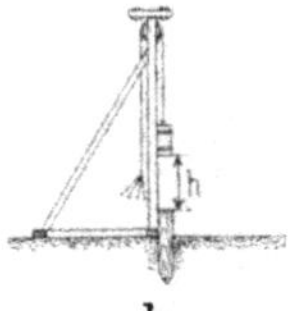

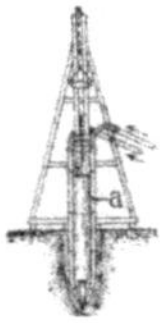

(m) des
ПОДМЫВd

Unterwaschen (n) der
Fundamente
washing out the foundation
affouillement (m) des
fondations

подмывъ (m) фундаментовъ
azione (f) dell'acqua nelle fondamenta, innondazione (f) delle fondazioni
socavación (f) de las fundaciones *1*

Spundwand (f)
pile planking, sheet piling, grooved and tongued piling
cloison (f) avec palée, file (f) de palplanches

шпунтовая стѣна (f); шпунтовый рядъ (m)
parete (f) a panconcelli, palancata (f)
palizada (f) de tablas *2*

Holzspundwand (f)
sheet-piling of wood [cloison (f) de] palplanches (f pl)

деревянный шпунтовый рядъ (m)
palancata (f) in legno
palizada (f) de tabique *3*

genuteter Pfahl (m)
grooved pile
palplanche (f) ou pilotis (m) à rainure

свая (f) съ пазами
palo (m) scanalato
estaca (f) ranurada, pilote (m) ranurado *4*

a

meißelartige Schneide (f)
chisel edge
tranchant (m) à biseau ou en sifflet

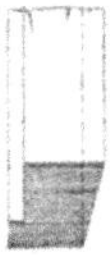

заострённый [долотообразно] конецъ (m)
taglio (m) a smusso di scalpello
corte (m) de bisel *5*

Pfähle setzen (v)
to drive the piles
battre (v) ou ficher (v) des pieux ou palplanches

размѣщать сваи
conficcare (v) dei pali
hincar (v) pilotes *6*

Zange (f)
string piece or wale poling board, batten
moise (f)

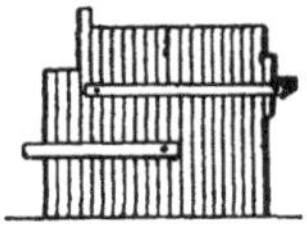

схватка (f)
morsa (f), graffa (f)
cepo (m), crucero (m) *7*

Zangen verbolzen (v)
to bolt the wales
boulonner (v) des moises

прибалчивать схватки
inchiodare (v) le morse
atornillar (v) cruceros ó cepos *8*

der Pfahl zieht
the pile drives
le pieu s'enfonce

свая (f) садится
il palo tira ó s'interna nel terreno
el pilote se hunde *9*

die Spundwand mit einem Holm versehen (v)
to furnish the sheet-piling with capping or head beam
garnir (v) une file de palplanches d'un chapeau de couronnement

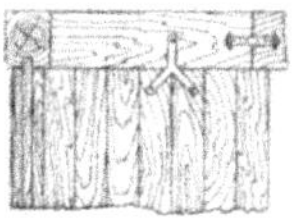

снабжать шпунтовый рядъ насадкой
munire la palizzata di panconi o di traverse
coronar (v) una fila de tablones con carreras *10*

1

eiserne Spundwand (f)
iron sheet-piling
palée (f) en pilotis de
fer et tôles

желѣзный шпунтовый
рядъ (m)
palancata (f) o palata (f)
con lamiere di ferro
palizada (f) de hierros
perfilados y chapas

2

Wellblechspundwand (f)
corrugated iron sheet-
piling
paroi (m) de soutène-
ment ou de batardeau
en tôle ondulée

шпунтовая стѣнка (f)
изъ волнистаго же-
лѣза
palata (f) in lamiera on-
dulata
palizada (f) ó ataguía (f)
de palastro ondulado

3

Eisenbetonspundwand
(f)
reinforced concrete
sheet-piling
paroi (m) de soutène-
ment ou de batardeau
en béton armé

желѣзобетонный
шпунтовый рядъ (m)
palata (f) in cemento
armato
palizada (f) ó ataguía (f)
de hormigón armado

4

Fangdamm (m)
dam
batardeau (m), digue (f),
barrage (m)

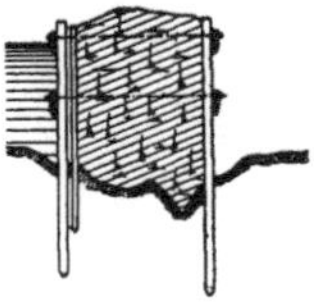

перемычка (f)
tura (f) in terra, argine
(m)
ataguía (f), dique (m)

5

Eingerüstung (f) des
Fangdammes
scaffolding or falsework
of a dam
échafaudage (m) du
batardeau ou barrage

опалубка (f) перемычки
incassatura (f) della tura
o diga in terra
encajonamiento (m) del
ataguía

6

Kastenfangdamm (m)
coffer dam
batardeau-caisson (m)

перемычка (f) ящикомъ
tura (f) a cassoni
ataguía (f) de cajón

7

doppelter Fangdamm
(m)
double coffer or walled
dam
batardeau (m) double ou
à double paroi

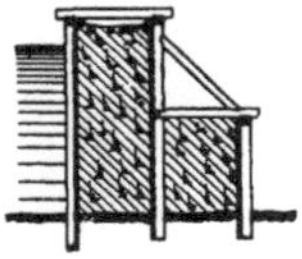

двойная перемычка (f)
doppia tura (f) a sca-
glioni
ataguía (f) de doble
pared, ataguía (f)
doble

8

gestülpte Bretterwand
(f)
planked staying or re-
taining wall
cloison (f) en planches
avec revers en remblai

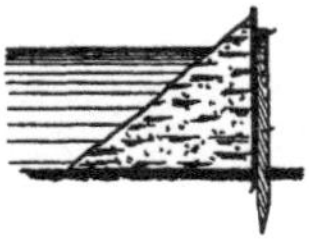

деревянная стѣнка (f),
обшитая въ закрой
palancata (f) rimboccata
ataguía (f) de tablas y
terraplén

Holm (m)
 capping *or* head beam,
   corbel course
 chapeau (m)
	насадка (f)
	 пансоие (m) sovraposto,
	   traversa (f) corrente
	 саггега (f) *1*

a

b

Pfahl (m)
 pile
 pieu (m), palplanche (f),
   pilot (m), pilotis (m)
	свая (f)
	 palo (m)
	 estaca (f), palo (m),
	   pilote (m) *2*

der Holm liegt auf der
   Кнадке
 the capping rests on a
   bracket piece
 le chapeau est placé sur
   des échantignoles *ou*
   des goussets
	насадка (f) лежитъ на
	   кобылкѣ
	 il pancone giace *o* posa
	   su mensole *o* su pe-
	   ducci *3*
	 la carrera está collo-
	   cada sobre consolas
	   ó egiones

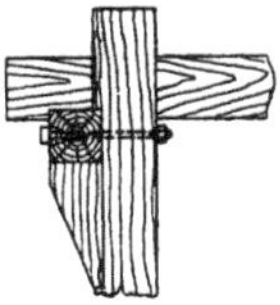

gegen Unterspülung
   sichern (v)
 to secure against scour-
   ing *or* washing away
   or undermining
 protéger (v) contre l'af-
   fouillement *ou* le dé-
   chaussement
	предохранять отъ под-
	   мыва
	 assicurare (v) contro
	   l'affondamento dovuto *4*
	   dall'azione delle acque
	 proteger v) contra la
	   socavación

Sandsäcke versenken (v)
 to lower sand bags
 immerger (v) des sacs
   de sable
	погружать или опу-
	   скать мѣшки съ
	   пескомъ
	 immergere (v) dei sac- *5*
	   chi di sabbia
	 sumergir (v) sacas de
	   arena

Segeltuch (n) sail cloth toile (f) à voile	парусина (f) tela (f) da vela, tela (f) olona *6* tela (f) de velas

den Fangdamm dichten
         (v)
 to stop the dam, to
   make the dam tight
 boucher (v) *ou* fermer
   (v) les joints du ba-
   tardeau, calfater (v)
   le batardeau
	уплотнять перемычку
	 calafatare (v) *o* rivestire
	   (v) di catrame la tura
	   o la diga in terra *7*
	 tapar (v) las juntas del
	   ataguia

Undichtigkeiten ver-
   stopfen (v)
 to stop up leaks
 boucher (v) les voies
   d'eau
	затыкать неплотныя
	   мѣста
	 calafatare (v) *o* turare (v)
	   le vie d'acqua *o* le *8*
	   fenditure
	 tapar (v) las vías de
	   agua

1 von beiden Enden aus-
schütten (v)
to fill from each end
remblayer (v) des deux
côtés

засыпать съ обоихъ
концовъ
spandere (v) dalle due
estremità
echar (v) de dos lados

2 Füllstoff (m), Füll-
material (n)
filling material
matériaux (m pl) de rem-
plissage

матеріалъ (m) для за-
полненія
materiale (m) di riem-
pimento
materiales (m pl) para
el relleno

3 in einzelnen Lagen ein-
bringen (v)
to place in separate
layers
remblayer (v) par cou-
ches successives

укладывать отдѣль-
ными слоями
introdurre (v) per sin-
goli strati
rellenar (v) por capas
independientes

4 frei von Holzstücken
free from pieces of wood
sans déchets de bois

безъ щепы
scevri di scheggie di
legno
sin trozos de madera

5 frei von Pflanzenfaser
free from vegetable
matter
sans fibres végétales

безъ растительныхъ
волоконъ
scevro di fibre vegetali
sin fibras vejetales

6 frei von Wurzeln
free from roots
sans racines

безъ корней
scevro di radici
sin raices

7 Sägespäne (m pl)
sawdust
sciure (f) de bois

опилки (m pl)
segatura (f) di legno
serrin (m)

8 Gerberlohe (f)
spent tan
tan (n)

дубильная кора (f);
корьё (n): лубъ (m)
polvere (f) da concia
corteza (f)

9 mit Sand gemischter
Lehm (m)
loam or clay mixed
with sand
limon (m) mêlé de
sable

глина (f), смѣшанная
съ пескомъ
argilla (f) mista a sabbia
barro (m) mezclado de
arena

10 lehmige Erde (f)
loam
terre (f) limoneuse

глинистая земля (f)
terra (f) argillosa
tierra (f) fangosa

11 Tonerde (f)
clay
argile (f), glaise (f), terre
(f) glaise

глинозёмъ (m)
terra-creta (f)
arcilla (f), barro (m),
tierra (f) arcillosa

12 Flachgründung (f)
flat foundation
fondation (f) sur plate-
forme avec empatte-
ment ou sur semelle

низкое основаніе (n)
fondazione (f) piana
fundación (f) sobre
plataforma

Einzelfundament (n)
single foundation
fondation (f) isolée

отдѣльный фунда-
ментъ (m)
base (f) o fondazione (f) *1*
isolata
fundación (f) aislada

Verbreiterung (f) im
Fundament
widening the foun-
dation
empattement (m) de la
base

уширеніе (n) фунда-
мента
allargamento (m) della
base o della fonda- *2*
zione
ensanche (m) de la
fundación

Fundamentabsatz (m)
base or footing of foun-
dation
gradin (m) de fondation

обрѣзъ (m) фундамента
risega (f) o gradino (m)
della fondazione
retallo (m) de la fun- *3*
dación, saliente (m)
de la fundación

stufenförmig ver-
breitern (v)
to widen footing in steps
or offsets
établir (v) [une fon-
dation] sur gradins

уширять ступенями
allargare (v) a gradini
od a scaglioni *4*
ensanchar (v) por reta-
llos ó por banquetas

zulässiger Bodendruck
(m)
safe load on ground
pression (f) admissible
sur le sol

допускаемое сжатіе (n)
грунта; допускаемое
давленіе на грунтъ
pressione (f) ammissibile *5*
sul terreno
presión (f) admisible
sobre el suelo

Trägerrost (m)
girder grillage
gril (m) de fondation

ростверкъ (m) изъ ба-
локъ
traliccio (m) portante,
passonata (f) metallica *6*
emparrillado (m) de
fundación

Fundamentplatte (f) aus
Eisenbeton
reinforced concrete
foundation slab
semelle (f) en béton
armé

фундаментная плита (f)
изъ желѣзобетона
zatterone (m) di fonda-
zione in cemento ar- *7*
mato
basamento (m) ó losa
(f) de fundación de
cemento armado

---

auf den Grundwasser-
spiegel herabreichende
Fundierung (f)
foundation carried
down to the under-
groundwater level
fondation (f) descen-
dant jusqu'à la nappe
aquifère

основаніе (n) вровень
съ поверхностью
грунтовой воды
fondazione (f) avanzata
fino alla falda acqui- *8*
fera
fundación (f) descen-
diente hasta la capa
subterránea de agua

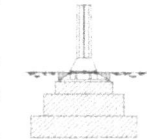

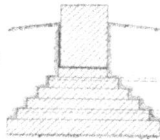

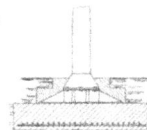

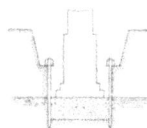

1

die Fundamentplatte
biegt sich durch
the foundation slab
gives way
la semelle de fondation
fléchit *ou* cède

фундаментная плита (f)
прогибается
lo zatterone *o* la platea
di fondazione si piega
la losa de fundación
cede, el basamento
cede

2

gleichmäßig verteilte
Bodenpressung (f)
uniformly distributed
pressure on ground
pression (f) uniformé-
ment répartie sur le
terrain

равномѣрно распредѣ-
лённое сжатіе (n)
грунта
pressione (f) uniforme-
mente distribuita
presión (f) uniforme
repartida sobre el
suelo

3

Zusammenpressung (f)
des Bodens
inward pressure of sides
compression (f) du sol

сжатіе (n) грунта
compressione (f) del
suolo
compresión (f) del suelo

4

Gebäude- und Ma-
schinenfundamente
absondern (v)
to separate building and
machinery foundations
isoler (v) les fondations
du bâtiment et celles
des machines

отдѣлять фундаменты
подъ машины отъ
фундаментовъ зданія
separare (v) le fonda-
zioni delle macchine
e dei fabbricati
separar (v) las funda-
ciones del edificio y
de las máquinas

5

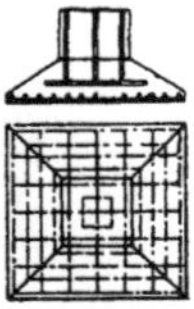

Säulenfundament (n)
footing *or* foundation of
a pillar
fondation (f) sur piliers

фундаментъ (m) подъ
колонну
fondazione (f) su pilastri
fundación (f) de pilares
ó pilastras

6

Längsbewehrung (f),
Längsarmierung (f)
longitudinal reinforce-
ment
armature (f) dans le
sens longitudinal

продольная арматура
(f); работающіе
прутья (m pl); прутья
сопротивленія
armatura (f) longitudi-
nale
armadura (f) longitudi-
nal

7

Querbewehrung (f),
Querarmierung (f)
transverse reinforce-
ment
armature (f) dans le sens
transversal

поперечная арматура
(f); распредѣляющіе
прутья (m pl); прутья
распредѣленія
armatura (f) trasversale
armadura (f) transversal

8

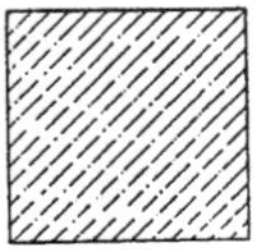

Diagonalbewehrung (f),
Diagonalarmierung (f)
diagonal reinforcement
armature (f) dans le
sens diagonal

діагональная арматура
(f)
armatura (f) diagonale
armadura (f) diagonal

exzentrisch belastete Fundamentplatte (f)
foundation slab loaded excentrically
plaque (f) de fondation non chargée au centre

фундаментная плита (f), нагружённая внѣцентренно или эксцентрично
zatterone (m) di fondazione o platea (f) a carico eccentrico
basamento (m) ó losa (f) de fundación á carga excéntrica *1*

Kupplung (f) einer inneren und einer äußeren Säule
connection of inner and outer pillar
couplage (m) d'un pilier intérieur et d'un pilier extérieur

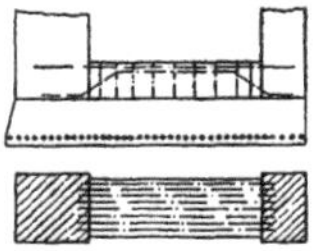

спариваніе (n) внутренней и наружной колонны
collegamento (m) di un pilastro interno con un es'erno
acoplamiento (m) de un pilar interior y de un pilar exterior *2*

---

die Säule von der Eigentumsgrenze abrücken (v)
to remove the pillar to the boundary
écarter (v) le pilier de la limite de la propriété

отодвигать колонну отъ границы владѣнія
scostare (v) il pilastro dal confine di proprietà
apartar (v) el pilar del límite de propriedad *3*

Kantenpressung (f)
edge pressure
pression (f) sur les arêtes

сжатіе (n) у крайней грани
pressione (f) agli angoli
presión (f) sobre las aristas *4*

---

zusammenhängende Betonplatte (f)
connected bed *or* slab
semelles (f pl) réunies de béton, plaque (f) de béton d'une seule pièce

неразрѣзная бетонная плита (f)
soletta (f) o piastra (f) di cemento armato concatenata
losas (f pl) de hormigón ensambladas *5*

---

doppelt armiert *oder* bewehrt
doubly reinforced
à double armature, armé (adj) dans les deux sens

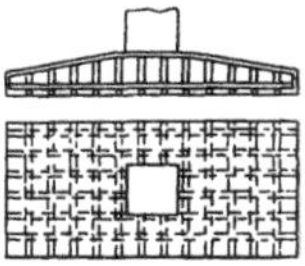

съ двойной арматурой a doppia armatura, armato in due sensi
de doble armadura (de traveseros) *6*

Unterzug (m) der Querplatte
girder *or* bearer of cross slab
poutre (f) sous la plaque transversale

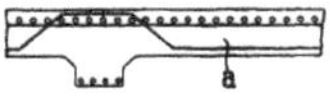

прогонъ (m) поперечной плиты
trave (f) di rinforzo della soletta trasversale
zapata (f) de la losa tranversal *7*

Plattenbalken (m) mit oberer Platte
raft with beams underneath
plancher (m) nervé *ou* à nervures

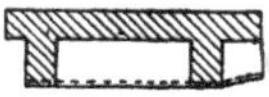

ребристая плита (f) съ плитою наверху
impalcatura (f) o nervatura (f) con soletta superiore
piso (m) de viguetas con placa superior *8*

1	Plattenbalken (m) mit unterer Platte raft with beams above poutre (f) avec dalle inférieure	ребристая плита (f) съ плитою внизу impalcatura (f) o nervatura (f) con soletta superiore piso (m) de viguetas con placa inferior
2	Gewölbeform (f) inverted arch radier (m) en forme de voûte	форма (f) свода a forma di volta o arcuata bóveda (f) invertida
3	netzartig verschlungener Bügel (m) metal lattice-work armature (f) secondaire en treillis diagonal	скрещивающіеся бюгеля (m pl) staffa (f) intrecciata a rete estribos (m pl) entrelazados, armadura (f) de celosía
4	wasserdichter Keller (m) waterproof cellar cave (f) étanche	водонепроницаемый подвалъ (m) cantina (f) con muri impermeabili o asciutta cueva (f) estanca, sótano (m) estanco
5	Kesselhaus (n) boiler house bâtiment (m) des chaudières	котельная (f); кочегарка (f) fabbricato (m) delle caldaie edificio (m) de las calderas
6	Behälterausbildung (f) formation of a reservoir construction (f) d'un réservoir	образованіе (n) резервуара costituzione (f) di un serbatoio d'acqua construcción (f) de un depósito
7	Tiefgründung (f) deep foundation fondation (f) à grande profondeur	устройство (n) основаній на глубинѣ fondazione (f) a grande profondita fundación (f) de gran profundidad
8	Schichtenwechsel (m) variation of strata or stratum stratification (f) variable	перемѣна (f) напластованія stratificazione (f) variabile estratificación (f) variable
9	Fundamentstütze (f) foundation stay or support support (m) de la fondation	фундаментный столбъ (m) sostegno (m) o pila (f) della fondazione apoyo (m) de la fundación

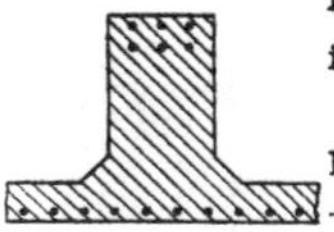

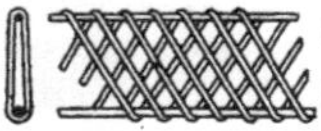

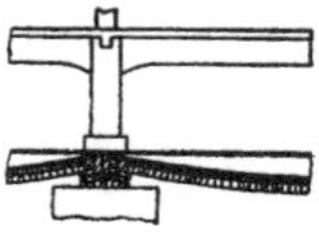

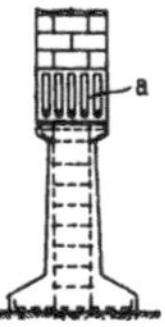

Fundamentträger (m)
foundation beam *or*
　bearer
sommier (m) de fonda-
　tion

фундаментная балка
　(f)
puntone (m) *o* trave (m)　*1*
　di fondazione
viga (f) de fundación

───

Betonrostplatte (f)
concrete grillage
dalle (f) en béton en
　forme de gril

a

бетонный роствернъ
　(m)
lastra (f) a griglia in
　calcestruzzo, passo-　*2*
　nata (f) di travi di
　calcestruzzo
losa (f) de hormigón de
　rejilla

───

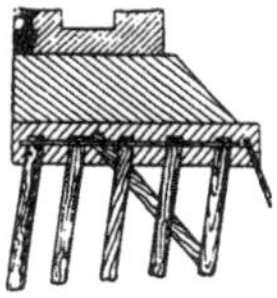

hoher Pfahlrost (m)
elevated grillage on
　piles
plate-forme (f) en gril
　sur la tête des pieux

высокій роствернъ (m)
　на сваяхъ
intreccio (m) di pali,
　passonata (f) elevata　*3*
enrejado (m) elevado en
　pilotes

───

Betonpiloten (m pl)
concrete piles (pl)
pilots (m pl) *ou* pieux
　(m pl) en béton

бетонныя сваи (f pl)
piloni (m pl) in calce-
　struzzo　*4*
pilotes (m pl) de hormi-
　gón

───

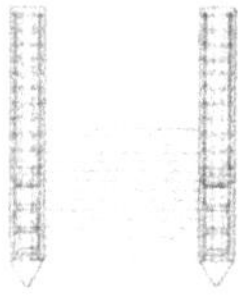

spundwandartige Ver-
　bindung zweier Pi-
　loten
connecting two piles
　by sheet-piling
réunion (f) de deux
　pilots au moyen d'une
　cloison *ou* d'un rideau

соединеніе (n) двухъ
　свай шпунтовой
　стѣнкой
collegamento (m) di due
　pali di fondazione a　*5*
　guisa di palancata
ensamblaje (m) de dos
　pilotes por un tabique

───

die Mauerwerkpfeiler
　ohne Ausgraben
　herabsenken (v)
to drive sheeting piles
　without previous dig-
　ging
enfoncer (v) *ou* des-
　cendre (v) un pilier
　en maçonnerie sans
　fouille

опускать каменный
　столбъ безъ рытья
propagginare (v) *o* spro-
　fondare (v) un pilastro
　in muratura senza sca-　*6*
　vare la fondazione
descender (v) un pilar
　de mampostería sin
　excavación

───

Fäulnis (f)
decomposition
décomposition (f), pour-
　riture (f)

гніеніе (n)
decomposizione (f), pu-
　trefazione (f), fermen-
　tazione (f), infradicia-　*7*
　tura (f)
descomposición (f), pu-
　trefacción (f)

───

Wurmfraß (m)
damage done by worms,
　worm eaten
vermoulure (f)

червоточина (f)
tarmatura (f) *o* rosura (f)
　fatta da vermi　*8*
pudrición (f), agusanado
　(m), apolilladura (f)

1
tiefster Grundwasser-
stand (m)
lowest underground
water level
niveau (m) le plus bas
ou inférieur de la
nappe souterraine

низшій уровень (m)
грунтовой воды
aves (m) profondo, ьtrato
(m) acquifero sotto-
stante alla fьlda acqui-
fera del terreno
nivel (m) más inferior
de la caᴨa de agua
subterránea

2
natürliche Senkung (f)
des Grundwasserspie-
gels
natural settlement *or*
sinking of the under-
ground water
abaissement (m) naturel
de la nappe souter-
raine

естественное пони-
женіе (n)
abbassamento (m) na-
turale, approfonda-
mento (m) naturale
dell'aves
descensо (m) natural
de la capa de agua
subterránea

3
auf Holzpiloten Beton-
pfeiler aufsetzen (v)
to fix concrete piles on
top of wooden ones
établir (v) des piliers
en béton sur pilotis
en bois

на деревянныя сваи
наращивать бетон-
ныя
sovrapporre (v) pilastri
in cemento armato su
pali di legno
colocar (v) los pilares
de hormigón sobre
estacas de madera

4
einen Holzpfahl ab-
schneiden (v)
to cut off *or* dress a
wood pile
receper (v) *ou* recéper
(v) un pilot

срѣзать сваю
tagliare (v) il palo di
legno
desmochar (v) ó cortar
(v) el pilote

5
Stempel (m)
stamp *or* rammer beam
pieu (m) auxiliaire co-
nique pour le battage

штемпель (m)
puntello (m), birillo (m)
pilote (m) auxiliar có-
nico de madera para
el batido

6
aufpfropfen (v)
to prop up
boucher (v)

насаживать
costipare (v), compri-
mere (v)
tapar (v)

7
Probepilot (m)
test pile
pilot (m) d'essai

пробная свая (f)
palo (m) d'assaggio
pilote (m) de ensayo

Imprägnierungsverfahren (n), Tränkung
(f)
treatment with preservatives, creosotiug
process
procédé (m) d'imprégnation *ou* d'injection

способъ (m) пропитки
processo (m) d'iniettatura
procedimiento (m) de
inyección ó de impregnación   *1*

in Beton einhüllen (v)
to encase with concrete
enrober (v) dans le
béton

облиповывать бетономъ; окутать бетономъ
coprire (v) *o* avvolgere
(v) di calcestruzzo
rodear (v) de hormigón   *2*

Schutz (m) gegen den
Bohrwurm
protection against boring insects *or* worms
protection (f) contre les
vers

защита (f) отъ шашня
или сверлянки
protezione (f) contro i
vermi corrosori
protección (f) contra el
gusano de la polilla   *3*

Bohrwurm (m)
ship's borer
taret (m)

Teredo navalis

корабельный червь
(m); шашень (m); древоточецъ (m); сверлянка (f)
verme (m) del legno
gusano (m) de la madera   *4*

Lohassel (f)
wood louse
cloporte (m), limnorie (f)

Limnoria
terebanum

буравящая мокрица (f)
centogambe (m)
cochinilla (f)   *5*

Holzassel (f)
wood louse
cloporte (m)

Limnoria
lignorum

буравящая мокрица (f)
centopiedi (m)
cochinilla (f)   *6*

Larve (f) des Käfers
larva of beetle
larve (f) de coléoptère

личинка (f) жука
larva (f) del scarafaggio
larva (f) del escabarajo   *7*

Teerung (f)
tarring
goudronnage (m)

осмолка (f)
incatramatura (f) con
bitume
embreamiento (m)   *8*

Meerwasser (n)
sea-water
eau (f) de mer

морская вода (f)
acqua (f) di mare
agua (f) de mar   *9*

Weichtier (n)
mollusc, shell-fish,
barnacle
mollusque (m)

слизнякъ (m)
mollusco (m)
molusco (m)   *10*

Insekt (n)
insect
insecte (m)

насѣкомое (n)
insetto (m)
insecto (m)   *11*

Meeresschlamm (m)
mud from the sea
limon (m) marin *ou* de
mer

морская тина (f)
melma (f) o fango (m) di
mare
limo (m) ó fango (m) de
mar   *12*

1
höchste Flut (f)
high water, flood
marée (f) la plus haute

наибольшій приливъ (m)
la più alta marea (f)
marea (f) la más alta

2
Schutzhaut (f)
protecting skin, coat
gaine (f) protectrice

защищающій покровъ (m)
copertura (f) di protezione
vaina (f) protectora

3
Eisenbetonspundwand (f) vor dem Pfahlrost
concrete sheet piling in front of the piles
cloison (f) ou rideau (m) en béton armé devant la palée

желѣзобетонный шпунтъ (m) передъ ростверкомъ
palizzata (f) in cemento armato davanti al reticolato di piloni
tabique (m) de hormigón armado delante de los pilotes

4
Eisenbetonröhre (f)
reinforced concrete pipe
tube (m) ou tuyau (m) en béton armé

желѣзобетонная труба (f)
tubo (m) in cemento armato
tubo (m) de hormigón armado

5
Hülse (f)
shell
gaine (f), fourreau (m)

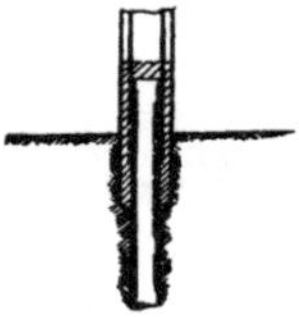

гильза (f)
scorza (f), fodera (f)
vaina (f)

6
Herstellung (f) aus zwei Hälften
making in two pieces
construction (f) en deux pièces

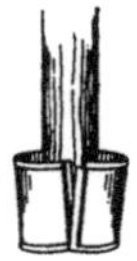

образованіе (n) изъ двухъ половинъ
innalzamento (m) in due metà
construcción (f) en dos piezas

7
den Zwischenraum auspumpen (v)
to pump out the intervening space
épuiser (v) l'espace intermédiaire au moyen de la pompe

выкачивать изъ промежуточнаго пространства
vuotare (v) lo scavo o lo spazio intermedio colla pompa
vaciar (v) el espacio intermedio ó hueco con la bomba

8
mit reinem Sand ausfüllen (v)
to fill with clean sand
remplir (v) de sable pur

заполнять чистымъ пескомъ
riempire (v) con sabbia lavata
llenar (v) de arena pura

9
mit Beton abschließen (v)
to finish with concrete
boucher (v) avec du béton

перекрывать бетономъ
tramezzare (v) o chiudere (v) con calcestruzzo
tapar (v) con hormigón

Armatureisen (n) des
  Überbaues
reinforcement of the
  upper portion
[fer (m) d']armature (f)
  de la superstructure

арматура (f) верхняго
  строенія
ferro (m) d'armatura
  della soprastruttura
hierro (m) de armadura
  de la superstructura   *1*

Schutz (m) eiserner
  Tragpfähle
protection of iron piles
protection (f) des pieux
  porteurs en fer

защита (f) желѣзныхъ
  свай
protezione (f) dei pali
  in ferro portanti
protección (f) de los pi-
  lares portadores de
  hierro   *9*

---

verrosten (v)
to rust
rouiller (v)

ржавѣть
arrugginirsi (v)
enmohecerse (v)   *3*

---

gerammter Eisenbeton-
  pilot (m)
concrete pile which
  has been driven into
  position
pilot (m) en béton armé
  enfoncé à la sonnette

забитая желѣзобетон-
  ная свая (f)
palo (m) in cemento ar-
  mato conficcato col
  battipalo   *4*
pilote (m) de hormigón
  armado hundido al
  martinete

---

die Pfahlspitze mit
  Eisenblech armieren
  (v)
to protect the point of
  the pile with iron, to
  shoe the pile with
  iron
armer (v) la pointe du
  pieu avec de la tôle
  de fer

усиливать конецъ сваи
  листовымъ желѣзомъ
armare (v) la punta del
  palo con lamiera di
  ferro   *5*
armar (v) la punta del
  pilote con un azuche
  de hierro

---

elastisches Zwischen-
  mittel (n)
elastic medium, cushion
matériaux (m pl) élas-
  tiques interposés

упругая прокладка (f)
mezzo (m) intermedio
  elastico   *6*
intermedio (m) elástico

Jungfer (f)
cushion, pile block
faux pilot (m) ou pieu
  (m)

подбабокъ (m); маль-
  чикъ (m) [для пере-
  дачи ударовъ заби-
  ваемой сваѣ]   *7*
palo (m) falso
pilote (m) falso

Schlaghaube (f)
head, cap
chape (f) ou casque (m)
  de percussion

насадка (f) сваи
cuffia (f) di percussione,
  capello (m) di prote-   *8*
  zione
capota (f) ó sombrerete
  (m) para batir ó golpear

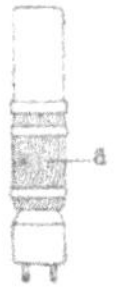

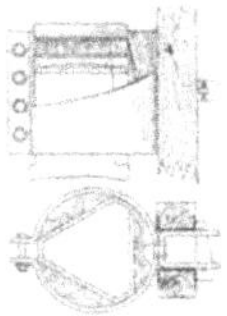

1
Ring (m)
ring, cylinder
collier (m)

кольцо (n)
anello (m), ghiero (m)
zuncho (m), aro (m),
collar (m)

2
umschnürte Piloten
(f pl)
piles with straps, bound
piles
pilots (m pl) frettés

свая (f) изъ желѣзо-
бетона въ обоймѣ
pali (m pl) cordati
pilotes (m pl) guarneci-
dos de abrazaderas

3
Schuh (m)
shoe
sabot (m)

башмакъ (m)
scarpa (f)
zueco (m), azuche (m)

4
Winkel (m) des Schuhes
angle of the shoe
[angle (m) de la] pointe
(f) ou épointement (m)
du sabot

уголъ [заостренія]баш-
мака
angolo (m) della scarpa
[ángulo (m) de la] punta
(f) del azuche

5
den Winkel der Boden-
art anpassen (v)
to make the angle to
suit the nature of the
ground
adapter (v) [la pointe]
à la nature du sol

приспособлять къ ус-
ловіямъ грунта уголъ
заостренія сваи
accomodare (v) l'angolo
alla natura del ter-
reno
adaptar (v) la punta á
la naturaleza del te-
rreno

6
stehend herstellen (v)
to form vertically
fabriquer (v) [le pilot]
dans un moule verti-
cal

изготовлять стоймя;
изготовлять [сваи]
въ вертикальныхъ
формахъ
innalzare (v) vertical-
mente, gettare (v) un
palo verticalmente
confecionar (v) el pi-
lote verticalmente ó
de pie

7
liegend herstellen (v)
to form horizontally
couler (v) [le pilot] dans
un moule horizontal

изготовлять лёжма; из-
готовлять [сваи] въ
горизонтальныхъ
формахъ
gettare (v) un palo oriz-
zontalmente
colar (v) el pilote en un
molde horizontal

8
Ramme (f)
ram, rammer
sonnette (f)

копёръ (m)
battipalo (m), mazza-
picchio (m), berta (f)
pilón (m), martinete (m)

9
fahrbar (adj)
portable
transportable (adj) sur
roues

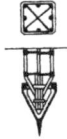

передвижной
trasportabile (agg),
carreggiabile (agg)
transportabile (adj) sobre
ruedas

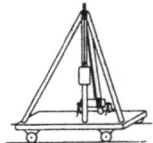

drehbar (adj)
rotary
tournant (adj), rotatif (adj)

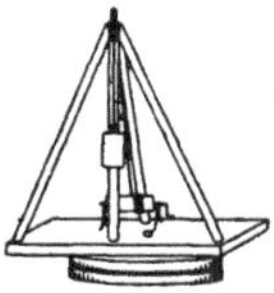

вращающійся
girevole (agg)
giratorio (adj)

1

---

kippbar (adj)
capable of being tipped, tippable (adj)
basculant(adj),oscillant (adj)

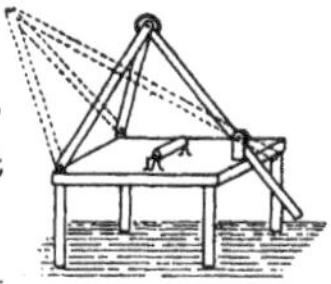

опрокидывающійся
ribaltabile (agg)
basculante (adj),
oscilante (adj)

2

---

den Bär abhängen (v)
to unhitch the monkey or ram
dépendre (v) ou décrocher (v) le mouton

отцѣплять бабу
disagganciare (v) il maglio o l'ariete
descolgar (v) el pilón

3

Laufrolle (f)
guiding wheel
galet (m) de roulement

катокъ (m)
rotella(f) di scorrimento
rueda (f), ruedecilla (f)

4

Wagen (m)
wagon, car
chariot (m)

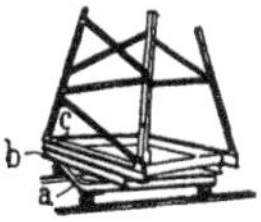

телѣжка (f)
carro (m)
carro (m), carretilla (f)

5

Unter-, Mittel- und Oberwagen (m)
lower, middle and upper stages of car or wagon
chariot (m) inférieur avec plate-forme tournante intermédiaire et supérieure

a, b, c

нижняя, средняя верхняя телѣжка (f)
sottocarro(m), carro (m) intermedio, carro (m) superiore o piattaforma
carro (m) inferior con plataforma mediana y superior

6

Zahnkranz (m)
toothed rim or ring
couronne (f) dentée

a

зубчатый вѣнецъ (m)
corona (f) dentata
corona (f) dentada

7

Längsbewegung (f)
longitudinal movement
mouvement (m) ou déplacement (m) longitudinal

продольное движеніе (n)
movimento(m) nel senso lungitudinale
desplazamiento (m) longitudinal ó á lo largo

8

1 Mäkler (m)
guide posts
montants (m pl) formant
glissiere

направляющая (f)
montanti (m pl) o asci-
aloni (m pl) del batti-
palo
resbaladera (f) de mon-
tantes verticales

2 Gleitbacke (f)
guide, slide
glissiére (f)

щека (f) направляю-
щей
scanalatura (f) o gana-
scia (f) di scorrimento
resbaladera (f)

3 Führungsring (m)
guide ring
collier (m) de guidage

направляющее кольцо
(n)
anello (m) di guida
collar (m) de guía

4 die Schlaghaube überstülpen (v)
to fit over the cap or
head
coiffer (v) la tête du
pieu

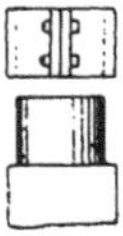

надѣвать насадку
applicare (v) il cappello
o la cuffia di prote-
zione
poner (v) ó enchufar (v)
la capota de protec-
ción

5 feuchter, gut eingestampfter Sand (m)
damp well rammed sand
sable (m) humide bien
damé ou pilonné

влажный, хорошо ут-
рамбованный песокъ
(m)
sabbia (f) umida ben
battuta
arena (f) húmida bien
apisonada

6 Eschenholz (n)
ash-wood
[bois (m) de] frène (m)

дубовое дерево (n);
дубъ (m)
legno (m) di frassino
madera (f) de fresno

7 Tragfähigkeit (f) des
Pfahles
supporting or load capa-
city of the pile
force (f) portante du
pieu

сопротивленіе (n) сваи
нагрузкѣ
forza (f) portante del
palo
fuerza (f) portante de la
estaca

8 Fallhöhe (f)
height of fall or drop
hauteur (f) de chute

высота (f) паденія
altezza (f) della caduta
altura (f) de caída

9 Eindringung (f)
penetration
pénétration (f)

осадка (f)
penetrazione (f)
penetración (f)

10 Pfahlgewicht (n)
weight of the pile
poids (m) du pieu

вѣсъ (m) сваи
peso (m) del palo
peso (m) de la estaca

11 Bärgewicht (n)
weight of the ram or
monkey
poids (m) du mouton

вѣсъ (m) бабы
peso (m) del maglio o
dell'ariete
peso (m) del pilón

bis auf festen Boden
herabrammen (v)
to ram down to the
solid ground
battre (v) *ou* enfoncer
(v) jusqu'au sol ferme
ou jusqu' au refus

забивать до плотнаго
грунта; забивать до
отказа
affondare (v) *o* propag-
ginare (v) i pali fino
al terreno sodo
hundir (v) hasta el suelo
firme

1

Widerstand (m) des
Pfahles gegen Heraus-
ziehen
resistance of the pile
to withdrawal
résistance (f) du pieu à
l'arrachement, refus
(m)

сопротивленіе (n) сваи
выдёргиванію
resistenza (f) del palo
allo strapamento *od*
all'estrazione
resistencia (f) del pilote
al arranque

2

Versenkung (f) durch
Einspülung
pile sinking by means
of flushing
enfoncement (m) par
injection d'eau

опусканіе (n) подмы-
вомъ
affondamento (m) me-
diante getto d'acqua
hundimiento (m) por
inyección de agua

3

innere Röhre (f)
internal pipe
tube (m) intérieur

внутренняя труба (f)
tubo (m) interno
tubo (m) interior

4

Zuleitung (f)
supply pipe
conduite (f) d'amenée

проводка (f)
conduttura (f) di carico
o d'ammissione
conducción (f) de agua,
conducto (m) de traida
de agua

5

Verzahnung (f)
indentation
entaillage (m) à redans

зубчатое зацѣпленіе
(n)
intaccatura (f), denta-
tura (f)
cortadura (f) en retallo

6

Ableitung (f)
discharge pipe
conduite (f) d'écoule-
ment *ou* de décharge

отводъ (m)
conduttura (f) di scarico
conducto (m) de desagüe
ó de evacuación

7

Druckwasser (n)
pressure water
eau (f) sous pression

напорная вода (f)
acqua (f) in pressione
agua (f) comprimida

8

Schraubenpfahl (m)
screw pile
pieu (m) à vis

винтовая свая (f)
palo (m) a vite
estaca (f) con zuncho de
rosca

9

1

Pfeiler (m)
pile, pillar
pilier (m), colonne (f)

столбъ (m)
pilastro (m), colonna (f)
pilar (m), columna (f)

2

bergmännische Absenkung (f) von Pfeilern
miners method of sinking piles
fonçage (m) de piliers par le procédé des mineurs

опусканіе (n) столбовъ горнымъ способомъ
affondamento (m) dei pilastri col sistema dei minatori
introducción (f) de pilares por el procedimiento de mineros

3

Grundstößel (m) rammer, perforator
pilon(m) pour le fonçage par la compression du sol

баба (f)
mazzapicchio (m)
pilón (f) de compresión del suelo

4

konisch zugespitzter Rammbär (m)
pointed ram or perforator
pilon (m) conique

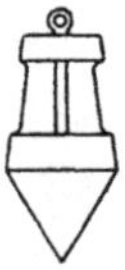

конически заострённая баба (f)
ariete (m) del battipalo a punta conica
pilón (m) cónico

5

aus der Höhe herabfallen lassen (v)
to allow to fall or let drop from a height
laisser (v) tomber de haut

спускать или дать падать съ высоты
lasciar cadere (v) dall'alto
dejar (v) caer de arriba

6

Höhlung (f)
hole
excavation (f)

отверстіе (n); углубленіе (n)
cavità (f), impronta (f), vuoto (m)
hueco (m)

7

wasserführende Schichten (f pl)
water bearing strata
couches (f pl) aquifères

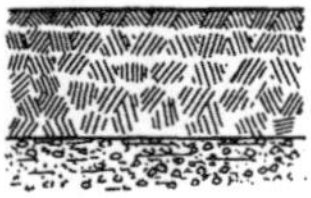

водоносные слои (m pl)
strati (m pl) acquiferi
capas (f pl) acuíferas

8

Schwimmsand (m)
shifting or quick sand
sable (m) boulant

плывунъ (m)
sabbia (f) alluviale
arena (f) movediza

9

Blechanfütterung (f)
metal lining or sheathing
garniture (f) ou tubage (m) en tôle

обсадка (f) изъ листового желѣза
rivestimento (m) in lamiera per impedire il franamento della terra
entibación (f) ó entubado (m) de palastro

Herstellung (f) in einer Blechröhre construction in a metal sheath fabrication (f) *ou* coulage (m) [du pilot] dans un tubage en tôle	изготовленіе (n) въ желѣзной трубѣ confezione (f) in un tubo di lamiera confección (f) [del pilar] en un tubo de chapa de hierro	*1*
Modellpfahl (m) sample pile pieu (m) modèle	образцовая свая (f) palo (m) modello *o* campione estaca (f) modelo	*2*
nach unten verjüngt (adj) tapered (adj) towards the bottom appointé (adj) à l'extrémité inférieure	суженный книзу appuntito (agg) al basso apuntado (adj) hacia abajo	*3*
teleskopartig (adj) telescopic (adj) télescopique (adj)	въ видѣ подзорной трубы; телескопообразный fatto a telescopio en forma de telescópio	*4*
aus zwei Hälften bestehen to consist of two halves être composé de [deux] moitiés, en deux pièces	состоять изъ двухъ половинъ constare di due metà *o* di due pezzi componerse de dos mitades, en dos piezas	*5*
keilförmiger Schlüssel (m) wedge-shaped key tige (f) à coins	клинообразный ключъ (m) chiave (f) cuneiforme llave (f) en forma de cuña	*6*
lockern (v) und heben (v) to loosen and lift up séparer (v) *ou* dégager (v) et soulever (v)	расшатывать и поднимать smuovere (v) e levare (v) aflojar (v) y levantar (v)	*7*
Simplexpfahl (m) simplex pile pieu (m) simplex	свая (f) симплексъ palo (m) simplex estaca (f) simplex	*8*
eingeschobener Pfahlschuh (m) pile shoe fitted in sabot (m) de pieu emmanché	вставной башмакъ (m) puntazza (f) infilata a forza sul palo azuche (m) de estaca enchufado	*9*

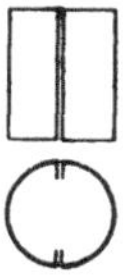

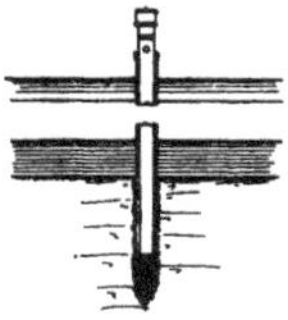

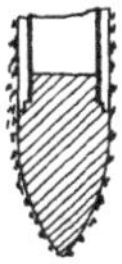

1	das Rohr herausziehen (v) to draw out the tube *or* pipe retirer (v) le tuyau	выдёргивать трубу estrare (v) *o* cavar (v) fuori il tubo retirar (v) el tubo
2	Alligatorspitze (f) toothed shoe pointe (f) [en queue] alligator	башмакъ (m) „аллигаторъ" punta (f) in forma della coda d'alligatore punta (f) en forma de coda de aligador
3	Absenkung (f) der Futterröhre durch Bohrung sinking the lining tube by boring descente (f) du tubage par forage	опусканіе (n) обсадочной трубы буреніемъ affondamento (m) del tubo di rivestimento mediante trapanazione bajada (f) del entubado por taladro
4	Brunnen (m) well, spring puits (m)	колодезь (m) pozzo (m) pozo (m)
5	Brunnenkranz (m) shaft of well rouet (m) pour le fonçage d'un puits	кольцо (n) *или* вѣнецъ (m) колодца corona (f) del pozzo brocal (m) de pozo
6	Druckluftgründung (f) laying foundation by pneumatic process *or* by means of compressed air fondation (f) à l'air comprimé	устройство (n) основаній съ примѣненіемъ сжатаго воздуха fondazione (f) ad aria compressa fundación (f) con aire comprimido
7	Caisson (n) caisson caisson (m)	кессонъ (m) cassone (m) cajón (m), arcón (m)
8	Hohlkörpergründung (f) hollow block *or* coffer foundation fondation (f) par coffres	основаніе (n) на пустотѣлыхъ массивахъ fondazione (f) per corpi cavi *o* recipienti vuoti fundación (f) de cajones

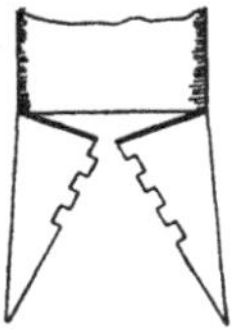

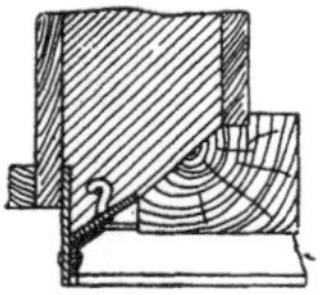

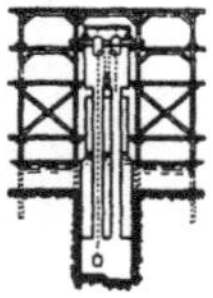

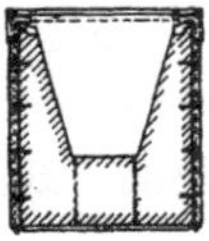

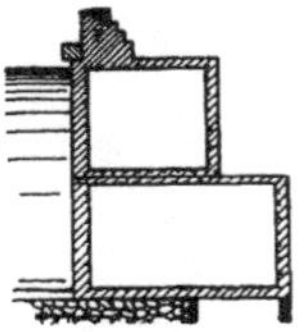

VII.

Mauerwerk
Masonry
Maçonnerie

Каменная кладка
Muratura
Mamposteria

---

natürlicher Stein (m)
natural stone
pierre (f) naturelle

естественный камень (m)   *1*
pietra (f) naturale
piedra (f) natural

---

künstlicher Stein (m)
artificial *or* victoria
stone
pierre (f) artificielle,
pierre (f) factice

искусственный камень (m)   *2*
pietra (f) artificiale
piedra (f) artificial

Einheitsform (f), Grund-
form (f), Normalformat
(n)
standard dimensions *or*
measurements
dimensions (f pl) nor-
males, équarrissage
(m) normal

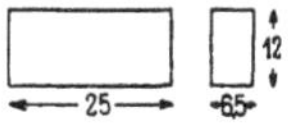

нормальные размѣры
(m pl); нормальный
формать (m)
12 formato (m) normale,   *3*
dimensioni (f pl) nor-
mali
dimensiones (f pl) nor-
males, forma (f) nor-
mal

Quartier (n)
quarter
quartier (m)

четверть (f)
quartiere (m), boccone (m)   *4*
cuarto (m) (en longitud)

Einquartier (n)
one quarter
un quartier (m)

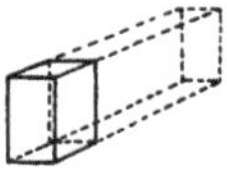

четвёртка (f); четверть
(f) кирпича
un quartiere (m), un
boccone (m)   *5*
un cuarto (m) de largo

Zweiquartier (n)
two quarters
deux quartiers (m pl)

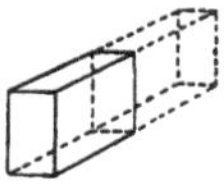

половинка (f); полъ-
кирпича
due quartieri (m pl)   *6*
dos cuartos (m pl) (de
largo)

Dreiquartier (n)
three quarters
trois quartiers (m pl)

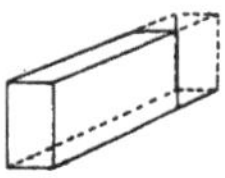

трёхчетвёртка (f); три
четверти (f pl) кир-
пича; трёхчетверт-
ной кирпичъ (m)   *7*
tre quartieri (m pl)
tres cuartos (m pl) (de
largo)

#			
1	Vierquartier (n) four quarters quatre quartiers (m pl)	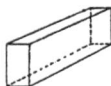	цѣлый кирпичъ (m); штучный кирпичъ quattro quartieri (m pl) cuatro cuartos (m pl) (de largo)
2	Längsquartier (n) longitudinal quarter quartier (m) longitudinal	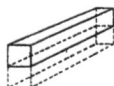	продольная половинка (f) quartiere (m) longitudinale cuarto (m) longitudinal
3	Verblendung (f) face parement (m)		облицовка (f) pietra (f) di rivestimento, concio (m) battuto paramento (m)
4	Verblendstein (m) stone for facework, facing stone pierre (f) de parement		облицовочный камень (m) pietra (f) di rivestimento o paramento piedra (f) de paramento, ladrillo (m) de paramento
5	Verblendmauerwerk (n) facework maçonnerie (f) de parement		облицовочная кладка (f) muratura (f) da paramento o di rivestimento mampostería (f) de paramento
6	wagerecht (adj) level (adj), horizontal (adj) horizontal (adj)		горизонтальный; (ватерпасный) orizzontalmente (agg) horizontal (adj)
7	lotrecht (adj) plumb, vertical (adj) vertical (adj), d'aplomb		вертикальный; отвѣсный verticalmente (agg), a piombo vertical (adj), á plomo
8	Quadermauer (f) wall in ashlar or dressed stone mur (m) en pierre de taille, appareil (m) mixte	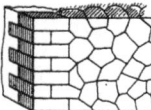	кладка (f) изъ тѣсанаго камня muro (m) in pietra da taglio muro (m) de piedras de talla, trabazón (m) mixto
9	Mauer (f) aus bearbeiteten Steinen wall in hewn or worked stone mur (m) avec assises (en pierres de taille)		стѣна (f) изъ обработаннаго камня muro (m) di pietre lavorate o di concio battuto muro (m) de hiladas de piedras trabajadas, mampostería (f) concertada

Mauer (f) aus Schicht-stein wall with horizontal courses mur (m) maçonné par assises mixtes *ou* alter-nées	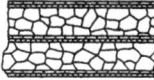	кладка (f) съ проклад-ными рядами muro (m) a strati di concio lavorato tra-mezzo gli stratti di mattoni muro (m) de obra por hiladas mixtas	*1*
Läuferschicht (f) course of stretchers assise (f) de panneresses	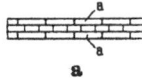	ложковый рядъ (m) strato (m) corrente, strato (m) di pietre messe per la lunga hilada (f) de ladrillos ó losas planas	*2*
Binder (m) header (binder) boutisse (f)		тычокъ (m) pietra (f) sporgente, fa-scia (f) che serve per legatura tizón (m)	*3*
Binderschicht (f) course of headers assise (f) de boutisses	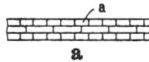	тычковый рядъ (m) strato (m) di fasciatura, mattoni (mpl) messi alla lorga hilada (f) atizonada	*4*
Rollschicht (f) upright course assise (f) posée de champ		рядъ (m) вертикаль-ныхъ тычковъ strato (m) di mattoni alternanti hilada (f) de ladrillos puestas de canto	*5*
Stromschicht (f) course of diagonal *or* raking bricks assise (f) de briques en épi	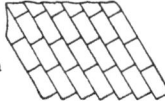	ёлочный или шлюзо-вый рядъ (m); рядъ въ ёлку strato (m) di mattoni a spina di pesce hilada (f) de ladrillos en espiga (de canto)	*6*
Kreuzschicht (f) broken course assise (f) à joints croisés		крестовый рядъ (m) strato (m) di mattoni a crociera hilada (f) cruzada	*7*
Schornsteinverband (m) chimney bond appareil (m) [*ou* liaison (f)] [de la maçonnerie] de la cheminée, ap-pareil (m) isodomon *ou* en carreaux		ложковая перевязка (f) fasciatura (f) a gola di fumaiuolo trapazón (m) óligado (m) (de albañilería) de la chimenea	*8*
Streckverband (m) stretching bond appareil (m) continu, appareil (m) en bou-tisses		тычковая перевязка (f) fasciatura (f) a filari trabazón (m) de avance continuo, trabazón (m) de tizones	*9*

1
Blockverband (m)
English *or* old English bond
appareil (m) [de maçonnerie] anglais

обыкновенная перевязка (f)
fasciatura (f) della muratura all'inglese
trabazón (m) de albañilería ingles

2
Kreuzverband (m)
English cross bond
appareil (m) croisé, appareil (m) en carreaux et boutisses

крестовая перевязка (f)
fasciatura (f) incrociata
trabazón (m) cruzado

3
holländischer Verband (m)
Flemish bond
appareil (m) hollandais

голландская перевязка (f)
fasciatura (f) all'olandese
trabazón (m) holandés

4
polnischer Verband (m)
Polish bond
appareil (m) polonais

польская перевязка (f)
fasciatura (f) polacca
trabazón (m) polonés

5
Stromverband (m)
raking *or* diagonal bond
appareil (m) de construction en rivière

шлюзовая перевязка (f); ёлочная перевязка
fasciatura (f) per muri di sponda dei fiumi e torrenti
trabazón (m) para construcción, albañilería (f) fluvial ó en rios

6
Festungsverband (m)
oblique bond
briques (f pl) en épi

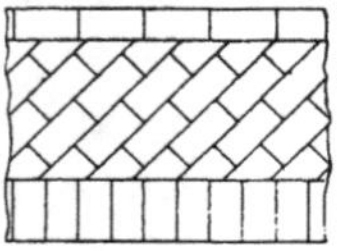

крѣпостная перевязка (f)
fasciatura (f) di sicurezza *o* di rinforzo per muri di fortificazione
trabazón (m) de fortificación (de espiga)

7
Außenwand (f)
outside *or* external wall
mur (m) extérieur

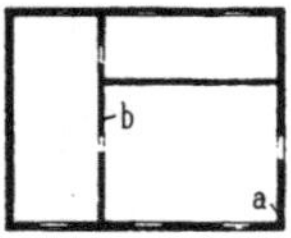

наружная стѣна (f)
parete (f) esterna
muro (m) exterior

8
Mittelwand (f)
inside *or* partition wall, partition
mur (f) de refend

промежуточная стѣна (f)
parete (f) interna *o* tramezza
muro (m) divisorio

9
Balken tragende Wand (f)
main wall, wall carrying floor
mur (m) portant le solivage

капитальная стѣна (f); стѣна, несущая балки
parete (f) portante travi
muro (m) portador de vigas

Giebelmauer (f) gable wall [mur (m) de] pignon (m)		фронтонная стѣна (f); щипцовая стѣна muro (m) di frontispizio, frontone (m) muro (m) de aguilón	*1*

Treppenmauer (f) staircase wall, stairwell mur (m) de cage (d'es- [кcalier)		стѣна (f), несущая лѣст- ницу muro (m) della scala muro (m) de caja (de es- calera)	*2*

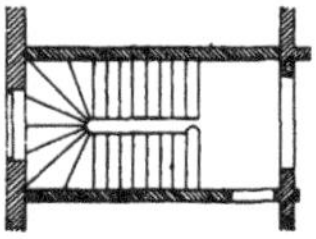

Keller (m) basement, cellar cave (f), sous-sol (m)		подвалъ (m) cantina (f), sotterraneo (m) cueva (f), sótano (m)	*3*

Erdgeschoß (n) ground floor rez-de-chaussée (m)		первый этажъ (m) piano (m) terreno piso (m) bajo	*4*

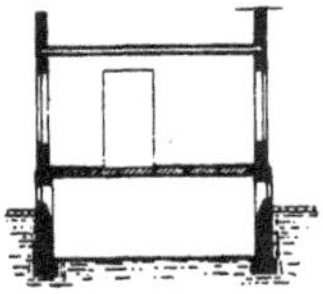

Geschoß (n), Stockwerk (n) storey étage (m)		этажъ (m) piano (m) piso (m)	*5*

Dachboden (m) attic plancher (m) de camble		чердакъ (m) soffitto (m) piso (m) de desván	*6*

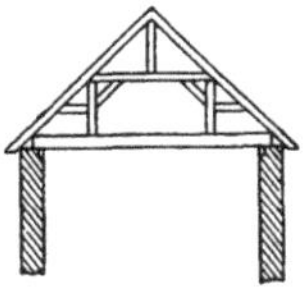

Wohngebäude (n) habitation premises *or* building bâtiment (m) d'habi- tation		жилой домъ (f); жилая постройка (f) fabbricato (m) ad uso abitazione edificio (m) de vivienda	*7*

Fabrikgebäude (n) factory premises *or* building bâtiment (m) de fabri- que *ou* d'usine		фабричная постройка (f) fabbricato (m) *o* stabili- mento (m) per uso in- dustriale edificio (m) de fábrica ó talleres	*8*

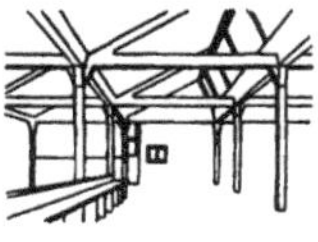

1
Geschäftshaus (n)
business premises *or*
building
bâtiment (m) de commerce

домъ (m) подъ торговыя помѣщенія
casa (f) da negozianti *o* commerciale, negozio (m), emporio (m)
edificio (m) de comercio

2
Miethaus (n), Zinshaus (n)
tenement-house
maison (f) de rapport

доходный домъ (m)
casa (f) d'affitto
casa (f) subarrendada

3
Hohlstein (m)
hollow brick *or* block *or* stone
brique (f) creuse

пустотѣлый камень (m)
mattone (m) vuoto *o* cavo
ladrillo (m) hueco

4
Lochstein (m)
perforated block *or* stone
brique (f) perforée

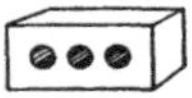

пустотѣлый кирпичъ (m)
mattone (m) forato
ladrillo (m) perforado

5
Leichtstein (m)
light block *or* stone
brique (f) légère, pierre (f) légère

легковѣсный камень (m)
mattone (m) leggero
ladrillo (m) lijero, piedra (f) lijera

6
Zementdiele (f)
concrete slab
planche (f) *ou* dalle (f) en ciment

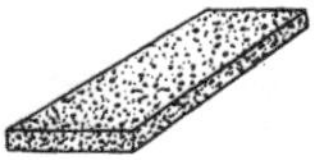

цементная плита (f)
lastrina (f) in cemento
losa (f) de cemento

7
Mauer (f) aus Stampfbeton
rammed concrete wall
mur (m) en béton aggloméré *ou* damé

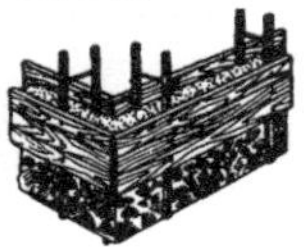

стѣна (f) изъ трамбованнаго бетона
muro (m) di calcestruzzo battuto
muro (m) de hormigón apisonaдo

8
Gußmauerwerk (n)
liquid concrete wall
mur (m) en béton coulé

стѣна (f) изъ литого бетона
muratura (f) di gettata
muro (m) de hormigón colado

9
Mauerwerk (n) zwischen Eisenfachwerk
masonry between iron framework
maçonnerie (f) entre cloisonnage, colombage (m) de fer

кладка (f) между желѣзнымъ фахверкомъ
muratura (f) tra travatura di ferro
albañileria (f) entre el entabicado, palomillado (m) de hierro

10
Gerippe (n) aus Eisenbetonstützen
skeleton of reinforced concrete
charpente (f) *ou* carcasse (f) *ou* ossature (f) en béton armé

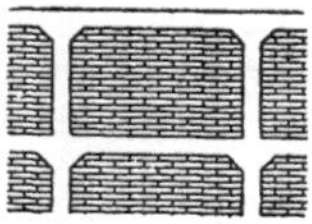

остовъ (n) *или* скелетъ (m) изъ желѣзо-бетонныхъ стоекъ
ossatura (f) *od* intelaiatura (f) *o* scheletro (m) di cemento armato
armazón (m) de hormigón armado

11
zwischen Pfosten schieben (v)
to slide between posts
glisser (v) entre des montants

загонять между столбами
scorrere (v) fra i montanti
deslizar (v) entre montantes

armierte *oder* bewehrte
Betonwand (f), Monier-
wand (f)
reinforced concrete
wall, Monier wall
mur (m) en béton armé,
mur (m) Monier

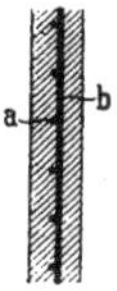

стѣнка (f) Монье; ар-
мированная стѣнка
parete (f) in cemento
armato sistema Monier *1*
muro (m) de hormigón
armado, muro (m)
Monier

Tragstab (m)
stress bar, tension rod
barre (f) porteuse

работающій прутъ (m)
barra (f) portante *2*
barra (f) portadora

Verteilungsstab (m)
repartition bar *or* rod
barre (f) de répartition

распредѣляющій
прутъ (m)
barra (f) di distribuzione *3*
barra (f) de repartición

---

in den Kreuzpunkten
mit Draht verbinden
(v)
to bind with wire at
crossing
ligaturer (v) aux points
de croisement avec du
fil métallique

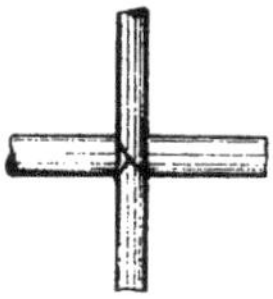

связывать проволокой
въ точкѣ пересѣченія
collegare (v) *o* fasciare
(v) con fildiferro nei
punti d'incrocio *4*
ligar (v) ó ensamblar (v)
en los puntos de cruza-
miento con alambre

Drahtnetz (n)
wire netting
réseau (m) en fil métal-
lique

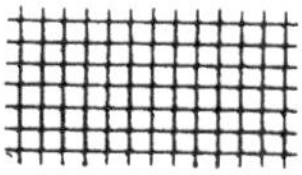

проволочная сѣтка (f)
rete (f) in fildiferro
red (f) de hilo metálico *5*
ó de alambre

Putz (m)
plastering, rendering
enduit (m)

штукатурка (f)
intonaco (m) *6*
revoque (m)

Moniergewebe (n)
Monier reinforcing
netting
treillis (m) d'armature
système Monier

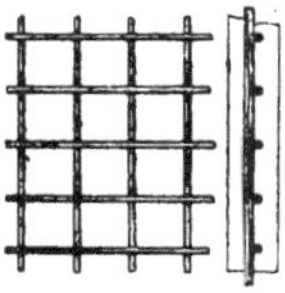

плетеніе (n) Монье
traliccio (m) *od* incrocio
(m) di ferri per arma-
tura sistema Monier *7*
enrejado (m) de arma-
dura del sistema
Monier

---

nagelbar (adj)
nailable(adj), that which
can be nailed, that in
which nails can be
driven
pénétrable (adj) aux
clous

поддающійся при-
бивкѣ гвоздями
inchiodabile (agg) *8*
penetrable (adj) con
clavos

Holzdübel (m)
wood plug *or* dowel
tampon (m) de bois

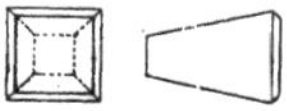

деревянная пробка (f)
piuolo (m) di legno,
cavicchio (m) *9*
tapón (m) de madera

Isolierschicht(f), Schutz-
schicht (f)
insulating course
couche (f) isolante

изолирующій слой (m)
strato (m) isolante *10*
capa (f) aislante

1	Rabitzwand (f) Rabitz wall, wall on wire netting mur (m) Rabitz	стѣнка (f) Рабица parete (f) sistema Rabitz muro (m) Rabitz
2	Gips (m) plaster of Paris, gypsum plâtre (m)	гипсъ (m) gesso (m) yeso (m)
3	Kalk (m) lime chaux (f)	известь (f) calce (f) cal (f)
4	Leimwasser (n) glue encollage (m)	клеевая вода (f) acqua (f) di colla preparación (f) para el encolado
5	Kuhhaar (n) cow's hair bourre (f), poil (m) de vache	коровій волосъ (m) pelo (m) di vacca, crino (m) animale masilla (f), borra (f), pelo (m) de vaca
6	Mörtel auftragen (v) to lay mortar on appliquer (v) du mortier [sur . . .]	наносить растворъ applicarvi (v) della malta aplicar (v) mortero sobre . . . .
7	abputzen (v) to render, to plaster enduire (v), crépir (v), badigeonner (v)	очищать intonacare (v), rin- zaffare (v) revocar (v), enlucir (v), enjalbegar (v)
8	ein Drahtgewebe zwischen zwei Winkel- eisenschenkel ein- klemmen (v) to fix wire netting between two angle irons insérer (v) un tissu métallique entre deux cornières	защемлять плетеніе между двумя уголь- никами inserire (v) un tessuto metallico fra due cor- niere colocar (v) un tejido metálico entre dos cantoneras
9	an den Rändern durch Eisenstäbe versteifen (v) to strengthen the edges by iron rods renforcer (v) les bords par des barres de fer	усиливать края желѣз- ными прутьями rinforzare (v) i bordi con sbarre di ferro reforzar (v) los bordes con barras de hierro
10	spannen (v) to tie tendre (v)	натянуть; натягивать tendere (v) tender (v), tensar (v)
11	Zarge (f) frame, framework, sash châssis (m), cadre (m), encadrement (m), huisserie (f)	коробка (f); косякъ (m) intelaiatura (f), cala- strello (m) bastidor (m), marco (m), encuadramiento (m)

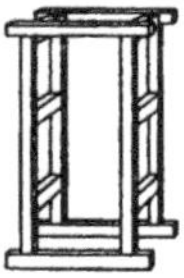

Nut (f) der Zarge
rebate of the frame
encoche (f) pour le cadre

пазъ (m) коробки
scanalatura (f) del cala-
strello   *1*
cortadura (f) para el
bastidor

Prüßsche Wand (f)
Prüss's partition
cloison (f) système Prüss

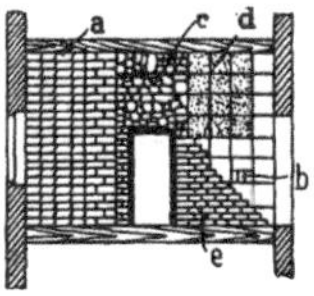

стѣна (f) Прюсса
tramezzo (m) o parete
(f) sistema Prüss   *2*
tabique (m) del sistema
Prüss

Trapezstein (m)
trapezoidal stone *or*
   brick, key wedgestone
brique (f) trapézoidale

a

трапецоидальный
камень (m)   *3*
mattonella (f) a trapezio
ladrillo (m) trapezoidal

hochkantig gestellter
   Mauerstein (m)
stone laid on edge
brique (f) de champ

b

кирпичъ (m), поста-
вленный на ребро
mattonella (f) da muro   *4*
   disposta a quadro
ladrillo (m) colocado de
   canto

Stücksteinplatte (f)
slab in stucco
plaque (f) en stuc *ou*
   mosaïque

c

штучная плитка (f)
lastra (f) di stucco   *5*
losa (f) de estuco

Kiesbetonplatte (f)
slab in ballast concrete
dalle (f) en béton de
   gravier

d

плитка (f) изъ бетона
   съ гравіемъ
piastra (f) di calce-
struzzo di ghiaia sili-   *6*
   cica
losa (f) de hormigón con
   grava

Verblendstein (m)
facing brick *or* stone
carreaux (m pl) de pare-
   ment, brique (f) de
   parement

e

облицовочный камень
   (m) или кирпичъ (m)
mattone (m) o pietra (f)
   da facciata o da rive-   *7*
   stimento
ladrillo (m) de para-
   mento

Monierplatte (f)
Monier slab
dalle (f) système Monier
ou en béton armé

плита (f) Монье
piastra (f) Monier
losa (f) de hormigón ar-   *8*
   mado del sistema
   Monier

Streckmetallwand (f)
partition on expanded
   metal
cloison (f) en métal dé-
   ployé

стѣнка (f) изъ цѣльно-
   рѣшетчатаго металла
tramezzo (m) di metallo
   dilatato o spiegato   *9*
tabique (m) de metal
   desplegado

1
Drahtziegel (m)
reinforced brick *or* tile
brique (f) armée

армированный кир-
пичъ (m)
mattone (m) armato in
fildiferro
ladrillo (m) armado

2
Plattenwand (f)
wall made of slabs
paroi (f) en dalles, mur
(m) en dalles

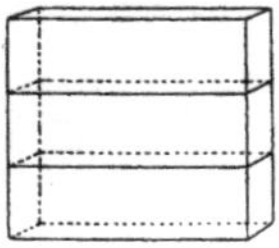

стѣна (f) изъ плитъ
parete (f) *o* tramezzo (m)
a lastre *o* piastre
muro (m) de losas

3
Lugino-Wand (f)
Lugino partition
cloison (f) Lugino

стѣнка (f) Луджино
parete (f) Lugino
tabique (m) Lugino

4
Zementdielenwand (f)
wall in concrete slabs
mur (m) en planches de
ciment

стѣнка (f) изъ цемент-
ныхъ плитъ
parete (f) *o* tramezzo (m)
in lastre di cemento
muro (m) de losas de
cemento

5
Gipsdielenwand (f)
wall in plaster panels
mur (f) en planches de
plâtre

стѣнка (f) изъ гипсо-
выхъ плитъ
parete (f) *o* tramezzo (m)
in lastre *o* travicelli
di gesso
muro (m) de losas de
yeso

6
armierte Steinwand (f)
reinforced brick wall
mur (m) armé

усиленная *или* армиро-
ванная каменная
стѣна (f)
parete (f) di pietrame
con legature, muro
(m) armato
muro (m) armado (de
piedra)

7
freitragende Wand (f)
cantilevered wall
mur (m) portant un
plancher librement
posé

свободнонесущая
стѣна (m)
parete (f) *o* muro (m)
liberamente portante
muro (m) portador de
un piso libremente
colocado

8
Kippmoment (n)
overturning moment
moment (m) de ren-
versement

опрокидывающій мо-
ментъ (m)
momento (m) di rove-
sciamento
momento (m) de derribo
ó de inversión

Mauer (f) gegen Wind-
druck
wall to resist wind
pressure
mur (m) de contre-
ventement

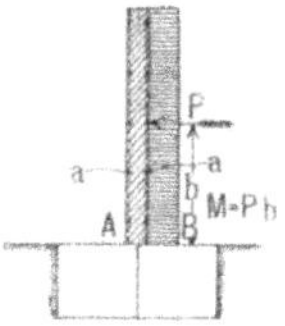

стѣна (f) противъ да-
вленія вѣтра
muro (m) di contraven-
tatura
muro (m) de contra-
viento

1

Trageisen von beiden
Seiten anbringen (v)
to arrange tension *or*
stress bars on both
sides
disposer (v) les fers porteurs des deux côtés

a

располагать съ обѣихъ
сторонъ желѣзные
прутья
adattare (v) i ferri por-
tanti *o* le chiavi in
ferro alle due estre-
mità
colocar (v) hierros por-
tadores por ambos
lados

2

Moment (n) des Wind-
druckes auf Fuge *A B*
moment due to wind
pressure on joint *A B*
moment (m) du vent
sur le joint *A B*

$$M = P \cdot b$$

моментъ (m) въ швѣ
A B отъ давленія
вѣтра
pressione (f) del vento
sul giunto *A B*
momento (m) del viento
sobre la junta *A B*

3

Randspannung (f)
tension on edge
tension (f) au bord

напряженіе (n) крайня-
го волокна
tensione (f) ai bordi
tensión (f) al extremo

4

---

ruhende Fläche (f)
bearing
surface (f) d'appui

неподвижная поверх-
ность (f)
superficie (f) posata
superficie (f) de apoyo

5

---

senkrecht (adj) zur
Windrichtung
perpendicular (adj) to
wind pressure
perpendiculaire (adj) à
la direction du vent,
normal (adj) au vent

нормально къ напра-
вленію вѣтра
normale (agg) *o* perpen-
dicolare (agg) alla dire-
zione del vento
perpendicular (adj) á la
dirección del viento

6

---

geneigt (adj) zur Wind-
richtung
oblique (adj) to wind
pressure
oblique (adj) par rapport
au vent

наклонно къ напра-
вленію вѣтра
inclinato (agg) rispetto
alla direzione del vento
inclinado (adj) con
relación al viento

7

---

freistehende Mauer (f)
wall standing by itself,
self supporting wall
mur (m) indépendant

свободно стоящая
стѣна (f)
muro (m) indipendente
od isolato
muro (m) independiente

8

---

im Fundament ein-
spannen (v)
to fix in foundation
encastrer (v) dans la
fondation

закрѣплять въ осно-
ваніи (въ фунда-
ментѣ)
incastrare (v) nella fon-
dazione
encajar (v) en la fun-
dación, empotrar (v)

9

1
Standfestigkeit (f)
stability
stabilité (f)

устойчивость (f)
stabilità (f) nella direzione verticale
estabilidad (f)

2
umkippen (v)
to tilt over, to overturn
renverser (v)

опрокидываться
rovesciare (v), rovinare (v)
volcar (v), invertir (v)

3
Einfriedigung (f)
fence, paling, hoarding
clôture (f), enceinte (f)

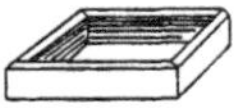

обноска (f); заборъ (m)
recinto (m)
cercado (m), recinto (m)

4
Windfang (m)
wind screen
paravent (f)

стѣна (f) для защиты отъ вѣтра
paravento (m)
biombo (m), mámpara (f)

5
Blendwand (f)
front wall
mur (m) de parement

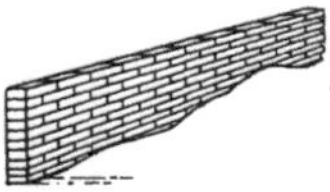

блиндажная стѣна (f)
muro (m) di paramento
muro (m) de paramento

6
Löcher ausheben (v)
to dig holes
creuser (v) des trous

пробирать отверстія
scavare (v) delle buche
cavar (v) agujeros

7
eine Schiene pfostenartig aufstellen (v)
to erect a rail as a post
dresser (v) une barre en guise de montant

установить рельсъ столбомъ
piantare (v) una rotaia come un palo o una sbarra in guisa di montante
colocar (v) una barra á modo de montante

8
Schienenkopf (m)
rail head
tête (f) de la barre

головка (f) рельса
testa (f) della sbarra, fungo (m) della rotaia
cabeza (f) de la barra

9
abwechselnd gerichtet sein
to alternate the direction
alterner en direction

располагать поперемѣнно
essere indirizzato alternativamente, alternare in direzione
alternar en dirección

10
nach der Schnur ausrichten (v)
to erect by line
aligner (v) au cordeau

выравнивать по шнуру
assicurare (v) o allineare (v) alla corda
alinear (v) al cordel

11
provisorisch durch seitliche Holzstreben sichern (v)
to strut temporarily with wood
soutenir (v) provisoirement par des étançons latéraux

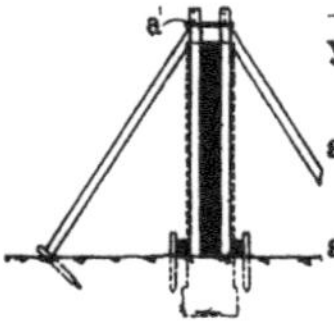

укрѣплять временно деревянными подкосами
assicurare (v) provvisoriamente con puntelli di legno
asegurar (v) provisionalmente por puntales laterales

den Sockel einstampfen (v) to ram the socle *or* base damer (v) le soubassement		трамбовать цоколь battere (v) il plinto *od* il zoccolo apisonar (v) el zócalo ó el basamento	*1*
Bretter durch Schraubenbolzen verbinden (v) to bind planks with bolts, to bolt planks together assembler (v) des planches par boulons	a	связывать доски болтами riunire (v) con bulloni a vite i tavoloni enlazadar (v) tablas por tornillos	*2*
Stehbolzen (m) stay bolt entretoise (f), boulon (m) d'entretoisement vertical		распорный болтъ (m); связь (f) bullone (m) verticale tornillo (m) tirante	*3*

Eckschiene (f) corner iron poteau (m) cornier	угловая броня (f) cantonale (m), squadra (f) in ferro piegato esquina (f)	*4*

Türzarge (f) doorframe chambranle (m) *ou* châssis (m) *ou* encadrement (m) de porte	дверная коробка (f) ferro (m) dell'architrave della porta, chiave (f) della porta jambaje (m) ó bastidor (m) de puerta	*5*
Bekrönung (f) der Mauer coping of the wall couronnement (m) du mur	карнизный камень (m) стѣны comignolo (m) dei muri coronamiento (m) del muro	*6*

Abdeckplatte (f) coping stone *or* slab chaperon (m)	карнизная плита (f) lastra (f) di copertura losa (f) de cubierta	*7*
Schießstand (m) rifle rang champ (f) de tir, polygone (m)	стрѣльбище (n) campo (m) di tiro, poligono (m) punto (m) de tiro	*8*
Kugelfang (m) bullet-proof mound *or* butt pare-balles (m)	стѣна (f) сзади мишени para-palle (m), butta (f), ballipedio (m) muro (m) de protección contra las balas	*9*
Mauer (f) gegen Erddruck retaining wall mur (m) de soutènement (des terres)	подпорная стѣн[к]а (f) muro (m) di sostegno muro (m) de contención de tierras	*10*

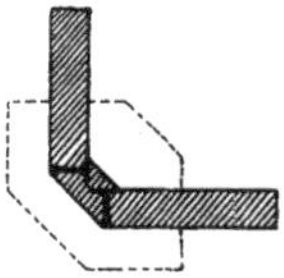

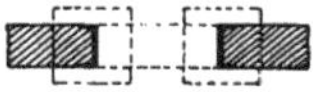

1	Futtermauer (f) protection wall mur (m) de revêtement	каменная одежда (f) muro (m) di rivesti- mento muro (m) de revesti- miento ó de sosteni- miento
2	Gleitfläche (f) sliding surface surface (f) de glissement	плоскость (f) скольже- нія superficie (f) di scorri- mento superficie (f) de desliza- miento
3	aktiver *oder* wirksamer Erddruck (m) active thrust of earth poussée (f) des terres	активное давленіе (n) земли spinta (f) attiva delle terre empuje (m) de las tierras
4	Erddruckberechnung (f) calculation of earth thrust calcul (m) de la poussée des terres	опредѣленіе (n) давле- нія земли calcolo (m) della spinta delle terre cálculo (m) del empuje de tierras
5	eben abgeglichener Erd- körper (m) leveled surface of em- bankment masse (f) de terre régalée	земляное тѣло (n), ограниченное пло- скостями massa (f) di terra livellata masa (f) de tierra apla- nada
6	Rißlinie (f) line of slide ligne (f) d'éboulement	плоскость (f) обру- шенія linea (f) de scoscendi- mento línea (f) de desmorona- miento
7	loslösender Keil (m) sliding triangle prisme (m) triangulaire d'éboulement	призма (f) обрушенія trapezio (m) della terra dissolvente o di sco- scendimento cuña (f) de separación, prisma (f) triangular de desmoronamiento
8	natürlicher Böschungs- winkel (m) des Erd- materiales angle of repose of the earth angle (m) du talus na- turel des terres	уголъ (m) естествен- наго откоса земля- ныхъ массъ angolo (m) naturale della scarpa o del terreno ángulo (m) del talud natural de la tierra
9	Druckdreieck (n) triangle of maximum pressure prisme (m) de pression	треугольникъ (m) давленія triangolo (m) delle pressioni prisma (m) de presiones

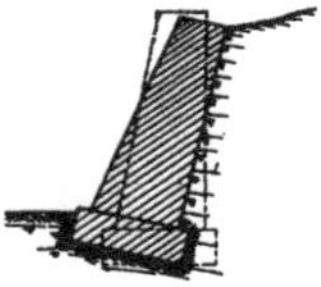

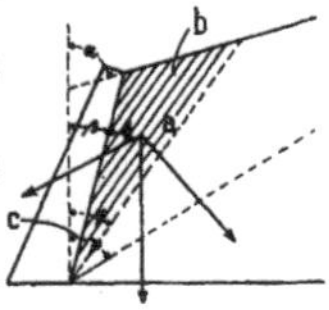

a

b

c

Reibung (f) zwischen Erdkörper und Wandfläche friction of earth against wall frottement (m) des terres sur la maçonnerie	треніе (n) между стѣной и земляной массой sfregamento (m) o frizione (f) fra le terre ed il muro rozamiento (m) de las tierras sobre el muro — **1**
rechnerische Ermittlung (f) mathematical calculation détermination (f) par le calcul	аналитическое опредѣленіе (n) determinazione (f) analitica determinación (f) por el cálculo — **2**
zeichnerische Ermittlung (f) graphical calculation détermination (f) graphique	графическое опредѣленіе (n) determinazione (f) grafica determinación (f) gráfica — **3**
Mauer (f) mit Strebepfeilern wall with buttresses or counterforts mur (m) à contreforts ou à arcs-boutants	стѣна (f) съ контрфорсами muro (m) con barbacani muro (m) con estribo ó contrafuertes — **4**
Stützmauer (f) mit stehendem Moniergewolbe retaining wall with arches in Monier reinforced concrete mur (m) de soutènement à contrefort à voûte Monier	подпорная стѣна (f) со стоячимъ сводомъ Монье muro (m) di sostegno con volte Monier muro (m) de sostenimiento con bóveda en estribo (de eje vertical) del sistema Monier — **5**
Winkelstützmauer (f) wall with horizontal slab, angular retaining wall aile (f) en retour d'un mur de soutènement	угловая подпорная стѣна (f) muro (m) di sostegno d'angolo aleta (f) del muro de sostenimiento — **6**
Kragp'atte (f) corbel or cantilevered back slab semelle (f) intérieure	консольная плита (f) copertura (f) o ciglio (m) sporgente, cordonata (f) losa (f) saliente — **7**
Kragplattensystem (n) corbel or back slabs system système (m) à semelles intérieures	система (f) консольныхъ плитъ sistema (m) a piastre portanti sistema (m) de zapatas ó placas interiores — **8**

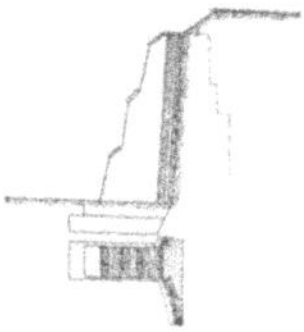

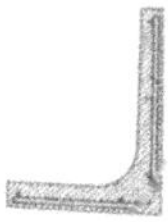

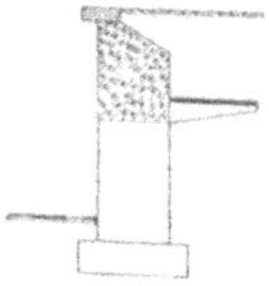

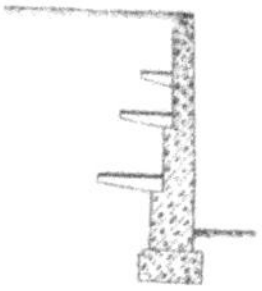

1
Winkelform (f) mit Verstärkungsrippe
angular shape with counterforts
profil (m) angulaire à semelle et contreforts

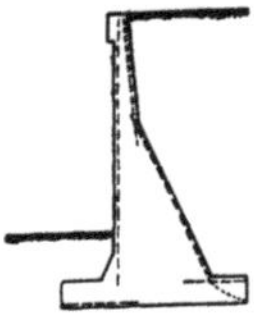

угловая форма (f) съ рёбрами жёсткости
forma (f) angolare con nervature di rinforzo
forma (f) angular con contrafuertes de consolidación

2
Mauer (f) gegen Wasserdruck
dam
mur (m) de retenue d'eau, barrage (m)

подпорная стѣна (f) противъ давленія воды; (плотина (f))
muro (m) di ritegno contro la pressione dell'acqua
muro (m) de retención de agua, presa (f)

3
die Mauer verankern (v)
to tie back the wall
ancrer (v) le mur

закрѣпить стѣну анкерами
ancorare (v) il muro
anclar (v) el muro

4
den Anker mit einer Betonhülle versehen (v)
to embed the tie in concrete
entourer (v) l'ancre d'une gaine de béton

обетонивать якорь *или* анкеръ
guarnire (v) l'ancora di una guaina di cemento
adornar (v) el áncora con una capa de hormigón

5
Widerlager (n) von Tragkonstruktionen
abutment of corbel *or* back-slab construction
contrefort (m) d'un mur de soutènement

устой (m) *или* опора (f) пролётныхъ строеній
spalla (f) *o* contraforte (m) di una costruzione di sostegno
contrafuerte (m) de un muro de sostenimiento

6
Parallelflügel (m)
parallel wing
aile (f) parallèle

параллельныя откосныя крылья (n pl)
muro (m) di spalla parallelo
ala (f) paralela

7
Seitenflügel (m)
lateral wing
aile (f) latérale

откосныя крылья (n pl)
ala (f) laterale
ala (f) lateral

8
Zwischenpfeiler (m)
intermediate pillar *or* support
pilier (m) intermédiaire

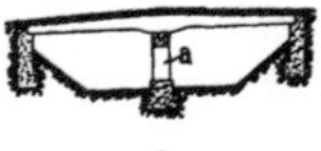

промежуточная опора (f); быкъ (m)
pilastro (m) intermedio
pilar (m) intermedio

VIII.

Zwischendecken		**Междуэтажныя перекрытія**
Floors		**Pavimenti, soffitti, impiantiti, solaii**
Planchers inter- **médiaires**		**Pisos intermedios**

Belastungsannahme (f) assumed load charge (f) admise *ou* supposée		принятая нагрузка (f) carico (m) supposto carga (f) admitida ó su- puesta — *1*
Eigengewicht (n) own weight poids (m) propre		собственный вѣсъ (m) peso (m) proprio peso (m) propio — *2*
Nutzlast (f) working load, superload charge (f) utile		полезная нагрузка (f) carico (m) utile carga (f) útil — *3*
ständige Last (f) permanent *or* dead load charge (f) permanente		постоянная нагрузка (f) carico (m) permanente carga (f) permanente — *4*
Verkehrslast (f) moving *or* live load charge (f) en service *ou* due à la circulation		подвижная нагрузка (f) carico (m) di lavoro carga (f) debida al transito — *5*
Holzbalkendecke (f) wooden beam floor plancher (m) sur travure en bois		деревянное балочное перекрытіе (n) soffitto (m) a travi, im- piantito (m) a travi di legno piso (m) sobre vigas de madera — *6*
Holzbalken (m) timber *or* wooden beam poutre (f) en bois	a	деревянная балка (f) trave (f) in legno viga (f) de madera — *7*
Auflager (n) bearing, support appui (m)	b	опора (f) appoggio (m) apoyo (m), descanso (m) — *8*
Balkenkopf (m) headpiece of a beam tête (f) de poutre	c	конецъ (m) балки testata (f) *od* estremità (f) della trave cabeza (f) de apoyo (de viga) — *9*

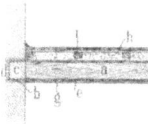

1	Balkenkapsel (f) protection to end of beam logement (m) de poutre	d

гнѣздо (n) балки scatola (f) della trave, appoggio (m) alle estremità della trave inmurata caja (f) de viga

2	Stukkaturverschalung (f) lathing *or* lathwork for stucco plafonnage (m) *ou* revêtement (m) en stuc	e, g

обшивка (f) для штукатурки palconcellatura (f) del soffitto a stucco per lo stoiato revestimiento (m) de estuco

3	schmales Brett (n) narrow board, wale, batten planchette (f) étroite, latte (f)	e

узкая доска (f) palconcello (m), assicella (f) stretta tablilla (f) estrecha

4	Stukkaturrohr (n) stucco tube roseau (m) pour le travail en stuc	g

штукатурный тростникъ (m) canna (f) da cannetto per stuccatura caña (f) para el trabajo de estuco

5	Beschüttung (f) filling remplissage (m)	h

засыпка (f) riempimento (m) *o* getto (m) con calcestruzzo relleno (m)

6	Polsterholz (n) bolster, bearer planche (f) de garniture (formant coussin)	i

лага (f) cuscinetto (m) in legno, cantero (m) cojín (m), madera (f) de asiento

7	Matte (f) mat natte (f), paillasson (m)	

дерюга (f); циновка (f) stuoia (f) estera (f)

8	Einschubdecke (f) false ceiling, sound proof floor plancher à remplissage	

накатъ (m); подборъ (m) impiantito (m) intermedio piso (m) con relleno (de cascajo y ripio)

9	Balkendecke (f) zwischen eisernen Trägern joisted floor with steel girders plancher (m) apparent à sommiers entre poutrelles en fer	

балочное перекрытіе (n) между желѣзными балками panconcellatura (f) tra travi in ferro, impiantito (m) di travi tra portanti in ferro piso (m) de vigas entre viguetas de hierro

10	I-Eisen (n) I-iron, joist of I-section fer (m) [en] I	

двутавровое желѣзо (n) ferro (m) a doppio T hierro (m) I

11	Auflagerstein (m) padstone pierre (f) d'appui, sommier (m)	

опорный камень (m) pietra (f) d'appoggio, peduccio (m) piedra (f) de apoyo, imposta (m)

U-Eisen (n)
channel iron, U-iron
fer (m) [en] U

U-образное желѣзо (n);
коробчатое *или* швелерное желѣзо
ferro (m) in forma di U
hierro (m) U *1*

Wellblech'decke (f)
ceiling with corrugated
iron reinforcement
plancher (m) en tôle ondulée

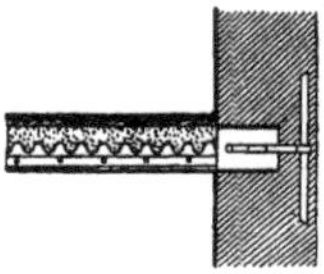

перекрытіе (n) изъ волнистаго желѣза
soffitto (m) *o* solaio (m)
o copertura (f) in lamiera ondulata
piso (m) de palastro ondulado *2*

reine Ziegeldecke (f)
ceiling made with bricks
plafond (m) en terre cuite

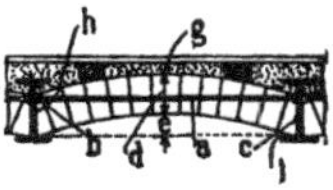

кирпичное перекрытіе (n)
soffitto(m) *od* impiantito (m) *o* copertura (f) in mattoni, ammattonato (m)
techo (m) de tejas *3*

Schließe (f)
tie
tirant (m)   a

связь (f); затяжка (f)
tirante (f)
tirante (m) *4*

Gewölbeanker (m)
tie anchor
ancre (f) de voûte

связь (f) *или* затяжка (f) свода
ancora (f) della volta
ancla (f) de bóveda *5*

Unterlagplatte (f)
slab for bearing
plaque (f) d'appui   b

подкладка (f)
piastra (f) d'appoggio
placa (f) de apoyo *6*

Unterlagplättchen (n)
washer
rondelle (f)

шайба (f)
piastrina (f) sottoposta
arandela (f) *7*

Schraubengewinde (n)
thread of the tie
filet (m), filetage (m)

винтовая нарѣзка (f)
filettatura (f) delle viti
aterrajado (m), enroscado (m) *8*

Schraubenmutter (f)
nut
écrou (m)

гайка (f)
madre-vite (f)
tuerca (f) *9*

Trägersteg (m)
web of girder
âme (f) de la poutre   c

полотно (m) балки; ребро (n) балки
anima (f) della trave
alma (f) de la vigueta *10*

Trägerentfernung (f)
distance between girders
distance (f) entre les poutres

разстояніе (n) между балками
distanza (f) fra le travi
distancia (f) entre las vigas *11*

Gewölbestärke (f)
thickness of arch
épaisseur (f) de la voûte   d

толщина (f) свода
spessore (m) *o* grossezza (f) della volta
espesor (m) de la bóveda *12*

Stich (m)
rise
flèche (f)   e

подъёмъ (m); выносъ (m)
punta (f), freccia (f)
flecha (f) *13*

1
Scheitel (m)
key, crown
sommet (m)

g

щелыга (f); замо́къ (m)
vertice (m), punto (m)
di chiave
cima (f), cumbre (f)

2
Widerlager (n)
skewback, springer
sommier (m), naissance
(f)

h

пята (f)
piedritto (m), sostegno
(m) sopra il quale posa
l'arco
sotabanco (m) ó piedra
(f) de arranque de la
bóveda, imposta (f)

3
Trägerunterflansch (m)
bottom flange
aile (f) inférieure de la
poutrelle

i

нижнíй фланецъ (m)
или нижняя полка
(f) балки
ala (f) o flangia (f) in-
feriore della trave
tabla (f) inferior de la
vigueta

4
Verdrehungsmoment(n)
twisting moment
moment (m) de torsion

скручивающíй мо-
ментъ (m)
momento (m) di tor-
sione
momento (m) de torsión

5
Horizontalschub (m)
horizontal thrust *or*
drift
glissement (m) horizon-
tal

горизонтальный рас-
поръ (m)
spinta (f) orizzontale
deslizamiento (m) hori-
zontal

6
Längsschicht (f)
longitudinal layer
fibres (fpl) longitudi-
nales

продольный разрѣзъ
(m)
strato (m) longitudinale
fibras (fpl) longitudi-
nales

7
Querschicht (f)
transverse layer
couche (f) transversale,
fibres (fpl) transver-
sales

поперечный разрѣзъ
(m)
strato (m) trasversale
fibras (fpl) transversales

8
Mennige streichen (v)
to put on a coating of
lead paint
peindre (v) au minium

окрашивать сурикомъ
dipingere (v) con minio,
passare (v) al minio
revocar (v) con minio

9
Flanschziegel (m)
brick with key *or* groove
voussoir (m) *ou* claveau
(m) de hourdis creux
en terre cuite avec
bride

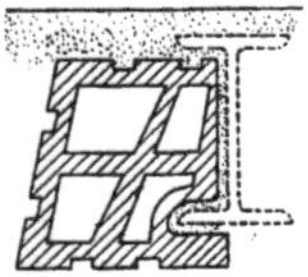

фланцовый кирпичъ
(m)
chiave (f) di flangia in
terracotta
dovela (f) hueca de barro
cocido con brida

10
ausgedrücktes Rabitz-
geflecht (n)
stretched Rabitz net-
work
toile (f) métallique
Rabitz fortement ten-
due

выдавленное плетенíе
(n) Рабица
traliccio (m) Rabitz
pronunciato *od* im-
presso
enrejado (m) de Rabitz
tendido

Monierverkleidung (f) Monier lining revêtement (m) *ou* rem- plissage (m) Monier		облицовка (f) Монье rivestimento (m) Monier revestimiento (m) ó re- lleno (m) Monier **1**
Tonnengewölbe (n) barrel vault, circular vault voûte (f) en berceau		бочарный свод (n) volta (f) a botte *od* a tutto centro bóveda (f) esquifada **2**
preußische Kappe (f) Prussian cap *or* coping voussette (f) entre ner- vures		прусскій сомкнутый свод (m) callotta (f) della volta alla prussiana bovedilla (f) entre ner- vios de soporte **3**
Klostergewölbe (n) cloister vault voûte (f) en arc de cloître		монастырскій свод (m) volta (f) a chiostra bóveda (f) de claustro ó de aljibe **4**
Muldengewölbe (n) trough vaulting voûte (f) en arc de cloître (en plan : long rect- angle)		лотковый свод (m) volta (f) a pidiglione bóveda (f) de claustro **5** [rectangular en pro- yección horizontal]
Kuppelgewölbe (n) cupola dome [voûte (f) en] coupole (f)		купольный свод (m) volta (f) a cupola **6** bóveda (f) de cúpola
Kreuzgewölbe (n) cross vaulting voûte (f) d'arête (sur pliers)		крестовый свод (m) volta (f) a crociera **7** bóveda (f) por aristas (sobre pilares)
Rabitzkonstruktion (f) construction with wire netting, Rabitz con- struction construction (f) Rabitz		конструкція (f) Рабица costruzione (f) Rabitz **8** construcción (f) Rabitz

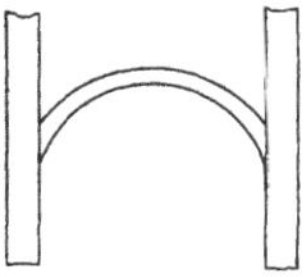

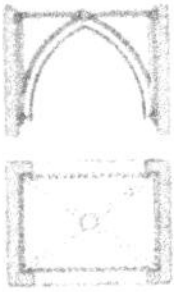

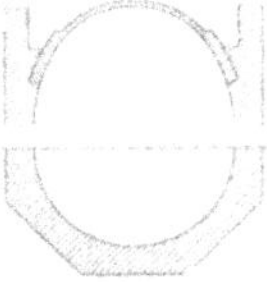

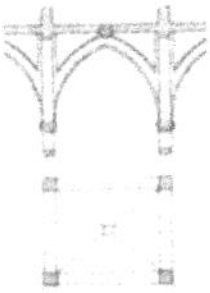

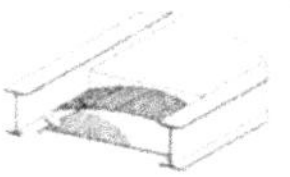

1
Rabitzhaken (m)
Rabitz hook
crochet (m) Rabitz

крюкъ (m) Рабица
gancio (m) Rabitz
gancho (m) Rabitz

9
Rabitzgeflecht (n)
Rabitz metal *or* wire
netting
treillis (m) *ou* toile (f)
métallique Rabitz

плетеніе (n) Рабица
traliccio (m) Rabitz
enrejado (m) ó tela (f)
metálica Rabitz

3
Mörtel (m) aus Gips
und Leim, Gips-
Leimmörtel (m)
mortar of plaster and
clay
mortier (m) au plâtre
et à la colle

гипсово-клеевой ра-
створъ (m)
impasto (m) di gesso e
cola, stucco (m)
mortero (m) de yeso con
mezcla de cola

4
ebene Unterschicht (f)
underlayer with level
or smooth face
couche (f) inférieure
lisse

плоская нижняя по-
верхность (f)
strato (m) inferiore
liscio
lecho (m) inferior liso

5
scheitrechtes Gewölbe
(n)
flat arch
[voute (f) en] plate-
bande (f)

плоскій сводъ (m); пе-
ремычка (f); архи-
травъ (m)
volta (f) dritta
faja (f) de cornisa

6
Formstein (m)
shaped stone *or* brick
brique (f) *ou* pierre (f)
profilée

фасонный камень (m)
pietra (f) sagomata, for-
mella (f)
ladrillo (m) perfilado,
piedra (f) perfilada

7
Hohlziegel (m)
hollow brick
brique (f) creuse

a

пустотѣлый кирпичъ
(m)
mattone (m) cavo
ladrillo (m) hueco

8
Einklinkung (f)
keying, nogging
accrochage (m) *ou* en-
cochement (m) de la
brique

b

захватываніе (n)
inserimento (m) di qua-
drelli olandesi a so-
spensione
encajadura (f) (del la-
drillo)

9
Ziegeldecke (f) mit
Eiseneinlage
floor of bricks with iron
reinforcement
plancher (m) avec bri-
ques entre travure en
fer

кирпичное перекры-
тіе (n) съ желѣзной
прокладкой
soffitto (m) *o* solaio (m)
in mattoni con arma-
tura in ferro, ammat-
tonato (m) armato
piso (m) de ladrillos con
armazón de hierro

10
Schwemmstein (m)
sandstone, alluvial
stone, spongiform
quartz
pierre (f) de tuf, pierre
(f) ponce

пемзовый камень (m)
pietra (f) pomice
piedra (f) pómez, toba
(f)

11
Rundeisen (n)
round iron bar *or* rod
fer (m) rond

круглое желѣзо (n)
ferro (m) tondo
hierro (m) redondo

Betondecke (f) zwischen
  eisernen Trägern
concrete floor between
  steel girders
plancher (m) en béton
  sur poutrelles

бетонное перекрытіе
  (n) между желѣзными
  балками
soffitto (m) o solaio (m)
  in calcestruzzo fra
  travi in ferro
piso (m) de hormigón
  sobre viguetas   *1*

Stampfbetongewölbe(n)
rammed concrete arch
voûte (f) en béton damé

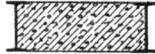

свод (m) изъ трамбо-
  ваннаго бетона
volta (f) in calcestruzzo
  battuto o picchiettato
bóveda (f) de hormigón
  apisonado   *2*

Ausstampfen (n) der
  Träger
ramming and filling in
  of the girders
damage (m) de béton
  entre poutrelles

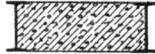

забетонияваніе (n) ба-
  локъ
riempimento (m) con
  beton tra le travi
apisonado (m) de hormi-
  gón entre las viguetas   *3*

---

reine Betonplatte (f)
concrete slab
plaque (f) en béton

сплошная бетонная
  плита (f)
soletta (f) o lastrella (f)
  di calcestruzzo non
  armato
placa (f) de hormigón
  maciza   *4*

---

armierte Betondecke
  (f) zwischen eiser-
  nen Trägern
ferro-concrete floor bet-
  ween steel girders
plancher (m) de béton
  armé avec poutrelles
  d'ossature

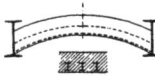

армированныя бетон-
  ныя перекрытія (n pl)
  между желѣзными
  балками
soffitto (m) o soletta (f)
  armata ed appoggiate
  tra travi di ferro
techo (m) de hormigón
  armado entre viguetas
  de hierro   *5*

Moniergewölbe (n)
Monier's arch
voûte (f) Monier

свод (m) Монье
volta (f) Monier
bóveda (f) Monier   *6*

Tragstab (m)
tension or stress bar
barre (f) ou tige (f) porteuse

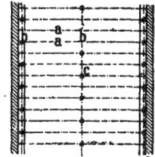

a

работающій прутъ (m)
barra (f) portante
barra (f) portadora   *7*

Verteilungsstab (m)
repartition bar
barre (f) ou tige (f) de
  répartition

b

распредѣляющій
  прутъ (m)
barra (f) di distribuzione
barra (f) de repartición   *8*

Kreuzungsstelle (f)
crossing point
point (m) de croisement

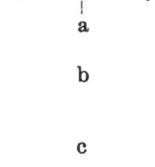

c

пересѣченіе (n)
punto (m) d'incrocio
punto (m) de cruza-
  miento   *9*

1	flechten (v) to lattice treillisser (v)	плести; вязать intrecciare (v) enrejar (v)
2	Bindedraht (m) binding wire fil (m) de ligature	вязательная проволока (f) fildiferro (m) per lega- tura alambre (m) de ligadura
3	doppelte Armierung (f) double armouring *or* reinforcing armature (f) double	b a — d c a	двойная арматура (f); двойное плетеніе (n) armatura (f) doppia armazón (m) doble
4	obere Leibungsfläche (f) top face, extrados surface (f) supérieure, extrados (m) d'une voûte	b	верхняя поверхность(f) superficie (f) superiore, estradosso (m) superficie (f) superior, trasdós (m)
5	untere Leibungsfläche (f) bottom face, intrados, soffit douelle (f) d'une voûte, intrados (m) d'une voûte	c	нижняя поверхность(f) superficie (f) inferiore, intradosso (m) intradós (m)
6	Drucklinie (f) centre of pressure axe (m) des centres de poussée	d	кривая (f) давленія luce (f) *od* asse (m) di carico eje (m) de los centros de presión
7	Melansches gebogenes I-Eisen (n) Melan curved I-iron fer (m) I cintré de Mélan		гнутая двутавровая балка (f) Мелана ferro (m) a doppio T ar- quato di Melan hierro (m) I cimbrado de Melan
8	Eisenbetondecke (f) reinforced concrete floor, ferro-concrete floor, armoured con- crete floor plancher (m) en béton armé		желѣзобетонное пере- крытіе (n) solaio (m) *o* copertura (f) *o* pavimento (m) di cemento armato piso (m) de hormigón armado
9	Eisenbetonplatte (f) reinforced concrete slab, ferro-concrete slab, armoured con- crete slab dalle (f) en béton armé		желѣзобетонная плита (f) piastra (f) in cemento armato losa (f) de hormigón armado
10	Monierplatte (f) zwischen eisernen Trägern Monier slab between steel girders dalle (f) Monier entre poutrelles de fer		плита (f) Монье между желѣзными балками piastra (f) Monier fra travi di ferro losa (f) Monier entre viguetas de hierro

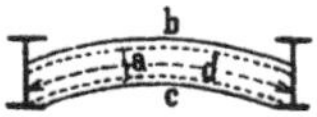

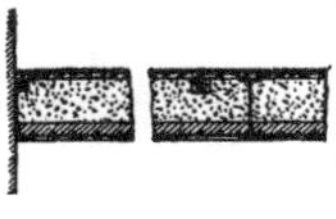

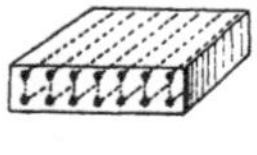

149

frei aufliegende Decke (f) freely supported floor, floor with free ends plancher (m) reposant librement	свободно лежащее перекрытіе (n) soffitto (m) o solaio (m) liberamente appoggiato piso (m) libremente colocado — *1*
Unterflanschdecke (f) floor resting on bottom flange dalle (f) sur l'aile inférieure (formant plafond)	перекрытіе (n) по нижнимъ полкамъ балокъ soletta (f) di soffitto piso (m) sobre el ala inferior ó sobre la tabla inferior — *2*
Oberflanschdecke (f) floor resting on top flange dalle (f) sur l'aile supérieure (formant plancher)	перекрытіе (n) по верхнимъ полкамъ балокъ soletta (f) superiore del pavimento piso (m) sobre la tabla superior — *3*
Steineisendecke (f) mit Betondruckgurt reinforced brick floor with concrete beams plancher (m) en pierre armée avec nervures en béton	желѣзо-каменное перекрытіе (n) съ бетоннымъ сжатымъ поясомъ soffitto (m) o solaio (m) in pietra armata con legature di calcestruzzo piso (m) de piedra armada con nervios de hormigón — *4*
kontinuierliche Decke (f), durchgehende Decke (f) continuous floor plancher (m) continu	неразрѣзное перекрытіе (n) soffitto (m) ad impalcatura continua piso (m) continuo, piso (m) de cielo raso — *5*
negatives Biegungsmoment (n) negative bending moment moment (m) fléchissant négatif	отрицательный изгибающій моментъ (m) momento (m) flettente negativo momento (m) de flexión negativo — *6*
Eisen auflegen (v) to place the bars placer (v) les fers sur ..	располагать желѣзо надъ ... poggiare (v) o disporre (v) i ferri colocar (v) los hierros sobre — *7*
vierseitig aufgelagerte Platte (f) slab resting on four sides dalle (f) portant par ses quatre côtés	плита (f) на четырёхъ опорахъ soletta (f) appoggiata sui quattro lati losa (f) aplicada en los cuatro lados — *8*
Voutendecke (f), Kehldecke (f) arched floor plafond (m) voûté	перекрытіе (n) съ падугами solaio (m) a volte sottili piso (m) abovedado — *9*

1
eingespannte Decke (f)
fixed in floor, built in floor
plafond (m) encastré

закрѣпленное перекрытіе (n)
solaio (m) incastrato
piso (m) encajado

2
ein Eisen um den Träger-oberflansch biegen (v)
to bend a bar round flange of girder
recourber (v) les barres sur l'aile supérieure de la poutrelle

огибать желѣзо вокругъ верхней полки балки
piegare (v) i ferri attorno i bordi o le flangie delle travi
encorvar (v) los hierros sobre el ala superior de la vigueta

3
Mittelfeld (n)
central bay
zone (f) centrale

средній пролётъ (m)
campata (f) centrale od intermedia
campo (m) central

4
Endfeld (n)
end bay
zone (f) extrême (en dehors du noyau central)

крайній пролётъ (m)
campata (f) estrema
campo (m) extremo

5
Koenensche Plandecke (f)
Koenen's floor
plafond (m) plan de Koenen

плоское перекрытіе (n) Кенена
soffitto (m) o solaio (m) piano sistema Koenen
piso (m) de cielo raso de Koenen

6
bogenförmige Aussparung (f)
arched hollow
évidement (m) en arc

a

сводчатая впадина (f)
incavatura (f) o scollatura (f) a forma d'arco
vaciamento (m) arqueado

7
Rippen (f pl)
ribs (pl)
nervures (f pl)

b

рёбра (n pl)
nervature (f pl)
molduras (f pl), nervios (m pl)

8
Holzlatte (f) zur Putzbeféstigung
wooden lath for rendering or facing
latte (f) pour accrocher l'enduit

c

деревянная рейка (f) для прикрѣпленія штукатурки
assicella (f) piatta per spalmare l'intonaco
lista (f) de fijación del revoque

9
kombinierte Stein- und Betondecke (f)
brick and concrete floor
plancher (m) mixte en pierre et béton

комбинированное перекрытіе (n) изъ камня и бетона
soffitto (m) o solaio (m) composto di beton e pietre
piso (m) combinado de piedra y hormigón

10
Plattenbalkendecke (f) zwischen eisernen Trägern
floor with T-beams between steel girders
plancher (m) en dalles entre poutrelles

ребристое перекрытіе (n) между балками
soffitto (m) o solaio (m) a lastre messe fra le travi in ferro
piso (m) de losas ó de placas entre viguetas de hierro

Eisenbetondecke (f) mit
sichtbaren Eisen-
betonbalken
ferro-concrete floor with
visable ferro-concrete
beams
plancher (m) en béton
armé avec poutres
apparentes en béton
armé

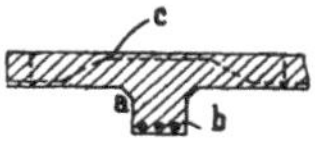

железобетонное пере-
крытіе (n) съ ви-
димыми желѣзо-
бетонными балками
soffitto (m) in cemento
armato con travature
armate visibili
piso (m) de hormigón
armado con viguetas
de hormigón armado
visibles *1*

an den Auflagern ver-
stärken (v)
to reinforce at bearings
renforcer (v) aux appuis

усиливать у опоръ
rinforzare (v) agli ap-
poggi
reforzar (v) en los
apoyos *2*

Plattenbalken (m)
T-shaped beam
nervure (f) de plaque,
poutrelle (f) de plan-
cher

ребристое перекрытіе
(n)
trave (f) a lastre con
scanalatura, lastra (f)
scanalata
nervio (m) de placa,
vigua (f) de piso *3*

Druckgurt (m)
compression girder *or*
beam
armature (f) résistant à
la compression

сжатый поясъ (m)
piattabanda (f) riparti-
trice di spinta
armazón (m) resistente
á la compresión *4*

Flacheisenbügel (m)
flat *or* hoop iron stirrup
étrier (m) en fer plat

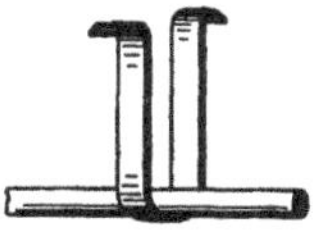

бюгель (m) или хомутъ
(m) изъ полосового
желѣза
staffa (f) di ferro piatto
estribo (m) de llanta ó
de hierro pasamano *5*

Abbiegung (f) des Eisens
bending of the bars
pliage (m) du fer vers
le bas

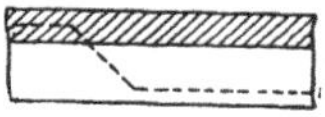

отгибаніе (n) желѣза
piegamento (m) del ferro
encurbamiento (m) del
hierro hacia abajo *6*

Haftfläche (f)
area of adhesion *or*
cohesion
surface (f) adhérente

поверхность (f) сцѣ-
пленія
superficie (f) aderente
superficie (f) adherente *7*

Eisen verankern (v)
to anchor the bar
ancrer (v) le fer

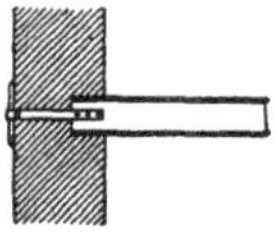

заякоривать или за-
крѣплять желѣзо
ancorare (v) il ferro
anclar (v) el hierro *8*

Eisenlappen (m)
prong of bar
plaque (f) de fer d'an-
crage

желѣзная лапа (f)
pezza (f) o piastra (f) di
ferro
placa (f) de hierro de
anclaje *9*

im Obergurt verhängtes
Eisen (n)
bars bent into the upper
beams
fer (m) plié avec péné-
trations dans la zone
supérieure

заякоренное въ верх-
немъ поясѣ желѣзо
(n)
ferro (m) ristretto nella
piattabanda (arco
doppio)
hierro (m) plegado hacia
la zona superior *10*

1
Deckenträger (m)
ceiling beam
poutre (f) de plancher

потолочная балка (f)
trave (f) del solaio
viga (f) de piso, vigueta (f) de piso

2
Wulsteisendecke (f), Bulbeisendecke (f)
floor with bulb iron
plancher (m) en fer à champignon

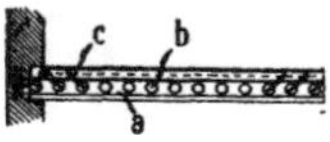

перекрытіе (n) изъ бимсоваго желѣ,а; перекрытіе (n) изъ желѣза „бульба"
soffitto (m) o solaio (m) con ferri bullonati
piso (m) de hierro de hongo

3
Wulsteisen (n), Bulbeisen (n)
bulb iron
fer (m) à champignon

a

желѣзо (n) „бульба"
ferro (m) bullonato od a funghi
hierro (m) de hongo

4
Durchbrechung (f)
collapse, falling-in
évidement (m)

b

прорѣзъ (m)
cavità (f), luce (f)
vaciado (m)

5
Schleife (f)
loop
boucle (f)

c

петля (f)
anello (m), corsoio (m), nodo (m)
hebilla (f), lazada (f)

6
Matraidecke (f)
Matrai's floor
plancher (m) Matrai

перекрытіе (n) Матрая
soffitto (m) o solaio (m) tipo Matrai
piso (m) Matrai

7
diagonal gespannte Drahtseile (n pl)
diagonally stretched cables
câbles (m pl) porteurs diagonaux

діагональные канаты (m pl); желѣзные канаты, расположенные по діагонали
funi (f pl) metalliche tese diagonalmente
cables (m pl) portadores tendidos diagonalmente

8
Zylinderstegdecke (f)
armoured tubular flooring
plancher (m) à nervures cylindriques

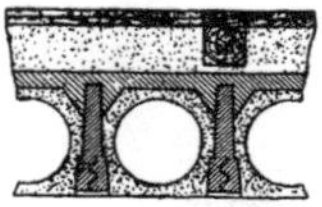

перекрытіе (n) изъ трубъ и рёберъ Георта
soffitto (m) o solaio (m) ad intermezzi cilindrici
piso (m) de nervaduras cilindricas

9
Hohlzylinder (m)
hollow tube or cylinder
cylindre (m) creux

пустотѣлый или полый цилиндръ (m); труба (f)
cilindro (m) cavo, tubo (m)
cilindro (m) hueco

10
im Bau herzustellende Druckplatte (f)
slab to be constructed in position
plaque (f) de béton damée sur place

сжатая плита (f), устраиваемая на мѣстѣ [постройки]; сжатый поясъ (m), подлежащій изготовленію на мѣстѣ
lastra (f) di spinta da eseguirsi tra o nelle costruzioni
losa (f) apisonada en la construcción

German / English / French		Russian	№
Siegwartbalken (m) Siegwart beam poutre (f) Siegwart	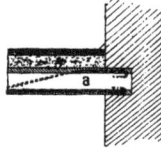 a	балка (f) Зигварта trave (f) Siegwart viga (f) Siegwart	1
Hohlkern (m) hollow core noyau (m) creux	a	полый кернъ (m) nocciolo (m) cavo, anima (f) cava, perno (m) cavo centro (m) hueco	2
armierter Hohlbalken (m) reinforced hollow beam poutre (f) creuse armée		армированная пусто-тѣлая балка (f) trave (f) cava armata viga (f) hueca armada	3
Zementbetondiele (f) cement concrete slab planche (f) en béton de ciment	a	цементно-бетонная доска (f) tavoletta (f) da pavimento in calcestruzzo di cemento entibo (m) de hormigón de cemento	4
Feder (f) und Nut (f) groove and tongue rainure (f) et languette (f)	a	шпунтъ (m) и пазъ (m) scanalatura (f) e anima (f), maschio (m) e femina (f) ranura (f) y lengüeta (f)	5
Visintini-Balken (m) Visintini beam poutre (f) Visintini		балка (f) Визинтини trave (f) Visintini viga (f) Visintini	6
Fachwerkträger (m) trussed beam poutre (f) américaine		рѣшетчатая балка (f) trave (f) americana a traliccio metallico viga (f) americana	7
Lunddecke (f) Lund's floor plancher (m) Lund	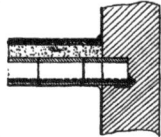	перекрытіе (n) Люнда solaio (m) o copertura (f) Lund piso (m) Lund	8
Deckenputz (m) ceiling plastering enduit (m) de plafond		оштукатурка (f) потолка intonaco (m) dei soffitti revoque (m) de techo	9
Spritzbewurf (m) rendering crépi (m)		спрыскъ (m) spruzzo (m) enlucido (m) granulado, enjalbegadura (f)	10
Fußboden (m) floor sol (m), dallage (m)	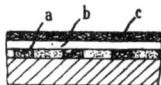 a b c	полъ (m) pavimento (m), impiantito (m) suelo (m), piso (m)	11

1	Holzfußboden (m) wood floor plancher (m) en bois		деревянный полъ (m) pavimento (m) in legname, panconcella- tura (f) piso (m) de madera
2	Lagerholz (n) wooden beam *or* joist solive (f) en bois	a	лаги (f pl) legname (m) per l'im- piantito, correnti (f pl) del solaio vigueta (f) de madera
3	Blindboden (m) intermediate floor, cen- tering (A) faux plancher (m)	b	накатъ (m) impiantito (m) falso piso (m) falso
4	Parkett (n) parquet *or* inlaid floor- ing parquet (m)	c	паркетъ (m) pavimento (m) in legno minuto a disegno entarimado (m), par- quet (m)
5	Estrich (m) plaster floor couche(f) d'enduit, badi- geon (m), hourdis (m), plancher (m) hourdé		сплошной полъ (m); монолитный полъ pavimento (m) in tavole con intramezzi di gesso capa (f) de revoque para piso, encañizado (m) de techo relleno de yeso ó cal
6	Zementestrich (m) cement floor couverture (f) *ou* revête- ment (m) en ciment		сплошной или моно- литный цементный полъ (m) pavimento (m) con strato in cemento revestimiento (m) de cemento
7	riffeln (v) to screed *or* ripple *or* flute canneler (v)		рифлить striare (v), cannellare (v) acanalar (v)
8	glätten (v) to finish smooth *or* fair lisser (v)		заглаживать lucidare (v), lisciare (v) alisar (v)
9	Gipsestrich (m) plaster finish revêtement (m) en plâtre		сплошной или моно- литный гипсовый полъ (m) pavimento (m) con strato in gesso revestimiento (m) ó en- lucido (m) de yeso
10	Linoleum (n) linoleum linoléum (m)		линолеумъ (m) linoleum (m) linoleum (m)
11	Terracottafußboden (m) terra-cotta floor dallage (m) en terre cuite		терракотовый полъ (m) pavimento (m) in terra- cotta piso (m) de losas de tierra cocida

		№
Zuschlagstoffe (m pl) aggregates (pl) matières (f pl) addition- nelles	добавочные матеріалы (m pl); добавокъ (m) sostanze (f pl) addizio- nali materias (f pl) adicio- nales	1
lebhaft gefärbte Steine (m pl) brillantly coloured stones (pl) pierres (f pl) à couleurs vives	яркоокрашенные камни (m pl) pietre (f pl) a colori vivi piedras (f pl) de colores vivos	2
Porphyr (m) porphyry porphyre (m)	порфиръ (m) porfido (m) porfido (m)	3
Granit (m) granite granit (m)	гранитъ (m) granito (m) granito (m)	4
Marmor (m) marble marbre (m)	мраморъ (m) marmo (m) mármol (m)	5
Syenit (m) syenite syénite (f)	сіэнитъ (m) sienite (m) sienita (f)	6
schleifen (v) to grind meuler (v)	шлифовать molare (v), affilare (v) frotar (v), esmerilar (v)	7
polieren (v) to polish polir (v)	полировать pulire (v) spianare (v), lisciare (v) pulir (v)	8
Zement ablagern (v) to season cement étendre (v) du ciment	складывать цементъ deporre (v) o stendere (v) il cemento extender (v) cemento	9
Farbenzusatz (m) zum Zement colouring for cement addition (f) d'un colo- rant au ciment	добавленіе (n) краски къ цементу aggiunta (f) di colore al cemento adición (f) de color al cemento	10
Terrazzomischkübel (m) pail to mix the terrazzo seau (m) pour le mélange	ведро (n) для смѣши- ванія террацпо secchia (f) per preparare l'impasto cubo (m) para mezclas	11
Terrazzokelle (f) trowel for terrazzo truelle (f) de cimentier	лопатка (f) для тер- рацпо cazzuola (f) pei terrazzi paleta (f) para cemento	12
Terrazzohandwalze (f) roller for terrazzo rouleau (m) de cimen- tier	ручной катокъ (m) для террацпо rullo (m) a mano per terrazzi rodillo (m) aplanador ó alisador	13

1
Terrazzoschleifstein (m)
terrazzo rubber *or* grinding stone
meule (f) de cimentier

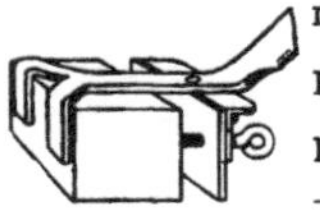

шлифовальный камень (m) для террацпо
pietra (f) per lucidare *o* lisciare il terrazzo
piedra (f) de alisar el cemento

2
Schleifschlamm (m)
swarf
boue (f) de meulage

грязь (f) отъ шлифовки
melma (f) per lucidare *o* lisciare
barro (m) de la pulimentación

3
ausspachteln (v)
to trowel off
enlever (v) à la truelle

шпаклевать
lisciare (v) colla spatola
quitar (v) con la paleta

4
Spachtelkelle (f)
trowel
truelle (f), spatule (f)

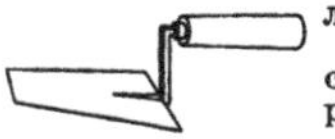

лопатка (f) для шпаклёвки
cazzuola (f) quadrata
palustre (m), paleta (f), espátula (f)

5
Spachteleisen (n)
flat trowel
fer (m) de truelle *ou* spatule

цикля (f)
ferro (m) a spatola
hierro (m) de espátula ó paleta

6
Auffüllung (f)
filling in
remplissage (m), ren- formis(m) (des joints)

заполненіе (n)
riempimento (m)
relleno (m)

7
gewalzte Schlacke (f)
broken *or* crushed slag
laitier (m) broyé

вальцованный шлакъ (m)
scorie (f) cilindrata *o* sconquassata
escoria (f) molida

8
Leichtbeton (m)
light concrete
béton (m) léger

легкій бетонъ (m)
calcestruzzo (m) leggero
hormigón (m) ligero

9
Schlackenbeton (m)
slag concrete
béton (m) de laitier

шлаковый бетонъ (m)
calcestruzzo (m) di scorie
hormigón (m) de escoria

10
Bimsbeton (m)
pumice stone concrete
béton (m) de pierre ponce

пемзовый бетонъ (m)
calcestruzzo (m) di pietra pomice
hormigón (m) de piedra pómez

11
Unterbeton (m)
inferior concrete
béton (m) de qualité inférieure

подбутка (f)
calcestruzzo (m) infe- riore
hormigón (m) de cuali- dad inferior

12
Magerbeton (m)
poor *or* common con- crete
béton (m) maigre

тощій бетонъ (m)
calcestruzzo (m) magro
hormigón (m) magro

IX.

Säulen	Колонны	
Columns	Colonne	
Colonnes	Columnas	

Säule (f)
pillar, column
colonne (f), pilier (m)

колонна (f); стойка (f)
colonna (f), pilastro (m)   *1*
columna (f), pilar (m)

a

Säulenschaft (m)
shaft of column
fût (m) de colonne

a

стволъ (m) *или* стержень (m) колонны:
фустъ (m)   *2*
fusto (m) della colonna
cuerpo (m) de columna

Trageisen (n)
longitudinal reinforcing
   iron, supporting rein-
   forcement
poitrail (m), armature (f)
   verticale

b

работающее желѣзо
   (n)
ferro (m) portante   *3*
hierro (m) portador,
   armadura (f) vertical

Quereisen (n)
transverse reinforce-
   ment
fer (m) transversal, tra-
   verse (f), collier (m),
   ligature (f)

c

поперечное желѣзо (n)
ferro (m) trasversale   *4*
hierro (m) transversal

Säulenquerschnitt (m)
scantling *or* cross-sec-
   tion of pillar
section (f) d'une colonne

d

сѣченіе (n) колонны
sezione (f) *o* grossezza
   (f) della colonna   *5*
sección (f) de una co-
   lumna

Blechplatte (f)
iron sheet *or* plate
tôle (f), plaque (f) de tôle

e

желѣзный листъ (m)
lamiera (f) *o* piastra (f)
   in latta   *6*
plancha (f) de palastro

Säulenfuß (m)
column socle *or* base
pied (m) *ou* base (f) de
   colonne

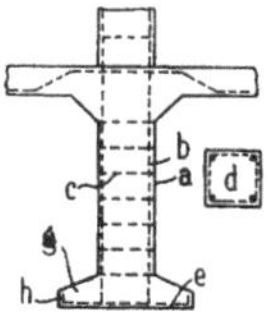

g

основаніе (n) колонны;
   база (f)
piede (m) *o* basamento
   (m) *o* zoccolo (m) della   *7*
   colonna
pie (m) de columna

	German	English	French	Russian	Italian	Spanish

1
Konsolarmierung (f)
cantilever reinforce-
  ment
armature (f) de console

h

арматура (f) консоли
armatura (f) a mensola
armadura (f) de consola

2
Säulenstoß (m)
column joint
joint (m) de colonne

стыкъ (m) колонны
giunto (m) della colonna
junta (f) de columna

3
gekuppelte Säulen (f pl),
  Doppelsäule (f)
coupled *or* double
  column
colonnes (f pl) accoup-
  lées

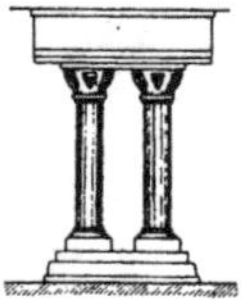

двойная колонна (f)
colonna (f) accoppiata,
  colonna (f) doppia,
  colonna (f) binata
columnas (f pl) acopla-
  das

4
überschneidendes Eisen
  (n)
overlapping iron
fer (m) chevauchant

заходящее другъ за
  друга желѣзо (n)
ferro (m) sopracavallato
hierro (m) solapado

5
Drahtumwicklung (f)
wire hooping
entourage (m) de fil

проволочная обмотка
  (f)
avvolgimento (m) di
  fildiferro
cerco (m) de alambre

6
rund (adj)
round (adj)
rond (adj)

круглый
rotondo (agg), circolare
  (agg)
redondo (adj)

7
polygonal (adj), viel-
  eckig (adj)
polygonal (adj)
polygonal (adj)

многоугольный
poligonale (agg)
poligonal (adj)

8
umschnüren (v)
to encircle, to surround,
  to hoop
entourer (v), fretter (v)

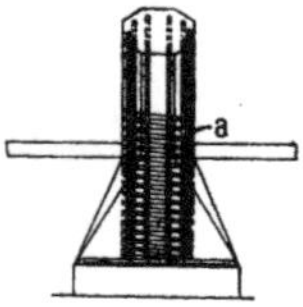
a

обматывать; обвязы-
  вать
avvolgere (v) *o* circon-
  dare (v) con corde *o*
  con fildiferro
cerrar (v) con espirales
  de alambre

9
Spirale (f)
spiral
hélice (f)

a

спираль (f)
spira (f), spiraglio (m)
espiral (m)

10
Windung (f)
winding, turn
spire (f)

оборотъ (m)
spirale (f), elica (f), elice
  (f)
espira (f)

11
Kern (m) aus Form-
  (Profil-)eisen
core of rolled section-
  iron
noyau (m) en fer profilé

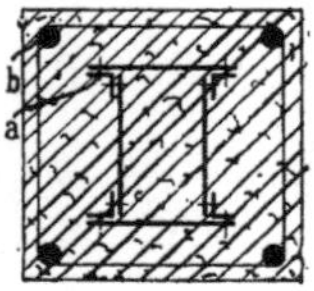

ядро (n) изъ сортового
  желѣза
nocciolo (m) *o* perno (m)
  in ferro profilato
alma (f) de hierro perfi-
  lado

Winkeleisen (n)
angle iron
cornière (f), fer (m) cornière

a

угловое желѣзо (n)
ferro (m) angolare, can-
tonale (m) in ferro
cantonera (f) de hierro

1

Verbindungsstreifen (m)
bond, stay
feuillard (m) de liga-
ture, fer (m) plat pour
collier *ou* frette

соединительная полоса
(f)
striscia (f) *o* fascia (f) di
lamiera per collega-
menti
hierro (m) plano ó fleje
(m) de ligadura

2

Leiteisen (n)
guide iron
barre (f) verticale

b

направляющее желѣзо
(n)
ferro-guida (m), guida
(f) in ferro
hierro (m) vertical

3

---

nachträglich aus-
stampfen (v)
to ram additionally
damer (v) ultérieure-
ment

затрамбовать впослѣд-
ствіи
pestare (v) *o* picchiettare
(v) posteriormente
apisonar (v) ulterior-
mente

4

Bauverkehrslast (f)
weight of plant and
materials transported
poids (m) des matériaux
transportés

подвижная строитель-
ная нагрузка (f)
carico (m) dei materiali
della costruzione
carga (f) de transporte
de los materiales

5

---

eiserne Säule (f)
iron column *or* stan-
cheon
colonne (f) métallique

a

желѣзная колонна (f)
colonna (f) in ferro
columna (f) de hierro

6

Ummantelung (f)
casing
revêtement (m), enro-
bage (m)

a

облицовка (f); обдѣлка
(f)
rivestimento (m), avvol-
gimento (m), mantella-
mento (m)
envolvimiento (m), en-
voltura (f)

7

Betonummantelung (f)
concrete casing
enrobage (m) *ou* enve-
loppe (f) en béton

a

облицовка (f) *или* об-
дѣлка (f) бетономъ
rivestimento (m) *o* man-
tellamento (m) di calce-
struzzo
envolvimiento (m) de
hormigón

8

Terrakotte (f)
terra-cotta
terre (f) cuite

терракотта (f)
terracotta (f)
tierra (f) cocida

9

1	Backsteinummantelung (f) brick-casing enveloppe (f) en briques	

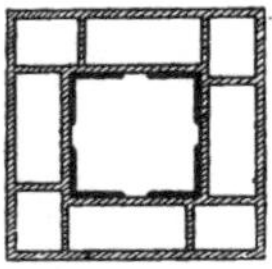

облицовка (f) *или* обдѣлка (f) кирпичомъ
rivestimento (m) *o* avvolgimento (m) in terracotta *od* in mattonelle
envoltura (f) *ó* capa (f) de ladrillos

2	Rabitzummantelung (f) casing with wire netting (Rabitz) revêtement (m) Rabitz	

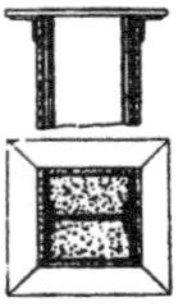

облицовка (f) рабицомъ
rivestimento (m) *o* avvolgimento (m) col sistema Rabitz
revestimiento (m) *ó* capa (f) de Rabitz

3	Feuertrotzummantelung (f) fireproof casing revêtement (m) réfractaire	

огнестойкая облицовка (f)
rivestimento (m) refrattario
capa (f) refractaria

4	Säulen fabrikmäßig herstellen (v) to manufacture columns fabriquer (v) les colonnes monolithes (à l'atelier)	

готовить колонны фабричнымъ способомъ
fabbricare (v) le colonne all'industria
fabricar (v) las columnas (en el taller)

X.

Treppen		**Лѣстницы**
Stairs, Staircases		**Scale**
Escaliers		**Escaleras**

Treppe (f)
stairs (pl), staircase
escalier (m)

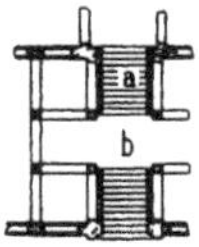

лѣстница (f)
scala (f), gradinata (f)   *1*
escalera (f)

Lauf (m)
flight
volée (f)

маршъ (m)
passo (m), andante (m)
tramo (m) ó tiro (m) de   *2*
   escalera

Podest (m)
landing
palier (m), repos (m)

площадка (f)
pianerottolo (m), capo-   *3*
   scala (m)
descanso (m)

zweiarmige Treppe (f)
staircase with two
   flights
escalier (m) à deux vo-
   lées

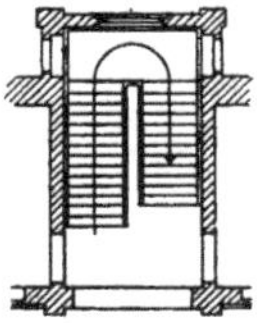

лѣстница (f) въ два
   марша
scala (f) a due rampe *od*   *4*
   a due bracci
escalera (f) de dos tra-
   mos

dreiarmige Treppe (f)
staircase with three
   flights
escalier (m) à trois vo-
   lées

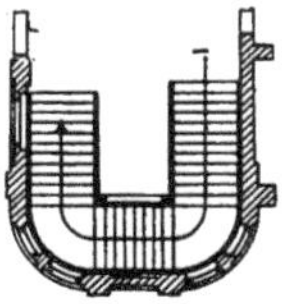

лѣстница (f) въ три
   марша
scala (f) a tre rampe *od*   *5*
   a tre bracci
escalera (f) de tres tra-
   mos

Wendeltreppe (f)
circular staircase, spiral
   staircase, winding
   staircase
escalier (m) tournant *ou*
   en colimaçon *ou* en
   escargot *ou* à vis

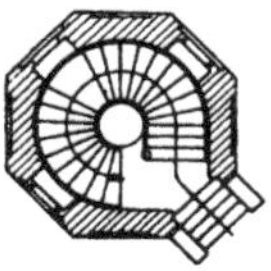

винтовая лѣстница (f)
scala (f) a chiocciola   *6*
   od a spirale
escalera (f) de caracol

Spindel (f) der Wendeltreppe
1 nevel of winding staircase
noyau (m) d'escalier en colimaçon

колонна (f) витой лѣстницы; [у рабочихъ:] комаръ (m)
nocciolo (m) od anima (f) della scala a spiraglio o a chiocciola
núcleo (m) de escalera de caracol

Laufplatte (f)
tread
2 dalle (f), marche (f), foulé (m)

плита (f), поддерживающая маршъ
pedale (m), passavanti (m)
losa (f), escalón (m), huella (f)

Laufträger (m)
3 string
limon (m)

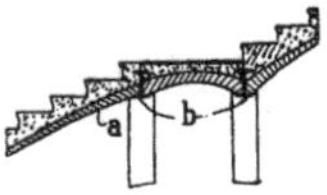

косоуръ (m)
reggettone (m), sostegno (m) che porta da un capo i gradini della scala a chiocciola, sopporto (m) dei gradini
zanca (f), limón (m)

Podestträger (m)
joist or beam carrying
4 landing
poutre (f) ou chevêtre (m) de palier

b

площадочная балка (f); балка площадки
mensola (f) o peduccio (m) o reggettone (m) del pianerottolo
viga (f) de sostén del descanso

Stufe (f)
5 step, stair
marche (f), degré (m)

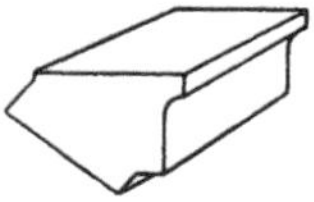

ступень (f)
gradino (m), scalino (m)
grada (f), escalón (m)
peldaño (m)

---

aufsatteln (v)
to saddle or mount the steps, to set the steps
6 upon the string
poser (v) les marches sur la limon

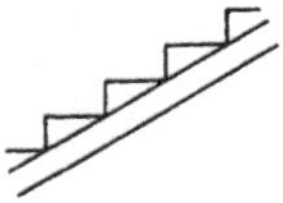

насаживать
alzare (v) o montare (v) o erigere (v) la scala
guarnecer (v) de escalones la zanca

---

gerade Stufe (f)
7 straight step
marche (f) droite

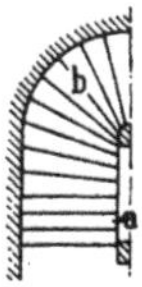

прямая ступень (f)
gradino (m) diritto
grada (f) derecha

---

gewendelte Stufe (f)
8 angular step
marche (f) tournante

b

забѣжная ступень (f)
gradino (m) girante
grada (f) vuelta

Auftrittstufe (f), wagerechte Fläche (f) der
9 Stufe
tread
foulé (m) de marche

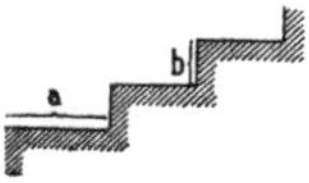

проступень (m); проступь (f)
passo (m) orrizontale del gradino
huella (f) de la grada

Antrittstufe (f), senkrechte Fläche (f) der Stufe riser contre-marche (f)	b

подступень (m) fascia (f) verticale del gradino contra-marcha (f), contra-huella (f)	1

Werksteinstufe (f)
stone step
marche (f) en pierre de taille

ступень (f) изъ штучнаго камня gradino (m) in pietra lavorata grada (f) de piedra tallada	2

Granitstufe (f)
granite step
marche (f) en granit

гранитная ступень (f) gradino (m) in granito grada (f) de granito	3

feuersicher (adj)
fireproof (adj)
incombustible (adj)

огнестойкій incombustibile (agg), refrattario (agg) o resistente (agg) al fuoco incombustible (adj)	4

ummanteln (v)
to surround
envelopper (v)

облицовывать circondare (v), avvolgere (v) cercar (v), rodear (v)	5

Kunststeinstufe (f)
artificial stone step
marche (f) en ciment

ступень (f) изъ искусственнаго камня gradino (m) in pietra artificiale grada (f) en cemento	6

Einbindung (f)
building-in, fixing in
encastrement (m)

задѣлка (f) collegamento (m) o avvolgimento (m) della testata empotrado (m)	7

Stufenbelag (m)
covering of step
[recouvrement (m) de] foulé (m) ou marche (f)

обшивка (f) ступеней orma (f), pedata (f) [revestimiento (m) de] grada (f)	8

a

Holzbelag (m)
wood covering
revêtement (m) en bois (de la marche)

деревянный настилъ (m) rivestimento (m) o pedata (f) in legno paramento (m) de madera	9

a

Treppenwange (f)
side or cheek of staircase
mur (m) de la cage d'escalier

тетива (f) muro (m) di gabbia della scala muro (m) de la caja de la escalera	10

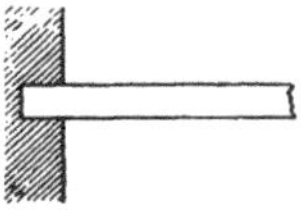

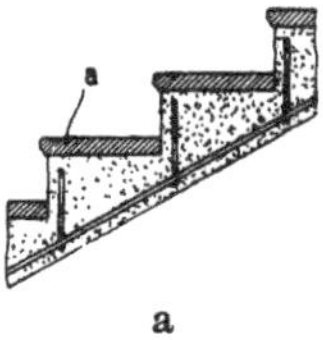

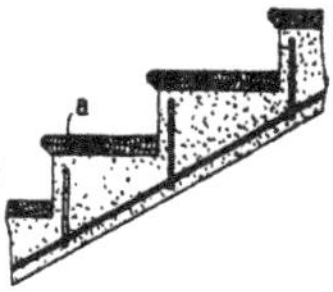

11*

1	Marmor (m) marble marbre (m)	мраморъ (m) marmo (m) mármol (m)
2	aussparen (v) to hollow out évider (v)	оставлять впадину lasciare (v) uno spazio libero vaciar (v)
3	Bleistreifen (m) strip of lead bande (f) de plomb	свинцовая полоса (f) striscia (f) di piombo tira (f) de plomo

4	Vorstoßschiene (f)
	protecting iron
	fer (m) protecteur
	  d'angle
		валикъ (m)
		barra (f) o ferro (m)
		  sporgente
		cantonera (f) de pro-
		  tección

5	Winkeleisen (n)
	angle iron
	fer (m) cornière, cor-
	  nière (f)
		угловое желѣзо (n)
		ferro (m) ad angolo,
		  cantonale (m)
		cantonera (f)

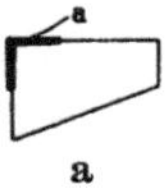

6	Formeisen (n), Profil-
	  eisen (n)
	section iron
	fer (m) profilé, profilé
	  (m)
		фасонное (профиль-
		  ное) желѣзо (n)
		ferro (m) profilato o
		  sagomato
		hierro (m) perfilado

7	Dohle (f) pin emboîture (f)	якорь (m); штырь (m) arpione (m) encaje (m), embutido (m), ensambladura (f)

8	Versteifungsrippe (f)
	stiffening rib
	astragale (f) (renforçant
	  le nez de la marche)
		ребро (n) жёсткости
		costata (f) o nervatura (f)
		  di rinforzo
		listón (m) de refuerzo

9	Messing (n)
	brass
	laiton (m), cuivre (m)
		жёлтая мѣдь (f);
		  латунь (f)
		ottone (m)
		latón (m), cobre (m)
		  amarello

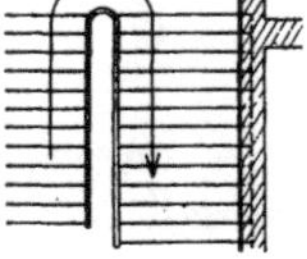

10	freitragend (adj)
	cantilevered (adj)
	posé librement par ses
	  extremités
		задѣланный однимъ
		  концомъ
		liberamente (agg) por-
		  tante
		apoyado solo por los
		  extremos

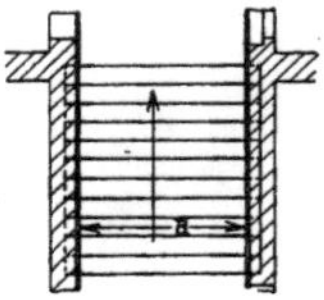

11	beiderseits aufliegend
	supported on both sides
	soutenu des deux côtés
		подпёртый на обоихъ
		  концахъ
		posante ad ambi l'estre-
		  mità o dai due lati
		  sostenente
		apoyado por los dos
		  lados

Spannweite (f)
span
portée (f)
	a	пролётъ (m)
		portata (f) o corda (f) o
		  distanza (f) tra i pie- *1*
		  dritti
		luz (f)

Metallaufstoßschiene (f)
metal tread
garniture (f) protectrice
  en métal
	a	металлическій валикъ
		  (m)
		pedale (m) o targa (f)
		  di protezione in me- *2*
		  tallo
		guarnición (f) de metal
		  protectora

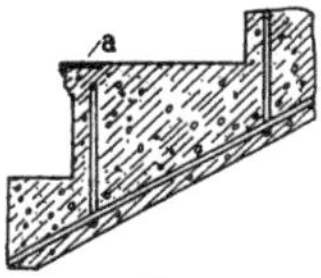

Ornament (n), Zierwerk
ornament   [(n)
ornement (m), moulure
  (f)
		орнаментъ (m)
		ornamento (m)
		ornamento (m), adorno *3*
		  (m)

Turmtreppe (f) tower staircase escalier (m) de tour		башенная лѣстница (f) scala (f) nella torre a pepaiuola *4* escalera (f) de torre

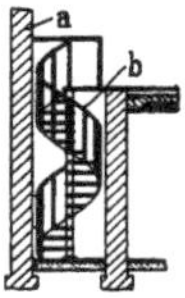

Röhre (f) aus Eisenbeton
ferro-concrete pipe
cylindre (m) ou noyau
  (m) creux en béton
  armé
	a	желѣзобетонная труба
		  (f)
		tubo (m) in cemento *5*
		  armato
		tubo (m) de hormigón
		  armado

Geländer (n)
bannisters (pl)
gardefou (m), balustrade
  (f)
	b	перила (n pl)
		parapetto (m), ringhiera
		  (f) *6*
		guardalado (m), balau-
		  strada (f), baranda (f)

Kunststeinbrüstung (f),
  Kunststeinbalustrade
  (f)
artificial stone balus-
  trade or baluster-rail-
  ing
balustrade (f) en ciment
  moulé
	a
	b
	a
		балюстрада (f) изъ ис-
		  кусственнаго камня
		parapetto (m) in cemen-
		  to o in pietre arti-
		  ficiali, balaustrata (f) *7*
		  di pietre di getto
		balaustrada (f) de piedra
		  artificial

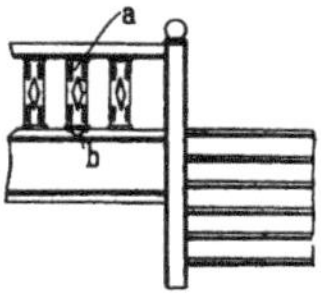

zapfenartige Vertiefung
  (f)
mortised hole
mortaise (f)
	b	шипообразное углу-
		  бленіе (n) или гнѣз-
		  до (n)
		cavità (f) in forma di *8*
		  zaffo, incavo (m) a
		  dente
		muesca (f), mortaja (f)

Metallzement (m)
metallic cement
ciment (m) á base métal-
  lique
		металлическій цементъ
		  (m)
		cemento (n) a base me- *9*
		  tallica
		cemento (m) á base me-
		  tálica

1	vergießen (v) to mould sceller (v)	заливать colare (v), sbandare (v) colar (v), fijar (v), em- potrar (v)
2	Metallhülse (f) metal sleeve douille (f) métallique	металлическая гильза (f) scorza (f) metallica, in- volucro (m) metallico tubo (m) metálico casquillo (m) metálico
3	Holzgeländer (n) wooden bannisters (pl) balustrade (f) en bois	деревянныя перила (n pl); балясникъ (m) parapetto (m) in legno balaustrada (f) de ma- dera
4	konisches Ringstück (n) conical socket bague (f) conique	кольцевая коническая втулка (f) pezzo (m) anullare co- nico, anello (m) conico anillo (m) cónico
5	Geländerstab (m), Sprosse (f) railing post barreau (m) d'escalier, balustre (m)	балясина (f) colonnetta (f) o bacchet- ta (f) della ringhiera della scala barrote (m) de escalera
6	Handleiste (f) bannister hand rail main (f) courante	поручень (m) maniglia (f) montante, passatoia (f) pasamano (f) de escalera
7	Treppenhaus (n) staircase well cage (f) d'escalier	лѣстничная клѣтка (f); лѣстничное помѣще- ніе (n) gabbia (f) della scala caja (f) de escalera

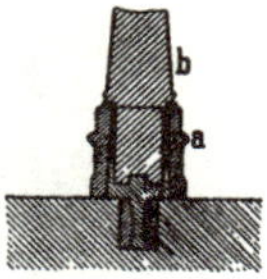

a

b

XI.

Dächer	Крыши
Roofs	Tetti
Toitures	Tejados

Dach (n) roof toit (m), toiture (f)	крыша (f) тетто (m) tejado (m)	*1*
Dachkonstruktion (f) roof construction construction (f) de la toiture	конструкція (f) крыши costruzione (f) del tetto construcción (f) del tejado	*2*
Nutzlast (f) working load charge (f) utile	полезная нагрузка (f) carico (m) utile carga (f) útil	*3*
Horizontalprojektion (f) horizontal component (of a force), projected area (of a surface) projection (f) horizon- tale	горизонтальная проек- ція (f) proiezione (f) o piano (m) orizzontale proyección (f) horizontal	*4*
Schneelast (f) load due to snow charge (f) de neige	нагрузка (f) отъ снѣга carico (m) di neve carga (f) de nieve	*5*
Winddruck (m) wind pressure charge (f) due au vent	давленіе (n) вѣтра spinta (f) del vento presión (f) del viento	*6*
Dachneigung (f) angle *or* slope of roof inclinaison (f) *ou* pente (f) du toit	уклонъ (m) крыши inclinazione (f) del tetto o dei colmi o dei pio- venti inclinación (f) del tejado	*7*
Neigungswinkel (m) angle of slope *or* in- clination angle (m) d'inclinaison	уголъ (m) наклона angolo (m) d'inclina- zione ángulo (m) de inclina- ción	*8*

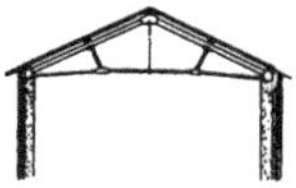

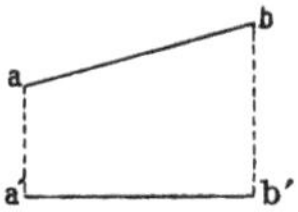

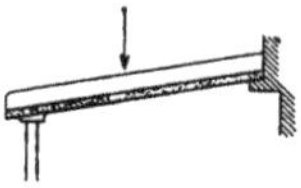

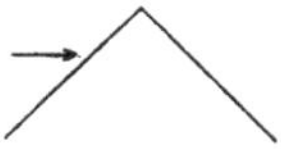

1	flaches Dach (n) flat roof toit (m) plat	плоская крыша (f) tetto (m) piano tejado (m) plano
9	Fachwerkdach (n) trussed roof toit (m) avec ferme métallique	фахверковая крыша (f) tetto (m) a capriata metallica tejado (m) de armadura ó de cercha metálica
3	Parallelträger (m) parallel girder poutre (f) parallèle	ферма (f) съ параллельными поясами trave (f) parallelo viga (f) paralela
4	Sheddach (n) lean-to roof toit (m) shed, toit (m) en dent de scie	крыша (f) Шедъ; зубчатая или городковая крыша tetto (m) sistema shed tejadillo (m) con armadura shed, cubierta (f) en diente de sierra
5	Oberlicht (n) skylight lanterneau (m)	верхній свѣтъ (m) luce (f) dall'alto luz (f) zenital, claraboya (f)
6	Zugstange (f) tie tirant (m), entrait (m)	затяжка (f) tirante (m) tirante (m)
7	Drahtseil (n) iron cable, steel cable câble (m) métallique	проволочный канатъ (m) fune (f) metallica, cavo (m) in fildiferro cuerda (f) metálica
8	Kabel (n) cable câble (m)	кабель (m) fune (f), cavo (m) cable (m)
9	doppelte Eiseneinlage (f) double reinforcement armature (f) double en fer	двойная желѣзная арматура (f) doppia struttura (f) di ferro armadura (f) doble de hierro
10	Lichtweite (f) span, width ouverture (f), portée (f)	пролётъ (m) въ свѣту apertura (f), portata (f), luce (f) abertura (f), luz (f)
11	Pfeilhöhe (f) rise flèche (f)	высота (f) стрѣлы подъёма saetta (f), freccia (f) flecha (f)

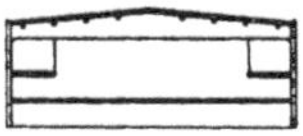

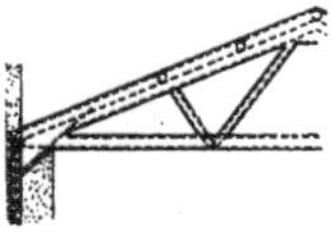

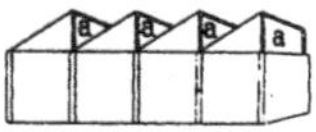

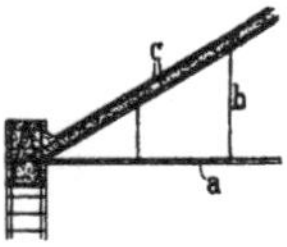

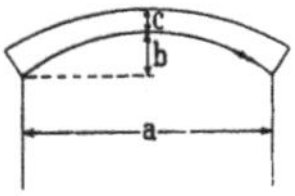

Scheitelstärke (f)
thickness at crown
épaisseur (f) au sommet
  ou à la clef
	c	толщина (f) въ замкѣ
		spessore (m) alla somità
		espesor (m) en el vér-
		  tice
			1

Kämpfer (m)
skew-back, haunche,
  springer
sommier (m), naissance
  (f), imposte (f)
	a	пята (f)
		imposta (f), spalla (f),
		  pulvinare (m)
		imposta (f), piedra (f)
		  de arranque
			2

Dreigelenkbogen (m)
three hinged arch
arc (m) à trois rotules
		трёхшарнирная арка
		  (f)
		arco (m) a tre cerniere
		arco (m) de articulación
		  triple ó de tres rotulas
			3

Parabel (f) parabola parabole (f)		парабола (f) parabola (f) parábola (f)	4
Kreis (m) circle cercle (m)		кругъ (m), cerchio (m), circolo (m) circulo (m)	5

Binderdach (n)
roof with principals *or*
  rafters
comble (m) sur [maî-
  tresses] fermes
	a	стропильная крыша (f)
		tetto (m) a capriata
		tejado (m) de armaduras
		  ó de cerchas
			6

Dachraum (m) attic grenier (m)	a	чердакъ (m) solaio (m), granaio (m), soffitta (f) granero (m), cámara (f)	7

die Zugstange ab-
  sprengen (v)
to truss the tie
armer (v) le tirant, ren-
  forcer (v) l'entrait
		подпирать затяжку
		contrafissare (v) il
		  tirante
		reforzar (v) el tirante
			8

Polonceauscher Binder
  (m)
Polonceau truss *or*
  principal
ferme (f) à la Polonceau
		ферма (f) Полонсо
		capriata (f) principale
		  alla Polonceau
		armadura (f) Polonceau
			9

Mansardendach (n)
Mansard roof
toiture (f) à la Mansard
		мансардовая крыша (f)
		tetto (m) a mansarde *o*
		  ad abbaini
		tejado (m) à la Mansard,
		  tejado (m) de bohor-
		  dilla
			10

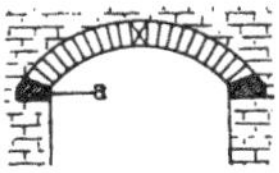

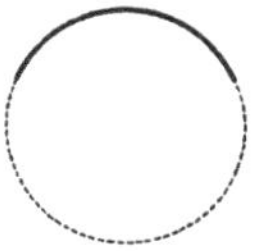

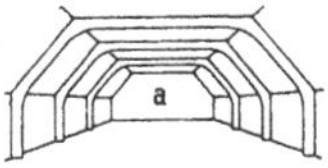

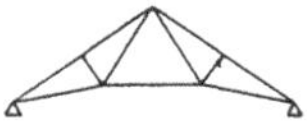

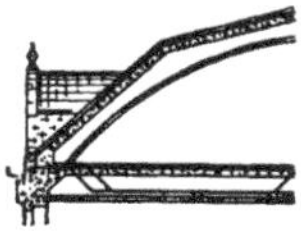

1	den Zugstab in die Geschoßdecke verlegen (v) to place the tie in the floor enfermer (v) l'entrait dans le plancher	закладывать затяжку въ чердачное перекрытіе disporre (v) il tirante nella copertura o nell'impiantito del soffitto colocar (v) el tirante en el piso

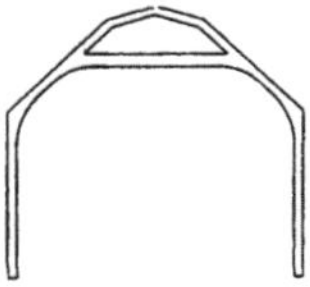

2	Rahmen (m) frame maîtresse ferme (f)	рама (f) telaio (m), cornice (f) cercha (f) principal

3	Rabitzdecke (f) Rabitz roof couverture (f) Rabitz	перекрытіе (n) Рабица tetto (m) sistema Rabitz cubierta (f) Rabitz

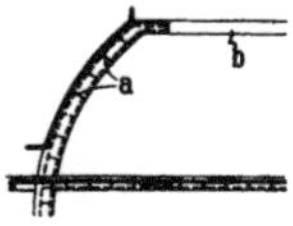

4	radiale Anordnung (f) der Binder radial arrangement of the principals disposition (f) de fermes en arc, disposition (f) de toit voûté	радіальное расположеніе (n) фермъ struttura (f) radiale delle capriate disposición (f) radial de las armaduras, disposición (f) de tejado con bóvedas

5	Ventilationsöffnung (f) ventilation opening orifice (f) de ventilation	вентиляціонное отверстіе (n) apertura (f) per la ventilazione, sfiatatoio (m) abertura (f) para la ventilación

6	starre Unterkonstruktion (f) rigid infrastructure or substructure infrastructure (f) rigide	жёсткая подконструкція (f) infrastruttura (f) rigida infrastructura (f) rígida

7	Kuppel (f) dome, cupola coupole (f), dome (m)	куполъ (m) cupola (f), duomo (m) cúpula (f)

8	Tambour (m) tholobate tambour (m)	тамбуръ (m) tamburo (m) tambor (m)

9	Laterne (f) skylight, skylight-turret lanterne (f)	фонарь (m) lanterna (f) della cupola, linterna (f)

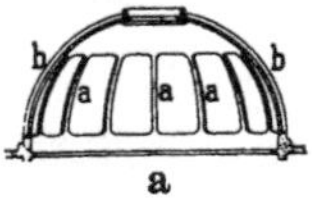

10	Rippe (f) rib nervure (f)	ребро (n) nervatura (f) nervio (m), costella (f), viga (f) arqueada, arco (m) saliente

Seitenrippe (f) lateral rib nervure (f) en bordure	b	боковое ребро (n) nervatura (f) laterale nervio (m) lateral, viga (f) arqueada lateral	1

Diagonalrippe (f)
diagonal rib
nervure (f) de traverse,
sommier (m) diagonal

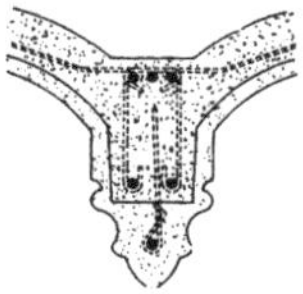

діагональное ребро (n)
nervatura (f) diagonale
nervio (m) diagonal,
viga (f) diagonal
2

Dachdeckung (f)
roof covering, roofing
couverture (f) du toit

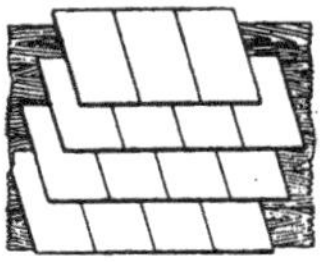

кровля (f)
copertura (f) del tetto
cubierta (f) del tejado
3

bituminöser Stoff (m)
bituminous material
matière (f) bitumineuse

битуминозное ве-
щество (n)
sostanza (f) bituminosa
materia (f) bituminosa
4

Papplage (f)
layer of bitumen
  sheeting
couche (f) de carton

толевый слой (m)
strato (m) di cartone
capa (f) de cartón
5

aufkleben (v)
to stick on, to glue on
coller (v) sur...

наклеивать
incollare (v) su....
pegar (v) sobre
6

überstreichen (v)
to render, to coat
enduire (v)

смазывать
intonacare (v), tingere
  (v), penellare (v)
enlucir (v), revocar (v)
7

Asphaltisolierplatte (f)
insulating asphalte
  layer *or* sheet
dalle (f) isolante en
  asphalte

асфальтовый изоли-
  рующій слой (m)
lastra (f) isolante di
  asfalto
placa (f) de asfalto ais-
  lante
8

bekiesen (v)
to rough cast, to do
  over with gravel, to
  sand
répandre (v) du gravier
  sur...

посыпать гравіемъ
spargere (v) ghiaia,
  coprire (v) con ghiaia
engravar (v)
9

imprägnierte Jute-
  einlage (f)
layer of impregnated
  jute
couche (f) de jute im-
  prégné

пропитанная джуто-
  вая прокладка (f)
stratto (m) di juta
  iniettata
capa (f) de jute im-
  pregnada
10

Isolierplatte (f)
insulating slab
dalle (f) isolante

изолирующій слой (m)
lastra (f) isolante
placa (f) aislante
11

	German	English / French	Russian / Italian / Spanish

1 Ziegeleindeckung (f)
tile covering, tiling
couverture (f) en tuiles

черепичная кровля (f);
покрытіе (n) черепицей
copertura (f) con tegole
cubierta (f) de tejas

2 Schiefereindeckung (f)
slate covering, slateing
couverture (f) en ardoises

шиферная или аспидная кровля (f); покрытіе (n) шиферомъ;
покрытіе аспидомъ
copertura (f) di ardesie
cubierta (f) de pizarras

3 Holzleiste (f)
wooden lath
latte (f) en bois

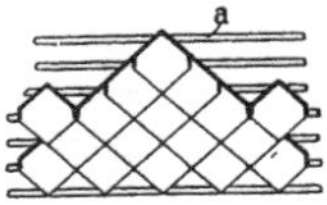

деревянная рейка (f)
listello (m) di legno
lata (f) de madera

4 in den Beton einlassen (v)
to let into the concrete
noyer (v) ou encastrer (v) dans le béton

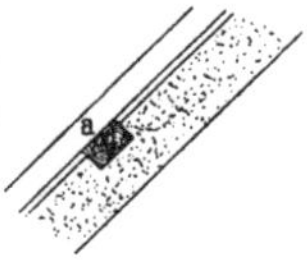

закладвать въ бетонъ
annegare (v) nel calcestruzzo, inserire (v) nel calcestruzzo
envolver (v) ó encastrar (v) en el hormigón

5 Holzdübel (m)
wooden plug or peg or dowel
cheville (f) ou tampon (m) en bois

деревянная шпонка (f); деревянная пробка (f)
assicella (f) in legno, panconcello (m)
tapón (m) de madera

6 Zementdachstein (m)
cement roofing tile
tuile (f) en ciment

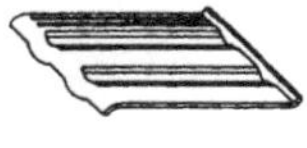

цементная черепица (f)
tegola (f) in cemento
teja (f) de cemento

7 Asbestschiefer (m)
asbestos slate
ardoise (f) d'amiante

азбестовый шиферъ (m)
ardesia (f) d'asbesto
pizarra (f) de amianto

8 Glasbaustein (m)
glass block or tile
brique (f) de verre

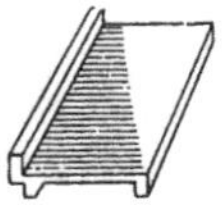

стеклянная черепица (f)
mattonella (f) di vetro
ladrillo (m) ó teja (f) de cristal ó vidrio

9 Dachentwässerung (f)
roof drainage
écoulement (m) des eaux du toit

отводъ (m) воды съ крыши
scolo (m) delle acque, compluvio (m)
desagüe (m) del tejado

Dachrinne (f)
roof gutter
gouttière (f), chéneau
(m)

a

водосточный жёлобъ
(m)
gronda (f), doccione (m) *1*
di scarico
canalón (m)

Temperatureinfluß (m)
influence *or* affect of the
temperature
influence (f) de la tem-
pérature

вліяніе (n) темпера-
туры
influenza (f) della tem- *2*
peratura
influencia (f) de la tem-
peratura

Isolierung (f)
insulation
isolement (m)

изоляція (f)
isolamento (m) *3*
aislamiento (m)

Doppeldecke (f)
double roof
double couverture (f)

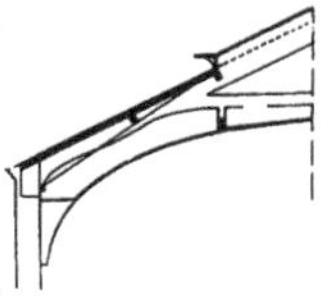

двойная кровля (f),
двойное перекрытіе
(n)
doppia copertura (f) del *4*
tetto
tejado (m) ó cubierta (f)
doble

Aufschüttung (f)
covering
recouvrement (m)

засыпка (f)
ricopertura (f) *5*
recubrimiento (m)

Dachgarten (m)
roof garden
jardin (m) suspendu

висячій садъ (m)
giardino (m) pensile *6*
azotea (f) para jardin

Bahnsteigdach (n)
railway platform roof
marquise (f) de station

перронная крыша (f)
tetto (m) a terrazzo *o*
del marciapiede della *7*
stazione
tejado (m) del andén

Einstieldach (n), Ein-
säulendach (n)
verandah roof on one
row of supports
toit (m) à une seule
ligne de supports

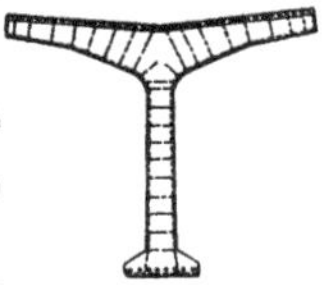

одностержневая
крыша (f)
tetto (m) ad un sol palo
di sostegno *8*
tejado (m) de una sola
hilera de pies ó co-
lumnas

---

glattes Bogendach (n)
arched roof with smooth
surface
toiture (f) en arc à in-
trados lisse

гладкая сводчатая
крыша (f)
tetto (m) liscio a ter-
razzo in curva *9*
tejado (m) abovedado de
intradós liso

Hallenbau (m)
construction of halls
construction (f) des
halles

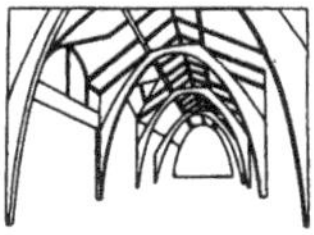

галлерея (f)
costruzione (f) di halles,
tettoie (f pl) porticati
(m pl) e loggie (f pl) *10*
construcción (f) de
grandes salas

1
in die darunter liegende Decke verspannen (v)
to tie into underceiling
prendre (v) appui sur le plancher inférieur

задѣлывать въ ниже-лежащій потолокъ
inerviare (v) nel plafone o solaio sottostante
atirantar (v) en el piso inmediato inferior,
apoyarse (v) sobre el piso inmediato infe-rior

2
Druckring (m), Fußring (m)
circular ring to take pressures, base ring
cercle (m) de poussée ou de pression

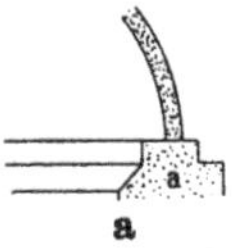

опорное кольцо (n)
anello (m) di spinta o di pressione
anillo (m) ó aro (m) de presión ó de pie

3
polygonaler oder viel-eckiger Balken (m)
polygonal bowstring or beam
sommier (m) para-bolique, membrure (f) polygonale

полигональная ферма (f) или балка (f)
trave (f) poligonale
cercha (f) arqueado, ar-mazón (m) poligonal

4
Überdeckung (f)
roofing
toiture (f)

перекрытіе (n)
struttura (f) del tetto, copertura (f) dei colmi
cubierta (f)

5
Dachlack (m)
roof varnish
enduit (m) pour toiture

кровельный лакъ (m)
vernice (f) da tetto
enlucido (m) para te-jados

6
besanden (v)
to sand
sabler (v), couvrir (v) de sable

посыпать пескомъ
cospargere (v) di sabbia
enarenar (v)

7
anwalzen (v)
to roll
cylindrer (v)

укатывать
cilindrare (v), passarvi (v) col rullo
cilindrar (v), pasar (v) el rodillo

8
Goudronplatte (f)
bitumen sheeting
plaque (f) goudronnée, paillasson (m) gou-dronné

слой (m) гудрона
stuoia (f) incatramata, piastra (f) incatramata
placa (f) alquitranada

9
Dilatationsfuge (f), Aus-dehnungsfuge (f)
expansion joint
joint (m) de dilatation

компенсаторъ (m); рас-ширительный шовъ (m)
giunto (m) di dilatazione
junta (f) de dilatación

XII.

Wasserbau	Водяныя или
Sea and River Work, Waterwork	гидротехническія сооруженія
Travaux hydrauliques	Costruzioni idrauliche
	Trabajos hidráulicos

Quelle (f)
spring, source
source (f)

ключъ (m); источникъ (m)
sorgente (f), fonte (f) *1*
fuente (m), manantial (m)

Bach (m)
brook, rivulet
ruisseau (m)

ручей (m)
ruscello (m), gorello (m), *2*
rio (m)
arroyo (m)

Fluß (m)
river
rivière (f)

рѣка (f); рѣчка (f)
fiume (m), rivo (m) *3*
rio (m)

Strom (m)
large river
fleuve (m)

рѣка (f) [широкая]
torrente (m), fiume (m) *4*
grande
rio (m), corriente (f)

Kanal (m)
canal
canal (m), aqueduc (m)

каналъ (m)
canale (m) *5*
canal (m), acueducto (m)

Strom (m) oberhalb
up stream, up river
partie (f) amont du fleuve

въ верхнемъ теченіи
рѣки
torrente (m) a monte *6*
rio (m) arriba

Richtung (f) des Wasser-
laufes
direction of the current
direction (f) du cours
d'eau

направленіе (n) теченія
direzione (f) o verso (m)
della corrente d'acqua *7*
dirección (f) del curso
del agua

Strom (m) unterhalb
down stream
partie (f) aval du fleuve

въ нижнемъ теченіи
рѣки
torrente (m) a valle *8*
rio (m) abajo

Mündung (f) 1 mouth embouchure (f)	устье (n) sbocco (m), foce (f) embocadura (f)

Ufer (n) 2 bank rive (f), bord (m)	берегъ (m) sponda (f), riva (f), ripa (f) orilla (f), borde (m)

Böschung (f) 3 slope, incline talus (m), berge (f)	откосъ (m) scarpa (f), pendio (m), declività (f) talud (m)

Uferschutz (m) 4 bank protection protection (f) des rives	укрѣпленіе (n) бере- говъ; береговая защита (f) riparo (m) o difesa (f) della sponda o della riva protección (f) de las orillas

a

Einwirkung (f) der Dampferwelle effect of steamer's 5 wash influence (f) des ondes soulevées par les bateaux à vapeur	вліяніе (n) или дѣй- ствіе (n) пароход- ныхъ волнъ influenza (f) dell'onda dei vapori influencia (f) de las on- das levantadas por barcos de vapor

Normalwasserstand (m), gewöhnlicher Wasser- stand (m) 6 normal water level niveau (m) d'eau normal	нормальный или ме- женній уровень (m) воды; ординаръ (m); межень (f) livello (m) normale d'acqua nivel (m) de agua nor- mal

Berme (f) berm, off-set, step, 7 terrace berme (f)	берма (f) berma (f), sponda (f) di riparo, tratto (m) oriz- zontale nel pendio berma (f)

Fußpunkt (m) des Ufer- schutzes 8 bottom or toe or foot of the bank protection base (f) du revêtement protecteur	подошва (f) береговой защиты piede (m) del riparo della sponda base (f) del revestimiento de protección ó de la defensa

a

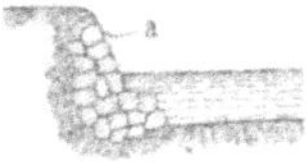

Pflaster (n) auf Schotter
pitching *or* paving on
  ballast
enrochements (m pl) sur
  plate-forme en gril

каменная отсыпь (f)
между плетнякомъ
rivestimento (m) del
  fondo selciato su
  ghiaia
empedrado (m) sobre
  plataforma de empa-
  rrillado
              1

Kiesunterbettung (f)
gravel bed
lit (m) de gravier

подсыпка (f) гравіемъ
sottostrato (m) di ghiaia
capa (f) ó lecho (m) de
  cascajo
              2

Unterspülung (f)
washing away, scouring,
  undermining
affouillement (m)

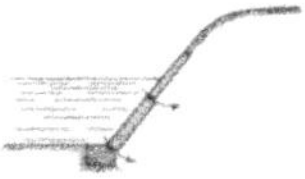

подмывъ (m)
corrosione (f) dell'acqua
socavación (f)
              3

auswaschen (v)
to lay bare *or* wash away
  or scour
miner (v) *ou* affouiller
  (v) *ou* creuser (v) [les
  berges], déchausser (v)
  [les piliers, un mur etc.]

вымывать
minare (v), rosicare (v),
  scalzare (v) i pilastri,
  disaggregare (v) un
  muro di sponda
cavar [las orillas], des-
  calzar (v) ó socavar (v)
  [un pilar ó un muro]
              4

Fugen abdichten (v)
to stop the joints
aveugler (v) *ou* boucher
  (v) les joints

задѣлывать швы
calafatare (v) le giunte,
  ostruire (v) le fessure
estancar (v) ó tapar (v)
  las juntas
              5

künstliche Fuge (f)
artificial joint
joint (m) artificiel

искусственный шовъ
  (m)
giunto (m) *o* commetti-
  tura (f) artificiale
junta (f) artificial
              6

Sohlenverbreiterung (f)
widening of the sill
élargissement (m) du
  fond

расширеніе (n) подош-
  вы
allargamento (m) del
  fondo
ensanche (m) del fondo
              7

Sicherung (f) des Fußes
securing *or* protecting
  the base *or* foot
consolidation (f) du pied
  de berge

укрѣпленіе (n) подош-
  вы
consolidamento (m) del
  piede
consolidación (f) del pie
  del talud
              8

durch Rundpfähle ge-
  stützte Bohle (f)
batten abutting on
  round piles
revêtement (m) de ma-
  driers maintenu par
  des pieux ronds

доска (f), упирающаяся
  въ колья
pancone (m) sostenuto
  da sbadacchi tondi,
  murata (f) sostenuta
  da piloni *o* palancata
madero (m) apoyado por
  puntales redondos
              9

1

verholmte Pfahlreihe (f)
row of piles with walers
file (f) de pieux chapés

рядъ (m) кольевъ съ
насадкой
fila (f) di pali con ca-
pello, piloni (m pl) con
testata coperta
fila (f) de estacas con
carrera

2

Stülpwand (f)
retaining or supporting
wall
revêtement (m) d'appui
ou de soutènement

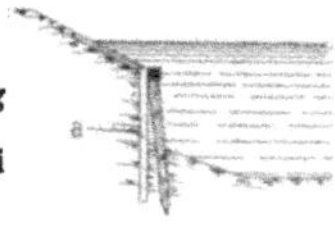

подпорная стѣна (f)
parete (f) di sostegno
in legno
palizada (f) de apoyo

3

Faschinenwurst (f)
fascines, faggots
saucisson (m) de fas-
cines

фашина (f)
fostello (m) di fascine,
bozzone (m) o salsi-
cione (m) di fascine
salchichón (m) de faji-
nada

4

Bettung (f)
bed
lit (m)

укладка (f)
spianato (m) lungo un
corso d'acqua, piaz-
zuola (f)
lecho (m)

5

Lehmboden (m)
clay bed
fond (m) d'argile

глинистая почва (f);
глинистый грунтъ
(m)
fondo (m) d'argilla
fondo (m) de arcilla

6

hohl spülen (v)
to undermine or scour
creuser (v), draguer (v)

вымывать
scavare (v) o rosicare (v)
dell'acqua. e forman-
do delle cavità
cavar (v)

7

Schotterunterbettung (f)
underlayer of shingle or
ballast
lit (m) de pierraille

щебёночная подстил-
ка (f)
sottofondo (m) di pie-
trame
lecho (m) de cascajo

8

Kiesunterbettung (f)
underlayer of gravel
lit (m) de gravier

подстилка (f) изъ гра-
вія
sottofondo (m) di ghiaia
lecho (m) de grave

9

Trennung (f) durch lot-
rechte Blechstreifen
dividing by vertical iron
sheets
séparation (f) par bandes
de tôle verticales

раздѣленіе (n) верти-
кальными желѣзны-
ми полосами
separazione (f) mediante
strisce verticali di
lamiera
separación (f) por cintas
de palastro verticales

die Fuge durch einen
darunter gelegten
Blechstreifen dichten
(v)
to stop the joint by
means of an iron strip
laid underneath
mettre (v) des couvre-
joints en tôle

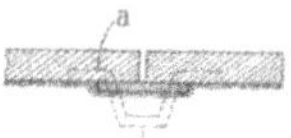

обезпечивать непрони-
цаемость шва под-
кладкою изъ жестя-
ной полосы
chiudere (v) le giunte
mediante striscie di *1*
lamiera sovrapposta
o sovrapponendo stri
scie di lamiera
tapar (v) las juntas por
una cinta de palastro

bügelförmiger Verbin-
dungsdraht (m)
binding wire in shape
of stirrup
étrier (m) de réunion en
fil métallique

a

соединительный прутъ
(m) въ формѣ скобы
filo (m) di collegamento
a forma di staffa *2*
alambre (m) de empalme
en forma de estribo

dem Gewicht ent-
sprechende Reibung
(f)
friction corresponding
to dead weight
frottement (m) corres-
pondant au poids

треніе (n), соотвѣт-
ствующее вѣсу
sfregamento (m) corri-
spondente al peso *3*
frotamento (m) corres-
pondiente al peso

Erdanker (m)
land anchor
ancre (f) fichée en terre

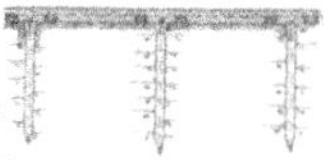

земляной якорь (m)
ancora (f) nel terreno
ancla (f) hundida en la *4*
tierra

Vortreiber (m)
preliminary or driving
pile
pieu (m) pour défoncer
la terre

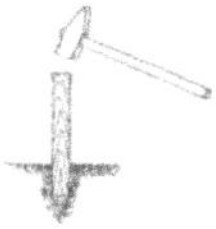

кувалда (f)
palo (m) di ferro, pun-
tazza (f) per preparare
nel terreno il foro pei *5*
pali
pilote (m) para abrir
agujeros de pilotaje

Haken (m) des Erd-
ankers
anchor hook
crochet (m) d'ancrage

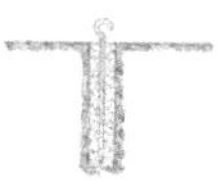

крюкъ (m) земляного
якоря
gancio (m) dell'ancora *6*
nel terreno
gancho (m) de áncora

die Längsdrähte treten
heraus
the longitudinal wires
project
les fils longitudinaux
sont apparents

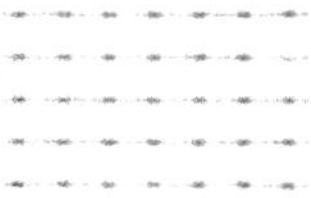

продольные прутья
(m pl) выступаютъ
i fili longitudinali sporgono fuori o appari- *7*
scono
los alambres longitudi-
nales salen

Asphaltpappstreifen (m)
bitumen sheet or as-
phaltic strip
bande (f) de carton
asphalté ou bitumé

толевая полоса (f)
striscia (f) di cartone
asfaltato *8*
cinta (f) de cartón asfaltado ó embetunado

Wasserspiegel (m)
water level, water sur-
face
surface (f) de l'eau

поверхность (f) воды
specchio (m) d'acqua *9*
superficie (f) del agua

12*

1
Absplitterung (f)
splintering
esquillement (m)

откалываніе (n)
scheggiamento (m),
sgranellamento (m)
astillamiento (m)

2
Abbröckelung (f)
crushing, breaking
fragmentation (f)

выкрашиваніе (n)
spezzatura (f), sbricio-
lamento (m)
fragmentación (f)

3
erdbohrerartiger
Anker (m)
screw anchor
ancre (f) en tarière

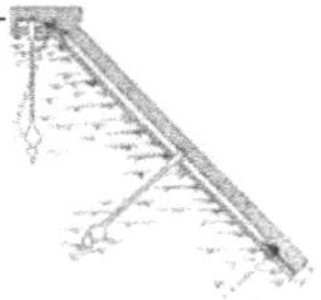

якорь (m) въ видѣ
земляного бурава
ancora (f) foggiata a
trivella per terreno
áncora (m) de taladro

4
in die Böschung ein-
greifende Betonrippe
(f)
concrete rib gripping
into the slope
nervure (f) de béton
entrant dans la berge

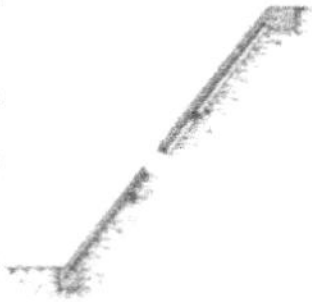

бетонное ребро (n),
впущенное въ откосъ
nervatura (f) di calce-
struzzo internantesi
nella scarpa
nervura (f) de hormi-
gón enganchada en
el talud

5
Eisenbetonspundwand
(f)
reinforced-concrete
sheet-piling
cloison (f) ou rideau (m)
en béton armé

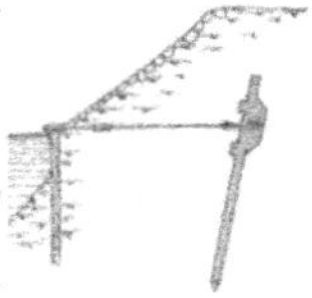

желѣзобетонная
шпунтовая стѣнка (f)
parete (f) di sostegno o
di sponda in cemento
armato
tabique (m) de hormigón
armado

6
eisenbewehrter Holm
(m)
reinforced capping-
piece or head beam
or header
longrine (f) armée de fer

насадка (f), обдѣлан-
ная желѣзомъ
palo (m) armato con
ferro
traviesa (f) armada de
hierro

7
Spundbohle (f)
sheet pile
palplanche (f)

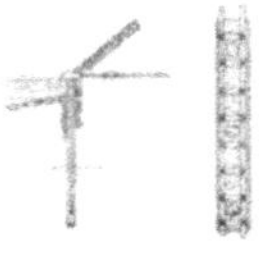

шпунтовая доска (f)
palizzata (f), palancata
(f)
tablón (m) de empali-
zada, tablestaca (f)

8
zylinderförmige Aus-
sparung (f)
cylindrical groove
évidement (m) cylin-
drique

цилиндрическая
выемка (f)
scollatura (f) o svuoto
(m) cilindrico
hueco (m) cilíndrico

9
Eisendübel (m)
iron pin or dowel
goujon (m) en fer

желѣзная шпонка (f)
spina (f) in ferro
clavija (f) de hierro

10
I-Eisen (n)
iron joist, I-iron
fer (m) en I

двутавровое желѣзо(n)
ferro (m) a doppio T
hierro (m) en I

Betonplatte (f) zwischen
  I-Eisen
concrete slab between
  I-irons *or* steel joists
dalle (f) en béton entre
  des fers en I

бетонная плита (f) меж-
  ду двутавровыми бал-
  ками
soletta (f) di beton fra
  ferri a doppio T
placa (f) de hormigón
  entre hierros de I
— *1*

---

kreuzweise angeordnete
  Eisendrähte (m pl)
iron wires arranged
  crossways
tendeurs(m pl) obliques,
  croix (f) de St André
  en fil de fer

крестообразно распо-
  ложенныя желѣзныя
  проволоки (f pl)
fili (m pl) di ferro di-
  sposti a croce
hilo (m) de hierro cru-
  zado
— *2*

---

mit Eisendrahtgewebe
  überspannen (v)
to stretch on wire
  netting *or* trellis
tendre (v) du treillis de
  fer sur...

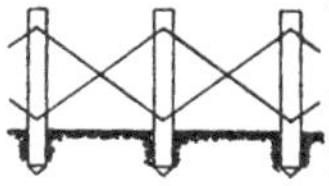

обтягивать проволоч-
  ной сѣткой
distendere (v) del traliccio in fildiferro
tender (v) por encima
  una red metálica
— *3*

Eisengerippe (n)
iron skeleton, iron fram-
  ing
ossature (f) *ou* charpente
  (f) en fer

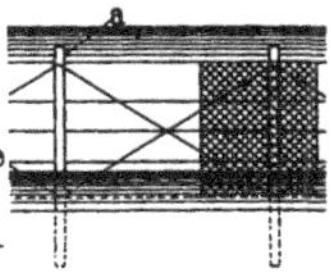

a

желѣзный остовъ (m)
ossatura (f) in ferro
armazón (m) de hierro
— *4*

---

steile Uferbefestigung (f)
vertical strengthening
  of the bank
consolidation (f) d'une
  berge verticale

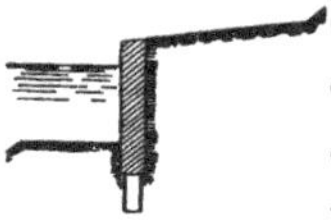

отвѣсное береговое
  укрѣпленіе (n)
consolidamento (m) ver-
  ticale delle sponde
consolidación (f) de una
  orilla vertical
— *5*

Grunderwerbkosten (pl)
charge for acquisition of
  land
frais (m pl) d'achat *ou*
  d'acquisition du ter-
  rain

стоимость (f) пріобрѣ-
  тенія земли
spese (f pl) per l'acquisto
  del terreno *o* per
  l'espropriazione
gastos (m pl) de compra
  del terreno
— *6*

Uferbefestigung (f) an
  Flüssen
strengthening of banks
  of rivers
consolidation (f) des
  rives

укрѣпленіе (n) рѣч-
  ныхъ береговъ
consolidamento (m)
  delle sponde dei fiumi
consolidación (f) de las
  orillas
— *7*

Strombreite (f)
width of the river
largeur (f) du fleuve

ширина (f) потока
larghezza (f) della cor-
  rente del fiume
anchura (f) del rio
— *8*

Stromtiefe (f)
depth of the river
profondeur (m) du fleuve

глубина (f) потока
profondità (f) del fiume
profundidad (f) del rio
— *9*

Stromstrich (m)
stream, current
fil (m) de l'eau

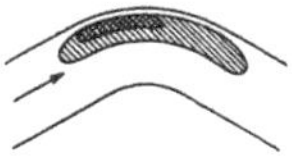

быстротокъ (m); яръ
  (m)
filone (m) dell'acqua
hilo (m) de agua
— *10*

182

<table>
<thead>
<tr><th></th><th></th><th></th></tr>
</thead>
<tbody>
<tr><td>1</td><td>Sohle (f) des Stromes
bottom or sill of the river
fond (m) du fleuve</td><td>дно (n) рѣки
fondo (m) del fiume
lecho (m) del río, fondo (m) del río</td></tr>
<tr><td>2</td><td>Flußlauf (m)
course of a river
cours (m) d'une rivière</td><td>русло (n)
corso (m) di un fiume
dirección (f) de un río</td></tr>
<tr><td>3</td><td>Kolk (m)
whirlpool
puits (m), tourbillon (m)</td><td>промоина (f)
vortice (m), gorgo (m)
torbellino (m)</td></tr>
<tr><td>4</td><td>Geschiebe (n)
running ground, shingle
pierres (f pl) entrainées par le courant</td><td>валуны (m pl)
terreno (m) alluviale, sassaia (f)
piedras (f pl) arrastradas por la corriente</td></tr>
<tr><td>5</td><td>Gerölle (n)
shingle, rubble
galets (m pl), cailloux (m pl) roulés</td><td>галька (f)
ciottoli (m pl), selci (m pl)
cantos (m pl) rodados</td></tr>
<tr><td>6</td><td>Sandbank (f)
sandbank, sandbed
banc (m) de sable</td><td>песчаная отмель (f);
перекатъ (m)
banco (m) di sabbia
banco (m) de arena</td></tr>
<tr><td>7</td><td>baggern (v)
to excavate, to dredge
draguer (v)</td><td>черпать
scavare (v) colla draga, dragare (v)
dragar (v)</td></tr>
<tr><td>8</td><td>Stromteilung (f)
division of current
division (f) du courant</td><td>раздѣленіе (n) рѣки
divisione (f) della corrente
división (f) de la corriente</td></tr>
<tr><td>9</td><td>Verbreiterung (f) des Wasserlaufes
widening the stream
élargissement (m) du cours d'eau</td><td>расширеніе (n) русла
allargamento (m) del corso d'acqua
ensanche (m) de la corriente</td></tr>
<tr><td>10</td><td>Verminderung (f) der Tiefe
decreasing the depth
diminution (f) de la profondeur</td><td>уменьшеніе (n) глубины
diminuzione (f) della profondità
diminución (f) de la profundidad</td></tr>
<tr><td>11</td><td>Wasserstraße (f)
waterway
voie (f) navigable</td><td>водный путь (m)
via (f) di communicazione su acqua
vía (f) navegable</td></tr>
<tr><td>12</td><td>Linienführung (f)
marking out the course
guideau (m), direction (f) des rives</td><td>береговое очертаніе (n)
tracciato (m) della direzione delle linee
dirección (f) de las orillas</td></tr>
</tbody>
</table>

Stromregulierung (f)
regulation *or* correction
of a river
régularisation (f) du
fleuve

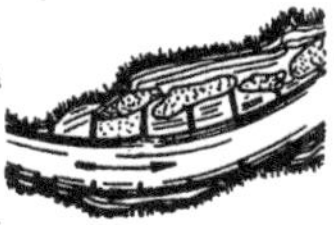

выправленіе (n) *или*
регулировка (f) русла
regolarizzazione (f) del *1*
fiume
regularisación (f) del río

Normalbreite (f)
normal width
largeur (f) normale

нормальная ширина (f)
larghezza (f) normale *2*
del fiume
anchura (f) normal

Längsbauten (pl)
longitudinal construc-
tions (pl)
ouvrages (m pl) longi-
tudinaux

продольныя соору-
женія (n pl)
costruzioni (f pl) longi- *3*
tudinali
construcciones (f pl) longitudinales ó á lo largo

Querbauten (pl)
transverse construc-
tions (pl)
ouvrages (m pl) trans-
versaux

поперечныя соору-
женія (n pl)
costruzioni (f pl) tras- *4*
versali
obras (f pl) transversales

Deckwerk (n)
pitching, lining
travail (m) de revête-
ment

одежда (f)
opera (f) di copertura *5*
obra (f) de revestimiento

Faschinen (f pl)
fascines, faggots
fascines (f pl), fascinage
(m)

фашины (f pl)
fascine (f pl), fostelli
(m pl) *6*
fajinas (f pl)

Leitwerk (n), Parallel-
werk (n)
parallel construction
ouvrage (m) *ou* guideau
(m) parallèle

продольная *или* струе-
направляющая дамба
(f)
argine (m) parallelo,
argine (m) di difesa e *7*
di direzione
obra (f) paralela ó de
regularisación

Herstellung (f) von
Packwerk
rubble mound, building
of stone protection
confection (f) d'un en-
rochement

производство (n) фа-
шинной кладки
innalzamento (m) di una
sassaia per difendere *8*
le fondazioni
confección (f) de un en-
rasạe

Vorlage (f)
front layer
couche (f) antérieure

основной *или* передо-
вой слой (m)
parete (f) dell'argine an- *9*
teriore *o* del davanti
capa (f) anterior

Rücklage (f)
back layer
couche (f) postérieure

обратный слой (m)
parete (f) dell'argine *10*
posteriore *o* di dietro
capa (f) posterior

1
Buhne (f)
groin, jetty, dike-dam
digue (f) ou épi (m) de colmatage

поперечная полуза-пруда (f); буна (f)
sperone (m) in terra o fascinato
dique (m) de dirección de las aguas

2
Buhnenkammer (f)
basin of groin or jetty
bassin (m) de colmatage

пространство (n) между двумя бунами
bacino (m) dello sperone
cámara (f) de estanca-miento

3
Buhnenwurzel (f)
root-end of groin or jetty
racine (f) de la digue

корень (m) буны
radice (f) della diga in terra o dello sperone
raiz (f) del dique

4
Decklage (f)
decking, pitching
couche (f) de revêtement

верхній покровъ (m); кордонный слой (m)
strato (m) di copertura, rivestimento (m)
capa (f) de revestimiento

5
Sinkstück (n)
mattress
bloc (m) à immerger

фашинный тюфякъ (m)
blocco (m) da sommer-gere
bloque (m) para sumer-gir

6
Rost (m) aus Würsten
underframing of fas-cines
grillage (m) en saucis-sonage

фашинный роствеpкъ (m)
graticcio (m) a salsicioni di fascine
enrejado (m) de salchi-chones

7
Flußeinbau (m)
works on river shore
revêtement (m) ou cuve-lage (m) des rives d'une rivière

полузапруда (f)
costruzione (f) spor-gente dalla sponda del fiume
revestimiento (m) ó enti-bación (f) de las orillas de un rio

8
Krone (f)
head, crown
couronnement (f), crête (f)

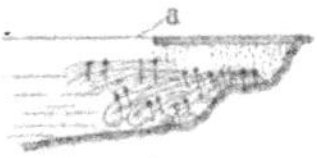

корона (f)
corona (f)
coronamiento (m)

9
toter Busch (m)
dead bush, schrubs
bois (m) mort

мёртвый кустъ (m)
macchia (f) morta
leño (m) muerto ó seco

10
Weidenpflanzung (f)
planting of withes
plantation (f) de roseaux

ивовое насажденіе (n)
macchia (f) o pianta-gione (f) di salici
plantación (f) de cañas

11
Buhne (f) aus Eisen-beton
reinforced concrete jetty or groin
digue (f) ou épi (m) [de colmatage] en béton armé

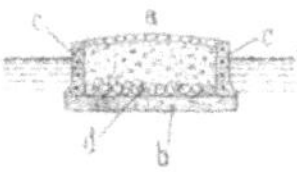

буна (f) изъ желѣзо-бетона
diga (f) o sperone (m) in cemento armato
dique (m) de hormigón armado

185

1.
- Unterbau (m) aus Holz
- wooden foundation *or* substructure
- infrastructure (f) en bois
- основаніе (n) изъ дерева
- sottostruttura (f) in legno
- infraestructura (f) de madera

(b)

2.
- obere Umschließung (f) aus Eisenbeton
- top *or* superstructure in ferro-concrete
- parois (fpl) en béton armé
- верхняя оболочка (f) изъ желѣзобетона
- cinta (f) superiore in cemento armato
- paredes (fpl) de hormigón armado

(c)

3.
- der Kern besteht aus Kiesschüttung
- the core is made of gravel
- le noyau est en gravier
- ядро (n) состоитъ изъ гравія въ насыпку
- il nocciolo è formato di ghiaia, l'anima è composta di sassaia
- el núcleo es de cascajo

(d)

4.
- Betonsenkwalze (f)
- concrete cylinder for sinking
- cylindre (m) bétonneur du fond
- воронка (f) для опусканія бетона
- cilindro (m) in beton da sprofondirsi
- cilindro (m) asentador para hormigón del fondo

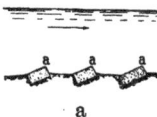

(a)

5.
- Ausbau (m) der Flußsohle in Beton
- concreting the river bed
- bétonnage (m) du lit d'une rivière
- забетониваніе (n) дна рѣки
- betonaggio (m) del letto di un fiume
- obra (f) de hormigón del lecho de un río

6.
- zusammenhängende Sohlenabdeckung (f)
- monolithic sill *or* bottom
- bétonnage (m) monolithique du lit
- сплошное покрытіе (n) дна
- gettata (f) monolitica *o* collegata del letto
- obra (f) de hormigón monolitico del lecho

7.
- Rinne (f)
- channel
- chenal (m), cunette (f)
- русло (n)
- cunetta (f)
- canal (m)

8.
- schalenförmig ausbauen (v)
- to put in the invert
- donner (v) au fond une forme concave, construire (v) un radier en voûte renversée
- придавать форму чаши invertire (v) a conchiglie
- cavar (v) y construir (v) en forma de cuveta

9.
- Wellenbrecher (m)
- breakwater, groyne
- brise-lames (m)
- волноломъ (m)
- rompionde (m), gittata (f) esterna del porto
- rompeolas (m)

(a)

10.
- Schutzwand (f)
- protection wall
- paroi (f) protectrice, écran (m)
- защитная стѣна (f)
- parete (f) protettrice
- pared (f) protectora

(a)

1	schwimmender Block (m) floating block bloc (m) flottant	плавающій массивъ (m) blocco (m) natante bloque (m) flotante
2	Schwimmkasten (m) caisson caisson (m) flottant	плавучій ящикъ (m) cassone (m) natante cajón (m) flotante
3	Füllblock (m) filling block bloc (m) de remplissage	массивъ (m) для заполненія blocco (m) da riempimento bloque (m) de relleno
4	Mole (f) mole, jetty môle (m), jetée (f)	молъ (m) molo (m), gittata (f) interna muelle (m)
5	Bollwerk (n) campsheeting, scantling digue (f) *ou* levée (f) servant de chaussée, chaussée (f)	больверкъ (m) arginatura (f) portante corpo stradale dique (m) de sostén de la calzada
6	Ankerplatte (f) anchor slab plaque (f) d'ancrage	анкерная плита (f) lastra (f) d'ancoraggio placa (f) de anclaje
7	Anker (m) anchor, tie ancre (f)	анкеръ (m); якорь (m) ancora (f) áncora (f)
8	Bohlwerk (n) campsheeting revêtement (m) protecteur en palplanches	зарубъ (m) assito (m) di rivestimento della riva empalizada (f), revestimiento (m) de tablones
9	Eisenbetonplatten (f pl) zur Hintersetzung von Bollwerken reinforced concrete slab to put behind the piles dalles (f pl) en béton armé à poser derrière les palées	желѣзобетонныя плиты (f pl) для закладки за больверкомъ lastre (f pl) di cemento armato da mettersi dietro la tura losas (f pl) de hormigón armado para colocar detrás de la palizada

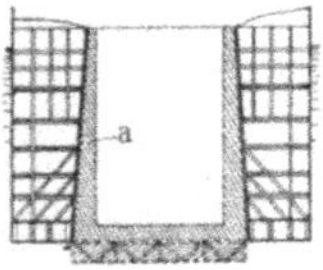

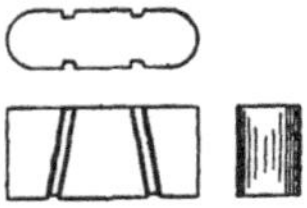

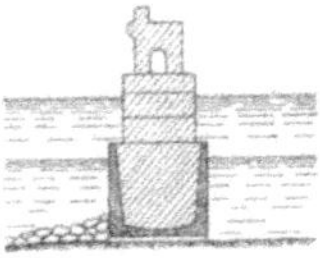

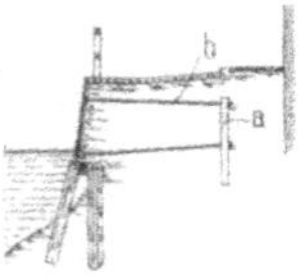

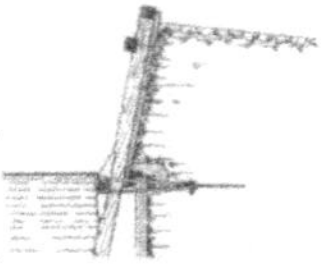

Einfassung (f) von Hafenbecken rafting the bottom of the dock revêtement (m) d'un bassin	обкладка (f) портоваго бассейна rivestimento (m) pei bacini del porto *1* revestimiento (m) de estanques de puertos
Löschstelle (f) discharging wharf or quay débarcadère (m)	дебаркадеръ (m); разгрузочная платформа (f) sbarcadero (m), calata (f) *2* desembarcadero (m)
Ladestelle (f) loading stage or quay embarcadère (m)	нагрузочная платформа (f) imbarcadero (m), imbarco (m) *3* embarcadero (m)
über Wasser liegen (v) to emerge émerger (v)	находиться надъ водою emergere (v) sopra l'acqua *4* emerger (v)
Hintersetzungsbohle (f) back slab palplanche (f) de derrière	закладная доска (f) palizzata (f) d'appoggio delle lastre retrostanti *5* tablones (m pl) de detrás

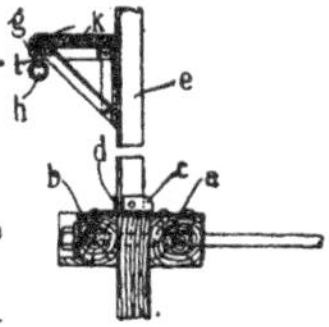

Bollwerk (n) auf Spundwand scantling or campsheeting on top of sheet-piling passerelle (f) sur palée	больверкъ (m) на шпунтовой стѣнкѣ passerella (f) su palafitta *6* pasadizo (m) sobre una empalizada ó estacada
Spundwandholm (m) cap-piece or heading beam or waler for sheet piles chapeau (m) des palplanches	насадка (f) шпунтовой стѣнки cappa (f) di assoni *a* carrera (f) en la cabeza de los tablones *7*
Einfassungsblech (n) encasing sheet iron tôle (f) d'enchâssement	желѣзная обшивка (f) lamiera (f) per l'avvolgimento *b* *8* palastro (m) de engaste
feste Verbindung (f) rigid fastening assemblage (m) rigide	жёсткое соединеніе (n) collegamento (m) rigido *c* *9* unión (f) ó ensambladura (f) rígida
Winkeleisen (n) angle iron fer (m) cornière, cornière (f)	угловое желѣзо (n) ferro (m) ad angolo, cantonale (m) *d* *10* cantonera (f)
Ständer (m) upright, post montant (m)	стойка (f) montante (m) *e* *11* montante (m)

1
Konsol (n), Konsole (f)
cantilever, bracket
console (f)

консоль (f)
mensola (f)
consola (f)

2
Obergurt (m)
top flange
membrure (f) supérieure

g

верхвій поясъ (m)
membratura (f) supe-
riore
cordón (m) superior

3
Ring (m)
ring
bague (f), collier (m)

h

кольцо (n)
anello (m)
anillo (m)

4
Laufbohle (f)
bridging board
passerelle (f)

k

стремянка (f)
passerella (f), marcia-
piede (m)
pasarela (f)

5
Gang (m)
gangway
passage (m)

ходъ (m)
passaggio (m)
pasillo (m)

6
Gelenk (n)
joint
articulation (f), rotule (f)

l

шарниръ (m)
articolazione (f)
articulación (f)

7
Stoßlasche (f)
fish plate, splinter
éclisse (f), couvre-joint
(m)

стыковая накладка (f)
stecca (f) per giunzioni
tablilla (f) cubrejunta

8
Niet (m)
rivet
rivet (m)

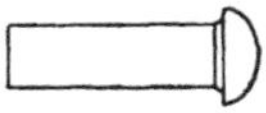

заклёпка (f)
bullone (m)
remache (m)

9
Nagel (m)
nail
clou (m)

гвоздь (m)
chiodo (m)
clavo (m)

10
Strebe (f)
strut
contre-fiche (f)

подкосъ (m)
contraffisso (m)
puntal (m)

11
Kaimauer (f)
quay wall
mur (m) de quai

набережная стѣнка (f)
muraglione (m) della
banchina
muro (m) de muelle

12
Löschbrücke (f)
unloading wharf or
stage
appontement (m) de dé-
chargement, débar-
cadère (m) en estacade

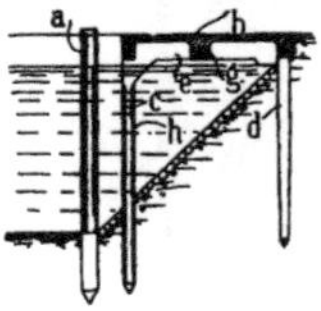

разгрузочный мостъ
(m)
pontile (m) di scarico
descargadero (m) ó des-
embarcadero (m) de
pontón ó de estacada

Ladebrücke (f)
loading wharf or stage
appontement (m) de
chargement

Prellbock (m)
fender, protecting pile
palée (f) de butée — a

Plattform (f)
platform, decking
plate-forme (f) — b

vordere Stützenreihe (f)
front row of piles
file (f) de pilotis anté-
rieure — c

hintere Stützenreihe (f)
back row of piles
file (f) de pilotis postérieure — d

Hauptlängsrippe (f)
main longitudinal beam
nervure (f) principale
longitudinale — e

Querrippe (f)
cross beam, transverse
beam — g
nervure (f) transversale

Rahmenwerk (n)
framework
charpente (f) — h

Ausgleichfuge (f)
compensation joint
joint (m) de compen-
sation

Doppelkonstruktion (f)
double construction
ouvrage (m) à double
paroi

die Deckplatte stumpf
stoßen (v)
to cut the edges flush
poser (v) les dalles
sans rejointoiement,
abouter (v) les dalles

verzinkter Eisenblech-
streifen (m)
strip of galvanised
sheet iron
bande (f) de tôle de fer
zinguée

нагрузочный мостъ (m)
pontile (m) di carico
pontón (m) ó estacada 1
(f) de carga, embar-
cadero (m) de pontón

охранный брусъ (m)
paraurti (m) 2
caballete (m) de rebote

платформа (f)
piattaforma (f) 3
plataforma (f)

передній рядъ (m)
стоекъ
fila (f) di puntelli ante- 4
riore
fila (f) de pilotes ante-
riores

задній рядъ (m) стоекъ
fila (f) di puntelli 5
posteriore
fila (f) de pilotes posteriores

главное продольное
ребро (n)
nervatura (f) maestra 6
longitudinale
nervio (m) ó costilla (f) á
lo largo

поперечное ребро (n)
nervatura (f) trasversale 7
nervio (m) ó costilla (f)
transversal

рамочная система (f)
palconcellatura (f) 8
armadura (f), maderaje
(m)

компенсаторъ (m)
giunto (m) di compen- 9
sazione
junta (f) de compen-
sación ó de dilatación

двойная конструкція
(f)
doppia costruzione (f) 10
construcción (f) de doble
pared

располагать плиты въ
притыкъ
collegare (v) le lastre di 11
rivestimento
empalmar (v) las losas
de revestimiento sin
rellenar las juntas

полоса (f) оцинкован-
наго желѣза
rivestimento (m) di 12
striscie in lamiera
zincata
tira (f) de palastro gal-
vanizado

1	Temperaturfuge (f) expansion joint joint (m) de dilatation	температурный шовъ (m) fenditura (f) o giunto (m) di dilatazione junta (f) de dilatación
2	Bewegungsfreiheit (f) freedom of movement indépendance (f) de mouvement	свобода (f) движенія libertà (f) di movimento libertad (f) de movi- miento
3	durchgehende Asphalt- schicht (f) continuous layer of as- phalte couche (f) continue d'asphalte	сплошной асфальто- вый слой (m) strato (m) continuo in asfalto capa (f) continua de asfalto
4	Landungssteg (m) jetty, pier appontement (m), esta- cade (f)	пристань (f) pontile (m), pensillina (f) pontón (m), estacada (f)
5	Kohlenkai (m) coaling wharf or jetty quai (m) au charbon	угольная пристань (f) banchina (f) pel carbone, calata (f) carboniera muelle (m) para la carga del carbón
6	Stauwerk (n) dam, weir barrage (m), digue (f)	запруда (f) diga (f) di sbarramento presa (f)
7	Wehr (n) weir, overflow déversoir (m)	плотина (f) sfioratore (m), chiusa (f) vertedero (m)
8	massiver Wehrkörper (m) solid dam corps (m) de la digue du déversoir	массивная запруда (f) corpo (m) massicio dello sfioratore o della chiusa cuerpo (m) del verte- dero
9	Aufstau (m) water retained endiguement (m) des eaux	подпоръ (m) ritegno (m) della marea o della corrente retención (f) de las aguas
10	Oberwasser (n) head water, upstream water bief (m) superieur	верхній бьефъ (m) acqua (f) da monte agua (f) de arriba, nivel (m) superior

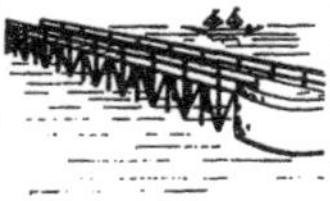

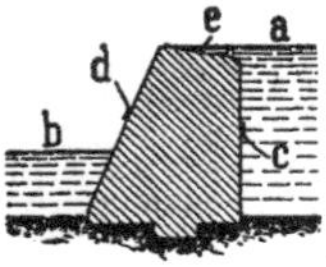

Unterwasser (n)
tail water, downstream
water
bief (m) inférieur — b

нижнiй бьефъ (m)
acqua (f) d'avalle
agua (f) de abajo, nivel
(m) inferior — 1

Wehrrücken (m)
back of dam
dos (m) de déversoir — c

задняя сторона (f) за-
пруды
dorso (m) dello sflora-
tore o della chiusa
lomo (m) ó espalda (f)
del vertedero — 2

fast lotrechte Vorder-
seite (f)
face nearly plumb or
vertical
face (f) avant presque
verticale — d

лицеван сторона (f) поч-
ти отвѣсна
parete (f) anteriore quasi
verticale
frente (f) casi vertical — 3

gegen das Oberwasser
geneigte Krone (f)
crown sloping towards
upper pond or water
crête (f) inclinée ou couronnement (m) incliné
vers l'amont — e

гребень (m), наклонный
къ поверхности вер-
ховой воды
sommità (f) inclinata
contro al senso della
corrente
coronamiento (m) incli-
nado hacia el lado de
las aguas superiores — 4

auf Felsuntergrund
unmittelbar aufbauen
(v)
to build directly on rock
établir (v) ou construire
(v) directement sur le
sous-sol rocheux

воздвигать непосред-
ственно на скали-
стомъ грунтѣ
costruire (v) diretta-
mente sul sottosuolo
roccioso
construir (v) directa-
mente sobre el sub-
suelo rocoso — 5

Staudamm (m)
retaining dike or dam
digue (f) de retenue,
barrage (m)

запрудная дамба (f)
diga (f) di ritegno
dique (m) de retención — 6

Hebung (f) des Wasser-
spiegels
raising of the water
level
relèvement (m) du plan
d'eau

подъёмъ (m) уровня
воды
innalzamento (m) del
pelo d'acqua
levantamiento (m) del
nivel de agua — 7

aufgestaute Wasser-
menge (f)
quantity of water re-
tained
volume (m) d'eau retenu — a

количество (n) запру-
женной воды
quantità (f) d'acqua
trattenuta
cantidad (f) de agua
retenida — 8

Wasserversorgung (f)
water supply or distri-
bution
distribution (f) d'eau

водоснабженіе (n)
distribuzione (f) d'acqua
distribución (f) de agua — 9

festes Wehr (n)
fixed weir
déversoir (m) fixe

постоянная плотина (f)
sfioratore (m) o chiusa (f)
a livello fisso
vertedero (m) fijo — 10

1 Höhenlage (f) der Kurve
level of the curve
niveau (m) de la courbe

уровень (m) кривой
livello (m) delle curve nella costruzione dello sfioratore
nivel (m) de la curva

---

2 Überfallwehr (n)
overflow *or* waste-water weir
déversoir (m) en chute libre

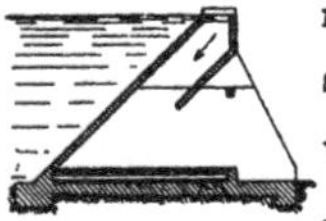

водосливная плотина (f)
sfioratore (m) *o* chiusa (f) a libera caduta
vertedero (m) de superficie

---

3 Grundwehr (n)
flush weir
déversoir (m) partiel

донная запруда (f); порогъ (m); водоспускная плотина (f)
sfioratore (m) *o* chiusa (f) subacquea
vertedero (m) bajo de las aguas

---

4 Abschußboden (m)
protecting apron *or* sill
fond (m) au pied du déversoir (amortissant la chute)

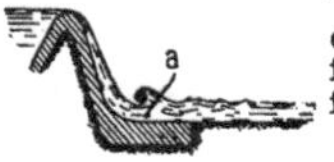

стѣнка (f) паденія
fondo (m) di cascata
fondo (m) al pie del vertedero

---

5 die Flußsohle befestigen (v)
to fix the bed (to prevent scour)
affermir (v) le lit *ou* le fond de la rivière

укрѣплять дно (n) рѣки
sistemare (v) il fondo del fiume
consolidar (v) el lecho del río

---

6 Sturzbett (n)
bed *or* foot of fall
radier (m) de pied du déversoir

a

штурцбетъ (m); водобойный полъ (m)
letto (m) di cascata, bacino (m) in muro concavo
encachado (m) al pie del vertedero

---

7 Endwiderlager (n) einer Brücke
abutment of a bridge
culée (f) d'un pont

береговой устой (m) моста
spalla (f) di un ponte
estribo (m) de un puente

---

8 kleihaltige Schicht (f)
clayey strata
couche (f) argileuse

илистый слой (m)
strato (m) argillifero
capa (f) arcillosa

---

9 Kläranlage (f)
filterbed, clarification bed
bassin (m) de décantation

отстойникъ (m); отстойный бассейнъ (m)
bacino (m) di decantazione, installazione (f) di chiarificazione delle acque
installación (f) de clarificación

---

10 Wasserwerk (n)
pumping station
station (f) de distribution d'eau

водяная станція (f)
stabilimento (m) *o* officina (f) idraulica per pompare acqua
estación (f) para la alimentación de agua

Beruhigung (f) des an-
kommenden Wassers
stopping the incoming
water
repos (m) par stagnation
des eaux affluentes

Wehrkanal (m)
weir canal
canal (m) de décharge

Einlaufkanal (m).
inlet channel *or* race
canal (m) d'amenée

a

Kanalmulde (f)
canal basin *or* cavity
concavité (f) du canal

Trennungsmauer (f)
partition *or* division
wall
mur (m) de séparation

b

Tonschlag (m)
layer *or* bed of puddle
clay
couche (f) de glaise
battue, corroi (m)
de [terre] glaise

Eisenbetonschale (f)
ferro-concrete shell *or*
covering
revêtement (m) *ou* cuve-
lage (m) [de canal] en
béton armé

Wehr (n) aus Eisenbeton
ferro-concrete weir
déversoir (m) en béton
armé

teilweise geschlossenes
Wehr (n)
sluice *or* weir partially
shut
déversoir (m) partielle-
ment fermé

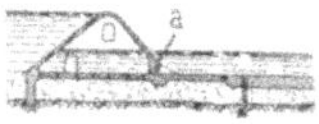

hohles Wehr (n)
hollow weir
déversoir (m) évidé

Herdmauer (f)
invert
mur (m) d'appui

VIII

успокоеніе (n) прибы-
вающей воды
arrestare (v) *o* tranquillizzare (v) le acque *1*
che sopraggiungono
estancación (f) de las
aguas que llegan

каналъ (m) запруды
canale (m) dello sfiora-
tore *o* della chiusa, *2*
deviatore (m)
canal (m) de vertedero

впускной каналъ (m)
canale (m) d'arrivo,
scarricatore (m) *3*
canal (m) de entrada

лотокъ (m) канала
bacino (m) *o* conca (f)
del canale *4*
artesa (f) del canal

раздѣлительная стѣн-
ка (f)
muro (m) divisorio *5*
muro (m) de separación

глинобитный слой (m)
strato (m) battuto di
argilla *6*
lecho (m) de greda ba-
tida

желѣзобетонная чаша
(f)
bacino (m) *o* conca (f) in
cemento armato *7*
entibación (f) de canal
de hormigón armado

желѣзобетонная за-
пруда (f)
sfioratore(m)in cemento
armato *8*
vertedero (m) de hormi-
gón armado

частичная запруда (f)
sfioratore (m) chiuso in
parte *9*
vertedero (m) parcial-
mente cerrado

пустотѣлая запруда(f)
sfioratore (m) cavo,
chiиѕа (f) cava *10*
vertedero (m) hueco

подовая стѣнка (f)
muriccia (f) d'appoggio *11*
muro (m) de apoyo

13

1	Drainrohr (n), Entwässerungsrohr (n) drain, drainpipe drain (m), tuyau (m) de drainage	a	дренажная труба (f) tubo (m) di drenaggio, canale (m) raccoglitore tubo (m) de drenaje
2	Kiesfilter (n) ballast or rubble filter filtre (m) à gravier ou à pierraille		фильтръ (m) изъ гравія filtro (m) della ghiaia filtro (m) de cascajo
3	hohles Wehr (n) mit Steinfüllung hollow weir filled with stones déversoir (m) évidé rempli d'enrochements		пустотѣлая запруда (f) съ заполненіемъ камнями sfioratore (m) cavo con riempimento di ciottoli vertedero (m) hueco relleno de piedras
4	bewegliches Wehr (n) movable weir, sluice déversoir (m) à rideau amovible		подвижная запруда (f) sfioratore (m) mobile compuerta (f) con tablero de maderos móviles
5	Wehrverschluß (m) sluice gate rideau (m) de déversoir	a	запоръ (m) плотины chiusura (f) dello sfioratore, serra (f) a panconatura tablero (m) de vertedero, cierre (m) de vertedero
6	Dammbalken (m) sheet pile for dam palplanche (f) ou montant (m) de batardeau ou de digue	b	шандорная балка (f) trave (m) o corrente (m) della diga estaca (f) ó montante (m) de dique
7	Dammbalkentafel (f) sheeting or walling for dam rideau (m) de palplanches	c	шандорный щитъ (m) ascialone (m) applicato su travi tablero (m) de tablestacas ó de maderos
8	Unterbau (m) infrastructure, substructure infrastructure (f)		основаніе (n) sottostruttura (f) platea infrastructura (f)
9	Wehrflügel (m) wing of the weir aile (f) en retour de déversoir		откосное крыло (n) запруды fiancata (f) dello sfioratore aleta (f) de vertedero
10	fahrbare Winde (f) portable winch treuil (m) roulant		подвижная лебёдка (f) argano (m) carreggiabile torno (m) móvil

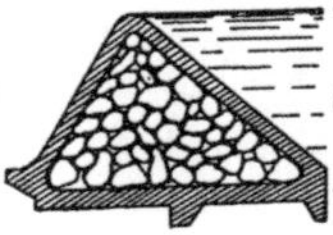

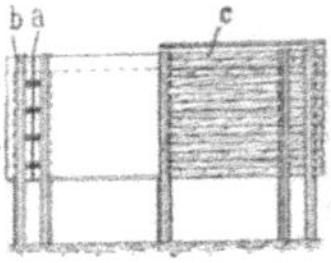

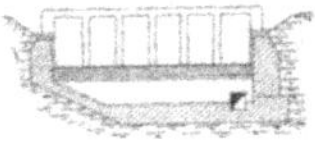

Rollschütze (f) sluice *or* gate on rollers vanne (f) roulante	щитъ на роликахъ protezione (f) contro lastroni di ghiaccio ad alberi galleggianti compuerta (f) rodante — *1*
Gleitfläche (f) sliding surface surface (f) de glissement	плоскость (f) сколь- женія superficie (f) di scorri- mento superficie (f) de des- lizamiento — *2*
Schützenwehr (n) sluice weir barrage (m) à vannage	плотина (f) съ заслон- ками; щитовая пло- тина sfioratore (m) *o* chiusa (f) a cateratte dique (m) de compuertas — *3*
Griessäule (f) sluice pillar poteau (m) d'un van- nage	стойка (f) плотины colonna (f) *o* albero (m) di ritegno montante (m) de com- puertas — *4*
Griesholm (m) sluice head-beam couronnement (m) d'un vannage	красный брусъ (m) rialzo (m) da parata coronamiento (m) de compuertas — *5*
Laufsteg (m) gangway passerelle (f)	рабочій мостокъ (m) passerella (f), ponticello (m) puente (m), pasarela (f) — *6*
Talsperre (f) dam across a valley barrage (m) de vallée	запруда (f) opera (f) di sbarramento, diga (f) sbarravalle presa (f) de valle, presa (f) de pantano — *7*
Aufspeicherung (f) von Wassermengen accumulation of water accumulation (f) des eaux	накапливаніе (n) воды l'accumularsi (m) delle acque acumulación (f) de las aguas — *8*
Kern (m) der Talsperre core of the dam noyau (m) du barrage — a	кернъ (m) запруды; ядро (n) запруды nocciolo (m) *o* perno (m) dello sbarramento interior (m) *ó* nùcleo (m) de la presa de pantano — *9*
Tonkern (m) puddle core, clay core noyau (m) d'argile	глиняный кернъ (m); ядро (n) изъ глины nocciolo (m) *o* perno (m) d'argilla interior (m) *ó* núcleo (m) de arcilla — *10*
Betonkern (m) concrete core noyau (m) de béton	бетонный кернъ (m); ядро (n) изъ бетона nocciolo (m) *o* perno (m) di calcestruzzo interior (m) *ó* núcleo (m) de hormigón — *11*

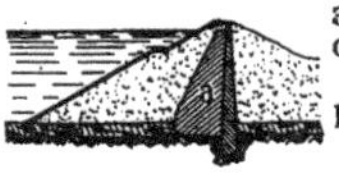

1	Sammelweiher (m) collecting pond or lake réservoir (m), bassin (f) de retenue	водоёмъ (m); резервуаръ (m) stagno (m) o letto-collettore (m) delle acque pluviali lago (m) colector, estangue (m)
2	Eisenbetonkern (m) ferro-concrete or reinforced concrete core noyau (m) en béton armée	желѣзобетонный кернъ (m); ядро (m) изъ желѣзобетона nocciolo (m) o perno (m) in cemento armato núcleo (m) ó interior (m) de hormigón armado
3	durch Blechtafeln abdichten (v) to stop leakage with iron plates rendre (v) étanche au moyen de plaques de tôle	уплотнять желѣзными листами calafatare (v) o ostruire (v) con lastre di latta estancar (v) con placas de palastro
4	an den Rändern rund aufbiegen (v) to turn up the edges recourber (v) les bords vers le haut	закатывать по краямъ incurvare (v) ai orli, orlare (v) encorvar (v) los bordes hacia lo alto
5	Staumauer (f) retaining wall mur (m) de retenue	подпрудная стѣна (f) muro (m) di sbarramento o di ritegno muro (m) de retención
6	Zementverputz (m) cement rendering revêtement (m) de ciment	цементная облицовка (f) intonaco (m) di cemento revoque (m) de cemento
7	Verblendmauer (f) front or face wall mur (m) de parement	облицовочная стѣнка (f) muro (m) di paramento o di guarnizione muro (m) de paramento
8	abdichten (v) to stop leaks rendre (v) étanche, calfater (v)	дѣлать непроницаемымъ calafatare (v), impedire (v) il passaggio dell'umidità entancar (v), tapar (v), calafatear (v)
9	Wasserkraftanlage (f) hydraulic power installation installation (f) de force hydraulique	водяная силовая станція (f) installazione (f) di forza motrice idraulica instalación (f) de fuerza motriz hidráulica
10	Turbinenkammer (f) turbine pit chambre (f) des turbines	турбинная камера (f) sala (f) delle turbine cámara (f) de las turbinas

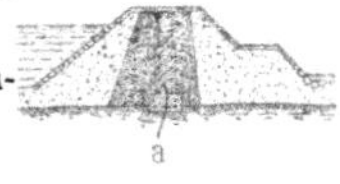

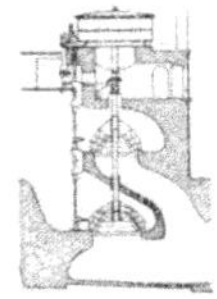

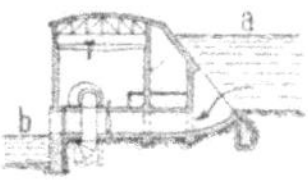

Obergraben (m)
flume, head race
bief (m) *ou* canal (m)
  d'amont *ou* d'amenée

a

Untergraben (m)
tail race
bief (m) *ou* canal (m)
  d'aval *ou* de chasse
  ou de fuite

b

aufgespeicherte Wasser-
  kraft (f)
accumulated hydraulic
  power
force (f) hydraulique
  accumulée

Rechenanlage (f)
gridwork
installation (f) de grilles

Rechen (m)
grid
grille (f)

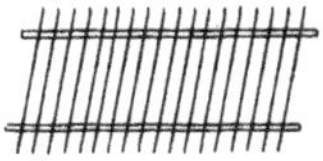

Abflußkanal (m)
tail water course
canal (m) d'écoulement
  ou de décharge

Schleuse (f)
lock, sluice
écluse (f)

Ent- und Bewässerungs-
  schleuse (f), Deich-
  schleuse (f), Deichsiel
    (n)
drainage and irrigation
  lock *or* sluice
écluse (f) d'assèchement
  et d'irrigation

Schiffahrtschleuse (f)
lock for navigation
écluse (f) de navigation

Schleusenkörper (m)
lock
écluse (f)

Schleusenhaupt (n)
lock bay *or* sluice head
tête (f) d'écluse

приводящій каналъ (m)
fosso (m) superiore (a
  monte), canale (m) di
  condotta
canal (m) ó zanja (f) de
  arriba

1

отводящій каналъ (m)
fosso (m) d'avalle,
  canale (m) di scarico,
  scaricatore (m)
canal (m) ó zanja (f) de
  abajo ó de descarga

2

накопленная водная
  сила (f)
forza (f) idraulica accu-
  mulata
fuerza (f) hidráulica
  acumulada

3

рѣшётка (f)
impianto (m) delle gri-
  glie *o* dei rastrelli
  di presa
instalación (f) de rejas

4

рѣшетина (f)
griglia (f), rastrello (m)
reja (f)

5

сточный каналъ (m)
canale (m) di scolo,
  chiassaiuola (f)
canal (m) de descarga

6

шлюзъ (m)
chiusa (f), chiavica (f)
compuerta (f), esclusa
    (f)

7

оросительный и осу-
  шительный шлюзъ
    (m)
chiusa (f) d'irrigazione
compuerta (f) de de-
  sagüe y irrigación

8

навигаціонный шлюзъ
    (m)
chiusa (f) di navigazione
esclusa (f) ó compuerta
  (f) de navegación

9

ядро (n) шлюза
conca (f) *o* corpo (m) della chiusa
cuerpo (m) de esclusa

10

головная часть (f)
  шлюза
testa (f) della chiusa
cabeza (f) de esclusa

11

1
Schleusenkammer (f)
lock chamber
sas (m) *ou* chambre (f)
d'écluse

шлюзовая камера (f)
camera (f) della chiusa
o della chiavica
cámara (f) de esclusa

2
Schleusenboden (m)
lock bottom *or* invert
radier (m) d'écluse

дно (n) шлюза
fondo (m) *o* pavimento
(m) della conca *o* della
chiavica
fondo (f) de esclusa

3
Schleusenwand (f)
side *or* main wall of
lock
bajoyer (m)

стѣна (f) шлюза
parete (f) della conca,
battente (m) della
chiavica
muro (m) lateral de
esclusa

4
Senkung (f) des Wasser-
spiegels
lowering of the water
level
abaissement (m) du plan
d'eau

пониженіе (n) поверх-
ности воды
abassamento (m) del
pelo d'acqua
bajada (f) del plano de
agua

5
Hebung (f) des Wasser-
spiegels
raising of the water level
relèvement (m) du plan
d'eau

повышеніе (n) поверх-
ности воды
innalzamento (m) del
pelo d'acqua
levantamiento (m) del
plano de agua

6
Trockendock (n)
dry dock
cale (f) sèche

сухой докъ (m)
bacino (m) di carenaggio
cala (f) seca, dique (m)
seco

7
völlige Entleerung (f)
complete drainage
vidange (f) complète

полное опоражниваніе
(n)
scarico (m) *o* vuota-
mento (m) completo
vaciado (m) completo

8
Erddruck (m)
thrust of the earth
poussée (f) des terres

давленіе (n) земли
spinta (f) delle terre
empuje (m) de tierras

9
Wasserüberdruck (m)
surplus *or* extra water
pressure
surpression (f) de l'eau

разностное давленіе (n)
воды
soprappressione (f) delle
acque
exceso (m) de com-
presión de agua

10
Zusammenfassung (f)
der Gefälle
reunion of the falls
réunion (f) des chutes

суммированіе (n) паде-
ній
raggruppamento (m)
delle cadute d'acqua
reunión (f) de los saltos

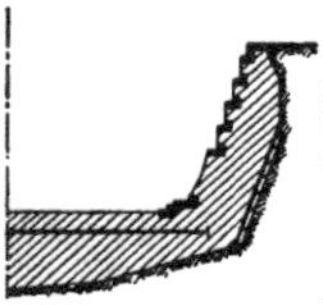

die Schleusensohle im
Trocknen herstellen
(v)
to build the lock in the
dry
construire (v) à sec le
radier d'une écluse

возводить дно шлюзы
на суши
costruire (v) a secco il
fondo o letto di una
chiusa   *1*
construir (v) en seco el
encachado de una es-
clusa

Ableitung (f) des Grund-
wassers
tapping or leading off
of the underground
water
dérivation (f) de l'eau
souterraine

отводъ (m) грунтовой
воды
derivazione (f) delle
acque sotterranee   *2*
derivación (f) del agua
subterránea

künstliche Senkung (f)
des Grundwassers
artificial lowering of the
underground water
abaissement (m) arti-
ficiel de la nappe
d'eau souterraine

искусственное пони-
женіе (n) грунтовой
воды
abassamento (m) arti-
ficiale dell'aves   *3*
bajada (f) artificial de
la tabla de agua sub-
terránea

unter Wasser Beton
schütten (v)
to lay or to deposit con-
crete under water
couler (v) du béton sous
l'eau

укладывать бетонъ
подъ водою
colare (v) del calce-
struzzo sott'acqua   *4*
echar (v) hormigón de-
bajo del agua

Schüttbeton (m)
unrammed or loosly
spread concrete
béton (m) coulé

насыпной бетонъ (m)
calcestruzzo (m) gettato   *5*
hormigón (m) echado

Trichter (m)
funnel, hopper
entonnoir (m), trémie (f)

воронка (f)
imbuto (m)   *6*
embudo (m)

Kasten (m)
box, mould, casing
caisse (f)

ящикъ (m)
cassa (f)   *7*
caja (f)

Preßluftgründung (f)
laying foundations by
means of compressed
air or pneumatic
process
fondation (f) à l'air
comprimé

устройство (n) основа-
нія при помощи сжа-
таго воздуха
fondazione (f) ad aria   *8*
compressa
fundación (f) de aire
comprimido

schwimmende Taucher-
glocke (f)
diving bell
cloche (f) à plongeur

водолазный колоколъ
(m)
campana (f) d'immer-
sione o da palombaro   *9*
notante
campana (f) de buzo
flotante

1	Schachtschleuse (f) lock with shafts écluse (f) à puits		шахтенный шлюзъ (m); камерный шлюзъ chiusa (f) o conca (f) a pozzi esclusa (f) de pozo
2	Zelle (f) chamber, cell cellule (f)	a	камера (f) cella (f) célula (f)
3	Reservoir (n), Behälter (m) reservoir, tank, cistern réservoir (m)		резервуаръ (m); бас- сейнъ (m) serbatoio (m) depósito (m)
4	Schwimmponton (m) floating pontoon ponton (m) de flottant		плавучій понтонъ (m) pontone (m), chiatta (f) pontón (m) de flotación ó flotante
5	Schwimmkästen zu- sammensetzen (v) to build or construct caissons monter (v) des caissons flottants		сопрягать плавучіе ящики comporre (v) o montare (v) i cassoni natanti montar (v) cajones flotantes
6	Leuchtturm (m) lighthouse phare (m)		маякъ (m) faro (m) faro (m)
7	Leuchtbake (f) beacon balise (f) ou bouée (f) lumineuse		свѣтящійся буй (m) segnale (m) luminoso per segnalazione delle secche o scogliere boya (f) luminosa
8	Tageszeichen (n) signal post signal (m) de jour		дневной знакъ (m) segnale (m) di giorno señal (f) de día
9	Helling (m) slips, slipway cale (f) de halage		эллингъ (m) cala (f) di costruzione di navi, bacino (m) di carenaggio grada (f) ó plano (m) in- clinado
10	Hellingbahn (f) ground or sliding ways voie (f) ou plan (m) in- cliné de la cale de halage		полотно (n) эллинга piano-inclinato (m) per costruzione delle navi via (f) ó plano (m) in- clinado de la cala
11	Querhelling (m) transverse slipway plan (m) incliné ou cale (f) en travers		поперечный эллингъ (m) piano-inclinato (m) (per tirare a secco le navi in senso trasversale) cala (f) ó plano (m) in- clinado transversal

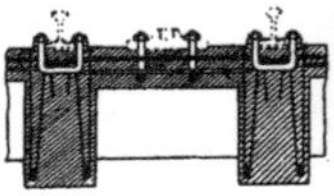

Längshelling (m) longitudinal slips plan (m) incliné *ou* cale (f) en long	продольный эллингъ (m) piano-inclinato (m) per tirare a secco le navi longitudinalmente cala (f) ó plano (m) inclinado longitudinal **1**
Vorhelling (m) breast of slipway, lower slipway avant-cale (f)	форэллингъ (m) parte (f) anteriore del piano-inclinato ante-cala (f) **2**
Haupthelling (m) main slipway plan (m) incliné *ou* cale (f) de halage principale	главый эллингъ (m) parte (m) principale del piano-inclinato plano (m) inclinado principal **3**
Kielklotz (m) keelblock tin (m), semelle (m) de quille	килевой лежень (m) tacco (m) *o* toccata (f) per la chiglia zapata (f) de quilla, picadero (m) **4**
Stapelklotz (m) bilgeblock savate (f)	шпангоутный лежень (m) tacco (m) *o* blocco (m) di lanciamento zapata (f) de retención **5**
Gleitbahn (f) sliding way voie (f) de glissement	плоскость (f) скольженія piano (m) di lanciamento via (f) de deslizamiento **6**
Schienengleis (n) railway track rails (m pl), guides (m pl)	рельсовый путь (m) rotaie (f pl) di lanciamento carriles (m pl) **7**
Schiff (n) aus Eisenbeton ferro-concrete boat bateau (m) en béton armé	судно (n) изъ желѣзобетона nave (f) in cemento armato barco (f) de cemento armado **8**
Doppelboden (m) double *or* false bottom double fond (m)	двойное дно (n) doppio fondo (m) doble fondo (m) **9**
Doppelwand (f) hollow wall *or* side double paroi (f)	двойная стѣнка (f) doppia (f) parete pared (f) doble **10**
Spanten (f pl) beams (pl), timbers (pl) couples (f pl)	шпангоуты (m pl) costole (f pl) *o* ordinate (f pl) delle navi cuadernas (f pl) **11**

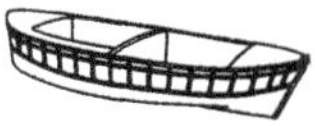

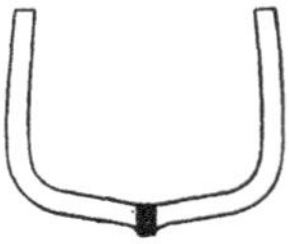

1 Spantenriß (m)
hull design
nervure (f) de couple

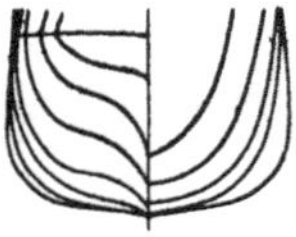

кривыя (f pl) шпан-
гоутовъ
nervatura (f) dei fianchi,
bagli (m pl)
nervadura (f) de la cua-
derna

---

2 äußere und innere
Zementhaut (f)
outside and inside ce-
ment walling
revêtement (m) ex-
térieur et revêtement
(m) intérieur en ci-
ment

внѣшній и внутренній
цементный покровъ
(m)
crosta (f) esterna ed in-
terna di cemento
capa (f) exterior y capa
interior de cemento

---

3 Reibholz (n)
fender beam
bourrelet (m) de dé-
fense, ceinture (f) en
bois

деревянный охранный
брусъ (m)
lista (f) di legno di frizione
guirnalda (f), defens (f)
de madera

---

4 Bauprahm (m)
builders barge
gabarre (f) de construc-
tion

строительный паромъ
(m); строительная
баржа (f)
chiatta (f) da porto
batea (f) de construc-
ción

XIII.

Straßenbau	**Сооруженіе дорогъ**
Road Making	
Construction des routes *ou* **des chaussées** *ou* **des rues**	**Costruzione di strade**
	Construcción de caminos

Straße (f)
road, street
route (f), rue (f),
  chaussée (f)
		обыкновенная дорога
		              (f)
		strada (f), via (f), corso
		              (m)
		camino (m), calle (f)
			1

Fahrstraße (f)
traffic road
voie (f) *ou* route (f)
  carossable, chaussée
            (f)
	a	проѣзжая дорога (f)
		strada (f) carrozzabile *o*
		  carreggiabile
		via (f) ó calle (f) para
		  carruages, carretera (f)
			2

Straßenbelag (m)
road metalling
revêtement (m) de route
	b	мостовая (f); одежда (f)
		  дороги
		rivestimento (m) *o* pavi-
		  mentazione (f) della
		  strada
		revestimiento (m) de
		  carreteras ó caminos
			3

Unterbau (m)
foundation, bed
infrastructure (f)
	c	основаніе (n); нижнее
		  строеніе (n)
		massicciata (f), struttura
		  (f) inferiore, sottofondo
		  (m) della strada
		infrastructura (f)
			4

Straßengefälle (n)
street *or* road grade *or*
  gradient
inclinaison (f) *ou* partie
  (f) bombée d'une
  chaussée
	d	уклонъ (m) дороги
		inclinazione (f) *o* pen-
		  denza (f) della strada
		inclinación (f) de una
		  calle, pendiente (f)
		  transversal de una
		  carretera
			5

städtische Straße (f)
town road *or* street
voie (f) urbaine, rue (f)
		городская дорога (f);
		  улица (f) [городская]
		strada (f) cittadina, via
		  (f) urbana
		via (f) urbana, calle (f)
			6

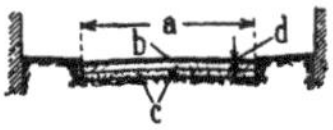

1
Landstraße (f)
country road
route (f), grand'route (f)

большая *или* грунтовая дорога (f)
strada (f) di campagna *o* suburbana
calzada (f), gran vía (f), carretera (f)

2
Straßenfahrzeug (n)
road vehicle
véhicule (m) sur route

повозка (f)
veicolo (m) circolante, per le strade
vehículo (m) sobre camino

3
Kleinstwert (m) der Steigung
minimum rate of grade *or* gradient
rampe (f) minimum

минимальный подъёмъ (m)
valore (m) minimo della pendenza
valor (m) minimum de las rampas

4
Entwässerung (f)
drainage
drainage (m)

отводъ (m) воды
drenaggio (m)
desagüe (m), drenaje (m)

5
Straßengraben (m)
ditch
fossé (m), cunette (f)

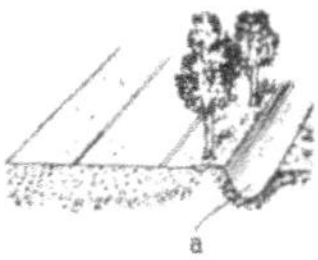

кюветъ (m); канавка (f)
fosso (m) stradale, fossato (m) laterale
zanja (f), cuneta (f), foso (m)

a

6
Hauptstraße (f)
high *or* main road
grand chemin (m), grande route (f), rue (f) principale

столбовая дорога (f)
strada (f) maestra, stradone (m)
carretera (f) principal, gran vía (f), calle (f) principal

7
Alpenstraße (f)
alpine *or* mountain road
route (f) de montagne

альпійская дорога (f)
strada (f) alpestre
camino (m) de montaña

8
Feldweg (m)
field *or* foot-path
chemin (m) rural, route (f) rurale

полевая дорога (f)
via (f) di campagna, viottolo (m)
camino (m) rural, calle (f) rural

9
Makadamstraße (f)
macadamized road
chaussée (f) macadamisée *ou* empierrée

макадамовая дорога (f)
strada (f) in Macadam *o* in bitume calcare
calle (f) empedrada, camino (m) de macadán

10
Steinpflaster (n)
cobble-stone *or* block pavement
pavage (m) en pierre

каменная мостовая (f)
pavimentazione (f) di pietre, selciato (m), lastricato (m)
empedrado (m)

11
Klinkerbeton (m) unter Holzpflaster
clinker concrete underneath wood paving
béton (m) de briquaillons sous pavage en bois

бетонъ (m) изъ клинкера подъ деревянной мостовой
calcestruzzo (m) di laterizzi sotto una pavimentazione in legno
hormigón (m) de machaca bajo pavimento de madera

Asphaltdecke (f) asphalte covering asphaltage (m)		асфальтовая мостовая (f) asfaltatura (f), copertura (f) in asfalto asfaltage (m), capa (f) de asfalto	1
Längsgefälle (n) longitudinal slope pente (f) longitudinale		продольный уклонъ (m) pendenza (f) longitudinale pendiente (m) longitudinal	2
Quergefälle (n) slope from centre to side, camber devers (m), pente (f) transversale		поперечный уклонъ(m) pendenza (f) trasversale pendiente (m) transversal, bombeo (m)	3
Schotterstraße (f) ballast road rue (f) ballastée		щебёночная дорога (f); шоссе (n); шоссейная дорога strada (f) acciottolata o in ghiaia camino (m) con capa de balasto	4
Steinschlagstraße (f) broken stone road route (f) empierrée		дорога(f) съ булыжной одеждой strada (f) pavimentata a pietrame calle (f) engravada, camino (m) engravado ó empedrado	5
Kiesstraße (f) gravel road rue (f) ou route (f) en gravier		дорога (f) изъ гравія strada (f) inghiaiata, ruotabile (f) insassata calle (f) arenada (con gravilla), camino (m) engravado	6
Fahrbahnkörper (m) traffic or cart way [partie (f) carossable de la] chaussée (f)		проѣзжая часть (f) дороги parte (f) o corpo (m) carrozzabile [cuerpo (m) de la] parte (f) transitable por carruages	7
Packlage (f) metal foundation, bottom ballasting encaissement (m)		основаніе (n) incassatura (f), sassaiuola (f) encajonamiento (m)	8
Beschotterung (f) strewing with ballast or gravel cailloutis (m)		щебененіе (n); шоссированіе (n) massicciata (f) di ghiaia enguijarrado (m), balasto (m)	9
Bruchstein (m) quarry stone moellon (m)		бутъ (m) pietra (f) di cava, concio (m) morillo (m)	10

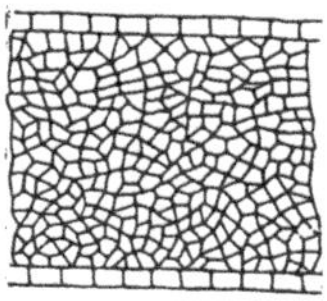

1
in Reihen senkrecht zur Straßenachse
in rows transverse to road axis
en rangées transversales *ou* perpendiculaires à l'axe de la rue

рядами нормально къ оси дороги
a righe perpendicolari all'asse della strada
en filas perpendiculares al eje de la calle

2
in Verband setzen (v)
to join *or* fix together
poser (v) à joints contrariés

класть въ перевязку
posare (v) perfettamente sul centro
colocar (v) en juntas

3
verkeilen (v)
to wedge in
caler (v)

заклинивать
calcare (v) i selci
calzar (v), acuñar (v)

4
den Untergrund festwalzen (v)
to compact *or* consolidate the road bed by means of a roller
cylindrer (v) le sous-sol au rouleau, rouler (v) le sous-sol

укатывать основаніе
comprimere (v) col rullo il sottofondo
comprimir (v) el subsuelo con el rodillo

5
den Untergrund entwässern (v)
to drain the bed
drainer (v) le sous-sol

осушать основаніе
prosciugare (v) il sottofondo
desaguar (v) el subsuelo

6
Schicht (f) groben Geschläges
layer of course stones
couche (f) de gros briquaillons

слой (m) крупнаго щебня
strato (m) di grossi rottami di matoni o rovinacci
lecho (m) ó capa (f) de cascajo basto

7
Straßenwalze (f)
street roller
rouleau (m) compresseur

дорожный катокъ (m)
cilindro (m) compressore stradale, rullo (m)
rodillo (m) ó rulo (m) de compresión

8
gußeiserner Zylinder (m)
cast iron cylinder
rouleau (m) en fonte

a

чугунный цилиндръ (m)
cilindro (m) di ghisa
rodillo (m) de fundición

9
Gestell (n)
frame
bâti (m), châssis (m)

b

станокъ (m)
telaio (m), intelaiatura (f)
armazón (m), bastidor (m)

10
Drehdeichsel (f)
swinging shaft
timon (m) pivotant, avant-train (m) pivotant

c

дышло (n)
timone (m) girante
lanza (f) giratoria

11
Kasten (m) zur Aufnahme des Belastungsmateriales
box for containing ballast *or* weights
caisse (f) à lest

ящикъ (m) для загрузочнаго матеріала
cassa (f) per ricevere il materiale di carico
caja (f) de lastre

Dampfstraßenwalze (f) steam roller rouleau (m) à vapeur	паровой катокъ (m) rullo (m) a vapore rodillo (m) de vapor	1
französische Bauart (f) French system construction (f) fran- çaise	французская система (f) costruzione (f) alla francese construcción (f) fran- cesa	2
englische Bauart (f) English system construction (f) anglaise	англійская система (f) costruzione (f) all'in- glese construcción (f) inglesa	3
Natursteinpflaster (n) natural stone paving pavage (m) en pierres brutes	мостовая (f) изъ естест- веннаго камня pavimentazione (f) in pietre naturali pavimento (m) de piedras no labradas	4
rammen (v) to tamp, to ram damer (v)	трамбовать battere (v) col mazza- picchio o colla maz- zeranga apisonar (v)	5
Betonunterbau (m) concrete foundation infrastructure (f) en béton	бетонное основаніе (n) infrastruttura (f) in cal- cestruzzo, platea (f) di beton infrastructura (f) de hor- migón	6
mit Quergefälle stampfen (v) to ram or tamp with transversal sloping damer (v) avec devers	трамбовать съ попереч- нымъ уклономъ pestonare (v) determi- nando una inclina- zione trasversale apisonar (v) con des- nivel transversal	7
Festlegung (f) des Straßenquerschnittes durch Pfähle fixing the road section by means of stakes piquetage (m) du profil de la rue par potelets	обозначеніе (n) попе- речнаго профиля до- роги кольями determinazione (f) della sezione normale della strada con paline demarcación (f) del perfil de la calle por estacas	8
die Oberfläche glätten (v) to smooth the surface lisser (v) la surface	сглаживать поверх- ность lisciare (v) la superficie alisar (v) la superficie	9
Richtscheit (n) straight edge gabarit (m)	правило (n) regolo (m) per rettificare gálibo (m)	10

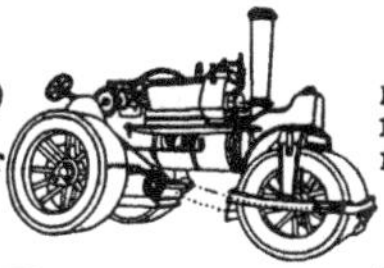

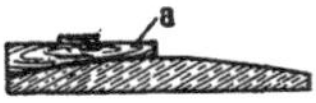

a

1
Holzpflaster (n)
wood pavement
pavage (m) en bois

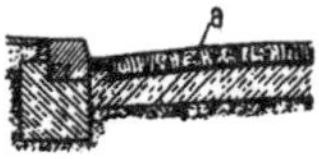

деревянная мостовая (f)
pavimentazione (f) in legno
pavimento (m) de madera

2
Holzklotz (m)
wood block
bloc (m) de bois, pavé (m) de bois

торецъ (m)
ceppo (m) di legno
adoquín (m) ó bloque (m) de madera

3
die Klötze tränken (v)
to impregnate the blocks
imprégner (v) les blocs

пропитывать торцы
iniettare (v) od imbevere (v) i ceppi
impregnar (v) los bloques

4
Teeröl (n)
tar oil
huile (f) de goudron

дегтярное масло (n)
olio (m) di catrame
aceite (m) de alquitrán

5
Zinkchloridlösung (f)
zinc chloride solution
solution (f) de chlorure de zinc

растворъ (m) хлористаго цинка
soluzione (f) di cloruro di zinco
solución (f) de cloruro de cinc

6
Karbolsäurelösung (f)
carbolic acid solution
solution (f) d'acide phénique

растворъ (m) карболовой кислоты
soluzione (f) d'acido fenico
solución (f) de ácido fénico

7
Fuge (f)
joint
joint (m)

шовъ (m)
giuntura (f), connessura (f). commettitura (f)
junta (f), unión (f)

8
Lattenstück (n)
lath
morceau (m) ou bout (m) de latte

рейка (f); планка (f)
ritaglio (m) di stecca, assicella (f), panconcello (m)
trozo (m) de lata (de madera), listón (m)

9
geteerte Dachpappe (f)
tarred roofing felt
carton (m) bitumé

просмолённый толь (m)
cartone (m) bituminato per tetti
cartón (m) embetunado

10
in Pech getauchter Filzstreifen (m)
felt strip soaked in pitch
bande (f) de feutre poissée

просмолённыя полосы (f pl) войлока
striscia (f) di feltro immersa nella pece
tira (f) de fieltro sumergida en péz

11
künstliche Asphaltmasse (f)
artificial asphalte
[pâte (f) d'] asphalte (m) factice ou artificiel

искусственная асфальтовая масса (f)
massa (f) artificiale di asfalto
masa (f) de asfalto artificial

12
Asphalt (m), Erdpech (n)
asphalt, asphaltum
asphalte (m)

асфальтъ (m)
asfalto (m), pece-terra (f), bitume (m)
asfalto (m)

a

Rohasphalt (m)
raw asphalt
asphalte (m) brut

сырой асфальтъ (m)
asfalto (m) greggio
asfalto (m) basto *1*

---

verflüssigen (v)
to melt
liquéfier (v)

расплавлять
liquefare (v), fondere
(v), stemperare (v)
derretir (v) *2*

---

erdige Beimengungen
  absetzen (v)
to lay down rubbish
  mixed with earth
précipiter (v) les ma-
  tières terreuses

осаждать землистыя
  примѣси
far precipitare (v) le
  sostanze terrose
precipitar (v) las ma-
  terias terrosas *3*

Bitumen (n)
bitumen
bitume (m)

битум[ен]ъ (m)
bitume (m)
betún (m) *4*

Asphaltstein (m)
rock asphalte
pierre (f) d'asphalte

асфальтовый камень
  (m)
pietra (f) d'asfalto
piedra (f) de asfalto *5*

Asphaltmastix (m)
asphalte mastic
mastic (m) asphaltique

асфальтовая мастика
  (f)
mastice (m) d'asfalto
masilla (f) abetunada,
  mástic (m) de asfalto *6*

Stampfasphalt (m)
compressed asphalte
asphalte (m) comprimé

трамбованный ас-
  фальтъ (m)
asfalto (m) compresso
  o pestato
asfalto (m) comprimido *7*

Gußasphalt (m)
asphalte obtained by
  melting
asphalte (m) coulé

литой асфальтъ (m)
asfalto (m) colato
asfalto (m) colado *8*

Plattenasphalt (m)
plate or sheet asphalt
asphalte (m) en dalles,
  carreaux (mpl) d'as-
  phalte

плиточный асфальтъ
  (m)
asfalto (m) in strati o in
  mattonelle *9*
asfalto (m) en losas

Asphaltsteinpulver (n)
asphalte powder
poudre (f) d'asphalte

асфальтовый поро-
  шокъ (m)
polvere (f) di pietra
  d'asfalto *10*
polvo (m) de asfalto

---

erwärmte Walze (f)
heated roller
rouleau (m) chauffé

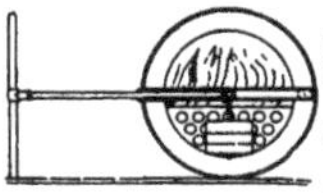

нагрѣтый катокъ (m)
rullo (m) riscaldato od
  a bracere *11*
rodillo (m) calentado

(heißes) Bügeleisen (n)
hot flat iron
dame (f) à fer chaud

(горячій) утюгъ (m)
ferro (m) per lisciare a
  caldo *12*
aplanadera (f) de ca-
  liente

VIII

14

1	Berberasphalt (m) Barbary asphalt asphalte (m) d'Algérie		берберскій асфальтъ (m) asfalto (m) d'Algeria asfalto (m) berberisco
2	Betonstraßendecke (f) concrete paving pavage (m) en béton	c	бетонная мостовая (f) pavimentazione (f) stradale in calcestruzzo pavimento (m) de hormigón
3	Schotterunterlage (f) broken stone underlayer or bedding couche (f) inférieure en pierraille ou ballast	a	щебёночное основаніе (n) strato (m) inferiore o sottofondo (m) in ghiaia lecho (m) inferior de cascajo
4	Schotterbeton (m) ballast concrete béton (m) à base de pierraille	b	бетонъ (m) со щебнемъ calcestruzzo (m) di pietrisco o di rovinacci hormigón (m) á base de cascajo
5	Deckenschicht (f) upper layer couche (f) supérieure ou de couverture	c	покрывающій слой (m) strato (m) di copertura, copertura (f) superiore capa (f) superior, cubierta (f)
6	Teerpapier (m) tarred paper papier (m) goudronné		смоляная бумага (f) cartone (m) incatramato papel (m) alquitranado
7	Glätteisen (n) smoothing iron fer (m) à lisser, lissoir (m)		гладилка (f); тёрка (f) ferro (m) per lisciare hierro (m) de alisar, llana (f)
8	Messingwalze (f) brass roller rouleau (m) en laiton		мѣдный катокъ (m) rullo (m) a mano in ottone rodillo (m) de latón
9	Zementplatte (f) slab of cement dalle (f) de ciment		цементная плита (f) lastra (f) di cemento losa (f) de cemento
10	Zementfliese (f) cement block or stone carreau (m) de ciment		цементная плитка (f) mattonella (f) o formella (f) di cemento ladrillo (m) de cemento
11	Handrauheisen (n) hand roughing stamp or stamping form appareil (m) à main pour boucharder, granitoir (m) à main		ручная шероховатая тёрка (f) apparecchio (m) a mano per rigare la lisciata di cemento aparato (m) de mano para abocardar

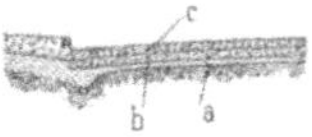

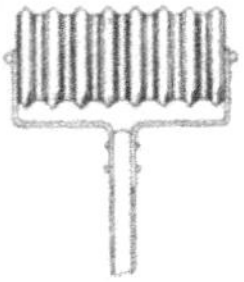

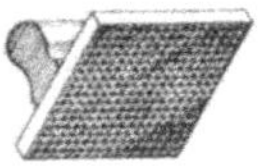

Rauhwalze (f)
roughing roller
rouleau (m), boucharde
(f)

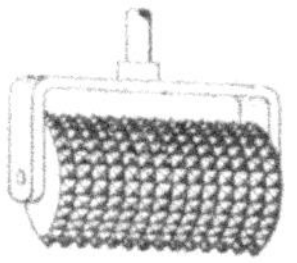

шероховатый катокъ
(m)
rullo (m) a mano per
rigare ad impronte   *1*
piramidali
rodillo (m) de abocar-
dar, abocardo (m)

Fugeneisen (n)
iron for making joints,
jointing-iron
bourroir (m)

разрѣзка (f)
lama (f) pei giunti   *2*
atacadera (f) para juntas

Fugenrolle (f)
roller for joints *or*
jointing
molette (f) à faire les
joints *ou* à bourrer

колѐсо (n) для раз-
рѣзки
rotella (f) per giunti   *3*
ruleta (f) para rellenar
las juntas

Gleisanschlußstein (m)
rail border-stone
pavé (m) de raccorde-
ment aux rails

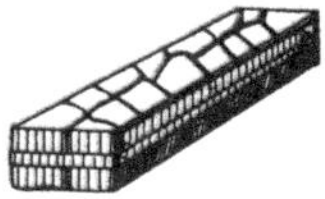

камень (m) для об-
кладки рельсовъ
pietra (f) di collega-
mento alle rotaie   *4*
pavimento (m) de unión
con los carriles (de
contacto)

Eisenbandpflasterstein
(m)
grid-framed paving
stone
pavé (m) à cloisons
métalliques

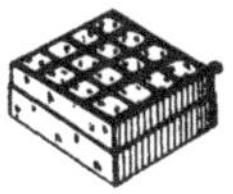

камень (m) съ полосо-
вымъ желѣзомъ
formella (f) da pavi-
mento con striscie di
ferro incastrate   *5*
adoquín (m) ó pavi-
mento (m) de tabiques
metálicos ó de hojas
metálicas

Granitoidplattenbelag
(m)
granite slab coating *or*
covering
revêtement (m) en dalles
de granitoïde

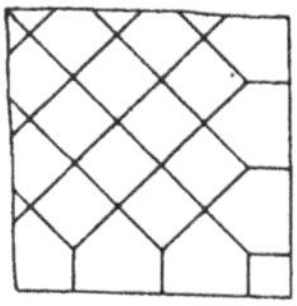

настилъ (m) *или* обли-
цовка (f) изъ грани-
тоидныхъ плитъ
rivestimento (m) *o* pavimentazione (f) in   *6*
piastre di granitoide
revestimiento (m) con
losas de granito

Granitsplitt (m)
granite chippings (pl)
éclat (m) de granit

гранитные осколки
(m pl)
scheggia (f) di granito   *7*
lamina (f) ó escama (f)
de granito

Rüttelvorrichtung (f)
sifting device
appareil (m) à secousses

приспособленіе (n) для
встряхиванія *или* для
перетряхиванія
apparecchio (m) per   *8*
scuotere
aparato (m) agitador

Plattenpresse (f)
slab moulding machine
presse (f) à dalles *ou*
pour fabriquer les
carreaux

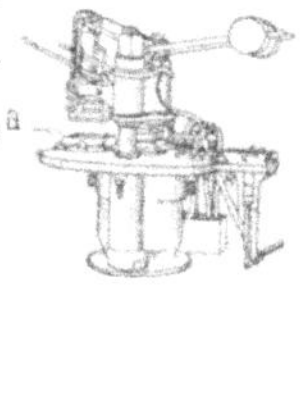

плиточный прессъ (m)
pressa (f) a lamelle,
torchio (m) a piastre   *9*
prensa (f) para losas

14*

1	Eckbildung (f) formation of corners formation (f) des arêtes		образованіе (n) угловъ formazione (f) degli angoli o cantonali formación (f) de ángulos ó de aristas
2	Formplatte (f) moulding plate dalle (f) profilée	a	фасонная плита (f) piastra (f) sagomata losa (f) perfilada [modelo (m)]
3	in mageren Kalkmörtel verlegen (v) to embed in common or poor mortar poser (v) à bain de mor- tier de chaux maigre		класть на тощемъ из- вестковомъ растворѣ disporre (v) in malta di calce magra poner (v) con mortero de cal pobre
4	Betonrandstein (m), Be- tonbordstein (m) concrete kerb stone brique (f) de bordure en béton		бетонный бордюрный камень (m) pietra (f) o lastrina (f) di decorazione in ce- mento ladrillo (m) de borde de hormigón
5	Kurvenstein (m) curved stone brique (f) cintrée		лекальный камень (m) pietra (f) cintrata, tegola (f) ladrillo (m) cimbrado
6	Rinnstein (m) gutter stone pierre (f) en caniveau		сточный или лотковый камень (m) doccione (m) per lo scolo, colatore (m), compluvio (m) piedra (f) de canal
7	Reihenpflaster (n) square dressed pave- ment pavage (m) par rangées		мощеніе (n) рядами или въ ёлку lastricato (m) a file pavimento (m) en filas

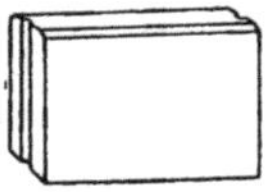

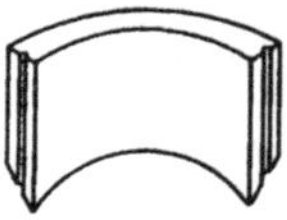

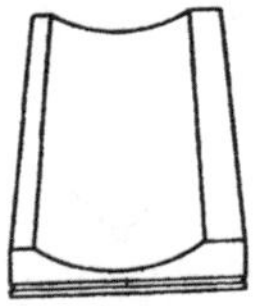

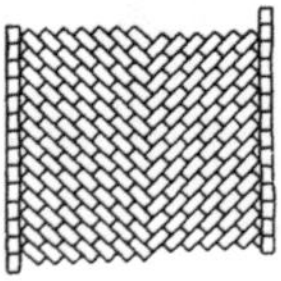

XIV.

Flüssigkeitsbehälter

Tanks for Liquids

Réservoires à liquides

Резервуары для жидкости

Serbatoi per liquidi

Recipientes para líquidos

Flüssigkeitsbehälter (m) tank *or* reservoir *or* cistern for liquids réservoir (m) à liquides

резервуаръ (m) для жидкости serbatoio (m) per fluidi *o* per materie liquide recipiente (m) para líquidos, depósito (m) de agua *1*

Wasserundurchlässigkeit (f) impermeability to water imperméabilité (f) à l'eau, étanchéité (f)

водонепроницаемость (f) impermeabilità (f) dell'acqua impermeabilidad (f) *2*

Zementverputz (m) cement rendering *or* facing enduit (m) de ciment

цементная штукатурка (f) intonaco (m) di cemento enlucido (m) de cemento, revoque (m) de cemento *3*

Dichtigkeitsprüfer (m) impermeability testing apparatus appareil (m) d'essai d'étanchéité

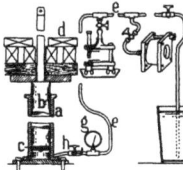

приборъ (f) для испытанія (опредѣленія) плотности misuratore (m) di impermeabilità ensayador (m) ó conprobador (m) del estado estanco *4*

Pumpe (f) pump pompe (f) a

насосъ (m) pompa (f) bomba (f) *5*

---

voller Kolben (m) solid piston piston (m) plein b

полный *или* массивный поршень (m) pistone (m) massiccio *o* pieno, stantuffo (m) tuffante pistón (m) lleno *6*

1
mit Leder dichten (v)
to pack with leather
rendre (v) étanche avec du cuir

c

уплотнять кожей
ricoprire (v) con cuoio
hacer (v) estanco con cuero

2
Wassersäulenhöhe (f)
height of head of water
hauteur (f) de la colonne d'eau

высота (f) водяного столба
altezza (f) della colonna d'acqua
altura (f) de la columna de agua

3
Kolbenbelastung (f)
load on piston
charge (f) sur le piston

d

нагрузка (f) на поршень
carico (m) del pistone
carga (f) del pistón

4
Rohrleitung (f)
pipe line, conduit
tuyauterie (f) conduite (f)

e

трубопроводъ (m)
conduttura (f) tuburale
tuberia (f), canalización (f) con tubos

5
Manometer (n)
manometer
manomètre (m)

g

манометръ (m)
manometro (m)
manómetro (m)

6
Absperrhahn (m)
stop cock
robinet (m) d'arrêt

h

запорный кранъ (m)
robinetto (m) d'arresto
grifo (m) de cierre

7
die Wandflächen abwaschen (v)
to wash or clean the sides
laver (v) ou baigner (v) les parois

обмывать поверхность стѣнъ
lavare (v) le pareti
lavar (v) las paredes

8
Schnellbinder (m)
quick setting matrice
liant (m) [à prise] rapide

быстровяжущій растворъ (m)
legatura (f) rapida
elemento (m) de fraguado rápido

9
die Abbindezeit verkürzen (v)
to shorten the time of setting
raccourcir (v) le temps de prise

сокращать время схватыванія
abbreviare (v) la durata della presa
disminuir (v) la duración del fraguado

10
Sodabeimengung (f)
addition of soda
addition (f) de soude

примѣсь (f) соды
aggiunta (f) di soda
aditamiento (m) de soda

11
Grundwasserauftrieb (m)
rising of the underground water
infiltration (f) ou montée (f) de l'eau souterraine

подпоръ (m) грунтовой воды
infiltrazione (f) dell'acqua sotterranea
infiltración (f) ó subida (f) del agua subterránea

12
imprägnierter Zement (m)
impregnated cement
ciment (m) imprégné

пропитанный цементъ (m)
cemento (m) impregnato
cemento (m) impregnado

der trocknen Mischung
  Alaun zusetzen (v)
to add alum to the dry
  mixture
additionner (v) d'alun
  le mélange sec

Kaliseife im Wasser auf-
  lösen (v)
to dissolve soft soap in
  water
dissoudre (v) du savon
  de potasse dans l'eau

wasserdichter Anstrich
  (m)
waterproof paint
peinture (f) ou enduit
  (m) hydrofuge

Ölfarbe (f)
oil paint
[couche (f) de] peinture
  (f) à l'huile

die Flächen für den Öl-
  anstrich vorbereiten
  (v)
to prepare the surface
  to receive the paint
préparer (v) les surfaces
  pour recevoir la cou-
  leur à l'huile

verdünnte Schwefel-
  säure (f)
diluted sulphuric acid
acide (m) sulfurique
  dilué

Leinölfettsäure (f)
linseed-oil acid
acide (m) gras d'huile
  de lin

Wasserglas (n)
soluble glass
verre (m) soluble

Fluatieren (n)
fluating
fluatation (f)

Doppelverbindung (f)
  von Fluorsilizium
double fluosilicate com-
  bination
fluosilicate (m)

прибавлять квасцы къ
  сухой смѣси
aggiungere (v) l'allume
  alla miscela secca   *1*
añadir (v) alumbre á la
  mezcla seca

растворять въ водѣ
  калийное мыло
sciogliere (v) sapone di
  potassa nell'acqua   *2*
disolver (v) jabón de
  potasa en el agua

водонепроницаемая
  окраска (f)
pittura (f) idrofuga od   *8*
  impermeabile
pintura (f) impermeable

масляная краска (f)
strato (m) di vernice
  all' olio   *4*
[capa (f) de] pintura (f)
  al óleo

подготовлять поверх-
  ность для масляной
  окраски
preparare (v) le super-
  fici per ricevere i co- *5*
  lori ad olio
preparar (v) las super-
  ficies para pintar las
  al óleo

разбавленная сѣрная
  кислота (f)
acido-solforico (m) di-
  luito   *6*
ácido (v) sulfúrico di-
  luido

льняномасляная кис-
  лота (f)
acido (m) grasso d'olio *7*
  di lino
ácido (m) graso de
  aceite de lino

водное или раствори-
  мое стекло (n)
vetro (m) solubile, sili- *8*
  cato (m) di potassa
vidrio (m) soluble

флуатированіе (n);
  покрываніе (n) фто-
  ристымъ соедине-
  ніемъ   *9*
fluatazione (f)
fluatación (f)

двухосновное соедине-
  ніе (n) фтористаго
  кремнія   *10*
composto (m) doppio
  fluoro e silicio
silicato (m) de fluor

	German	English / French		Russian / Italian / Spanish
1	Magnesiumfluat (n) magnesium fluate fluate (m) de magnésium			магнезіальный флуатъ (m) fluoruro (m) di magnesia fluato (m) de magnesio
2	Bleieinlage (f) inside lead lining garniture (f) intérieure de plomb			свинцовая прокладка (f) guarnizione (f) interna in piombo guarnición (f) interior de plomo
3	Bleitafel (f) lead sheet, lead flushing plaque (f) de plomb		a	свинцовый листъ (m) placca (f), di piombo plancha (f) de plomo
4	Lötnaht (f) soldered seam or joint soudure (f)		b	спай (m) saldatura (f), impiombatura (f) soldadura (f) [junta]
5	Isolierplatte (f) insulating sheet or slab plaque (f) isolante		c	изолирующая плита (f) placca (f) isolante placa (f) aislante
6	Bordstein (m) coping stone pierre (f) de bordure		d	бортовый камень (m) pietra (f) di fasciatura o di orlatura piedra (f) del borde
7	verlöten (v) to solder souder (v)			запаивать; запаять saldare (v) soldar (v)
8	Naturasphaltmischung (f) natural mixture of asphalt mélange (m) [à base] d'asphalte naturel			смѣсь (f) натуральнаго асфальта miscela (f) a base di asfalto naturale mezcla (f) á base de asfalto natural
9	Wasserstoffgas (n) hydrogen hydrogène (n)			водородный газъ (m) idrogeno (m) hidrógeno (m)
10	Gemisch (n) von Asphalt und Goudron asphalte and bitumen or tar composition composé (m) d'asphalte et de goudron			композиція (f) асфальта и гудрона composto (m) d'asfalto e di catrame composición (f) de asfalto y alquitrán
11	Formsteinverkleidung (f) lining of artificial or cast stones revêtement (m) avec des pierres profilées			облицовка (f) изъ фасонныхъ камней rivestimento (m) con pietre sagomate o da taglio revestimiento (m) con piedras perfiladas

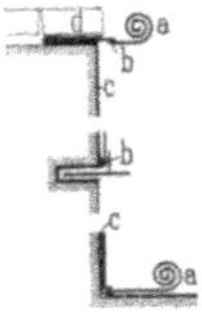

Wellblechmantel (m)
corrugated iron lining
revêtement (m) en tôle
  ondulée

a

кожухъ (m) изъ вол-
  нистаго желѣза
coperta (f) di lamiera
  ondulata
manto (m) de plancha
  ondulada   *1*

Dachsteindichtung (f)
tile lining
joint (m) des tuiles

обезпеченіе (n) непро-
  ницаемости посред-
  ствомъ облицовки
  черепицей   *2*
giunto (m) o commes-
  sura (f) delle tegole
junta (f) de las tejas

Bitumendichtung (f)
bitumen *or* asphalte
  lining
joint (m) en bitume

a

обезпеченіе (n) непро-
  ницаемости битума-
  ми   *3*
giunto (m) a bitume
junta (f) con betún

Pappeinlage (f)
cardboard lining, paper
  sheeting
garniture (f) de carton

b

картонная прокладка
    (f)
guarnizione (f) di car-
  tone   *4*
guarnición (f) con car-
  tón

säurehaltige Abwässer
    (n pl)
acidulous drain water
eaux (f pl) vannes aciles

сточныя воды (f pl), со-
  держащія кислоты
acque (f pl) di scolo
  acidifere   *5*
desagüe (m) de aguas
  ácidas

tangential bean-
  spruchen (v)
to apply tangential
  stress
être (v) soumis à un
  effort tangentiel

вызывать тангенціаль-
  ныя напряженія
resistere (v) ad uno
  sforzo tangenziale   *6*
estar (v) sometido á un
  esfuerzo tangencial

Flüssigkeitsdruck (m)
pressure of the liquid
pression (f) *ou* poussée
  (f) du liquide

давленіе (n) жидкости
pressione (f) dovuta al
  liquido   *7*
presión (f) del líquido

Erddruck (m)
pressure of the earth,
  thrust due to the earth
poussée (f) *ou* pression
  (f) de la terre

давленіе (n) земли
pressione (f) della terra *8*
empuje (m) de la tierra

Reibung (f) zwischen
  Erde und Wandung
friction between earth
  and wall
frottement (m) de la
  terre sur la paroi

треніе (n) земли о стѣну
attrito (m) fra la terra
  ed il paramento
roce (m) de la tierra   *9*
  sobre la pared

Flüssigkeitsäule (f)
column *or* head of
  liquid
colonne (f) liquide

столбъ (m) жидкости
colonna (f) liquida
columna (m) líquida   *10*

1

Eisenring (m)
iron ring
collier (m) *ou* bague (f) en fer, cercle (m) en fer

a

желѣзное кольцо (n)
anello (m) di ferro
aro (m) de hierro, collar (m) de hierro

2

nomographisches Diagramm (n)
nomographical diagram
diagramme (m) nomographique

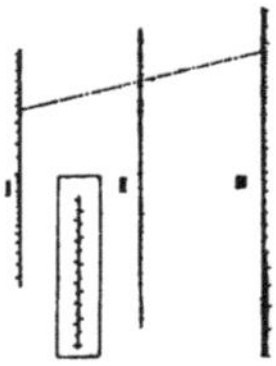

номографическая діаграмма (f)
diagramma (m) nomografico
diagrama (f) nomográfico

3

ein statisch unbestimmtes Moment tritt auf
a statically indeterminate moment appears *or* arises
un moment statiquement indéterminé se présente

возникаетъ статически неопредѣлимый моментъ (m)
si presenta un momento staticamente indeterminato
se presenta un momento no determinado estaticamente

4

Stabelement (n)
element of bar *or* rod
élément (m) de barre

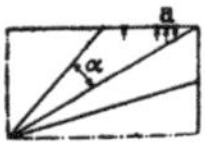

a

элементъ (m) стержня
elemento (m) di una barra
elemento (m) de barra

5

Kontingenzwinkel (m)
angle of contingency
angle (m) de contingence

α

соотвѣтствующій уголъ (m) измѣненія
angolo (m) di contingenza
ángulo (m) de contingencia

6

Winkeländerung (f)
change of angle
changement (m) d'angle

измѣненіе (n) угла
cambiamento (m) d'angolo
variación (f) de ángulo

7

rechteckiger Rahmen (m)
rectangular frame
cadre (m) rectangulaire

прямоугольная рама (f)
contorno (m) *o* quadro (m) rettangolare
marco (m) rectangular

8

Strebepfeiler in der Wand anordnen (v)
to arrange buttresses *or* counterforts in the wall
disposer (v) des contreforts dans la paroi

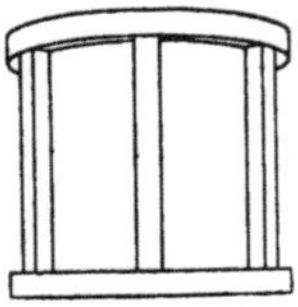

располагать контрофорсы въ стѣнѣ
ordinare (v) i contrafissi nella parete
disponer (v) contrafuertes en la pared

German		English / French	Russian / Italian / Spanish	

Horizontalrippen nach außen legen (v)
to arrange horizontal ribs outside
disposer (v) des nervures horizontales à l'extérieur

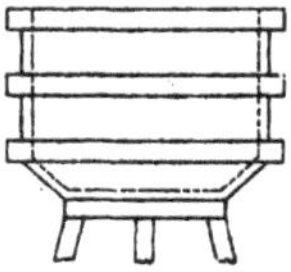

выпускать горизонтальныя рёбра наружу
disporre (v) delle nervature orizzontali verso l'esterno *1*
colocar (v) los nervios horizontales hacia el exterior

Intzebehälter (m)
Intze's reservoir
réservoir (m) Intze

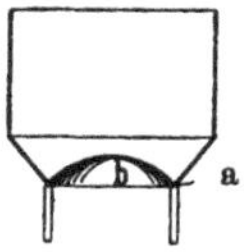

резервуаръ (m) Инце
serbatoio (m) Intze *2*
depósito (m) Intze

Ausgestaltung (f) des Behälterbodens
formation of the bottom of the tank
forme (f) *ou* disposition (f) du fond du réservoir

приданіе (n) дну формы
conformazione (f) del fondo del serbatoio *3*
disposición (f) del fondo del depósito

Auflagerring (m)
bearing ring
ceinture (f) d'appui, couronne (f) d'appui

a

опорное кольцо (n)
centro (m) d'appoggio *4*
aro (m) de apoyo

Kugelkalotte (f), Kugelhaube (f)
spherical callot
calotte (f) sphérique

b

шаровой сегментъ (m)
calotta (f) sferica *5*
casquete (m) esférico

versenkter Behälter (m)
underground tank *or* reservoir
réservoir (m) souterrain

погружённый резервуаръ (m)
serbatoio (m) interrato *6*
o sotterraneo
depósito (m) subterráneo

Kammer (f)
compartment
chambre (f)

a

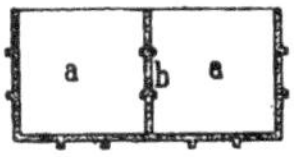

камера (f)
camera (f) *7*
cámara (f)

a

Abteilungswand (f)
partition
cloison (f)

b

раздѣлительная стѣнка (f)
paratoia (f), parete (f) *8*
di tramezzo
tabique (m)

Zuleitungstrang (m)
conduit, inlet
conduite (f) d'amenée *ou* d'adduction

проточная труба (f)
conduttura (f) d'arrivo *9*
tubería (f) de llegada *ó* de conducción

Filter (n)
filter
filtre (m)

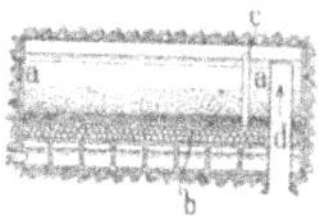

фильтръ (m)
filtro (m) *10*
filtro (m)

1	nutzbare Filterfläche (f) efficient surface of filter-bed surface (f) filtrante utile	a a	полезная площадь (f) фильтра superficie (f) filtrante utile superficie (f) filtrante útil
2	Filterbett (n) filter-bed couche (f) filtrante	a	фильтрующій слой (m) strato (m) filtrante lecho (m) filtrante
3	Querdrain (m) transverse drain drain (m) transversal	b	поперечный дренажъ (m) drenaggio (m) trasver- sale desagüe (m) transversal
4	Standrohr (n) vertical pipe tuyau (m) vertical	c	стоякъ (m) tubo (m) verticale tubo (m) vertical
5	Steigschacht (m) inlet well puits (m) d'ascension de l'eau	d	колодезь (m) для впус- ка сырой воды pozzo (m) ascendente pozo (m) ascendente
6	Meßhaus (n) meter house bâtiment (m) des chambres de réglage		измѣрительная камера (f) cabina (f) di misurazione cala (f) de medida y de regulación
7	Vorkammer (f) antechamber, inlet chamber chambre (f) d'entrée (de décantation)		отстойная камера (f) anticamera (f) di depo- sito cámara (f) de entrada [de clarificación]
8	Meßkammer (f) meter chamber chambre (f) de mesure		водомѣрная камера (f) camera (f) delle misure cámara (f) de medida
9	Verteilungsleitung (f) distributing conduit canalisation (f) de dis- tribution		распредѣлительный трубопроводъ (m); распредѣлительная сѣть (f) трубъ conduttura (f) di distri- buzione canalización (f) de dis- tribución
10	Filtermaterial (n), Fil- terstoff (m) filtering material matière (f) filtrante		фильтрующій мате- ріалъ (m) materiale (m) filtrante materia (f) filtrante
11	drainieren (v), durch Röhren entwässern (v) to drain drainer (v)		дренировать filtrare (v, o passare (v) attraverso l'epuratore desagüar (v)
12	Rohwasser (n) unfiltered water eau (f) brute		сырая или неочищен- ная вода (f) acqua (f) sporca od im- pura o marcia agua (m) basta
13	Reinwasser (n) filtered water eau (f) épurée ou pure		очищенная вода (f) acqua (f) pura, acqua (f) vergine agua (m) pura

Schwimmervorrichtung (f) ball-cock device [dispositif (m) à] flotteur (m)		приспособленіе (n) съ поплавкомъ dispositivo (m) a natante [disposición (f) con]flotador (m)	1

Schwimmervorrichtung (f)
ball-cock device
[dispositif (m) à] flotteur (m)

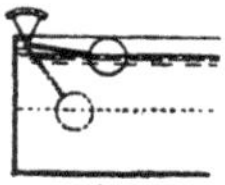

приспособленіе (n) съ поплавкомъ
dispositivo (m) a natante
[disposición (f) con]flotador (m) — 1

Hochbehälter (m)
elevated water tank, water tower
réservoir (m) surélevé, château (m) d'eau

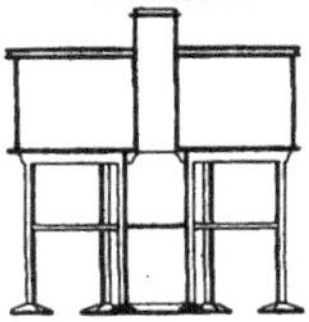

водонапорный резервуаръ (m)
serbatoio (m) elevato
depósito (m) en alto ó elevado — 2

Wassermesseranlage (f)
water meter plant
installation (f) de compteurs d'eau

установка (f) водомѣровъ
installazione (f) di contatori d'acqua
instalación (f) de contadores de agua — 3

mit Erdschichten abdecken (v)
to cover with earth
recouvrir (v) de terre

покрывать слоями земли
coprire (v) con strati di terra
cubrir (v) con capas de tierra — 4

Badebecken (n), Badebassin (n)
swimming bath
bassin (m) de natation

бассейнъ (m) для купанія
vasca (f) da nuoto
estanque (m) de natación — 5

Gasbehälter (m)
gasometer or gasholder reservoir
gazomètre (m)

газгольдеръ (m)
serbatoio (m) a gas, gasometro (m)
gasómetro (m) — 6

Teerbehälter (m)
tar tank
réservoir (m) à goudron

цистерна (f) или резервуаръ (m) для смолы
serbatoio (m) per catrame
depósito (m) para alquitrán — 7

Ammoniakbehälter (m)
tank for ammonia
réservoir (m) à ammoniaque

цистерна (f) или резервуаръ (m) для амміака
serbatoio (m) per ammoniaca,serbatoio (m) da gas
depósito (m) para amoniaco — 8

Heißwasserkasten (m)
hot water tank
bâche (f) ou bac (m) à eau chaude

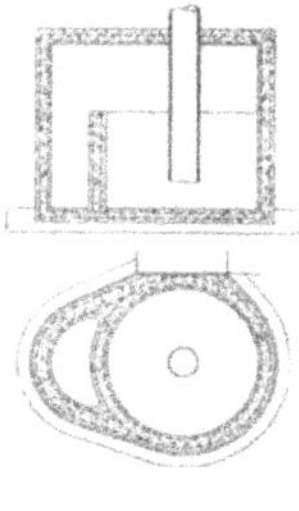

резервуаръ (m) или чанъ (m) для горячей воды
tinozza (f) per acqua calda
caja (f) ó tanque (m) para agua caliente — 9

1
Weinbehälter (m)
wine vat *or* reservoir
cuve (f) à vin

резервуаръ (m) *или*
чанъ (m) для вина
serbatoio (m) per vino
cuba (f) para vino

2
Verkleidung (f) mit Glas-
tafeln
lining with sheets *or*
panes of glass
revêtement (m) en dalles
de verre

облицовка (f) стеклян-
ными плитами
rivestimento (m) con
lastre di vetro
revestimiento (m) de
losas de vidrio

3
Spiritusbehälter (m)
vat for alcohol
réservoir (m) à alcool

резервуаръ (m) для
спирта
serbatoio (m) per alcool
depósito (f) para alcohol

4
Holländer (m)
vat, tub
cuve (f)

роллъ (m); ролъ (m);
голлендеръ (m)
vasca (f), tinozza (f)
cuba (f), tina (f)

5
Waschholländer (m)
washing vat *or* tub
cuve (f) à laver

роллъ (m) для мытья
vasca (f) *o* tinozza (f)
per lavare
cuba (f) para lavar

6
Schaufelwerk (n)
beaters, mixing paddles
agitateur (m)

a

лопасти (f pl)
agitatore (m), recipiente
(m) con rimescolatore
agitador (m)

7
Mahlholländer (m),
Schneideholländer (m)
grinding *or* chopping
chamber
moulin (m) à cylindre

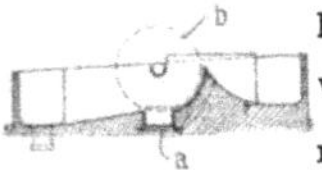

роллъ (m) для размель-
ченія
vasca (f) da macina,
molazza (f)
molino (m) de cilindros

8
Grundwerk (n)
ground *or* foundation
knives
fond (m) garni de cou-
teaux

a

планка (f) съ ножами
fondo (m) a coltelli
fondo (m) guarnecido
de cuchillas

9
Messerwelle (f)
cutter drum *or* barrel
or cylinder
arbre (m) à couteaux

b

валъ (m) съ ножами
albero (m) *o* cilindro (m)
a coltelli
árbol (m) ó eje (m) con
cuchillas

10
mit Kacheln auskleiden
(v)
to line with tiles
revêtir (v) de carreaux

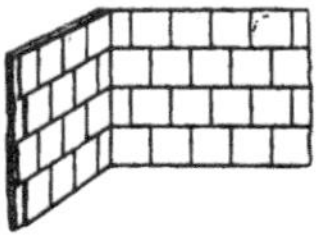

облицовывать израз-
цами
rivestire (v) con matto-
nelle *o* formelle
revestir (v) de ladrillos

Rührbütte (f)
mixerbox or chamber,
stirring or beater
box
cuve (f) à brasser,
cuve-matière (f)

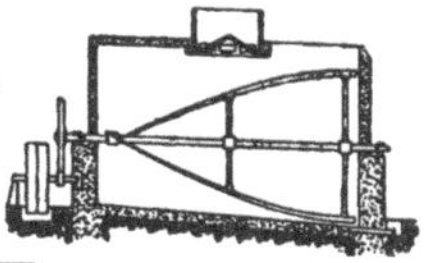

мѣшалка (f)
vasca (f) a misculio
od a scuotimento,
cabina (f) ad impa- *1*
statrice
cuba (f) para mez-
clar

Kleinviehmulde (f)
small cattle trough
abreuvoir (m) ou auge
(f) pour petit bétail

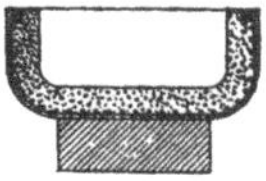

колода (f) или корыто
(n) для мелкаго скота
abbeveratoio (m) per
bestiame minuto *2*
abrevadero (m) para
ganado pequeño

Bordeisen (n)
edge-iron
fer (m) de bordure

бортовое желѣзо (n)
ferro (m) per l'orlo *3*
hierro (m) de borde

Haftring (m)
mooring ring
anneau (m) d'attache

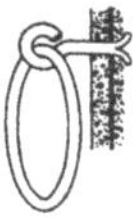

кольцо (n) для привязи
anello (m) d'arresto o
di ritegno *4*
anillo (m) de atar

Badewanne (f)
bath
baignoire (f)

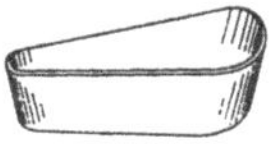

ванна (f) для купанія
vasca (f) da bagno,
bagnarola (f) *5*
bañera (f)

Wassertrog (m)
water trough
auge (f) à eau

корыто (n) для воды
truogolo (m) d'acqua,
tinozza (f) *6*
artesa (f) para agua

Klärbottich (m)
settling vat
cuve (f) de clarification

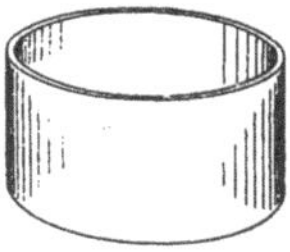

отстойникъ (m)
vasca (f) o mastello (m)
da chiarificazione *7*
cuba (f) de clarificación

Aquarium (n)
aquarium
aquarium (m)

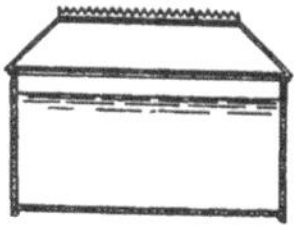

акваріумъ (m)
acquario (m) *8*
acuario (m)

Säurekübel (m)
vessel for acids, carboy
bac (m) à acide

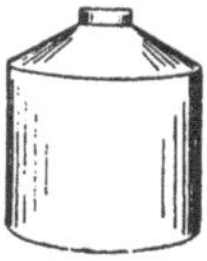

бидонъ (m) для кислотъ
tinozza (f) o vasca (f) per
acido *9*
cubeta (f) para ácido

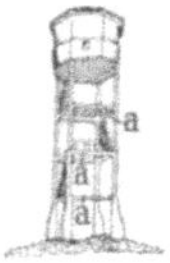

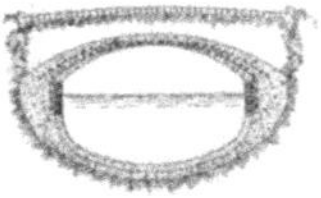

	German	English	French	Russian	Italian	Spanish
1	Kufe (f) für Schwellenimprägnierung	vat for impregnation of sleepers	cuve (f) pour imprégnation de traverses	корыто (n) для пропитки шпалъ	vasca (f) per iniettare le traversine	cuba (f) para impregnar traviesas
2	Standrohr (n) als Wasserbehälter	vertical pipe or cylinder as water tank	tuyau (m) vertical servant de réservoir à eau	резервуаръ (m) въ видѣ стояка	tubo (m) verticale come serbatoio d'acqua	tubo (m) vertical como depósito de agua
3	das Abflußrohr in das Fundament einbetten (v)	to bed the outlet pipe in the foundation	disposer (v) le tuyau d'écoulement dans la fondation	закладывать исходящую трубу въ фундаментъ	mettere (v) il tubo di drenaggio nella fondazione	colocar (v) el tubo de desagüe en la fundación
4	Wasserturm (m)	water tower	château (m) d'eau	водоёмная башня (f)	castello (m) o fontanone (m) d'aqua, torre (f) de agua	arca (f) de agua
5	Querverband (m)	transversal or cross bracings (pl) or stays (pl)	assemblage (m) transversal, contreventement (m)	поперечная связь (f)	congiungimento (m) o legatura (f) trasversale	ensamblado (m) transversal
6	Wasserleitung (f)	water conduit	canalisation (f) d'eau	водопроводъ (m)	conduttura (f) d'acqua	canalización (f) de agua
7	Kanal (m)	canal	égout (m)	каналъ (m)	canale (m)	alcantarilla (f), colector (m)
8	Dükerleitung (f)	syphon	siphon (m)	сифонъ (m)	sifone (m)	sifón (m)
9	Durchlaß (m)	conduit, culvert	aqueduc (m), ponceau (m)	труба (f)	passaggio (m) d'acqua, tombino (m)	paso (m), acueducto (m)

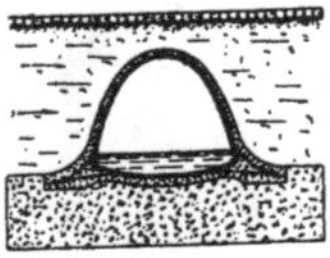

Untergrundbahn (f)
underground railway
chemin (m) de fer sou-
terrain

подземная дорога (f)
ferrovia (f) sotterranea
ferrocarril (m) sub-
terráneo   *1*

Dammrohr (n)
discharge pipe of dam
tuyau (m) de digue

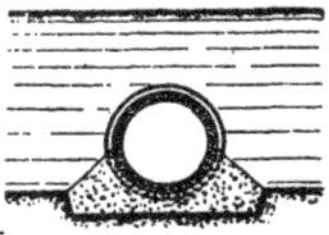

труба (f) подъ насыпью
tubo (m) della diga,
   tombino (m)
tubo (m) de dique ó
   terraplén   *2*

Möllersches Rohr (n),
   Möller-Rohr (n)
Möller pipe or main
tuyau (m) [de] Möller

труба (f) Меллера
tubo (m) tipo Möller
tubo (m) Möller   *3*

Eisenbetonmast (m)
reinforced concrete pole
mât (m) ou poteau (m)
en béton armé

желѣзобетонная мачта
   (f); желѣзобетонный
   столбъ (m)
albero (m) in cemento
   armato
poste (m) ó mástil (m)
   de hormigón armado   *4*

Asphaltrillendichtung
   (f)
asphalt or pitch groove-
   joint
joint (m) à rainures à
   l'asphalte

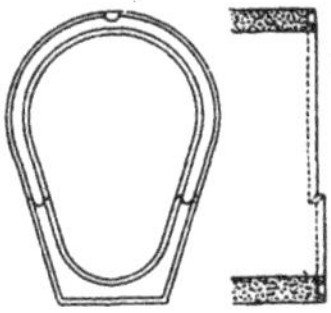

задѣлка (f) стыковъ
   асфальтомъ
chiusura (f) della giun-
   zione con asfalto con
   scanalature
junta (f) de ranuras de
   asfalto   *5*

Rohrstrang (m)
pipe line
une certaine longueur
   (f) de conduite, bout
   (m) ou tronçon (m) de
   conduite

трубопроводъ (m)
tronco (m) di tubatura
trozo (m) de tubería,
   porción (f) de tubería   *6*

Kernform (f)
core
moule (m) à noyau

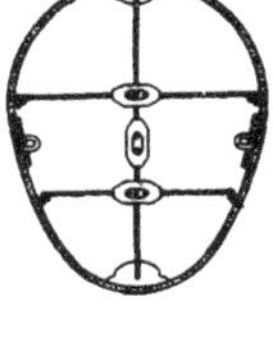

внутренній болванъ
   (m) для полой отлив
   ки
forma (f) a nocciuolo
   cassa (f) d'anima
molde (m) de núcleo

1
Sandfang (m),
sand collector
collecteur (m) de sable

отстойникъ (m) для
песка; песочница (f)
collettore (m) di sabbia
colector (m) de arena

2
Absturz (m)
fall, drop
effondrement (m), chute
(f)

иерепадъ (m)
affranamento (m), ca-
duta (f)
hundimiento (m), caída
(f)

3
Neutralisieren (n) der
Abwässer
neutralisation of sewage
water
neutralisation (f) des
eaux vannes

нейтрализація (f) сточ-
ныхъ водъ
decantazione (f) o neu-
tralizzazione (f) delle
acque di scarico o di
rifiuto
neutralización (f) de las
lavacías

4
mit Steinzeugschalen
auskleiden (v)
to line with tiles
revêtir (v) de plaques
de grès

облицовывать керами-
ковыми скорлупами
rivestire (v) con placche
di grès piccole o lastre
di grès
revestir (v) con placas
de gres

5
mit Klinkern aus-
mauern (v)
to build with clinker or
Dutch bricks
maçonner (v) avec des
briques hollandaises

облицовывать клинке-
ромъ
innalzare (v) o rivestire
(v) un muro con mat-
tonelle ollandesi
tapiar (v) con ladrillos
holandeses

6
Rohrpresse (f)
press for pipes
presse (f) à tuyaux

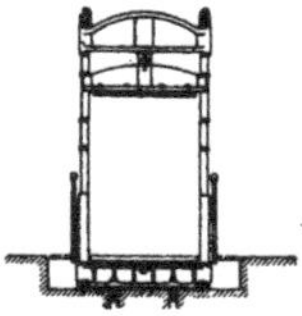

прессъ (m) для трубъ
pressa (f) a tubi
prensa (f) para tubos

7
Eisenbetonrohr (n)
ferro-concrete pipe
tuyau (m) en béton armé

желѣзобетонная труба
(f)
tubo (m) di cemento ar-
mato
tubo (m) de hormigón
armado

8
Wasserleitungsbau (m),
Aquädukt (m)
water conduit, aque-
duct
aqueduc (m)

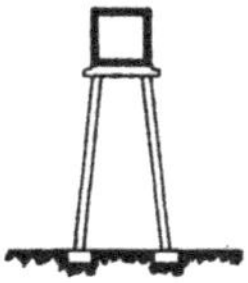

акведукъ (m)
acquedotto (m)
acueducto (m)

9
Kanalbrücke (f)
bridge canal
pont-canal (m)

мостъ (m) для канала
ponte-canale (m)
puente-canal (m)

XV.

Brücken   **Мосты**
Bridges   **Ponti**
Ponts   **Puentes**

Brücke (f)
bridge
pont (m)

мостъ (m)
ponte (m)
puente (m)   *1*

Balkenbrücke (f)
girder bridge
pont (m) à poutres *ou*
  à poutrelles

балочный мостъ (m)
ponte (m) a travate
puente (m) de vigas   *2*

Plattenbrücke (f)
plate bridge
pont-dalle (m)

архитравный мостъ (m)
ponte (m) a solette *od*
  a piastre *od* a lastre
puente (m) de planchas   *3*

Gefälle (n) durch Ver-
  stärkung in der Mitte
camber *or* slope by
  thickening of the
  centre
pente (f) résultant du
  renforcement au mi-
  lieu

уклонъ (m), достиг-
  нутый утолщеніемъ
  въ серединѣ
caduta (f) o discesa (f)
  per rinforzo inter-
  medio
pendiente (m) debido
  al refuerzo del centro   *4*

den Bord mit der Platte
  herstellen (v)
to mould the curb with
  the slab
constituer (v) le rebord
  par la dalle

изготовлять борть за
  одно цѣлое съ плитой
incalzare (v) o fare (v) il
  bordo con la piastra
formar (v) el borde con
  las losas ó placas   *5*

Schotterbeit (n)
bed *or* layer of ballast
couche (f) de ballast

балластный слой (m)
  изъ гравія
strato (m) di ghiaia
capa (f) de balasto   *6*

Plattenbalkenbrücke (f)
combined truss and
  plate bridge
pont (m) à poutres et
  à dalles

мостъ (m) изъ ребри-
  стыхъ плить
ponte (m) a travate e
  solette
puente (m) de vigas y
  planchas   *7*

15*

1
untenliegende Fahrbahn (f)
low lying roadway
tablier (m) reposant sur la semelle inférieure de la poutre

а

ѣзда (f) по низу; проѣзжая часть (f) расположена внизу
ponte (m) a via inferiore
calzada (f) soportada por la tabla inferior (de la viga) ó apoyada en la tabla inferior

2
den Träger als Geländer ausbilden (v)
to make the beams so as to form parapets
faire servir (v) les poutres de balustrade ou garde-corps

а

придавать балкѣ форму перилъ
formare (v) le travi a parapetto
construir (v) las vigas sirviendo de balaustrada

3
oben liegende Fahrbahn (f)
overlying roadway
tablier (m) reposant sur la semelle ou partie supérieure de la poutre

ѣзда (f) по верху; проѣзжая часть (f) расположена наверху
ponte (m) a via superiore
calzada (f) soportada por la tabla ó parte superior (de la viga)

4
Bauhöhe (f), Konstruktionshöhe (f)
depth of the work
hauteur (f) de l'ouvrage

а

строительная высота (f); высота конструкціи
altezza (f) della costruzione
altura (f) de la construcción

5
kontinuierliche Balkenbrücke (f)
bridge with continuous beams or chords or stringers
pont (m) à poutres continues ou à travées solidaires

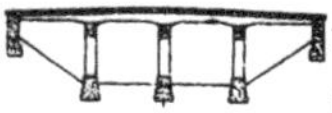

неразрѣзной балочный мостъ (m)
ponte (m) a travi continue
puente (m) de vigas continuas

6
symmetrische Öffnungslängen (f pl)
symmetrical spans or openings
ouvertures (fpl) égales et symétriques

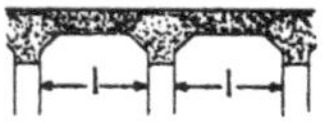

l

симметричные пролёты (m pl)
lunghezze (f pl) d'apertura simmetriche
aberturas (f pl) iguales y simétricas, luces (m pl) iguales

7
künstliche Belastung (f)
superload
charge (f) artificielle (d'épreuve)

искусственная нагрузка (f)
caricamento (m) artificiale
carga (f) (de ensayo) artificial

8
Dehnungsfuge (f)
expansion joint
joint (m) ou jeu (m) de dilatation

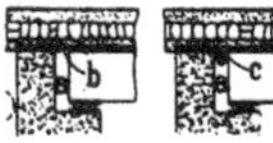

a

компенсаторъ (m); расширительный шовъ (m)
giunto (m) o fessura (f) per dilatazione
junta (f) de dilatación

übereinanderschleifende Blechplatten (f pl) overlapping ironplates plaques (f pl) de tôle *ou* tôles (f pl) glissant les unes sur les autres	b	скользящія другъ по другу желѣзныя плиты (f pl) lastre (f pl) di lamiera sovracavallantesi e selvolanti planchas (f pl) de palastro deslizando unas sobre otras *1*
Welle (f) (eines Wellbleches) corrugation *or* wave (of corrugated iron) pli (m) (d'une tôle ondulée)	c	волна (f) (листа волнистаго желѣза) piega (f) (di una lamiera ondulata) doblez (m) (de una plancha ondulada) *2*
Kragträger (m) cantilevered beam poutre (f) en console		консольная балка (f) trave (f) a mensola, braccio (m) a peduccio viga (f) de consola *3*
Gehweg (m) footpath, footway chemin (m) pour piétons	a	пѣшеходная часть (f); тротуаръ (m) passaggio (m) per pedoni, marciapiede (m) camino (m) para peatones *4*
Brückenpfeiler (m) column *or* pier *or* buttress of a bridge pilier (m) de pont		опора (f) моста; мостовый быкъ (m) pila (f) di un ponte pilar (m) de puente *5*
Joch (n) trestle travée (f)		ярмо (n) travata (f) bovedilla (f) *6*
Widerlager (n) abutment culée (f)		устой (m) piedritto (m), muro (m) di sponda estribo (m) *7*
Flügelmauer (f) wing wall mur (m) en aile		откосное крыло (n) muro (m) di spalla muro (m) en ala *8*
Brückenauflager (n) point of support of a bridge appui (m) de pont		опора (f) моста appoggio (m) *o* cuscino (m) del ponte apoyo (m) de puente *9*
Belastungsannahme (f) assumption of load charge (f) supposée		принятая нагрузка (f) carico (m) supposto carga (f) supuesta *10*

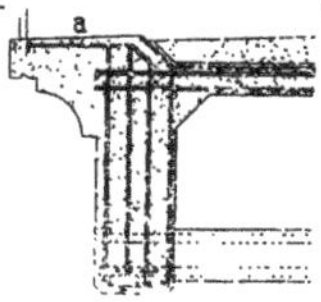

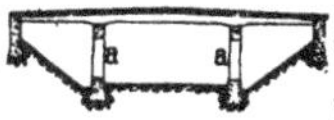

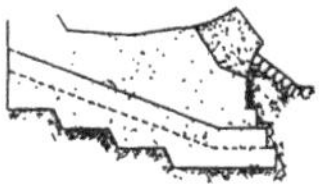

1
Belastungsfall (m)
manner of loading
charge (f) réelle *ou* éventuelle

случай (m) нагрузки
portata (f) effettiva
carga (f) efectiva ó eventual

2
ungünstigste Belastung (f)
most unfavourable manner of loading
charge (f) la plus défavorable

наиневыгоднѣйшая нагрузка (f)
carico (m) sfavorevole
carga (f) la más desventajosa

3
freie Beweglichkeit (f)
free movement
liberté (f) de se mouvoir

свобода (f) движенія
libertà (f) di movimento
libertad (f) de movimiento

4
Lagerplatte (f)
bearing plate
plaque (f) d'appui

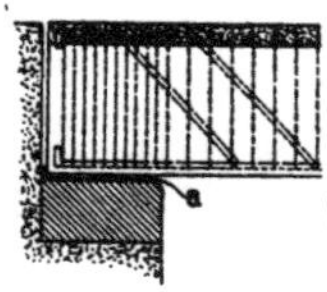

опорная плита (f)
cuscinetto (m) d'appoggio, peduccio (m)
placa (f) de apoyo

a

5
Fahrbahn (f)
roadway
chaussée (f)

проѣзжая часть (f)
strada (f) di scorrimento *o* carreggiabile
calzada (f), camino (m)

6
Längsträger (m)
longitudinal beam *or* girder
poutre (f) longitudinale

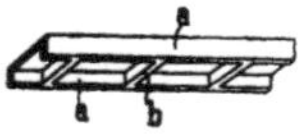

продольная балка (f)
trave (f) longitudinale, corrente (m)
viga (f) longitudinal

a

7
Querträger (m)
cross beam, transverse girder *or* joist
traverse (f), pièce (f) de pont

b

поперечная балка (f)
trave (f) trasversale, travicello (m)
traviesa (f)

8
dynamische Wirkung (f)
dynamic action
action (f) dynamique

динамическое дѣйствіе (n)
azione (f) dinamica
acción (f) dinámica

9
Entwässerung (f) der Brücken
drainage of the bridge
drainage (m) *ou* assèchement (m) des ponts

отводъ (m) воды съ мостовъ
drenaggio (m) *o* scolo (m) dei ponti
desagüe (m) ó desecamiento (m) de puentes

10
Fachwerkbalkenbrücke (f)
bridge with trussed stringers *or* girders, bridge with trellis main booms *or* chords
pont (m) à poutres en treillis

рѣшетчатобалочный мостъ (m)
ponte-travi (m) a traliccio *o* all'americana
puente (f) de vigas armadas ó de celosía

Visintinische Brücke (f) Visintini bridge pont (m) Visintini		мостъ (m) Визинтини ponte (m) tipo Visintini 1 puente (m) Visintini

Parallelträger (m)
parallel trussed *or*
  braced girder
poutres (f pl) parallèles,
  poutres (f pl) maî-
  tresses
	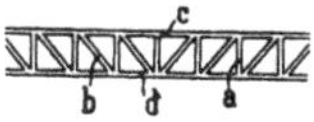
	b d a
		балка (f) съ параллель-
		  ными поясами
		travi (f pl) parallele,
		  travi - correnti (f pl) 2
		  principali
		vigas (f pl) paralelas,
		  vigas (f pl) maestras

Füllungsstäbe (m pl)
stays, members,
  bracings
barres (f pl) de treillis
	a, b	стержни (m pl) или эле-
		  менты (m pl) рѣшёт-
		  ки
		barre (f pl) di riempi-
		  mento, catenelli 3
		  (m pl) dell'armatura
		barras (f pl) de viga de
		  celosía

Ständer (m), Vertikale
  (f)
upright, vertical stay *or*
  brace
montant (m)
	a	стойка (f)
		montante (m) verticale, 4
		  punzone (m)
		montante (m)

Diagonale (f) diagonal stay *or* brace diagonale (f)	b	раскосъ (m); діагональ (f) 5 diagonale (f) diagonal (f)

Obergurt (m)
upper-chord *or* flange,
  upper-boom, top mem-
  ber
membrure (f) supérieure
	c	верхній поясъ (m)
		membratura (f) supe- 6
		  riore
		cordón (m) superior

Untergurt (m)
lower-chord *or* boom,
  bottom member *or*
  flange
membrure (f) inférieure
	d	нижній поясъ (m)
		membratura (f) inferiore 7
		cordón (m) inferior

Vierendeelsche Brücke (f) Vierendeel bridge pont (m) Vierendeel	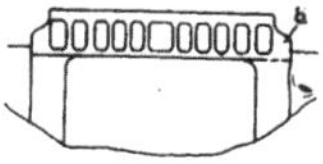	мостъ (m) Вианделя ponte (m) Vierendeel 8 puente (f) Vierendeel

am Auflager voller
  Querschnitt (m)
solid flange at bearing
  or point of support
section (f) pleine à
  l'appui
	a	полное сѣченіе (n) на
		  опорѣ
		sezione (f) completa *o* 9
		  piena all'appoggio
		sección (f) entera en el
		  apoyo

Annäherungsrechnung
  (f)
approximate calcula-
  tion
calcul (m) approché
		приближённый ра-
		  счетъ (m)
		calcolo (m) appros- 10
		  simato
		cálculo (m) aproximado

steife Knotenverbin- dung (f) rigid joint nœud (m) rigide		жёсткій узелъ (m) nodo (m) rigido *o* fisso 11 nudo (m) rigido

1
Fachwerkbrücke (f) mit
  parabolischem Ober-
  gurt
truss or trellis-work
  bridge with para-
  bolic upper-chord,
  bowstring bridge
pont (m) en treillis avec
  membrure supérieure
  parabolique

рѣшетчатый мостъ (m)
  съ параболическимъ
  верхнимъ поясомъ
ponte (m) a traliccio con
  menbratura superiore
  parabolica
puente (m) de celosía
  con cordón superior
  parabólico

2
gewölbte Brücke (f)
arched bridge
pont (m) en voûte ou
  en arc

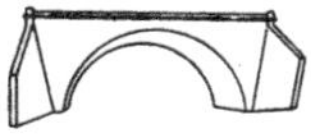

арочный мостъ (m)
ponte (m) ad arco
puente (m) en forma de
  bóveda ó abovedado

3
Talbrücke (f)
viaduct
viaduc (m)

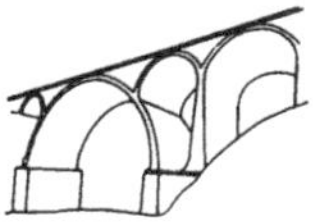

віадукъ (m)
viadotto (m)
viaducto (m)

4
Gewölbe (n) ohne Gelenk
non-articulated arch,
  non-hinged arch
voûte (f) non articulée

арка (f) безъ шарни-
  ровъ
volta (f) o arco (m) senza
  cerniere
bóveda (f) sin articula-
  ción

5
Zweigelenkbogen (m)
double articulation or
  hinged arch
arc (m) à deux rotules

двухшарнирная арка
  (f)
arco (m) a due cerniere
arco (m) con dos arti-
  culaciones ó dos ro-
  tulas

6
Dreigelenkbogen (m)
triple articulation or
  hinged arch
arc (m) à trois rotules

трёхшарнирная арка
  (f)
arco (m) a tre cerniere
arco (m) con tres arti-
  culaciones ó rotulas

7
Quadergewölbe (n)
ashlar masonry arch,
  arch of hewn stone
voûte (f) en pierre de
  taille

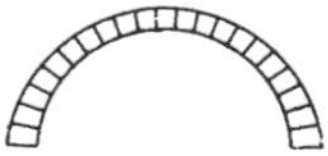

сводъ (m) изъ тёса-
  наго камня
arco (m) a conci od a
  dadi
arco (m) ó bóveda (f) de
  sillares

8
reines Betongewölbe (n)
concrete arch
voûte (f) en béton pur

сплошной бетонный
  сводъ (m)
volta (f) in puro calce-
  struzzo
bóveda (f) de hormigón
  puro

9
Quaderverkleidung (f)
ashlar stone facing
parement (m) en pierre
  de taille

облицовка (f) изъ тёса-
  наго камня
rivestimento (m) a conci
  od a dadi
revestimiento (m) con
  sillares

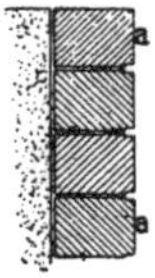

Stirn (f) spandril wall parement (m)	a a	щека (f) арки frontone (m) puente (m)	*1*
steinhauermäßig be- arbeiteter Beton (m) concrete tooled *or* worked to resemble stone béton (m) taillé et ra- valé		бетонъ (m), обработан- ный каменотёснымъ способомъ calcestruzzo (m) lavo- rato col modo del tagliapietre hormigón (m) trabajado por picapedreros	*2*
steife Bewehrung (f) rigid armouring *or* rein- forcement ossature (f) *ou* armature (f) rigide		жёсткая арматура (f) armatura (f) rigida armadura (f) rigida, esqueleto (m) rigido	*3*
provisorisch wirkendes Gelenk (n) temporary joint *or* hinge articulation (f) à action provisoire		временно дѣйствующій шарниръ (m) articolazione (f) ad azione provvisoria articulación(f) de acción provisional	*4*
Steingelenk (n) stone hinge *or* joint *or* articulation articulation (f) en pierre		каменный шарниръ (m) articolazione (f) in pietra articulación (f) de piedra	*5*
Bogenanfänger (m) haunch, skew-back, springing block, springer naissance (f) de l'arc	A	опора (f) арки origine (f) dell'arco, pulvinare (m) *o* spalla (f) della volta origén (m) del arco	*6*
konvexe Krümmung (f) convex curve courbure (f) convexe	a a	выпуклая кривизна (f) curvatura (f) convessa curvatura (f) convexa	*7*
Kämpferstein (m) bearing block, skew- back, springing stone imposte (f), sommier (m)	B	пятовый камень (m) pietra (f) di spalla, ri- poso (m) *od* origine (f) della volta sotabanco (m), imposta (f)	*8*
konkave Krümmung (f) concave curve courbure (f) concave	b b	вогнутая кривизна (f) curvatura (f) concava curvatura (f) cóncava	*9*
Gelenkquader (m) aus Beton articulation- *or* hinge- block formed of con- crete pièce (f) d'articulation en béton	A, B	шарнирный массивъ (m) изъ бетона concio (m) d'articola- zione *o* cerniera (f) in calcestruzzo sillar (m) de articulación de hormigón	*10*

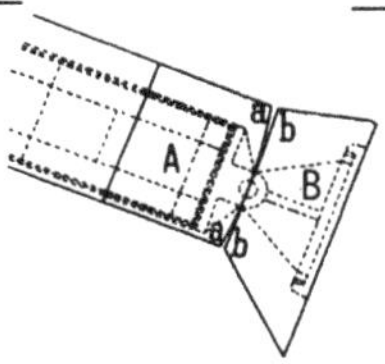

1 Granitgelenk (n)
hinge formed of granite
articulation (f) en granit

гранитный шарниръ (m)
articolazione (f) o cerniera (f) in granito
articulación (f) de granito

2 Bleiplattengelenk (n)
lead hinge plate
articulation (f) à plaques de plomb

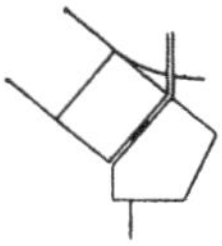

шарниръ (m) со свинцовыми прокладками
articolazione (f) a base di piombo
articulación (f) de placas de plomo

3 eisernes Gelenk (n)
iron hinge
rotule (f) en fer

желѣзный шарниръ (m)
articolazione (f) o cerniera (f) in ferro
articulación (f) de hierro, rotula (f) de hierro

4 Stahlgelenk (n)
steel hinge
rotule (f) d'acier

стальной шарниръ (m)
cerniera (f) d'acciaio
articulación (f) de acero, rotula (f) de acero

5 gußeiserner Lagerstuhl (m)
cast iron bearer
coussinet (m) en fonte

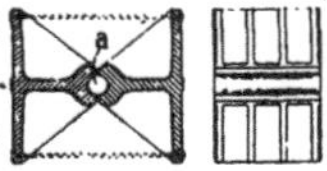

чугунная подушка (f)
cuscinetto (m) d'appoggio in ghisa
soporte (m) de fundición

6 zylindrischer Stahlbolzen (m)
cylindrical steel trunnion or axle
tourillon (m) ou axe (m) en acier

стальной цилиндрическій болтъ (m)
asse (f) o perno (m) o bullone (m) cilindrico in acciaio
eje (m) cilíndrico de acero

7 Bolzenkipplager (n)
free or roller or bascule bearing
appui (m) oscillant ou à balancier

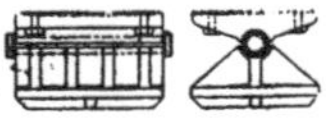

шарнирная опора (f)
appoggio (m) dell' asse a bilico
rodillo (m) á báscula

8 Wälzgelenk (n) aus Gußstahl
cast steel rocker bearing or hinge
appui (m) à rouleaux en acier coulé

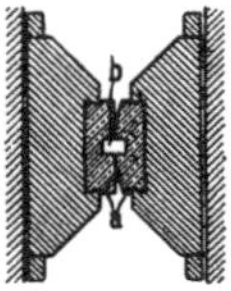

шарниръ (m) изъ литой стали
articolazione (f) girevole, cerniera (f) in acciaio fuso
articulación (f) de rodillos de acero fundido

9 Gelenkstück (n)
hinge block
pièce (f) d'articulation

шарнирная часть (f)
pezzo (m) dell' articolazione
pieza (f) de articulación

durch Dollen verbinden (v)
to connect by plugs *or* dowels
réunir (v) au moyen de goujons

b

соединить болтами
collegare (v) mediante caviglie
unir (v) con tarugos   *1*

Brückenaufbau (m)
superstructure of a bridge
tablier (m) de pont

мостовая надстройка (f)
corpo (m) stradale di un ponte
tablero (m) ó suelo (m) de una puente   *2*

sekundäre Fahrbahnunterstützung (f)
secondary roadway supports (pl)
viaduc (m) de soutènement du tablier

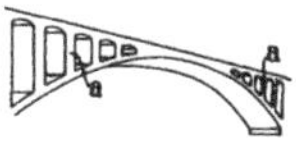

a

второстепенная опора (f) проѣзжей части
sostegno (m) secondario della via *o* del piano stradale
viaducto (m) de soporte de la calzada   *3*

Bogenrippe (f)
arched rib
nervure (f) en arc

рёбра (n pl) арки
nervatura (f) dell'arco
costilla (f) arqueada   *4*

Hängesäule (f)
suspension *or* truss post, tie
tirant (m), poinçon (m)

подвѣска (f)
colonella (f) tirante
tirante (m) (vertical), pendolón (m)   *5*

die Fahrbahn aufhängen (v)
to suspend the roadway
suspendre (v) le tablier

подвѣшивать проѣзжую часть
sospendere (v) il piano stradale
suspender (v) la calzada   *6*

statisch bestimmter Gelenkbogen (m)
hinged arch with statically determined stresses
arc (m) articulé déterminé statiquement

статически опредѣлимая шарнирная арка (f)
arco (m) articolato staticamento determinato
arco (m) articulado determinado estáticamente   *7*

Einflußlinie (f)
line of influence
ligne (f) d'influence

линія (f) вліянія; инфлюентная линія
linea (f) d'influenza
línea (f) de influencia   *8*

Kernmoment (n)
moment of normal force round centre of section
moment (m) de rotation

моментъ (m) ядра
momento (m) di rotazione
momento (m) de rotación   *9*

Stützlinienverfahren (n)
procedure of the line of pressure
procédé (m) des lignes de poussée

способъ (m) кривыхъ давленія
procedimento (m) delle linee d'appoggio
procedimiento (m) de las líneas de presiones   *10*

236

1	Stützlinie (f) für volle Belastung line or centre of pressure for the complete load ligne (f) de poussée pour la charge totale		кривая (f) давленія для полной нагрузки linea (f) d'appoggio pel carico completo linea (f) de presiones para la carga total
2	Horizontalschub (m) horizontal thrust poussée (f) horizontale	a	горизонтальный распоръ (m) spinta (f) orizzontale empuje (m) horizontal
3	Kräfteeck (n), Kräftepolygon (n) polygon of stresses, diagram of stresses polygone (m) des forces	a	многоугольникъ (m) силъ poligono (m) delle forze poligono (m) de fuerzas
4	Scheiteldruck (m) thrust at crown poussée (f) à la clef	a	давленіе (n) въ замкѣ pressione (f) all'alto od in chiave presión (f) en el vértice, empuje (m) en la clave
5	Kämpferdruck (m) thrust at springer or haunch pression (f) sur le sommier	b	опорное давленіе (n) pressione (f) all'imposta o di spalla presión (f) en la imposta
6	Maximalstützlinie (f) line or centre of maximum pressure courbe (f) des pressions maxima	a, a	кривая (f) наибольшаго давленія linea (f) degli appoggi massima poligono (m) de las presiones máxima
7	Minimalstützlinie (f) line or centre of minimum pressure courbe (f) des pressions minima	b, b	кривая (f) наименьшаго давленія linea (f) d'appoggio minima poligono (m) de las presiones minima
8	oberer Drittelpunkt (m) highest point of the middle third point (m) au tiers supérieur	a	верхняя точка (f) трети терзо-punto (m) superiore punto (m) tercio superior
9	unterer Drittelpunkt (m) lowest point of the middle third point (m) au tiers inférieur	b	нижняя точка (f) трети терзо-punto (m) inferiore punto (m) tercio inferior

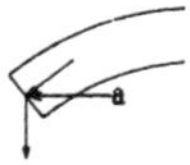

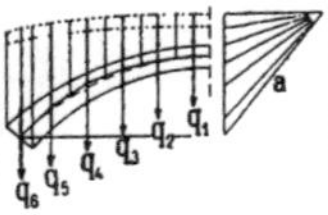

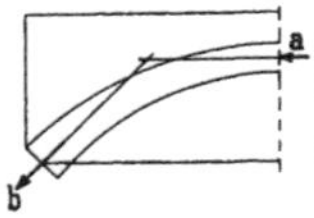

Randspannung (f) extreme fibre stress tension (f) sur l'arête	напряженіе (n) край- няго волокна tensione (f) all'orlo od all'estremità tensión (f) en el borde	1
Temperaturspannung (f) stress due to tempera- ture tension (f) due à la température	температурное напря- женіе (n) tensione (f) per la tem- peratura tensión (f) debida á la temperatura	2

Eisenbahnbrücke (f) railway bridge pont (m) de chemin de fer	желѣзнодорожный мость (m) ponte (m) ferroviario puente (m) de ferro- carril	3

Lastenzug (m) typical loading, test- load train train (m) d'épreuve	нагрузочный поѣздъ (m) treno (m) di collaudo tren (m) de carga de ensayo	4

a

Längsschwelle (f) longitudinal sleeper longrine (f)	продольный лежень (m); продольная шпала (f) lungherina (f) longrina (f), larguero (m)	5

a

Querschwelle (f) transverse or cross sleeper traverse (f)	поперечная шпала (f) traversa (f) traviesa (f)	6

a

durchlaufendes Schotterbett (n) uninterrupted ballast couche (f) de ballast continue	непрерывный балласт- ный слой (m) massicciata (f) di ballast non interrotta capa (f) de balasto con- tinua	7

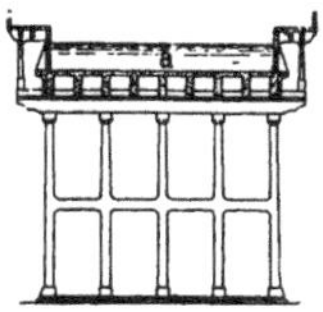

Brückenkanal (m) canal-bridge or aque- duct pont-canal (m)	мостовой каналъ (m) ponte-canale (m) puente-canal (m), acue- ducto (m)	8

		a	
1	wasserfassender Trog (m) trough containing water canal (m) sur le pont		водоёмный лотокъ (m) bacino (m) d'un con- dotto d'acqua canal (f) de la puente
2	einschiffige Kanal- brücke (f) canal-bridge or aque- duct to take one boat pont-canal (m) pour un seul bateau	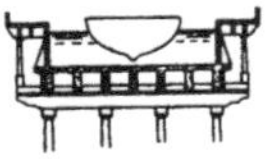	мостовой каналъ (m) на одно судно ponte-canale (m) per una sola imbarcazione puente-canal (m) para un solo barco, acue- ducto (m) para un solo barco
3	zweischiffige Kanal- brücke (f) canal-bridge or aque- duct to take two boats pont-canal (m) pour deux bateaux	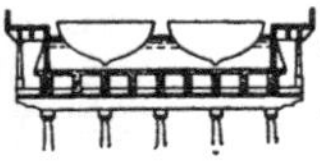	мостовой каналъ (m) на два судна ponte-canale (m) per due imbarcazioni puente-canal (m) para dos barcos, acueducto (m) para dos barcos

XVI.

Kunststeine

Artificial Stones

Pierres artificielles

Искусственный камень

Pietre artificiali

Piedras artificiales

Kunststein (m)
artificial stone, Victoria-
stone
pierre (f) artificielle *ou*
factice

искусственный камень
(m)
pietra (f) artificiale
piedra (f) artificial *1*

Zementware (f)
cement ware
objets (m pl) en ciment

цементныя издѣлія
(n pl)
articoli (m pl) di cemento
objetos (m pl) de cemento *2*

Massenproduktion (f),
Massenerzeugung (f)
wholesale *or* bulk pro-
duction
production (f) en masse

массовое производство
(n)
produzione (f) in massa
producción (f) en masa *3*

Färbung (f) des Ze-
mentes
colouring of cement
coloration (f) du ciment

окрашиваніе (n) це-
мента
colorazione (f) del ce-
mento
coloración (f) del ce-
mento *4*

Erdfarbe (f)
earth colour, colouring
earth
terre (f) colorante
(naturelle)

красящая земля (f);
земляная краска (f)
colore-terra (m), terra (f)
colorante
terra (f) colorante
(natural) *5*

Mineralfarbe (f)
mineral colour
couleur (f) minérale
(artificielle)

минеральная краска (f)
colore (m) minerale
color (m) mineral (arti-
ficial) *6*

Kalksteinsand (m)
limestone sand
sable (m) calcaire

известняковый песокъ
(m)
sabbia (f) calcare
arena (f) de piedra cal-
carea *7*

1
natürliche Farbe (f)
natural colour
couleur (f) naturelle

натуральный *или*
естественный цвѣтъ
(m)
colore (m) naturale
color (m) natural

2
Körnung (f)
graining
grain (m), granulage (m)

зерно (n); зернистость
(f)
granulazione (f)
granulación (f)

3
Kernbeton (m)
coarse concrete
béton (m) granulé

бетонъ (m) ядра
calcestruzzo (m) granul-
loso *o* a nocciuoli
hormigón (m) granulado

4
Feinbeton (m)
fine concrete
béton (m) fin

чистый бетонъ (m)
calcestruzzo (m) fino *o*
di prima qualità
hormigón (m) fino

5
durchsieben (v)
to screen *or* sift
tamiser (v), passer (v)
au tamis

просѣивать
passare (v) allo staccio,
stacciare (v)
cerner (v) ó pasar (v) al
cedazo ó al tamiz

6
Waschmaschine (f)
washing machine
laveur (f), machine (f)
à laver

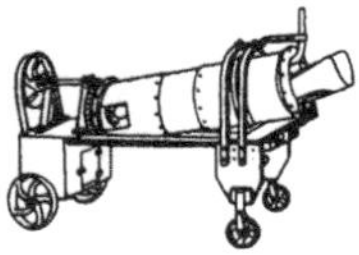

мойка (f)
lavatrice (f)
lavador (m), máquina
(f) de lavar

7
Scheidung (f)
sorting
triage (m)

сортировка (f)
assortimento (m)
clasificación (f)

8
Kies-undSandscheide-
maschine (f)
gravel and sand se-
parator
trieur (f) à gravier et
à sable

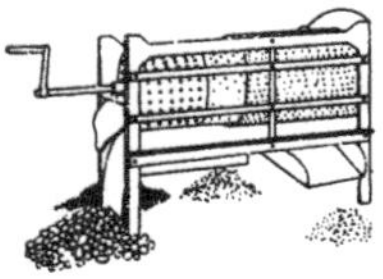

сортировочная ма-
шина (f) для гравія
и песка
macchina (f) per as-
sortire ghiaia e
sabbia
clasificador (m) ó es-
cogedor (m) de cas-
cajo y arena

9
Kies- und Sandwasch-
maschine (f)
washing machine for
gravel and sand
laveur (f) à gravier et à
sable

мойка (f) для гравія и
песка
macchina (f) per lavare
ghiaia e sabbia
lavador (m) de cascajo
y arena

10
durch Wasserstrahl
nässen (v)
to wet with a spray of
water
mouiller (v) *ou* humidi-
fier (v) au jet d'eau

смачивать водяной
струёй
bagnare (v) con getti
d'acqua
mojar (v) á chorro de
agua

Unreinigkeit (f)
impurity
impureté (f)

засорённость (f)
impu·ità (f)
impureza (f) — 1

---

durch Absetzen ausscheiden (v)
to separate by sedimentation
séparer (v) par décantation

выдѣлять осажденіемъ
separare (v) o espellere (v) per deposizione
separar (v) por sedimentación — 2

Schlamm absondern (v)
to separate the mud
séparer (v) la boue ou la fange, ébouer (v)

отдѣлять илъ
separare (v) il fango o la melma
separar (v) el barro, desenlodar (v) — 3

---

eiserne Form (f)
iron mould
moule (m) en fer

желѣзная форма (f)
forma (f) in ferro per la gettata
molde (m) de hierro — 4

Holzform (f)
wooden or timber mould, timber casing
moule (m) en bois

деревянная форма (f)
forma (f) in legno, stampa (f)
molde (m) de madera — 5

Holzdiele (f)
wooden plank or board
planche (f)

деревянный станокъ (m)
tavola (f), assicella (f)
tabla (f) — 6

Kasten (m)
mould box
caisse (f), châssis (m)

ящикъ (m)
cassa (f), telaio (m)
caja (f), bastidor (m) — 7

Gipsform (f)
plaster mould
moule (m) en plâtre

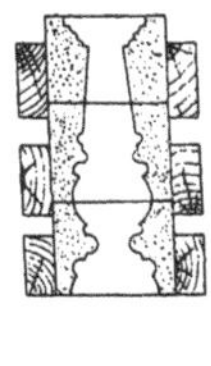

гипсовая форма (f)
forma (f) o modello (m) in gesso
molde (m) de yeso — 8

---

ornamentale Bauteile (m pl)
ornamental parts (pl)
pièces (f pl) ornementales pour la construction

части (f pl) сооруженія орнаментированныя
parti (f) ornamentali o decorazioni della costruzione
piezas (f) ornamentales para construcciones — 9

---

durch Winkelkanten schützen (v)
to protect with angle iron
protéger (v) par des cornières

защищать края угольникомъ
proteggere (v) con ferri ad angolo o cantonali
proteger (v) con cantoneras — 10

Lehmform (f)
clay mould
moule (m) d'argile

глиняная форма (f)
forma (f) di argilla
molde (m) de arcilla — 11

VIII

16

1
verstellbare Form (f)
adjustable mould
moule (m) réglable

раздвижная форма (f)
forma (f) regolabile
molde (m) regulable

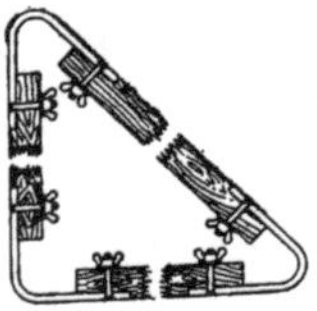

2
Deckschicht (f)
upper layer, finishing
layer
couche (f) de couver-
ture

верхній слой (m)
strato (m) di copertura
capa (f) de cubierta

3
polieren (v)
to polish
polir (v)

полировать
lisciare (v), lustrare (v)
pulir (v)

4
schleifen (v)
to grind
raboter (v)

шлифовать
affilare (v), piallare (v)
cepillar (v)

5
Poliermaschine (f)
polishing machine
polisseuse (f), machine
(f) à polir

полировочная машина
(f)
macchina (f) per la puli-
tura o per la lustra-
tura
máquina (f) de pulir

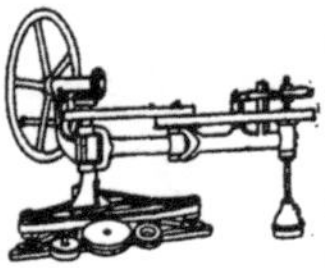

6
Schleifmaschine (f)
grinding machine
raboteuse (f)

шлифовальная ма-
шина (f)
macchina (f) per affilare
cepilladora (f)

7
steinmetzmäßig be-
arbeiten (v)
to carve or cut
tailler (v) le béton

обрабатывать камено-
тёснымъ способомъ
lavorare (v) col modo di
tagliapietra
tallar (v) el hormigón

8
kunststeinartiger Putz
(m)
rendering to imitate
stone
enduit (m) imitant la
pierre

штукатурка (f) подъ
искусственный ка-
мень
intonaco (m) ad imita-
zione della pietra
revoque (m) imitando la
piedra

9
Erzeugnisse (n pl) der
Kunststeinindustrie
products (pl) of artificial
stone industry
produits (m pl) de l'in-
dustrie de la pierre
artificielle

издѣлія (n pl) произ-
водства искусствен-
наго камня
prodotti (m pl) dell'in-
dustria per la fabbri-
cazione delle pietre
artificiali
productos (m pl) de la
industria de piedra
artificial

10
Baustein (m)
building stone
pierre (f) à bâtir

строительный камень
(m)
pietra (f) da costruzione
piedra (f) de edificar

Leichtstein (m) light stone pierre (f) légère	лёгкій камень (m) pietra (f) leggera piedra (f) lijera	1
Kalksandstein (m) chalky sandstone grès (m) argilo-calcaire	известково-песчаный камень (m) pietra (f) arenaria calcare greda (f) calcárea arenosa	2
Zementdiele (f) cement slab planche (f) en ciment	цементный полъ (m) lastra (f) da pavimento in cemento plancha (f) de cemento	3
Zementbohle (f) sheet of cement madrier (m) en ciment	цементный брусъ (m) assone (m) o pancone (m) in cemento madero (m) de cemento	4
Siegwartscher Balken (m) Siegwart beam poutre (f) Siegwart	балка (f) Зигварта trave (f) Siegwart viga (f) Siegwart	5
Visintinischer Balken (m) Visintini beam poutre (f) Visintini	балка (f) Визинтини trave (f) Visintini viga (f) Visintini	6
Herbstsche Zylinderstegdecke (f) armoured tubular flooring plancher (m) de Herbst à éléments tubulaires	перекрытіе (n) Гербста copertura (f) tubulare o cilindri (m pl) del marciapiede tipo Herbst piso (m) tubular de Herbst	7
Zylinder (m) cylinder, tube cylindre (m)	цилиндръ (m) cilindro (m), tubo (m) cilindro (m)	8
Steg (m) web, rib nervure (f)	ребро (n) nervatura (f) nervadura (f)	9
Säule (f) column, pillar colonne (f)	колонна (f) colonna (f) columna (f)	10
Tragsäule (f) supporting column or pillar colonne (f) d'appui ou de support	колонна (f), несущая грузъ colonna (f) portante columna (f) de apoyo	11

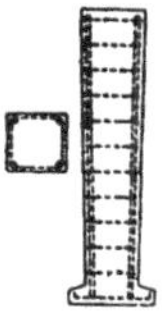

16*

1	Gartensäule (f) garden post pilastre (m) de clôture de jardin	садовая колонна (f) colonna (f) da parco *o* da giardino inglese columna (f) de cerca de jardin
2	gepreßte Feinbeton- platte (f) compressed fine con- crete slab dalle (f) en béton fin comprimé	прессованная плита (f) изъ мелкаго бетона lastra (f) di calcestruzzo fino pressata losa (f) de hormigón fino comprimido
3	Trottoirplatte (f), Fuß- steigplatte (f), Bürger- steigplatte (f) flagstone, slab for foot- path dalle (f) de trottoir	тротуарная плита (f) lastra (f) da marciapiede losa (f) de acera
4	Fußwegbelag (m) footpath paving revêtement (m) de trot- toir *ou* d'allée	одежда (f) пѣшеход- ной дороги *или* тротуара pavimentazione (f) del marciapiedi revestimiento (m) ó en- losado (m) de acera ó de camino
5	Granitbetonplatte (f) granite concrete slab carreau (f) en béton granitique	плита (f) изъ гранит- наго бетона lastra (f) in calcestruzzo di granito placa (f) ó ladrillo (m) de hormigón granitico
6	Pflasterbelagstein (m) paving stone pierre (f) de pavage	камень (m) [для] мосто- вой pietra (f) da pavimento di lastricato piedra (f) de empedrado
7	Zementmosaikplatte (f) mosaic cement slab *or* tile carreau (f) mosaïque de ciment	цементная мозаичная плита (f) lastra (f) di cemento a mosaico *od* alla vene- ziana losa (f) mosaica de cemento
8	Dachstein (m) roofing tile tuile (f)	черепица (f) pietra (f) da tetto, tegola (f), ardesia (f) da tetto teja (f)
9	Ausgußstein (m) sink pierre (f) d'évier	сточный камень (m) pietra (f) forata per lo scolo, doccione (m) di scarico piedra (f) de fregadero

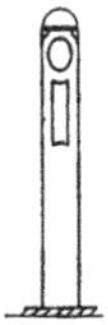

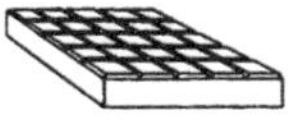

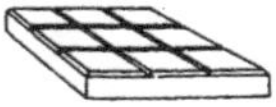

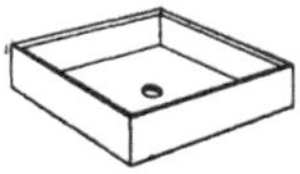

Spültisch (m)
washing *or* scouring
cradle
évier (m)

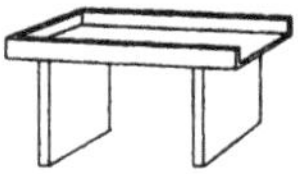

полоскательный столъ (m)
lavandino (m)
fregadero (m) *1*

Fassadestein (m)
facing stone
pierre (f) de parement

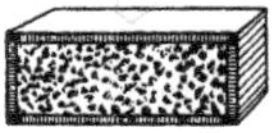

фасадный камень (m)
pietra (f) decorativa
per facciata
piedra (f) de fachada *2*

Quaderstein (m)
ashlar stone
pierre (f) de taille

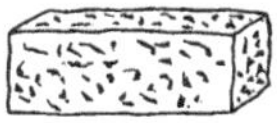

тёсаный камень (m)
pietra (f) squadrata *o*
lavorata a taglio
sillar (m) *3*

Treppenstufe (f)
step
degré (m) *ou* marche (f)
d'escalier

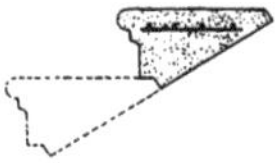

лѣстничная ступень (f)
gradino (m) della scala,
scalino (m)
escalón (m) de escalera,
peldaño (m) *4*

Hohlblock (m)
hollow block
bloc (m) creux

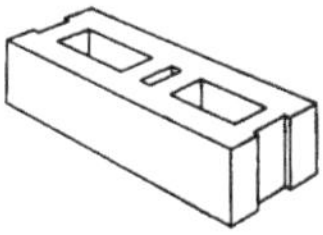

пустотѣлый камень (m)
blocco (m) cavo
bloque (m) hueco *5*

Betonrohr (n)
concrete pipe *or* main
tuyau (m) en béton

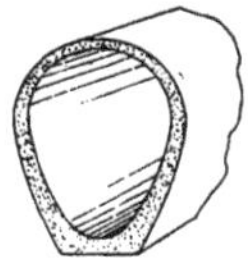

бетонная труба (f)
tubo (m) di calcestruzzo,
condotto (m) tubolare
in beton
tubo (m) de hormigón *6*

Viehtrog (m)
cattle trough
abreuvoir (m)

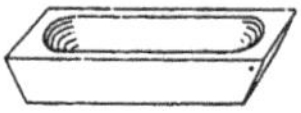

кормовое корыто (n)
abbeveratoio (m) del
bestiame
abrevadero (m) *7*

Telephonstange (f)
telephone *or* telegraph
pole
poteau (m) téléphonique

телефонный столбъ (m)
palo (m) telefonico
poste (m) telefónico *8*

Eisenbahnschwelle (f)
railway sleeper
traverse (f) de chemin
de fer

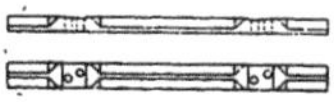

желѣзнодорожная
шпала (f)
traversina (f) da ferro-
via
traviesa (f) de ferro-
carril *9*

	German / English / French		Russian / Italian / Spanish
1	Betoneisenschwelle (f) reinforced concrete or ferro-concrete sleeper traverse (f) en béton armé		желѣзобетонная шпала (f) traversa (f) in cemento armato traviesa (f) de hormigón armado
2	Farbmischmaschine (f) colour mixer mélangeur (m) à couleurs	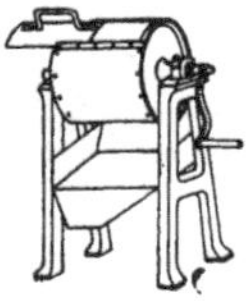	машина (f) для смѣшиванія красокъ macchina (f) per la miscela dei colori mezcladora (f) de colores
3	Farbmühle (f) colour grinder or mill moulin (m) à couleurs		краскотёрка (f); мельница (f) для красокъ macinina (f) per colori molino (m) de colores
4	Kniehebelpresse (f) press with cranked levers presse (f) à leviers coudés	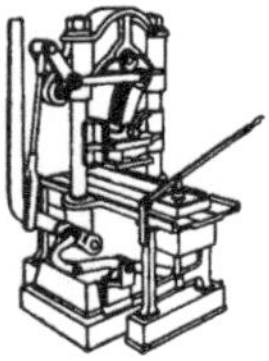	рычажно-колѣнчатый прессъ (m) torchio (m) o pressa (f) con ginocchio a leva prensa (f) de palancas acodadas
5	Formmaschine (f) moulding machine machine (f) à mouler		формовочная машина (f) macchina (f) per modellare o gettare in forma moldeadora (f), máquina (f) de moldear
6	Gußform (f) moulding frame, mould moule (m) de fonderie, moule (m) à couler	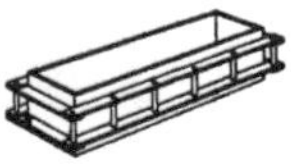	отливная форма (f) stampo (m) o forma (f) pel getto molde (m) para fundir ó de fundición
7	Stampfform (f) mould for ramming materials moule (m) à damer	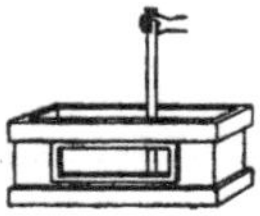	трамбовочная форма (f) stampo (m) o forma (f) per battere col pestone molde (m) de apisonar

Preßform (f) mould for pressing materials presse (f) à mouler		прессовочная форма (f) stampo (m) o forma (f) per premere o per pres- sare molde (m) de prensar	*1*

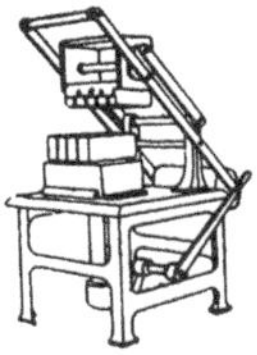

Seitenverblend- maschine (f) side-facing machine pareuse (f) latérale, machine (f) à parer latéralement		переносная форма (f) съ откидными стѣн- ками для облицовоч- ныхъ камней macchina (f) per rive- stire od ornare i bordi máquina (f) de adornar ó revestir lateralmente	*2*

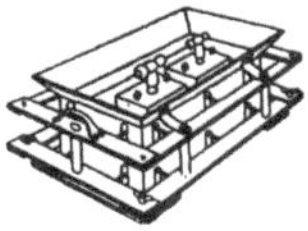

Bodenverblend- maschine (f) bottom-facing ma- chine pareuse (f) de fond		облицовочная маши- на (f) съ вращаю- щимся дномъ macchina (f) per fre- giare od ornare il fondo máquina (f) de ador- nar ó revestir el fondo	*3*

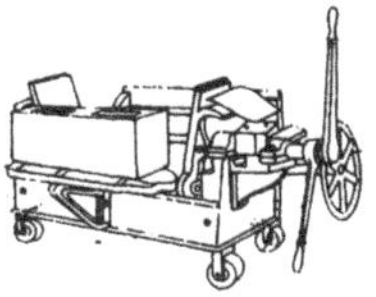

Wendemaschine (f) turning over machine retourneuse (f)		облицовочная маши- на (f) съ вращаю- щейся формой macchina (f) per rivol- tare máquina (f) tornadora para volver de un lado á otro	*4*

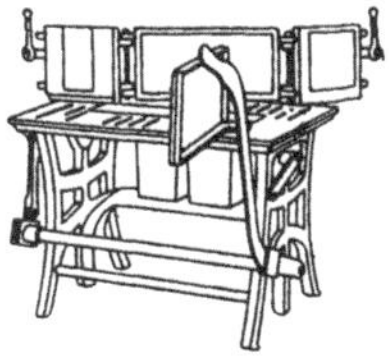

umklappbare Seiten- wand (f) hinged side paroi (f) latérale à char- nière		откидная боковая стѣнка (f) parete (f) laterale rove- sciabile pared (f) lateral de char- nela	*5*

Herausziehen (n) des Kernes taking out or with- drawing the core enlèvement (m) du noyau		вынниманіе (n) керна ritiro (m) dell'anima o del nocciolo acción (f) de quitar el núcleo	*6*

Brechanlage (f) breaking or crushing plant installation (f) de con- cassage		камнедробилка (f) apparecchio (m) per lo spezzamento dei sassi, rullo (m) per strittolare i rovinacci instalación (f) para que- brantar materiales	*7*

1   Abtragbrett (n)
handling *or* carrying-
board
planchette (f) à trans-
porter

подкладная доска (f)
tavoletta (f) di trasporto
dei conci
plancheta (f) de trans-
portar

2   Kollergang (m)
grinding mill, mortar
mill
moulin (m) à meules
verticales

бѣгуны (m pl)
macina (f) a mole verti-
cale
molino (m) de muelas
verticales

3   Eisenbetonschornstein
(m)
reinforced concrete
chimney *or* smoke
stack
cheminée (f) en béton
armé

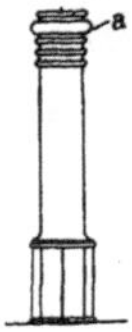

желѣзобетонная дымо-
вая труба (f)
camino (m) *o* fumaiuolo
(m) in cemento armato
chimenea (f) de hormi-
gón armado

4   Schornsteinkopf (m)
chimney capping
sommet (m) de cheminée

a

головка (f) дымовой
трубы
testa (f) del camino *o*
fumaiuolo
cabeza (f) de chimenea

5   im Erdboden einge-
spannter biegungs-
fester Stab (m)
rigid bar fixed into the
ground
barre (f) rigide scellée
dans le sol

жёсткій стержень (m),
закрѣплённый въ
грунтѣ
barra (f) incastrata nel
terreno e resistente
alla flessione
barra (f) rígida empo-
trada en el suelo

6   gleichbleibender Lichtdurchmesser (m)
uniform internal dia-
meter
diamètre (m) intérieur
constant

постоянный діаметръ
(m) въ свѣту
diametro (m) della luce
libera constante
diámetro (m) interior
constante

7   doppelwandiger Schaft
(m)
double walled shaft
fût (m) à double poroi

двустѣнный стволъ (m)
fusto (m) a doppia
parete
fuste (m) de doble pared

XVII.

Silo	Силосы
Silos, Bins	Silos
Silo	Silo

Silo (m) silos, bins silo (m)		силосъ (m) silos (m), granaio (m) portuale silo (m)	_1_
Kreuzungspunkt (m) der Silowand junction of dividing partitions point (m) de croisement des parois du silo	a	пересѣченіе (n) стѣ- нокъ силоса punto (m) d'incrocio delle pareti del silos punto (m) de cruza- miento de las paredes del silo	_2_
hängende Pyramide (f) suspended hopper pyramide (f) pendante	b	висячая пирамида (f) piramide (f) sospesa piramide (f) invertida	_3_
Aufschüttmenge (f) quantity put in quantité (f) déversée, charge (f)		ёмкость (f) quantità (f) caricata o immagazzinata cantidad (f) cargada	_4_
Steinschlagsilo (m) stone bunkers _or_ bins silo (m) à pierrailles		силосъ (m) для щебня silos (m) per pietrame o rovinacci silo (m) de piedra macha- cada	_5_
Getreidesilo (m) grain silos silo (m) à céréales		силосъ (m) для зерна silos (m) per cereali, silos (m) granili silo (m) para cereales	_6_
Zementsilo (m) cement silos _or_ bunkers silo (m) à ciment		силосъ (m) для цемента silos (m) da cemento silo (m) para cemento	_7_

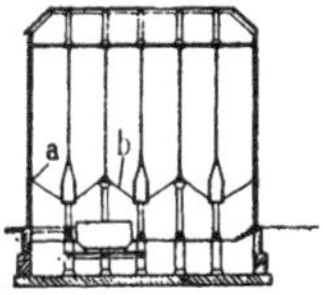

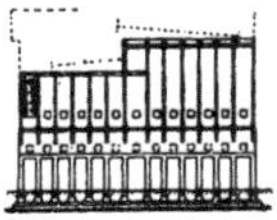

1	Erzsilo (m) ore bins *or* bunkers silo (m) à minerais	силосъ (m) для руды silos (m) minerari silo (m) para minerales
2	Zellensilo (m) silos divided into bins silo (m) à compartiments	ячеечный *или* клѣточ- ный силосъ (m) silos (m) a celle, silos (m) a struttura cellu- lare silo (m) celular ó de células
3	Kohlensilo (m) coal bunkers silo (m) à charbon	силосъ (m) для угля silos (m) carboniferi, carbonile (m) silo (m) para carbón
4	großräumiger Silo (m) large silos silo (m) de grande capacité	силосъ (m) большой ёмкости silos (m) di grande capacità *od* a grandi spazii silo (m) de gran ca- pacidad
5	Förderschnecke (f), Transportschnecke (f) conveyer, conveying screw vis (f) transporteuse	транспортный винтъ (m) trasportatore (m) a bo- volo *od* a coclea tornillo (m) transpor- tador
6	Trichterform (f) hopper *or* conical shape forme (f) d'entonnoir *ou* de trémie	форма (f) воронки forma (f) di tramoggia forma (f) de embudo
7	Eckmoment (n) wedging moment *or* thrust moment (m) de coince- ment	моментъ (m) въ углѣ momento (m) di curva- mento momento (m) de acuña- miento

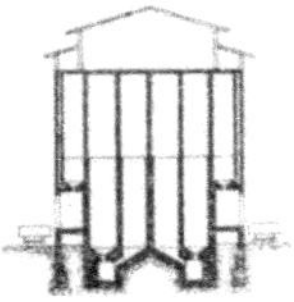

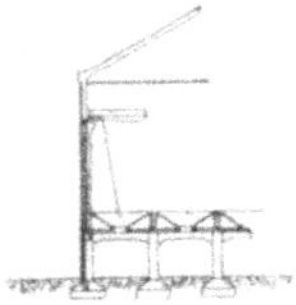

A.

A caldo, ferro per
  lisciare 209.12
- doppia armatura
  111.6
- forma arcuata 118.2
- - di volta . . 112.2
- piombo . . . 126.7
- secco, piano-incli-
  nato per tirare -
  le navi in senso
  trasversale 200.11
- -, - - - - - - - lon-
  gitudinalmente
  201.1
Abaissement artifi-
  ciel de la nappe
  d'eau souterraine
  199.3
- de la nappe souter-
  raine 100.2
- du plan d'eau 198.4
- naturel de la nappe
  souterraine 114.2
Abajo, agua de 191.1
-, apuntado hacia
  123.3
-, encurbamiento del
  hierro hacia 151.6
-, rio 175.8
Abbaini, tetto ad
  169.10
Abbassamento artifi-
  ciale dell'aves 199.3
- del pelo d'acqua
  198.4
- dell'aves . . . 100.2
- delle acque sotter-
  ranee 100.2
- naturale dell'aves
  114.2
Abbeveratoio del
  bestiame 245.7
- per bestiame mi-
  nuto 223.2
Abbiegung des
  Eisens 151.6
Abbindeapparat,
  Martensacher regi-
  strierender 19.8
-prozeß, Störung des
  -es 18.12
-verhältnis . . 16.4
-verlauf 19.6
-zeit 16.7
Abbinden . . . 16.6
-, im - begriffener
  Beton 87.1
-, Längenverände-
  rung infolge -s
  45.4

Abbinden, langsam
  -der Zement 17.3
-, rasch -der Zement
  17.1
Abbreviare la du-
  rata della presa
  214.9
Abbröckelung 180.2
Abdeckplatte . 187.7
Abdecken, mit Erd-
  schichten 221.4
Abdeckung, zusam-
  menhängende
  Sohlen- 185.6
Abdichten . . . 196.8
-, durch Blechtafeln
  196.3
-, Fugen . . . 177.5
Abertura 101.11, 168.10
- para la ventilación
  170.5
Aberturas iguales y
  simétricas 228.6
-, recortar - para las
  vigas 79.4
Abetunada, masilla
  209.6
Abfalleisen . . 72.10
Abflußkanal . . 197.6
-rohr, das - in das
  Fundament ein-
  betten 224.3
Abgedrehter Stab
  44.5
Abgeglichen, eben
  -er Erdkörper
  188.5
Abhängen, den Bär
  119.3
Abhängigkeit der
  Elastizitätszahl
  vom Mischungs-
  verhältnis 42.3
- - - -Wasserzusatz
  42.4
- - - von der Span-
  nung 42.5
Abitazione, fabbri-
  cato ad uso 129.7
Ablagern, Zement
  155.9
Ablängen . . . 69.2
Ableiten, die in der
  Baugrube auftre-
  tenden Quellen
  99.2
-, - Quellen nach
  einem tiefer ge-
  legenen Punkt 99.6
Ableitung . . . 121.7

Ableitung des
  Grundwassers
  199.2
Abnutzung des Be-
  tons 38.9
Abocardar, aparato
  de mano para
  210.11
-, rodillo de . . 211.1
Abocardo . . . 211.1
Abouter les dalles
  189.11
Above, to pour in
  the concrete from
  77.1
Abovedado, molde
  de piso 81.2
-, piso 149.9
-, puente 262.2
-, tejado - de intra-
  dós liso 173.9
Abputzen . . . 132.7
Abrazaderas, pilotes
  guarnecidos de
  113.2
Abreiben, Wider-
  stand gegen 38.10
Abreuvoir . . . 245.7
- pour petit bétail
  223.2
Abrevadero . . 245.7
- para ganado pe-
  queño 223.2
Abri de la gelée, dé-
  pôt à l' 86.6
Abrigo, poner al -
  del sol 20.9
Abriter contre le
  soleil 20.9
Abrücken, die Säule
  von der Eigen-
  tumsgrenze 111.3
Absatz, Fundament-
  109.3
-weiser Betrieb 58.6
- -, Mischvorrich-
  tung mit -m -e 58.8
Absaugend, nicht -e
  Unterlage 23.11
Abschlagen, mit dem
  Meißel 69.5
Abschlämmen . 30.8
Abschleifen, Wider-
  stand gegen 38.11
Abschließen, mit Be-
  ton 116.9
Abschneiden, einen
  Holzpfahl 114.4
Abschnitt, Arbeits-
  67.9

Abschußboden 192.4
Absenkung, berg-
  männische - von
  Pfeilern 122.2
- der Futterröhre
  durch Bohrung
  124.3
Absetzen, durch -
  ausscheiden 241.2
-, erdige Bei-
  mengungen 209.3
Absondern, Ge-
  bäude- und Ma-
  schinenfunda-
  mente 110.4
-, Schlamm . . 241.3
Absorbant, pou-
  voir - à l'eau 31.4
Absorbed, power 55.3
Absorbente, lecho
  no 23.11
Absorbing, non -
  base 23.11
-, water - capa-
  city 31.4
Absorción, capa-
  cidad de - de
  agua 31.4
- de ácido car-
  bónico 15.2
- - agua . . . 14.10
Absorption of car-
  bonic acid 15.2
- - water . . . 14.10
Absorption, capa-
  cité d'- pour
  l'eau 31.4
- d'acide carbo-
  nique 15.2
- d'eau 14.10
Absperrharke . 214.6
Absplitterung . 180.1
Abspreizen, gegen
  das Mauerwerk 81.6
Absprengen, der
  Zugstange 169.3
Abspringen, der
  Zunder springt
  ab 5.1
Abstandhalter . 82.9
Abstecken der
  Baugrube 89.6
Absteifen der Bau-
  grube 97.3
Abstreben, das
  Querholz 88.8
Absturz . . . 296.2
Abstützen auf den
  umgebenden
  Boden 74.3

Abteilungswand 219.8
Abtragbrett . . 248.1
Abtragen, das
  Stützenmoment 48.5
Abutment . . . 229.7
- of a bridge . 192.7
- - back-slab con-
  struction 140.5
- - corbel con-
  struction 140.5
Abutting, batten
- on round piles 177.9
Abwaschen, die
  Wandflächen 214.7
Abwässer, Neutra-
  lisieren der 226.3
-, säurehaltige . 217.5
Abwechselnd ge-
  richtet sein 136.9
Abziehen, die Ober-
  fläche mit einem
  Lineal 36.4
Abziehlatte . . 67.3
Abzuggraben,
  Wasser- 99.5
Abzwicken . . 72.4
Acanalado, hierro
  6.9
Acanalar . . . 154.7
Accavallare, lasciar
- le armature in
  ferro 71.5
Acciaio . . . 3.7
-, appoggio del
  pavimento con
  tubi in 84.2
-, - - soffitto con
  tubi in 84.2
-, asse in . . . 234.6
-, bullone cilin-
  drico in 234.6
-, cerniera d'. 234.4
- fuso, cerniera
  in 234.8
-, metro a nastro d'
  90.8
-, perno in . . . 234.6
Acción, articula-
  ción de - pro-
  visional 233.4
- combinada de la
  cal y de los ele-
  mentos hidráu-
  licos 7.4
- de quitar el
  núcleo 247.6
- diferente de las
  fuerzas 46.3
- dinámica . . 230.8
-, ensayo del - del
  calor sobre una
  bolita 21.6
- sucesiva de las
  fuerzas 46.3
Accionada, prensa
- mecanicamente
  24.8
Acciottolata, strada
  205.4
Accomodare l'an-
  golo alla natura
  del terreno 118.5
Accoppiamento 63.3
Accoppiare il mon-
  tacarichi all'im-
  pastatrice 65.6

Accoppiata, co-
  lonna 158.3
Accouplées, co-
  lonnes 158.3
Accouplement . 63.3
Accoupler le monte-
  charge avec le
  malaxeur 65.6
Accrochage de la
  brique 146.8
Accrocher . . . 71.8
-, latte pour - l'en-
  duit 150.8
Accumularsi, l'-
  delle acque 195.8
Accumulated hy-
  draulic power 197.5
Accumulation of
  water 195.8
Accumulation des
  eaux 195.8
Accumulata, forza
  idraulica 197.3
Accumulée, force
  hydraulique 197.3
Accurata, miscela
  più 53.5
Aceite de alqui-
  trán 208.4
- de linaza . . 38.4
- - lino, ácido
  graso de 215.7
Acepillada,
  plancha 85.7
Acera, enlosado
  de 244.4
-, losa de . . . 244.3
-, revestimiento de
  244.4
Acero 3.7
-, apoyo de piso
  de tubo de 84.2
-, articulación de
  234.4
Achat, frais d'- du
  terrain 181.6
Achse, neutrale 43.9
-, parallel zur - ge-
  legene Faser 49.6
Acid, absorption
  of carbonic 15.2
-, carbonic . . . 7.3
-, diluted sulphuric
  215.6
-, linseed-oil . . 215.7
-, mould 30.11
-, soluble silicic 7.5
-, to drive out the
  carbonic 12.1
-, vessel for -s . 238.9
Acide, bac à . 223.9
- carbonique . . 7.3
- -, absorption d' 15.2
- -, chasser l' . 12.1
- -, eau chargée d'
  32.4
- -, expulser l' . 12.1
- -, eaux vannes -s
  217.5
- gras d'huile de
  215.7
- humique . . 30.11
- phénique,solution
  d' 208.6
- sulfurique dilué
  215.6
Acidifere, acque di
  scolo 217.5
Acido carbonico 7.3

Acido carbonico,
  acqua acidulata
  dall' 32.4
- -, assorbimento di
  15.2
- -, espellere l' . 12.1
- della terra vege-
  tale 30.11
- fenico, soluzione
  d' 208.6
- grasso d'olio di
  lino 215.7
- silicico solubile 7.5
- -solforico diluito
  215.6
-, tinozza per . 223.9
-, vasca per . . 223.9
Acido carbónico 7.3
-, cubeta para . 223.9
- graso de aceite de
  lino 215.7
- húmico . . . 30.11
- silíceo soluble 7.5
-, solución de - fé-
  nico 208.6
- sulfúrico diluido
  215.6
Acidulata, acqua -
  dall'acido carbo-
  nico 32.4
Acidulous drain
  water 217.5
Acier 3.7
-, axe en 234.6
-, colonne creuse en
  84.2
- coulé, appui à
  rouleaux en 284.8
-, décamètre à ruban
  d' 90.8
-, rotule d'. . . 234.4
-, tourillon en . 234.6
Acodadas, prensa
  de palancas 246.4
Acodalar . . . 97.4
- contra la mam-
  postería 81.6
Acopladas, colum-
  nas 158.3
Acoplamiento . 63.3
- de un pilar interior
  y de un pilar ex-
  terior 111.2
Acoplar el monta-
  cargas á la mez-
  cladora 65.6
Acqua, abbassa-
  mento del pelo d'
  198.4
- acidulata dal-
  l'acido carbonico
  32.4
-, affondamento me-
  diante getto d'
  121.3
-, aggiunta d' . 33.11
-, dipendenza del
  modulo di elasti-
  cità dal quantita-
  tivo d' 42.4
-, altezza della co-
  lonna d' 214.2
-, assorbimento d'
  14.10
-, azione dell'- nelle
  fondamenti 105.1
-, bacino d'un con-
  dotto d' 238.1
-, bagnare con . 8.2

Acqua, bagnare
  con getti d' 240.10
- bollente. prova
  combinata all'21.8
-, calafatare le vie d'
  107.8
-, calcestruzzo esu-
  berante d' 34.5
-, calcestruzzo po-
  vero d' 34.8
- calda, tinozza per
  221.9
-, capacità d'assorbi-
  mento dell' 31.4
-, castello d' . . 224.4
- chimicamente
  combinata 12.2
-, combinazione chi-
  mica dell' 17.5
-, compporre la pres-
  sione dell' 101.6
-, conduttura d' 224.6
- contenente gesso
  32.3
-, corrosione dell'
  177.3
-, costituzione di un
  serbatoio d' 112.6
- d'avalle . . . 191.1
- d'infiltrazione 97.9
- da monte . 190.10
- degli sbarramenti
  delle valli 32.2
- del sottosuolo 97.10
- di colla . . . 132.4
- - conduttura 31.9
- - fiume . . . 31.12
- - lago 32.1
- - mare. 32.6, 115.9
- - pozzo . . . 31.10
-, direzione della
  corrente d' 175.7
-, distribuzione d'
  191.9
-, emergere sopra l'
  187.4
-, estrarre l'- con
  recipienti 98.4
-, filone dell' . 181.10
-, fontanone d' 224.4
- fredda, prova all'
  21.4
-, getto d' . . . 104.6
-, - - - sotto pres-
  sione 104.8
-, impermeabile all'
  37.7
-, impermeabilità
  all' 37.6
-, - dell' 213.2
-, impura . . . 220.12
- in pressione 221.8
-, inalterabilità all'
  37.2
-, infiltrazione d' 37.9
-, innalzamento del
  pelo d' 191.7, 198.5
-, livello ad . . 91.2
-, - - - con tubo
  fisso 91.6
-, - - - su tubo
  flessibile 91.6
-, - normale d' 176.6
- marcia . . . 220.12
-, materia idraulica
  di presa al con-
  tatto dell' 7.9
-, officina idraulica
  per pompare 192.10

Acqua, passaggio
    d' 224.9
- per l'impasto 17.7
- piovana . . . 31.11
-, pressione dell'
    101.3
-, prosciugamento
    dell'-attingendola
    còn secchie 98.4
- pura 220.13
-, raggruppamento
    delle cadute d'
    198.10
-, resistenza all' 87.2
-, riscaldare l' . 68.8
-, scavare dell'- e
    formando delle
    cavità 178.6
-, sciogliere sapone
    di potassa nell'
    215.2
- selenitosa . . 32.3
- soggiacente . 97.10
- solforosa. . . . 32.5
- sotteranea, infil-
    trazione dell'
    214.11
-, specchio d' . 179.9
-, spinta dell'- verso
    l'alto 101.4
- sporca . . . 220.12
-, tenuta dell' . 100.3
- trattenuta, quan-
    tità d' 191.8
-, truogolo d' . 223.6
-, tubo per il getto
    d' 104.7
-, - verticale come
    serbatoio d' 224.2
- vergine . . 220.13
-, versare sott' . 22.12
-, via di comunica-
    zione su 182.11
Acquario . . . 223.8
Acque, arrestare le
- che sopraggiun-
    gono 193.1
- del sottosuolo,
    livello delle 98.1
- dell'area fabbrica-
    bile, drenaggio
    delle 98.3
- - - -, prosciuga-
    mento delle 98.3
- di scarico, decan-
    tazione delle 226.3
- - scolo acidifere
    217.5
-, fosso per lo scolo
    delle 99.5
-, installazione di
    chiarificazione
    delle 192.9
-, l'accumularsi delle
    195.5
- pluviali, stagno
    delle 196.1
-, scolo delle . . 172.9
-, soprappressione
    delle 198.9
- sotterranee, ab-
    bassamento delle
    100.2
- -, derivazione
    delle 199.2
Acquedotto . . 226.8
Acquiferi, strati
    122.7

Acquifero, strato -
    sottostante alla
    falda acquifera
    del tirreno 114.1
Acquisition of land,
    charge for 181.6
Acquisition, frais
    d'- du terrain 181.6
Acquisto del ter-
    reno, spese per
    l' 181.6
Action, dynamic
    230.8
-, internal - of con-
    crete 38.7
Action combinée de
    la chaux et des
    élément- d'hydra-
    tation 7.4
- de l'air, poussée
    due à l' 21.3
- différente des
    forces 46.3
- dynamique . 230.8
- provisoire, articu-
    lation à 233.4
- successive des
    forces 46.3
Active thrust of
    earth 138.3
Acuario 223.8
Acueducto 175.5, 224.9
    226.8, 237.8
- para dos barcos
    238.3
- - un solo barco
    238.2
Acuíferas, capas122.7
Acumulación de las
    aguas 195.8
Acumulada, fuerza
    hidráulica 197.3
Acuñamiento, mo-
    mento de 250.7
Acuñar . . . 206.3
Acuta, sabbia . 30.3
Adaptar la punta à
    la naturaleza del
    terreno 181.5
Adapter 84.3
Adapter à la nature
    du sol 118.5
Adapting the iron-
    work 69.1
Adattare i ferri por-
    tanti alle due es-
    tremità 135.2
- le chiavi in ferro
    alle due estremità
    135.2
Add, to - alum to
    the dry mixture
    215.1
-, to - gypsum . 13.5
-, to - plaster of
    Paris 13.5
Addition, hydraulic
    9.1
- of colour . . 20.3
- - salt 68.10
- - soda 68.11, 214.10
- - water . . . 33.11
Addition d'eau 33.11
- d'un colorant au-
    ciment 155.10
- de matière colo-
    rante 20.3
- - sel 68.10
- - soude 68.11, 214.10

Additionally, to ram
    159.4
Additionnelles,
    matières 155.1
Additionn-r d'alun
    le mélange sec
    215.1
Addizionali, so-
    stanze 155.1
Adduction, conduite
    d' 219.5
Aderente, superficie
    151.7
Aderenza, tensione
    di 46.10
Adesione, resistenza
    all' 2.4
Adhérence, résis-
    tance d' 2.4
-, tension d' . . 46.10
Adherencia, resi-
    stencia de . 2.4
-, tensión de . 46.10
Adhérente, surface
    151.7
Adherente, super-
    ficie 151.7
Adhesion . . . 2.4
-, area of . . . 151.7
-, force of . . . 46.10
Adición de agua
    33.11
- - color 20.3
- - - al cemento
    155.10
- - sal 68.10
- - sosa . . . 68.11
Adicionales,
    materias 155.1
Adicionar las áreas
    de los momentos
    positivos 48.4
Aditamento de soda
    214.10
Adjustable frame
    75.8
- mould . . . 242.1
- prop 97.8
- shore 97.8
Adjusting, appliance
    for - the iron
    work 72.12
- screw 75.5
Admise, charge 141.1
Admisible, presión
    - sobre el suelo
    109.5
Admissible, pression
    - sur le sol 109.5
Admitida, carga 141.1
Adoquin de hojas
    metálicas 211.5
- de madera. . 208.2
- - tabiques metá-
    licos 211.5
Adornar el ancora
    con una capa de
    hormigón 140.4
-, máquina de - el
    fondo 247.3
-, - - - lateralmente
    247.2
Adorno 165.3
Affect of the tempe-
    rature 178.2
Affermir le fond de
    la rivière 192.5
- lit de la rivière
    192.5

Affilare . 155.7, 242.4
-, macchina per 242.6
Affitto, casa d' 180.2
Affluentes, repos par
    stagnation des
    eaux 193.1
Affondamento,
    assicurare contro
    l' 107.4
- dei pilastri col si-
    stema dei mina-
    tori 122.2
- del tubo di rive-
    stimento 124.3
- mediante getto
    d'acqua 121.3
Affondare i pali
    fino al terreno
    sodo 121.1
- palafitte colla
    berta 102.2
Affouillement . 177.3
- des fondations105.1
-, protéger contre l'
    107.4
Affouiller . . . 177.4
Affranamento . 226.2
Aflojar y levantar 4
    123.7
Agarrado, perma-
    necer 60.3
Agarrar, la cadena
    agarra 59.5
Agent d'agrégation
    rapide 17.1
- d'hydratation 7.4
- de liage . . . 7.1
- - prise rapide 17.1
- liant à prise lente
    17.3
- - - - rapide . 17.1
- pour agrégation
    de durée moy-
    enne 17.2
- - - lente . . . 17.3
- - prise de durée
    moyenne 17.2
- - lente . . . 17.3
Agente de agrega-
    ción lente 17.3
- fraguado lento
    17.3
- - hidratación . 9.1
- - trabazón . . 7.1
- para agregación
    de duración
    media 17.2
- - fraguado de du-
    ración media 17.2
Agenti idraulici,
    azione combinata
    della calce e
    degli 7.4
Agganciare . . 71.8
Aggiungere del
    gesso 13.5
- l'allume alla mis-
    cela secca 215.1
Aggiunta d'acqua
    33.11
- di colore . . . 20.3
- - - al cemento
    155.10
- - sale . . . 68.10
- - soda . 68.11, 214.10
-, dipendenza del
    modulo di elasti-
    cità dal quantita-
    tivo di acqua 42.4

Aggiunta, ferro di 71.3
- idraulica . . 9.1
-, sostanza . . . 25.7
Aggiunte, lavatura delle sostanze 30.7
Aggiunto, grano del materiale 89.10
Aggloméré, mur en béton 130.7
Aggregate . . . 25.7
-, grain of the . 89.10
-, nature of grain of the 29.4
-, washing of the - s 30.7
Aggregates . . 155.1
Agir, la pression agit verticalement à la direction d'introduction 25.2
Agire, la pressione agisce in modo perpendicolare alla direzione di introduzione 25.2
Agitador . . . 222.6
-, aparato . . . 211.8
-, brazo 54.2
- vertical . . . 62.1
Agitar . . . 18.8, 54.8
- demasiadamente 18.9
Agitare 18.8
Agitate, to . . 18.8
Agitateur . . . 222.6
-, bras d' . . . 54.2
-, les arbres des -s tournent en sens inverses 54.10
- rotatif, palette d' 61.3
- vertical . . . 62.1
Agitatore . . . 222.6
-, braccio dell' . 54.2
- verticale . . . 62.1
Agitatori, gli alberi - ruotano in direzioni contrarie 54.10
Agitatrice, paletta - girevole 61.3
Agitazione, mescolanza per - per dritto e per traverso 57.5
Agiter énergiquement 18.8
- excessivement 18.9
Ago 19.5
- normale . . . 19.2
Agotamiento del agua 98.4
-, instalación de 100.3
Agrafe pour planches 76.1
Agregación, materia para la - rápida 17.1
Agrégation, agent pour - de duréé moyenne 17.2
-, élément pour - de durée moyenne 17.2
- lente, agent pour 17.3
Agrégation lente, élément pour 17.3
- -, matière pour 17.3
-, matière pour - de durée moyenne 17.2
- normale, matière d' 17.4
- rapide, agent d' 17.1
- -, élément d' . 17.1
- -, matière d' . 17.1
Agrimensor, cadena de 90.5
Agrimensura, instrumentos de 89.7
Agua, arca de . 224.4
-, artesa para . 223.6
- basta 220.12
- caliente, tanque para 221.9
-, canalización de 224.6
-, combinación química de 17.5
- combinada químicamente 12.2
- comprimida . 121.8
- de abajo . . . 191.1
- - arriba . . 190.10
- - canalización 31.9
- - infiltración 97.9
- - lago 32.1
- - lluvia . . . 31.11
- - mar . 32.6, 115.9
- - pantano . . 32.2
- - pozo 31.10
- - río 31.12
-, depósito de . 218.1
-, nivel de . . . 91.2
- para el amasamiento 17.7
- - la mezcla . 17.7
- pura 220.13
-, retención de las -s 190.9
- selenitosa . . 32.3
- subterránea . 97.10
- sulfurosa . . 32.5
-, torre de . . . 224.4
Aguas ácidas, desagüe de 217.5
Aguilón, muro de 129.1
Aguja 19.5
- de ensayo . . 19.2
- - Vicat . . . 19.2
Agujerado, prisma de hormigón 43.7
Agujero de derrame 88.6
- - sondaje . . 92.4
- - vaciado . . 88.6
Agujeros, cavar 136.6
-, proveer de - el armazón del tabique 75.9
Agusanado . . 113.8
Ahorquillado . 71.10
Aiguille 19.5
- d'essai 19.2
- pendante, poinçon en bois en 84.6
- Vicat 19.2
Aile en retour d'un mur de soutènement 189.6
- - - de déversoir 194.9
Aile inférieure, dalle sur l'- 149.2
- - de la poutrelle 144.3
- latérale . . . 140.7
-, mur en . . . 229.8
- parallèle . . . 140.6
- supérieure, dalle sur l' 149.3
- -, recourber les barres sur l'- de la poutrelle 150.2
Air hardening lime 7.8
-, humidity of 18.11
-, laying foundation by means of compressed 124.6
-, to set in 7.2
Air, chaux durcissant à l' 7.8
- comprimé, fondation à l' 124.6, 199.8
-, durcir à l' . . . 7.2
-, faire corps à l' 7.2
- humide, exposer à l' 22.11
-, humidité de l' 18.11
-, inaltérabilité à l' 21.2
-, poussée due à l'action de l' 21.3
-, prendre corps à l' 7.2
-, protéger contre le courant d' 20.8
-, résistance à l' 21.2
Aire de traçage 70.6
- des moments 48.3
- inférieure imperméable à l'humidité 23.11
Aires des moments positifs, ajouter les 48.4
- - - -, porter au dessus les 48.4
Aire comprimido, fundación de 199.8
-, fraguar al . . 7.2
-, fundación con - comprimido 124.6
-, humedad del 18.11
Aislada, carga . 47.2
-, fundación . . 109.1
Aislamiento . . 178.3
Aislante, capa 131.10
-, placa 171.11, 216.5
-, - de asfalto . 171.8
Ajouré, prisme de béton 43.7
Ajouté, fer . . 71.3
Ajoutée, matière 25.7
Ajouter du plâtre 13.5
- les aires des moments positifs 48.4
Aktiver Erddruck 188.3
Ala inferiore della trave 144.3
- laterale . . . 140.7
Ala lateral . . 140.6
- paralela . . . 140.6
-, piso sobre el - inferior 149.2
-, tuerca de -s 75.6
Alambre, cerco de 158.5
- de empalme en forma de estribo 179.2
- - hierro recocido 75.8
- - ligadura . . 148.2
-, grosor del - de la criba 15.9
-, hacer ligaduras con 71.6
- recocido . . . 72.1
Alargamiento por tracción 8.8
Alargar las varillas 70.7
- los hierros pasamanos 70.7
Alargarse . . . 45.5
Alaunlösung . . 88.2
Alaun zusetzen, der trocknen Mischung 215.1
Albañilería en ríos 128.5
- entre el entabicado 130.9
- fluvial 128.5
-, trabazón de - inglés 128.1
Alberi agitatori, gli - ruotano in direzioni contrarie 54.10
- disposti orizzontalmente uno appresso all'altro 54.5
Albero 93.2
- a coltelli . . 222.9
- di ritegno . . 195.4
- - rotazione, posizione inclinata della cassa d'impasto sull' . . 57.3
- in cemento armato 225.4
-, la cassa per l'impasto è montata a bilico sull' 55.4
- trasversale . . 59.6
Alcantarilla . . 224.7
Alcohol, vat for 222.3
Alcohol, depósito para 222.3
Alcool, réservoir à 222.3
Alcool, serbatoio per 222.3
Aleta de vertedero 194.9
- del muro de sostenimiento 189.6
Aletta 54.3
- trasportatrice e mescolatrice 57.7
Alfeizar de ventana 79.8
Algeria, asfalto d' 210.1
Algérie, asphalte d' 210.1
Aligador, punta en forma de cola de 124.2
Aligner au cordeau 136.1

Alinear en cordel 186.10
Alimentación, estación para la - de agua 192.10
Alisador, rodillo 155.13
Alisar 154.8
-, hierro de . . 210.7
- la superficie 67.2 207.9
-, piedra de - el cemento 156.1
Aljibe, bóveda de 145.4
Allargamento del corso d'acqua 182.9
- - fondo . . . 177.7
- della base . . 109.2
Allargare a gradini 109.4
- - scaglioni . . 109.4
Allée, revêtement d' 244.4
Allentare i bulloni 75.7
- le madreviti . 75.7
Alligatorspitze 124.2
Alligator, pointe 124.2
Alligatore, punta a forma di coda d' 124.2
Allineare alla corda 186.10
Allmählich errichten, beide Schalwände 76.4
Allongement, coefficient d' 41.6
- par traction . 3.8
- proportionnel, limite d' 4.4
Allonger, s' . . 45.5
Allume, aggiungere l' - alla miscela secca 215.1
-, soluzione d'. 38.2
Allungamento alla trazione 8.8
-, coefficiente di 41.6
-, ferro di . . . 71.3
Allungare il ferro 70.7
Alluvial stone 146.10
Alluviale, ghiaia 27.13
-, sabbia 122.8
-, terreno . . . 182.4
Alma de hierro perfilado 158.11
- - la vigueta 118.10
-, molde de palastro como - de entibación 82.8
- ondulada . . 6.7
Alpenstraße . . 204.7
Alpestre, strada 204.7
Alpine road . . 204.7
Alquitrán, aceite de 208.4
-, composición de asfalto y . 216.10
-, depósito para 221.7
Alquitranada, placa 174.8
Alquitranado, papel 210.6

Alta marea, la più 116.1
- pressione, prova col vapore ad 22.1
Alte pareti, puntellamento delle - a travi 82.7
Alta, marea la más 116.1
Alteration, capacity of shape - of concrete 84.6
- of cross - section 8.9
- - volume . . . 19.9
Alternanti, strato di mattoni 127.5
Alternar en dirección 186.9
- la carga y la descarga 41.7
Alternare in direzione 186.9
Alternate, to - the direction 186.9
- working kiln 11.3
Alternately, to load and unload 41.7
-, to place . . . 71.4
Alternativamente, essere indirizzato 186.9
Alternativamente, disponer 71.4
Alternativement, disposer 71.4
Alternatives, mélange par secousses - croisées 57.5
Alternées, mur maçonné par assises 127.1
Alterner 71.4
- en direction 186.9
- la charge et la décharge 41.7
altezza del passo 45.2
- della caduta . 120.8
- - colonna d'acqua 214.2
- - costruzione 228.4
- dello strato . 35.3
- di riempimento 85.6
Altezze, rilevamento delle 89.3
Altitudini, rilevamento delle 89.3
Alto, colare il calcestruzzo dall' 77.1
- forno, sabbia di scorie d' 9.5
-, -, scorie d' 9.4, 28.9
-, -, granulata d' 27.11
-, gittare il calcestruzzo dall' 77.1
-, lasciar cadere dall' 122.5
-, luce dall' . . 192.5
-, pressione all' 236.4
-, spinta dell'acqua verso l' 101.4
Alto, depósito en 221.2
-, encorvar los bordes hacia lo 196.1

Alto, escoria de -s hornos 9.4
Altos hornos, escoria de 28.9
Altura, aumentar la - de la flecha 85.3
- de caída 104.1,120.8
- - elevación . 104.1
- - la capa . . 85.3
- - - columna de agua 214.2
- - - construcción 238.4
-, determinación de la 89.3
Alum, solution of 38.2
-, to add - to the dry mixture 215.1
Alumbre, añadir - á la mezcla seca 215.1
-, solución de . 38.2
Alumina, silicate of 7.6
Alun, additionner d' - le mélange sec 215.1
-, solution d' . 38.2
Alzare la scala 162.6
Amarillo, cobre 164.9
Amasamiento del cemento 17.6
Amasar demasiadamente 18.9
- vivamente . . 18.8
Âme de la poutre 148.10
- ondulée . . . 6.7
Amenée, bief d' 197.1
-, canal d' 198.3, 197.1
-, conduite d' . 121.5 219.9
Américaine, poutre 158.7
Americana, pontetravi all' 290.10
-, trave - a traliccio metallico 158.7
Americana, viga 158.7
Amiante, ardoise d' 172.7
Amianto, pizarra de 172.7
Ammagazzinamento 63.5
Ammattonato . 143.3
- armato . . . 146.9
Ammissibile, pressione - sul terreno 109.5
-, sollecitazione 41.3
Ammissione, conduttura d' 121.5
Ammonia, tank for 221.8
Ammoniaca, serbatoio per 221.8
Ammoniakbehälter 221.8
Ammoniaque, réservoir à 221.8
Ammucchiare a secco 58.2
-, introdurre senza 14.3
- per scuotimento 14.4

Amolado, ensayo al 89.1
Amoladura, resistencia á la 88.11
Amolar, aparato para - con chorro de arena 89.5
Amoniaco, depósito para 221.8
Amont, bief d'. 197.1
-, canal d' . . . 197.1
-, crête inclinée vers l' 191.4
-, partie - du fleuve 175.6
Amount, dependance of the modulus of elasticity on the - of water added 42.4
Amovible, déversoir à rideau 194.4
Amphibole, granite à 28.5
Añadida, materia 25.7
-, lavado de las materias -s . 80.7
Añadir alumbre á la mezcla seca 215.1
- las áreas de los momentos positivos 48.4
- yeso 18.5
Analítica, determinazione 189.2
Anbinden, Tragletten an die Träger 81.5
Anbringen, Trageisen von beiden Seiten 135.2
Anchor 186.7
- hook 179.6
-, land 179.4
-, screw 180.3
- slab 148.6
-, tie 148.6
-, to - the bar . 151.8
Anchura del río 181.8
- normal . . . 188.2
Ancla de bóveda 143.5
- hundida en la tierra 179.4
Anclaje, placa de 186.6
-, - - hierro de 151.9
Anclar el hierro 151.8
- muro . . . 140.3
Áncora 186.7
-, della volta . 143.5
-, foggiata a trivella per terreno 180.3
-, gancio dell' - nel terreno 179.6
-, guarnire l' - di una guaina di cemento 140.4
- nel 'terreno . 179.4
Áncora 186.7
-, adornar el - con una capa de hormigón 140.4
- de taladro . . 180.3
-, gancho de . . 179.6

Ancoraggio, la-
stra d' 186.6
Ancorare il ferro
151.8
- - muro . . . 140.3
Ancrage, crochet d'
179.6
-, plaque d' . . 186.6
-, - de fer d' . . 151.9
Ancre 186.7
- de voûte . . . 148.5
- en tarière . . 180.3
-, entourer l' - d'une
gaine de béton
140.4
- fichée en terre 179.4
Ancrer le fer . . 151.8
- - mur 140.3
Andamio de servicio
86.8
Andante. . . . 161.2
Andén, tejado del
173.7
Änderung, Form- 2.8
-, Lagen- 3.8
-, Winkel- . . . 218.6
André, croix de St.
- en fil de fer
181.2
Andreaskreuz . 86.5
Andrew, St. -'s
cross 86.5
Anelastico . . . 34.7
-, terreno argilloso
95.5
Anello 92.6, 118.1, 152.5
188.3
- conico 166.4
- d'arresto . . . 233.4
- di ferro . . . 218.1
- - gomma indurita
19.3
- - guida . . . 120.3
- - pressione . 174.2
- - ritegno . . 223.4
- - spinta . . . 174.2
- in legno . . . 80.1
Anfänger, Bogen-
233.6
Anfibolico, gneis 28.5
Angeben, den Takt
103.8
Anglais, appareil
128.1
Anglaise, construc-
tion 207.3
Angle, change of
218.6
- course beam
49.2
-, force at right -s
40.4
- iron . . 159.1, 164.5
187.10
- -, to fix wire net-
ting between two
- -s 132.8
- -, - protect with
241.10
- of contingency
218.5
- - inclination 167.8
- - repose of the
earth 138.8
- - roof 167.7
- - slope . . . 167.8
- - the shoe . . 118.4
-, screw with thread
. . - of 45° 44.2

Angle, to make the
- to suit the na-
ture of the ground
118.5
Angle, changement
d' 218.6
- d'inclinaison 167.8
- de contingence
218.5
- du talus naturel
des terres 138.8
-, fer protecteur d'
164.4
-, roue d' . . . 60.2
Angolare, ferro 159.1
-, forma - con nerva-
ture di rinforzo
140.1
Angoli, formazione
degli 212.1
-, pressione agli 111.4
Angolo, accomodare
l'- alla natura
del terreno 118.5
-, cambiamento d'
218.6
- d'inclinazione 167.8
- della scarpa . 118.4
- di contingenza
218.5
-, ferro ad 164.5, 187.10
-, muro di sostegno
d' 139.6
- naturale della
scarpa 138.8
-, proteggere con
ferri ad 241.10
Angulaire, profil - à
semelle et contre-
forts 140.1
Angular retaining
wall 139.6
- shape with
counterforts 140.1
- step 162.7
Angular, form-con
contrafuertes de
consolidación 140.1
Anguleux, sable à
grains 30.3
Ángulo de con-
tingencia 218.5
- - inclinación 167.8
- - la punta del
azuche 118.4
- del talud natural
de la tierra 138.8
-, formación de -s
212.1
-, rueda de . . . 60.2
-, variación de 218.6
Angulosos, arena de
granos 30.3
Anheben der Eisen-
einlagen 72.11
- des Bohrers . 98.6
Anhydride silicique
soluble 7.5
Anidride carbonica
7.3
Anillo 188.3
- cónico 166.4
- de atar . . . 223.4
- - goma endureci-
da 19.3
- - madera . . 80.1
- - pie 174.2
- - presión . . 174.2
Anima, cassa d' 225.7

Anima cava . . 153.2
- della scala a
chiocciola 162.1
- - trave . . . 143.10
-, l' - è composta di
sassaia 185.3
-, ritiro dell' . 247.6
-, scanalatura e 153.5
Anker 186.7
-platte 186.6
-, den - mit einer
Betonhülle ver-
sehen 140.4
-, Erd- 179.4
-, erdbohrerartiger
180.3
-, Gewölbe- . . 143.5
Ankommendes
Wasser, Beruhi-
gung des an-
kommenden -s
193.1
Anlage, Brech- 247.7
-, Klär- 192.9
-, Rechen- . . . 197.4
-, Wasserkraft- 196.9
-, Wassermesser-221.3
Anlegen, mit
Böschung 96.2
Anmachewasser 17.7
Anmachen des
Zementes 17.6
Annäherungs-
rechnung 231.10
Annahme, Be-
lastungs- 141.1, 229.10
Annealed iron wire
72.1, 75.3
Anneau d'attache
223.4
Annegare nel calce-
struzzo 172.4
Annulaire, forme -
normale 23.7
Anordnen, die
Eiseneinlagen in
zwei Reihen 49.1
-, versetzt . . . 71.4
Anpassen, den Win-
kel der Boden-
art 118.5
Anschlag, Fenster-
79.7
Anschlußstein,
Gleis- 211.4
Anse 102.4
Ansteigend, unter
45° -eSchrauben-
fläche 142.9
Anstrich, mit wasser-
dichtem - ver-
sehen 38.1
-, wasserdichter 215.3
Ante-cala . . . 201.2
Antechamber . . 220.7
Antérieure, couche
183.9
Anterior, capa 183.9
Anteriore, carriuola
a bilico . . 96.9
-, fila di puntelli 189.4
-, parete-quasi ver-
ticale 191.3
-, - dell'argine 183.9
-, parte - del piano-
inclinato 201.2
Anteriores, fila de
pilotes 189.4

Anticamera di
deposito 220.7
Antrieb, selbst-
tätiger 62.7
Antrittstufe . . 163.1
Anular, forma -
normal 23.7
Anulare, forma -
normale 23.7
-, pezzo - conico 166.4
Anwalzen . . . 174.7
Anwärmen, das
Wasser 68.8
-, den Sand . . 68.9
Anzeiger, Last- 25.1
Anziehen . . . 18.1
-, die Schalung
durch - der
Mutter heran-
pressen 74.7
Aparato agitador
211.8
- de espejo 4.7, 90.1
- - mano para abo-
cardar 210.11
- - medida . . . 4.6
- - palanca . . 24.6
- - normal . . . 24.4
- para dar mortilla-
zos 23.10
- - echar . . . 14.5
- - soldadura eléc-
trica 71.1
- registrador del
fraguado Martens
19.8
- sacudidor . . 15.10
-, vehiculos y -s
transportadores
63.4
Apart, to take the
rod 93.9
Apartar el pilar del
limite de pro-
priedad 111.3
Apertura 101.11, 168.10
- di scarico . . 58.3
-, lunghezze d'-
simmetriche 228.6
- per la ventilazione
170.5
Aperture, tagliar
fuori le - per le
travi portanti il
soffitto 79.4
-, - - - - - l'im-
piantito 79.4
Apilar por sacudida
14.4
Apisonada, losa - en
la construcción
152.10
Apisonado . . . 65.7
- del hormigón
entre las viguetas
147.3
-, hormigón . . 88.3
-, probeta de hor-
migón 84.9
Apisonar 108.2, 207.5
- con desnivel trans-
versal 207.7
- el basamento 187.1
- zócalo . . . 187.1
-, molde de . . 246.7
- ulteriormente 159.4
Aplanadera de
- caliente 209.12

Aplanador, rodillo 155.13
Aplanadora . . 67.4
Aplanar la capa 35.7
- - superficie . 67.2
- - - con la regla 36.4
Aplanir la couche 35.7
- - surface avec la règle 36.4
Aplicada, losa - en los cuatro lados 149.8
Aplicar mortero sobre 132.6
Aplomb, d' . . 126.7
Apolilladura . . 113.8
Apoyada, calzada - en la tabla inferior 228.1
Apoyado, madero - por puntales redondos 177.9
- por los dos lados 164.11
- solo por los extremos 164.10
Apoyarse sobre el piso inmediato inferior 174.1
Apoyo 141.8
-, aro de 219.4
-, columna de 243.11
- de la fundación 112.9
- - piso de tubo de acero 84.2
- - puente . . . 229.9
-, distancia entre los puntos de 47.3
-, pilar de . . . 87.8
-, reforzar en los -s 151.2
-, superficie de 135.5
Apparaitre, faire - des propriétés de structure 39.6
Apparat, Einlauf- 14.5
-, Hammer- . . 23.10
-, Normal- . . . 24.4
-, Rüttel- 15.10
-, Spiegel- 4.7
-, Vicat- 19.2
Apparatus, hammer 23.10
-, impermeability testing 213.4
-, lever 24.6
-, measuring . . . 4.6
-, mirror 4.7
-, standard . . . 24.4
-, volume measuring 14.7
Apparecchi di trasporto 63.4
- trasportatori 63.4
Apparecchio a leva 24.6
- - mano per rigare la lisciata 210.11
- d'introduzione 14.5
- di misura . . . 4.6
- - - a specchio . 4.7
- elettrico per saldare 71.1
- normale . . . 24.4
Apparecchio per la martellazione 23.10
- - lo spezzamento dei sassi 247.7
- - misurare la sabbia 52.1
- - piegare a freddo 70.1
- - raddrizzare le armature in ferro 72.12
- - scuotere . . 211.8
- - tagliare i ferri 69.4
- registratore di presa sistema Martens 19.8
- scuotitore . . 15.10
- Vicat 19.2
Appareil à courber à froid 70.1
- - levier . . . 24.6
- - main pour boucharder 210.11
- - marteler . . 23.10
- - miroir 4.7, 90.1
- - secousses . 15.10, 211.8
- anglais . . . 128.1
- continu . . . 127.9
- croisé 128.2
- d'essai d'étanchéité 213.4
- d'introduction 14.5
- de construction en rivière 128.5
- - la cheminée 127.8
- - mesure . . . 4.6
- en boutisses . 127.9
- - carreaux . 127.8
- - - et boutisses 128.2
- enrégistreur du degré de prise système Martens 19.8
- hollandais . . 128.3
- isodomon . . 127.8
- mixte 126.8
- normal . . . 24.4
- polonais . . . 128.4
- pour soudure électrique 71.1
Appareils de transport 63.4
Apparent, le dépassement de la limite de ductibilité est 4.9
-, les fils longitudinaux sont -s 179.7
Apparire, fare - la proprietà di struttura 39.6
-, i fili longitudinali appariscono 179.7
Apparizione della dilatazione 20.4
Appear, a statically indeterminate moment -s 218.3
-, to let properties of structure 39.6
Appearance of expansion 20.4
Appiattito, pestello 66.3
Appliance for adjusting the iron work 72.12
- - bending the iron whilst cold 70.1
- - cutting iron bars 69.4
Appliances, measuring 89.7
Applicare il cappello di protezione 120.4
- la cuffia di protezione 120.4
Applicarvi della malta 132.6
Appliquer du mortier sur 132.6
- le coffrage par le serrage d'écrous 74.7
- - - - longs boulons 74.7
Apply, to - tangential stress 217.6
Appoggi, distanza fra gli 47.3
-, rinforzare agli 151.2
Appoggiare contro la muratura 81.6
- sul suolo circostante 74.3
Appoggiato, soffitto armato ed 147.5
-, - liberamente 149.1
Appoggio . . . 141.8
-, centro d' . . 219.4
-, cuscinetto d' 230.4
-, - - - in ghisa 234.5
- del pavimento con tubi in acciaio 84.2
- - ponte . . . 229.9
- - soffitto con tubi in acciaio 84.2
- dell'asse a bilico 234.7
-, determinare la pressione d' 47.4
-, linea d'- massima 236.6
-, - - - minima 236.7
-, - - - pel carico completo 236.1
-, muriccia d' 193.11
-, palizzata d' - delle lastre retrostanti 187.5
-, piastra d' . . 143.6
-, pietra d' . . 142.11
-, procedimento delle linee d' 235.10
-, sezione completa all' 231.9
-, - piena all' . 231.9
-, sottrarre il momento d' 48.5
Appointé à l'extrémité inférieure 123.3
Appontement . 190.4
- de chargement 189.1
- - déchargement 188.12
Approché, calcul 231.10
Approfondamento naturale dell'aves 114.2
Approfondire un pozzo 100.7
Approssimato, calcolo 231.10
Approximate calculation 231.10
Appui 141.8
- à balancier . 234.7
- - rouleaux en acier coulé 234.8
-, ceinture d' . 219.4
-, colonne d' . 243.11
-, couronne d' . 219.4
- de pont . . . 229.9
-, déterminer la pression sur l' 47.4
-, - - réaction de l' 47.4
-, distance entre les points d' 47.3
-, mur d' . . . 193.11
- oscillant . . . 234.7
-, pierre d' . . 142.11
-, plaque d' . . 143.6 230.4
-, portée entre les points d' 47.3
-, porter en dessous les moments sur l' 48.5
-, prendre - sur le plancher inférieur 174.1
-, renforcer aux -s 151.2
-, revêtement d' 178.2
-, section pleine à l 231.9
-, soustraire les moments sur l' 48.5
-, surface d' . . 135.5
Appuntito al basso 123.3
-, piede - in ferro 93.1
Appuyer sur le sol environnant 74.3
Apriete de las ligaduras del molde 75.1
Apron, protecting 192.4
Aproximado, cálculo 231.10
Apuntado hacia abajo 123.3
Apuntalamiento de la excavación 97.3
- - las paredes del molde de la vigas 82.7
- inferior . . . 83.4
- longitudinal . 86.2
Apuntalar . . . 97.4
- la traviesa . . 83.8
- sobre el suelo cercano 74.3
Aquädukt . . . 226.8
Aquarium . . . 223.8
Aqueduc 175.5, 224.9 226.8
Aqueduct 226.8, 237.8
- to take one boat 238.2

Aqueduct to take two boats 238.3
Aquifère, fondation descendant jusqu'à la nappe 109.8
Aquifères, couches 122.7
Arandela . . . 143.7
Arasar la superficie con la regla 36.4
Araser la surface 67.2
Arbeiten des Betons 88.7
Arbeitsabschnitt 67.9
-brücke 86.9
-unterbrechung 67.5
Árbol con cuchillas 222.9
- transversal. . 59.6
Arbre à couteaux 222.9
-, le malaxeur est à tambour basculant autour de l' 55.4
-, position inclinée du malaxeur sur son 57.3
- transversal . 59.6
Arbres horizontaux conjugués 54.5
- - parallèles . 54.5
-, les-des agitateurs tournent en sens inverses 54.10
Arc à deux rotules 232.5
- - trois rotules 169.3 232.6
- articulé determiné statiquement 205.7
-, disposition de fermes en 170.4
-, évidement en 150.6
-, naissance de l' 233.6
-, nervure en . . 235.4
-, pont en . . . 232.2
-, poutre en . . 87.3
-, toiture en - à intrados lisse 173.9
-, voûte en - de cloitre 145.4
Arcs-boutants, mur à 189.4
Arca de agua . 224.4
Arcbouter contre la maçonnerie 81.6
Arch, ashlar masonry 232.7
- centering . . 85.8
-, concrete . . . 232.8
- -construction, calculation for 50.1
-, double articulation 232.5
-, - hinged . . . 232.5
- falsework . . 85.8
-, flat 146.5
-, hinged - with statically determined stresses 235.7
-, inverted . . . 112.2
-, Monier's . . . 147.6
-, non-articulated 232.4
-, -hinged . . . 232.4
- of a bridge . 50.2
- - hewn stone 232.7

Arch, rammed concrete 147.2
-,retaining wall with -es in Monier reinforced concrete 139.5
-, thickness of 143.12
-, three hinged 169.3
-, triple articulation 232.6
-, - hinged . . . 232.6
Arched bridge 232.2
- falsework . . 87.3
- floor 149.9
-, falsework for 81.2
- hollow 150.6
- rib 235.4
- roof with smooth surface 173.9
Archi, armatura degli 85.8
Architrave della porta, ferro dell' 187.5
Arcilla . . 7.6, 108.11
- de consistencia media 95.4
-, fondo de . . 178.5
-, molde de . . 241.11
Arcillosa, capa 192.8
-, marga calcárea muy 8.10
-, tierra . . . 108.11
Arcilloso, muy 18.3
-, terreno . . . 95.2
-, terreno - blando 95.5
Arco a conci . 232.7
- - dadi 232.7
- - due cerniere 232.5
- - tre cerniere 169.3 232.6
- articolato staticamente determinato 235.7
-, incavatura a forma d' 150.6
-, nervatura dell' 235.4
-, origine dell' 233.6
-, palancata ad . 87.3
-, ponte ad . . . 232.2
- senza cerniere 232.4
Arco articulado determinado estáticamente 235.7
- con dos articulaciones 232.5
- - - rótulas . . 232.5
- - tres articulaciones 232.6
- - - rótulas . . 232.6
- de articulación triple 169.3
- - sillares. . . 232.7
- - tres rótulas 169.3
-, origén del . 233.6
- saliente . . . 170.10
Arcón 124.7
Arcuata, a forma 112.2
Arcuato, ferro a doppio T - di Melan 148.7
Ardesia d'asbesto 172.7
- da tetto . . . 244.5

Ardesie, copertura di 172.2
Ardoise, couverture en -s 172.2
- d'amiante . . 172.7
Area comprised between the diagram of moments and the base line 48.3
-, load distributed over a certain 46.12
- of adhesion . 151.7
- - cohesion . . 151.7
-, projected . . 167.4
-, survey of . . 89.2
Area dei momenti 48.3
- fabbricabile, drenaggio delle acque dell' 98.3
- -, prosciugamento delle acque dell' 98.3
Área de los momentos 48.3
-, aparato para amolar con chorro de 89.5
- artificial . . . 26.4
- basáltica . . . 27.9
- blanda 30.4
- calcárea . . . 27.5
-, cemento de . 9.10
-, collector de . 226.1
- de cantera . . 26.13
- - cuarzo . . . 27.4
- - dunas . . . 27.3
- - granos angulosos 30.3
- - - redondos . 30.4
- - origén volcanico 25.8
- - piedra calcárea 239.7
- - - pómez . . 27.8
- de rio . . . 27.1
- del mar . . . 27.2
- - dolomítica . 27.10
- - granítica . . 27.7
- húmeda bien apisonada 120.5
- - mojada . . . 68.5
- - movediza . . 192.8
- - natural . . . 26.3
- - normal . . . 22.9
Arenada, calle 205.6
Arenaria, pietra - calcare 243.2
Arenero 88.2
Arenosa, greda calcárea 243.2
Arenoso-arcilloso, terreno 95.3
Arenosos, medida de los materiales 51.3
Arête de 7,1 cm, cube ayant une 24.3
-, formation des -s 212.1
-, pression sur les -s 111.4
-, tension sur l' 237.1
-, voûte d' . . . 145.7
Argamasa . . . 16.5

Argano carreggiabile 194.10
Argile . . . 7.6, 108.11
- de consistance moyenne 95.4
-, fond d' . . . 178.5
-, moule d' . . 241.11
-, noyau d' . . 195.10
-, terrain d' - plastique 95.5
Argileuse, couche 192.8
-, marne calcaire très 8.10
Argileux, terrain très 8.10
-, - de sable . . 95.3
-, très 18.3
Argilla 7.6
- di media consistenza 95.4
-, fondo di . . . 178.5
-, forma di . . 241.11
-, marna calcare ricca di 8.10
- mista a sabbia 108.9
-, nocciolo di' . 195.10
-, strato battuto di 198.6
-, tubo di . . . 100.1
Argillaceous. . 18.3
- sand ground. 95.3
Argillifero, strato 192.8
- terreno sabbioso 95.3
Argillosa, ricco di terra 18.3
-, terra 108.10
Argilloso, terreno 95.2
-, - - anelastico 95.5
-, - - molle . . 95.5
Argilo-calcaire, grès 243.2
Arginatura portante il corpo stradale 186.5
Argine 106.4
- anteriore, parete dell' 183.9
- del davanti, parete dell' 183.9
- di dietro, parete dell' 183.10
- di difesa e di direzione 183.7
- in terra . . . 97.8
- parallelo . . 183.7
- posteriore, parete dell' 183.10
Aria, bolla d'- entro la massa 39.8
- compressa, fondazione di 124.6, 199.8
-, dilatazione per azione dell' 21.3
-, gonfiamento per azione dell' 21.3
-, indurirsi al contatto dell' 7.2
-, insensibilità all'azione dell' 21.2
-, livello a bolla d' 91.2
-, resistenza all'azione dell' 21.2

Aria, riparare dalla corrente d' 20.8
- umida, conservare all' 22.11
-, umidità dell' 18.11
Árida, mezcla . 33.9
Ariete del battipalo 103.5
- - - a punta conica 122.4
- - - - scattatoio 104.5
-, disagganciare l' 119.3
-, l'- cade liberamente 104.4
-, peso dell' 103.9, 120.11
Arise, a statically indeterminate moment -s 218.3
Arista, bóveda por -s 145.7
-, cubo con - de 7,1 cm 24.3
-, formación de -s 212.1
-, presión sobre las -s 111.4
Arm, Rühr- . . 54.2
Arm, stirring . 54.2
Armada, viga . 84.5
-, - hueca . . . 153.3
Armado, cemento 1.2
-, hormigón . . 1.2
-, ladrillo . . . 134.1
-, muro 134.6
Armadura . . 189.8
- de celosía . . 112.3
- - consola . . 158.1
-, - doble . . . 111.6
- - forma trapezoidal 87.5
- diagonal . . 110.8
-, disponer las -s en dos filas 49.3
- doble de hierro 168.9
-, enrejado de - del sistema Monier 131.7
-, hierro de - de la superstructura 117.1
- longitudinal . 110.6
- poligonal . . 87.4
- Polonceau . . 169.9
-, preparación de las -s 69.1
- rígida 233.3
-, tejadillo con - shed 168.4
-, tejado de - metálica 168.2
- transversal . 110.7
- triangular de rejilla 87.2
- vertical . . . 157.3
Armamento, disposizione d' 87.9
Armar 2.3
- la punta del pilote con un azuche de hierro 117.5
Armare . . . 2.3, 73.1
- la punta del palo con lamiera di ferro 117.5
Armata, innalzare una parete - pezzo per pezzo 76.5
-, sovrappore una parete - pezzo per pezzo 76.5
-, tavola della parete 75.4
-, trave 84.5
-, - cava 153.3
Armato, ammattonato 146.9
-, cemento . . . 1.2
- con ferro, palo 180.6
- in due sensi . 111.6
-, mattone - in fildiferro 134.1
-, muro 134.6
-, soffitto - ed appoggiato 147.5
Armatureisen des Überbaues 117.1
Armatura a cassettoni 83.2
- - lacunari . . 83.2
- - mensola . . 158.1
- - spirale . . . 42.7
- ausiliare in legno 86.8
- con fogli di lamiera ondulata 83.1
- da muro sistema Monier 76.6
- degli archi . . 85.8
- del plinto della colonna 78.1
- dell' estremità della colonna 80.4
- della centina 86.7
- - colonna da facciata 79.5
- - - - ornamento 79.5
- - testa della colonna 80.4
- di servizio, palconata dell' 86.9
- - -, ponte dell' 86.9
- diagonale . . 110.8
- doppia 148.3
- in ferro per sostenere le armature in legno 84.4
- - -, soffitto in mattoni con 146.9
- - legno dei piedritti 81.8
- - - delle travi portanti 81.8
- - - per un semplice soffitto 81.7
- - tavole . . . 73.2
- inferiore . . . 87.6
- longitudinale 110.6
- mobile, telaio d' 75.8
- per coperture 81.2
- - soffitti a volta 81.2
- rigida 233.3
- spostabile, telaio d' 75.8
- su piloni . . 86.10
- superiore . . 87.7
- trasversale . 110.7
Armature di ferro, distribuire le - su due ordini 49.3
- - -, rilevare le 72.11
- - -, togliere le 72.11
- in ferro, apparecchio per raddrizzare le 72.12
- - -, lasciar accavallare le 71.5
- - legno, armatura in ferro per sostenere le 84.4
Armature dans le sens diagonal 110.8
- - - - longitudinal 110.6
- - - - transversal 110.7
- de console . . 158.1
- - la superstructure 117.1
- - pilier, barre d' 78.4
- double 148.3
- - en fer . . . 168.9
- en hélice . . 42.7
- métallique, outil pour redresser l' 72.12
- résistant à la compression 151.4
- rigide 233.3
- secondaire en treillis diagonal 112.3
- servant de support 84.4
- transversale . 42.6
-, treillis d'- système Monier 131.7
- verticale . . . 157.3
Armatures métalliques, relèvement des 72.11
Armazón . . . 206.9
- de hierro . . 181.4
- - - como soporte de la entibación 84.4
- - hormigón armado 130.10
- - latas 81.4
- - molde móvil 75.8
- - tablas delgadas 81.4
- doble 148.3
- en espiral . . 42.7
-, hierro de - de pilar 78.4
- poligonal . . 174.3
- resistente á la compresión 151.4
Armé, béton. . . 1.2
-, construction en béton 1.4
- dans les deux sens 111.6
-, mur 134.6
Armée, brique 134.1
-, longrine - de fer 180.6
-, poutre 84.5
-, - creuse . . . 153.3
-, tirant d'une poutre 84.7
Armer 2.3
Armer la pointe du pieu avec de la tôle de fer 117.5
- le tirant . . . 169.8
Armieren 2.3
-, die Pfahlspitze mit Eisenblech 117.5
Armiert, doppelt 111.6
Armierte Betondecke zwischen eisernen Trägern 147.5
- -wand 131.1
- Steinwand . . 134.6
Armierter Beton 1.2
- Hohlbalken . 153.3
Armierung, Diagonal- 110.8
-, doppelte . . . 148.3
-, Konsol- . . . 158.1
-, Längs- . . . 110.6
-, Quer- 110.7
-, Spiral- 42.7
Armierungseisen 78.7
Armour, to . . . 2.3
Armoured concrete 1.2
- - floor 148.8
- - slab 148.9
- tubular flooring 152.8, 243.7
Armouring, double 148.3
-, rigid 233.3
Aro 119.1
- de apoyo . . 219.4
- - goma endurecida 19.3
- - hierro . . . 218.1
- - - plano . . 80.2
- - pie 174.2
- - presión . . 174.2
Arpentage, instruments d' 89.7
Arpenteur, chaine d' 90.5
-, - pour fiche d' 90.6
-, piquet pour chaine d' 90.6
Arpione 164.7
Arqueada, costilla 235.4
-, viga 170.10
Arqueado, vaciamento 150.6
Arrachement, resistance du pieu à l' 121.2
Arrange, to - buttresses in the wall 218.8
-, to - horizontal ribs outside 219.1
-, to - tension bars on both sides 185.2
Arrangement, centre striking 87.9
- for keeping the column reinforcement bars vertical 78.5
Arranque, piedra de 169.2
-, piedra de - de la bóveda 144.2
-, resistencia del pilote al 121.2

Arranque, sota-
banco de - de
la bóveda 144.2
Arrastradas, piedras
- por la corriente
182.4
Arrestare le acque
che sopraggiun-
gono 193.1
Arresto, anello d'
223.4
-, robinetto d' . 214.8
-, sganciare l' . 55.8
Arrêt, robinet d'
214.6
Arrêter le tambour
par un frein 56.1
Arriba, agua de
190.10
-, canal de . . .197.1
-, rio 175.8
Arrivo, canale d' 193.3
-, conduttura d' 219.9
Arrosage, tuyau d'
62.3
Arroser le coffre
avant le béton-
nage 85.1
Arrosoir 52.4
-, mouiller avec l'
58.3
Arroventamento,
perdita per 14.9
Arroyo. 175.2
Arrugginire . . . 8.1
Arrugginirsi . . 117.3
Artesa del canal 198.4
-, mezclador hori-
zontal en forma
de 61.2
- para agua . . 228.6
Articolata, asta 93.4
Articolato, arco -
staticamente
determinato 235.7
Articolazione . 92.6
93.4, 188.6
- a base di piombo
234.2
- ad azione provvi-
soria 233.4
-, concio d' . . 233.10
- girevole . . . 234.8
- in ferro . . . 234.3
- - granito . . 234.1
- - pietra . . . 233.5
-, pezzo dell' . 234.9
Articolazioni, smon-
tare le 93.9
-, togliere le . . 98.9
Articoli di cemento
239.2
Articulación 92.6 188.6
-, arco de - triple
169.3
-, bóveda sin . 232.4
- de acción provi-
sional 233.4
- - acero . . . 234.4
- - granito . . 234.1
- - hierro . . . 234.3
- - piedra . . . 233.5
- - placas de plomo
234.2
- - rodillos de acero
fundido 234.8
Articulado, arco -
determinado está-
ticamente 235.7

Articulation-block
formed of con-
crete 233.10
-, double - arch 232.5
-, stone 233.5
-, triple - arch . 232.6
Articulation 92.6,188.6
- à action provisoire
233.4
- - plaques de
plomb 234.2
- en granit. . . 234.1
- - pierre . . . 233.5
-, pièce d' . . . 234.9
-, - - en béton 233.10
Articulé, arc - dé-
terminé statique-
ment 235.7
Artificial asphalte
208.11
- joint 177.6
- lowering of the
underground
water 199.3
-, products of - stone
industry 242.9
- sand 26.4
- stone . . 26.12, 125.2
239.1
- - baluster-railing
165.7
- - balustrade 165.7
- - step 163.6
- stones, lining of
216.11
Artificial, arena 26.4
-, bajada - de la
tabla de agua
subterránea 199.3
-, balaustrada de
piedra 165.7
-, carga. 228.7
-, junta. 177.6
-, piedra . 26.12, 125.2
239.1
Artificiale, abassa-
mento - dell'aves
199.3
-, caricamento . 228.7
-, giunto 177.6
-, massa - di asfalto
208.11
-, pietra . 26.12, 125.2
239.1
-, sabbia. 26.4
Artificiali, parapetto
in pietre 165.7
Artificiel, abaisse-
ment - de la
nappe d'eau
souterrain 199.3
-, asphalte . . 208.11
-, joint 177.6
-, sable 26.4
Artificielle charge
228.7
-, pierre . 26.12, 125.2,
239.1
-, produits de l'in-
dustrie de la
pierre 242.9
Asa. 102.4
Asbestschiefer. 172.7
Asbesto, ardesia d'
172.7
Asbestos slate . 172.7
Ascendente, pozzo
220.5

Ascendente, pozo
220.5
Ascenseur, cage d'
65.1
-, plate-forme d' 65.1
Ascension de l'eau,
puits d' 220.5
Ascensore, sedia
dell' 65.1
Asche 28.13
Ascialone . 75.5, 86.3
- applicato su travi
194.7
Ascialoni del batti-
palo 120.1
Asciutta, cantina
112.4
Asegurar provi-
sionalmente por
puntales laterales
186.11
Asentador, cilindro
- para hormigón
del fondo 185.4
Aserrar aberturas
para las vigas 79.4
Asfaltado, cinta de
cartón 179.8
Asfaltaggio . . 205.1
Asfaltato, striscia
di cartone 179.8
Asfaltatura . . 205.1
Asfalto . . 38.5, 208.12
-, calcestruzzo d'
32.12
- colato . . . 209.8
-, composto d' - e
di catrame 216.10
-, compresso . 209.7
- con scanalature,
chiusura della
giunzione con
225.5
- copertura in 205.1
- d'Algeria . . 210.1
- greggio . . . 209.1
- in mattonelle 209.9
- - strati . . . 209.9
-, lastra isolante di
171.8
-, massa artificiale
di 208.11
-, mastice d' . 209.6
- naturale, mi-
scela a base di
216.8
- pestato . . . 209.7
-, pietra d' . . 209.5
-, polvere di pietra
d' 209.10
-, strato continuo
in 190.3
Asfalto . . 38.5, 208.12
- basto . . . 209.1
- berberisco . 210.1
-, capa continua de
190.3
- - de . . . 205.1
- colado . . 209.8
-, composición de
- y alquitrán
216.10
- comprimido . 209.7
- en losas . . 209.9
-, hormigón de 32.12
-, mástic de . 209.6
- natural, mezcla á
base de 216.8
-, piedra de . . 209.5

Asfalto, placa de
- aislante 171.8
-, polvo de . . 209.10
Ash-wood . . . 120.6
Ashes 28.13
Ashlar masonry
arch 232.7
- stone 245.3
- - facing . . . 232.9
-, - wall in . . 126.8
Asiento, madera
de 142.6
-, tornillo de . 75.5
Aspect moiré . . 5.3
Aspecto de muaré
metálico 5.3
Áspera, superficie
30.2
Aspereza de la
superficie de la
varilla 44.8
Áspero. 5.5
Asphalt . 38.5, 208.12
-beton 32.12
-decke 205.1
-isolierplatte . . 171.8
-masse, künstliche
208.11
-mastix . . . 209.6
-pappstreifen . 179.8
-rillendichtung 225.5
-schicht, durch-
gehende 190.3
-stein 209.5
-pulver . . . 209.10
-, Berber- . . . 210.1
-, Guß- 209.8
-, Platten- . . . 209.9
-, Roh- 209.1
-, Stampf- . . . 209.7
- und Goudron,
Gemisch von 216.10
Asphalt . 38.5, 208.12
- and bitumen
composition 216.10
- - tar composition
216.10
-, artificial . . 208.11
-, Barbary . . . 210.1
-, compressed . 209.7
- concrete . . . 32.12
-, continuous layer
of 190.3
- covering . . . 205.1
- groove joint . 225.5
-, insulating - layer
171.8
- - - sheet . . 171.8
- lining . . . 217.3
- mastic . . . 209.6
-, natural mixture
of 216.8
- obtained by
melting 209.8
-, plate 209.9
- powder . . . 209.10
-, raw 209.1
-, rock 209.5
-, sheet 209.9
Asphalte . 38,5, 208.12
- artificiel . . 208.11
-, béton d' . . 32.12
-, brut 209.1
-, carreaux d' . 209.9
-, composé d' - et de
goudron 216.10
-, comprimé . . 209.7
-, couche continue
d' 190.3

Asphalte coulé 209.8
- d'Algérie . . 210.1
-, dalle isolante en 171.8
- en dalles . . 209.9
- factice . . . 208.11
-, joint à rainures à l' 225.5
- naturel, mélange à base d' 216.8
-, pierre d' . . . 209.5
-, poudre d' . 209.10
Asphaltage . . 205.1
Asphalté, bande de carton 179.8
Asphaltic roofing felt, strip of 85.2
- strip 179.8
Asphaltique, mastic 209.6
Asphaltum . 208.12
Assaggio, palo d' 114.7
Asse 73.4
- a bilico, appoggio dell' 234.7
- - perni . . . 70.3
- - spini 70.3
- della strada, a righe perpendicolari all' 206.1
- delle tensioni nulle 46.11
- di carico . . 148.6
-, fibre distribuite parallelamente all' 49.6
- in acciaio . . 234.6
- neutro 43.9
- piallata . . . 85.7
Assi, ferma- . . 76.1
-, morsa per . . 79.9
-, pressa per . . 79.9
Asséchée,fouille 102.1
Assèchement de la fouille 99.1
- des ponts . . 230.9
- du terrain à bâtir 98.3
-, écluse d' - et d'irrigation 197.8
Assel, Holz- . . 115.6
-, Lot- 115.5
Assemblage de barres parallèles soumis à la traction 71.9
-, pièce d' . . . 71.11
- rigide 187.9
- transversal . 224.5
Assembler des planches par boulons 187.2
- un étai dans le montant 74.4
- une contrefiche 74.4
Assembling . . 82.4
Assicella 73.3, 208.8, 241.6
- a perni . . . 70.3
- - spini 70.3
- in legno . . . 172.5
-, inchiodare un frezzo d' 76.7
- per spianare . 67.3
- - versare il calcestruzzo 78.8
Assicella piatta per spalmare l'intonaco 150.8
-, staffa di ritegno dell' 79.9
- stretta 142.3
Assicelle, incastellatura di 81.4
Assicurare alla corda 136.10
- contro l'affondamento 107.4
- provvisoriamente con puntelli di legno 136.11
Assieme, attorcigliare 72.3
-, torcere . . . 72.3
Assise à joints croisés 127.7
- de boutisses . 127.4
- - briques en épi 127.6
- - panneresses 127.2
- posée de champ 127.5
Assises alternées, mur maçonné par 127.1
- mixtes, mur maçonné par 127.1
-, mur avec . . 126.9
Assito della colonna 77.4
- di rivestimento della riva 186.8
Assone 73.3
- in cemento . 243.4
Assoni, cappa di 187.7
-, pavimento di 82.6
Assorbente, strato inferiore non 23.11
Assorbimento d'acqua 14.10
- dell'acqua, capacità d' 31.4
- di acido carbonico 15.2
Assortimento . 240.7
Assortire, macchina per - ghiaia e sabbia 240.8
Assumed load . 141.1
Assumption of load 229.10
Asta articolata 93.4
- del trepiede 92.10
- scorrevole . . 102.9
Aste, togliere le - l'una dall'altra 93.9
Astillamiento . 180.1
Astilloso 29.12
Astragale . . . 164.8
Atacadera para juntas 211.2
Ataguía 106.4
- de cajón . . 106.6
- - doble pared 106.7
- - hormigón armado 106.3
- - palastro ondulado 106.2
- - tablas y terraplén 106.8
- doble 106.7
Ataludar . . . 96.2
Atar, anillo de 223.4
Aterajado . . . 143.8
Atirantar en el piso inmediato inferior 174.1
Atizonada, hilada 127.4
Atmosferiche, resistente alle variazioni 31.8
Atmosphere, dampness of the 18.11
-, expansion due to the 21.3
-, proof against he action of the 21.2
-, to store in damp 22.11
Atornillar cepos 105.8
- cruceros . . . 105.8
Attacco colla sonda 93.6
- - trivella . . 93.6
-, fune della corona d' 103.6
Attache, anneau d' 223.4
- des tiraudes, erseau d' 103.6
- - -, estrope d' 103.6
- en forme de tenaille 81.1
Attendant of a pile driver 103.7
Attic . . . 129.6, 169.7
Attitudine di modellamento del calcestruzzo 34.6
Attorcigliare assieme 72.3
Attrito fra la terra ed il paramento 217.9
Aufbau, Brücken- 235.2
Aufbauen, auf Felsuntergrund unmittelbar 191.5
Aufbereiten . . 10.4
Aufbereitung der Rohstoffe 10.3
Aufbiegen, an den Rändern rund 196.4
Auffüllung . . 156.6
Aufgelagerte Platte, vierseitig 149.8
Aufgespeicherte Wasserkraft 197.3
Aufgestaute Wassermenge 191.8
Aufhängen, die Fahrbahn 235.6
Aufkleben . . . 171.6
Auflage, Blech- 51.7
Auflager 141.8
-druck, den - bestimmen 47.4
-ring 219.4
-stein 142.11
-, am - voller Querschnitt 231.9
-, an den -n verstärken 151.2
-, Brücken- . . 229.9
Auflegen, Eisen 149.7
Aufliegend, beiderseits 164.11
-, frei -e Decke 149.1
Auflösen, Kaliseife im Wasser 215.2
Aufnageln, ein Lattenstück 76.7
Aufnahmevermögen, Wasser- 31.4
-, Flächen- . . . 89.2
-, Höhen- . . . 89.3
-, Kohlensäure- 15.2
-, Wasser- . . . 14.10
Aufpfropfen . . 114.6
Aufrauhen, die Oberfläche der Schicht 36.3
Aufrauhung der Staboberfläche 44.8
Aufrechterhaltung, Vorrichtung zur - der Säuleneisen 78.5
Aufrechte Lage, selbsttätig in die - - zurückkehren 56.3
Aufsatteln . . 162.6
Aufschüttmenge 249.4
-rinne 58.5
Aufschütten, trocken 53.2
Aufschüttung . 173.5
Aufschließen . 12.4
Aufsetzen, auf Holzpiloten Betonpfeiler 114.3
Aufspeicherung von Wassermengen 195.8
Aufstau 190.9
Aufstellen, eine Schalwand stückweise 76.5
-, - Schiene pfostenartig 136.7
Aufstoßschiene, Metall- 165.2
Auftragen, die positive Momentenfläche 48.4
-, Mörtel 132.6
Auftrieb, Grundwasser- 214.11
-, Wasser- . . . 101.4
Auftrittstufe . 162.9
Aufzug, Kübel- 64.9
-, Material- . . 55.1
Auge 54.4
- à eau 223.6
- basculante, malaxeur à 56.4
- de mélange, position inclinée de l' 61.6
-, malaxeur horizontal à 61.2
- pour petit bétail 223.2
Auger 94.4
Augmentation de chaleur 16.11
- - charge . . 44.4
Augmenter la hauteur de flèche 85.3
Aumentar la altura de la flecha 85.3
Aumentare di saetta 85.3
Aumento del carico 44.4
- di volume . . 16.10

Aumento de carga 44.4
- - temperatura 16.11
Ausbau der Fluß- sohle in Beton 186.5
Ausbauen, schalen- förmig 185.5
Ausbeute . . . 84.4
Ausbilden, den Träger als Ge- länder 228.2
Ausbildung, Be- hälter- 112.6
Ausblühen der Salze 32.7
Ausblühung . . 68.12
Ausdehnen . . 45.5
-, sich stark . . 19.11
Ausdehnungsfuge 174.9
-koeffizient . . 45.9
- -, Wärme- . . 3.2
-zahl 45.9
- -, Wärme- . . 3.2
Ausdrücken, die Monierwand 77.3
Auseinander- nehmen, das Ge- stänge 93.9
Ausflußloch . . 88.6
Ausfüllen, mit reinem Sand 116.8
Ausfütterung, Blech- 122.9
Ausgedrücktes Rabitzgeflecht 144.10
Ausgeglühter Eisen- draht 72.1, 75.3
Ausgestaltung des Behälterbodens 219.3
Ausgießen, Tasche zum - der Monier- wände 77.2
Ausgleichfuge . 189.9
Ausgraben, die Mauerwerkpfeiler ohne - herab- senken 113.6
Ausgußstein . . 244.9
Ausheben der Bau- grube 95.10
-, Löcher . . . 186.6
Aushub 96.5
Ausiliare, armatura - in legno 86.8
-, travatura - in legno 86.8
Auskleiden, mit Kacheln 222.10
-, - Steinzeug- schalen 226.4
Auslaßende . . 61.5

Auslauf 62.6
Auslösen, den Riegel 55.6
Ausmauern, mit Klinkern 226.5
Auspumpen, den Zwischenraum 118.7
Ausrichten, nach der Schnur 186.10
Ausrüstungsvor- richtung 87.9
Ausschalen . . 85.4
-, Unterstützung der Decken nach dem 85.6
Ausscheiden, durch Absetzen 241.2
Ausschnitt, die -e für Deckenträger herauszsägen 79.4
- für Nebenträger 82.3
Ausschöpfen des Wassers 98.4
Ausschütten, von beiden Enden 108.1
Ausspachteln . 156.3
Aussparen . . . 164.2
Aussparung, bogen- förmige 150.6
-, zylinderförmige 180.5
Austampfen der Träger 147.3
-, nachträglich 159.4
Austreiben, die Kohlensäure 12.1
Auswaschen . . 177.4
Außenfläche des Deckels 60.3
-, die - verputzen 37.10
Außenwand . . 128.7
Äußere Säule, Kupp- lung einer inne- ren und äußeren Säule 111.2
Automatic drive 62.7
Automaticamente, il tamburo gira - verso il basso 55.7
-, riprendere - la posizione verti- cale 56.3
Automáticamente, volver - á la po- sición vertical 56.3
Automatico, co- mando 62.7
Automático, movi- miento 62.7
Automatique, com- mande 62.7

Automatiquement, le tambour se. redresse 55.7
-, reprendre - la position verticale 56.3
Auxiliaire, fer . 71.3
-, pieu - conique pour le battage 114.5
Auxiliar, hierro 71.3
-, pilote - cónico de madera para el batido 114.5
Auxiliary gantry 86.8
- scaffolding . 86.8
Aval, bief d' . 197.2
-, canal d' . . . 197.2
-, partie - du fleuve 175.8
Avalle, acqua d' 191.1
-, fosso d' . . . 197.2
Avance, trabazón de - continuo 127.9
Avant-cale . . 201.2
- -train pivotant 206.10
Avanzata, fonda- zione - fino alla falda acquifera 109.6
Aves 98.1
-, abbassamento artificiale dell' 199.3
-, - dell' 100.2
-, - naturale dell' 114.2
-, approfondamento naturale dell' 114.2
-, estensione dell' 98.2
- profondo . . 114.1
Aveugler les joints 177.5
Avoid, to - jarring 85.5
-, to - shaking 85.5
Avvolgere . . . 163.5
- col fildiferro · 71.6
- completamente i grani di sabbia col materiale di collegamento 33.7
- con corde . . 158.8
- - fildiferro . 158.8
- di calcestruzzo 115.2
Avvolgimento . 159.7
Avvolgimento col sistema Rabitz 160.2

Avvolgimento della testata 163.7
- di fildiferro . 158.5
- in mattonelle 160.1
- - terracotta . 160.1
-, lamiera per l' 187.8
-, resistenza dell' 44.3
Axe de figure charger suivant l' 49.9
- des centres de poussée 148.6
- en acier . . . 234.6
-, en rangées per- pendiculaires à l'- de la rue 206.1
-, - - transversales à l'- de la rue 206.1
-, fibre parallèle à l' 49.6
- neutre . 43.9, 46.11
Axial, resistencia à la compresión 49.10
Axis, fibre parallel to the 49.6
-, neutral . . . 43.9
- of rotation, posi- tion of the drum inclined to the 57.3
Axle 98.2
-, cylindrical steel 234.6
Azadón 97.1
Azione combinata della calce e de- gli agenti idrau- lici 7.4
- del tempo, resi- stente all' 31.8
- dell'acqua nelle fondamenta 105.1
- -aria, dilatazione per 21.3
- - -, gonfiamento per 21.3
- - -, insensibilità all' 21.2
- - -, resistenza all' 21.2
- di una morsa, resistenza all' 2.10
- dinamica . . 230.8
- provvisoria, arti- colazione ad 233.4
Azotea para jardin 178.6
Azuche 118.3
-, armar la punta del pilote con un - de hierro 117.5
- de estaca enchu- fado 123.9
- - hierro . . . 102.5

B.

Bac à acide . . 223.9
- - eau chaude 221.9
Bacchetta della rin- ghiera della scala 166.5
Bach 175.2
Bâche à eau chaude 221.9

Bacini del porto, rivestimento pei 187.1
Bacino d'un con- dotto d'acqua 238.1
- del canale . . 193.4
- dello sperone 184.2

Bacino di carenag- gio 198.6 200.9
- - decantazione 192.9
- in cemento armato 193.7
- - muro concavo 192.6

Back layer . 183.10
- of dam . . . 191.2
- row of piles . 189.5
-, skew- . 233.6, 233.8
- slab 187.5
-, abutment of - construction 140.5
- - cantilevered 139.7

Back slab, corbel 139.7
- slabs system 139.8
Backsteinum-
  mantelung 160.1
Backe, Gleit- . . 120.2
Badebassin . . 221.5
-becken 221.5
-wanne 225.5
Badigeon . . . 154.5
Badigeonner . 132.7
- la surface ex-
  térieure 87.10
Badile . . . 52.2, 96.6
Bag 52.5
-, sand 88.1
-, standard gauge 13.9
-, to lower sand -s 107.5
Baggern 182.7
Bagli 202.1
Bagnare con acqua 8.2
- - getti d'acqua 240.10
- - l'inaffiatoio 58.3
- - l'impasto . . 52.3
- - l'impiantito, non
  lasciare 52.7
- la muratura in
  mattoni 67.1
Bagnarola . . 223.5
Bagnato, calce-
struzzo - e gelato 37.5
Bagno, vasca da
223.5
Bague 188.3
- conique . . . 166.4
- en bois . . . 80.1
- - caoutchouc
  durci 19.3
- - ébonite . . 19.3
- - fer 218.1
Bahnsteigdach 173.7
-, Fahr- . . . 230.5
-, Gleit- 201.6
-, Helling- . . . 200.10
-, Roll- 64.1
-, Untergrund- . 225.1
Baigner les parois
214.7
Baignoire . . . 223.5
Bain, poser à - de
mortier de chaux
maigre 212.3
Bajada artificial de
la tabla de agua
subterránea 199.3
- del entubado por
taladro 124.3
- - plano de agua
198.4
Bajo, piso . . 129.4
-, vertedero - de las
aguas 192.3
Bajoyer . . . 198.3
Bake, Leucht- . 200.7
Balance-weight 60.4
Balancier, appui à
234.7
Balas, muro de pro-
tección contra las
137.9
Balasto 205.9
-, camino con capa
de 205.4

Balasto, capa de 227.6
-, capa de - con-
tinua 237.7
Balaustrada . . 165.6
-, construir las vigas
sirviendo de 228.2
- de madera . . 166.3
- - piedra artificial
165.7
Balaustrata di pietre
di getto 165.7
Baling out the
water 98.4
Balise lumineuse
200.7
Balkenbrücke . 227.2
- -, Fachwerk- 230.10
- -, kontinuierliche
228.5
- -, Platten- . 227.7
-decke, Holz- . 141.6
- -, Platten- - -
zwischen eisernen
Trägern 150.10
- - zwischen eiser-
nen Trägern 142.9
-kapsel 142.1
-kopf 141.9
-tafel, Damm- . 194.7
-, armierter Hohl-
153.3
-, Damm- 194.6
-, Holz- 141.7
-, Platten- 49.1, 151.3
-, - - mit oberer
Platte 111.8
-, polygonaler . 174.3
-, Rippen- . . . 49.1
-, Siegwart- . . 159.1
-, Siegwartscher 243.5
- tragende Wand
128.9
-, vieleckiger . 174.3
-, Visintini- . 153.6
-, Visintinischer 243.6
Ball-cock device 221.1
-, iron -s placed
loosely in the
drum 57.2
- mill 13.2
Ballast 26.10
-, bed of 227.6
-, box for containing
206.11
- concrete . . . 210.4
- slab in - . . 133.6
- filter 194.2
- layer of . . . 227.6
- paving on . . 177.1
-, pitching on . 177.1
- road 205.4
-, strewing with 205.9
-, underlayer of 178.7
-, uninterrupted 237.7
Ballast 26.10
-, couche de . . 227.6
-, - - - continue 237.7
-, - inférieure en
210.3
Ballast 26.10
-, massicciata di -
non interrotta
237.7
Ballastée, rue . 205.4
Ballasting, bottom
205.8
Balles, pare- . . 187.9
Ballipedio . . . 187.9

Baluster railing,
artificial stone
165.7
Balustrade, Kunst-
stein- 165.7
Balustrade, artificial
stone 165.7
Balustrade . . 165.6
- en bois . . . 166.3
- - ciment moulé
165.7
-, faire servir les
poutres de 228.2
Balustre 166.5
Banc de sable . 182.6
Banchage . . . 73.2
Banche 73.2
Banches 75.4
Banchina . . . 96.4
-, muraglione della
188.11
- pel carbone . 190.5
Banco di sabbia
182.6
Banco de arena 182.6
Band, Nivellier- 91.9
-, Transport- . . 64.6
-maß 91.1
- -, Stahl- . . . 90.8
Band clip . . . 80.2
Banda transporta-
dora 64.6
Bande de carton
asphalté 179.8
- - - bitumé . 85.2
- - feutre poissée
208.10
- - plomb . . 164.3
- - tôle de fer zin-
guée 189.12
- divisée pour mire
91.9
- pilonnée . . 36.1
Bandes de damage,
chevauchement
des différentes 36.2
- - tôle verticales,
séparation par
178.9
Banderola de señal
90.4
Bandiera per se-
gnalazioni 90.4
Bañera 223.5
Bank, Sand- . 182.6
-, earth- 97.8
- protection . 176.4
-, bottom of the
176.8
- -, foot of the 176.8
-, toe of the . 176.8
-, sand 182.6
-, vertical streng-
thening of the 181.5
Banks of rivers,
strengthening of
181.7
Bankett 96.4
Bannister hand
rail 166.6
Bannisters . . 165.6
-, wooden . . . 166.3
Banqueta . . . 96.4
-s, ensanchar por
109.4
Banquette . . . 96.4
Bar, bending of the
-s 151.6

Bar, crow- . . 97.2
-, Diamond- . . 6.1
-, double flat iron
81.3
-, element of . . 218.4
-, Kahn- 6.3
-, measuring . . 90.2
-, pillar reinforce-
ment 78.4
-, prong of . . . 151.9
-, Ransome . . 6.2
-, repartition . 131.3
147.8
-, rigid - fixed into
the ground 248.5
-, round iron 146.11
-, special shaped -s
5.8
-, stress . . 131.2, 147.7
-, tension . . . 147.7
-, Thacher . . . 6.1
-, to anchor the 151.8
-, to place the -s 149.7
-, turned 44.5
Bars bent into
the upper
beams 151.10
Bär, den- abhängen
119.3
-, der - fällt frei 104.4
-gewicht 103.9, 130.11
-, konisch zugespitz-
ter Ramm- 122.4
-, Ramm- 108.5
Baranda 165.6
Barbacani, muro
con 139.4
Barbary asphalt 210.1
Barco de cemento
armado 201.8
-, influencia de las
ondas levantadas
por -s de vapor
176.5
Barge, builders 202.4
Baril 18.6
- normal . . . 18.8
Barile 18.6
- normale . . . 18.8
Bärme 96.4
Barnacle . . . 115.10
Barra di distri-
buzione 131.3, 147.8
-, elemento di una
218.4
- incastrata nel
terreno e resi-
stente alla fles-
sione 248.5
- portante 131.2, 147.7
- sporgente . . 164.4
Barre di riempi-
mento 231.3
-, mantenere la cassa
per l'impasto in
posizione verti-
cale mediante 55.5
Barra de repartición
131.3, 147.8
-, elemento de . 218.4
- en T de alma ondu-
lada de Franke 6.8
- portadora 131.2,147.7
- rigida empotrada
en el suelo 248.5
- torneada . . . 44.5
Barras de viga de
celosia 231.3

Barrage . 106.4, 140.2
190.6, 191.6
- à vannage . . 195.3
- de vallée . . 195.7
-, échafaudage du
106.5
-, noyau du . . 195.9
Barre d'armature de
pilier 78.4
- de Franke . . 6.8
- - répartition 131.3
147.8
-, dresser une - en
guise de montant
136.7
-, élément de . 218.4
- en T ondulée 6.8
- porteuse 131.2, 147.7
-, rallonger les –s 70.7
-, recourber les –s
sur l'aile supé-
rieure de la
poutrelle 150.2
- rigide scellée dans
le sol 248.5
-, rugosité sur la
surface de la 44.8
-, tête de la . . 136.8
- tournée . . . 44.5
- verticale . . . 159.3
Barres d'armature
78.7
- de fer, faire che-
vaucher les 71.5
- - treillis . . . 231.3
- du pilier, disposi-
tif pour maintenir
verticalement les
78.5
- parallèles, assem-
blage de - - sou-
mis à la traction
71.9
Barreau d'escalier
166.5
Barrel 13.6
-, cutter . . . 222.9
-, standard gauge 13.8
- vault 145.2
Barril 13.6
- normal . . . 13.8
Barrilete de aire 79.9
Barro . . . 108.11
- de la pulimenta-
ción 156.2
-, dovela hueca de -
cocido con brida
144.9
- mezclado de arena
108.9
-, separar el . . 241.3
Barrote de escalera
166.5
Barrow, end tipping
96.9
-, wheel . . 51.9, 96.8
Bas, niveau le plus -
de la nappe sou-
terraine 114.1
-, pliage du fer vers
le 151.6
Basalt 28.7
-sand 27.9
Basalte 28.7
Basaltica, sabbia 27.9
Basáltica, arena 27.9
Basaltique, sable 27.9
Basalto 28.7

Basamento della co-
lonna 157.7
Basamento,apisonar
el 137.1
- de fundación á
carga excéntrica
111.1
- - - de cemento ar-
mado 109.7
Báscula, rodillo á
284.7
Basculant . . . 119.2
-, châssis. . . . 58.8
-, wagonnet - sur le
côté 64.2
Basculante, camion
à caisse - en fer
63.9
- en avant, brouette
96.9
Basculante . . 119.2
-, bastidor . . . 58.8
-, carretilla - de
mano 63.8
-, máquina mezcla-
dora de cuba 56.4
-, vagoneta de hierro
63.9
Bascular, el reci-
piente mezclador
báscula sobre el
eje 55.4
Bascule bearing 284.7
Base 89.4
-, column . . . 157.7
-, form for - of co-
lumn 78.1
- line, area com-
prised between
the diagram of
moments and
the 48.3
-, non absorbing 23.11
- of foundation 109.3
-, protecting the 177.8
- ring 174.2
-, securing the . 177.8
-, to ram the . 137.1
Base de colonne
157.7
- - pierraille, béton
à 210.4
- du revêtement
protecteur 176.8
-, empattement de la
109.2
-, mélange à - d'as-
phalte naturel
216.8
- métallique, ciment
à 165.9
Base, allargamento
della 109.2
- isolata . . . 109.1
- metallica, cemento
a 165.9
-, sapone a - di calce
e humus 31.1
Base, cemento á -
metálica 165.9
- del revestimiento
de la defensa 176.8
- - - - protección
176.8
-, jabón á - de cal
y de humus 31.1
Basement . . . 129.3
Basin, canal . . 193.4
- of groin . . . 184.2

Basin of jetty . 184.2
Bassin, Bade- . 221.5
Bassin de colmatage
184.2
- - décantation 192.9
- - natation . . 221.5
- - retenue . . 196.1
-, revêtement d'un
187.1
Basso, appuntito al
123.3
-, il tamburo gira
automaticamente
verso il 55.7
Basta, agua . 220.12
Bastidor 132.11, 206.9,
241.7
- basculante . . 58.8
- de puerta . . 137.5
-, móvil 58.7
Basto, asfalto . 209.1
-, lecho de cascajo
208.6
Bastón de cadena de
agrimensor 90.6
Bastone per fissare
la catena 90.6
Bâtard, ciment . 9.9
Batardeau . . . 106.4
- à double paroi 106.7
-, boucher les joints
du 107.7
-, calfater le . . 107.7
- -caisson . . . 106.6
- double. . . . 106.7
-, échafaudage du
106.5
-, fermer les joints
du 107.7
-, montant de . 194.6
-, palplanche de 194.6
-, paroi de - en béton
armé 106.3
-, - - - en tôle on-
dulée 106.2
Bate 66.5
Batea de construc-
ción 202.4
Bateau en béton
armé 201.8
-, pont-canal pour
deux -x 238.3
-, - - - un seul 238.2
Bath 223.5
-, swimming . . 221.5
Bâti 206.9
Batida, lecho de
greda 198.6
Batido, inyección de
agua durante el -
con el pisón 104.6
-, pilote auxiliar
cónico de ma-
dera para el 114.5
Batiduras, las –
se sueltan 5.1
Bâtiment d'habi-
tation 129.7
- d'usine . . . 129.8
- de commerce 130.1
- - fabrique . . 129.8
- des chambres
de réglage 220.6
- - chaudières . 112.5
-, isoler les fonda-
tions du - et
celles des ma-
chines 110.4

Bâtir, assèchement
du terrain à 98.3
-, charge sur le
terrain à 95.8
-, drenage du
terrain à 98.3
-, examen du
terrain à 92.2
-, nature du terrain à
94.5
-, pierre à . . 242.10
Bâtir 54.8
-, capota para . 117.8
Battage 65.7
-, injection d'eau
pendant le 104.6
-, pieu auxiliaire
conique pour le
114.5
Batte 66.5
Batten . . 105.7, 142.3
- abutting on round
piles 177.9
-, clamping . . 79.2
-, scaffolding - bind-
ing piece 86.3
Battente della
chiavica 198.5
Batter, to give a 96.2
Battere col mazza-
picchio 207.5
- - pestone, forma
per 246.7
- -, stampo per
246.7
- colla mazzeranga
207.5
- il plinto . . . 187.1
- lo zoccolo . . 187.1
- a mano . . . 102.3
- - scattatoio . 102.8
- - ariete del 104.5
- - vapore . . 104.3
-, ariete del . . 104.3
- - - a punta
conica 122.4
-, ascialoni del . 120.1
-, camera del . . 103.1
-, caporale - che
dirige la ma-
novra del 103.7
-, conficcare col
102.2
-, fune del . . . 103.4
-, montanti del 120.1
-, palo in cemento
armato confic-
cato col 117.4
- semplice . . . 103.2
-, spazio del . 103.1
Battitura . . . 65.7
-, pressione nella
direzione della
36.7
- - perpendicolar-
mente alla dire-
zione di 86.8
-, ricoprimento delle
differenti super-
fici di 36.2
-, riga della . . 36.1
Battola a largo
piatto 66.5
Battre à la sonnette
102.2
- avec le mouton
102.2

Battre des pal-
planches 105.8
- - pieux . . . 105.6
- iusqu'au refus
121.1
- - - sol ferme 121.1
- la mesure . . 108.8
Battue, couche de
glaise 198.6
Battuta, sabbia
umida ben 120.5
Battuto, calce-
struzzo 83.3
-, muro di calce-
struzzo 180.7
-, - - - concio . . 126.9
-, strato - di argilla
198.6
-, volta in calce-
struzzo 147.2
Bauart, englische
207.3
-, französische . 207.2
Baugrube, Ab-
stecken der 89.6
- -, Absteifen der
97.3
- -, Ausheben der
95.10
- -, die in der - auf-
tretenden Quellen
ableiten 99.2
- -, - - - - - - fassen
99.3
- -, trocken gelegte
109.1
- -, -legung der 99.1
-grund, Belastung
des -es 95.8
- -, Beschaffenheit
des -es 94.5
- -, Entwässerung
des -es 98.3
- -, Untersuchung
des -es 92.2
-höhe 228.4
-prahm 202.4
-pumpe . . . 98.6
-stein 242.10
- -, Glas- . . . 172.8
-stoff 2.1
- -prüfanstalt . . 1.6
- - -wesen 1.5
-teile, ornamentale
241.9
-verkehrslast . 159.5
-werk, Eigenge-
wicht des -es 101.5
Bau, Beton- . . 1.3
-, Eisenbeton- . . 1.4
-, Hallen- . . . 173.10
-, Straßen- . . . 203
-, Unter- . 194.8, 203.4
-, Wasserleitungs-
226.8
Bay, central . . 150.3
-, end 150.4
-, lock - head 197.11
Beacon 200.7
Beam, angle course
49.2
-, bars bent into the
upper -s 151.10
-, bridge with conti-
nuous -s 228.5
-, cantilevered . 229.3
-, capping . . . 107.1
- casing 81.8
-, ceiling 152.1

Beam, centering
by means of
hollow -s 88.2
-, compression . 151.4
-, cross 86.6, 189.7, 230.7
-, fender 202.3
-, ferro-concrete
floor with visable
ferro-concrete -s
151.1
- floor, wooden 141.6
-, foundation . 118.1
-, head 107.1
-, heading - for
sheet piles 187.7
-, headpiece of a
141.9
-, L-shaped . . 49.2
-, load distributed
over the whole
length of the 47.1
-, longitudinal . 230.6
-, main longitudinal
189.6
- mould 81.8
-, polygonal . . 174.3
-, protection to end
of 142.1
-, raft with -s above
112.1
-, - - -s underneath
111.8
-, rammer . . . 114.5
-, reinforced brick
floor with con-
crete 149.4
-, - head 180.6
-, - hollow . . . 158.3
-, ribbed 49.1
-, Siegwart 158.1, 243.5
-, stamp 114.5
-, stiffener for
-s 82.7
-, T-shaped 49.1, 151.3
-, timber 141.7
-, to fasten the laths
to the -s 81.5
-, - make the -s so
as to form para-
pets 228.2
-, - saw out spaces
for -s 79.4
-, transverse . . 189.7
-, trussed . . . 153.7
-, Visintini 153.6,
243.6
-, wooden 141.7, 154.2
Beams . . . 201.11
Beanspruchen,
tangential 217.6
Beanspruchung,
Bruch- 41.2
-, dynamische . 46.7
-, zulässige . . 41.3
Bearbeiten, stein-
metzmäßig 242.7
Bearbeitete Steine,
Mauer aus -n -n
126.9
Bearer 142.6
-, cast iron . . 234.5
-, foundation . 113.1
- of cross slab . 111.7
Bearing . 59.4, 135.5,
141.8
- bascule . . . 234.7
- block 233.8
-, cast steel rocker
234.8

Bearing, free . 234.7
- plate 230.4
- ring 219.4
-, roller 234.7
-, slab for . . . 148.6
-, solid flange at
231.9
-, to reinforce at -s
151.2
Beater box . . 223.1
Beaters 222.6
Becken, Bade- . 221.5
Bed . . . 178.4, 208.4
-, clarification . 192.9
-, clay 178.5
-, concreting the
river 185.5
-, connected . . 111.5
-, filter . . 192.9, 220.2
-, gravel 177.2
-, kiln with over-
lying -s 111.7
- of ballast . . 227.6
- - fall 192.6
- - puddle clay 193.6
-, sand- 182.6
-, to drain the . 206.5
-, - fix the . . . 192.5
-, to - the outlet pipe
in the foundation
224.3
Bedding, broken
stone 210.3
Beetle, larva of 115.7
Befestigen, die
Flußsohle 192.5
Befeuchtungsrinne
62.2
Begießen, die
Schalung vor dem
Betonieren 85.1
Behälterausbildung
112.6
-boden, Ausgestal-
tung des -s 219.3
Behälter 200.3
-, Ammoniak- . 221.3
-, Flüssigkeits- 221.3
-, Gas- 221.6
-, Hoch- . . . 221.2
-, Intze- 219.2
-, Spiritus- . . 222.3
-, taschenartiger 58.4
-, Teer- 221.7
-, versenkter . 219.6
-, Wein- 222.1
Beiderseits auf-
liegend 164.11
Beilageeisen . . 71.3
Beimengung,
erdige -en ab-
setzen 209.3
-, Soda- . . . 214.10
Bekiesen . . . 171.9
Bekrönung der
Mauer 187.6
Belagstein, Pflaster-
210.1
Belag, Fußweg- 244.4
-, Granitoid-
platten- 211.6
-, Holz- 168.9
-, Straßen- . . . 203.3
-, Stufen- . . . 163.8
Belasten, zentrisch
49.9
Belastet, exzen-
trisch -e Fun-
damentplatte 111.1

Belastung . . . 40.3
Belastung, Biege-
40.7
Belastung, Bie-
gungs- 40.7
- des Baugrundes
95.8
-, die - und die
Entlastung wie-
derholen 41.7
-, Kolben- . . . 214.3
-, künstliche . . 228.7
-, Probe- . . . 95.9
-, Stützlinie für
volle 236.1
- und Formände-
rung sind pro-
portional 4.5
-, ungünstige . . 230.2
Belastungsan-
nahme 229.10, 141.1
-fall 230.1
-grenze 4.2
-material, Kasten
zur Aufnahme
des -es 206.11
-stufe 42.1
Bell, diving . . 199.9
Belt, conveyor- 64.6
Bench 96.4
Bend 100.5
-, to - a bar round
flange of girder
150.2
-, - - the iron . 69.6
-, - - - whilst
cold 69.7
-, - - - - hot . 70.4
Bending 20.6
-, appliance for -
the iron whilst
cold 70.1
- iron 71.3
- moment, load
producing 40.7
-, negative . . . 149.6
-, Navier's law of
43.3
- of the bars . 151.6
- stress 2.7
Benetzen, die
Mischung 52.3
-, mit der Gieß-
kanne 53.3
Benne 64.8
- à fond ouvrant 65.2
- - - se rabattant
65.2
-, monte-charge
à -s 64.9
Benützung von
Lochsteinen 74.6
Beobachten, den
Mischvorgang 54.7
Berberasphalt . 210.1
Berberisco, asfalto
210.1
Berceau, voûte en
145.2
Berechnung, Erd-
druck- 189.4
-, Gewölbe- . . 50.1
Berechnung,
statische 45.11
Berg, Brems- . 65.4
Bergmännische Ab-
senkung von
Pfeilern 122.2

Berge 176.3
-, consolidation
d'une - verticale
181.5
-, - du pied de 177.8
-, miner les -s . 177.4
-, nervure de béton
entrant dans la
180.4
Berieselungsrohr62.3
Berm 176.7
Berma . . 96.4, 176.7
Berme . . 96.4, 176.7
Berta 118.8
- a nodo . . . 103.2
-, affondare pala-
fitte colla 102.2
-, testata della -
con puleggle 108.3
Beruhigung des
ankommenden
Wassers 193.1
Besanden . . .174.6
Beschaffenheit des
Baugrundes 94.5
-, Oberflächen- . 29.13
Beschotterung . 205.9
Beschüttung . . 142.5
Beständig, frost- 81.7
-, wetter-. . . . 81.8
Beständigkeit,
Feuer- 37.4
-, Frost. 37.3
-, Luft. 21.2
-, Raum- 19.7
-, Wasser- . . . 37.2
Bestiame, abbeve-
ratoio del 245.7
- minuto, abbevera-
toio per 223.2
Bestimmen, den
Auflagerdruck 47.4
Bestimmt, statisch
-er Gelenkbogen
235.7
Bétail, abreuvoir
pour petit 223.2
-, auge pour petit
223.2
Beton 1.1
-bau 1.3
-bordstein . . . 212.4
-bruch . . . 28.10
-decke, armierte -
zwischen eiser-
nen Trägern 147.5
- -, kombinierte
Stein- und 150.9
- - zwischen eiser-
nen Trägern 147.1
-diele, Zement- 153.4
-druckgurt, Stein-
eisendecke mit
149.4
-eisenschwelle . 246.1
-gewölbe, reines
292.8
- -, Stampf- . . 147.2
-hülle, den Anker
mit einer - ver-
sehen 140.4
-kern . . . 195.11
-masse, die - in die
Form einlegen 85.5
- -, Raumänderung
der 38.6
-pfeiler, auf Holz-
piloten - auf-
setzen 114.3

Betonpiloten . 118.4
-platte, reine . 147.4
- -, zusammen-
hängende 111.5
- - zwischen I-Eisen
181.1
-plattenprobe . 39.11
-prisma, geschlitztes
43.7
-probekörper,
Stampf- 34.9
-randstein . . . 212.4
-rippe, in die
Böschung ein-
greifende 180.4
-rohr 245.6
-rostplatte. . . 113.2
-senkwalze . . 185.4
-stößel, kleiner 66.4
-straßendecke . 210.1
-ummantelung 159.8
-unterbau . . . 207.6
-wand, armierte
181.1
- -, bewehrte . 131.1
Beton, armierter 1.2
-, Asphalt- . . . 32.12
-, Bims- . . . 156.10
-, den - von oben
eingießen 77.1
-, Eisen- 1.2
-, erdfeuchter . 66.6
-, Fein- 240.4
-, Formänderungs-
vermögen des -s
34.6
-, Gips- 32.11
-, Gleiten im . 5.11
-, Guß- 33.5
-, im Abbinden be-
griffener 37.1
-, in den - einlassen
172.4
-, - - einhüllen 115.2
-, Kalk- 32.9
-, Kern- 240.3
-, Kies- 32.13
-, Leicht- . . . 156.8
-, Mager- . . . 156.12
-, mit - abschließen
116.9
-, nasser gefrorener
37.5
-, Schlacken- . 33.1
-, Schotter- . . 210.4
-, Schütt- 33.4, 199.5
-, Stampf- . . . 33.3
-, steinhauermäßig
bearbeiteter 233.2
-, Traß- . . . 32.10
-, Unter- . . . 156.11
-, unter Wasser -
schütten 199.4
-, Verzahnung des
-s mit Mauer-
werk 77.6
-, wasserarmer 34.3
-, wasserreicher 34.5
-, Zement- . . . 32.8
-, Ziegel- . . . 32.8
-, Zusammenziehen
des -s 32.9
Beton 1.1
- di calce . . . 32.9
- - cemento . . 32.8
- - pozzolana trass
32.10

Beton e pietre,
soffitto composto
di 150.9
-, tritume di . . 28.10
Béton 1.1
- à base de pier-
raille 210.4
- - consistance de
terre humide 66.6
- ajouré, prisme de
43.7
- armé 1.2
- -, construction en
1.4
- concassé . . . 28.10
-, construction en 1.3
- d'asphalte . . 32.12
- damé 33.3
- -, éprouvette de
34.9
- -, voûte en . 147.2
- de briquaillons 33.2
- - - sous pavage en
bois 204.11
- - chaux . . . 32.9
- - ciment. . . 32.8
- -, planche en 158.4
- - gravier . . 32.13
- -, dalle en . 133.6
- - laitier . 33.1, 156.9
- - pierre pouce
156.10
- - plâtre . . . 32.11
- - qualité in-
férieure . . 156.11
- - trass . . . 32.10
- évidé, prisme de
43.7
- fin 240.4
-, glissement dans le
5.11
- granulé . . . 240.3
-, infrastructure en
207.6
- léger 156.8
- maigre . . . 156.12
- mouillé gelé . 37.5
- moulé 33.5
- pendant la prise
37.1
- peu mouillé . 34.3
- plein, faire un 33.7
-, retrait du . . 2.9
- taillé et ravalé
233.2
-, tailler le . . 242.7
- très mouillé . 34.5
-, tuyau en . . 244.6
Betonaggio del letto
di un fiume 185.5
Betonieren bei
Frost 68.7
-, die Schalung vor
dem - begießen
85.1
Bétonnage, arroser
le coffre avant le
85.1
- du lit d'une rivière
185.5
- monolithique du
lit 185.6
- pendant la gelée
68.7
Bétonneur, cylindre
- du fond 185.4

Betrieb, absatz-
weiser 58.6
-, Hand- 64.3
-, Lokomotiv- . 64.5
-, Pferde- . . . 64.4
Bett, Filter- . . 220.2
-, Schotter- . . . 227.6
-, Sturz- 192.6
Bettung 178.4
Betún 209.4
-, junta con . . 217.3
Bevil spur wheel 60.2
Bewässerungs-
schleuse, Ent-
und 197.8
Beweglichkeit, freie
230.3
Bewegliches Wehr
194.4
Bewegung, Längs-
119.8
-, senkrechte und
längsgerichtete
58.1
Bewegungsfreiheit
190.2
-fuge 88.8
Bewehren . . . 2.3
Bewehrte, doppelt
111.6
Bewehrte Beton-
wand 131.1
Bewehrung, Dia-
gonal- 110.8
-, Längs- 110.6
-, Quer- 110.7
-, Spiral- 42.7
-, steife 233.3
Bewurf, Spritz- 153.10
Bicónico, tambor
mezclador 59.1
Bief d'amenée 197.1
- d'amont . . . 197.1
- d'aval . . . 197.2
- de chasse . . 197.2
- - fuite . . . 197.2
- inférieur . . . 191.1
- supérieur . 190.10
Biegebelastung 40.7
- vorrichtung, Kalt-
70.1
Biegen, das Eisen
69.6
- -, - kalt . . . 69.7
- -, - warm . . 70.4
-, ein Eisen um den
Trägeroberflansch
150.2
Biegungsbelastung
40.7
-fest, im Erdboden
eingespannter -er
Stab 248.5
-gesetz, Naviersches
43.3
-moment, negatives
149.6
-spannung . . 2.7
Bieta in legno . 83.6
-, infilare una - nel
palo per stringere
74.4
-, suoletta sotto lo
83.7
-, tavoletta sotta la
83.7
Biffa da misura 90.2

Biffa, regolo sulla 91.9
- scorrevole . . 92.1
Bilgeblock . . . 201.5
Bilico anteriore, carriuola a . 96.9
-, appoggio del'asse a 234.7
-, carrello a . . 58.8
-, carretta a - a mano 63.8
-, - in ferro a . 63.9
-, impastatrice con cassa a 56.4
-, la cassa per l'impasto è montata a - sull albero 55.4
-, mescolatrice con cassa a 56.4
Bimsbeton . . 156.10
-sand 27.8
Binario, strada di rotolamento su 64.1
Binata, colonna 158.3
Bind, to 71.7
-, to - planks with bolts 137.2
-, - - with iron wire 71.6
-, - - - wire at crossing 131.4
Bindedraht 72.2, 148.2
-kraft 22.5
-mittel 7.1
- -, hydraulisches 7.9
- -, unter Wasser erhärtendes 7.9
-stoff 7.1
Binden 71.7
Binderdach . . 169.6
-schicht 127.4
Binder 127.3
-, Langsam- . . 17.3
-, Mittel- 17.2
-, Normal- . . . 17.4
-, Polonceauscher 169.9
-, radiale Anordnung der 170.4
-, Rasch- 17.1
-, Schnell- 17.1, 214.8
Binding, cross . 42.6
- piece, scaffolding tie 86.3
- strength . . . 2.10
- wire . . 72.2, 148.2
- - in shape of stirrup 179.2
Bins 249.1
-, ore 250.1
-, silos divided into 250.2
-, stone 249.5
Biombo 136.4
Birillo 114.5
Birnenförmige Gestalt des Mischbehälters 60.9
Bisaccia, recipiente a forma di 58.4
Biseau, tranchant à 105.5
Bisel, corte de 105.5
Bitume 209.4
-, joint en . . . 217.3
Bitume . 208.12, 209.4
- calcare, strada in 204.9
Bitume, giunto a 217.3
-, incatramatura con 115.8
Bitumé, bande de carton 85.2, 179.8
-, carton 208.9
Bitumen 209.4
-dichtung . . . 217.3
Bitumen 209.4
-, asphalte and - composition 216.10
-, layer of - sheeting 171.5
- lining 217.3
- sheet strip . . 179.8
- sheeting . . . 174.8
Bituminato, cartone - per tetti 208.9
Bitumineuse, matière 171.4
Bituminosa, materia 171.4
- sostanza . . . 171.4
Bituminöser Stoff 171.4
Bituminous material 171.4
Blade, mixing and conveying 57.7
Blanchie, planche 85.7
Blanda, arena . 30.4
Blando, terreno arcilloso 95.5
Blanke Oberfläche, Eisen mit -r 5.2
Blast furnace slag 9.4, 28.9
- - -, granulated 27.11
- - - sand 9.5
-, sand 39.5
Blechauflage . 51.7
-ausfütterung . 122.9
-büchse 88.3
-einlage . . . 68.1
-platte 157.6
- -, übereinander schleifende -n 229.1
-röhre, Herstellung in einer 123.1
-streifen, die Fuge durch einen darunter gelegten - dichten 179.1
- -, Trennung durch lotrechte 178.9
- -, verzinkter Eisen- 189.12
-tafel, durch -n abdichten 196.3
-, Einfassungs- . 187.8
Bleiben, in der Form 86.5
Bleibende Formänderung 3.11
- Zusammendrückung 41.8
Bleieinlage . . 216.2
-plattengelenk 234.2
-streifen 164.3
-tafel 216.3
Blendwand . . 136.5
Blenda córnea 28.5
Blindboden . . 154.3
Bloc à immerger 184.5
Bloc creux . . 245.5
- de bois . . . 208.2
- - remplissage 186.3
- flottant . . . 186.1
-, imprégner les -s 208.3
Blocco cavo . . 245.5
- da riempimento 186.3
- - sommergere 184.5
- di lanciamento 201.5
- natante . . . 186.1
Blockverband . 128.1
-, Füll- 186.3
-, Hohl- 245.5
-, schwimmender 186.1
Block, articulation - formed of concrete 233.10
-, bearing . . . 233.8
-, bilge- 201.5
-, cement . . 210.10
-, cobble-pavement 204.10
-, filling 186.3
-, floating . . . 186.1
-, glass 172.8
-, hinge 234.9
-, hinge - formed of concrete 233.10
-, hollow 130.3, 245.5
-, hollow-foundation 124.8
-, keel- 201.4
-, light 130.5
-, perforated . . 130.4
-, pile 117.7
-, springing . . . 233.6
-, to impregnate the -s 208.3
-, wood 208.2
Bloque de madera 208.2
- - relleno . . . 186.3
- flotante . . . 186.1
- hueco 245.5
- para sumergir 184.5
Blutoir à 900 mailles 16.1
- - 5000 mailles 16.2
Board 73.4
-, bridging . . . 188.4
-, carrying . . . 248.1
-, handling . . . 248.1
-, marking-off . 70.6
-, narrow . . . 142.3
-, packing . . . 78.8
-, planed 85.7
-, poling 105.7
- provided with pegs 70.3
-, rubbing . . . 67.4
-, sheeting . . . 73.6
-, sighting . . . 91.4
-, smoothing . . 67.3
-, wooden . . . 241.6
Boat, ferro-concrete 201.8
Boccone 125.4
-, un 125.5
Bock, dreibeiniger 92.9
-, Prell- 189.2
Bodenart, den Winkel der - anpassen 118.5
Bodendruck, zulässiger 109.5
-pressung . . . 101.7
- -, gleichmäßig verteilte 110.2
-schicht, Mächtigkeit der 95.7
-verblendmaschine 247.3
-, Abschuß- . . 192.4
-, abstützen auf den umgebenden 74.3
-, bis auf festen - herabrammen 121.1
-, Blind- 154.3
-, Bohlen- . . . 82.6
-, Dach- 129.6
-, den - nicht naß werden lassen 52.7
-, Doppel- . . . 201.9
-, fester 94.7
-, Fuß- 153.11
-, Lehm- 178.5
-, Mergel- . . . 95.1
-, mittelfester . 94.6
-, Reiß- 70.6
-, Schlamm- . . 94.8
-, Schleusen- . . 198.2
-, Ton- 95.2
-, Träger- . . . 82.2
Bogen 100.5
-anfänger . . . 233.6
-dach, glattes . 178.9
-förmige Aussparung 150.6
-lehre 86.1
-rippe 235.4
-schalung . . . 85.8
-träger 87.3
-, Dreigelenk- . 169.3 232.6
-, Zweigelenk- . 232.5
Bohardilla, tejado de 169.10
Bohlwerk . . . 186.8
Bohle 73.3
-, durch Rundpfähle gestützte 177.9
-, Hintersetzungs- 187.5
-, Lauf- 188.4
-, Spund- 180.7
-, Zement- . . . 243.4
Bohlenboden . 82.6
-zwinge 79.9
Bohrloch . . . 92.4
-wurm 115.4
- -, Schutz gegen den 115.3
Bohrer, Anheben des -s 93.6
-, Fallenlassen des -s 93.7
-, Kronen- . . . 93.10
-, Löffel- 94.4
-, Meißel- . . . 94.1
-, Spitz- 93.11
-, Ventil- . . . 92.5
-, Zylinder- . . 94.3
Bohrung 92.3
-. Absenkung der Futterröhre durch 124.3
Boiler house . 112.5
Boiling, pebble-test 21.7
Bois, balustrade en 166.3

Bois, béton de bri-
　quaillons sous
　pavage en 204.11
-, bloc de . . . 208.2
-, ceinture en . 202.2
-, cheville en . 172.5
-, latte en . . . 172.3
- mort 184.9
-, moule en . . 241.5
-, pavage en . . 208.1
-, pavé de . . 208.2
-, plancher en . 154.1
- pour châssis . 80.5
- poutre en . . 141.7
- rond 83.5
-, solive en . . 154.2
-, tampon de . 131.9
-, tampon en . 172.5
Boisage de cintre
　　　　　　85.9
Boite en tôle . . 88.3
Bolas de hierro
　moviéndose libre-
　mente en el tam-
　bor 57.2
-, molino de . . 13.2
Bolita, ensayo del
　acción del calor
　sobre una 21.6
Bolla d'aria entro la
　massa 39.8
- -, livello a . 91.2
-, grafometro con
　livello a 91.8
Bollente, prova com-
　binata all'acqua
　　　　　　21.8
Bollwerk . . . 186.5
- auf Spundwand
　　　　　　187.6
-, Eisenbetonplatten
　zur Hintersetzung
　von -en 186.9
Bolsillo, recipiente
　en forma de 58.4
Bolster 142.6
Bolt, stay . . . 137.3
-, to bind planks
　　　　with -s 137.2
-, to - planks to-
　　　　gether 137.2
-, - - the wales 105.8
Bolzenkipplager
　　　　　　234.7
-, Steh- 137.3
Bomba 218.5
- centrifuga . 100.10
- con diafragma 98.8
- - motor . . 100.9
- de agotamiento
　　　　　　98.6
-, vaciar el espacio
　intermedio con
　la 116.7
Bombée, inclinaison
- d'une chaussée
　　　　　　208.5
-, partie - d'une
　chaussée 208.5
Bombeo 205.3
Bond 159.2
-, chimney . . . 127.3
-, diagonal . . 128.5
-, English . . . 128.1
-, - cross . . . 128.2
-, Flemish . . . 128.3
-, oblique . . . 128.6
-, old English . 128.1
-, Polish . . . 128.4

Bond, raking 128.5
-, stretching . . 127.9
Boom, bridge with
　trellis main -s
　　　　　　280.10
-, lower- . . . 231.7
-, three-legged . 92.9
-, upper- . . . 231.6
Bordeisen . . . 223.3
-stein 216.8
- -, Beton- . . 212.4
-, den – mit der
　Platte herstellen
　　　　　　227.5
Bord 176.2
-, fendillement sur
　　　　le 20.7
-, recourber les -s
　vers le haut 196.4
-, renforcer les -s
　par des barres
　de fer 132.9
-, tension au . . 135.4
Borde 176.2
-, encorvar los -s
　hacia lo alto 196.4
-, formar el - con
　las losas 227.5
-, grieta en el . 20.7
-, hierro de . . 223.3
-, ladrillo de – de
　hormigón 212.4
-, piedra del . . 216.6
-, reforzar los -s con
　barras de hierro
　　　　　　132.5
-, tensión en el 237.1
-, viga del . . . 49.2
Border-stone, rail
　　　　　　65.1
Bordi, macchina per
　ornare i 247.2
-, - - rivestire i 247.2
-, piegare i ferri
　attorno i 150.2
-, rinforzare i - con
　sbarre di ferro
　　　　　　132.9
-, tensione ai . 135.4
Bordo, incalzare il
- con la piastra
　　　　　　132.5
Bordure, brique de
- en béton 212.4
-, fer de . . . 223.3
-, nervure en . 171.1
-, pierre de . 216.6
Bore 92.4
- hole 92.4
Borer, self-emptying
　　　　　　92.5
-, ship's . . . 115.4
Boring 92.3
- insectos, protec-
　tion against 115.3
-, sinking the lin-
　ing tube by 124.3
- tool, dropping
　　　　the 93.7
-, -, lifting the . 93.8
-, -, splayed . . 93.10
- worms, protection
　against 115.3
Borra 132.5
Böschung . . . 176.3
-, in die - ein-
　greifende Be-
　tonrippe 180.4
-, mit - anlegen 96.2

Böschungswinkel,
　natürlicher -
　des Erdmate-
　riales 138.8
Botola, secchia
　con fondo a 65.2
Botte 13.6
- normale . . . 13.8
-, volta a . . . 145.2
Bottich, Klär- . 223.7
Bottom ballasting
　　　　　　205.5
-, double 201.9
- face 148.5
- -facing machine
　　　　　　247.3
-, false 201.9
- flange . 144.3, 231.7
-, floor resting on
　　　　　　149.2
-, formation of the
- of the tank 219.3
-, lock 196.2
- member . . 231.7
-, monolithic . . 185.6
- of a girder
　　　　mould 82.2
- - the bank pro-
　tection 176.8
- - - river . . . 182.1
-, rafting the - of
　the dock 187.1
-, solid 94.7
-, tapered towards
　the 123.3
-, to prevent the -
　from becoming
　wet 52.7
-, tub with hinged
　　　　65.1
Boucharde . . 211.1
Boucharder, appa-
　reil à main pour
　　　　210.11
Boucher 114.6
- avec du béton 116.9
- les joints . . 177.5
- les joints du
　batardeau 107.7
- - voies d'eau 107.8
Boucle 152.5
Boue de meulage
　　　　　　156.2
-, séparer la . 241.3
Bouée lumineuse
　　　　　　200.7
Bouillie 16.5
- de ciment . . 16.8
Boulant, sable 122.8
Boulder . . . 94.11
Boule, essai de
　cuisson d'une 21.7
Boulets, broyeur à
　　　　　　13.2
- de fer se mou-
　vant librement
　dans le tambour
　　　　　　57.2
Boulette, essai à
　la chaleur sur
　une 21.6
Boulon, appliquer
　le coffrage par
　longs -s 74.7
-, assembler des
　planches par -s
　　　　　　137.2
- d'entretoisement
　vertical 137.3

Boulon, desserrer
　les -s 75.7
Boulonner des
　moises 105.8
Bound piles . . 118.2
Boundary, to re-
　move the pillar
　to the 111.3
Bourre 132.5
Bourrelet de dé-
　fense 209.3
Bourrer, molette à
　　　　　　211.3
Bourroir . . . 211.2
Bout de conduite
　　　　　　225.6
- - latte 208.8
- - -, clouer un 76.7
Boutisse 127.3
-, appareil en -s 127.9
-, - - carreaux et
　　　　-s 128.2
-, assise de -s . 127.4
Bóveda, ancla de
　　　　　　148.5
- de aljibe . . . 145.4
- - claustro . . 145.4
　　　　　　145.5
- - - rectangular
　en proyección
　horizontal 145.5
- - cúpula . . . 145.6
- - hormigón api-
　sonado 147.2
- - - puro . . . 232.8
- - puente . . 50.2
- - sillares . . . 232.7
-, entibación de
　las -s 85.8
- esquifada . . 145.2
- invertida . . 112.2
- Monier . . . 147.6
- por aristas . . 145.7
-, puente en forma
　de 232.2
- sin articulación
　　　　　　232.4
Bovedilla . . . 229.6
- entre nervios de
　soporte 145.3
Bovolo, trasporta-
　tore a 250.5
Bow-shaped handle
　　　　　　102.4
- member . . . 86.1
Bowstring bridge
　　　　　　232.1
-, polygonal . . 174.3
Box 199.7
-, beater . . . 223.1
- for containing
　ballast 206.11
- - - weights . 206.11
-, measuring . . 52.6
-, mixer . . . 223.1
-, mould . . . 241.7
-, pillar 78.6
-, sand measure 52.1
-, stirring . . . 223.1
Boya luminosa 200.7
Boyau flexible 98.7
Bozzone di fascine
　　　　　　178.3
Bracci, scala a due
　　　　　　161.4
-, - - tre . . . 161.5
Braccio a peduccio
　　　　　　229.2
- dell'agitatore 54.2

Brace, diagonal 231.5
–, vertical . . . 231.4
Braced, parallel - girder 231.2
Bracere, rullo a 209.11
Bracing, longitudinal 86.2
Bracings . . . 231.3
–, cross 224.5
–, transversal . 224.5
Bracket 188.1
- piece, the capping rests on a 107.3
Brake, to keep the mixer in position by means of a 56.1
Braking incline 65.4
Brand, Schwach- 20.1
Bras, camion à 63.8
- d'agitateur . 54.2
–, traction à . . 64.3
Brass 164.9
- roller 210.8
Brasser 54.8
–, cuve à 223.1
Brazo agitador 54.2
Breaker, stone 12.9
Breaking . . . 180.2
- load 47.8
- plant 247.7
- stress 47.9
Breakwater . . 185.9
Breast of slipway 201.2
Brechanlage . 247.7
-stange 97.2
Brecher, Wellen- 185.9
Brei 16.5
–, Zement- . . . 72.8
Breite, Normal- 183.2
–, Strom- 181.8
Bremsberg . . 65.4
Bremse, den Mischbehälter durch - festhalten 56.1
Brenngut . . . 12.6
-wärme 11.10
Brennen der Rohmasse 11.2
- unterhalb der Sintergrenze 9.2
- von Kalkstein 7.10
Brettstück unter dem Keil 83.7
Brett 73.4
–, Abtrag- . . . 248.1
–, Einschub- . . 78.8
–, gehobeltes . . 85.7
–, Reib- 67.4
–, Schlag- . . . 66.5
–, schmales . . 142.3
–, Unterlag- mit Dornen 70.3
Bretter durch Schraubenbolzen verbinden 137.2
Bretterwand, gestülpte 106.8
Brick and concrete floor 150.9
–, broken -s . . 28.8
- -casing . . . 160.1
–, ceiling made with 148.3
- concrete . . . 83.2
–, course of diagonal -s 127.6
–, - - raking -s 127.6
Brick, facing . 183.7
–, floor of -s with iron reinforcement 146.9
–, hollow . 130.3, 146.7
–, reinforced . . 134.1
–, - - wall . . . 134.6
–, shaped . . . 146.6
–, to build with Dutch -s 226.5
–, - shape into -s 10.11
–, trapezoidal . 133.3
- with groove . 144.9
- - key 144.9
Brickwork, to moisten the 67.1
–, - clean the . 66.8
–, - damp the . 67.1
Brida, dovela hueca de barro cocido con 144.9
Bridge 227.1
–, abutment of a 192.7
–, arch of a . . 50.2
–, arched 232.2
–, bowstring . . 232.1
–, buttress of a 229.5
- canal 226.9
–, canal- 237.8
–, canal - to take one boat 238.2
–, - - - - two boats 238.3
–, column of a . 229.5
–, combined truss and plate 227.7
–, drainage of the 230.9
–, girder 227.2
–, pier of a . . . 229.5
–, plate 227.3
–, railway . . . 237.3
–, superstructure of a 235.2
–, truss- - with parabolic upper-chord 232.1
–, Vierendeel . 231.8
–, Visintini . . . 231.1
- with continuous beams 228.5
- - - chords . . 228.5
- - - stringers . 228.5
- - trellis main booms 230.10
- - - - chords 230.10
- - trussed girders 230.10
- - - stringers 230.10
Bridging board 188.4
Brilliantly coloured stones 155.2
Briquaille . . . 28.8
Briquaillons, béton de 33.2
–, - - - sous pavage en bois 204.11
–, couche de gros 206.6
Brique 12.7
–, accrochage de la 146.8
- armée 134.1
–, assise de -s en épi 127.6
- cintrée 212.5
- creuse . 130.3, 146.7
- de bordure en béton 212.4
Brique de champ 133.4
- - ciment Portland 9.6
- - parement . 133.7
- - verre . . . 172.8
–, encochement de la 146.8
–, enveloppe en -s 160.1
–, façonner des -s 10.11
- légère 130.5
–, mouiller la maçonnerie de -s 67.1
–, nettoyer la maçonnerie de -s 66.8
- perforée . . . 130.4
–, plancher avec -s entre travure en fer 146.9
- profilée . . . 146.6
- trapézoidale . 133.3
Briques en épi 128.6
- hollandaises, maçonner avec des 226.5
- perforées, emploi de 74.6
Briqueta . . . 12.7
–, formar -s . . 10.11
Briquetar . . . 10.11
Briquette, standard sample 20.5
- test 22.2
Briquette . . . 12.7
Brise-lames . . 185.9
Brittle 5.5
Brocal de pozo 124.5
Brouette . 51.9, 96.8
- basculant en avant 96.9
Broken bricks 28.8
- concrete . . . 28.10
- course 127.7
- slag 156.7
- stone . . 26.8, 26.10
- - bedding . . 210.3
- -, finely . . . 26.9
- - road 205.5
- - underlayer 210.3
Brook 175.2
Broughton-Mischer 54.9
Broughton mixer 54.9
Broughton, malaxeur 54.9
Broughton, impastatrice tipo 54.9
Broughton, mezclador 54.9
Broyage à l'état de farine 8.8
Broyé, laitier . 156.7
Broyeur 12.9
- à boulets . . 13.2
- - tambour . . 13.4
Bruchbeanspruchung 41.2
-last 47.8
-phase 46.9
-spannung . 5.6, 47.9
-stein 205.10
–, Beton- 28.10
Bruciare della pietra calcare 7.10
Bruciato, residui di carbone 28.11
Brücke 227.1
–, Arbeits- . . . 86.9
–, Balken- . . . 227.2
–, Eisenbahn- . 237.3
–, Endwiderlager einer 192.7
–, Entwässerung der -n 230.9
–, Fachwerk- - mit parabolischem Obergurt 232.1
–, -balken- . . 230.10
–, gewölbte . . 232.2
–, Kanal- 226.9
–, Lade- 189.1
–, Lösch- . . . 188.12
–, Platten- . . . 227.3
–, -balken- . . . 227.7
–, Tal- 232.3
–, Vierendeelsche 231.8
–, Visintinische 231.1
Brückenaufbau 235.2
-auflager 229.9
-gewölbe 50.2
-kanal 237.8
-pfeiler 229.5
Brunnen 100.6, 124.4
-kranz 124.5
-wasser 31.10
–, einen - senken 100.7
Brüstung, Kunststein- 165.7
Brut, asphalte . 209.1
Brute, cuisson de la masse 11.2
–, eau 220.12
–, masse 10.10
–, pavage en pierres -s 207.4
Brutos, preparación de los materiales 10.3
Buche, scavare delle 136.6
Büchse, Blech- 88.3
Bucket . . . 64.8, 98.5
- hoist 64.9
- winch 64.9
Buckling resistance 49.10
Buco di scarico 88.6
Bügel 102.4
-eisen 209.12
-förmiger Verbindungsdraht 179.2
–, Flacheisen- . 151.5
–, netzartig verschlungener 112.3
Buhne 184.1
- aus Eisenbeton 184.11
Buhnenkammer 184.2
-wurzel 184.3
Build, to - caissons 200.5
–, - - directly on rock 191.5
–, - - the lock in the dry 199.1
–, - - with clinker 226.5
–, - - - Dutch bricks 226.5
Builders barge 202.4

Building, business 180.1
-, factory 129.8
- ground, examina-
 tion of the 92.2
- -, load on the 95.8
- -, nature of . 94.5
-, habitation . . 129.7
- -in 163.7
- material 2.1
- of stone protection 183.8
- plot, examination
 of the 92.2
- site, examination
 of the 92.2
- stone. . . . 242.10
Built in floor . 150.1
Bulbeisen . 6.8, 152.3
- -decke. . . . 152.2

Bulb iron . 6.8, 152.3
- -, floor with . 152.2
Bulk production
 289.3
Bullet-proof butt
 187.9
- - mound. . . 187.9
Bullonati, soffitto
 con ferri 152.2
Bullonato, ferro
 152.3
Bullone 188.8
- cilindrico in
 acciaio 284.6
- verticale. . . 187.3
Bulloni a vite, riu-
 nire con - - - i ta-
 voloni 187.2
-, allentare i . . 75.7

Bulloni, compri-
 mere l'impalca-
 tura mediante
 i - e le madre-
 viti 74.7
Bunkers,cement 249.7
-, coal 250.3
-, ore 250.1
-, stone 249.5
Buoyancy . . . 101.4
Bürgerstelgplatte
 244.3
Burin,couper au 69.5
Burned, material to
 be 12.6
Burning below the
 sintering limit 9.2
-, loss due to . 14.9
- of lime-stone . 7.10
- the raw material 112

Burnt coal, residues
 of 28.11
-, insufficiently . 20.1
Busch, toter . . 184.9
Bush, dead . . 184.9
Business building
 180.1
- premises . . . 180.1
Butée, palée de 189.2
Butt, bullet-proof
 187.9
Butta 197.9
Bütte, Rühr-. . 223.1
Buttress of a bridge
 229.5
-, to arrange -es in
 the wall 218.8
-, wall with -es 189.4
Buzo, campana de -,
 flotante 199.9

C.

Caballete de rebote
 189.2
Caballos, tracción
 con 64.4
Cabeza, carrera en
 la - de los
 tablones 187.7
- de apoyo . . 141.9
- - chimenea . 248.4
- - esclusa . . 197.11
- - la barra . . 186.8
-, forma en capitel
 de la - de la co-
 lumna 80.4
Cabina ad impasta-
 trice 223.1
- di misurazione
 220.6
Cable 188.8
-, diagonally
 stretched -s 152.7
-, iron 168.7
-, steel 168.7
Cable 64.10, 93.3, 188.8
- del pisón . . 103.4
Cables portadores
 tendidos diagonal-
 mente 152.7
Câble 64.10, 93.3, 188.8
- de sonnette . 103.4
- métallique . . 168.7
-s porteurs diago-
 naux 152.7
Cadena de agrimen-
 sor 90.5
- sin fin 65.3
Cadence, marquer
 la 108.8
Cadencia, marcar
 la 108.8
Cadenza, marcare
 la 108.8
Cadere, l'arlete
 cade liberamente
 104.4
-, lasciar - dall'alto
 122.5
Cadre 132.11
- en fer plat . . 78.2
-, encoche pour
 le 133.1

Cadre rectangu-
 laire 218.7
Caduta 226.2
-, altezza della 120.8
-, corsa di . . . 104.1
- della sonda . 98.7
- per rinforzo inter-
 medio 227.4
-, peso di - del
 calcestruzzo 62.9
-, sfioratore a libera
 192.2
Cadute d'acqua,
 raggruppamento
 delle 198.10
Caer, dejar - de
 arriba 122.5
-, el pisón cae libre-
 mente 104.4
-, las batiduras se
 caen 5.1
-, peso del hormi-
 gón que cae 62.9
Cage d'ascenseur
 65.1
- d'escalier . . 166.7
- de monte-charge
 65.1
-, mur de . . . 129.2
-, - - la - d'escalier
 163.10
Caida 226.2
-, altura de 104.1,120.8
- de la sonda . 98.7
- libre, mezclador á
 53.7
Cailloutis 26.10, 205.9
Cailloux roulés 26.7
 182.5
Caisse . . 199.7, 241.7
- à lest . . . 206.11
- basculante,
 camion à - - en fer
 63.9
- de jauge . . . 18.8
- - mesure . . 52.6
 pour mesurer le
 sable 52.1
Caisson 124.7, 186.2
-, to build -s . 200.5
-, - construct -s
 200.5

Caisson . . . 124.7
-, batardeau- . 106.6
-, flottant . . . 186.2
Caissons flottants,
 monter des 200.5
Caja . . 199.7, 241.7
- de escalera . 166.7
- - fondo oscilante
 65.2
- - la columna 78.6
- - lastre . . 206.11
- - palastro . . 88.3
- - viga 142.1
- - vigas . . . 82.5
-, muro de . . . 129.2
-, - - la - de la
 escalera 163.10
- para agua caliente
 221.9
- - medir . . . 52.6
Cajón 124.7
-, ataguia de . 106.6
- flotante . . . 186.1
-, montar -es flotan-
 tes 200.5
-, regar el - antes
 de echar el hor-
 migón 85.1
Cal 132.3
-, acción combinada
 de la - y de los
 elementos hidráu-
 licos 7.4
- grasa 7.8
- hidratada . . . 15.1
- hidraulica . . 8.4
- silícea 8.6
Cala 79.3
- de medida y de
 regulación 220.6
- inclinada longi-
 tudinal 201.1
- - transversal 200.11
- seca 198.6
Cala di costruzione
 di navi 200.9
Calafatare . . . 196.8
- a lastre di
 latta 196.3
- la tura . . . 107.7
- le giunte . . . 177.5
- - vie d'acqua 107.3
Calafatear . . . 196.8

Calage, coin de - en
 bois 83.6
-, semelle de . . 83.7
Calar 97.5
Calastrello. . 132.11
-, scanalatura del
 133.1
Calata 187.2
- carboniera . 190.5
Calcaire, calcination
 des pierres -s 7.10
-, grès argilo- . 243.2
-, marne – très argi-
 leuse 8.10
-, sable . . 27.5, 239.7
Calcare, bruciare
 della pietra 7.10
-, combustione della
 pietra 7.10
- le selci . . . 206.3
-, marna - ricca di
 argilla 8.10
-, pietra arenaria
 243.2
-, sabbia 239.7
-, strada in bitume
 204.9
Calcarea, sabbia 27.5
Calcárea, arena 27.5
-, - de piedra . 239.7
-, greda - arenosa
 243.2
-, marga 8.5
-, marga - muy ar-
 cillosa 8.10
Calcarious water
 82.3
Calce 132.3
-, azione combinata
 della - e degli
 agenti idraulici
 7.4
-, beton di . . . 32.9
-, calcestruzzo di
 82.9
- dura, pietra in 10.8
- e humus, sapone a
 base di 31.1
- grassa 7.8
-, idrato di - in pol-
 vere 8.12
- idraulica . . 8.4

Calce magra, disporre in malta di 212.3
- marnosa . . . 8.5
- silicea 8.6
Calcestruzzo . 1.1
- a nocciuoli . 240.3
- bagnato e gelato 87.5
- battuto . . . 33.3
- colato 33.5
-, contrazione del 2.9
-, costruzione in 1.3
- d'asfalto . . 32.12
- di calce . . . 32.9
- - cemento . . 32.8
- - gesso . . . 32.11
- - ghiaia . . . 32.13
- - laterizzi sotto una pavimentazione di legno 204.11
- - pietra pomice 156.10
- - pietrisco . . 210.4
- - prima qualità 240.4
- - rottami di mattoni 33.2
- - rovinacci . 210.4
- - scorie . 33.1, 156.9
- - tufo del Reno 32.10
- durante la presa 37.1
- esuberante d'acqua 34.5
- fino 240.4
- gettato . . . 199.5
- granuloso . . 240.3
- inferiore . . 156.11
- lavorato col modo del tagliapietre 233.2
- leggero . . . 156.8
- magro . . . 156.12
- povero d'acqua 34.3
-, scorrimento nel 5.11
- tritolato . . . 28.10
- umido come la terra 66.6
- versato 33.4
Calcinación de piedra caliza 7.10
Calcination des pierres calcaires 7.10
Calcinée, matière 12.6
Calcining heat 11.10
Calcio, carbonato di 15.3
-, idrato di . . . 15.1
Calcium chloride 18.7
Calcium, chlorure de 18.7
-, hydrate de . . 15.1
Calcolo approssimato 231.10
- della spinta delle terre 138.4
- di una volta 50.1
- statico . . . 45.11
Calcul approché 231.10
- d'une voûte . 50.1
Calcul de la poussée des terres 138.4
-, détermination par le 139.2
- statique . . . 45.11
Calculation, approximate 231.10
- for arch-construction 50.1
-, graphical . . 139.3
-, mathematical 139.2
- of earth thrust 138.4
-, static 45.11
Cálculo aproximado 231.10
- de una bóveda 50.1
- del empuje de tierras 138.4
-, determinación por el 139.2
- estático . . . 45.11
Calda, tinozza per acqua 221.9
Caldaie, fabbricato delle 112.5
Calderas, edificio de las 112.5
Caldo, piegare il ferro a 70.4
Cale 79.3
-, avant- 201.2
- de halage . . 200.9
- - - principale 201.3
- en long . . . 201.1
- - travers . . 200.11
-, plan incliné de la - de construction 200.10
- sèche 198.6
-, voie inclinée de la - de construction 200.10
Calentado, rodillo 209.11
Calentar el agua 68.8
- la arena . . . 68.9
Caler . . 97.5, 206.3
Calfater 196.8
- le batardeau 107.7
Caliente, aplanadera de 209.12
-, doblar el hierro en 70.4
-, soldar el hierro 70.3
Caliza, piedra - dura 10.8
Calle . . . 203.1, 203.6
- arenada . . . 205.6
- empedrada . 204.9
- engravada . . 205.5
- para carruages 203.2
- principal . . 204.6
- rural 204.8
Callot, spherical 219.5
Callotta della volta alla prussiana 145.3
Calor, ensayo del acción del - sobre una bolita 21.6
Calore di cottura 11.10
- sino all'incrostatura 12.3
Calotta sferica 219.5
Calotte sphérique 219.5
Calzada . 204.1, 230.5
-, dique de sostén de la 186.5
- soportada por la tabla inferior 228.1
- - - - - superior 228.3
-, viaducto de soporte de la 235.3
Calzar 206.3
Cámara . 169.7, 219.7
- de entrada . 220.7
- - esclusa . . 198.1
- - estancamiento 184.2
- - las turbinas 196.10
- - medida . . 220.8
- del martinete 103.1
- - pisón . . . 103.1
Camber 205.3
- by thickening of the centre 227.4
Camber, to . . 85.3
Cambiamento d'angolo 218.6
Camble, plancher de 129.6
Camera 219.7
- del battipalo 103.1
- della chiavica 198.1
- - chiusa . . . 198.1
- delle misure . 220.8
Camino in cemento armato 248.3
-, testa del . . . 248.4
Camino . 203.1, 230.5
- con capa de balasto 205.4
- de macadán . 204.9
- - montaña . . 204.7
- empedrado . 205.5
- engravado . 205.5
205.6
-, enlosado de . 244.4
- para peatones 229.4
-, revestimiento de 244.4
- rural 204.8
Camion à bras . 63.8
- - caisse basculante en fer 63.9
Campagna, fucina da 70.5
-, strada di . . 204.1
-, via di 204.8
Campagne, forge de 70.5
Campana d'immersione 199.9
- da palombaro notante 199.9
Campana de buzo flotante 199.9
Campata centrale 150.3
- estrema . . . 150.4
- intermedia . . 150.3
Campione, palo 123.2
Campo di tiro . 137.8
Campo central 150.3
- extremo . . . 150.4
Campsheeting 186.5
186.8
- on top of sheet piling 187.6
Can, watering . 52.4
Caña para el trabajo de estuco 142.4
-, plantación de -s 184.10
Canal . . 175.5, 224.7
- basin 193.4
- bridge . . . 237.8
-, bridge 226.9
- - to take one boat 238.2
- - - - two boats 238.3
- cavity 193.7
-, weir 193.2
Canal 175.5
-, concavité du 193.4
-, cuvelage de - en béton armé 193.7
- d'amenée . . 193.3
197.1
- d'amont . . . 197.1
- d'aval 197.2
- d'écoulement 197.6
- de chasse . . 197.2
- - décharge . 193.2
197.6
- - fuite 197.2
-, pont- . 226.9, 237.8
- pour les eaux d'infiltration 99.8
-, revêtement de - en béton armé 193.7
- sur le pont . 238
Canal . . 175.5, 185.7
- de abajo . . . 197.2
- - arriba . . . 197.1
- - descarga . . 197.2
197.6
- - entrada . . 193.3
- - vertedero . 193.2
- del puente . . 238.1
- para echar . 58.5
- - humedecer . 62.2
- - las aguas de infiltración 99.8
-, piedra de . . 212.6
Canale . . 175.5, 224.7
-, bacino del . 193.4
- d'arrivo . . . 193.3
- d'infiltrazione 99.8
- della chiusa . 193.2
- dello sfioratore 193.2
- di condotta . 197.1
- - scarico . . . 197.2
- - scolo 197.6
-, ponte- . 226.9, 237.8
-, - - per due imbarcazioni 238.3
-, - - - una sola imbarcazione 238.2
- raccoglitore . 194.1
Canalisation d'eau 224.6
- de distribution 220.9
Canaliser les sources 99.2
Canalización, agua de 31.9
- con tubos . . 214.4
- de agua . . . 224.6
- - distribución 220.9
Canalizar las fuentes que se presentan en una excavación 99.2

Canalizar las ma-
nantiales que
se presentan en
una excavación
99.2
Canalón . . . 173.1
Caniveau, pierre en
212.6
Canna da cannetto
per stuccatura
142.4
Cannelé, fer . . 6.9
Canneler . . . 154.7
Cannellare . . 154.7
Cantera, arena de
26.13
-, grava de . 27.14
Cantero . . . 142.6
Cantidad cargada
249.4
- de agua retenida
191.8
Cantilever . . . 188.1
- reinforcement 158.1
Cantilevered . 164.10
- back slab . . 189.7
- beam . . . 229.5
- wall . . . 194.7
Cantina . . . 129.5
- asciutta . . . 112.4
- con muri imper-
meabili 112.4
Canto, hilada de la-
drillos puestas de
127.5
-, ladrillo colocado
de 133.4
Cantonale 164.5, 187.10
- in ferro . . . 159.1
- - - piegato . 187.4
Cantonali, forma-
zione dei 212.1
-, proteggere con
241.10
Cantonera 164.5, 187.10
-s, colocar un tejido
metálico entre
dos -s 182.8
- de hierro . . 159.1
- - protección . 164.4
-, proteger con -s
182.5
Cantos rodados 26.7
Caoutchouc durci,
bague en 19.5
Cap 117.5
- mould . . . 80.3
- -piece for sheet
piles 187.7
-, Prussian . . 145.3
-, to fit over the
120.4
Capa, altura de la 35.3
- aislante . . 131.10
- anterior . . 183.9
- arcillosa . . 192.8
- continua de as-
falto 190.3
- de asfalto . 205.1
- - balasto . . 227.6
- - - continua . 237.7
- - cartón . . 171.5
- - cascajo . . 177.2
- - basto . . 906.6
- - cubierta . . 242.2
- - ladrillos . . 160.1
- - pintura al óleo
215.4

Capa de Rabitz 160.2
- - revestimiento
184.4
- - revoque para
piso 154.5
- - yute impregnada
171.10
- exterior y capa in-
terior de cemento
202.2
- posterior . . 188.10
- refractaria . 160.3
- superior . . 210.5
Capas acuíferas 122.7
- de tierra, cubrir
con 221.4
Capable of being
tipped 119.2
Capacidad de absor-
ción de agua 31.4
- - deformación del
hormigón 34.6
Capacità d'assorbi-
mento dell'acqua
31.4
-, silos di grande
250.4
Capacité d'absorp-
tion pour l'eau 31.4
- de déformation 34.6
- silo de grande 250.4
Capacity of shape
alternation of
concrete 34.6
-, supporting - of
the pile 120.7
-, water absorbing
31.4
Capataz . . . 103.7
Capitel, entibación
de 80.3
-, forma en - de la
cabeza de la co-
lumna 80.4
Capitello, conforma-
zione a norma di
- della testa della
colonna 80.3
Caporale che dirige
la manovra del
battipalo 103.7
Caposaldo . . . 89.4
Caposcala . . . 161.3
Capota para batir
117.8
- - golpear . . 117.8
-, poner la - de pro-
tección 120.4
Cappa di assoni 187.7
Cappello . . . 86.6
- di protezione 117.8
- - -, applicare il
120.4
-, fila di pali con
178.1
Capping beam 107.1
-, to furnish the
sheet piling
105.10
-, chimney . . 248.4
- -piece, reinforced
180.6
- the - rests on a
bracket piece 102.7
Capra 102.7
Capriata metallica
168.2
- poligonale . . 87.4

Capriata principale
alla Polonceau
169.9
-, tetto a 169.8
- trapeziforme 87.5
- triangolare . 87.2
Capriate, struttura
radiale delle 170.4
Captar las fuentes
que se presentan
en el fondo de la
excavación 99.3
- - manantiales que
se presentan en
el fondo de la ex-
cavación 99.3
Capter les sources
99.3
Car 119.5
-, lower stage of 119.6
Caracol, escalera de
161.6
Caracole à retirer les
pierres 94.2
Carbolic acid solu-
tion 208.6
Carbon, substance
rich in 31.2
Carbon fossile, resi-
dui di 29.3
Carbón, muelle para
la carga del 190.5
-, silo para . . 250.3
Carbonada, materia
31.2
Carbonate of lime
15.3
- - soda . . . 18.6
-, sodium . . . 18.6
Carbonate de chaux
15.3
- - sodium . . 18.6
- - soude . . . 18.6
Carbonato di calcio
15.3
- - sodio . . . 18.6
Carbonato de cal 15.3
- - sosa . . . 18.6
Carbone, banchina
pel 190.5
- bruciato, residui di
28.11
Carbonic acid . . 7.3
-, absorption of 15.2
-, to drive out the
12.1
-, water contain-
ing 31.4
Carbonica, anidride
7.3
-, acqua acidulata
dall'acido 32.4
-, assorbimento di
acido 15.2
-, espellere l'acido
12.1
Carbónico, ácido 7.3
Carbonièra, calata
190.5
Carboniferi, silos
250.3
Carbonile . . . 250.3
Carbonilla . . . 29.3
Carboniosa, sostanza
31.2
Carbonique, absorp-
tion d'acide 15.2
-, acide 7.3

Carbonique, chasser
l'acide 12.1
-, eau chargée
d'acide 32.4
-, expulser l'acide
12.1
Carboy . . . 223.9
Carcasse en béton
armé 130.10
Cardboard, in-
sertion of 67.11
- lining . . . 217.4
Carenaggio, bacino
di 198.6, 200.9
Carga 40.3
- admitida . . 141.1
- aislada. . . 47.2
- artificial . . 228.7
- de ensayo . . 95.9
- - nieve . . 167.5
- - rotura . . 47.8
- - seguridad . 41.3
- - transporte de los
materiales 159.5
- debida al transito
141.5
- del pistón . . 214.3
- distribuida sobre
toda la viga 47.1
- efectiva . . 290.1
- eventual . . 290.1
- grado de . . 42.1
- indicador de 25.1
- la más desventa-
josa 290.2
-, límite de . . 4.2
- local . . . 46.12
- permanente . 41.8
141.4
-, sin 45.2
- sobre el terreno
á edificar 95.8
- supuesta 141.1, 229.10
- útil . 141.3, 167.3
Cargada, cantidad
249.4
Cargar en el centro
49.9
- - seco . . . 53.2
Caricamento arti-
ficiale 228.7
Caricare central-
mente 49.9
Caricata, quantità
249.4
Carico 40.3
-, asse di . . 148.6
-, aumento del . 44.4
-, cassa per ricevere
il materiale di
206.11
- completo, linea
d'appoggio pel
236.1
- concentrato . 47.2
- conduttura di 121.5
121.7
- dei materiali
della costru-
zione 159.5
- del pistone . 214.3
- di lavoro . . 141.5
- - neve . . . 167.5
- - prova . . . 95.9
- - rotura . . 47.8
- disteso . . 46.12
- e deformazione
sono proporzio-
nati 4.5

Carico eccentrico,
platea a 111.1
¬, grado di . . . 42.1
¬, indicatore del 25.1
- isolato 47.2
¬, limite di . . . 4.2
¬, luce di . . . 148.6
- permanente . 141.4
¬, pontile di . . 189.1
¬ ripartito su tutta
la trave 47.1
¬, ripetere il - e lo
scarico 41.7
- sfavorevole . 230.2
- sul terreno fabbri-
cabile 95.8
- supposto . . . 141.1
229.10
- utile . . 141.3, 167.3
Carossable, partie -
de la chaussée
205.7
¬, route 203.2
¬, voie 203.2
127.8
Carreau, appareil en
¬, appareil en -x
et boutisses 128.2
- de ciment . 210.10
- en béton grani-
tique 244.5
- mosaïque de
ciment 244.7
¬, presse pour
fabriquer les -x
211.9
¬, revêtir de -x 222.10
Carreaux d'asphalte
209.3
- de parement . 133.7
Carreggiabile . 118.9
¬, argano . . . 194.10
¬, strada . 203.2, 230.5
Carrello a bilico 58.8
- della macchina 58.7
Carrera . 86.6, 107.1
- en la cabeza de
los tablones 187.7
¬, fila de estacas
con 178.1
Carretera 203.2, 204.1
- principal . . 204.6
Carretilla . 51.9, 96.8
119.5
- basculante de
mano 63.8
- - lateralmente 64.2
- de hierro bas-
culante 63.9
- volcadora por
delante 96.9
Carretta a bilico
a mano 63.8
- - cassa 96.8
- in ferro a bilico
63.9
Carrière, gravier de
27.14
Carril de rodadura
64.1
Carriles . . . 201.7
¬, pavimento de
unión con los 211.4
Carriuola . . . 51.9
- a bilico anteriore
96.9
- - cassa . . . 96.8
Carro 119.5

Carro da trasporto
come macchina
impastatrice 63.2
- intermedio . 119.6
- rovesciabile late-
ralmente . . 64.2
- superiore . . 119.6
Carro 119.5
- inferior con plata-
forma mediana y
superior 119.6
Carrozzabile, parte
205.7
¬, strada . . . 203.2
Carruages, parte
transitable por
205.7
¬, via para . . 203.2
Carrying-board 248.1
- roller . . . 59.9
Cart way . . . 205.7
Carton, bande de
- asphalté . 179.8
- bitumé . . . 208.9
¬, bande de . 85.2
¬, couche de . 171.5
¬, garniture de 217.4
¬, - intérieure de
67.11
¬, joint de . . 67.11
Cartón, capa de 171.5
¬, cinta de - asfal-
tado 179.8
¬, - - - embetunado
85.2
- embetunado 208.9
¬ guarnición con
217.4
¬, - interior de 67.11
Cartone asfaltato,
striscia di 179.8
- bituminato per
tetti 208.9
- catramato, striscia
di - per tetti 85.2
¬, guarnizione di 217.4
¬, - interna di . 67.11
- incatramato . 210.6
¬, inserimento di 67.11
¬, strato di . . 171.5
Carve, to . . . 242.7
Casa commerciale
130.1
- d'affitto . . . 130.2
- da negozianti 130.1
Casa subarrendada
130.2
Cascajo . 26.8, 94.11
¬, capa de . . . 177.2
- de ladrillos . 28.8
¬, el núcleo es de
185.3
¬, filtro de . . 194.2
¬, hormigón á base
de 210.4
¬, lecho de - basto
206.6
¬, - inferior de . 210.3
- menudo . . . 26.9
Cascata, fondo di
192.4
¬, letto di . . . 192.6
Casing 73.5, 159.7 199.7
¬, beam . . . 81.8
¬, brick . . . 160.1
¬, column . . . 77.4
¬, concrete . . 159.8
¬, counterfort . 77.5

Casing, fireproof
160.3
¬, girder 81.8
- of corrugated iron
88.1
¬, pillar 77.4
¬, post 77.4
¬, timber . . . 241.5
¬, to sprinkle the -
before laying the
concrete 85.1
¬, use of reinforce-
ment for carrying
84.4
¬, wall pillar . . 77.5
- with wire netting
160.2
Casque de percus-
sion 117.8
Casquete esférico
219.5
Casquillo metálico
166.2
Cassa . . 199.7, 241.7
- a bilico, impa-
statrice con 56.4
- - -, mescolatrice
con 56.4
¬, carretta a . . 96.8
¬, carriuola a . 96.8
- d'anima . . . 225.7
- d'impasto, posizio-
ne inclinata della
- sull'albero di
rotazione 57.1
- dell'impasto a
forma cubica 57.1
- - - dadiforme 57.1
- per l'impasto. la -
è montata a bilico
sull'albero 55.4
- - -, mantenere la-
in posizione ver-
ticale mediante
traverse o barre
55.5
- - ricevere il mate-
riale di carico 206.11
- - - sabbia . . 88.2
Cassetta per mi-
surare 52.6
Cassettoni, armatura
a 83.2
Cassone . . . 124.7
- natante . . . 186.2
- per colonne e pi-
lastri 78.6
- - misurare la sab-
bia 52.1
- - travi portanti 82.5
Cassoni natanti,
comporre i 200.5
¬, tura a . . . 106.6
Cast concrete . 33.5
- iron bearer . 234.5
- - cylinder . . 206.8
- - disc, horizontal
revolving 39.2
- - rammer . . 66.1
- - tamp. . . . 66.1
- steel hinge . 234.8
- - rocker bear-
ing 234.8
- stones, lining of
216.11
¬, to rough . . 171.9
Castello d'acqua
224.4

Catch-pit . . . 99.5
- hold, the chain
-es 59.5
-- water, rubble -
-- channel 99.8
Catena, bastone per
fissare la 90.6
¬, la - gira su di una
ruota dentata 59.5
¬, - - s'ingrana 59.5
¬, paletto per fissare
la 90.6
- per misurare 90.5
¬, ruota a . . . 59.7
- senza fine . . 65.3
Catenaccio . . 62.5
Catenelli dell' arma-
tura 231.3
Cateratte, sfiora-
tore a 195.3
Catramato, striscia
di cartone - per
tetti 85.2
Catrame, composto
d'asfalto e di 216.10
¬, olio di . . . 208.4
¬, rivestire di - la
tura 107.7
¬, serbatoio per 221.7
Cattle, small -
trough 223.2
- trough. . . . 245.7
Cava, anima . . 153.2
¬, chiusa . . . 193.10
¬, pietra di . . 205.10
¬, sabbia di . . 26.13
¬, trave - armata
153.3
Cavadura . . . 96.5
- del terreno . 95.10
Cavalletto a trepiedi
92.9
- di sospensione 84.5
Cavalli, esercizio
con 64.4
¬, traino con . . 64.4
Cavapietre . . . 94.2
Cavar 178.6
- agujeros . . 186.6
- en talud . . . 96.2
- las orillas . . 177.4
- y construir en
forma de cuveta
185.8
Cavar fuori il tubo
124.1
Cavatrice, pompa
98.6
Cave. 129.3
- étanche . . . 112.4
Cavicchio . . . 181.9
Caviglie, collegare
mediante 235.1
Cavità . . 122.6, 152.4
- in forma di zaffo
165.8
¬, scavare dell' acqua
formando 178.6
Cavity, canal . 194.4
Cavo 64.10, 93.3, 168.8
- blocco . . . 245.5
¬, cilindro . . . 152.9
- in fildiferro . 168.7
¬, luogo 66.7
¬, materiale 130.3, 116.7
¬, nocciolo . . 153.2
¬, perno . . . 153.2
¬, sfioratore . 193.11

Cavo, sfioratore -
con riempimento
di ciottoli 194.3
Cazzuola pei ter-
razzi 155.12
- quadrata . . 156.4
Cedazo 15.6
-, cerner al . . 240.5
- de 7 mm . . 29.9
- - 120 mallas . 29.8
Ceder, el basamento
cede 110.1
-, la losa de fun-
dación cede 110.1
Céder, la semelle de
fondation cède
110.1
Ceiling beam . 152.1
-, false 142.8
- made with bricks
143.5
- plastering . . 153.9
- with corrugated
iron reinforce-
ment 143.2
Ceinture d'appui
219.4
- en bois . . . 202.3
Cell 200.2
Cella 200.2
Celle, silos a . . 250.2
Cellar 129.3
-, waterproof . . 112.4
Cello de hierro
plano 80.2
Cellulaire, coffrage
88.2
Cellulare, silos a
struttura 250.2
Cellule 200.2
Celosia, armadura
de 112.3
-, puente de vigas de
230.10
Célula 200.2
Células, silo de 250.2
Celular, entibación
88.2
-, silo 250.2
Cement block 210.10
- bunkers . . . 249.7
-, coating of . . 52.8
-, colouring for 155.10
-, - of 239.4
- concrete . . . 32.8
- - slab 153.4
-, crust of . . . 52.8
- facing 213.3
- floor 154.6
-, hydraulic . . 7.9
-, impregnated 214.12
-, medium setting
17.2
-, metallic . 9.8, 165.9
-, mixed 9.9
-, mixing of . . 17.6
-, mosaic - slab 244.7
-, natural . . . 8.9
- paste 72.8
-, Portland . . . 10.1
-, production of 10.2
-, purity of . . 25.5
-, puzzolana . . 8.11
-, quick 17.1
-, - setting . . . 17.1
- rendering . 196.6
213.3
-, Roman . . . 8.9
- roofing tile . 172.6

Cement, sand . 9.10
-, sheet of . . . 243.4
- silos 249.7
- slab 243.3
-, slab of 210.9
-, slag 9.3
-, slow 17.3
-, - setting . . . 17.3
- stone 210.10
-, to season . . 155.9
- walling, outside
and inside 202.2
- ware 239.2
Cemento a base me-
tallica 165.9
- - lenta presa 17.3
- - rapida presa 17.1
- armato . . . 1.2
- -, costruzione in 1.4
-, articoli di . . 239.2
-, beton di . . . 32.8
-, calcestruzzo di 32.8
- con minerale . 9.3
- di pozzolana 8.11
-, impastare il . 17.6
- impregnato 214.12
- mescolato . . 9.9
- metallico . . 9.8
- Portland . . 10.1
- - a scorie . . 9.3
- -, mattonella in 9.6
-, produzione di 10.2
-, purezza del . 25.5
- romano . . . 8.9
- sabbioso . . . 9.10
-, silos da . . . 249.7
Cemento á base me-
tálica 165.9
- armado . . . 1.2
-, costra del . . 52.8
- de arena . . 9.10
- - fraguado lento
17.3
- - - rápido . . 17.1
- - óxido de hierro
9.8
- - puzolana . 8.11
- impregnado 214.12
- mezclado . . 9.9
- Portland . . 10.1
- - de escoria . 9.3
- romano . . . 8.9
-, silo para . . . 249.7
Cendre 28.13
Cenere 28.13
Ceniza 28.13
Centering 86.7, 154.3
-, arch 85.8
- by means of hol-
low beams 88.2
- - - tubes . . 88.2
-, device for carry-
ing 80.6
- for a reinforced
concrete roof 81.7
- of corrugated iron
88.1
-, plank 82.6
-, use of reinforce-
ment for carrying
84.4
Centina, armatura
della 88.3
-, elemento della 86.1
-, puntellamento
longitudinale
della 86.2
-, sagoma della 86.1

Centina, sopporto
laterale della 86.2
Centinatura a tra-
liccio 86.7
- su contrafissi 87.1
Centine, legname
delle 85.9
Centogambe . . 115.5
Centopiedi . . . 115.6
Central bay . . 150.3
Central, campo 150.3
Centrale, zone 150.3
Centrale, campata
150.3
Centrally, to load
49.9
Centralmente, cari-
care 49.9
Centre, camber by
thickening of the
227.4
- of maximum pres-
sure 236.6
- - minimum pres-
sure 236.7
- - pressure . . 148.6
- - - for the com-
plete load . 296.1
-, slope from - to
side 205.3
"- striking" arrange-
ment 87.9
"- -" device . . 87.9
-, supporting the
floor after remo-
val of -s 85.6
-, to strike -s . 85.4
Centre, plaque de
fondation non
chargée au 111.1
Centres de poussée,
axe des 148.6
Centrifuga, pompa
100.10
Centrifuga, bomba
100.10
Centrifugal pump
100.10
Centro d'appoggio
219.4
-, posare perfetta-
mente sul 206.2
-, volta a tutto 145.2
Centro, cargar en
el 49.9
- de molde . . 76.2
- - tabique . . 76.2
-, eje de los -s de
presión 148.6
- hueco 153.2
-, pendiente debido
al refuerzo del
227.4
Cepilladora . . 242.6
Cepillar 242.4
Cepo . . . 86.3, 105.7
Ceppi, inlettare i
208.3
Ceppo di legno 208.2
Ceramico, tubo 100.1
Cerca, columna de
208.3
Cercado 208.3
Cercano, apuntalar
sobre el suelo 74.5
Cercar 163.5
Cercha arqueada
174.3

Cercha de forma
trapezoidal 87.5
- principal . . 170.2
-, tejado de - metá-
lica 168.2
Cerchio 169.5
- di ferro piatto 80.2
Cercle 169.5
- de poussée . 174.2
- - pression . . 174.2
- en fer 218.1
- - - plat . . . 80.2
Cerco de alambre
158.5
Cereales, silo para
249.6
Céréales, silo à 249.6
Cereali, silos per
249.6
Cerner al cedazo
240.5
- - tamiz . . . 240.5
Cerniera d'acciaio
234.4
- in acciaio fuso
234.8
- - calcestruzzo
233.10
- - ferro 234.3
- - granito . . 234.1
- valvola a . . 92.8
Cerniere, arco a due
232.5
-, - - tre . 169.3, 232.6
-, - senza . . . 232.4
-, volta senza . 232.4
Cero normal . . 89.5
Cerrado, vertedero
parcialmente 193.9
Cerrar con espirales
de alambre 158.8
Cerrojo, soltar el 55.6
Certaine, une -
longueur de
conduite 225.6
Cesoia per ferro 69.3
Chain 90.5
-, endless . . . 65.3
-, land 90.5
- sprocket . . . 59.7
-, surveyor's . . 90.5
-, the - catches hold
59.5
- wheel 59.7
Chaine d'arpenteur
90.5
- - -, fiche pour 90.6
- - -, piquet pour
90.6
Chaleur, augmen-
tation de 16.11
-, essai à la - sur
une boulette 21.6
Chalk 10.6
Chalky sandstone
243.2
Chamber . . . 200.2
-, chopping . . 222.7
-, grinding . . 222.7
-, inlet 220.7
-, lock 198.1
-, meter 220.8
-, mixer . . . 223.1
Chambranle de
porte 187.5

Chambre . . . 219.7
- d'écluse . . . 198.1
- d'entrée . . . 220.7
- de mesure . . 220.8
- des turbines 196.10
- de réglage, bâti-
    ment des 220.6
Champ, assise posée
    de 127.5
-, brique de . . 188.4
- de tir 137.8
Champignon, fer à
    8.8, 152.3
Change of angle 218.6
- - length due to
    setting 45.4
- - stresses . . 84.8
- - tension . . 46.6
Changement
    d'angle 218.6
- de longueur en-
    suite de la prise
    45.4
Channel 185.7
-, damping . . 69.2
-, inlet 193.3
- iron . . . 6.9, 143.1
-, moistening . 62.2
-, rubble catch-
    water 99.8
Chantier de travail,
    section d'un 67.9
Chapa, guarnición
    interior de 68.1
Chape de percussion
    117.8
Chapé, file de pieux
    -s 178.1
Chapeau . 86.6, 107.1
- des palplanches
    187.7
-, le - est placé sur
    des goussets 107.3
-, - - - - - - échan-
    tignoles 107.3
Chaperon . . . 137.7
Chapiteau, forme de
- de la tête de la
    colonne 80.4
Charbon, quai au
    190.5
-, residus de la com-
    bustion du 28.11
-, silo à 250.3
Charbonneuse, ma-
    tière 31.2
Charge for acqui-
    sition of land
    181.6
Charge . . 40.3, 249.4
- admise 141.1
-, alterner la - et
    la décharge 41.7
-, augmentation de
    44.4
- d'essai 95.9
- de neige . . . 167.5
- - rupture . . 47.8
- - sécurité . . 41.3
- due à la circu-
    lation 141.5
- - au vent . . 167.6
- en service . . 141.5
- éventuelle . . 230.1
-, indicateur de 25.1
- isolée 47.2
-, limite de . . 4.2
- la plus défavo-
    rable 230.2

Charge locale . 46.12
-, monte- 55.1
-, - - à bennes . 64.9
- permanente . 41.8
    141.4
- réelle 230.1
- répartie sur toute
    la poutre 47.1
-, sans 45.2
- supposée . . 141.1
    229.10
- sur le piston 214.3
- - - terrain à bâtir
    95.8
-, taux de la . . 42.1
- totale, ligne de
    poussée pour la
    236.1
- utile . . 141.3, 147.3
Chargement,
    appontement de
    189.1
Chargenmischer 53.8
Charger à sec . 53.2
- suivant l'axe de
    figure 49.9
Chariot 119.5
- inférieur avec
    plate-forme tour-
    nante 119.6
Charnela, pared
    lateral de 247.5
Charnière, paroi
    latérale à 247.5
Charpe artificielle
    228.7
Charpente . . . 189.8
- à contre-fiches 87.1
- de cintre . . 86.7
- en béton armé
    130.10
- - fer 181.4
Chasse, bief de 197.2
-, canal de . . . 197.2
Chasser l'acide
    carbonique 12.1
Châssis 132.11, 206.9,
    241.7
- basculant . . 58.8
- bois pour . . 80.5
- de coffrage
    démontable 75.8
- - porte . . 137.5
- des poulies . 108.3
- du coffrage, munir
    de trous le 75.9
- roulant . . . 58.7
- transportable 58.7
Château d'eau 221.2,
    224.4
Chaud, courber le
    fer à 70.4
-, dame à fer 209.12
Chaude, bac à eau
    221.9
- bâche à eau . 221.9
-, essai combiné à
    l'eau 21.8
Chaudières, bâti-
    ment des 112.5
Chauffé, rouleau
    135.8
Chaussée 186.5, 203.1,
    203.2, 230.5
-, digue servant de
    186.5
- empierrée . . 204.9

Chaussée, incli-
    naison bombée
    d'une 203.5
-, levée servant de
    186.5
- macadamisée 204.9
-, partie bombée
    d'une 203.5
-, - carossable de la
    205.7
-, rez-de- 129.4
Chaux 132.3
-, action combinée,
    de la - et des
    éléments d'hydra-
    tation 7.4
-, béton de . . . 82.9
-, carbonate de 15.3
- durcissant à l'air
    7.8
- dure, pierre à 10.8
- éteinte en poudre
    8.12
- grasse 7.8
- hydratée . . . 15.1
- hydraulique . . 8.4
- maigre, poser à
    bain de mortier
    de 212.3
- marneuse . . . 8.5
-, savon à base de -
    et d'humus 31.1
- siliceuse 8.6
Cheek 82.1
- of staircase 163.10
Chef d'équipe . 103.7
Chemical combina-
    tion of water 17.5
Chemically com-
    bined water 12.2
Chemin de fer,
    point de 237.3
- - souterrain 225.1
- - -, traverse de
    245.9
-, grand . . . 204.6
- pour piétons 229.4
- rural 204.6
Cheminée, appareil
    de la 127.8
- en béton armé
    248.3
-, sommet de . 248.4
Chemisch gebun-
    denes Wasser 12.2
Chemische Wasser-
    bindung 17.5
Chenal 185.7
Chéneau . . . 178.1
Chevauchant, fer
    158.4
Chevauchement des
    différentes ban-
    des de damage
    36.2
Chevaucher, faire-
    les barres de fer
    71.5
Chevaux, traction
    à 64.4
Chevêtre de palier
    162.4
Cheville 75.10
- en bois . . . 172.5
Chiarificazione delle
    acque, installa-
    zione di 192.9
-, mastello da . 223.7
-, vasca da . . . 223.7

Chiassaiuola . . 197.6
Chiatta 200.4
- da porto . . . 202.4
Chiave cuneiforme
    123.6
- della porta . 187.5
- di flangia in terra-
    cotta 144.9
-, pressione in . 236.4
-, punto di . . . 144.1
Chiavetta . . . 79.3
- di ferro piatto 80.9
Chiavi in ferro,
    adattare le - alle
    due estremità 135.2
Chiavica 197.7
-, battente della 198.3
-, camera della 198.1
-, fondo della . 198.2
Chiglia, tacco per
    la 201.4
Chimenea, cabeza
    de 248.4
- de hormigón
    armado 248.3
-, trabazón de la
    127.8
Chimica, combina-
    zione - dell'ac-
    qua 17.5
Chimicamente com-
    binata, acqua 12.2
Chimique, combi-
    naison - de l'eau
    17.5
Chimiquement com-
    binée, eau 12.2
Chimney bond 127.8
- capping . . . 248.4
-, reinforced con-
    crete 248.3
Chiocciola, nocciolo
    della scala a 162.1
-, scala a 161.6
Chiodo . . 75.10, 188.9
Chiostra, volta a 145.4
Chippings . . . 26.9
- granite . . . 211.7
Chisel edge . . 105.5
- jumper . . . 94.1
Chiudere con calce-
    struzzo 116.9
- le giunte me-
    diante striscie di
    lamiera sovrap-
    posta 179.1
Chiusa . . 190.7, 197.7
- a cateratte . . 195.3
- libera caduta
    192.2
- - livello fisso 191.10
- - pozzi . . . 200.1
-, camera della 198.1
-, canale della . 198.2
- cava . . . 198.10
-, conca della 197.10
-, corpo massiccio
    della 190.8
-, costruire a secco
    il fondo di una
    199.1
- d'irrigazione 197.8
- di navigazione
    197.9
-, dorso della . 191.2
- subacquea . . 192.3
-, testa della . 197.11

Chiuso in parte,
sfioratore 193.9
Chiusura del dia-
gramma, linea di
48.7
- della giunzione
con asfalto con
scanalature 225.5
- dello sfioratore
194.5
-, tracciato delle
linee di 48.6
Chlorid,Kalzium-18.7
Chloridlösung,Zink-
208.5
Chloride, calcium
18.7
- solution, zinc 208.5
Chlorure de calcium
18.7
- - zinc, solution de
208.5
Chopping chamber
222.7
Chord, bridge with
continuous -s 228.5
-, - - trellis main -s
230.10
-, lower 231.7
-, trellis-work with
parabolic upper
232.1
-, upper 231.6
Chorro, apparato
para amolar con
- de arena 39.5
- de agua con pre-
sión 104.8
-, mojar á - de agua
240.10
Chute 14.5, 58.5
Chute 226.2
- de la sonde . 93.7
-, hauteur de . . 104.1
120.8
- libre, déversoir en
192.2
- -, mélangeur à 53.7
-, réunion des -s
198.10
Cielo, piso de - raso
149.5
Ciencia de la resis-
tencia de los
materiales 40.1
Cierre de vertedero
194.5
-, grifo de . . 214.6
-, linea de - dei dia-
grama 48.7
-, puerta de . . 60.6
Ciglio sporgente139.7
Cilindrar 174.7
Cilindrare . . . 174.7
Cilindrata, scorie
156.7
Cilindri del marcia-
piede tipo Herbst
243.7
-, mulino a . . . 12.10
Cilindrici, soffitto
ad intermezzi 152.8
Cilindrico, bullone -
in acciaio 234.6
-, pistone . . . 88.5
-, sondaggio . . 94.3
-, svuoto 180.8
Cilindricas, piso de
nervaduras 152.8

Cilindrico, eje - de
acero 234.6
-, hueco 180.8
-, pistón 88.5
-, taladro 94.3
Cilindro 243.8
- a coltelli . . . 222.9
- cavo 152.9
- compressore stra-
dale 206.7
- di ghisa . . . 206.8
- in beton da spro-
fondirsi 185.4
Cilindro 243.8
- asentador para
hormigón del
fondo 185.4
- hueco 152.9
-, molino de -s . 12.10
222.7
Cima 144.1
Cimbra . . 86.1, 87.3
- de puntales . 87.1
- sobre pilotes . 86.10
Cimbrado, hierro I
-, ladrillo . . . 212.5
Ciment à base mé-
tallique 165.9
- - prise lente . 17.3
- - - rapide . . 17.1
- au sable . . . 9.10
- bâtard 9.9
-, béton de . . 32.8
-, carreau de . 210.10
-, - mosaïque de 244.7
-, coloration du 239.4
-, dalle de . . . 210.9
- de grappiers . . 8.9
- - laitier . . . 9.3
- - minerai . . 9.8
- - pouzzolane 8.11
-, enduit de . . 213.3
-, fabrication du 10.2
- hydraulique . . 7.9
- imprégné . 214.12
-, madrier en . 243.4
-, malaxage du . 17.6
-, malaxation du 17.6
- maigre, matière
servant à rendre
le 25.8
-, mélange du . 17.6
- métallique . . . 9.8
-, objets en . . 239.2
-, planche en . 243.3
- Portland . . . 10.1
-, brique de . 9.6
-, pureté du . . 25.5
- revêtement de 196.6
- romain 8.9
- siliceux . . . 9.10
- silo à 249.7
Cimentier, meule de
156.1
-, rouleau de. 155.13
-, truelle de . 155.12
Cinc, solución de
clorura de 208.5
Cincel, trepano de
94.1
Cincho 80.2
Cinder 29.3
Cinta superiore in
cemento armato
185.2
Cinta de cartón
asfaltado 179.3

Cinta de cartón
embetunado 85.2,
179.8
-, decámetro de -
179.8
- dividida para
mira 91.9
-, separación por
-s de palastro
verticales 178.9
Cintrata, pietra 212.5
Cintre . . . 86.1, 87.3
- à contre-fiches 87.1
-, boisage de . 85.9
-, charpente de 86.7
-, élément du . 86.1
- établi sur pieux
86.10
Cintré, fer I - de
Mélan 148.7
Cintrée, brique 212.5
Clottoli . 26.6, 182.5
- rotti 94.11
-, sfioratore cavo
con riempimento
di 194.3
Circle 169.5
Circolante, veicolo -
per le strade 204.2
Circolare . . . 158.6
-, forno 11.6
Circolo 169.5
Circondare . . 163.5
- con corde . 158.8
- - fildiferro . 158.8
Circostante, appog-
giare sul suolo
74.3
Circulaire, four 11.6
Circular rib,
wooden 80.1
- ring to take
pressures 174.2
- -, wooden . . 80.1
- staircase . . 161.6
- vault 145.2
Circular, horno 11.6
Circulation, charge
due à la 141.5
Cisaille 69.4
- à fer 69.3
Cisaillement, effort
de 43.5
-, tension due au 43.6
Cistern 200.3
- for liquids . . 23.1
Cittadina, strada
203.6
Cizalla para hierros
69.3
Clamp 76.1
- for mould . . 79.9
-, ring 80.2
- to hold together
by iron -s 79.10
Clamping batten 79.2
Clapet - . 54.6, 92.8
-, sonde à . . . 92.5
Claraboya . . . 168.5
Clarification,
cámara de en-
trada de 220.7
-, cuba de . . . 223.7
-, instalación de
192.9
Clarification bed
192.9

Clarification, cuve
de 223.7
Clasificación . 240.7
Clasificador de
cascajo y arena
240.8
Claustro, bóveda
de 145.4
Clavar un trozo de
listón 76.7
Clave, empuje en
la 236.4
Claveau de hourdis
creux en terre
cuite avec brides
144.9
Clavija 75.10
- de hierro . . 180.9
Clavo 188.9
-, penetrable con -s
181.8
-, tablero guarne-
cido de -s 70.3
Clay 108.11
- bed 178.5
- core 195.10
- ground . . . 95.2
-, soft 95.5
-, layer of puddle
108.9
-, marl rich in 8.10
- mixed with sand
108.9
-, mortar of plaster
and 146.3
- mould . . . 241.11
- of fair solidity 95.4
-, rich in 18.3
-, stiff 95.4
Clayey sand ground
95.3
- strata 192.8
Clean sand, to fill
with 116.3
-, to - the brick-
work 66.5
Cleanse, to . . . 67.7
Clearing 30.8
Cleave, to . . . 72.6
Clef 93.5
- de serrage . . 79.9
-, épaisseur à la 169.1
-, poussée à la . 236.4
Clinker 12.7
- concrete under-
neath wood pav-
ing 204.11
-, Portland . . . 9.6
-, to build with 206.5
Clip, band . . . 80.2
-, double 81.1
Cloche à plongeur
199.9
Cloison 219.8
- en béton armé
180.5
- - - - devant la
palée 116.3
- - métal déployé
183.9
- - planches avec
revers en rem-
blai 106.8
- Lugino 184
-, monter une -
par parties 76.5
- système Prüss 188.2

Cloisons métal
  liques, pavé à 211.5
Cloisonnage, ma-
  çonnerie entre
    130.9
Cloister vault . 145.4
Cloître, voûte en
  arc de 145.4, 145.5
Cloporte . 115.5, 115.6
Cloruro de calcio 18.7
-, solución de - de
  cinc 208.5
Cloruro di sodio 18.7
- - zinco, soluzione
  di 208.5
Close, to - up the
  framework by
  tightening the
  nuts 74.7
- up, to - any
  springs found
  in the founda-
  tion 99.3
Closing line . . 48.7
- -s 48.6
Cloth, sail . . . 107.6
Clôture . . . 186.3
- de jardin, pilastre
  de 244.1
Clou 188.9
-, pénétrable aux
  -s 131.8
Coal bunkers . 250.3
-, residues of burnt
  28.11
Coaling jetty . 190.5
- wharf 190.5
Coarse concrete 240.5
- grain mixture 26.1
Coat 116.2
-, to 171.7
Coating, granite
  slab 211.6
- of cement . . 52.8
-, to provide with
  a watertight 38.1
-, - put on a - of
  lead paint 144.8
Cobble-block pave-
  ment 204.10
- -stone pavement
    204.10
Cobre amarillo 164.9
Cocción de la masa
  cruda 11.2
- - piedra caliza 7.10
- insuficiente . 20.1
Cochinilla 115.5, 115.6
Cochura de la
  massa cruda 11.2
- - piedra caliza 7.10
Cocida, materia 12.6
-, piso de losas de
  tierra 154.11
-, tierra 159.9
Cocido, dovela
  hueca de barro
  - con brida 144.9
Cock, stop . . . 214.6
Coclea 62.4
-, trasportatore a
    250.5
Coda d'alligatore,
  punta a forma
    di 124.2
Codo 100.5
Coefficient of de-
  formation 41.5
- of expansion 45.9

Coefficient of ex-
  tension . . . 41.6
- - rigidity . . 50.4
- - safety 5.7
- - thermal ex-
    pansion 3.2
Coefficient d'al-
  longement 41.6
- d'élasticité . . 41.4
- - -, relation entre
  le - et la quan-
    tité d'eau 42.4
- - -, relation entre
  le - et la tension
    42.5
- - -, relation entre
  le - et le dosage
    42.3
- de déformation 41.5
- - dilatation . 45.9
- - - thermique . 3.2
- - rigidité . . 50.4
- - sécurité . . 5.7
Coefficiente di al-
  lungamento 41.6
- - deformazione
    41.5
- - dilatazione
    41.6, 45.9
- - - termica . . 3.2
- - elasticità . 41.4
- - rigidità . . 50.4
- - sicurezza . . 5.7
Coeficiente de
  alargamiento 41.6
- - deformación 41.5
- - dilatación . 45.9
- - - térmica . . 3.2
- - elasticidad . 41.4
- - rigidez . . 50.4
- - seguridad . . 5.7
Coffer dam . . 106.6
-, double . . 106.7
- foundation . 124.8
Coffrage cellulaire
    83.2
- d'un pilastre . 79.5
- - - plancher en
  béton armé 81.7
- de la tête . . 80.3
- - mur système
    Monier 76.6
- - plafond voûté
    81.2
- poutre . . . 81.4
- des colonnes 77.4
- - pilastres . . 77.5
- - piliers . . . 77.4
- démontable,
    châssis de 75.8
- du pied de la
    colonne 78.1
- - pilier . . . 78.6
- en tôle ondulée 83.1
- pour voûtes . 85.8
Coffre, arroser le -
  avant le béton-
    nage 85.1
- de poutre . . 81.4
-, fondation par -s
    124.8
Coffrer 78.1
Cohesion, area of
    151.7
Coiffer la tête du
  pieu 120.4
Coils, spiral - which
  cross each other
    59.3

Coin 79.3
- de calage en bois
    83.6
- en fer plat . 80.9
Coincement, mo-
  ment de 250.7
Cojin 142.6
Cok 29.1
Coke 29.1
Cola, mortero de
  yeso con mezcla
    de 146.3
-, punta en forma de
  - de aligador 124.2
Colado, asfalto 209.8
-, hormigón . . 83.4
-, muro de hormigón
    130.7
- bajo agua . . 22.12
- el pilote en un
  molde horizontal
    118.7
Colare 166.1
- del calcestruzzo
  sott'acqua 199.4
- il calcestruzzo
  dall'alto 77.1
Colato, asfalto 209.8
-, calcestruzzo . 33.5
Colatore . . . 212.6
Cold, appliance for
  bending the iron
  whilst 70.1
- resisting property
    87.3
-, to bend the iron
  whilst 69.7
- water test . . 21.4
Colector . . . 224.7
- de arena . . 226.1
-, lago 196.1
Coléoptère, larve de
    115.7
Colimaçon, escalier
  en 161.6
Colla, acqua di 132.4
-, impasto di gesso e
    146.3
Collapse . . . 152.4
-, resistance to 49.10
Collar 119.1
- de guia . . . 120.3
- hierro . . . 218.1
Collaudo, treno di
    237.4
Colle, mortier au
  plâtre et à la 146.3
Collecteur de sable
    226.1
Collecting lake 196.1
- pond 196.1
Collector, sand 226.1
Collegamenti,
  striscia di lamiera
    per 159.2
Collegamento,
  avvolgere com-
  pletamente i
  grani di sabbia
  col materiale di
    83.7
- della testata . 168.7
- di due pali di fon-
  dazione 118.5
- - nucleo in-
  terno con un
  esterno 111.2

Collegamento, filo
  di - a forma di
  staffa 179.2
-, mantenere il -
  mediante fascia-
  ture in ferro 79.10
-, pietra di - alle ro-
  taie 211.4
- rigido . . . 187.9
Collegante, materia
    7.1
Collegare colle travi
  le tavole portanti
    81.5
- con fildiferro nei
  punti d'incrocio
    131.4
- le lastre di rivesti-
    mento 189.11
- mediante caviglie
    235 :
Coller sur . . . 171.6
Collettore di sabbia
    226.1
Collier . . 118.1, 157.4
    188.3
- de guidage . 120.3
- en fer . . . 218.1
-, fer plat pour 159.2
Colmatage, bassin
  de 184.2
-, digue de . . 184.1
-, épi de 184.1
Colmi, copertura dei
    174.4
-, inclinazione di
    167.7
Colocado, piso libre-
  mente 149.1
Colocar el tirante
  en el piso 170.1
- - tubo de desagüe
  en la fundación
    224.3
- en el molde una
  masa de hormigón
    85.5
- juntas . . . 206.2
- hierros portadores
  por ambos lados
    185.2
- los hierros sobre
    149.7
- nervios horizon-
  tales hacia el ex-
  terior 219.1
- pilares de hor-
  migón sobre esta-
  cas de madera
    114.3
- por capas . . 65.8
- un tejido metálico
  entre dos canto-
  neras 182.3
- una barra á modo
  de montante 186.7
- verticalmente 74.2
Colombage de fer
    130.9
Colonna . 49.8, 122.1
    157.1, 243.10
-, accoppiata . 158.3
-, armatura del
  plinto della 78.1
-, dell'estremità
  della 80.4
-, della - da fac-
    ciata 79

Colonna, armatura
della - da orna-
mento 79.5
-, - - testa della 80.4
-, assito della . 77.6
- binata 158.3
-, conformazione a
norma di capitello
della testa della
80.3
- d'acqua, altezza
della 214.2
- da giardino
inglese 244.1
- - parco . . . 244.1
- di legno a tirante
sospeso 84.6
- - ritegno . . 195.4
- doppia 158.3
-, impalcatura della
77.4
- in ferro . . . 159.6
- liquida . . . 217.10
- portante . . 243.11
Colonne . 49.8, 122.1
157.1, 243.10
-, coffrage des -s 77.4
-, coffrage du pied
de la 78.1
- creuse en acier 84.2
- d'appui . . 243.11
- d'eau, hauteur de
la 214.2
- de support . 243.11
-, forme de chapi-
teau de la tête
de la 80.4
-, fût de 157.2
- liquide . . . 217.10
- métallique . . 159.6
-, section d'une 157.5
Colonnes accouplées
158.3
- monolithes, fabri-
quer les 160.4
Colonne, cassone per
- e pilastri 78.6
-, disposizione per
mantenere in
piedi l'armatura
dei pilastri e delle
78.5
-, fabbricare le -
all'industria 160.4
-, ferro d'armatura
per pilastri e 78.1
Colonnella tirante
235.5
Colonnetta della
ringhiera della
scala 166.5
Color, adición de 20.3
-, adición de - al
cemento 155.10
- mineral . . . 239.6
- natural . . . 240.1
Colores, mezcladora
de 246.2
-, molino de . . 246.3
- vivos, piedras de
155.2
Coloración del
cemento 239.4
Colorant, addition
d'un - au ciment
155.10
Colorante, addition
de matière 20.3

Colorante, terre 239.5
Colorante, terra 239.5
Colorante, tierra
239.5
Coloration du
ciment 239.4
Colorazione del
cemento 239.4
Colore, aggiunta di
20.3
-, - - - al cemento
155.10
- minerale . . . 239.6
- naturale . . . 240.1
- -terra 239.5
Colori ad olio, pre-
parare le super-
fici per ricevere i
215.5
-, macchina per la
miscela dei 246.2
-, macinina per 246.3
- vivi, pietre a 155.2
Colour, addition of
20.3
-, earth 239.5
- grinder . . . 246.3
- mill 246.3
-, mineral . . . 239.6
-, mixer . . . 246.2
-, natural . . . 240.1
Coloured, brillantly
- stones 155.2
Colouring earth 239.5
- for cement . 155.10
- of cement . . 239.4
Colpi, serie di - sulla
testa del palo 104.2
Colpo di pestone 35.4
Coltelli, albero a
229.2
-, cilindro a . . 229.2
-, fondo a . . . 229.8
Column . 49.8, 157.1
243.10
- base 157.7
- casing 77.4
-, coupled . . . 158.3
-, double. . . . 158.3
-, form for base
of 78.1
-, iron 159.6
- joint 158.2
- mould 77.4
- - for a front 79.5
- of a bridge . 229.5
- - liquid . . 217.10
- reinforcement
bar 78.4
- - -, arrangement
for keeping the
- - -s vertical 78.5
-, shaft of . . . 157.2
- socle 157.7
-, supporting . 243.11
Columns, to manu-
facture 160.4
Columna . 49.8, 122.1
157.1, 243.10
- de agua, altura
de la 214.2
- apoyo . . 243.11
- - cerca di jardín
244.1
- - hierro . . . 159.6
-, forma en capitel
de la cabeza de
la 80.4
- liquida . . 217.10

Columna, molde
de -s . 77.4
-, molde de - de
fachada 79.5
Columnas acopladas
158.3
Comando auto-
matico 62.7
Combinación quí-
mica de agua 17.5
Combinada, acción
- de la cal y de los
elementos hidráu-
licos 7.4
-, agua - química-
mente 12.2
Combinado, ensayo
- con agua hir-
viendo 21.8
-, piso - de piedra y
hormigón 150.9
Combinaison chi-
mique de l'eau
17.5
Combinata, acqua
chimicamente 12.2
- prova - all'acqua
bollente 21.8
Combination, che-
mical - of water
17.5
-, double fuosilicate
215.10
Combinazione chi-
mica dell'acqua
17.5
Combine, to . . 12.4
-, to - the weight of
the masonry with
the water pressure
101.6
Combined action of
lime and hydrau-
lic ingredients 7.4
-, chemically - wa-
ter 12.2
- flushing and ram-
ming 104.6
- hot water test
21.8
- truss and plate
bridge 227.7
Comble sur mai-
tresses fermes 169.6
Combustion du
charbon, résidus
de la 28.11
Combustión, resi-
duos de la - de
inmundicias 28.12
Combustione della
pietra calcare 7.10
- delle immondizie,
residui della 28.12
Comienzo del fra-
guado 18.1
Comignolo dei muri
187.6
Commande automa-
tique 62.7
Commencement of
setting 16.3, 18.1
Commencement de
la prise 16.3, 18.1
Commerce,bâtiment
de 180.1
Commerciale, casa
180.1

Commessura delle
tegole 217.2
Commettitura . 208.7
- artificiale . . 177.6
Common concrete
156.12
- lime 7.8
- mortar, to embed
in 212.3
- piledriver . . 108.2
- ram 108.2
Compact, to get -
by shaking 14.4
-, to - the road bed
by means of a
roller 206.4
Comparatif, essai
28.2
Comparativo, en-
sayo 28.2
Compartiments, silo
à 250.2
Compartment . 219.7
Compatto, terreno
94.7
Compensación,
junta de 189.9
Compensation joint
189.9
Compensation, joint
de 189.9
Compensazione,
giunto di 189.9
Completa, miscela
53.5
Complete drainage
198.7
- load, line of pres-
sure for the 236.1
Complète, vidange
198.7
Completo . . . 198.7
Completo, vaciado
198.7
Compluvio . . 172.9
212.6
Component, hori-
zontal 167.4
Componer la pre-
sión del agua con
el peso propio
101.6
Componerse de dos
mitades 123.5
- en dos piezas 123.5
Comporre i cassoni
natanti 200.5
- la pressione del-
l'acqua 101.6
Composé d'asphalte
et de goudron
216.10
-, être - de moitiés
123.5
Composer la pres-
sion de l'eau 101.6
Composición de as-
falto y alquitrán
216.10
Composition, as-
phalte and bi-
tumen 216.10
-, - - tar . . . 216.10
-, dependance of the
modulus of elasti-
city on the - of
the mixture 42.3
-, mixing to a uni-
form 53.5

Composto d'asfalto e di catrame 216.10
- doppio fluoro e silicio 215.10
Compra, gastos de - del serreno 181.6
Compresión del suelo 110.3
- - terreno . . 101.7
- elástica . . . 41.9
-, esfuerzo de . . 2.5
-, exceso de - de agua 198.9
-, fuerza de . . 40.5
- permanente . 41.8
-, pilón de - del suelo 122.3
-, resistencia á la - axial 49.10
Compressed air, laying foundations by means of 124.6 199.8
- asphalte . . . 209.7
- fine concrete slab 244.2
Compresseur, rouleau 206.7
Compression . 40.5
- beam 151.4
-, elastic 41.9
- girder 151.4
-, permanent . . 41.8
- -testing machine 24.7
Compression, armature résistant à la 151.4
- du sol 110.3
- - terrain . . . 101.7
-, effort de 2.5
-, - extérieur de 40.5
- élastique . . . 41.9
-, essai des plaques à la 22.2
-, force extérieure de 40.5
-, machine d'essai de résistance à la 24.7
- permanente . 41.8
-, résistance d'un cube à la 43.4
Compressione del suolo 110.3
- dell'impasto, prova di 22.2
- della massa, prova di 22.2
- elastica . . . 41.9
-, forza di . . . 40.5
-, macchina per la prova della resistenza alla 24.7
- permanente . 41.8
-, resistenza del cubo a 43.4
-, sollecitazione di 2.5
Compressive force 40.5
- strain 40.5
- stress 2.5
Compresso, asfalto 209.7
Compressore, cilindro - stradale 206.7
Comprimé, asphalte 209.7
Comprimé, dalle en béton fin 244.2
-, fondation à l'air 124.6, 199.8
Comprimer le mur Monier contre le coffrage 77.3
- suffisamment 68.3
Comprimere . . 114.6
- col rullo il sottofondo 206.4
- il muro Monier 77.3
- l'impalcatura mediante i bulloni e le madreviti 74.7
- sufficientemente 68.3
Comprimida, agua 121.8
Comprimido, asfalto 209.7
-, fundación con aire 124.6
-, - de aire . . . 199.8
-, losa de hormigón fino 244.2
Comprimir el muro Monier contra el molde 77.3
- - - - - - tabique 77.3
- - subsuelo con el rodillo 206.4
- suficientemente 68.3
Compteurs, installation de - d'eau 221.3
Compuerta . . 197.7
- con tablero de maderos móviles 194.4
- de desagüe y irrigación 197.8
- - navegación 197.9
- rodante . . . 195.1
Comunicazione, via di - su acqua 182.11
Conca a pozzi . 200.1
- del canale . . 193.4
- della chiusa 197.10
-, fondo della . 198.2
- in cemento armato 193.7
-, parete della . 198.3
Concassage, installation de 247.7
Concassé, béton 28.10
Concassées, pierres 26.10
Concasseur . . 12.9
Concatenata, piastra di cemento armato 111.5
-, soletta di cemento armato 111.5
Concava, curvatura 233.9
-, serbatoio dell'impasto orizzontale a forma 61.2
Concavo, bacino in muro 192.6
Cóncava, curvatura 233.9
Concave curve 233.9
Concave, courbure 233.9
Concave, donner au fond une forme 185.8
Concavité du canal 193.4
Concentrated load 47.2
Concentrato, carico 47.2
Concertada, mampostería 126.9
Conchiglie, invertire a 185.8
Conci, arco a . 232.7
-, rivestimento a 232.9
-, tavoletta di trasporto dei 248.1
Concia, polvere da 108.8
Concio 205.10
- battuto, muro di 126.9
- d'articolazione 233.10
- lavorato, muro a strati di 127.1
Concreción, calcinación per maneciendo bajo el limite de la 9.2
Concrete 1.1
- arch 232.8
-, armoured . . 1.2
-, asphalt . . . 32.12
-, ballast 210.4
- beam, reinforced brick floor with 149.4
-, brick 33.2
-, - and - floor 150.9
-, broken . . . 28.10
- casing 159.8
-, cast 33.5
-, cement . . . 32.8
-, cement - slab 153.4
-, coarse 240.3
-, common . . 156.12
- construction . 1.3
-, contraction of the 2.9
- core 195.11
- cylinder for sinking 185.4
-, dry 34.3
- during setting 37.1
-, ferro- 1.2
-, fine 240.4
- floor between steel girders 147.1
- foundation . 207.6
-, gravel 32.13
- grillage . . . 113.2
-, gypsum . . . 32.11
-, inferior . . . 156.11
- kerb stone . 212.4
-, light 156.8
-, lime 32.9
-, liquid - wall 130.8
-, loosely spread 199.5
- main 245.6
- mass, variation of volume of the 38.6
- paving . . . 210.2
- pile which has been driven into position . . 117.4
- piles 113.4
Concrete piles, to fix - on top of wooden ones 114.3
- pipe 245.6
-, poor 156.12
-, pumice stone 156.10
-, rammed . . . 33.3
-, rammed - arch 147.2
-, - - wall . . . 130.7
-, reinforced . 1.2
- rib gripping into the slope . 180.4
-, shaked . . . 33.4
- sheet piling in front of the piles 116.3
- slab . . 130.6, 147.4
- - between I-irons 181.1
- - - steel joists 181.1
- - test 39.11
- slabs, wall in 134.4
-, slag . . . 33.1, 156.9
-, slightly damp 66.6
-, - moist . . . 66.6
-, slipping in the 5.11
-, slotted prism of 43.7
- -steel 1.2
-, tamped . . . 33.3
-, test piece of rammed 34.9
-, to deposit - under water 199.4
-, - embed the tie in 140.4
-, - encase with 115.2
-, - finish with 116.9
-, - lay - under water 199.4
-, - let into the 172.4
-, - put - into the mould 35.5
- tooled to resemble stone 233.2
-, trass 32.10
-, unrammed . 199.5
-, wet 34.5
-, - frozen . . . 37.5
- worked to resemble stone 233.2
-, working - in frosty weather 68.7
Concreting the river bed 185.5
Concrétion, cuisson sans atteindre l'état de 9.2
Concrezione, riscaldamento sotto il limite di 9.2
Condiciones del fraguado 16.4
Condition, unloaded 45.2
Conditions, setting 16.4
Condition de prise 16.4
Condotta, canale di 197.1
Condotto d'acqua, bacino d'un 238.1
- tubolare in beton 245.6
Conducción de agua 121.5
-, tuberia de . 219.9

Conducir las manantiales hacia un punto más profundo 99.6
Conducto de desagüe 121.7
- - evacuación 121.7
- - traida de agua 121.5
Conduit . 214.4, 219.9 224.9
-, distributing 220.9
-, water . 224.6, 226.8
Conduite . . . 214.4
-, bout de . . . 225.6
- d'adduction 219.9
- d'amenée 121.5, 219.9
- d'écoulement 121.7
- de décharge . 121.7
-, eau de 31.9
-, tronçon de . 225.6
-, une certaine longueur de 225.6
Conduttura, acqua di 31.9
- d'acqua . . . 224.6
- d'ammissione 121.5
- d'arrivo . . . 219.9
- di carico 121.5, 121.7
- - distribuzione 220.9
- tuburale . . 214.4
Cone, mixing drum shaped like a double 59.1
-, Seger 11.11
Cône de Seger 11.11
-, tambour mélangeur à double 59.1
Confección de las piezas sueltas 82.4
- - un enrase . 183.8
- del pilar en un tubo de chapa de hierro 123.1
Confeccionar el pilote de pie 118.6
- - - verticalmente 118.6
Confection d'un enrochement 183.8
- des pièces détachées 82.4
Confezione in un tubo di lamiera 123.1
Conficcare con battipalo 102.2
- dei pali . . . 105.6
Conficcato col battipalo, palo in cemento armato 117.4
Confine di proprietà, scostare il pilastro dal 111.3
Conformazione a norma di capitello della testa della colonna 80.3
- del fondo del serbatoio 219.3
Congiungimento trasversale 224.5
Conica, ariete del battipalo a punta 122.4
-, ruota 60.2
Conico, anello 166.4
-, pezzo anulare 166.4
Conico, tamburo - doppio per la miscela 59.1
-, tappo - in legno 78.3
Cónica, rueda . 60.2
Cónico, pilón . 122.4
-, pilote auxiliar - de madera para el batido 114.5
-, tapón - de madera 78.3
Conical shape . 250.6
- socket 166.4
- spur wheel . 60.2
- wooden core 78.3
- - plug 78.3
Conique, bague 166.4
-, engrenage . . 60.2
-, pieu auxiliaire - pour le battage 114.5
-, pilon 122.4
-, tampon - en bois 78.3
Conjugués, arbres horizontaux 54.5
Connect, to - by dowels 235.1
-, - - - plugs . 235.1
Connected bed 111.5
- slab 111.5
Connecting two piles by sheet-piling 113.5
Connection . . 68.3
- of inner and outer pillar 111.2
Connessura . . 208.7
Cono Seger . . 11.11
Cono de Seger 11.11
Conocer, el traspaso del límite de estirado se conoce en la superficie 4.9
Conprobador del estade estanco 213.4
Conservare all' aria umida 22.11
Consist, to - of two halves 123.5
Consistance . . 17.8
- du mélange . 34.2
-, mortier à - de la terre humide 22.10
- moyenne, argile de 95.4
- -, terrain de . 94.6
Consistencia de la mezcla 34.2
-, terreno de - media 94.6
Consistency of the mixture 34.2
Consistenza . . 17.8
-, argilla di media 95.4
-, terreno di media 94.6
Consola 188.1
-, armadura de 158.1
Console 188.1
-, armature de . 158.1
-, poutre en . . 229.3
- sur poutrelle 49.2
Consolidación de las orillas 181.7
Consolidación de una orilla vertical 181.5
- del pie del talud 177.8
-, forma angular con contrafuertes de 140.1
Consolidamento del piede 177.8
- delle sponde dei fiumi 181.7
- verticale delle sponde 181.5
Consolidar el lecho del río 192.5
Consolidate, to - the road bed by means of a roller 206.4
Consolidation d'une berge verticale 181.5
- des rives . . . 181.7
- du pied de berge 177.8
Consommation de force motrice 55.3
Constance de volume 19.7
Constancia de volumen 19.7
Constancy of volume 19.7
Constant, diamètre intérieur 248.6
Constare di due metà 123.5
- - - pezzi . . 123.5
Constituer le rebord par la dalle 227.5
Construcción de doble pared 189.10
- - grandes salas 173.10
- - hormigón . . 1.3
- - - armado . . 1.4
- - un depósito 112.6
- del tejado . . 167.2
- en dos piezas 116.6
- francesa . . . 207.2
- inglesa 207.3
-, materiales de . 2.1
-, parte de la obra en 67.9
- Rabitz 145.8
Construcciones longitudinales 183.3
Construct, to - caissons 200.5
Construction, concrete 1.3
-, double . . . 189.10
- in a metal sheath 123.1
-, longitudinal -s 183.3
- of halls . . 173.10
-, parallel . . . 183.7
-, Rabitz 145.8
-, reinforced concrete 1.4
-, roof 167.2
-, transverse -s 183.4
- with wire netting 145.8
Construction anglaise 207.3
- d'un réservoir 112.6
- de la toiture 167.2
- des halles . 173.10
- en béton . . . 1.3
- - - armé . . . 1.4
- - deux pièces 116.6
- - rivière, appareil de 128.5
- française . . 207.2
-, gabarre de . 202.4
-, matériaux de 2.1
-, pièces ornamentales pour la 241.9
-, plan incliné de la cale de 200.10
-, poids mort de la 101.5
-, - propre de la 101.5
- Rabitz 145.8
-, voie inclinée de la cale de 200.10
Construir, cavar y - en forma de cuveta 185.8
- directamente sobre el subsuelo rocoso 191.5
- en seco el encachado de una esclusa 199.1
- las vigas sirviendo de balaustrada 228.2
Construire à sec le radier d'une écluse 199.1
- directement sur le sous-sol rocheux 191.5
- un radier en voûte renversée 185.8
Consumed, power 55.3
Consumo di energia 55.3
Consumo de fuerza motriz 55.3
Contadores de agua, instalación de 221.3
Container, sheet-iron 88.3
Contatori d'acqua, installazione di 221.3
Contatto dell'acqua, materia idraulica di presa al 7.9
- - aria, indurirsi al 7.2
Contención, muro de - de tierras 137.10
Contener, agua conteniendo ácido carbónico 32.4
Contingence, angle de 218.5
Contingencia, ángulo de 218.5
Contingency, angle of 218.5
Contingenza, angolo di 218.5
Continu, appareil 127.9

Continu, couche
-e d'asphalte 190.3
-, four 11.5
-, machine à fonc-
tionnement 61.1
-, plancher . . . 149.5
Continue, couche
de ballast 237.7
Continues, pont à
poutres 228.5
Continua, soffitto
ad impalcatura
149.5
Continue, ponte a
travi 228.5
Continuo, forno
con funziona-
mento 11.5
-, macchina a fun-
zionamento 61.1
-, strato - in asfalto
190.3
Continua, capa -
de asfalto 190.3
-, - de balasto . 237.7
-, horno de marcha
11.5
-, máquina de
marcha 61.1
Continuas, puente
de vigas 228.5
Continuo, trabazón
de avance 127.9
Continuous beam,
bridge with - -s
228.5
- chord, bridge
with - -s 228.5
- floor 149.5
- layer of asphalte
190.3
- stringer, bridge
with - -s 228.5
- working kiln 11.5
Contorno rettango-
lare 218.7
Contorno de ven-
tana 79.7
Contracción del
hormigón 2.9
Contract, to . . 19.10
Contracter, se . 19.10
Contraction, crack
due to 20.10
- of the concrete 2.9
Contraerse . . . 19.10
Contraersi . . . 19.10
Contrafissare il
tirante 169.8
Contrafissi, cen-
tinatura su 87.1
-, ordinare i - nella
parete 218.8
Contraffisso . . 188.10
- doppio 84.1
Contraforte di una
costruzione di
sostegno 140.5
Contrafuerte de un
muro de sosteni-
miento 140.5
-, disponer -s en
la pared 218.8
-, forma angular
con -s de con-
solidación 140.1
-, muro con -s . 139.4
Contra-huella . 163.1
Contra-marcha 163.1

Contrapaleta . 62.11
Contrapeso . . 60.4
Contrappeso . . 60.4
Contrarie, gli al-
beri agitatori
ruotano in dire-
zioni 54.10
Contrariés, poser
à joints 206.2
Contrary direction,
scoops working
in a 62.11
Contraventatura,
muro di 135.1
Contraviento,
muro de 135.1
Contrazione del
calcestruzzo 2.9
Contre-fiche . . 86.4,
188.10
- -, assembler une
74.4
- -, double . . . 84.1
- -, embrever une
74.4
Contre-fiches, char-
pente à 87.1
- -, cintre à . . 87.1
Contrefort d'un
mur de soutène-
ment 140.5
-, disposer des -s
dans la paroi 218.8
-, mur à -s . . . 139.4
-, - de soutènement
à - à voûte Monier
139.5
-, profil angulaire à
semelle et -s 140.1
Contre-marche 163.1
Contre-palette . 62.11
Contrepoids . . 60.4
Contreventement
224.5
-, mur de . . . 135.1
Contreventer la
traverse 83.8
Contropale . . 62.11
Convessa, curva-
tura 233.7
Convex curve . 233.7
Convexa, curvatura
233.7
Convexe, courbure
233.7
Convey, to - to the
discharging end
58.2
-, - - - - exit end
58.2
Conveyer . . . 250.5
Conveying blade,
mixing and 57.7
- screw 250.5
- spiral 62.4
-, upright . . . 64.7
-, vertical . . . 64.7
- worm 62.4
Conveyor . . . 63.4
- belt 64.6
- plate 59.2
Coperchio, super-
ficie esterna del
60.8
Coperta di lamiera
ondulata 217.1
-, piloni con testata
178.1

Copertura con te-
gole 172.1
- dei colmi . . 174.4
- del soffitto, dis-
porre il tirante
nella 170.1
- - tetto 171.9
- - -, doppia . . 173.4
- di ardesie . . 172.2
- - cemento armato
148.5
- - protezione . 116.2
- in asfalto . . 205.1
- - lamiera ondu-
lata 148.2
- - latta 51.7
- - mattoni . . 148.3
-, lastra di . . . 177.7
- Lund 158.8
-, opera di . . . 188.5
- sporgente . . 139.7
-, strato di 184.4, 210.5
- superiore . . 210.5
- tubulare del
marciapiede tipo
Herbst 248.7
Coperture, armatura
per 81.2
Coping of the wall
137.6
-, providing head of
post with a 80.4
-, Prussian . . . 145.3
- slab 137.7
- stone . . 137.7, 216.6
Coprire con ghiaia
171.9
- - strati di terra
221.4
- di calcestruzzo
115.2
Corbel 84.3
-, abutment of - con-
struction 140.5
- back slab . . 139.7
- course 107.1
- slabs system . 139.8
Corda 101.11
-, assicurare alla
136.10
- tra i piedritti 165.1
Cordati, pali . . 118.2
Corde 93.3
- de sonnette . 108.4
Corde, avvolgere
con 158.8
Cordeau, aligner au
136.10
Cordel, alinear al
136.10
Cordón inferior 87.6,
231.7
-, puente de celosia
con - superior
parabólico 232.1
- superior 87.7, 188.2
231.6
Cordonata . . . 189.7
Core . . 76.2, 225.7
-, clay 195.10
-, concrete . . 195.11
-, conical wooden
78.3
-, ferro-concrete 196.2
-, hollow . . . 158.2
-, mould 76.2
- of rolled section-
iron 158.11

Core of the dam
195.9
-, puddle . . . 195.10
-, reinforced con-
crete 196.2
-, sheet-iron form as
mould 82.8
-, taking out the 247.8
-, the - is made of
gravel 185.3
-, withdrawing the
247.6
Córnea, blenda 28.5
Corner iron . . 137.4
Corners, formation
of 212.1
Cornice 170.2
Cornier, poteau 137.4
Cornière . 159.1, 164.5
187.10
-, fer 159.1, 164.5, 187.10
-, insérer un tissu
métallique entre
deux -s 132.8
-, protéger par des
-s 241.10
Corniere, inserire
un tessuto me-
tallico fra due
132.8
Cornisa, faja de 146.5
Corona . . . 184.8
- d'attacco, fune
della 108.6
- del pozzo . . 124.5
- dentata . . . 119.7
- di gulda . . . 57.4
-, trapano a . . 93.10
-, trivello a . . 93.10
Corona dentada 119.7
Corona para guía
57.4
-, trepano de . 93.10
Coronamiento . 184.8
- de compuertas
195.5
- del muro . . 137.6
- inclinado hacia el
lado de las aguas
superiores 191.4
Conorar una fila
de tablones con
carreras 105.10
Corpi cavi, fonda-
zione per 124.8
Corpo carrozzabile
205.7
- della chiusa 197.10
- massiccio dello
sfioratore 190.8
- stradale, argi-
natura portante
il 186.5
- - di un ponte 235.2
Corps de la digue
du déversoir 190.8
-, faire - à l'air . 7.2
-, hydraulique . . 7.9
-, prendre - à l'air
7.2
Correction of a
river 183.1
Corrediza, tablilla -
para echar el
hormigón 78.8
Corrente . . . 230.6
- d'acqua, direzione
della 175.7

Corrente d'aria,
riparare dalla 20.8
- del fiume, larghez-
za della 181.8
- della diga . . . 194.6
-, divisione della182.8
-, ritegno della 190.9
-, sommità inclinata
contro al senso
della 191.4
-, strato 127.2
-, traversa . . . 107.1
Correnti del solaio
154.2
-, incavatura per 82.3
-, travi- - princi-
pali 231.2
Correspondiente,
frotamiento - al
peso 179.3
Corriente . . . 175.4
-, piedras arrastra-
das por la 182.4
-, proteger contra
la - de aire 20.8
Corroi de terre
glaise 193.6
Corrosione dell'ac-
qua 177.3
Corrosori, prote-
zione contro i
vermi 115.3
Corrugated fillet 6.7
- iron 6.5
- -, casing of . 83.1
- -, ceiling with -
reinforcement
143.2
- -, centering of 88.1
- - lining . . . 217.1
- - sheet piling 106.2
- stay 6.7
Corrugation . . 229.2
Corsa di caduta 104.1
- - sollevamento
104.1
Corso 203.1
- d'acqua, allarga-
mento del 182.9
- -, spianato lungo
un 178.4
- di un fiume . 182.2
Corsoio 152.5
Cortadura en retallo
121.6
- para el bastidor
183.1
Cortante, curva de
los esfuerzos -s
49.7
-, esfuerzo . . . 43.5
Cortar á medida 69.2
- con el escoplo 69.5
- - la pinza . . 72.4
- el pilote . . . 114.4
-, máquina de - los
hierros 69.4
Corte de bisel . 105.5
Corteza 108.8
Cosciale del telaio
79.2
Cospargere di sab-
bia 174.6
Costanza di volume
19.7
Costata di rinforzo
164.8
Costilla . . . 170.10
- á lo largo . . 189.6

Costilla arqueada
235.4
-, piso con -s . 49.1
- transversal . 189.7
Costipare . . . 114.6
Costituzione di un
serbatoio d'acqua
112.6
Costole delle navi
201.11
Costra del cemento
52.8
Costruire a secco
il fondo di una
chiusa 199.1
- direttamente sul
sottosuolo roc-
cioso 191.5
Costruzione all'in-
glese 207.3
- alla francese 207.2
- del tetto . . . 167.2
- di halles . . 178.10
- - loggie . . . 178.10
- - porticati . 178.10
- - tettole . . 178.10
-, doppia . . . 189.10
- in calcestruzzo 1.3
- - cemento armato
1.4
-, materiale da . 2.1
-, pietra da . . 242.10
- Rabitz 145.8
-, scavo per la . 95.10
-, segnare con pic-
chetti lo scavo
per la . . . 89.6
- sporgente dalla
sponda del fiume
Costruzioni longitu-
dinali 183.3
-, puntello per so-
stenere muri e 83.4
-, saetta per soste-
nere muri e 83.4
- trasversali . . 183.4
Côté, wagonnet bas-
culant sur le 64.2
Cotto, materiale 126.1
-, tubo in 100.1
Cottura, calore di
11.10
- debole 29.1
- della massa cruda
11.2
-, prova di - di una
lastra 21.5
-, - - - - - sfera 21.7
Couche antérieure
188.9
-, aplanir la . . 35.7
- argileuse . . . 192.8
- continue d'as-
phalte 190.3
- d'enduit . . . 154.5
- de ballast . . 227.6
- - - continue . 257.7
- - carton . . . 171.5
- - couverture . 242.2
- - glaise battue
193.6
- - gros briquaillons
206.6
- - jute imprégné
171.10
- - peinture à
l'huile 215.4

Couche de revête-
ment 184.4
- du terrain, épais-
seur de la 95.7
- -, puissance de
la 95.7
- filtrante . . . 220.2
-, hauteur de . . 35.3
- inférieure en bal-
last 210.3
- - - pierraille 210.3
- - imperméable à
l'humidité 23.11
- - lisse 146.4
-, introduire par -s
65.8
- isolante . . 131.10
- postérieure . 188.10
-, régaler la . . 35.7
- supérieure . . 210.5
- transversale . 144.7
Couches aquifères
122.7
- successives, rem-
blayer par 108.3
Coude 100.5
Coudés, presse à
leviers 246.4
Coulage dans un tu-
bage en tôle 123.1
-, panneau à glis-
sière pour le 88.8
-, planchette à glis-
sière pour le 88.8
Coulé, appui à rou-
leaux en acier 234.8
-, asphalte . . . 209.8
-, béton . . 33.4, 199.5
-, mur en béton 130.2
Couler dans un
moule horizontal
118.7
- du béton par le
haut 77.1
- - - sous l'eau 199.4
-, manche à - dans
les murs 77.2
-, moule à . . . 246.6
- sous l'eau . . 22.12
Couleur à l'huile,
préparer les sur-
faces pour rece-
voir la 215.5
-, mélangeur à -s246.2
- minérale . . . 239.6
-, moulin à -s . 246.3
- naturelle . . . 240.1
Couleurs vives,
pierres à 155.2
Coulisse, porte à 60.6
Counterfort, angular
shape with -s 140.1
- casing 77.5
- mould 77.5
-, to arrange -s in
the wall 218.8
-, wall with -s . 189.4
Counter-weight 60.4
Country road . 204.1
Coup de dame . 35.4
- - pilon 35.4
-, série de -s . 104.2
Couper à la pince72.4
- au burin . . . 69.5
- de longueur' . 69.2
Couplage . . . 63.3
- d'un pilier inté-
rieur et d'un pilier
extérieur 111.2

Couple, to - the
hoist for the ma-
terial to the mixer
65.8
Couple, nervure de
202.1
Couples . . . 201.11
Coupled column 158.3
Coupling . . . 63.3
-, voûte en . . . 145.6
Courant d'air, pro-
téger contre le
20.8
-, division du . 182.3
-, pierres entraînées
par le 182.4
Courante, main 166.6
Courbe, batte plate
à manche 66.5
- d'effort tranchant
49.7
-, dame plate à
manche 66.5
- des pressions
maxima 236.6
-, niveau de la . 192.1
Courber à froid,
appareil à 70.1
- le fer 69.6
- - - à chaud . 70.4
- - - à froid . . 69.7
Courbure concave
233.9
- convexe . . . 233.7
Couronne d'appui
219.4
- de guidage . . 57.4
- dentée 119.7
-, trépan à . . . 98.10
Couronnement 184.8
- d'un vannage 195.5
- du mur . . . 137.6
- incliné vers
l'amont 191.4
Courroie trans-
porteuse 64.6
Cours d'eau,
direction du 175.7
- -, élargissement
du 182.9
- d'une rivière 182.2
Course, angle -
beam 49.2
-, broken . . . 127.7
-, corbel . . . 107.1
-, insulating . 131.10
-, marking out the
182.12
- of a river . . 182.2
- - diagonal bricks
127.6
- - headers . . 127.4
- - raking bricks
127.6
- - stretchers . 127.2
-, stones, layer of
206.6
-, tail water . . 197.6
-, upright . . . 127.5
-, wall with
horizontal -s 127.1
Coussinet en fonte
234.5
Couteaux, arbre à
222.9
-, fond garni de
222.8

Couvercle, surface extérieure du 60.8
Couverture, couche de 210.5, 242.2
-, double 173.4
- du toit 171.3
- en ardoises . 172.2
- - ciment . . . 154.6
- - tôle 51.7
- - tuiles . . . 172.1
- Rabitz 170.3
Couvre-joint . . 188.7
- -, mettre des -s en tôle 179.1
Couvrir de sable 174.6
Cover, outer face of the 60.8
-, to - with earth 221.4
Covering . . . 173.5
-, asphalte . . . 205.1
-, ferro-concrete 193.7
-, granite slab . 211.6
- of step 163.8
- - the ramming surfaces 36.2
-, roof 171.3
- sheet, metal . 51.7
-, slate 172.2
-, tile 172.1
-, wood 163.9
Cow's hair . . . 132.5
Crack 45.7
- due to contraction 20.10
- - - expansion 21.1
-, edge 20.7
Cradle, scouring 245.1
-, washing . . . 245.1
Craie 10.6
Cramp for mould 79.9
-, to hold together by iron -s 79.10
Crane 64.11
-, rotating . . . 65.5
-, slewing . . . 65.5
Cranked levers, press with 246.4
Creosoting process 115.1
Crepaccio . 45.7, 67.8
Crépi 153.10
Crépir 132.7
Creta 10.6
-, terra- . . . 108.11
Creta 10.6
Crête 184.8
- inclinée vers l'amont 191.4
Creuse, brique 130.3, 146.7
-, colonne - en acier 84.2
-, poutre - armée 153.3
Creusement . . 96.5
Creuser . 177.4, 178.6
- des trous . . 136.6
Creux, cylindre 152.9
-, - - en béton armé 165.5
-, noyau 153.2
-, - - en béton armé 165.5
Criba 15.6
Criba de 900 mallas 16.1
- - 5000 mallas . 16.2
- normal . . . 16.3
Cribado, restos del 15.7
Crible, grosseur du fil de fer du 15.9
Crino animale . 132.5
Criss-cross mixing 57.5
Cristal, ladrillo de 172.8
Crivellatura, rifiuto della 15.7
Crivello 15.6
- a maglie a 900 16.1
- - - - 5000 . . 16.2
- - 7 mm . . . 29.9
- - 120 maglie . 29.8
- normale . . . 16.3
-, rifiuto del . . 29.10
-, spessore del fildiferro del 15.9
Croce di Sant'Andrea 86.5
-, fili di ferro disposti a 181.2
Crochet d'ancrage 179.6
- d'extrémité . . 72.5
- Rabitz 146.1
Crociera, strato di mattoni a 127.7
-, volta a . . . 145.7
Croisé, appareil 128.2
Croisés, mélange par mouvements 57.5
Croisées, mélange par secousses alternatives 57.5
-, spires 59.3
Croisement des parois du silo, point de 249.2
-, ligaturer aux points de - avec du fil métallique 131.4
-, point de . . . 147.9
Croix de St. André 86.5
- - - - en fil de fer 181.2
Crops 72.10
Cross beam 86.6, 189.7 230.7
- binding . . . 42.6
- bond, English 128.2
- bracings . . . 224.5
- each other, spiral coils which 59.3
- -piece, to prop the 83.8
- -, - strut the 83.8
- -section, alteration of 3.9
- - of pillar . . 157.5
- shaft 59.6
- slab, bearer of 111.7
- -, girder of . 111.7
- sleeper . . . 237.6
-, St. Andrew's 86.5
- stays 224.5
- tying 42.6
Cross vaulting 145.7
-ways, iron wires arranged 181.2
Crossing point 147.9
-, to bind with wire at 131.4
Crosta di cemento 52.8
- esterna ed interna di cemento 202.2
Croûte de ciment 52.8
Crowbar 97.2
Crown . . 144.1, 184.8
- sloping towards upper pond 191.4
- - - - water . 191.4
-, thickness at . 169.1
-, thrust at . . . 236.4
Cru, sable . . . 30.3
Crucero . 86.3, 105.7
Cruda, cottura della massa 11.2
Cruda, masa . . 10.10
Crudos, preparación de los materiales 10.3
Crushed slag . 156.7
Crushing . . . 180.2
- plant 247.7
Crust of cement 52.8
Cruz de San Andrés 86.5
Cruzada, hilada 127.7
Cruzadas, espiras 59.3
Cruzado, hilo de hierro 181.2
-, trabazón . . 128.2
Cruzamiento, ligar en los puntos de - con alambre 131.4
-, punto de . . 147.9
-, - - - de las paredes del silo 249.2
Cuadernas . . 201.11
Cuadro, madero del 79.2
Cuarto 125.4
-, cuatro -s . . 126.1
-, dos -s 125.6
- longitudinal . 126.2
-, un - de largo 125.5
Cuatro cuartos 126.1
Cuarzo, arena de 27.4
Cuba . . . 54.4, 222.4
- de clarificación 223.7
-, máquina mezcladora de - basculante 58.4
- para impregnar traviesas 224.1
- - lavar . . . 222.5
- - mezclar . . 223.1
- - vino 222.1
Cube having a length of side of 7,1 cm 24.3
- shape 35.1
-, standard . . . 23.8
Cube ayant une arête de 7,1 cm 24.3
- normal . . . 23.8
-, résistance d'un - à la compression 43.4
Cubeta para ácido 223.9
Cubic strength 43.4
Cubica, cassa dell'impasto a forma 57.1
-, forma - normale 23.8
-, mole 35.1
Cúbica, dilatación 16.10
-, forma - normal 23.8
Cúbico, molde . 35.1
Cubical mixing tank 57.1
Cubierta 174.1, 210.5
-, capa de . . . 242.2
- de pizarras . 172.2
- - plancha . . 51.7
- - tejas 172.1
- del tejado . . 171.3
- doble 173.4
- en diente de sierra 163.4
-, losa de . . . 157.7
- Rabitz 170.3
Cubierto, depósito á - de las heladas 36.6
Cubique, dilatation 16.10
-, malaxeur de forme 57.1
-, moule 35.1
Cubo di 7,1 cm di lato 24.3
-, resistenza del - a compressione 43.4
Cubo 64.8, 98.5
- con arista de 7,1 cm 24.3
-, montacargas con -s 64.9
-, mezclador en forma de 57.1
- para mezclas 155.11
-, resistencia de un - á la compresión 43.4
Cubrejunta, tablilla 188.7
Cubrir con capas de tierra 221.4
Cucchiaio, saetta a 94.4
-, sondaggio a . 94.3
Cuchara, sonda de 94.4
Cuchilla, árbol con -s 222.9
-, eje con -s . . 222.9
-, fondo guarnecido de -s 222.8
Cuerda 93.3
-, martinete con -s 103.2
- metálica . . . 168.7
Cuero, hacer estanco con 214.1
Cuerpo de columna 157.2
- - esclusa . . 197.10
- del vertedero 190.8
-, entibación con -s huecos 83.2
Cueva 129.3
- estanca . . . 112.4

Cuffia di per-
cussione 117.8
- - protezione,
applicare la 120.4
Cuillier, sonde à 94.4
Cuir, rendre étanche
avec du 214.1
Cuisson de la masse
brute 11.2
-, essai de - d'une
boule 21.7
-, - - - - pla-
quette 21.5
- insuffisante . 20.1
-, perte par . . 14.9
- sans atteindre
l'état de concré-
tion 9.2
-, température de
11.10
Cuite, matière . 12.6
-, plafond en terre
143.3
-, terre 159.9
Cuivre 164.9
Culée 229.7
- d'un pont . . 192.7
Culvert 224.9
Cumbre 144.1
Cuña 79.3
- de hierro plano
80.9
- - madera . . 83.6
- - separación 188.7
-, llave en forma de
123.6
Cunei, forzare con
97.5
Cuneiforme, chiave
123.6
Cuneo 79.3

Cuneo in legno 83.6
Cuneta. 204.5
Cunetta 185.7
Cunette . 185.7, 204.5
Cuocersi, materiale
da 12.6
Cuoio, ricoprire con
214.1
Cupola 170.7
- dome 145.6
Cupola 170.7
-, lanterna della 170.9
-, volta a . . . 145.6
Cúpula 170.7
-, bóveda de . . 145.6
Curb, to mould the
- with the slab
227.5
Current . . . 181.10
-, division of . 182.8
-, direction of the
175.7
Curso, dirección del
- del agua175.7
Curva, linea- - dello
sforzo di spinta
49.7
-, - - - - - taglio
49.7
-, tetto liscio a
terrazzo in 173.9
Curva de los esfuer-
zos cortantes 49.7
-, nivel de la . 192.1
Curvamento, mo-
mento di 250.7
Curvatura concava
233.9
- convessa . . 233.7
Curvatura cóncava
233.9

Curvatura convexa
233.7
Curve, concave 233.9
-, convex . . . 233.7
-, level of the . 192.1
- piece 86.1
Curve, livello delle
- nella costru-
zione dello sfio-
ratore 192.1
Curved I-iron, Melan
148.7
- stone 212.5
Cuscinetto . . . 59.4
- d'appoggio . 230.4
- - - in ghisa . 234.5
- in legno . . . 142.6
Cuscino del ponte
229.9
Cushion . 117.6, 117.7
Cut off, to - - a
wood pile 114.4
Cut, to 242.7
-, - - off 72.4
-, - - with the
chisel 69.5
-, - - into lengths 69.2
-, - - the edges
flush 189.11
Cutter barrel . 222.9
- cylinder . . . 222.9
- drum 222.9
Cutters, iron . 69.3
Cutting, appliance
for - iron bars 69.4
Cuve . . . 54.4, 222.4
- à brasser . . 223.1
- - laver 222.5
- - vin 222.1
- de clarification
223.7

Cuve, four à . 11.4
- -matière . . . 223.1
- pour imprégna-
tion de traverses
224.1
Cuvelage de canal
en béton armé
193.7
- des rives d'une
rivière 184.7
Cuveta, cavar y con-
struir en forma
de 185.8
Cylinder . 118.1, 243.8
-, cast iron . . 206.8
-, concrete - for
sinking 185.4
-, cutter 222.9
-, hollow . . . 152.9
-, vertical - as
water tank 224.2
Cylindre 243.8
- bétonneur du
fond 185.4
- creux 152.9
- - en béton armé
165.5
-, moulin à . 222.7
-, moulin à -s . 12.10
Cylindrer . . . 174.7
- le sous-sol au
rouleau 206.4
Cylindrical groove
180.8
- piston 88.5
- steel axle . . 234.6
- - trunnion . 234.6
Cylindrique, évide-
ment 180.8
-, piston 88.5
-, tarière . . . 94.3

D.

Dach. 167.1
-boden 129.6
-deckung . . . 171.3
-entwässerung 172.9
-garten 178.6
-konstruktion . 167.2
-lack 174.5
-neigung . . . 167.7
-pappe.geteerte 208.9
-pappenstreifen 85.2
-raum 169.7
-rinne 173.1
-stein 244.8
-steindichtung 217.2
-, Zement- . . 172.6
Dach,Bahnsteig-172.7
-, Binder- . . . 169.6
-, Einsäulen- . 173.8
-, Einstiel- . . 173.8
-, Fachwerk- . 168.2
-, flaches . . . 168.1
-, glattes Bogen- 178.9
-, Mansarden- 169.10
-, Shed- . . . 168.4
Dadi, arco a . 232.7
-, rivestimento a 232.9
Dadiforme, cassa
dell'impasto 57.1
Daily output . 67.10
Dallage . . . 153.11
- en terre cuite 154.11

Dalle 162.2
-, abouter les -s 189.11
-, asphalte en -s 209.9
-, constituer le re-
bord par la . 227.5
- de ciment . . 210.9
- - granitoïde, re-
vêtement en 211.6
- - trottoir . . 244.3
- en béton armé
133.8, 148.9
- - - - á poser
derrière les
palées 186.9
- - - de gravier133.6
- - - en forme de
gril 113.2
- - - entre des fers
en I 181.1
- - - fin comprimé
242.2
- - ciment . . 130.6
- inférieure, poutre
avec 112.1
- isolante . . 171.11
- - en asphalte 171.8
- Monier avec pou-
trelles de fer 148.10
-, mur en -s . 134.2
-, paroi en -s . 134.2

Dalle, plancher
en -s entre pou-
trelles 150.10
-, pont. 227.3
-, pont à poutres et
à -s 227.7
- portant par ses
quatre côtés 149.8
-, poser les -s sans
rejointoiement
189.11
-, presse à -s . 211.9
- profilée . . . 212.2
- sur l'aile in-
férieure 149.2
- - - - supérieure
149.3
- système Monier
133.8
Dalles de verre, re-
vêtement en 222.2
Dam 106.4, 140.2, 190.6
- across a valley
195.7
-, back of . . . 191.2
-, coffer 106.6
-, core of the . 195.9
-, dike- 184.1
-, discharge pipe of
225.2
-, double coffer 106.7

Dam, double!
walled 106.7
-, falsework of a 106.5
-, retaining . . 191.8
-, scaffolding of a
106.5
-, sheet pile for 194.6
-, sheeting for . 194.7
-, solid 190.8
-, to make the -
tight 107.7
-, - stop the . 107.7
-, walling for . 194.7
-, -water 82.2
Damage done by
worms 113.8
Damage 65.7
-, chevauchement
des différentes
bandes de 36.2
- du béton entre
poutrelles 147.3
-, pression dans la
direction du 36.7
-, - normale à la
direction du 36.8
Dame 102.3
- à fer chaud 209.12
- coup de . . . 35.4
- en bois . . . 66.2
- en fonte . . . 66.1

Dame normale 35.2
- plate 66.3
- - à manche
    courbe 66.5
Damé, béton . 33.3
-, éprouvette de
    béton 34.9
-, mur en béton 130.7
-, sable humide bien
    120.5
-, voûte en béton
    147.2
Damée sur place,
    plaque de béton
    152.10
Damer . . 102.2, 207.5
- avec devers . 207.7
- le soubassement
    137.1
-, moule à . . . 246.7
- ultérieurement
    159.4
Dammbalken . 194.6
- -tafel 194.7
-rohr 225.2
Damm, Erd- . . 97.8
-, Fang- 106.4
-, Kastenfang- . 106.6
-, Stau- 191.6
Damp atmosphere,
    to store in 22.10
-, slightly - concrete
    66.6
-, to - the brick-
    work 67.1
- well rammed sand
    120.5
Dampness of the
    atmosphere 18.11
-, penetration of 87.8
Dampfdarrprobe 22.3
-probe 21.9
- -, Hochdruck- 22.1
-ramme . . . 104.3
-straßenwalze . 207.1
Dampferwelle, Ein-
    wirkung der 176.5
Damping channel
    62.2
Dare uno sfogo 85.3
Darrprobe, Dampf-
    22.3
Datum level . . 89.5
Dead bush . . 184.9
- load 141.4
- weight, friction
    corresponding to
    179.3
Débarcadère . . 187.2
- en estacade 188.12
Debida, carga - al
    transito 141.5
-, grieta - á la con-
    tracción 20.10
Debido, pendiente -
    al refuerzo del
    centro 227.4
Déblai 96.5
Déblaiement . 96.5
Debole, cottura 20.1
Débourdage . . 30.8
Décamètre à ruban
    91.1
- - d'acier . . 90.8
Decámetro de cinta
    91.1
- - - de acero . 90.8
Décantation, bassin
    de 192.9

Décantation, séparer
    par 241.2
Decantazione, ba-
    cino di 192.9
- delle acque di
    scarico 226.3
Décharge, alterner
    la charge et la
    41.7
-, canal de 193.2, 197.6
-, conduite de . 121.7
Déchargement, ap-
    pontement de
    188.12
Déchaussement,
    protéger contre
    le 107.4
Déchausser . . 177.4
Déchet de fer . 72.10
Déchets de bois,
    sans 108.4
Décintrage, dispo-
    sitif pour le 87.9
Décintrement, dis-
    positif pour le 87.9
Decklage . . . 184.4
-platte, die - stumpf
    stoßen 180.11
-schicht 242.2
-werk 183.5
Decke, Asphalt- 205.1
-, Bulbeisen- . 152.0
-, Doppel- . . . 173.4
-, durchgehende
    149.5
-, eingespannte 150.1
-, Einschub- . . 142.8
-, Eisenbeton- . 148.8
-, frei aufliegende
    149.1
-, Holzbalken- . 141.6
-, in die darunter
    liegende - ver-
    spannen 174.1
-, Kehl- 149.9
-, kontinuierliche
    149.5
-, Lund- 153.8
-, Matrai- . . . 152.6
-, Oberflansch- . 149.3
-, Plattenbalken -
    zwischen eisernen
    Trägern 150.10
-, Rabitz- . . . 170.3
-, Steineisen- mit
    Betondruckgurt
    149.4
-, Unterflansch- 149.2
-, Unterstützung
    der -n nach dem
    Ausschalen 85.6
-, Vouten- . . . 149.9
-, Wellblech- . . 143.2
-, Wulsteisen . 152.2
-, Zylindersteg- 152.8
Deckeneinschalung,
    Vouten- 81.2
-putz 153.9
-schicht 210.5
-stütze, Stahlrohr-
    84.2
-träger 152.1
Deckel, Außenfläche
    des -s 60.8
Decking. 184.4, 189.3
Deckung, Dach-
    171.3
Declività . . . 176.3

Décoffrage, étaye-
    ment du plancher
    après le 85.6
Décoffrer . . . 85.4
Decomposition 113.7
Décomposition 113.7
Decomposizione 113.7
Decorativa, pietra -
    per facciata 245.2
Decorazione, pietra
    di - in cemento
    212.4
Decorazioni della
    costruzione 241.9
Decorso delle forze
    46.3
Decreasing the
    depth 182.10
Décrocher le mou-
    ton 119.3
Deep beams,
    stiffener for 82.7
- foundation . 112.7
Défavorable, charge
    la plus 230.2
Defens de madera
    202.3
Défense, bourrelet
    de 202.3
Deflectometer . 4.6
Défoncer, pieu pour
    - la terre 179.5
Deformación 2.8, 20.6
-, capacidad de -
    del hormigón 34.6
- elástica . . . 3.10
- permanente . 3.11
Deformare . . . 24.1
Deformation 2.8, 20.6
-, coefficient of 41.5
-, elastic 3.10
-, load and - are
    proportional 4.5
-, permanent . . 3.11
-, point beyond
    which the -s cease
    to be proportio-
    nal to the loads
    4.4
Déformation 2.8, 20.6
-, capacité de . 34.6
-, coefficient de 41.5
- élastique . . 3.10
-, l'effort et la - sont
    proportionnels 4.5
- permanente . 3.11
Deformazione . 2.8
-, carico e - sono
    proporzional 4.5
-, coefficiente di 41.5
- elastica . . . 3.10
- permanente . 3.11
Dégager et soulever
    123.6
- le verrou . . 55.6
Degré 162.5
- d'escalier . . 245.4
- de densité . . 30.6
- - plein. . . . 33.6
-, prise, appareil
    enrégistreur du -
    système Martens
    19.8
Degree of density
    30.6
- - expansion . 20.2
Dehnungsfuge . 67.8
    228.8
-koeffizient . . 41.6

Dehnungszahl . 41.6
Deichschleuse . 197.8
-siel 197.8
Deichsel, Dreh- 206.10
Dejar al aire hú-
    medo 22.11
- caer de arriba
    122.5
Delante, carretilla
    volcadora por 96.9
Delgadas, armazón
    de tablas 81.4
Delivery end . . 61.5
Demarcación del
    perfil de la calle
    por estacas 207.8
Demasiadamente,
    agitar 18.9
Demoiselle . . . 102.3
- normale . . . 35.2
Démontable, châssis
    de coffrage 75.8
Démonter la tige
    93.9
Démouler . . . 24.1
Densidad, relación
    de 30.5
Densità, grado di
    30.6
-, rapporto di . 30.5
Densité, degré de
    30.6
-, rapport de . . 30.5
Density, degree of
    30.6
-, ratio of . . . 30.5
Dent de scie, toit en
    168.4
Dentada, corona
    119.7
Dentata, corona 119.7
-, la catena gira su
    di una ruota 59.5
Dentatura . . . 121.6
Dente, incavo a 165.8
Dentée, couronne
    119.7
Dépassement, le - de
    la limite de duc-
    tibilité est appa-
    rent 4.9
Dependance of the
    modulus of elas-
    ticity on the
    amount of water
    added 42.4
- - - - - - com-
    position of the
    mixture 42.3
- - - - - - stress
    42.5
Dépendre le mouton
    119.3
Dépense de force
    motrice 55.3
Déplacement longi-
    tudinal 119.8
Déployé, cloison en
    métal 133.9
-, métal 6.4
Deporre il cemento
    155.9
Deposit, to - con-
    crete under water
    199.4
-, to - under water
    22.12
Deposito 63.5
-, anticamera di 220.7

Deposito dove non gelì 86.6
-, spazio di . . . 63.5
Depósito . 63.5, 200.3
- á cubierto de las heladas 86.6
-, construcción de un 112.6
- de agua . . . 213.1
- - -, tubo vertical como 224.2
-, disposición del fondo del 219.3
- elevado . . . 221.2
- en alto . . . 221.2
- Intze . . . 219.2
- para alcohol . 222.3
- - alquitrán . 221.7
- - amoníaco . 221.8
-, subterráneo . 219.6
Deposizione, espellere per 241.2
-, separare per . 241.2
Depot 63.5
Dépôt 63.5
- à l'abri de la gelée 36.6
Depth, decreasing the 182.10
- of the river . 181.9
- - - strata . . 95.7
- - - work . . 228.4
Derecha, grada 162.7
Derivación del agua subterránea 199.2
Dérivation de l'eau souterraine 199.2
Derivazione delle acque sotterranee 199.2
Derrame, agujero de 88.6
Derretir 209.2
Derribo, momento de 184.8
Derrière, palplanche de 187.5
Désagréger . . 12.4
Desaguar . . 220.11
- el subsuelo . 206.5
Desagüe 204.4
-, compuerta de - y irrigación 197.8
-, conducto de . 121.7
- de aguas ácidas 217.5
- - puentes . . 230.9
- del tejado . . 172.9
- transversal . 220.3
-, zanja de . . . 99.5
Desarrollar, proceso que se desarrolla durante la mezcla 52.9
Descalzar un muro 177.4
- - pilar . . . 177.4
Descanso 161.3, 141.8
Descarga, canal de 197.2
-, posición de . 56.2
Descargadero de estacada 188.12
- - pontón . . 188.12
Descender un pilar de mampostería sin excavación 113.6

Descendiente, fundación - hasta la capa subterránea de agua 109.8
Descendre un pilier en maçonnerie sans fouille 113.6
Descenso del manto de agua subterránea 100.2
- natural de la capa de agua subterránea 114.2
Descente du tubage par forage 124.3
Descimbrar, dispositivo para 87.9
Descolgar el pilón 119.5
Descomposición 113.7
Desecada, excavación 102.1
Desecamiento de la excavación 99.1
- - puentes . 230.9
- del terreno de edificar 98.5
Desembarcadero 187.2
- de estacada 188.12
- - pontón . . 188.12
Desencajonado, sostenimiento del piso después del 85.6
Desenlodar . . 241.3
Desgaste del hormigón 38.9
Design, hull . . 202.1
Deslizamiento . 44.7
- en el hormigón 5.11
- horizontal . . 144.5
-, superficie de . 138.2 195.2
-, vía de 201.6
Deslizando, planchas de palastro - unas sobre otras 229.1
Deslizar entre montantes 130.11
Desmochar el pilote 114.4
Desmontar el vástago 93.9
Desmonte . . . 96.5
Desmoronamiento, línea de 138.6
Desnivel, apisonar con - transversal 207.7
Desperdicios de hierro 72.10
Desplazamiento à lo largo 119.3
- longitudinal . 119.3
Desplegado, metal 6.4
-, tabique de metal 133.9
Desserrer les boulons 75.7
Dessous, étayement en 83.4
-, porter en - les moments sur l'appui 48.5

Dessus, porter au - les aires des moments positifs 48.4
Desván, piso de 129.6
Desventajosa, carga la más 230.2
Détachées, confection des pièces 82.4
Détacher, les battitures se détachent 5.1
Determinación de la altura 89.3
- gráfica. . . . 189.3
- por el cálculo 139.2
- teórica 46.2
Determinado, arco articulado - estáticamente 235.7
-, se presenta un momento no - estaticamente 218.3
Determinar la presión sobre el apoyo 47.4
- - reacción del apoyo 47.4
Determinare delle reazioni 12.5
- la pressione d'appoggio 47.4
Determination, theoretical 46.2
Détermination graphique 139.3
- par le calcul . 139.2
- théorique . . 46.2
Determinato, arco articolato staticamente 235.7
Determinazione analitica 139.2
- della sezione normale della strada con paline 207.8
- grafica. . . . 189.3
- teorica 46.2
Determine, to - the pressure on the support 47.4
Déterminé statiquement, arc articulé 235.7
Determined, hinged arch with statically - stresses 235.7
-, not statically 46.4
-, value which is not - statically 48.2
Déterminer la pression sur l'appui 47.4
- - réaction de l'appui 47.4
Détourner les sources 99.2
- - - vers un point plus profond 99.6
Détrás, tablones de 187.5
Détrempé . . . 83.12
Deux bateaux, pont- canal pour 238.5
- côtés, remblayer des 108.1
- parties, fer plat en 81.3

Deux pièces, construction en 116.6
- -, être composé en 123.5
- rotules, arc à 232.5
- sens, armé dans les 111.6
Devers 205.3
-, damer avec . 207.7
Déversée, quantité 249.4
Déversoir . . . 190.7
- à rideau amovible 194.4
-, aile en retour de 194.9
-, corps de la digue du 190.8
-, dos de 191.2
- en béton armé 193.8
- - chute libre . 192.2
- évidé . . . 193.10
- - rempli d'enrochements 194.3
- fixe 191.10
-, fond au pied du 192.4
- partiel 192.3
- partiellement fermé 193.9
-, radier de pied du 192.6
-, rideau de . . 194.5
Deviare le sorgenti 99.2
- - - verso un punto più profondo 99.6
Deviate, to - springs found in the foundation 99.2
Deviatore . . . 193.2
Device, ball-cock 221.1
-, "centre striking" 87.9
- for carrying centering 80.6
-, sifting 211.8
Dia, serial de . 200.8
Diafragma, bomba con 98.8
Diaframma, pompa a 98.8
Diagonalarmierung 110.8
-bewehrung . . 110.8
-rippe 171.2
- gespannte Drahtseile 152.7
Diagonale . . . 231.5
Diagonal bond 128.5
- brace . . . 231.5
- bricks, course of 127.6
- reinforcement 110.8
- rib 171.2
- stay . . 86.4, 231.5
- strut 86.4
Diagonals . . . 87.1
Diagonal, armature dans le sens 110.8
-, secondaire en treillis 112.3
-, sommier . . 171.2
Diagonale . . . 231.5
Diagonal . . . 231.5
-, armadura . . 110.8
-, nervio 171

Diagonale . . . 231.5
-, armatura . . 110.8
-, nervatura . . 171.2
Diagonally stretched cables 152.7
Diagonalmente, funi metalliche tese 152.7
Diagonalmente, cables portadores tendidos 152.7
Diagram, nomo-graphical 218.2
- of moments, area comprised be-tween the - - - and the base line 48.3
- - stresses . . 236.3
Diagrama, línea de cierre del 48.7
- nomográfico . 218.2
Diagramm, nomo-graphisches 218.2
Diagramma dei momenti 48.3
-, linea di chiusura del 48.7
- nomografico . 218.2
-, riportare il - dei momenti positivi 48.4
Diagramme, ligne de fermeture du 48.7
- nomographique 218.2
Diameter, uniform internal 248.6
Diamètre intérieur constant 248.6
Diametro della luce libera constante 248.6
Diámetro interior constante 248.6
Diamond bar . 6.1
Diaphragm pump 98.8
Diaphragmapumpe 98.8
Diaphragme, pompe à 98.8
Diario, trabajo 67.10
Días, duración de 28 23.3
Dichten, den Fang-damm 107.7
-, die Fuge durch einen darunter gelegten Blech-streifen 179.1
-, mit Leder . . 214.1
Dichtigkeit, Wasser- 37.6
Dichtigkeitsgrad 30.6
-prüfer . . . 213.4
-verhältnis . . 30.5
Dichtung, Asphalt-rillen- 225.5
-, Bitumen- . . 217.5
-, Dachstein- . . 217.2
Dielhalter . . . 76.1
Diele, Holz- . . 241.6
-, Schal- . . . 73.6
-, Zement- 130.6, 243.3
-, -beton- . . . 153.4

Diente, cubierta en - de sierra 168.4
Dietro la tura, lastre di cemento armato da met-tersi 186.9
Diferente, acción - de las fuerzas 46.3
Difesa, argine di - e di direzione 183.7
- della sponda . 176.4
Différente, action - des forces 46.3
Dig, to - holes 136.6
Diga, calafatare la 107.7
- di ritegno . . 191.6
- - sbarramento 190.6
- in cemento armato 184.11
- - terra 97.8
- - -, radice della 184.3
-, incassatura della 106.5
- sbarravalle . 195.7
- trave della . . 194.6
- tubo della . . 225.2
Digging the foun-dation 95.10
-, to drive sheeting piles without previous 118.6
Digue 97.8, 106.4, 190.8
-, corps de la - du déversoir 190.8
- de colmatage 184.1
- - - en béton armé 184.11
- - retenue . . 191.6
-, montant de . 194.6
-, palplanche de 194.6
-, racine de la . 184.3
- servant de chaussée 186.5
-, tuyau de . . . 225.2
Dike-dam . . . 184.1
-, retaining . . 191.6
Dilatación, coefi-ciente de 45.9
-, coeficiente de - térmica 3.2
- cúbica . . . 16.10
-, junta de. 88.8, 67.8, 174.9, 189.9, 190.1
Dilatarse . . . 45.5
Dilatarsi . . . 45.5
Dilatation, coeffi-cient de 45.9
- cubique . . . 16.10
-, jeu de . . . 228.8
-, joint de - 88.8, 67.8, 174.9, 190.1, 228.8
-, thermique, coeffi-cient de 3.2
Dilatationsfuge 174.9
Dilatato, tramezzo di metallo . 183.9
Dilatazione . 16.10
-, apparizione della 20.4
-, coefficiente di 41.6 45.9
-, fenditura di . 190.1
-, fessura per . 228.8
-, fuga per . . 67.8
-, giunto di 174.9, 190.1

Dilatazione, giunto per 228.8
-, inclinazione alla 20.2
- per azione dell'aria 21.3
-, screpolatura per la 21.1
- termica, coef-ficiente di 3.2
Dilater, se . . . 45.5
Dilué, acide sulfu-rique 215.6
Diluído, ácido sul-fúrico 215.6
Diluito, acido solfo-rico 215.6
Diluted sulphuric acid 215.6
Dimension,pierraille de petite 26.9
Dimensions nor-males 125.3
Dimensiones nor-males 125.3
Dimensions, stand-ard 125.3
Dimensioni normali 125.3
Diminución de la profundidad 182.10
Diminution de la profondeur 182.10
Diminuzione della profondità 182.10
Dinamica, azione 230.8
Dinamico, sforzo 46.7
Dinámica, acción 230.8
Dinámico, esfuerzo 46.7
Diorita 28.4
Diorite 28.4
Dipendenza del mo-dulo di elasticità dal quantitativo d'acqua aggiunta 42.4
- - - - dalla dosa-tura dell'impasto 42.3
- - - - - tensione 42.5
Dique . . . 97.8, 106.4
- de compuertas 195.3
-, dirección de las aguas 184.1
- - hormigón armado 184.11
- - retención . 191.6
- - sostén de la calzada 186.5
-, estaca de . 194.6
-, raíz del . . . 184.3
-, seco 198.6
-, tubo de . . . 225.2
Dirección, alternar
- de las orillas 182.12
- - un río . . 182.2
- del curso del agua 175.7
-, perpendicular á la - del viento 185.8
-, presión á - del apisonado 36.7

Directamente, cons-truir - sobre el subsuelo rocoso 191.5
Direction of impact, the pressure is vertical to the 25.2
- - the current 175.7
-, to alternate the 136.9
Direction, alterner en 136.9
- d'introduction, la pression agit ver-ticalement à la 25.2
- des rives . . 182.12
- du cours d'eau 175.7
- - damage, pression dans la 36.7
- - -, normale à la 36.8
Direzione, alternare in 136.9
-, argine di difesa e di 183.7
- del vento, incli-nato rispetto alla 185.7
- - -, normale alla 185.6
- della battitura, pressione nella 36.7
- - corrente d'acqua 175.7
- delle linee, trac-ciato della 182.12
- di battitura, pres-sione perpendico-larmente alla 36.8
- - introduzione, la pressione agisce in modo perpen-dicolare alla 25.2
- - percussione, pressione perpen-dicolarmente alla 36.8
- verticale, stabilità nella 136.1
Direzioni contrarie, gli alberi agita-tori ruotano in 54.10
- opposte, pale disposte in 62.11
Dirigere, caporale che dirige la ma-novra dei batti-palo 103.7
Diritto, gradino 162.7
Disagganciare il maglio 119.3
- l'ariete . . . 119.3
Disaggregare . 12.4
- un muro di sponda 177.4
Disarmare il tavo-lato 85.4
Disarmo, puntella-mento del pavi-mento dopo il 85.6
-, - del soffitto dopo il 85.6
Disbrigare . . . 72.4
Disc, horizontal revolving cast iron 39.2
Discesa per rinforzo intermedio 227.4

Discharge opening
58.3, 62.6
- pipe 121.7
- - of dam . . . 225.2
Discharging end, to
convey to the 58.2
- quay 187.2
- wharf 187.2
Disco di ferro fuso
rotante orizzon-
talmente 39.2
Discontinu, four 11.3
-, malaxeur à fonc-
tionnement 53.8
Disegno, pavimento
in legno minuto
a 154.4
Disgregar . . . 12.4
Dismantle, to -
false-work 85.4
Disminuir la dura-
ción del fraguado
214.9
Disolver jabón de
potasa en el agua
215.2
Disponer alterna-
tivamente 71.4
- contrafuertes en
el pared 218.8
- las armaduras en
dos filas 49.3
Disporre . . . 71.4
- delle nervature
orizzontali verso
l'esterno 219.1
- i ferri 149.7
- il tirante nella
copertura del
soffitto 170.1
- in malta di calce
magra 212.3
- le armature . 76.3
Disposer alterna-
tivement 71.4
- des contreforts
dans la paroi 218.8
- - nervures hori-
zontales à l'ex-
térieur 219.1
- le tuyau d'écoule-
ment dans la fon-
dation 224.3
- les armatures en
deux rangées 49.3
- - fers porteures des
deux côtés 135.2
Disposición con flo-
tador 221.1
- de tejado con
bóvedas 170.4
- del fondo del de-
pósito 219.3
- para doblar el
hierro en frío 70.1
- - mantener en pie
el armazón de la
columna 78.5
- radial de las arma-
duras 170.4
Dispositif à flotteur
221.1
- pour le décintrage
87.9
- - - décintrement
87.9
- - maintenir verti-
calement l'arma-
ture 78.5

Dispositif pour
maintenir ver-
ticalement les
barres du pilier
78.5
Disposition de
fermes en arc 170.4
- - toit voûté . 170.4
- du fond du réser-
voir 219.3
Dispositivo a na-
tante 221.1
Dispositivo para
descimbrar 87.9
Disposizione d'ar-
mamento 87.9
- per mantenere in
piedi l'armatura
dei pilastri e
delle colonne 78.5
Disposti orizzontal-
mente, alberi -
uno appresso al-
l'altro 54.5
Dispuestas, paletas
mezcladoras - en
forma de escalera
62.10
Disque normal 20.5
Dissolve, to - soft
soap in water 215.2
Dissolvente, tra-
pezio della terra
188.7
Dissoudre du savon
de potasse dans
l'eau 215.2
Distance between
girders 143.11
- piece 82.9
Distance entre les
points d'appui 47.5
- - - poutres . 143.11
Distancia entre las
vigas 143.11
- - los puntos de
apoyo 47.5
-, pieza de . . . 82.9
Distanza fra gli
appoggi 47.3
- - le travi . 143.11
- - tra i piedritti 165.1
Distendere del tra-
liccio in fildiferro
181.3
Disteso, carico 46.12
Distorsion . . . 20.6
Distortion . . . 20.6
Distribución, canali-
zación de 220.9
- de agua . . . 191.9
Distribuida, carga -
sobre toda la viga
47.1
Distribuire le arma-
ture di ferro su
due ordini 49.3
Distribuita, pres-
sione uniforme-
mente 110.2
Distributed, load -
over a certain
length 46.12
-, uniformly - pres-
sure on ground
110.2
Distributing con-
duit 220.9

Distribution, water
191.9
Distribution, canali-
sation de 220.9
- d'eau 191.9
- -, station de 192.10
Distribuzione, barra
di 131.3, 147.8
-, conduttura di 220.9
- d'acqua . . . 191.9
Disturbance of the
setting process
19.12
Disturbo del pro-
cesso di presa 18.12
Ditch 204.5
-, foundation - drai-
ned dry 102.1
Dividida, cinta -
para mira 91.9
-, regla 90.2
Dividing by vertical
iron sheets 178.8
-, junction of - par-
titions 249.2
Diving bell . . 199.9
Divisée, bande -
pour mire 91.9
-, règle 90.2
Division of current
182.3
- wall 193.5
Division du courant
182.8
División de la cor-
riente 182.3
Divisione della
corrente 182.8
Divisorio, ferro
piatto 81.3
-, muro . 135.8, 193.5
Do over, to - with
gravel 171.9
Doblar el hierro 69.8
- - - en caliente 70.4
- - - frío . . 69.7
Doblarse, instalar
un tabique que
puede - sobre si
mismo 76.3
Doble, armazón 148.3
-, ataguía . . . 106.7
-, cubierta . . . 178.4
- efecto, máquina
de 54.1
- fondo . . . 201.9
- pared, fuste de 248.7
- puntal 84.1
Doblez 229.2
Doccia per racco-
gliere 58.5
Doccione di inaffia-
mento 62.2
- - scarico 58.5, 173.1
244.9
Dock, Trocken- 198.6
Dock, dry . . 198.6
-, rafting the bottom
of the 187.1
Doble 164.7
Dolce, sabbia . 80.4
Dollen, durch - ver-
binden 235.1
Dolomitsand . . 27.10
Dolomite sand 27.10
Dolomitica, sabbia
27.10

Dolomitica, arena
27.10
Dolomitique, sable
27.10
Dome 170.7
-, cupola 145.6
Donner au fond une
forme concave 185.8
- de la flèche . 85.3
Door 60.6
-frame 137.5
Doppelboden . 201.9
-decke 173.4
-kegelförmige
Mischtrommel 59.1
-konstruktion 189.10
-säule 158.3
-sprieße 84.1
-verbindung von
Fluorsilizium 215.10
-wand . . . 201.10
-wandiger Schaft
248.7
Doppelt armiert 111.8
- bewehrt . . . 111.8
- wirkende Maschine
54.1
Doppelte Armierung
148.3
- Eiseneinlage . 168.9
Doppelter Fang-
damm 106.7
Doppia, armatura
148.3
- -, a 111.8
-, colonna . . . 158.3
- copertura del
tetto 178.4
- costruzione . 189.10
- parete 201.10
-, fusto a . 248.7
-, puntellatura . 84.1
-, struttura di ferro
168.9
- tura a scaglioni
106.7
Doppio, contrafisso
84.1
- effetto, macchina a
54.1
- fondo . . . 201.9
- T arcuato, ferro a
- di Melan 148.7
- -, ferro a . . 142.10
180.9
-, soletta di beton
fra ferri a 181.1
- tamburo conico -
per la miscella 59.1
Dorn, Unterlagbrett
mit -en 70.3
Dorso dello sfiora-
tore 191.2
Dos de déversoir
191.2
Dosage, relation
entre le coefficient
d'élasticité et le 42.3
Dosatura dell'im-
pasto, dipendenza
del modulo di
elasticità dalla 42.3
Dosse 78.6
Double action
machine 54.1
- armouring . . 148.3
- articulation arch
232.5

Double bottom 201.9
- clip 81.1
- coffer dam . . 106.7
- column 158.3
- construction 189.10
- flat iron bar . 81.3
- fluosilicate com-
  bination 215.10
- hinged arch . 232.5
- reinforcement
  168.9
- reinforcing. . 148.3
- roof 178.4
- set of stays . 84.1
- walled dam . 106.7
- - shaft 248.7
Double armature, à
  111.6
-, armature . . 148.3
-, - - en fer . 168.9
-, batardeau . 106.7
-, cône, tambour
  mélangeur à 59.1
- contrefiche . . 84.1
- couverture . . 178.4
- effet, machine à
  54.1
- fond 201.9
-, malaxeur - pour
  mélange à sec et
  humide 61.8
- paroi . . . 201.10
- -, batardeau . 106.7
- -, fût à 248.7
Doubly reinforced
  111.6
Douelle d'une
  voûte 148.5
Douille métallique
  166.2
Doux, sable . . 30.4
Dovela hueca de
  barro cocido con
  brida 144.9
Dowel, iron . . 180.9
-, to connect by -ʜ
  235.1
-, wood 131.9
-, wooden . . . 172.5
Down sand . . 26.3
- stream 175.8
- - water . . . 191.1
Draga, scavare
  colla 182.7
Dragar 182.7
Dragare . . . 182.7
Draguer . 178.6, 182.7
Drahtgewebe, ein
  - zwischen zwei
  Winkeleisen-
  schenkel ein-
  klemmen 132.8
-netz 131.5
-schließe . . . 75.2
-seil 168.7
- -, diagonal ge-
  spannte -e 152.7
-stärke des Siebes
  15.9
-umwicklung . 158.5
-ziegel 184.1
Draht, Binde- 72.2
  148.2
-, bügelförmiger
  Verbindungs- 179.2
-, in den Kreuz-
  punkten mit -
  verbinden 131.4

Drähte, kreuzweise
  angeordnete
  Eisen- 181.2
Drainrohr . . . 194.1
-, Quer- . . . 220.3
Drain 194.1
-, acidulous - water
  217.5
-pipe 194.1
-, rubble 99.7
-, transverse . . 220.3
Drain, to . . 220.11
-, to - the bed . 206.5
Drain . . 99.5, 194.1
- à pierrailles
  d'infiltration 99.7
- transversal . 220.3
Drainage . . . 204.4
- and irrigation
  lock 197.8
- - - sluice . . 197.8
-, complete . . 198.7
- of the bridge 230.9
-, roof 172.9
-, subsoil 99.1
Drainage . . . 204.4
- des ponts . . 230.9
- du terrain à
  bâtir 98.3
-, tuyau de . . 194.1
Drained, foun-
  dation ditch - dry
  102.1
Drainer . . . 220.11
- le sous-sol . . 206.5
Drainieren . 220.11
Draining . . . 100.3
- the foundation
  ground 98.3
Draught, to protect
  against 20.8
Draw out, to - -
  the pipe 124.1
-, -, - - - tube 124.1
-, to - off . . . 36.4
-, - - together . 72.3
-, - - up 72.3
Drawing, stone -
  tool 94.2
Dredge, to . . 182.7
Drehbar; . . . 119.1
- lagern . . . 59.11
Drehbare Mischer-
  schaufel 61.3
Drehdeichsel . 206.10
-festigkeit . . . 44.3
-rohrofen . . . 11.9
Drehen, die Rühr-
  wellen - sich in
  entgegengesetz-
  ter Richtung 54.10
-, zusammen- . 72.3
Dreiarmige Treppe
  161.5
-bein 102.7
-beiniger Bock 92.9
-ecksprengwerk 87.2
- -, Druck- . . . 188.9
-fuß 91.7
-gelenkbogen . 169.3
  232.6
-kantleiste . . . 79.1
-quartier . . . 125.7
Drenaggio . . 204.4
- dei ponti . . 230.9
- delle acque del-
  l'area fabbrica-
  bile 98.3

Drenaggio, mettere
  il tubo di - nella
  fondazione 224.3
- trasversale . 220.3
-, tubo di . . . 194.1
Drenaje . . . 204.4
- del terreno de
  edificar 98.3
-, tubo de . . . 194.1
Dress, to - a wood
  pile 114.4
-, - - the outer
  surface 37.10
Dressed, square -
  pavement 212.7
- stone, wall in 126.8
Dresser 74.2
- une barre en guise
  de montant 136.7
Dressing of the raw
  material 10.3
Drift, horizontal
  144.5
Drill, half round 94.4
-, pointed . . . 93.11
-, self-emptying 92.5
-, splayed . . . 93.10
-, tubular . . . 94.3
Dritta, volta . . 146.5
Dritto, mescolanza
  per agitazione
  per -e per tra-
  verso 57.5
Drittelpunkt, oberer
  236.8
-, unterer . . . 236.8
Drive, automatic 62.7
-, engine- . . . 64.5
-, hand- 64.3
-, horse- 64.4
-, locomotive- . 64.5
-, machine with
  uninterrupted 61.1
-, the -s . 105.9
-, to - out the car-
  bonic acid 12.1
-, - - sheeting piles
  without previous
  digging 118.6
-, - - the piles 105.6
Driver, monkey pile
  102.6
-, ram pile . . 102.6
Driving pile . . 179.5
- rim 57.4
- ring 57.4
Drizzare vertical-
  mente 74.2
Droite, marche 162.7
Drop 226.2
-, height of . . 120.8
- to let - from a
  height 122.5
Dropping the boring
  tool 93.7
Druckdreieck . 188.9
-festigkeits-
  maschine 24.7
-form, Einheits- 24.2
-, Normal- . . . 24.2
-gurt 151.4
- -, Steineisendecke
  mit Beton- 149.4
-kraft 40.5
-linie 148.9
-luftgründung 124.6
-platte, im Bau her-
  zustellende 152.10
-ring 174.2

Druckspannung 2.5
-wasser 121.8
- -strahl . . . 104.8
-zone 49.4
-, der - erfolgt senk-
  recht zur Ein-
  schlagrichtung
  25.2
-, Erd- . . 198.8, 217.8
-, Flüssigkeits- 217.7
- in der Stampf-
  richtung 36.7
-, Kämpfer- . . 236.5
-, Scheitel- . . 236.4
- senkrecht zur
  Stampfrichtung
  36.8
-, Wasser- . . . 101.3
-, Wind- . . . 167.6
Drum, cutter . 222.9
-, overturning of
  the mixing 56.7
-, pear-shape of the
  mixing 60.9
-, position of the -
  inclined to the
  axis of rotation
  57.3
-, rotating . . . 56.6
-, the - turns back
  automatically 55.7
Dry- and wetmixing,
  separate mixing
  drums for 61.8
- concrete . . . 34.3
- dock 198.6
- foundation ditch
  drained 102.1
- mixture, to add
  alum to the 215.1
- process . . . 10.7
- state, to heap in a
  53.2
- -, pile in a . 53.2
-, to 11.1
-, - build the lock
  in the 199.1
Drying test, steam
  22.3
Dübel, Eisen- . 180.9
-, Holz- . 131.9, 172.5
Ductibilité, le dé-
  limite de - est
  apparent 4.9
-, limite de . . 4.8
Due metà, scomporre
  di 123.5
-, innalzamento in
  116.6
- pezzi, constare di
  123.5
-, sensi, armato in
  111.6
Dug out earth . 96.5
Dükerleitung . 224.8
Dulce, hierro . 3.5
Dull, the surface
  becomes 5.4
Dump 54.6
- bottom, tub with
  65.2
Dunas, arena de 27.3
Dune, sabbia delle
  27.3
Dünensand . . 27.3
Dunes, sable des 27.3
Duomo 170.7

Dura, piedra caliza 10.8
Dura, pietra in calce 10.8
Duración de 28 dias 23.3
- del fraguado 16.7
-, disminuir la - del fraguado 214.9
-, materia para fraguado de - media 17.2
Durata della presa 16.4, 16.7
- - -, abbreviare la 214.9
Duration, 28 days 23.3
Durchbiegen, die Fundamentplatte biegt sich durch 110.1

Durchbrechung 43.8, 152.4
-feuchtung . . 87.8
-gehende Asphalt-schicht 190.3
- - Decke . . . 149.5
-kneten 54.8
-laß 224.9
-laufendes Schotter-bett 237.7
-rühren 18.8
-sickern des Wassers 37.9
-sieben 240.5
Durcir 18.2
- à l'air 7.2
-, se - de soi-même 7.7
-, - - spontanément 7.7
Durcissant, chaux - à l'air 7.8

Durcissant, matière sous l'eau 7.9
Durcissement . 17.8
-, énergie de . 28.4
Dure, pierre à chaux 10.8
Durée de 28 jours 23.3
- de la prise . 16.7
- moyenne, agent pour agrégation de 17.2
-, - - prise de 17.2
-, élément pour agrégation de 17.2
-, - - prise de 17.2
-, matière pour agrégation de 17.2
- moyenne, matière pour prise de 17.2

Durezza, prova della - per mezzo dell'unghia 19.1
Dutch brick, to build with - -s 226.5
Duttile, metallo 6.4
Duttilità, figura della 5.3
-, limite di . . . 4.8
Dynamic action 230.8
Dynamical stresses 46.7
Dynamique, action 230.8
-, effort . . . °. 46.7
Dynamische Bean-spruchung 46.7
- Wirkung . . 230.8

E.

Earth, active thrust of 138.3
-, angle of repose of the 138.8
- -bank 97.8
- colour 239.5
-, colouring . . 239.5
-, dug out . . . 96.5
-, friction between - and wall 217.9
-, - of - against wall 139.1
-, pressure of the 217.8
-, softish 94.6
- thrust, calculation of 138.4
-, - due to the . 217.8
-, - of the . . . 198.8
-, to cover with 221.4
-, - lay down rubbish mixed with 209.3
Earthenware-pipe 100.1
Eaten, worm . 118.8
Eau, abaissement du plan d' 198.4
-, absorption d' 14.10
-, accumulation des - x 195.8
-, addition d' . 23.11
- auge à 223.8
-, boucher les voies d' 107.8
- brute . . . 220.12
-, canalisation d' 224.6
-, capacité d'absorp-tion pour l' 31.4
- chargée d'acide carbonique 32.4
-, château d' . . 221.2 224.4
- chaude, bac à . 221.9
- -, bâche à . . 221.9
-, essai combiné à l' 21.8
- chimiquement combinée 12.2
-, combinaison chimique de l' 17.5

Eau, composer la pression de l' 101.6
-, couler du béton sous l' 199.4
-, couler sous l' 22.12
-, d'infiltration . 97.9
- de conduite . 79
- - lac 32.1
- - mer . 32.6, 115.9
- - pluie . . . 31.11
- - puits . . . 31.10
- - réservoir de vallée barrée 82.2
- - rivière . . . 31.12
-, dissoudre du savon de potasse dans l' 215.2
-, distribution d' 191.9
-, enfoncement par injection d' 121.3
-, épuisement de l' 98.4
- épurée . . 220.13
-, fil de l' . . 181.10
- froide, essai à l' 21.4
-, hauteur de la colonne d' 214.2
-, humidifier au jet d' 240.10
-, imperméabilité à l' 87.8, 213.2
-, imperméable à l' 87.7
-, inaltérabilité à l' 87.2
-, infiltration d' 87.9
-, injection d'- pendant le battage 104.6
-, installation de compteurs d' 221.3
-, jet d'- sous pression 104.8
-, matière durcis-sant sous l' 7.9
-, mouiller au jet d' 240.10
-, niveau d' . . 91.2
-, - - à tube flexible 91.5
-, - - - - rigide 91.6

Eau, poussée de l' 101.4
-, pouvoir absorbant à l' 31.4
-, pression d' . 101.3
-, puits d'ascension de l' 220.5
- pure 220.13
-, réchauffer l' . 68.8
-, relation entre le coefficient d'élas-ticité et la quan-tité d' 42.4
-, relèvement du plan d' 198.5
-, résistance à l' 87.2
- retenu, volume d' 191.8
- séléniteuse . 32.3
- servant au mala-xage 17.7
- - - mélange . 17.7
- sous pression 121.8
- souterraine . 97.10
-, - abaissement artificiel de la nappe d' 199.3
-, - infiltration de l' 214.11
-, - montée de l' 214.11
- sulfureuse . . 32.5
- surface de l' . 179.9
-, surpression de l'eau 198.9
-, tuyau d'injection d' 104.7
-, - vertical servant de réservoir d' 224.2
Eaux affluentes repos par stagna-tion des 193.1
- d'infiltration, ca-nal pour les 99.8
- vannes acides 217.5
-, neutralisation des 26.3
Eben abgeglichener Erdkörper 138.5
Ebene Unterschicht 146.4

Ebnen, die Ober-fläche 67.2
-, - Schicht . . 85.7
Ebonite ring . 19.3
Ebonite, bague en 19.3
Ébouer 241.3
Éboulement, ligne d' 138.6
-, prisme triangu-laire d' 138.7
Écartement, pièce d' 82.9
Écarter le pilier de la limite de la propriété . 111.3
Eccentrico, platea a carico 111.1
Echado, hormigón 199.5
Échafaudage de service 86.8
- du barrage . 106.5
- - batardeau . 106.5
Échancrure pour le passage des solives 82.3
Échantignoles, le chapeau est placé sur des 107.3
- maintenant les parois de coffrage 82.7
Echar, aparato para 145
-, canal para . 58.5
- de dos lados 108.1
- hormigón debajo del agua 199.4
- - por arriba. 77.1
Échelle à mortier 51.4
- des forces . 48.9
Échelons, palettes mélangeuses en 62.10
Eckbildung . 212.1
-moment . . . 250.7
-schiene . . . 187.4
Eck, Kraft- . . 47.7
-, Kräfte- . . 296.3

Eck, Seil- 47.6
Éclat de granit 211.7
Éclisse..... 188.7
Écluse.. 197.7, 197.10
- à puits.... 200.1
-, chambre d' . 198.1
-, construire à sec
  le radier d'une
              199.1
- d'assèchement et
  d'irrigation 197.8
- de navigation
              197.9
-, radier d' ... 198.2
-, sas d' 198.1
-, tête d' ... 197.11
Écoulement, canal
          d' 197.6
-, conduite d' .121.7
- des eaux du toit
              172.9
-, disposer le tuyau
  d'- dans la fon-
  dation 224.3
-, fossé d' ... 99.5
-, orifice d' 62.6, 88.6
Écran..... 185.10
Écrou 143.9
- à oreilles .. 75.6
-, appliquer le cof-
  frage par le ser-
  rage d' -s 74.7
Ecuación funda-
  mental 48.5
Edge, chisel . . 105.5
- crack 20.7
- fracture ... 20.7
- -iron..... 223.3
- pressure ... 111.4
-, stone laid on 133.4
-, straight ... 207.10
-, tension on .. 185.4
-, to cut the -s flush
              189.11
-, - strengthen the
  -s by iron rods
              182.9
-, - turn up the -s
              196.4
Edificar, examen
  del terreno para
              92.2
-, piedra de . 242.10
Edificio de fábrica
              129.8
- - las calderas 112.5
- - talleres .. 129.8
- - vivienda.. 129.7
Efectiva, carga 230.1
Effect of steamer's
          wash 176.5
Effet, machine à
          double 54.1
-, portata
              230.1
Effetto, macchina a
  doppio 54.1
Efficient surface of
  filter-bed 220.1
Effleurir, s' .. 32.7
Efflorescence . 68.12
Efflorescenza . 68.12
Efflorescing . . 32.7
Effondrement . 226.2
Effort 41.1
- de cisaillement
              43.5

Effort de compres-
  sion 2.5
- - flexion 2.7
- - rupture .. 41.2
- - sécurité .. 41.3
- - traction ... 2.6
- - - incliné sur le
  plan de la section
              44.1
- dinamique.. 46.7
- extérieur de com-
  pression 44.5
- - - flexion .. 40.7
- -, courbe d' . 49.7
-, l'- et la déforma-
  tion sont propor-
  tionnels 4.5
- normal ... 40.4
- tangentiel, être
  soumis à un 47.6
- tranchant .. 43.5
- -, courbe d' . 49.7
-, -, tension due à l'
              43.6
- transversal . 45.1
Eflorecerse .. 32.7
Eflorescencia . 68.12
Égales et symétri-
  ques, ouvertures
              228.6
Egiones, la carrera
  está collada sobre
              107.3
Égout 224.7
Eigenfestigkeit 22.6
-gewicht 47.10, 141.2
- -, den Wasser-
  druck mit dem -
  zusammensetzen
              101.8
- - des Bauwerkes
              101.5
-tumsgrenze, die
  Säule von der -
  abrücken 111.3
Eimer, Hand- . 98.5
Einbau, Fluß- . 184.7
Einbetten, das Ab-
  flußrohr in das
  Fundament 224.3
Einbindung .. 163.7
Einbringen, in ein-
  zelnen Lagen
              108.3
-, in Schichten . 65.8
Eindeckung,
  Schiefer- 172.2
-, Ziegel-.... 172.1
Eindringung . 120.9
Einfassung von
  Hafenbecken 187.1
Einfassungsblech
              187.5
Einflußlinie .. 235.8
-, Temperatur- 18.10
Einfriedigung . 186.3
Einfüllhöhe .. 35.6
Eingehen, Re-
  aktionen 12.5
Eingerüstung des
  Fangdammes 106.5
Eingeschobener
  Pfahlschuh 160.2
Eingespannte Decke
              150.1
Eingestampft,
  feuchter, gut -er
  Sand 120.5

Eingießen, den Be-
  ton von oben 77.1
Eingreifen, die Kette
  greift ein 59.5
Eingriff, in ständi-
  gem - bleiben 60.3
Einheitsdruckform
              24.2
-faß 13.8
-form 125.3
-ringform ... 23.7
-sack 13.9
-sieb 16.3
-würfelform.. 23.8
-zugform ... 23.9
Einhüllen, in Beton
              115.2
Einklemmen, ein
  Drahtgewebe
  zwischen zwei
  Winkeleisen-
  schenkel 132.8
Einklinkung .. 146.8
Einlage, Blech- 68.1
-, Blei-..... 216.2
-, Holz-..... 68.2
-, Papp- . 87.11, 217.4
Einlaßende .. 61.4
Einlassen, die
  Sprieße in den
  Pfosten 74.4
-, in den Beton 172.4
Einlaufapparat 14.5
-kanal 193.3
Einlaufen lassen,
          lose 14.3
Einlegen, die Beton-
  masse in die
          Form 85.5
Einquartier .. 125.5
Einrütteln, fest 14.4
Einsäulendach 173.8
Einschalen, .. 78.1
Einschalung, Kehl-
  decken- 81.2
-, Voutendecken-81.2
Einschiffige Kanal-
  brücke 238.2
Einschlagrichtung,
  der Druck erfolgt
  senkrecht zur 25.2
Einschlämmen . 67.7
Einschluß ... 89.9
-decke 142.8
Einspannen, im
  Fundament 135.9
Einspülung, Ver-
  senkung durch
              121.3
Einstampfen, den
          Sockel 137.1
Einstieldach .. 173.8
Einwirkung der
  Dampferwelle
              176.5
Einzelfundament
              109.1
-last 47.2
-teile, Herrichten
          der 82.4
Eisen 2.2
Eisenarmierung
  als Schalungs-
          träger 84.4
- -bahnbrücke . 237.3
- -schwelle .. 245.9
-bandpflasterstein
              211.5

Eisenbeton ... 1.2
- -balken, Eisen-
  betondecke mit
  sichtbaren 151.1
- -bau...... 1.4
- -decke.... 148.8
- - - mit sichtbaren
  Eisenbetonbalken
              151.1
- -, Schalung
  einer reinen 81.7
- -kern 196.2
- -mast 225.4
- -pilot, gerammter
              117.4
- -platte 148.9
- -platten zur
  Hintersetzung
  von Bollwerken
              186.9
- -rohr 226.7
- -röhre 116.4
- -schale ... 193.7
- -schornstein . 248.8
- -spundwand
          106.3, 180.5
- - - vor dem
  Pfahlrost 116.3
- -stützen, Gerippe
  aus 190.10
-beton, Buhne aus
              184.11
- -, obere Umschlie-
  ßung aus 185.2
- -, Röhre aus . 165.5
- -, Schiff aus . 201.8
- -, Wehr aus . 193.8
- -bewehrter Holm
              180.6
-blechform im
  Schalungskern 82.8
- -streifen, ver-
  zinkter 189.12
- -, die Pfahlspitze
  mit - armieren
              117.5
-draht, ausgeglüh-
  ter 72.1, 75.3
- - gewebe, mit -
  überspannen 181.3
- -, mit - um-
  wickeln 71.6
-drähte, kreuz-
  weise angeord-
  nete 181.2
-dübel 180.9
-einlage, die -n in
  zwei Reihen an-
  ordnen 49.3
- -, doppelte . 168.8
- -, Ziegeldecke
          mit 148.9
-einlagen, Anheben
          der 72.11
- -, die - über-
  greifen lassen 71.5
- -, Vorrichtung
  zum Richten
          der 72.12
-fachwerk, Mauer-
  werk zwischen
              130.9
-geripe 181.4
-klammer, durch
  -n zusammen-
  halten 79.10
-kugeln, lose in
  die Trommel
  eingelegte 57.2

Eisenlappen . . 151.9
-portlandzement 9.3
-ring 218.1
-schere 69.3
-schneidevorrich-
　　tung 69.4
Eisen, Abfall- . 72.10
-, Armierungs- . 78.7
- auflegen . . . 149.7
-, Beilage- . . . 71.3
-, Bord- 223.3
-, Bügel- . . . 209.12
-, Bulb- . . 6.6, 152.3
-, Flach- 5.10
-, Fluß- 3.-
-, Form- . . 5.8, 164.6
-, Fugen- 211.2
-, Glätt- 210.7
-, Hänge- 80.8
-, I-. . . 142.10, 180.10
-, im Obergurt ver-
　　hängtes 151.2
-, Kahn- 6.3
-, Leit- 159.3
- mit blanker
　　Oberfläche 5.2
-, Nuten- 6.9
-, Profil- 5.9
-, Quer- 157.4
-, Ransome- . . . 6.2
-, Rund- . . 5.9, 146.11
-, Säulen- 78.4
-, schmiedbares . 3.6
-, Schweiß- . . . 3.4
-, Spachtel- . . 156.5
-, Thacher- . . . 6.1
-, Trag- 157.3
-, U- 143.1
-, überschneiden-
　　des 158.4
- verankern . . 151.8
-, Wellen- 6.5
-, Winkel-
　　159.1, 164.5, 187.10
-, Wulst- . . 6.6, 152.3
Eiserne Form . 241.4
- Säule 159.6
- Spundwand . 106.1
EisernerKippkarren
　　63.9
- Schuh 102.5
- Träger, armierte
　　Betondecke zwi-
　　schen eisernen
　　Trägern 147.5
- -, Betondecke zwi-
　　schen eisernen
　　Trägern 147.1
- -, Monierplatte
　　zwischen eisernen
　　Trägern 148.10
- -, Plattenbalken-
　　Decke zwischen
　　eisernen Trägern
　　150.10
Eisernes Gelenk
　　234.3
Eje cilindrico de
　　acero 234.6
- con cuchillas 222.9
- de la calle, en
　　filas perpendicu-
　　lares al 206.1
- - los centros de
　　presión 148.6
- - torno . . . 93.2
-, fibra paralela al
　　49.6

Eje neutro . . 48.9
- transversal . 59.6
Ejes horizontales
　　paralelos 54.5
Elaborazione delle
　　materie prime 10.3
Élargissement du
　　cours d'eau 182.9
- du fond . . . 177.7
Elastic compression
　　41.9
- deformation . 3.10
- limit 4.3
- medium . . . 117.6
Elastica, compres-
　　sione 41.9
-, deformazione 3.10
Elástica, compresión
　　41.9
-, deformación . 3.10
Elástico, intermedio
　　117.6
Elasticidad . . 4.1
-, coeficiente de 41.4
-, sin 84.7
Elasticità . . . 4.1
-, coefficiente di 41.4
-, dipendenza del
　　modulo di - dal
　　quantitativo d'ac-
　　qua aggiunta 42.4
-, - - - - dalla do-
　　satura dell'im-
　　pasto 42.3
-, - - - - - ten-
　　sione 42.5
-, limite di . . . 4.3
Élasticité . . . 4.1
-, coefficient d' 41.4
- du béton . . 84.6
-, limite d' . . . 4.3
-, module d' . . 41.4
-, relation entre le
　　coefficient d' - et
　　le dosage 42.3
-, - - - - - - la
　　quantité d'eau 42.4
-, - - - - - - ten-
　　sion 42.5
Elasticity . . . 4.1
-, modulus of . 41.4
Elastico, mezzo
　　intermedio 117.6
Élastique, compres-
　　sion 41.9
-, déformation . 3.10
-, matériaux -s inter-
　　posés 117.6
-, non 84.7
Elastische Form-
　　änderung 3.10
Elastisches Zwi-
　　schenmittel 117.6
Elastizität . . . 4.1
Elastizitätsgrenze 4.3
-modul 41.4
-zahl 41.4
-, Abhängigkeit
　　der - vom Mi-
　　schungsverhält-
　　nis 42.3
-, - - - - Wasser-
　　zusatz 42.4
-, - - - von der
　　Spannung 42.5
Electric welding
　　plant 71.1

Eléctrica, aparato
　　para soldadura
　　71.1
Électrique, appareil
　　pour soudure 71.1
ElektrischeSchweiß-
　　vorrichtung 71.1
Element, Stab- 218.4
Element of bar 218.4
- - rod 218.4
Élément d'agréga-
　　tion rapide 17.1
- de barre . . . 218.4
- - prise rapide 17.1
- du cintre . . . 86.1
- liant à prise lente
　　17.3
- - - - rapide . 17.1
- pour agrégation
　　de durée moyenne
　　17.2
- - - lente. . . 17.3
- - prise de durée
　　moyenne 17.2
- - - lente . . . 17.3
Éléments d'hydra-
　　tation, action com-
　　binée de la chaux
　　et des 7.4
- tubulaires, plan-
　　cher de Herbst à
　　243.7
Elemento della cen-
　　tina 86.1
- di una barra 218.4
Elemento de barra
　　218.4
- - fraguado rápido
　　17.1
Elementos hidráu-
　　licos, acción com-
　　binada de la cal
　　y de los 7.4
Elettrico, apparec-
　　chio - per saldare
　　71.1
Elevación, altura de
　　104.1
Elevado, depósito
　　221.2
-, enrejado - en pi-
　　lotes 118.3
Elevador con cubos
　　64.9
Elevar gradual-
　　mente las dos pa-
　　redes 76.4
Elevated grillage
　　on piles 118.3
- water tank . 221.2
Élévateur . . . 55.1
Elevato, serbatoio
　　221.2
Elevator 65.1
-, material . . . 55.1
Elevatore a secchie
　　64.9
- - tazze . . . 64.9
- di materiali . 55.1
Élever graduelle-
　　ment les deux
　　parois 76.4
Élica 158.10
Elice 158.10
Elicoidale, super-
　　ficie - che sale
　　con l'inclinazione
　　di 45° 44.2

Elongation due to
　　pull 3.8
- - - tension . 3.8
Embankment . 97.8
-, levelled surface of
　　138.5
Embarcadère . 187.3
Embarcadero . 187.3
- de pontón . . 189.1
Embed, to - in com-
　　mon mortar 212.3
-, - - - poor mortar
　　212.3
-, - - the tie in con-
　　crete 140.4
Embetunado, cartón
　　208.9
-, cinta de cartón
　　85.2, 179.8
Embocadura . 176.1
Emboîture . . 164.7
Embouchure . 176.1
Embrasure de
　　fenêtre 79.8
Embrayage . . 63.3
Embreamiento 115.8
Embrever une
　　contrefiche 74.4
Embudo 199.6
-, forma de . . 250.6
Embutido . . . 164.7
Emerge, to . . 187.4
Émerger 187.4
Emergere sopra
　　l'acqua 187.4
Émeri 39.3
Emery 39.3
Emmanché, sabot de
　　pieu 123.9
Empalizada . . 186.8
-, tablón de . . 180.7
Empalmar las losas
　　de revestimiento
　　sin rellenar las
　　juntas 189.11
Empalme, alambre
　　de - en forma de
　　estribo 179.2
Empañar, la super-
　　ficie se empaña 5.4
Empapado . . . 33.12
Emparrillado de
　　fundación 109.6
Empattement de la
　　base 109.2
-, fondation sur
　　plateforme avec
　　108.1.2
Empedrada, calle
　　204.9
Empedrado . 204.10
-, piedra de . . 244.6
- sobre plataforma
　　de emparrillado
　　177.1
Empierrée, chaussée
　　204.9
-, route 205.5
Empleado, mortero-
　　húmedo como la
　　tierra 22.10
Empleo, lugar de 63.6
Emploi de briques
　　perforées 74.6
Empobrecer, mate-
　　rias para - el
　　cemento 25.8

Emporio 130.1
Empotrado . . 163.7
Empotramiento, re-
  sistencia al 2.10
Empotrar 135.9, 166.1
- un jabalcón en el
    poste 74.4
- - puntal en el
    poste 74.4
Emptying position
    56.2
Empuje de la tierra
    217.8
- - las tierras . 138.3
- - tierras 198.8
- del agua. . . 101.4
- en la clave . 236.4
- horizontal . . 236.2
En avant, brouette
    basculant 96.9
Enarenar . . .174.6
Encachado al pie
  del vertedero 192.6
-, construir en seco
  el - de una es-
  clusa 199.1
Encadrement 132.11
- de porte . . . 137.5
-, madrier de l' 79.2
Encaissement . 205.8
Encajado, piso 150.1
Encajadura . . 146.8
Encajar en la fun-
  dación 135.9
Encaje 164.7
Encajonado de
    vigas 81.8
- del pilar . . . 78.6
-, instalar un – que
  puede doblarse
  sobre sí mismo
    76.3
-, quitar el . . . 85.4
Encajonamiento205.8
- del ataguía . 106.5
Encañizado de techo
  relleno de cal 154.5
- - - - - yeso . 154.5
Encase, to . . . 78.1
-, to - with concrete
    115.2
Encasing sheet iron
    187.3
- the concrete with
    masonry 77.6
Encastrar en el
  hormigón 172.4
Encastré, plafond
    150.1
Encastrement . 163.7
- du béton dans la
  maçonnerie 77.6
Encastrer dans la
  fondation 135.9
- - le béton . . 172.4
Enceinte 136.3
Enchâssement, tôle
    d' 187.5
Enchufado, azuche
  de estaca 123.9
Enchufar la capota
  de protección120.4
Encircle, to . . 158.5
Enclosure . . . 39.9
Encoche pour le
  cadre 133.1
Encochement de la
  brique 146.8

Encolado, prepara-
  ción para el 132.4
Encollage . . . 132.4
Encorvar los bordes
  hacia lo alto 196.4
- - hierros sobre el
  ala superior de la
  vigueta 150.2
Encuadramiento
    132.11
Encurbamiento del
  hierro hacia abajo
    151.6
Endfeld 150.4
-haken. 72.5
-widerlager einer
  Brücke 196.7
Ende, Auslaß-. 61.5
-, Einlaß- . . . 61.4
-, Kette ohne . 65.3
End bay 150.4
-, delivery . . . 61.5
-, feed 61.4
-, floor with free -8
    149.1
- hook 72.5
-, inlet 61.4
- of beam, protec-
  tion to 142.1
-, outlet 61.5
- tipping barrow
    96.9
-, to fill from each
    108.1
Endless chain . 65.3
Enderezamiento de
  las armaduras
    72.11
Enderezar, herra-
  mienta para - las
  armaduras 72.12
-, útil para – las ar-
  maduras 72.12
Endiguement des
  eaux 190.9
Enduire . 132.7, 171.7
- avec une matière
  garantissant contre
  l'humidité 38.1
- - - - hydrofuge
    38.1
- la surface exté-
  rieure 37.10
Enduit 131.6
-, couche d' . . 154.5
- de ciment . . 213.3
- - plafond . . 153.9
- hydrofuge . 215.3
- imitant la pierre
    242.8
-, latte pour ac-
  crocher l' 150.8
- pour toiture . 174.5
Endurecer. . . 18.2
- al aire 7.2
-, material que en-
  durece bajo del
  agua 7.9
Endurecerse por sí
  solo 7.7
Endurecida, anillo
  de goma 19.3
Endurecimiento,
  energia de 23.4
Energia, consumo
    di 55.3
- di indurimento
    23.4

Energia de endure-
  cimiento 23.4
- - fraguado . 23.4
Energie, Erhär-
  tungs- 23.4
Énergie de durcisse-
  ment . . 23.4
-, - la prise . . 23.4
Énergiquement,
  agiter 18.8
-, malaxer . . . 18.8
-, - trop 18.9
Energy, hardening
    23.4
Enfermer l'entrait
  dans le plancher
    170.1
Enfoncement par in-
  jection d'eau 121.3
Enfoncer à la son-
  nette 102.2
- avec le mouton
    102.2
- jusqu'au sol ferme
    121.1
- - - refus . . 121.1
-, le pieu s'enfonce
    105.9
- un pilier en maçon-
  nerie sans fouille
    113.6
Engage, the chain
    -8 59.5
Engagement, to re-
  main in 60.3
Enganchada, ner-
  vura de hormigón
  - en el talud 180.4
Enganchar . . . 71.8
Engaste, palastro de
    187.8
Engine 55.2
- -drive 64.5
-, gas 101.2
-, portable . . . 101.1
Englische Bauart
    207.3
English bond . 126.1
- cross bond . 126.2
-, old - bond . 126.1
- system 207.3
Engravada, calle
    205.5
Engravado, camino
    205.6
Engravar . . . 171.9
Engrenage conique
    80.2
Engrener, la chaine
  engrène 59.5
Enguijarrado . 205.9
Enjalbegadura 153.10
Enjalbegar . . 132.7
Enlazar tablas por
  tornillos 137.2
Enlèvement du
  noyau 247.6
Enlever à la truelle
    156.3
Enlosado de acera
    244.4
- - camino . . 244.4
Enlucido de ce-
  mento 213.3
- - grueso . . . 154.9
- granulado . . 153.10
- para tejados 174.5
Enlucir . 132.7, 171.7

Enlucir la super-
  ficie exterior 37.10
Enmohecer. . . . 3.1
Enmohecerse . 117.3
Enrasar la capa 35.7
Enrase, confección
  de un 188.8
Enrayure. . . . 103.1
Enrégistreur, appa-
  reil - du degré de
  prise système
    Martens 19.8
Enrejado de arma-
  dura del sistema
    Monier 181.7
- - Rabitz tendido
    144.10
- - salchichones 184.6
- elevado en pilotes
    113.3
- metálico Rabitz
    146.2
Enrejar 148.1
Enrimeur . . . 103.7
Enrobage . . . 159.7
- en béton . . . 159.8
- - - - béton 115.2
Enrochement, con-
  fection d'un 183.8
-, déversoir évidé
  rempli d'- 194.3
Enrochements sur
  plate-forme en
  gril 177.1
Enroscado. . . 143.8
Ensambladas, losas
  de hormigón 111.5
Ensamblado trans-
  versal 224.5
Ensambladura . 184.7
- rígida . . . 187.9
Ensamblaje de dos
  pilotes por un
  tablique 113.5
- transversal . . 42.6
Ensamblar en los
  puntos de cruza-
  miento con
  alambre 131.4
Ensanchar por ban-
  quetas 109.4
- - retallos . . 109.4
Ensanche de la
  corriente 182.9
- - - fundación 109.2
- del fondo . . 177.7
Ensayador del
  estado estanco
    213.4
Ensayo . . . 46.1, 46.8
- al amolado. . 39.1
- - vapor . 21.9, 22.3
- - - de alta presión
    22.1
- combinado con
  agua hirviendo
    21.8
- comparativo . 23.2
- con agua fria 21.4
- - la uña . . . 19.1
- de cocción de una
  bolita 21.7
- - - - bolita . 21.5
- - la acción del
  calor sobre una
  bolita 21.6
- - las placas á la
  compresión 22.2

Ensayo de los ma-
  teriales 1.5
- - una placa de
  hormigón 39.11
- normal 21.4
-, pilote de . . . 114.7
-, tren de carga de
  237.4
Ensemble, tordre
  72.3
Entabicado, albañi-
  lería entre el 130.9
Entaillage à redans
  121.6
Entalladura de con-
  torno de ventana
  79.7
Entancar. . . . 196.8
Entarimado . . 154.4
Entfernung, Träger-
  143.11
Entformen . . . 24.1
Entgegengesetzte
  Richtung, die
  Rührwellen
  drehen sich in -r
  - 54.10
Entibación celular
  83.2
- con cuerpos hue-
  cos 83.2
- - placas de palas-
  tro onduladas
  83.1
- de canal de hor-
  migón armado 193.7
- - capitel . . . 80.3
- - las bóvedas 85.8
- - - orillas de un
  río 184.7
- - palastro . . 122.9
- - piso abovedado
  81.2
- - vigas 81.8
Entlho de hormigón
  de cemento 153.4
Entlastung, die Be-
  lastung und die
  - wiederholen 41.7
Entleerung, völlige
  196.7
Entleerungsende,
  zum - transpor-
  tieren 58.2
-öffnung 58.3
-stellung 56.2
Entonnoir . . . 199.6
-, forme d' . . . 250.8
Entourage de fil 158.5
Entourer. . . . 158.8
- de fil de fer . 71.6
- l'ancre d'une gaine
  de béton 140.4
Entrada, cámara de
  220.7
-, canal de . . . 193.3
-, extremidad de 61.4
Entrainé, pierres -es
  par le courant
  182.4
Entrait 168.6
-, enfermer l'- dans
  le plancher 170.1
-, renforcer l' . 169.8
Entrar sin apilar
  14.3
Entrata, estremità
  di 61.4

Entrée, chambre d'
  220.7
-, extrémité d' . 61.4
Entrelazados, estri-
  bos 112.3
Entremezclar . 18.8
Entretoise . . . 137.3
Entretoisement,
  boulon d'- verti-
  cal 137.3
Entubado, bajada
  del - por taladro
  124.3
- de palastro . 122.9
Ent- und Bewässe-
  rungsschleuse 197.8
Entwässern, den
  Untergrund 206.5
-, durch Röhren
  220.11
Entwässerung . 204.4
-, Dach- 172.9
- der Brücken 230.9
- des Baugrundes
  98.3
Entwässerungsrohr
  194.1
Enveloppe en béton
  159.8
- - briques . . 160.1
-, l'- du malaxeur est
  fixe 53.9
Envelopper . . 163.5
Envoltura . . . 159.7
- de ladrillos . 160.1
Envolver bien satu-
  rado 53.7
- con alambre . 71.6
- en el hormigón
  172.4
Envolvimiento 159.7
- de hormigón 159.8
Épaisseur à la clef
  169.1
- au sommet . 169.1
- de la couche du
  terrain 95.7
-, - - voûte . 143.12
Épi, assise de bri-
  ques en 127.6
-, briques en . 128.6
- de colmatage 184.1
- en béton armé
  184.11
Épointement du
  sabot 118.4
Épreuve 46.8
- des intempéries,
  à l' 31.8
-, train d' . . . 237.4
Éprouvette . . 23.5
- de béton damé 84.9
- graduée . . . 14.8
Épuisement de l'eau
  98.4
-, installation d' 100.3
-, pompe d' . . 98.8
Épuiser l'espace in-
  termédiaire au
  moyen de la
  pompe 116.7
Epuratore, filtrare
  attraverso l' 220.11
Épurée, eau . 220.13
Équarrissage nor-
  mal 125.3
Equation, funda-
  mental 48.8

Équation fonda-
  mentale 48.8
Equazione fonda-
  mentale 48.8
Équipe, chef d' 103.7
Erdanker . . . 179.4
- -, Haken des -s
  179.6
-boden, im - einge-
  spannter bie-
  gungsfester Stab
  248.5
-bohrerartiger
  Anker 180.3
-damm 97.8
-druck . . 198.8, 217.8
- -berechnung 138.4
- -, aktiver . . 138.3
-, Mauer gegen
  137.10
-, wirksamer 138.3
-farbe 239.5
-feucht 33.12
- - angewandter
  Mörtel 22.10
-feuchter Beton 66.6
-geschoß . . . 129.4
-körper, eben ab-
  geglichener 138.5
- - und Wand-
  fläche, Reibung
  zwischen 139.1
-material, natür-
  licher Böschungs-
  winkel des -es
  -pech 208.12
-schicht, mit -en
  abdecken 221.4
Erde, lehmige 108.10
-, Reibung zwischen
  - und Wandung
  217.9
Erde, Ton- 7.6, 108.11
Erdige Bei-
  mengungen ab-
  setzen 209.3
Erect, to - a rail as
  a post 136.7
-, - - by line . 136.10
-, - - sheeting in
  sections 76.5
-, - - the falsework
  73.1
Ergiebigkeit . . 84.4
Erhärten . . . 18.2
-, an der Luft . 7.2
-, selbständig . 7.7
Erhärtendes Binde-
  mittel, unter
  Wasser 7.9
Erhärtungsbeginn
  16.8
-ende 16.9
-energie 23.4
Erhöhung, Wärme-
  16.11
Erigere la scala 162.6
Ermittlung, rech-
  nerische 139.2
-, theoretische . 46.2
-, zeichnerische 139.3
Erschütterungen
  vermeiden 85.5
Erseau d'attache des
  tiraudes 103.6
Erwärmte Walze
  209.11

Erzeugnisse der
  Kunststein-
  industrie 242.9
Erzeugung, Massen-
  239.3
Erzsilo 250.1
-zement 9.8
Esame . . . 46.1, 46.8
- del terreno fabbri-
  cabile 92.2
Escabarajo, larva
  del 115.7
Escala de las
  fuerzas 48.9
Escalera 161.1
- de caracol . . 161.6
- - dos tramos 161.4
- - torre 165.4
- - tres tramos 161.5
-, escalón de . 245.4
-, paletas mezcla-
  doras dispuestas
  en forma de 62.10
- para mezclar 51.4
Escalier 161.1
- à deux volées 161.4
- - trois volées 161.5
- - vis 161.6
-, barreau d' . 166.5
-, cage d' . . . 166.7
- de tour . . . 165.4
-, degré d' . . . 161.1
- en colimaçon 161.6
- - escargot . . 161.6
-, marche d' . . 245.4
- tournant . . . 161.6
Escalón . 162.2, 162.5
- de escalera . 245.4
Escama de granito
  211.7
Escarbille . . . 29.3
Escargot, escalier en
  161.6
Eschenholz . . 120.6
Esclusa 197.7
- de navegación 197.9
- - pozo . . . 200.1
Escogedor de cas-
  cajo y arena 240.8
Escoplo, cortar con
  el 69.5
Escoria 29.2
- de altos hornos en
  polvo 9.4, 9.5, 28.9
- granulada de altos
  hornos 27.11
-, hormigón de 156.9
- molida . . . 156.7
Escotadura para
  vigas secundarias
  82.3
Esercizio a mano
  64.3
- con cavalli . 64.4
- - locomotiva 64.5
Esférico, casquete
  219.5
Esfuerzo 41.1
- cortante . . . 43.5
-, curva de los -s
  cortantes 49.7
- de compresión 2.5
- - flexión . . . 2.7
- - rotura . . . 41.3
- - seguridad . 41.3
- - tracción . . 2.6
- - obrando en un
  plano inclinado
  44.1

Esfuerzo dinámico
    46.7
- tangencial, estar
    sometido à un
    217.6
Esmeril 39.3
Esmerilar . . . 155.7
Espace intermé-
    diaire, épuiser l'-
    au moyen de la
    pompe 116.7
Espacio, vaciar el -
    intermedio con la
    bomba 116.7
Espalda del verte-
    dero 191.2
Espátula 156.4
- normal . . . 35.8
Específico, peso 14.6
Espejo, aparato de
    4.7, 90.1
Espellere l'acido
    carbonico 12.1
- per deposizione
    241.2
Esperienza . . 46.1
Espesor de la bó-
    veda 143.12
- - - capa de terreno
    95.7
- en el vértice 169.1
Espiga, hilada de la-
    drillos en 127.6
Espira 158.10
Espiras cruzados 59.3
Espiral . . 43.1, 158.9
Espropriazione,
    spese per l' 181.6
Esqueleto rígido
    233.3
Esquifada, bóveda
    145.2
Esquillement . 180.1
Esquilleux . . . 29.12
Esquitoso, gres 28.3
Essai 46.1, 46.8
- à l'eau froide 21.4
- - l'ongle . . . 19.1
- - la chaleur sur
    une boulette 21.6
- - - vapeur 21.9, 22.3
- - - - à haute
    pression 22.1
-, aiguille d' . . 19.2
- au pollisage . 39.1
-, charge d' . . 95.9
- combiné à l'eau
    chaude 21.8
- comparatif . . 23.2
- d'étanchéité, appa-
    reil d'- 213.4
- d'une plaque de
    béton 39.11
- de cuisson d'une
    boule 21.7
- - - - - plaquette
    21.5
- - résistance à la
    traction 24.5
- des matériaux . 1.5
- - -, laboratoire d'
    1.6
- - plaques à la
    compression 22.2
-, machine d'- de
    résistance à la
    compression 24.7

Essai normal . 21.4
- parallèle . . . 28.2
-, pilot d' . . . 114.7
Essais, série d' . 23.1
Essere indirizzato
    alternativamente
    136.9
Estabilidad . . 136.1
Estaca 107.2
- con zuncho de
    rosca 121.9
- de dique . . . 194.6
- modelo . . . 128.2
- ranurada . . 105.4
- simplex . . . 128.8
Estacada . . . 190.4
- de carga . . . 189.1
-, pasadizo sobre
    una 187.6
Estacade . . . 190.4
-, débarcadère en
    188.12
Estación para la
    alimentación de
    agua 192.10
Estanca, cueva 112.4
Estancación de las
    aguas que llegan
    193.1
Estancamiento,
    cámara de 184.2
Estancar con placas
    de palastro 196.3
- las juntas . . 177.5
Estanco, ensayador
    del estado 213.4
-, hacer - con cuero
    214.1
-, sótano 112.4
Estanque . . . 196.1
- de natación . 221.5
-, revestimiento de
    -s de puertos 187.1
Estar sometido á un
    esfuerzo tangen-
    cial 217.6
Estática 40.2
Estáticamente, arco
    articulado deter-
    minado 235.7
-, indeterminado 46.4
-, magnitud indeter-
    minada 48.2
-, se presenta un
    momento no
    determinado 218.3
Estático, cálculo 45.11
Estendersi . . . 45.5
Estensione dell'aves
    98.2
Estera 142.7
Esterna, crosta - ed
    interna di cemento
    205.2
-, gittata - del porto
    185.9
-, parete . . . 128.7
-, ruvidezza della
    superficie - della
    verga 44.8
-, scabrosità della
    superficie - della
    verga 44.8
-, superficie - del
    coperchio 60.8
Esterne, intonacare
    le pareti 37.10

Esterno, collega-
    mento di un
    pilastro interno
    con un 111.2
-, disporre delle ner-
    vature orizzontali
    verso l' 219.1
-, il varco del limite
    di fusione è rico-
    noscibile dall' 4.9
Estirado, límite de -
    á la tracción 4.8
Estradosso . . 148.4
Estrarre il tubo 124.1
- l'acqua con
    recipienti 98.4
Estratificación . 89.7
- variable . . . 112.8
Estrazione, resi-
    stenza del palo
    all' 121.2
Estrecha, tablilla
    142.3
Estrema, campata
    150.4
Estremità, adattare
    i ferri portanti
    alle due 185.2
- della colonna,
    armatura dell' 80.4
- - trave . . . 141.9
- di entrata . . 61.4
- - scarico, traspor-
    tare verso l' 58.2
- - gancio di . . 72.5
-, posante ad ambe l'
    164.11
-, screpolatura dell'
    20.7
-, spandere dalle due
    108.8
-, tensione all' . 23.1
Estribo 229.7
- de hierro pasa-
    mano 151.5
- - llanta pasamano
    151.5
- - un puente . 192.7
- muro con . . 139.4
- universal . . 84.3
Estribos entre-
    lazados 112.3
Estrich 164.5
-, Gips 154.9
-, Zement . . . 154.6
Estrope d'attache
    des tiraudes 103.6
Estrovo de fijación
    de las cuerdas
    103.6
Estructura, poner
    manifesto las pro-
    piedades de la
    89.6
Estuco, losa de 133.5
-, revestimiento de
    142.2
Esuberante d'acqua,
    calcestruzzo 34.5
Établir dei pilieri
    en béton sur pilo-
    tis en bois 114.3
- directement sur le
    sous-sol rocheux
    191.5
- sur gradins . 109.4

Établir un coffrage
    78.1, 78.3
Étage 129.5
Étages, four à . 11.7
Étagenofen . . 11.7
Étai, assembler un -
    dans le montant
    74.4
Étanche, cave . 112.4
-, rendre . . . 196.8
-, rendre - au moyen
    de plaques de tôle
    196.3
-, - - avec du cuir
    214.1
Étanchéité . . 213.2
-, appareil d'essai d'
    213.4
Étançons, soutenir
    provisoirement
    par des - latéraux
    136.11
État de concrétion,
    cuisson sans
    atteindre l' 9.2
- hygrométrique
    18.11
- pulvérulent, laitier
    de haut fourneau
    à l' 9.5
Étayement de la
    fouille 97.3
- du plancher après
    le décoffrage 85.6
- en dessous . 83.4
Étayer . . . 74.3, 97.4
Éteinte, chaux - en
    poudre 8.12
Étendre du ciment
    155.9
Éterogenea so-
    stanza 25.6
Étirage, limite d' 4.8
Étrangère, matière
    25.6
Être composé de
    moitiés 123.5
- soumis à un effort
    tangentiel 217.6
- toujours en
    prise 60.3
Étrésillon à serrage
    97.6
Étrésillonnement de
    la fouille 97.3
Étrésillonner . 97.4
Étrier de réunion
    en fil métallique
    179.2
- en fer plat . 151.5
- universel . . 84.3
Étroite, planchette
    142.3
Evacuación, con-
    ducto de 121.7
Evenly, to load 49.9
Eventual, carga 230.1
Eventuelle, charge
    230.1
Évidé, déversoir
    193.10
- - - rempli d'en-
    rochements 194.3
- prisme de béton 43.7
Évidement 43.8, 152.4
- cylindrique . 180.8
- en arc 150.6

Évider 164.2
Évier 245.1
-, pierre d' . . . 244.9
Evitar las trepi-
daciones 85.5
Evitare le scosse 85.5
- - vibrazioni . 85.5
Éviter les trépi-
dations 85.5
Examen du terrain
à bâtir 92.2
Examen del terreno
para edificar 92.2
Examination of
the building
ground 92.2
Excavación . . 66.7
-, apuntalamiento
de la 97.3
- de fundación 96.3
- desecada . . 102.1
-, desecamiento de
la 99.1
-, pared de la . 96.1
-, piquetaje de
la 89.6
Excavate, to . . 182.7
Excavation 66.7, 122.6
Exceeding, the - of
the yield point is
externally visible
4.9
Excéntrica, basa-
mento de fun-
dación á carga
111.1

Excentrically, foun-
dation slab
loaded 111.1
Exceso de com-
presión de agua
198.9
Excess, to have an
- of mixing 18.9
Excessivement,
agiter 18.9
Exécuter une fouille
en talus 96.2
Exit 58.3
- end, to convey to
the 58.2
Expand, to 19.11, 46.5
Expanded metal 6.4
- -, partition on 133.9
Expanding prop 97.6
- shore 97.6
Expansion, appear-
ance of 20.4
-, coefficient of 46.9
-, - - thermal . 3.2
-, crack due to 21.1
-, degree of . . 20.2
- due to the
atmosphere 21.3
- joint 38.8, 67.3, 174.9
190.1, 228.8
Expansión, fenó-
meno de la 20.4
Experiment . . 46.1
Exposer à l'air
humide 22.11
Expulsar el ácido
carbónico 12.1

Expulser l'acide
carbonique 12.1
Extender cemento
155.9
Extension, coeffi-
cient of 41.6
Extensometer,
mirror 4.7
Extérieur, disposer
des nervures hori-
zontales à l' 219.1
-, effort - de com-
pression 40.5
-, - - - flexion . 40.7
-, - - - traction 40.6
-, mur 128.7
-, revêtement - et
revêtement in-
térieur en ciment
- 202.2
Extérieure, badi-
geonner la sur-
face 37.10
-, endurir la surface
37.10
-, force - de com-
pression 40.5
-, - - - flexion . 40.7
-, - - - traction 40.6
-, ravaler la surface
37.10
-, surface - du
couvercle 60.8
Exterior, muro 128.7
-, superficie - de
la cubierta 60.8
External wall . 128.7

Extra water
pressure 198.9
Extrados . . . 148.4
Extrados d'une
voûte 148.4
Extrait, sable - d'une
sablonnière 26.13
Extraña, materia 25.6
Extreme fibre stress
37.1
Extrême, zone . 150.4
Extremidad de
entrada 61.4
- - salida . . . 61.5
-, gancho de . . 72.5
Extrémité, crochet
d' 72.5
- d'entrée . . . 61.4
- de sortie . . . 61.5
- - vidange, trans-
porter vers l' 58.2
- inférieure,
appointé à l' 123.3
Extrémités, posé
librement par
ses 164.10
Extremo, apoyado
solo por los -s
164.10
-, campo 150.4
-, tensión al . . 135.4
-, transportar al -
donde tiene lugar
el vaciado 58.2
Exzentrisch be-
lastete Fundament-
platte 111.1

F.

Fabbricabile, carico
sul terreno 95.8
-, drenaggio delle
acque dell'area
98.3
-, natura del terreno
94.5
-, prosciugamento
delle acque del-
l'area 98.3
-, terreno . . . 92.2
Fabbricare le co-
lonne all'indu-
stria 160.4
Fabbricati, separare
le fondazioni
delle macchine
e dei 110.4
Fabbricato ad uso
abitazione 129.7
- delle caldaie . 112.5
- per uso indu-
striale 129.8
-, peso proprio
del 101.5
Fábrica, edificio
de 129.8
Fabricación del
cemento 10.2
Fabricar las co-
lumnas 160.4
Fabrication dans
un tubage en
tôle 123.1
- du ciment . . 10.2

Fabrikgebäude 129.8
-mäßig herstellen,
Säulen 160.4
Fabrique, bâti-
ment de 129.8
Fabriquer dans un
moule vertical
118.6
- les carreaux,
presse pour 211.9
- - colonnes mono-
lithes 160.4
Façade, pilier de la
79.5
Facciata, armatura
della colonna da
79.5
-, mattone da . 133.7
-, pietra decora-
tiva per 245.2
Face 126.3
-, bottom - . . 148.5
-, nearly plumb 191.3
- - vertical . . 191.3
-, outer - of the
cover 60.8
-, top 148.4
-, underla)er with
level 146.4
- wall 196.7
Facework . . . 126.5
-, stone for . . 126.4
Face avant presque
verticale 191.3

Fachada, molde
de pilastro de 79.5
-, piedra de . 245.2
Fachwerkbalken-
brücke 230.10
-brücke mit para-
bolischem Ober-
gurt 232.1
-dach 168.2
-träger 153.7
Facing, ashlar stone
232.9
- brick . . . 133.7
-, bottom - machine
247.3
-, cement . . . 218.5
-, side- - machine
247.2
- stone . 126.4, 133.7
-, wooden lath for
150.8
Façonner des
briques 10.11
Factice, asphalte
208.11
-, pierre . . . 239.1
Factor of safety 5.7
Factory building
129.8
- premises . . 129.8
Faggots . 178.3, 188.6
Fahne, Signal- . 90.4
Fahrbahn . . . 205.7
-körper 205.7

Fahrbahnunter-
stützung, sekun-
däre 235.3
-, die - aufhängen
235.6
-, oben liegende
228.3
-, unten liegende
228.1
Fahrbar 118.9
Fahrbare Winde
194.10
Fahrgestell . . 58.7
Fahrstraße . . 209.2
Fahrstuhl . . . 65.1
Fahrzeug, Straßen-
204.2
Fair solidity, clay of
95.4
-, to finish . . 154.8
Faire apparaitre des
propriétés de
structure 89.6
- chevaucher les
barres de fer 71.5
- corps à l'air . 7.2
- les joints, mo-
lette à 211.3
- servir les poutres
de balustrade 228.2
- - - - de garde-
corps 228.2
- un béton plein 33.7
Faja de corni-a
146.5

Fajinada, salchi-
chón de 178.3
Fajinas 183.6
Falda acquifera,
fondazione avan-
zata fino alla 109.8
- -, strato acquifero
sottostante alla
114.1
Fallgewicht des
Betons 62.9
-höhe 120.8
-werk 102.6
-, Belastungs- . 230.1
Fallen, der Bär fällt
frei 104.4
-lassen des Bohrers
93.7
Fall 226.2
-, bed of 192.6
-, foot of 192.6
-, height of . . 120.8
-, reunion of the -s
198.10
-, the ram -s freely
104.4
-, to allow to - from
a height 122.5
Falling in ... 152.4
- weight of the con-
crete 62.9
False bottom . 201.9
- ceiling 142.8
Falsework ... 73
-, arch 85.3
-, arched 87.3
- for a reinforced
concrete roof 81.7
- - arched floor 81.2
- - Monier walls 76.6
- of a dam . . 106.5
-, plank 82.6
-, polygonal . . 87.4
-, propping . . 83.4
-, quadrangular 87.5
-, staying ... 83.4
-, supporting the
floor after remo-
val of 85.6
-, to dismantle . 85.4
-, - erect the . . 73.1
-, triangular . . 87.2
Falso, impiantito
154.3
-, palo 117.7
-, pilote 117.7
-, piso 154.3
Fan scaffolding 87.2
Fangdamm . . 106.4
-, den - dichten 107.7
-, doppelter . . 106.7
-, Eingerüstung des
-es 106.5
-, Kasten- . . . 106.6
Fang, Kugel- . 137.9
-, Sand- 226.1
-, Wind- 102.6
Fange, séparer la
241.3
Fanghiglia, riem-
pire con la - il
giunto 67.7
Fango di mare 115.12
-, separare il . . 241.3
Fango de mar 115.12
-, el separar el 30.8
Fangosa, tierra 108.10
Fangoso, terreno 94.8

Far precipitare le
sostance terrose
Farbmischmaschine
246.2
-mühle 246.3
-zusatz 20.3
Farbe, Erd- . . 239.5
-, Mineral- . . . 239.6
-, natürliche . . 240.1
-, Öl- 215.4
Farbenzusatz zum
Zement 155.10
Färbung des Ze-
mentes 239.4
Fare apparire la
proprietà di
struttura 39.6
- il bordo con la
plastra 227.5
Farina, sminuzza-
mento alla
finezza della 8.8
Farine, broyage à
l'état de 8.8
-, mouture à l'état
de 8.8
-, pulvérisation à
l'état de 8.8
Faro 200.6
Faschinen . . . 183.6
-wurst 178.3
Fascia che serve per
legatura 127.3
- di lamiera per
collegamenti 159.2
-, trave di . . . 49.2
- verticale del gra-
dino 163.1
Fasciare con fildi-
ferro nei punti
d'incrocio 131.4
Fasciatura a filari
127.9
- - gola di fu-
maiuolo 127.8
- all'olandese . 128.3
- della muratura
all' inglese 128.1
- di rinforzo per
muri di fortifi-
cazione 128.6
- - sicurezza per
muri di fortifi-
cazione 128.6
- incrociata . . 128.2
- per muri di sponda
dei fiumi e tor-
renti 128.5
-, pietra di . . . 216.6
-, polacca . . . 128.4
-, strato di . . . 127.4
- trasversale . . 42.6
Fasciature in ferro,
mantenere il col-
legamento me-
diante 79.10
Fascinage . . . 183.6
Fascinato, sperone
184.1
Fascine 183.6
-, fastello di . . 178.3
-, graticcio a sal-
siccioni di 178.5
Fascines 178.3, 183.6
-, underframing of
184.6
Fascines 183.6
-, saucisson de . 178.3

Fase di rottura 46.9
Fase de rotura 46.9
Faser, parallel zur
Achse gelegene
49.6
Faß 13.6
-, Einheits- . . 13.8
-, Normal- . . . 13.8
Fassadenstein . 245.2
Fassen, die in der
Baugrube auf-
tretenden Quellen
99.3
Fastelli 183.6
Fastello di fascine
178.3
Fasten, to - the laths
to the joists 81.5
Fastening, rigid 187.9
Fatto a telescopio
123.4
Fäulnis 118.7
Faux pieu . . . 117.7
- pilot 117.7
- plancher . . . 154.3
Feder und Nut 153.5
Federnde Zu-
sammendrückung
41.9
Feed end 61.4
Feinbeton . . . 240.4
- -platte, gepreßte
244.2
-heit, Mahl- . . 15.5
-körniger Sand-
boden 95.4
Feines Korn.. 29.5
Feldschmiede . 70.5
-weg 204.8
-, End- 150.4
-, Mittel- 150.3
Felsuntergrund, auf
- unmittelbar
aufbauen 191.5
Felt, strip of asphal-
tic roofing 85.2
- - soaked in pitch
208.10
-, tarred roofing 208.9
Feltro, striscia di -
immersa nella
pece 208.10
Femina, maschio e
153.5
Fence 136.3
Fender 189.2
- beam 202.3
Fendillement dù au
retrait 20.10
- sur le bord . 20.7
Fenditura di dilata-
zione 190.1
- - scolo 99.7
Fenditure, turare le
107.8
Fendre 72.6
-, qui se fend aisé-
ment 29.12
Fenêtre, embrasure
de 79.8
-, tableau de . . 79.7
Fénico, solución de
ácido 208.6
Fenómeno de la ex-
pansión 20.4

Fenómeno, inter-
rupción en el
- del fraguado 18.12
Fensteranschlag 79.7
-leibung 79.8
Fente 45.7
Fer 2.2
- à champignon 6.6
152.2
- - lisser 210.7
- - surface polie 5.2
- ajouté 71.3
-, ancrer le . . 151.8
- auxiliaire . . 71.3
-, bague en . . 218.1
-, camion à caisse
basculante en
63.9
- cannelé ... 6.9
-, cercle en . . 218.1
- chaud, dame à
209.12
-, chemin de -
souterrain 225.1
- chevauchant 158.4
-, collier en . . 218.1
- cornière 159.1, 164.5
187.10
- de bordure . 228.3
- lance, trépan en
98.11
- - Kahn . . . 6.3
- spatule . . . 156.5
- suspension . 80.8
- truelle . . . 156.5
- en I . 142.10, 180.10
- - U 148.1
- feuillard comme
support 80.7
- fondu 3.5
- I cintré de Mélan
148.7
- malléable . . 3.6
-, moule en . . 241.4
-, pied avec pointe
de 93.1
-, placer les - sur-
149.7
- plat 5.10
-, cadre en . . 78.2
-, cercle en . . 80.2
-, coin en . . . 80.9
- - en deux parties
-, étrier en . . 151.5
-, gril en . . . 78.2
- - pour collier
159.2
- - - frette . . 159.2
- plié avec pointe
trations dans la
zone supérieure
151.10
-, porteur, disposer
les -s -s des deux
côtés 135.2
- profilé . . 5.8, 164.6
- protecteur d'angle
164.4
- Ransome . . 6.2
- rond . . 5.9, 158.11
-, rotule en . . 234.3
- soudé 3.4
- Thacher . . . 6.1
- transversal . 157.4
Ferma-assi . . . 76.9

Ferme à la Polon-
ceau 169.9
-, battre jusqu'au
sol 121.1
-, comble sur -s 169.6
-, disposition de -s
en arc 170.4
-, maîtresse . . 170.2
- métallique, toit
avec 168.2
- polygonale . 87.4
-, terrain 94.7
- trapézoïdale . 87.5
- triangulaire à
réseau 87.2
Fermé, déversoir
partiellement 193.9
Fermentazione 113.7
Fermer les joints
du batardeau 107.7
Fermeture du dia-
gramme, ligne de
48.7
-, tracé des lignes
de 48.6
Fermo, il raccogli-
tore d'impasto è
53.9
Ferraille 72.10
Ferrata, leva . 97.2
Ferri a doppio T,
soletta di beton
fra 181.1
- ad angolo, proteg-
gere con 241.10
- bullonati, soffitto
con 152.2
- dell'armatura 78.7
-, disporre i . . 149.7
-, poggiare i . . 149.7
- portanti, adattare
i - alle due estre-
mità 135.2
Ferro 2.2
- a doppio T 142.10
180.9
- - - - arcuato di
Melan 148.7
- - funghi . . . 152.3
- - fungo 6.6
- - spatola . . 156.5
- ad angolo . . 164.5
187.10
- angolare . . . 159.1
-, articolazione in
234.8
- bullonato . . 152.3
-, cerniera in . 234.5
- con scanalature
6.9
- - superficie liscia
5.2
- d'armatura della
soprastruttura
117.1
- - per pilastri e
colonne 78.4
- dell'architrave
della porta 137.5
- di aggiunta . 71.3
- - allungamento
71.3
- - Kahn 6.3
- - scarto . . . 72.10
- - sospensione 80.8
-, forma in - per la
gettata 241.4
- fuso 8.5

Ferro fuso, disco
di - rotante
orizzontalmente
89.2
- -guida 159.3
- in due parti . 81.3
- - forma di U 143.1
- malleabile . . . 3.6
- ondulato . . . 6.5
- per l'orlo . . 223.3
- - lisciare . . 210.7
- - - a caldo 209.12
- piatto 5.10
-, cerchio di . 80.2
-, chiavetta di 80.9
- - divisorio . . 81.3
- - funzionante
come ferro por-
tante 80.7
-, griglia in . 78.2
-, staffa di . . 151.5
- portante . . . 157.3
-, ferro piatto fun-
zionante come 80.7
- profilato 5.,8, 164.6
-, perno in . 158.11
- Ransome . . . 6.2
- ristretto nella
piattabanda 151.10
- sagomato . . 164.6
- saldato 3.4
- sopracavallato
158.4
- sporgente . . 164.4
- Thacher . . . 6.1
- tondo . . 5.9, 146.11
- trasversale . 157.4
Ferro-concrete . 1.2
- - beam, ferro-con-
crete floor with
visable -s 151.1
- - boat 201.8
- - core . . . 196.2
- - covering . . 193.7
- - floor . . . 148.8
- - - between steel
girders 147.5
- - - with visable
ferro-concrete
beams 151.1
- - pipe . 165.5, 226.7
- - shell 193.7
- - slab 148.9
- - sleeper . . 246.1
-, superstructure
in 185.2
-, top in . . . 185.2
- - weir . . . 193.8
Ferrocarril, puente
de 237.3
- subterránea . 225.1
-, traviesa de . 245.9
Ferrovia sotter-
ranea 225.1
-, traversina da 245.9
Ferroviario, ponte
237.3
Fessura 45.7
- per dilatazione
228.8
Fessure, ostruire le
177.5
Fest einrütteln 14.4
-halten, den Misch-
behälter durch
Bremse 31.6
-legung des Straßen-
querschnittes
durch Pfähle 207.8

Festpunkt . . . 89.4
-stehen, der Misch-
behälter steht
fest 53.9
-stehende Maschine
56.5
-walzen, den Unter-
grund 206.4
Feste Verbindung
187.9
Fester Boden . 94.7
- -, bis auf -n -
herabrammen
121.1
Festes Wehr . 191.10
Festigkeit . . . 22.4
-, Dreh- 44.3
-, Eigen- 22.6
-, Haft- 2.4
-, Klemm- . . . 2.10
-, Knick- . . . 49.10
-, Stand- 136.1
-, Würfel- . . . 48.4
Festigkeitshöchst-
wert 26.4
-lehre 40.1
-mindestwert . 25.3
Festungsverband
128.6
Fette Mischung 33.8
Fettsäure, Leinöl-
215.7
Feu, sécurité à
l'égard du 8.3
-, souder au . . 70.8
Feucht, erd-. . 83.12
Feuchte Luft, in -r
- lagern 22.11
Feuchter, gut ein-
gestampfter
Sand 120.5
Feuchtigkeit, Luft-
23.11
Feuerbeständigkeit
37.4
-sicher 163.4
-trotzummantelung
160.3
-widerstandsfähig-
keit 3.3
Feuillard de liga-
ture 159.2
-, fer - comme sup-
port 80.7
Feutre, bande de -
poissée 208.10
Fiancata 82.1
- dello sfioratore
194.9
Fianchi, nervatura
dei 202.1
Fianco 82.1
Fibra neutra. . 43.9
- - parala al eje 49.6
46.11
Fibras longitudi-
nales 144.6
- transversales 144.7
- -vejetales, sin 108.5
Fibre, extreme -
stress 89.1
- parallel to the
axis 49.6
Fibre neutre 43.9, 46.11
- parallèle à l'axe
49.6
Fibres longitudi-
nales 144.6

Fibres transver-
sales 144.7
- végétales, sans
108.5
Fibre distribuite
parallelamente
all'asse 49.6
- vegetali, scevro
di 108.5
Fiche 90.7
- pour chaîne d'ar-
penteur 90.6
Fichée, ancre - en
terre 179.4
Ficher des pal-
planches 105.6
- - pieux . . . 105.6
Field-path . . . 204.8
Fieltro, tira de -
sumergida en
péz 208.10
Figur, Fließ- . . 5.3
Figura della dut-
tilità 5.3
Figure, strain . . 5.3
Figure, charger
suivant l'axe de
49.9
Fija, máquina . 56.5
Fijación, estrovo
de - de las cuer-
das 108.6
-, lista de - del re-
voque 150.8
-, tornillo de . . 75.5
Fijado, muñón -
á una placa 60.1
Fijar 166.1
- las latas porta-
doras á las vigas
81.5
Fijo, el recipiente
mezclador es 53.9
-, punto 89.4
-, vertedero . 191.10
Fil à plomb . . 91.3
- de fer, croix de
St. André en 181.2
- - -, entourer de 71.6
- - -, grosseur du
- - du crible 15.9
- - -, ligaturer avec
du 71.6
- - - recuit 72.1, 75.3
- - l'eau . . . 181.10
- - liaison . . . 72.2
- - ligature 72.2, 148.2
-, entourage de 158.5
- - métallique,
étrier de réunion
en 179.2
- -, ligature en 75.2
- -, ligaturer aux
points de croise-
ment avec du 181.4
- -, reseau en . 181.5
Fils, les - longi-
tudinaux sont
apparents 179.7
Fila di pali con
capello 178.1
- - puntelli ante-
riore 189.4
- - - posteriore 189.5
Fila de estacas con
carrera 178.1
- - pilotes ante-
riores 189.4

Fila de pilotes
posteriores 189.5
-, disponer las arma-
duras en dos -s
49.3
-, en -s perpendicu-
lares al eje de la
calle 206.1
-, pavimento en -s
212.7
Filari, fasciatura a
127.9
Fildiferro, avvol-
gere col 71.6
-, - con 158.8
-, avvolgimento di
158.5
-, cavo in . . . 168.7
-, collegare con -
nei punti d'incro-
cio 131.4
- del crivello, spes-
sore del 15.9
-, distendere del tra-
liccio in 181.3
-, mattone armato in
134.1
- per legatura . 148.2
- - legature . . 72.2
-, rete in 131.5
- ricotto 72.1
File de palplanches
105.2
- - -, garnir une
105.10
- - pieux chapés
178.1
- - pilotis anté-
rieure 189.4
- - - postérieure
189.5
File, lastricato a
212.7
Filet 143.8
Filetage 143.8
Filettatura delle viti
143.8
Fili di ferro disposti
a croce 181.2
- longitudinali, i -
appariscono 179.7
- -, - - sporgono
fuori 179.7
Filo di collegamento
a forma di staffa
179.2
- - ferro ricotto 75.3
- metallico, legatura
con 75.2
Fill, to - from each
end 108.1
-, - - in loosly . 14.3
-, - - with clean
sand 116.8
Fillet, corrugated 6.7
-, triangular . . 79.1
Filling 142.5
- block 186.3
-, height of . . 35.6
- in 156.6
- -, ramming and -
of the girders 147.3
- material . . . 10°.2
Film of rust . . 72.9
-, thin - of rolled
bars 44.6
Filone dell'acqua
181.10
Filter . . 100.8, 219.10

Filterbett . . . 220.2
-fläche, nutzbare
220.1
-, Kies- 194.2
-material . . 220.10
-stoff 220.10
Filter . . 100.8, 219.16
-, ballast 194.2
- -bed . . 192.9, 220.2
- -, efficient surface
of 220.1
-, rubble 194.2
Filtered water 220.13
Filtering material
220.10
Filtrante, couche
220.2
-, matière . . 220.10
-, surface - utile
220.1
Filtrante, materiale
220.10
-, strato . . . 220.2
-, superficie - utile
220.1
Filtrante, lecho 220.2
-, materia . . 220.10
-, superficie - útil
220.1
Filtrare attraverso
l'epuratore 220.11
Filtre . . 100.8, 219.10
- à gravier . . 194.2
- - pierraille . 194.2
Filtro . . 100.8, 219.10
- della ghiaia . 194.2
Filtro . . 100.8, 219.10
- de cascajo . 194.2
Filzstreifen, in Pech
getauchter 208.10
Fin, béton . . . 240.4
-, chaine sans . 65.3
- de la prise . 16.9
-, grain 29.5
- -, mélange à . 25.10
Fin, cadena sin 65.3
- del fraguado 16.9
Fine concrete . 240.4
- - slab, compressed
244.2
- grain 29.5
- - mixture . . 25.10
- grinding . . . 8.8
- sand ground . 95.6
Fine, catena senza
65.3
- della presa . 16.9
Finely broken stone
26.9
Finement granulé,
mélange 25.10
Fineness of grinding
15.5
Finesse de mouture
15.5
Finestra, listello
della 79.5
-, telaio della . 79.5
Finezza della farina,
sminuzzamento
alla 8.8
- - macinatura 15.5
Fingernagelprobe
19.1
Finger-nail test 19.1
Fini, terreno sab-
bioso a granuli
95.6

Finish of setting 16.9
-, plaster 154.9
-, to - fair . . . 154.8
-, - - smooth . 154.8
-, - - with concrete
116.9
Finishing layer 242.2
Fino, calcestruzzo
240.4
-, grano 29.5
-, lastra di calce-
struzzo - pressata
244.2
Fino, grano . . 29.5
-, hormigón . . 240.4
-, terreno arcilloso
de grano 95.6
Finura de la harina,
trituración hasta
la 8.8
- - - molienda 15.5
Fioretto da fonda-
zione 94.2
Fire resisting pro-
perty 3.3, 37.4
Fireproof . . . 163.4
- casing 160.3
Firm, moderately -
ground 94.6
Firme, hundir hasta
el suelo 121.1
-, terreno . . . 94.7
Fish plate . . . 188.7
-, shell- . . . 115.10
-, -tail, to . . . 72.6
Fissa, macchina ver
ticale 56.5
Fisso, nodo . 231.11
-, livello ad acqua
. con tubo 91.6
-, punto 89.4
Fissure 45.7
- due à la poussée
21.1
Fit, to - over the
cap 120.4
-, - - - - head . 120.4
Fitted in, pile shoe
128.9
Fiume 175.3
-, acqua di . . 31.12
-, betonaggio del
letto di un 185.5
-, corso di un . 182.2
-, costruzione spor-
gente dalla sponda
del 184.7
-, fondo del . . 182.1
- grande . . . 175.4
-, larghezza della
corrente del 181.8
-, - normale del 183.2
-, profondità del
181.9
-, regolarizzazione
del 183.1
-, sabbia di . . 27.1
-, sistemare il fondo
del 192.5
Flumi, consolida-
mento delle
sponde del 181.7
- e torrenti, fascia-
tura per muri di
sponde del 128.5
Fixpunkt . . . 89.4
Fix, to - concrete
piles on top of
wooden ones 114.3

Fix, to - in foun-
dation 185.9
-, - - the bed . 192.5
-, - - together . 206.2
-, - - wire netting
between two
angle irons 132.8
Fixe, déversoir 191.10
-, l'enveloppe du
malaxeur est 53.9
-, machine . . . 56.5
-, point 89.4
Fixed in floor . 150.1
- machine . . . 56.5
-, the mixing drum
is 53.9
- weir 191.10
Fixer des lattes de
support aux
poutres 81.5
Fixing in . . . 163.7
- the road section
by means of
stakes 207.8
Flacheisen . . . 5.10
- als Trageisen 80.7
-bügel 151.5
-keil 80.9
-reifen 80.2
-rost 78.2
-, zweiteiliges . 81.3
Flaches Dach . 168.1
Fläche, Gleit- . 188.2
195.2
-, Haft- 151.7
-, Momenten- . 48.3
-, ruhende . . . 185.5
-, untere Leibungs-
148.5
Flächenaufnahme
89.2
Flachgründung
108.12
Flag 90.4
Flagstone . . . 244.5
Flambage, résis-
tance au 49.10
Flange, bottom 144.3
231.7
-, floor resting on
bottom 149.2
-, - - - top . . 149.3
-, solid - at bearing
231.9
-, to bend a bar
round - of girder
150.2
-, top 188.2
-, upper- . . . 231.6
Flangia in terra-
cotta, chiave di
144.9
- inferiore della
trave 144.3
Flangie delle travi,
piegare i ferri
attorno le 150.2
Flap-valve. . . 92.8
Flasque, tourillon
fixé à un 60.1
Flat arch . . . 146.5
- foundation . 108.12
- iron bar, double
81.3
- - grating . . 78.5
- -, hot . . . 209.1°
- stirrup . . . 151.3

Flat iron used as
    main bar 80.7
- - wedge . . . 80.9
- jumper . . . 94.1
- roof 168.1
-, to lay 74.1
- trowel . . . 156.5
Flats 5.10
Flecha . 143.13. 168.11
-, aumentar la al-
    tura de la 85.3
- y la cuerda, rela-
    ción entre la 50.3
Flèche . 143.13, 168.11
-, augmenter la
    hauteur de 85.3
-, donner de la 85.3
-, rapport de . . 50.3
Fléchir, la semelle
    de fondation
    fléchit 110.1
Fléchissant, moment
    - négatif 149.6
Flechten 148.1
Fleje 80.2
- de ligadura . 159.2
Flemish bond . 128.3
Flessibile, livello ad
    acqua su tubo 91.5
-, tubo 98.7
Flessione, barra in-
    castrata nel ter-
    reno e resistente
    alla 248.5
-, legge della - del
    Navier 43.3
-, sforzo di . . 40.7
-, sollecitazione di 2.7
-, teoria della - del
    Navier 43.3
Flettente, momento
    - negativo 149.6
Fleuve 175.4
-, fond du . . . 182.1
-, largeur du . 181.8
-, profondeur du 181.9
-, régularisation du
    183.1
Flexible, boyau 98.7
-, niveau d'eau à
    tube 91.5
-, tuyau . . . 98.7
Flexible, nivel de
    agua de tubo 91.5
-, tubo 98.7
Flexion, effort de 2.7
-, - extérieur de 40.7
-, force extérieure de
    40.7
-, théorie de la - de
    Navier 43.3
Flexión, esfuerzo de
    2.7
-, fuerza de . . 40.7
-, momento de -
    negativo 149.6
Fliese, Zement- 210.10
Fließfigur . . . 5.3
-grenze 4.8
- -, die Überschrei-
    tung der - ist
    äußerlich erkenn-
    bar 4.9
Flight 161.2
-, staircase with
    three -s 161.5
-, - - two -s . 161.4
Floating block 186.1
- pontoon . . . 200.4

Flood 116.1
Floor . . 141.8, 153.11
-, arched 149.9
-, armoured con-
    crete 148.8
-, brick and con-
    crete 150.9
-, built in . . . 150.1
-, cement . . . 154.6
-, concrete - between
    steel girders 147.1
-, continuous . 149.5
-, falsework for
    ached 81.2
-, ferro-concrete 148.8
-, - - - between steel
    girders 147.5
-, - - - with visable
    ferro-concrete
    beams 151.1
-, fixed in . . . 150.1
-, freely supported
    149.1
-, ground . . . 129.4
-, intermediate 154.3
-, joisted - with steel
    girders 142.9
-, Koenen's . . 150.5
-, Lund's . . . 153.8
-, Matrai's . . 152.6
- of bricks with iron
    reinforcement
    146.9
-, plaster . . . 154.5
-, reinforced brick -
    with concrete
    beam 119.4
-, - concrete . . 118.8
-, resting on bottom
    flange 149.2
- - - top flange 149.3
-, sound proof . 142.8
-, supporting the -
    after removal of
    centres 85.6
-, terra-cotta . 154.11
-, to place the tie in
    the 170.1
-, wall carrying 128.9
- with bulb iron 152.2
- - free ends . 149.1
- - T-beams be-
    tween steel
    girders 150.10
-, wood . . . 154.1
-, wooden beam 141.6
Flooring, armour-
    ed tubular . 152.8
    243.7
-, inlaid . . . 154.4
-, parquet . . . 154.4
Flotación, pontón
    de 200.4
Flotador . . . 221.1
Flotante, bloque
    186.1
-, campana de
    buzo 189.9
-, pontón . . . 200.4
Flottant, bloc . 186.1
-, caisson . . . 186.2
-, monter des cais-
    sons -s 200.5
-, ponton de . . 200.4
Flotteur, dis-
    positif à 221.1
Fluat, Magnesium-
    216.1
Fluatación . . 215.9

Fluatation . . . 215.9
Fluatazione . . 215.9
Fluate, magnesium
    216.1
Fluate de magné-
    sium 216.1
Fluatieren . . . 215.9
Fluating 215.9
Fluato de ma-
    gnesio 216.1
Fluchtstab . . . 90.3
Flügelmauer . . 229.8
-, Misch- und
    Transport- 57.7
-, Parallel- . . . 140.6
-, Seiten- 140.7
-, Wehr- 194.9
Fluidi, serbatoio
    per 213.1
Flume 197.1
Fluorsilizium,
    Doppelverbin-
    dung von 215.10
Fluor, silicato de
    215.10
Fluoro e silicio,
    composto doppio
    215.10
Fluoruro di ma-
    gnesia 216.1
Fluosilicate. . 215.10
Fluosilicate, double
    - combination
    215.10
Flush, to cut the
    edges 189.11
- water pipe . 104.7
- weir . . . 192.3
Flushing, com-
    bined - and ram-
    ming 104.6
-, lead 216.3
-, pile sinking by
    means of 121.3
- pipe 104.7
Fluß 175.3
-einbau 184.7
-eisen 8.5
-kies 27.13
-lauf. 182.2
-sand 27.1
-sohle, Ausbau der
    - in Beton 185.5
- -, die - befestigen
    192.5
-wasser 31.12
Flüssigkeitsbehälter
    213.1
-druck 217.7
-säule 217.10
Flut, höchste . 116.1
Flute, to . . . 74.3
Fluted web, T-bar
    with 6.8
Fluvial, albañilería
    128.5
Flux, to . . . 124.
Fly off, the forge-
    scale flies off 5.1
Foce 176.1
Fodera 116.5
- tubolare . . . 98.8
Fold, to make the
    sheetings to - to-
    gether 76.3
Fonçage d'un puits,
    rouet pour le 124.5

Fonçage de pillers
    par le procédé
    des mineurs 122.2
-, pilon pour le 122.3
Foncer un puits 100.7
Fonctionnement
    continu, ma-
    chine à 61.1
- discontinu, ma-
    laxeur à 58.8
- intermittent . 58.8
Fond, affermir le
    - de la rivière 192.5
- au pied du dé-
    versoir 192.4
-, cylindre béton-
    neur du 185.4
- d'argile . . . 178.5
- de la poutre . 82.2
-, disposition du -
    du réservoir 219.3
-, donner au - une
    forme concave 185.8
-, double 201.9
- du fleuve . . 182.1
-, élargissement
    du 177.7
- en planches . 82.6
-, forme du - du
    réservoir 219.3
- garni de cou-
    teaux 222.8
- ouvrant, benne à
    65.2
-, pareuse de . 247.3
- se rabattant,
    benne à 65.2
Fondamenta,
    azione dell'acqua
    nelle 105.1
Fondamentale,
    équation 48.8
Fondamentale,
    equazione 48.8
Fondation à l'air
    comprimé 124.6,
    199.8
- - grande pro-
    fondeur 112.7
- descendant
    jusqu'à la nappe
    aquifère 109.3
-, disposer le tuyau
    d'écoulement
    dans la 224.3
-, encastrer dans
    la 185.9
-, fouille de . . 96.3
- isolée . . . 109.1
- par coffres . 124.8
- sur piliers . 110.5
- - plateforme
    avec empatte-
    ment 108.12
- - semelle . 108.12
-, tranchée de . 96.3
Fondazione a
    grande profon-
    dità 112.7
- ad aria compressa
    124.6, 199.8
- avanzata fino alla
    falda acquifera
    109.3
-, floretto da . . 94.2
- isolata . . . 109.1
- per corpi cavi 124.8
- recipienti vuoti
    124.8

Fondazione piana 108.12
-, scavo della . 96.3
- su pilastri . . 110.5
Fondere 209.2
Fonderie, moule de 246.6
Fondo a botola, secchia con 65.2
- - coltelli . . . 222.8
-, allargamento del 177.7
- d'argilla . . . 178.5
- del fiume . . 182.1
- - -, sistemare il 192.5
- - serbatoio, conformazione del 219.3
- della chiavica 198.2
- - conca . . . 198.2
- di cascata . . 192.4
- - una chiusa, costruire a secco il 199.1
-, doppio 201.9
-, macchina per fregiare il 247.3
-, - - ornare il 247.3
- selciato, rivestimento del - su ghiaia 177.1
Fondo al pie del vertedero 192.4
-, caja de - oscilante 65.2
- de arcilla . . 178.5
- - esclusa . . . 198.2
- del río 182.1
-, disposición del - del depósito 219.3
-, doble 201.3
-, ensanche del 177.7
- guarnecido de cuchillas 222.8
-, máquina de adornar el 247.3
Fondu, fer . . . 3.5
Fontanone d'acqua 224.4
Fonte, coussinet en 234.5
-, dame en . . . 66.1
-, meule en - tournant horizontalement 39.2
-, pilon en . . . 66.1
-, rouleau en . . 206.8
Fonte 175.1
Foot of fall . . 192.6
- - the bank protection 176.8
-path . . . 204.8, 229.4
- - paving . . . 244.4
- -, slab for . . 244.3
-, protecting the 177.8
-, securing the . 177.8
-way 229.4
Footing of a pillar 110.5
- - foundation 109.3
-, to widen - in offsets 109.4
-, - - - - steps . 109.4
Forage, descente du tubage par 124.3
Forata, pietra - per lo scolo 244.9
Forati, impiego dei mattoni 74.6
Forato, mattone 130.4
Force at right angles 40.4
-, compressive . 40.5
-, gripping . . . 46.10
-, molecular . . 45.6
- of adhesion . 46.10
-, parallelogram of -s 47.7
-, polygon of -s 48.10
-, scale of -s . . 48.9
-, secondary . . 49.5
-, shearing . . . 43.5
-, tensile 40.6
-, tensile - acting in inclined planes 44.1
-, transversal . 45.1
-, variation of - s 46.3
Force, action différente des -s 46.3
-, - successive des -s 46.3
-, échelle des -s 48.9
- extérieure de compression 40.5
- - - flexion . 40.7
- - - traction . 40.6
- hydraulique accumulée 197.3
- -, installation de 196.9
-, jambe de . . 86.4
- moléculaire . 45.6
- motrice, consommation de 55.3
- -, dépense de . 55.3
- normale . . . 40.4
-, parallélogramme des -s 47.7
-, polygone des -s 48.10, 236.3
- portante du pieu 120.7
- transversale . 45.1
Forcelliforme . 71.10
Förderschnecke 62.4, 250.5
Foreign material 25.6
Forge 70.9
-, portable . . . 70.5
- -scale, the - flies off 5.1
Forge 70.9
- de campagne 70.5
Forgeable iron . 3.6
Fori, munire il telaio di 75.9
Forked 71.10
Formänderung . 2.8
-, Belastung und - sind proportional 4.5
-, bleibende . . 3.11
-, elastische . . 3.10
Formänderungskoeffizient 41.5
-vermögen des Betons 34.6
-zahl 41.5
Formeisen . 5.8, 164.6
- -, Kern aus . 158.11
-maschine . . . 246.5
-platte 212.2
-stein 146.6
- -verkleidung 216.11
Form, die Betonmasse in die - einlegen 35.5
-, Einheits- . . . 125.3
-, eiserne 241.4
-, Gewölbe- . . 112.2
-, Gips- . . 83.3, 241.8
-, Grund- . . . 125.3
-, Guß- 246.6
-, Holz- 241.5
Form, in der - bleiben 36.5
-, Kern- 225.7
-, Korn- 29.11
-, Lehm- . . . 241.11
-, Preß- 247.1
-, Stampf- . . . 246.7
-, Trichter- . . . 250.6
-, verstellbare . 242.1
-, Würfel- . . . 35.1
Form . . . 70.2, 73.5
- for a front column 79.5
- - arched floor 81.2
- - base of column 78.1
- - - - pillar . 78.1
-, girder 82.5
-, to - horizontally 118.7
-, - - Monier wall by throwing on and ramming concrete against mould 77.3
-, - - vertically 118.6
Forma a nocciuolo 225.7
- - pera del serbatoio d'impasto 60.9
- angolare con nervature di rinforzo 140.1
- anulare normale 23.7
- concava, serbatoio dell'impasto orizzontale a 61.2
- cubica, cassa dell'impasto a 57.1
- - normale . . 23.8
- della pressione normale 24.2
- di argilla . 241.11
- - lamiera come nocciolo dell'armatura 82.8
- - latta come nocciolo dell'armatura 82.8
- - tramoggia . 250.6
- in ferro per la gettata 241.4
- - gesso . 83.3, 241.8
- - legno . . . 241.5
-, levare dalla . 24.1
-, macchina per gettare in 246.5
-, mettere il calcestruzzo nella 35.5
- normale di trazione 23.9
- pel getto . . 246.6
- per battere col pestone 246.7
- - premere . . 247.1
- - pressare . . 247.1
Forma regolabile 242.1
-, rimanere nella 36.5
-, variazione di . 2.8
Forma angular con contrafuertes de consolidación 140.1
- anular normal 23.7
-, cavar y construir en - de cuveta 185.5
- cúbica normal 23.8
- de embudo . 250.6
- - polvo, en . . 8.3
- del grano . . 29.11
- en capitel de la cabeza de la columna 80.4
-, en - de telescópio 123.4
- normal . . . 125.3
- - para el ensayo á la tracción 24.2
- - - la tracción 23.9
Formación de ángulos 212.1
- - aristas . . . 212.1
Formar briquetas 10.11
- el borde con las losas 227.5
- - - - - placas 227.5
- ladrillos . . . 10.11
Formare in mattoni 10.11
- - tegole . . . 10.11
- le travi a parapetto 228.2
Format, Normal- 125.3
Formation of a reservoir 112.6
- - corners . . 212.1
- - the bottom of the tank 219.3
Formation des arêtes 212.1
Formato normale 125.3
Formazione degli angoli 212.1
- dei cantonali 212.1
Forme annulaire normale 23.7
- cubique, malaxeur de 57.1
- d'entonnoir . 250.6
- de chapiteau de la tête de la colonne 80.4
- - poire du malaxeur 60.9
- - trémie . . . 250.6
- du fond du réservoir 219.3
- - grain . . . 29.11
- normale pour la traction 23.9, 24.2
Forme, miscela secondo le 22.7
Formella . . . 146.6
- da pavimento con striscie di ferro incastrate 211.5
- di cemento 210.10
Formelle, rivestire con 222.10
Formen, zu Ziegeln 10.11

Forno a pozzo . 11.4
- - ripiani . . . 11.7
- circolare . . . 11.6
- con funziona-
mento conti-
nuo 11.5
- - - interrotto 11.3
- Hempel . . . 15.4
-, sabbia di scorie
d'alto 9.5
- Schneider . . 11.8
-, scorie d'alto . 9.4
28.9
-, - granulata d'alto
27.11
- tubolare girevole
11.9
Foro della trivel-
lazione 92.4
- pel pali, puntazza
per preparare nel
terreno il 179.5
Fortificación,
trabazón de 128.6
Forza di com-
pressione 40.5
- - presa . . . 22.5
- - trazione . . 40.6
- - - agente in piani
inclinati 44.1
- idraulica accumu-
lata 197.3
- moleculare . 45.6
- motrice idrau-
lica, installa-
zione di 196.9
- portante del palo
120.7
Forzare con cunei
97.5
Forze, decorso delle
46.3
-, parallelogramma
delle 47.7
-, poligono delle 48.10
236.3
-, scala delle . . 48.9
Foso 204.5
Fossato laterale 204.5
Fossé 204.5
- d'écoulement 99.5
Fossile, residui
di carbon 29.3
Fosso d'availe . 197.2
- per lo scolo delle
acque 99.5
- stradale . . . 204.5
- superiore . . 197.1
Fouille asséchée
102.1
-, assèchement de la
99.1
- de fondation 96.3
- - terrain . . . 95.10
-, enfoncer un pilier
en maçonnerie
sans 113.6
-, étayement de la
97.3
-, étrésillonnement
de la 97.3
-, exécuter une - en
talus 96.2
-, mise à sec de la
99.1
-, paroi de la . 96.1
-, piquetage de la
89.6

Foulé . . 162.2, 163.8
- de marche . . 162.9
Foundation 89.6, 208.4
-, base of . . . 109.3
- beam 113.1
- bearer 113.1
- carried down
to the under-
groundwater
level 109.8
-, to close up any
springs found
in the 99.3
-, coffer 124.8
-, concrete . . . 207.6
-, deep 112.7
-, digging the . 95.10
- ditch drained
dry 102.1
-, flat 108.12
-, footing of . . 109.3
- ground, draining
the 98.3
-, hollow block 124.8
- knives . . . 222.8
-, laying -s by means
of compressed air
124.6, 199.8
-, - - by pneumatic
process 124.6
-, marking out the
89.6
-, metal 205.8
- of a pillar . . 110.5
-, shoring the . 97.3
-, single . . . 109.1
- slab loaded
excentrically
111.1
- -, reinforced con-
crete 109.7
- -, the - gives way
110.1
- stay 112.9
- support . . . 112.9
-, to bed the outlet
pipe in the 224.3
-, - deviate springs
found in the 99.2
-, - fix in . . . 135.9
-, - lead off springs
found in the
99.2
-, - separate build-
ing and machi-
nery -s 110.4
- trench 96.3
- wall 96.1
-, washing out the
105.1
-, widening the 109.2
-, wooden . . . 185.1
Four à cuve . . 11.4
- - étages . . . 11.7
- circulaire . . 11.6
- continu . . . 11.5
- discontinu . . 11.3
- Hempel . . . 15.4
- Schneider . . 11.8
- tubulaire tour-
nant 11.9
Fourchu . . . 71.10
Fourneau, laitier de
haut 9.4, 28.9
-, - - - - à l'état
pulvérulent 9.5
-, - granulé de haut
27.11

Fourreau . . . 116.5
Fourrure en bois 79.6
Fracture, edge . 20.7
-, period of . . 46.9
-, point of . . . 46.9
Fragmentación 180.2
Fragmentation 180.2
Fragua 70.9
- portátil . . . 70.5
Fraguado . . . 16.6
-, cemento de - rá-
pido 17.1
-, condiciones del
16.4
-, disminuir la dura-
ción del 214.9
- rápido, elemento
de 214.8
Fraguar 18.2
- al aire 7.2
Frais d'achat du
terrain 181.6
- d'acquisition du
terrain 181.6
Frame . . 132.11, 170.2
206.9
-, adjustable . . 75.8
-, door- 137.5
-, moulding . . 246.6
-, rebate of the 133.1
-, rectangular . 218.7
-, tipping . . . 58.8
-, to provide the
holes in the 75.9
-, truss- 84.5
Framework . . 132.11
189.8
-, masonry between
iron 130.9
-, to close up the -
by tightening the
nuts 74.7
Framing, iron . 181.4
- timber . . . 80.5
Franamento, rivesti-
mento in lamiera
per impedire il 122.9
Française, construc-
tion 207.2
Francesa, construc-
ción 207.2
Francese, costru-
zione alla 207.2
Franche, terre . 94.7
Frankesche Kegel-
welle 6.8
Franke, barre de 6.8
Franke, lamiera on-
dulata 6.8
Franke, barra en T
de alma ondulada
de 6.8
Französische Bau-
art 207.2
Frassino, legno di
120.6
Frattazzo . . . 67.4
Freccia 143.13, 168.11
Fredda, prova
all'acqua 21.4
Freddo, apparecchio
per piegare a 70.1
-, piegare il ferro a
69.7
Free bearing 284.7
- end, floor with -s
149.1

Free from pieces
of wood 108.4
- - roots 108.6
- - vegetable
matter 108.5
- movement . . 280.3
Freedom of move-
ment 190.2
Freely supported
floor 149.1
-, the ram falls 104.4
Fregadero . . . 245.1
-, piedra de . . 244.9
Fregiare il fondo,
macchina per 247.3
Freifallmischer 53.7
-heit, Bewegungs-
190.2
-stehende Mauer
135.8
-tragend . . . 164.10
-tragende Wand 134.7
- aufliegende Decke
149.1
- fallen, der Bär
fällt frei 104.4
- von Holzstücken
108.4
- - Pflanzenfasern
108.5
- - Wurzeln . . 108.6
Freie Beweglichkeit
280.3
Frein, arrêter le
tambour par un
56.1
Fremdstoff . . 25.6
French system 207.2
Frêne 120.6
Freno, trattenere il
tamburo dell'im-
pastatrice me-
diante 56.1
Freno, sujetar el
tambor mezcla-
dor por medio
de 56.1
Frente casi vertical
191.3
Fresno, madera de
120.6
Frette, fer plat pour
159.2
Fretter 158.8
Frettés, pilots . 118.2
Fria, ensayo con
agua 21.4
Frio, doblar el
hierro en 69.7
Friction between
earth and wall
217.9
- corresponding to
dead weight 179.3
- of earth against
wall 139.1
Frizione fra le terre
ed il muro 139.1
-, lista di legno di
202.3
Froid, appareil à
courber à 70.1
-, courber le fer à 69.7
Froide, essai à
l'eau 21.4
Front column,
mould for a 79.5
- layer 183.9

Front pillar, mould
  for a 79.5
- row of piles . 189.4
- wall . . 136.5, 196.7
Frontispizio, muro
  di 129.1
Frontone 129.1, 283.1
Frostbeständig 31.7
-keit 37.3
Frostfreier Lager-
  raum 36.6
-, Betonnieren bei
  68.7
Frost-proof . . 31.7
- - store-room . 36.6
Frosty, working
  concrete in -
  weather 86.7
Frotamiento corres-
pondiente al
  peso 179.3
-, resistencia al 38.10
Frotar 155.7
Frottement cor-
respondant au
  poids 179.3
- de la terre sur la
  paroi 217.9
- des terres sur la
  maçonnerie 139.1
-, résistance au 38.10
Frozen, wet - con-
  crete 37.5
Fucina 70.9
- da campagna 70.5
Fuego, resistencia
  al 3.3
Fuente 175.1
-, canalizar las -s
  que se presentan
  en una excava-
  ción 99.2
Fuerza de com-
  presión 40.5
- - flexión . . . 40.7
- - rotura . . . 41.2
- - tracción . . 40.6
- del fraguado . 22.5
- hidráulica acu-
  mulada 197.3
-, instalación de -
  motriz hidráu-
  lica 196.9
- molecular . . 45.6
- normal . . . 40.4
-, polígono de -s 236.3
-, polígono de
  las -s 48.10
- portante de la
  estaca 120.7

Fuerza transversal
  45.1
-, paralelógramo de
  las -s 47.7
Fuga per dila-
  tazione 67.8
Fuge 208.7
-, Ausdehnungs- 174.9
-, Ausgleich- . . 189.9
-, Bewegungs- . 38.8
-, Dehnungs- . . 67.8
  228.8
-, die - durch einen
  darunter geleg-
  ten Blechstreifen
  dichten 179.1
-, Dilatations- . 174.9
-, künstliche . 177.6
-, Temperatur- . 190.1
Fugeneisen . . 211.2
-rolle 211.3
- abdichten . . 177.5
Führung, Linien-
  182.12
Führungskranz 57.4
-platte 59.2
-ring 120.3
-rolle 59.10
Fuite, brief de . 197.2
Full, to get a -
  mixture 33.7
Füllblock . . . 186.3
-material . . . 108.2
-stoff 108.2
Füllungsstäbe . 231.3
Fumaiuolo, fascia-
  tura a gola di
  127.8
- in cemento ar-
  mato 248.3
-, testa del . . . 248.4
Fundación aislada
  109.1
-, colocar el tubo de
  desagüe en la
  224.3
- con aire com-
  primido 124.6
- de aire com-
  primido 199.8
- - cajónes . . 124.8
- - gran profundi-
  dad 112.7
- - pilares . . . 110.5
- - pilastras . . 110.5
- descendiente
  hasta la capa sub-
  terránea de agua
  109.8
-, excavación de 96.3

Fundación sobre
  plataforma 108.12
Fundamentabsatz
  109.3
-graben 96.3
-platte aus Eisen-
  beton 109.7
- -, die - biegt sich
  durch 110.1
- -, exzentrisch be-
  lastete 111.1
-stütze 112.9
-träger 113.1
Fundament, das
  Abflußrohr in
  das - einbetten
  224.3
-, Einzel- . . . 109.1
-, im - einspannen
  135.9
-, Säulen- . . . 110.5
-, Unterwaschen
  der -e 105.1
-, Verbreiterung
  im 109.2
Fundamental equa-
  tion 48.8
Fundamental. ecua-
  ción 48.8
Fundición, molde
  de 246.6
-, muela de - con
  movimiento gira-
  torio horizontal
  39.2
Fundierung . . 89
-, auf den Grund-
  wasserspiegel
  herabreichende
  109.8
Fundir, molde para
  246.6
Fune 64.10, 93.3, 168.5
- del battipalo 103.4
- della corona
  d'attacco 103.6
- metallica . . . 168.7
Funghi, ferro a 152.3
Fungo della rotaia
  136.8
-, ferro a 6.6
Funi metalliche tese
  diagonalmente
  152.7
Funicolare,poligono
  47.6
Funiculaire, poly-
  gone 47.6
Funicular, polygon
  47.6

Funicular, polígono
  47.6.
Funnel 199.6
Funzionamento a
  gradini 53.6
- continuo, forno
  con 11.5
- -, macchina a . 61.1
- interrompibile,
  impastatore a 53.8
- interrotto, forno
  con 11.3
Fuoco, inalterabilità
  al 37.4
-, refrattario al 163.4
-, resistente al . 163.4
-, resistenza al 3.3, 37.4
-, saldare a . . . 70.8
Furnace, blast-slag
  28.9
-, Hempel . . . 15.4
- slag, blast . . . 9.4
Fusione, il varco del
  limite di - è ri-
  conoscibile dal
  l'esterno 4.9
Fuso, cerniera in
  acciaio 234.8
-, disco di ferro -
  rotante orizzon-
  talmente 39.2
-, ferro 8.5
Fußboden . . 153.11
- -, Holz- . . . 154.1
- -, Terracotta 154.11
-punkt des Ufer-
  schutzes 176.5
-ring 174.2
-steigplatte . . 244.3
-wegbelag . . . 244.4
Fuß, Drei- . . . 91.7
-, Säulen-. . . . 157.7
-, Sicherung des
  Fußes 177.8
- spitzer eiserner 98.1
Fuste de doble
  pared 248.7
Fusto a doppia
  parete 248.7
- della colonna 157.2
- Fût. 18.6
- à double paroi 248.7
- de colonne . . 157.2
-, normal 18.8
Futterholz . . . 79.6
-mauer 138.1
-rohr. 93.8
Futterröhre, Absen-
  kung der - durch
  Bohrung 124.3

G.

Gabarit . 70.2, 207.10
Gabarre de con-
  struction 202.4
Gabbia della scala
  166.7
- - -, muro di 163.10
Gabelförmig . 71.10
Gable wall . . 129.1
Gage 70.2
Gaine 116.5
- de béton, entourer
  l'ancre d'une 140.4
- protectrice . 116.2

Galet de guidage
  59.10
- - roulement . 119.4
- porteur . . . 59.9
Galets . . 26.6, 182.5
Galete portador
  59.9
Gállbo . . 70.2, 207.10
Galvanised, strip of
  - sheet iron 189.12
Galvanizado, tira
  de palastro 189.12
Gambo ondulato 6.7

Ganado, abrevadero
  para - pequeño
  223.2
Ganascia di scorri-
  mento 120.2
Gancho de áncora
  179.5
- - extremidad 72.5
- Rabitz 146.1
Gancio dell'ancora
  nel terreno 179.6
- di estremità . 72.5
- Rabitz . . . 146.1

Gang 188.5
-höhe 48.2
-, Koller- . . . 248.2
Gangway 188.5, 195.6
-, temporary . . 86.9
Gantry, auxiliary
  86.8
Garde-corps, faire
  servir les pou-
  tres de 228.2
Gardefou . . . 165.6
Garden post . 244.1
-, roof 178.6

Garni de couteaux, fond 222.8
Garnie de goujons, planche 70.3
- - -, planchette 70.3
Garnir une file de palplanches 105.10
Garniture de carton 217.4
- en tôle 122.9
- intérieure de bois 68.2
- - de carton . 67.11
- - de plomb . 216.2
- - de tôle . . 68.1
-, planche de . 142.6
- protectrice en métal 165.2
Garten, Dach- . . 173.6
-säule 244.1
Gasbehälter . . 221.6
-motor 101.2
Gas, Wasserstoff- 216.9
Gas engine . . 101.2
-holder reservoir 221.6
Gas, motore a . 101.2
-, serbatoio a . 221.6
-, - da 221.8
Gas, motor de . 101.2
Gasometer reservoir 221.6
Gasometro . . . 221.6
Gasparysche Misch-maschine 61.7
Gaspary's mixer 61.7
Gaspary, malaxeur 61.7
Gaspary, macchina impastatrice 61.7
Gaspary, mezcla-dora 61.7
Gasta de fuerza motriz 55.3
Gastos de compra del terreno 181.6
Gate on rollers 195.1
-, sluice . . . 194.5
Gateau normal 20.5
Gauge 70.2
-, standard - bag 13.9
-, - - barrel . . 13.8
-, - - sack . . 13.9
Gaz, moteur à . 101.2
Gazomètre . . 221.6
Gebläse, Sand-strahl- 39.5
Gebäude, Fabrik- 129.8
- und Maschinen-fundamente ab-sondern 110.4
-, Wohn- . . . 129.7
Geben, Stich . . 85.3
Gebogenes I-Eisen, Melansches 148.7
Gebunden,chemisch -es Wasser 12.2
Gefälle durch Ver-stärkung in der Mitte 227.4
-, Längs- . . . 205.2
-, Quer- 206.5
-, Straßen- . . 205.5
-, Zusammenfassung der 198.10

Gefärbte Steine, lebhaft 155.2
Geflecht, Rabitz- 146.2
Gefrorener, nasser - Beton 87.5
Gefügeeigen-schaften zur Er-scheinung brin-gen 89.6
Gegeneinander ver-spreizen 97.4
Gegengewicht . 60.3
Gegenschaufel 62.11
Gehobeltes Brett 85.7
Gehweg 229.4
Gekörnte Hochofen-schlacke 27.11
Gekuppelte Säulen 158.3
Gelände vermessen 89.1
Geländer . . . 105.6
-stab 166.5
Geländer, den Träger als - aus-bilden . . . 228.2
-, Holz- 166.3
Gelare, deposito dove non geli 36.6
Gelato, calcestruzzo bagnato a 87.5
Gelé, béton mouillé 87.5
Gelée, bétonnage pendant la . 68.7
-, dépôt à l'abri de la 36.6
-, inaltérabilité à la 37.3
-, résistance à la 37.3
-, résistant à la 31.7
Gelenk . . 92.6, 188.6
-bogen, Drei- . 232.3
-, statisch be-stimmter 235.7
- -, Zwei- . . . 232.5
- quader aus Beton 233.10
- stück 234.9
Gelenk, Bleiplatten- 234.2
-, eisernes . . . 234.3
-, Gewölbe ohne 232.4
-, Granit- . . . 234.1
-, provisorisch wir-kendes 238.4
-, Stahl- . . . 234.4
-, Stein- 235.5
-, Wälz- - aus Guß-stahl 234.8
Gelo, getto durante il 68.7
-, inaltérabilità 37.3
-, resistente al . 37.3
-, resistenza al . 37.3
Gemisch vonAsphalt und Goudron 218.10
Gemischtes Ver-fahren . . . 10.9
Geneigt zur Wind-richtung . 135.7
Geneigte Stellung des Mischtroges 61.6
- -, zur Drehachse - des Behälters 57.3

Generale, scavo 95.10
-, - - prosciugato 102.1
Genügend zusammenpressen 68.5
Genuteter Pfahl 105.4
Gepreßte Feinbeton-platte 244.2
Gerade Stufe . 162.7
Gerammter Eisen-betonpilot 117.4
Gerät, Meß- 4.6, 89.7
Gerberlohe . . 108.8
Gerichtet sein, abwechselnd 136.9
Gerippe aus Eisen-betonstützen 130.10
-, Eisen- . . . 181.4
Gerölle . 26.7, 182.5
Gerüsthalter . . 86.8
Gerüst, Hilfs- . 86.8
-, Lehr- 86.7
-, Ober- 87.7
-, Unter- . . . 87.6
Geschäftshaus 130.1
Geschiebe . 26.6 182.4
Geschläge, Schicht groben -s 206.6
Geschlitztes Beton-prisma 42.4
Geschlossenes Wehr, teilweise 193.9
Geschoß . . . 129.5
- decke, den Zugstab in die - verlegen 170.1
-, Erd- 129.4
Gesetz, Proportiona-litäts- 42.2
Gesso . . . 10.8, 182.2
-, acqua contenente 68.3
-, aggiungere del 13.5
-, calcestruzzo di 32.11
- e colla, impasto di 146.3
-, forma in . 83.5, 241.8
-, modello in . 241.8
-, parete in lastre di 134.5
-, pavimento con strato in 154.9
- - in tavole con intrammezzi di 154.9
-, tramezzo in travi-celli di 134.5
Gestänge . . . 98.4
-, das - auseinander-nehmen 98.9
Gestein, Horn-blende- 28.5
-, natürliches . 26.11
Gestell . . . 206.9
-, Fahr- 58.7
-, Kipp- 58.8
-, Latten- . . . 81.4
Gestülpte Bretter-wand 106.8
Geteerte Dachpappe 208.9
Getreidesilo . . 249.6
Getrennte Mischbe-hälter für Trocken-und Naßmischung 61.8

Gettare in forma, macchina per 246.5
- un palo orizzontal-mente 118.7
- - - verticalmente 118.6
Gettata, forma in ferro per la 241.4
- monolitica . . 185.6
-, muratura di . 180.8
-, tubolo per la - delle pareti Monier 77.2
Gettato, calce-struzzo 199.5
Getti d'acqua, bagnare con 240.10
Getto, balaustrata di pietre di 165.7
- con calcestruzzo 142.5
- d'acqua . . . 104.6
-, affondamento mediante 121.3
- - sotto pressione 104.8
- -, tubo per il 104.7
- di calcestruzzo, inaffiare l'arma-tura prima del 85.1
- - sabbia, smeri-gliatrice a 39.5
- - durante il gelo 68.7
-, forma pel . 248.6
-, stampo pel . 248.6
Gewalzte Schlacke 156.7
Gewebe, mit Eisen-draht- - über-spannen 181.3
-, Monier- . . . 131.7
Gewendelte Stufe 162.8
Gewicht, Bär- 108.9 120.11
-, dem - entspre-chende Reibung 179.3
-, Eigen- 47.10, 141.2
-, Gegen- 60.4
-, Liter- 14.2
-, Pfahl- . . . 120.10
-, Raum- 14.1
-, spezifisches . 14.6
Gewichtsteil . . 22.8
Gewinde, Schrau-ben- 143.8
Gewöhnlicher Wasserstand 176.6
Gewölbeanker . 143.5
-form 112.2
- ohne Gelenk 232.4
Gewölbe, Brücken- 50.2
-, Kloster- . . . 145.4
-, Kreuz- . . . 145.7
-, Kuppel- . . . 145.6
-, Monier- . . . 147.6
-, Mulden- . . . 145.5
-, Quader- . . . 232.7
-, reines Beton- 232.8
-, scheitrechtes 146.5
-, Stampfbeton- 147.2
-, Tonnen- . . . 145.2
Gewölbte Brücke 232.2

Ghiaccio, prote-
zione contro
lastroni di - 195.1
Ghiaia 26.5, 26.10, 94.10
- alluviale . . . 27.13
-, calcestruzzo di
32.13
-, coprire con . 171.9
- di scavo . . . 27.14
- e sabbia, macchina
per assortire 240.8
- - -, - - lavare 240.9
-, filtro della . . 194.2
-, il nocciolo è for-
mato di 185.3
-, massicciata di 205.9
-, rivestimento del
fondo selciato su
177.1
- silicica, piastra di
calcestruzzo di
183.6
-, sottofondo di 178.8
-, sottostrato di 177.2
-, spargere . . . 171.9
-, strada in . . . 205.4
-, strato di . . . 227.6
-, - inferiore in 210.3
Ghiera 118.1
Ghisa, cilindro di
206.8
-, cuscinetto d'ap-
poggio in 234.5
-, pestello in . . 66.1
Giacere, il pancone
giace su mas-
sole 107.3
Giardino inglese,
colonna da 244.1
- pensile . . . 173.6
Giebelmauer . 129.1
Gießkanne . . 52.4
-, mit der - benetzen
53.3
Gießzement . . 17.1
Gilbrethsche Misch-
maschine 60.5
Gilbreth's mixer 60.5
Gilbreth, malaxeur
60.5
Gilbreth, impasta-
trice 60.5
Gilbreth, mezcla-
dora 60.5
Ginocchio a leva,
torchio con 246.4
Giogo 87.8
Giornata, lavoro
della 67.10
Giorni, lasso di
tempo di 28 23.3
Giorno, portata di
un 67.10
-, segnale di . . 200.8
Gips 182.2
-beton 32.11
-dielenwand . . 134.5
-estrich 154.9
-form . . 88.3, 241.8
-haltiges Wasser 32.3
-leimmörtel . . 146.3
-, Mörtel aus - und
Leim 146.3
- zusetzen . . . 13.5
Girante, gradino
162.8
- nei due sensi,
macchina 54.1

Girante, timone
206.10
Girar hacia abajo, el
tambor gira por
sí mismo hacía
abajo 55.7
-, los ejes mezcla-
dores giran en
sentido contrario
54.10
Girare, il tamburo
gira automatica-
mente verso il
basso 55.7
-, la catena gira su
di una ruota
dentata 59.5
Giratoria, grúa 65.5
-, lanza 206.10
Giratorio . . . 119.1
-, horno tubular 11.9
-, muela de fundi-
ción con movi-
miento - hori-
zontal 39.2
-, tambor . . . 56.8
Girder bridge 227.2
-, bridge with
trussed -s 230.10
- casing 81.8
-, compression 151.4
-, concrete floor
between steel -s
147.1
-, distance between
-s 143.11
-, ferro-concrete
floor between
steel -s 147.5
- form 82.5
- grillage . . . 109.6
-, longitudinal . 230.6
- mould . 81.8, 82.5
- of cross slab 111.7
-, parallel . . . 168.3
-, - braced . . . 231.2
-, - trussed . . . 231.2
-, ramming and fill-
ing in of the -s
147.3
-, soffit of a - mould
82.2
-, to bend a bar
round flange of
150.2
-, transverse . . 230.7
-, web of . . . 143.10
Girevole . . . 119.1
-, articolazione 234.8
-, forno tubolare 11.9
- gru 65.5
-, paletta agitatrice
61.3
-, tamburo . . 56.6
-, vuotare con movi-
mento 59.11
Gittare il calce-
struzzo dall'alto
77.1
Gittata esterna del
porto 185.9
- interna . . . 188.4
Giunte, calafatare
le 177.5
-, chiudere le - me-
diante striscie di
lamiera sovrap-
posta 179.1

Giunti, lama pei
211.2
-, rotella per . . 211.3
Giunto 63.3
- A B, pressione del
vento sul 185.3
- a bitume . . . 217.3
- artificiale . . 177.6
- della colonna 158.2
- delle tegole . 217.2
- di compensazione
189.9
- - dilatazione 174.9
190.1
- lavorante alla
trazione ed alla
scossa 71.9
- per dilatazione
228.8
-, riempire con
la fanghiglia il 67.7
Giuntura . . . 208.7
Giunzione, chiusura
della - con as-
falto con scana-
lature 226.5
- di movimento 38.8
- lavorante alla
trazione ed alla
scossa 71.9
-, luogo di . . 67.6
-, pezzo di . . . 71.11
Giunzioni, stecca
per 188.7
Give way, the foun-
dation slab -s
110.1
Glaise 108.11
- battue, couche de
193.6
-, corroi de terre 193.6
-, terre . . . 108.11
Glasbaustein . 172.8
-platte 19.4
-tafel, Verkleidung
mit -n 222.2
Glasig 31.6
Glass block . . 172.8
-, lining with sheets
of 222.2
- plate 19.4
-, soluble . . . 215.8
- tile 172.8
Glatte Oberfläche
30.1
Glattes Bogendach
173.9
Glätteisen . . 210.7
Glätten 154.8
-, dieOberfläche 207.9
Gleichbleibender
Lichtdurchmesser
248.6
Gleichmäßig ver-
teilte Boden-
pressung 110.2
Gleichung, Grund-
48.8
Gleisanschlußstein
211.4
Gleis, Schienen-201.7
Gleitbacke . . 120.2
-bahn 120.2
-fläche . . 188.2, 195.2
-widerstand . . 44.9
Gleiten 44.7
- im Beton . . 5.11

Glissant, plaques de
tôle - les unes sur
les autres 229.1
Glissement . . 44.7
- dans le béton 5.11
- horizontal . 144.5
-, résistance au 44.9
-, surface de . . 138.2
195.2
-, voie de . . . 201.6
Glisser entre des
montants 130.11
Glissière . . . 120.2
-, jumelle de la 102.9
-, montant de la 102.9
-, montants formant
120.1
-, panneau à - pour
le coulage 78.8
-, planchette à -
pour le coulage
78.8
Glocke, schwim-
mende Taucher-
199.9
Glue 132.4
-, to - on . . . 171.6
Glühprobe, Kugel-
21.6
-verlust 14.9
Gneis anfibolico 28.5
Gola di fumaiuolo,
fasciatura a 127.8
Uolpe de pisón 35.4
Golpear, capote para
117.8
Golpes, serie de 104.2
Goma, anillo de -
endurecida 19.3
Gomito 100.5
Gomma indurita,
anello di 19.3
Gonfiamento per
azione dell'aria
21.3
-, screpolatura per il
21.1
Gonfiarsi . . . 19.11
Gonfler 19.11
Gonflement, phéno-
mène du 20.4
-, tendance au . 20.2
Goniometer . . 90.1
Goniomètre à miroir
90.1
Goniometro a ri-
flessione 90.1
- specchio . . 90.1
Gorello 175.2
Gorgo 182.3
Goudron, Gemisch
von Asphalt und
216.10
-platte 174.8
Goudron, composé
d'asphalte et de
216.10
-, huile de . . 208.4
-, réservoir à . 221.7
Goudronnage . 115.8
-, papier . . . 210.6
Goudronnée, plaque
174.8
Gouge 94.1
Goujon en fer 180.9
Goujons, planche
garnie de 70.3

Goujons, planchette garnie de 70.3
-, réunir au moyen de 235.1
Goussets, le chapeau est placé sur des 107.3
Gouttière . . . 173.1
Graben, Fundamen- 96.3
-, Ober- 197.1
-, Straßen- . . . 204.5
-, Unter- . . . 197.2
-, Wasserabzug- 99.5
Grabespaten . 96.6
Grad, Dichtigkeits- 30.6
-einteilung, mit einer - versehenes Meßrohr 14.8
Grada 162.5
- de granito . . 163.3
- - piodra tallada 163.2
- derecha . . . 162.7
-, en cemento . 163.6
- inclinada . . 200.9
- vuelta 162.8
Grade, minimum rate of 204.3
-, road 205.5
-, street 205.5
Gradient, road 205.5
-, street 205.5
Gradin de fondation 109.3
Gradins, établir sur 109.4
Gradinata . . . 161.1
Gradini, allargare a 109.4
-, funzionamento a 53.6
-, sopporto dei 162.3
-, sostegno che porta i 162.3
Gradino 162.5
- della fondazione 109.3
- - scala 245.4
- diritto 162.7
-, fascia verticale del 163.1
- girante . . . 162.8
- in granito . . 163.3
- - pietra artificiale 163.6
- - - lavorata . 163.2
-, passo orizzontale del 162.9
Grado di carico 42.1
- - densità . . . 30.6
Grado de carga 42.1
- - densidad . . 30.6
Graduada, probeta 14.8
Gradually, to set both sheetings up 76.4
Gradualmente, ele-var - las dos pa-redes 76.4
Graduata, provetta 14.8
-, stadia - per livel-lare 92.1
Graduato, tubo 14.8
Graduated measur-ing tube 14.8

Graduée, éprouvette 14.8
Graduellement, élever - les deux parois 76.4
Graduiertes Meß-rohr 14.8
Graffa 105.7
Grafica, determina-zione 139.3
Gráfica, determina-ción 139.3
Graficamente . 47.5
Grafico 47.5
-, con metodo . 47.5
Gráfico, por el mé-todo 47.5
Grafometro . . 89.7
- con livello a bolla 91.8
Grain, fine . . . 29.5
-, medium . . . 29.6
-, nature of - of the aggregate 29.4
- of the aggregate 89.10
-, rough 29.7
-, shape of . . 29.11
- silos 249.6
Grain 240.2
- fin 29.5
-, forme du . . 29.11
-, gros 29.7
-, mélange à fin 25.10
-, mélange à gros 26.1
- moyen 29.6
-, nature du - pour faire une mélange maigre 29.4
Grains anguleux, sable à 30.3
- fins, terrain de sable à 95.6
Graining 240.2
Gran via 204.1, 204.8
Granaio 169.7
- portuale . . . 249.1
Grand chemin . 204.6
- 'route 204.1
Grande capacité, silo de 250.4
- profondeur, fonda-tion à 112.7
- route 204.6
Grande capacità, silos di 250.4
- profondità, fonda-zione a 112.7
Grandeur statique-ment indéter-minée 48.2
Grandezza statica-mente indeter-minata 48.2
Grandi grani, miscela a 26.1
- spazii, silos a 250.4
Granero 169.7
Grani di sabbia, avvolgere com-pletamente i - col materiale di col-legamento 33.7
-, miscela a grandi 26.1
-, - - piccoli . . 25.10
Graniforma . . 29.11
Granili, silos . 249.6

Granit . . 28.1, 155.4
-betonplatte . . 244.5
-gelenk 234.1
-sand 27.7
-splitt 211.7
-stufe 163.3
Granite . . 28.1, 155.4
- chippings . . 211.7
- concrete slab 244.5
-, hinge formed of 234.1
- sand 27.7
- slab coating . 211.6
- - covering . . 211.6
- step 163.3
Granit 155.4
-, articulation en 234.1
-, éclat de . . 211.7
-, marche en . . 163.3
Granite 28.1
- à amphibole . 28.5
Granitica, sabbia 27.7
Granitica, arena 27.7
Granitico. placa de hormigón 244.5
Granitique, carreau en béton 244.5
-, sable 27.7
Granito . . 28.1, 155.4
-, articolazione in 234.1
-, cerniera in . 234.1
-, gradino in . . 163.3
-, lastra in calce-struzzo di 244.5
-, scheggia di . 211.7
Granito . . 28.1, 155.4
-, articulación de 234.1
-, grada de . . 163.3
-, lámina de . . 211.7
-, revestimiento con losas de 211.6
Granitoidplatten-belag 211.6
Granitoïde, revête-ment en dalles de 211.6
Granitoide, rivesti-mento in piastre di 211.6
Granitoir à main 210.11
Grano del materiale aggiunto 89.10
- dello sgrassatore, natura del 29.4
- - -, qualità del 29.4
- fino 29.5
- grosso 29.7
- medio 29.6
Grano fino . . . 29.5
- -, mezcla de . 25.10
- grueso 29.7
- -, mezcla de . 26.1
- medio 29.6
-, terreno arcilloso de - fino 95.6
Granos, arena de - angulosos 30.3
Granulación . . 240.2
Granulada, escoria - de altos hornos 27.11
Granulado, enlucido 153.10
-, hormigón . 240.3

Granulage . . . 240.2
Granular . . . 9.7
Granulata, scorie - d'alto forno 27.11
Granulate, to . 9.7
Granulated blast furnace slag 27.11
Granulazione . 240.2
Granulé, béton 240.3
-, laitier - de haut fourneau 27.11
-, mélange finement 25.10
-, - grossièrement 26.1
Granuler . . . 9.7
Granuli fini, terreno sabbioso a 95.6
Granulieren . . 9.7
Granuloso, calce-struzzo 240.3
Grapa de fijación de las tablas 76.1
Graphical calcu-lation 139.3
Graphically . . 47.5
Graphique . . . 47.5
-, détermination 139.3
-, par la méthode 47.5
Graphiquement 47.5
Graphisch . . . 47.5
Grappiers, ciment de 8.9
Gras, acide - d'huile de lin 215.7
-, mélange . . . 33.8
Grasse, chaux . 7.8
Grassa, cal . . . 7.8
-, mezcla 33.8
Graso, ácido - de aceite de lino 215.7
Grassa, calce . 7.8
Grasso, ácido - d'olio di lino 215.7
-, impasto . . . 33.8
Graticcio a salsic-cioni di fascine 184.6
Grating flat iron 78.2
Gratter la surface 36.3
Grauwacke . . 28.3
Grava . . . 26.5, 94.10
- de cantera . 27.14
- - rio- 27.13
Gravel . 26.5, 94.10
- and sand separator 240.8
- bed 177.2
- concrete . . 32.13
- pit 27.14
- river 27.13
- road 205.6
-, strewing with 205.9
-, the core is made of 185.3
-, to do over with 171.9
-, underlayer of 178.8
-, washing machine for - and sand 240.7
Gravier . 26.5, 94.10
-, béton de . 32.13
- de carrière . 27.14

Gravier de rivière 27.13
- et sable, laveur à 240.9
- - -, trieur à . 240.8
-, filtre à 194.2
-, gros 26.9
-, le noyau est en 185.3
-, lit de . 177.2, 178.8
-, répandre du - sur 171.9
-, route en . . . 205.6
-, rue en 205.6
Gravity mixer 53.7
-, specific . . . 14.6
Gray-wacke . . 28.3
Greda calcárea arenosa 243.2
-, lecho de - batida 193.6
Greggia, massa 10.10
Greggio, asfalto 209.1
Grenier 169.7
Grenze, Belastungs- 4.2
-, Elastizitäts- . 4.3
-, Fließ- 4.8
-, Proportionalitäts- 4.4
-, Streck- . . . 4.8
Grenzwert . . . 41.10
Gres esquitoso 28.3
-, revestir con placas de 226.4
Grès argilo-calcaire 243.2
-, revêtir de plaques de 226.4
- schisteux . . 28.3
Grès, rivestire con lastre di 226.4
-, - - placche di - piccole 226.4
Grid 197.5
- -framed paving stone 211.5
-work 197.4
Griesholm . . . 193.5
-säule 195.4
Grieta 45.7
- debida à la contracción 20.10
- - á la dilatación 21.1
- - al hinchamiento 21.1
- en el borde . 20.7
Griffa 93.5
Griffinmühle . 13.3
Griffin mill . . 13.3
Griffin, moulin 13.3
Griffin, mulino 13.3
Griffin, molino 13.3
Grifo de cierre 214.6
Griglia . . 72.7, 197.5
- in ferro piatto 78.2
-, lastra a - in calcestruzzo 113.2
Griglie, impianto delle 197.4
Gril, dalle en béton en forme de 113.2
- de fondation 109.6
- en fer plat . 78.2
-, enrochements sur plate-forme en 177.1
Gril, plate-forme en - sur la tête des pieux 113.3
Grillage, concrete 113.2
-, elevated - on piles 113.3
-, girder 109.6
Grillage en saucissonage 184.6
Grille 197.5
Grilles, installation de 197.4
Grind, to . 12.8, 155.7 242.4
Grinder, colour 246.3
Grinding chamber 222.7
-, fine 8.8
-, fineness of . . 15.5
- machine . . . 242.6
- mill 248.2
- off, resistance to 38.11
- stone, terrazzo 156.1
- test 39.1
Grip 92.10
-, concrete rib gripping into the slope 180.4
-, the chain-s . 59.5
Gripping force 46.10
Grobes Geschläge, Schicht groben -s 206.8
- Korn 29.7
Grobkörnige Mischung 26.1
Groin 184.1
-, basin of . . . 184.2
-, reinforced concrete 184.11
-, root-end of . 184.3
Gronda 173.1
Groove 78.9
- and tongue . 153.5
-, brick with . . 144.9
-, cylindrical . 180.8
- joint, asphalt 225.5
- -, pitch 225.5
Grooved and tongued piling 105.2
- pile 105.4
Gros briquaillons, couche de 206.6
- grain 29.7
- -, mélange à . 26.1
- gravier . . . 26.9
Grosor del alambre de la criba 15.9
Grosseur du fil de fer du crible 15.9
Grossezza della colonna 157.5
- - volta . . . 143.12
Grossièrement granulé, mélange 26.1
Grosso, grano . 29.7
Großräumiger Silo 250.4
Größe, statisch unbestimmte 48.2
Ground, argillaceous sand 95.3
-, clay 95.2
-, clayey sand . 95.3
-, draining the foundation 98.3
Ground, examination of the building 92.2
-, fine sand . . 95.6
- floor 129.4
- knives 222.5
-, marl 95.1
-, moderately firm 94.6
-, pressure of the 101.7
-, rigid bar fixed into the 248.5
-, running . . . 182.4
-, safe load on . 109.5
-, slimey 94.8
-, soft clay . . . 95.5
-, solid 94.7
-, to make the angle to suit the nature of the 118.5
-, - prop against the 74.3
-, - ram down to the solid 121.1
- ways 200.10
Grout 72.8
Grouter, use of -s 74.6
Groyne 185.9
Gru 64.11
- girevole . . . 65.5
Grúa 64.11
- de pivote . . 65.5
- giratoria . . . 65.5
Grubenkies . . 27.14
-sand 26.13
-wand 96.1
Grue 64.11
- pivotante . . 65.5
Grueso, grano . 29.7
Grunderwerbkosten 181.6
-form 125.3
-gleichung . . 48.5
-stößel 122.3
Grundwasser . 97.10
-auftrieb . . 214.11
-spiegel 98.2
- -, auf den - herabreichende Fundierung 109.5
- -, natürliche Senkung des -s 114.2
- -, Senken des -s 100.2
-stand 98.1
- -, tiefster . . . 114.1
-, Ableitung des -s 199.2
-, künstliche Senkung des -s 199.3
Grundwehr . . 192.3
-werk 222.8
Gründung . . . 89
-, Druckluft- . . 124.6
-, Flach- . . . 108.12
-, Hohlkörper- . 124.8
-, Preßluft- . . 199.8
-, Tief- 112.7
Grünstein . . . 28.4
Guaina di cemento, guarnire l'ancora di una 140.4
Guardalado . . 165.6
Guarnecer de escalones la zanca 162.6
Guarnecido, tablero - de clavos 70.3
-, pilotes -s de abrazaderas 118.2
Guarnición con cartón 217.4
- de metal protectora 165.2
- interior de cartón 67.11
- - - chapa . . 68.1
- - - madera . 68.2
- - - plomo . . 216.2
Guarnire l'àncora di una guaina di cemento 140.4
Guarnizione di cartone 217.4
- interna di cartone 67.11
- - - lamiera . 68.1
- - - legno . . 68.2
- - - piombo . 216.2
-, legno di . . . 79.6
-, muro di . . . 196.7
Guía, collar de 120.3
-, corona para . 57.4
-, placa de . . . 59.2
Guiador, rodillo 59.10
Guida, anello di 120.3
-, corona di . . 57.4
-, ferro- 159.3
- in ferro . . . 159.3
-, placca di . . 59.2
-, rullo di . . . 59.10
Guidage, collier de 120.3
-, couronne de . 57.4
-, galet de . . . 59.10
-, plaque de . . 59.2
Guide . . . 93.8, 120.2
- iron 159.3
- posts 120.1
- ring 120.3
- roller 59.10
Guideau . . . 182.12
- parallèle . . . 183.7
Guides 201.7
Guiding wheel 119.4
Guidon 90.4
Guijarros . . . 26.6
Guirnalda . . . 202.3
Guise de montant, dresser une barre en 136.7
Gurt, Druck- . 151.4
-, Ober- 231.6
-, Unter- 231.7
Gusano de la madera 115.4
-, protección contra el - de la polilla 115.3
Gußasphalt . . 209.8
-beton 33.5
-eisenscheibe, wagerecht kreisende 39.2
-form 246.6
-mauerwerk . . 130.8
-stahl, Wälzgelenk aus 234.8
Gußeiserner Lagerstuhl 234.5
- Stößel 66.1
- Zylinder . . . 206.8
Gut, Brenn- . . 12.6
Gutter, roof . . 173.1
- stone 212.6
Gypsum 132.2
- concrete . . . 32.11
- mould 88.3
-, to add 13.5

H.

Haar, Kuh- . . 132.5
Habitation building 129.7
- premises . . . 129.7
Habitation, bâtiment d' 129.7
Hacer estanco con cuero 214.1
-, hormigón hecho en molde 33.6
- ligaduras con alambre 71.6
- un hormigón lleno 33.7
- una ligadura 71.7
Hacke, Spitz- . 97.1
Hafenbecken, Einfassung von 187.1
Haftfestigkeit . . 2.4
-fläche 151.7
-ring 223.4
-spannung . . . 46.10
Haft of the spade 96.7
Hahn, Absperr- 214.6
Hair, cow's . . 132.5
Haken des Erdankers 179.6
-, End- 72.5
-, Rabitz- . . . 146.1
Halage, cale de 200.9
-, cale de - principale 201.3
- principale, plan incliné de 201.2
Halbnasses Verfahren 10.9
Halbtrocknes Verfahren 10.9
Half round drill 94.4
Hälfte, aus zwei -n bestehen 123.5
-, Herstellung aus zwei -n 116.6
Hall, constrnction of -s 173.10
Hallenbau . . 173.10
Halles, construction des 173.10
Halles, costruzione di 173.10
Halter, Abstand- 82.9
-, Diel- 76.1
-, Gerüst- . . . 80.6
Haltung, Wasser- 100.3
Hammerapparat 23.10
Hammer apparatus 23.10
Handbetrieb . 64.3
-eimer 98.5
-griff, Schraubenmutter mit 75.6
-hebel 59.8
-kippkarren . . 63.8
-leiste 166.6
-mischung . . . 51.2
-ramme 102.3
-rauheisen . . 210.11
-schaufel . . . 52.2
-walze, Terrazzo- 155.13
Hand-drive . . 64.3
- lever 59.8
- mixing . . . 51.2
- rail, bannister 166.6
Hand rammer 102.3
- roughing stamp 210.11
- - stamping form 210.11
- shovel 52.2
- tamp 102.3
- tip-cart . . . 63.8
- tipping-barrow 63.8
Handle, bow-shaped 102.4
Handling boerd 248.1
Hängeeisen . . 80.8
-säule 235.5
- -, hölzerne . 84.6
-strebe 84.7
-werk 84.5
HängendePyramide 249.2
Hard lime-s tone 10.8
Harden by itself, to 7.7
Harden, to . . 18.2
Hardening, air - lime 7.8
- energy 23.4
Hauling wagon as mixer 63.2
Haunch 233.6
-, thrust at . . 236.5
Haunche . . . 169.2
Harter Kalkstein 10.8
Hartgummiring 19.3
Haube, Kugel- 219.5
-, Schlag- . . . 117.8
Häufchen, in die - umschaufeln 53.1
Haufen 52.11
Haupthelling . 201.3
-längsrippe . . 189.6
-, Schleusen- . 197.11
-straße 204.6
Haus, Geschäfts- 130.1
-, Kessel- 112.5
-, Meß- 220.6
-, Miet- 130.2
-, Treppen- . . 166.7
-, Zins- 130.2
Haut, Rost- . . 72.9
-, Schutz- . . . 116.2
-, Walz- 44.6
Haut, couler du béton par le 77.1
- fourneau, laitier de 9.4, 28.9
- -, - - - à l'état pulvérulent 9.5
- -, - granulé de 27.11
-, laisser tomber de 122.5
-, recourber les bords vers le 196.4
Haute, marée la plus 116.1
- pression, essai à la vapeur à 22.1
Hauteur de chute 104.1, 120.8
- - couche . . . 35.3
- - flèche, augmenter la 85.3
- - l'ouvrage . 228.4
- - la colonne d'eau 214.2
- - remplissage 35.6
Hauteur, mesurage de 89.3
Head . . . 117.8, 184.8
- beam 107.1
- -, reinforced . 180.6
- -, sluice . . . 195.5
- -, to furnish the sheet piling with 105.10
-, lever 93.5
-, lock bay . . 197.11
- of liquid . 217.10
- - post, providing - - - with a coping 80.4
- - water, height of 214.2
-piece of a beam 141.9
-, pile hoisting and supporting 103.3
- race 197.1
-, rail 136.8
-, sluice . . . 197.11
-, to fit over the 120.4
- water . . . 190.10
Header 127.3
-, reinforced . . 180.6
Headers, course of 127.4
Heading beam for sheet piles 187.7
Heap 52.11
-, to - in a dry state 53.2
-, - turn the - over with a shovel 53.1
Heat, calcining 11.10
-, increase of . 16.11
-, incrustation . 12.3
-, to - the sand 68.9
Heated roller 209.11
Heating, pebble - test 21.6
-, slab - test . . 21.5
Hebelapparat . 24.6
-, Hand- 59.8
Heben, lockern und 123.7
Hebilla 152.5
Hebung des Wasserspiegels 191.7, 198.5
Height of drop 120.8
- - fall 120.5
- - filling . . . 35.6
- - head of water 214.2
- - layer 35.3
- - lift 104.1
-, survey of -s . 89.3
-, to allow to fall from a 122.5
-, - let drop from a 122.5
Heißwasserkasten 221.9
-probe, kombinierte 21.8
Heladas, depósito á cubierto de las 36.6
-, resistente á las 31.7
Hélice . . . 43.1, 158.9
-, armature en 42.7
Hélicoïdale, surface - à 45° 44.2
Helizoidal, superficie - á 45° 44.2
Helling 200.9
- bahn 200.10
Helling, Haupt- 201.3
-, Längs- 201.1
-, Quer- . . . 200.11
-, Vor- 201.2
Hempelofen . . 15.4
Hempel furnace 15.4
Hempel, four . 15.4
Hempel, forno . 15.4
Hempel, horno 15.4
Hender 72.6
Herabfallen lassen, aus der Höhe 122.5
Herabklappbarer Boden, Kübel mit -m 65.2
Herabrammen, bis auf festen Boden 121.1
Herabsenken, die Mauerwerkpfeiler ohne Ausgraben 113.6
Heranpressen, die Schalung durch Anziehen der Mutter 74.7
Heraussägen, die Ausschnitte für Deckenträger 79.4
Heraustreten, die Längsdrähte treten heraus 179.7
Herausziehen des Kernes 247.6
-, das Rohr . . 124.1
-, Widerstand des Pfahles gegen 121.2
Herbstsche Zylinderstegdecke 243.7
Herbst, plancher de - à éléments tubulaires 243.7
Herbst, copertura tubulare del marciapiede tipo 243.7
Herbst, piso tubular de 243.7
Herdmauer . 193.11
Herramienta para enderezar las armaduras 72.12
Herrichten der Einzelteile 82.4
Herstellen, liegend 118.7
-, stehend . . . 118.6
Herstellung aus zwei Hälften 116.6
- in einer Blechröhre 123.1
- von Packwerk 183.8
Herunterstechen, mit dem Spatel an den Wandungen 35.9
Hewn stone, arch of 232.7
- -, wall in . . 126.9

Hidratación . . . 8.7
-, agente de . . . 9.1
Hidratada, cal . 15.1
Hidratar 8.2
Hidrato de cal 15.1
- - - pulverizado 8.12
Hidráulica, cal . 8.4
-, fuerza - acumulada 197.3
-, instalación de fuerza motriz 196.9
-, prensa 24.9
Hidráulicos, acción combinada de la cal y de los elementos 7.4
Hidrógeno . . 216.9
Hie 102.3
- normale . . . 35.2
Hierro 2.2
- acanalado . . . 6.9
-, aro de 218.1
- auxiliar . . . 71.3
-, collar de . . . 218.1
- con superficie lisa 5.2
- de alisar . . 210.7
- - armadura de la superstructura 117.1
- - armazón de pilar 78.4
- - borde . . . 223.3
- - espátula . . 156.5
- - hongo . 6.6, 152.3
- - paleta . . . 156.5
- - suspensión . 80.8
- - Thacher . . 6.1
- dulce 3.5
- en J 180.10
- I 142.10
- - cimbrado de Melan 148.7
- Kahn 6.3
- maleable . . . 3.6
- pasamanos portador 80.7
- perfilado 5.3, 164.6
- plano 5.10
- - de ligadura 159.2
- plegado hacia la zona superior 151.10
- portador . . . 157.3
- Ransome . . 6.2
- redondo 5.9, 146.11
- solapado . . . 158.4
- soldado . . . 3.4
- transversal . 157.4
- U 143.1
-, vagoneta de - basculante 63.9
- vertical . . . 159.3
Hierros de la armadura 78.7
High-pressure steam test 22.1
- road 204.6
- water 116.1
Highest point of the middle third 236.8
Hilada atizonada 127.4
- cruzada . . . 127.7
- de ladrillos en espiga 127.6
- - - planos . 127.2

Hilada de ladrillos puestos de canto 127.5
- - losas planas 127.2
-, muro de -s de piedras trabajadas 126.9
Hilera, tejado de una sola 181.2
Hilfsgerüst . . 86.8
Hilo de agua 181.10
- - hierro cruzado 181.2
- metálico, red de 131.5
Hincar pilotes . 105.6
Hinchamiento debido á la acción del aire 21.3
-, grieta debida al 21.1
Hinchar 19.11
Hinge block . . 234.9
- - formed of concrete 233.10
-, cast steel rocker 234.8
- formed of granite 234.1
-, iron 234.3
- plate lead . . 234.2
-, steel 234.4
-, stone 233.5
-, temporary . . 233.4
Hinged arch with statically determined stresses 235.7
- bottom, tub with 65.2
-, double - arch 232.5
- side 247.5
-, three - arch . 169.3
-, triple - arch . 232.6
Hintersetzung, Eisenbetonplatten zur - von Bollwerken 186.9
Hintersetzungsbohle 187.5
Hintere Stützenreihe 189.5
Hirviendo, ensayo combinado con agua 21.8
Hitze 104.2
-, Sinterungs- . 21.3
Hoarding . . . 136.3
Hochbehälter . 221.2
Hochdruckdampfprobe 22.1
Hochkantig gestellter Mauerstein 133.4
Hochofenschlacke 9.4, 28.9
-, gekörnte . . 27.11
Hochofenschlackensand 9.5
Höchste Flut . 116.1
Höchstwert, Festigkeits- 25.4
Hohe Trägerseiten, Versteifung - 82.7
Höhe, aus der - herabfallen lassen 122.5

Höhe, Bau- . . 228.4
-, Einfüll- . . . 35.6
-, Gang- 43.2
-, Hub- 104.1
-, Konstruktions- 228.4
-, Pfeil- 168.11
-, Schicht- . . . 85.3
-, Wassersäulen- 214.2
Höhenaufnahme 89.3
-lage der Kurve 192.1
Hoher Pfahlrost 113.3
Hohlbalken, armierter 153.3
-block 245.5
-kern 153.2
-körpergründung 124.8
- -schalung . . 83.2
- spülen 178.6
-stein 130.3
-ziegel 146.7
-zylinder . . . 152.9
Hohle Stelle . . 66.7
Hohles Wehr 193.10
- - mit Steinfüllung 194.3
Höhlung 122.6
Hoist, bucket . 64.9
-, material . . . 55.1
-, to couple the - for the material to the mixer 65.6
Hoisting, pile - and supporting head 103.3
Hoja, adoquín de -s metálicas 211.5
Holandés, trabazón 128.3
Holandeses, tapiar con ladrillos 226.5
Hold, the chain catches 59.5
-,to- the mixer in upright position by means of stops 55.5
-, together, to - by iron clamps 79.10
Holder, pocketshaped 58.4
-, sand 228.2
-, sheet-iron . . 88.3
Hole 122.6
-, bore 92.4
-, mortised . . 165.8
-, to dig -s . . 136.6
-, - provide -s in the frame 75.9
Holländais, appareil 128.3
Hollandaises, maçonner avec des briques 226.5
Holländer . . . 224.4
-, Mahl- 222.7
-, Schneide- . . 222.7
-, Wasch- . . . 222.9
Holländischer Verband 128.3
Hollow, arched 150.6
- beam, centering by means of -s 83.2
- -, reinforced . 153.3
- block . 130.3, 245.5
- foundation 124.8
- brick . 130.3, 146.7
- core 153.2
- cylinder . . . 152.9

Hollow out, to 164.2
- place 66.7
- side 201.10
- stone 130.3
- tube 152.9
- wall 201.10
- weir 193.10
- - filled with stones 194.3
Holm . . 86.6, 107.1
-, der - liegt auf der Knagge 107.3
-, die Spundwand mit einem - versehen 105.10
-, eisenbewehrter 180.6
-, Gries- . . . 195.5
-, Spundwand- . 187.7
Holzassel . . . 115.6
-balken 141.7
- -decke 141.6
-belag 163.9
-diele 241.6
-dübel . . 131.9, 172.5
-einlage 68.2
-form 241.5
-fußboden . . . 154.1
-geländer . . . 166.3
-keil 83.6
-klotz 208.2
-latte zur Putzbefestigung 150.8
-leiste 172.3
-pfahl, einen - abschneiden 114.4
-pflaster . . . 209.1
- -, Klinkerbeton unter 204.11
-pfropfen . . . 88.4
-piloten, auf - Betonpfeiler aufsetzen 114.3
-podium . . . 51.6
-ring 80.1
-spundwand . 105.3
-stößel 66.2
- -, konischer . 79.3
-strebe, provisorisch durch seitliche -n sichern 136.11
-stück, frei von -en 108.4
Holz, Eschen- . 120.6
-, Futter- . . . 79.6
-, Kranz- . . . 85.9
-, Lager- . . . 154.2
-, Polster- . . . 142.6
-, Rahmen- . . 80.5
-, Reib- 202.3
-, Rund- . . . 83.5
-, Unterbau aus 185.1
Hölzerne Hängesäule 84.6
Homogeneous mixing 53.5
Hongo, hierro de 6.6 152.3
Hook, anchor . 179.6
-, end 72.5
-, Rabitz . . . 146.1
-, to - together 71.8
Hoop iron - . . 5.10
- stirrup . . . 151.5
- steel 5.10
Hoop, to . . . 158.8
Hooping, wire . 158.5
Hopper 199.6
- shape 250.6

Hopper, suspended 249.5
Horizontal legen 74.1
-projektion . . 167.4
-rippen nach außen legen 219.1
-schub . . 144.5, 236.2
-transport . . . 63.7
Horizontal . . . 126.6
- component . . 167.4
- courses, wall with 127.1
- drift 144.5
- revolving cast iron disc 39.2
- ribs, to arrange - - outside 219.2
- slab, wall with 139.8
- thrust . 144.5, 236.2
- transport. . . 63.7
- trough-shaped mixing-tub 61.2
Horizontal . . . 126.6
-, couler dans un moule 118.7
-, glissement . . 144.5
-, malaxeur - à auge 61.2
-, transport. . . 63.7
Horizontale, poussée 236.2
-, projection . . 167.4
Horizontales, disposer des nervures - à l'extérieur 219.1
Horizontalement, meule en fonte tournant 39.2
-, poser 74.1
Horizontaux, arbres - conjugués 54.5
-, arbres - parallèles 54.5
Horizontal . . . 126.3
-, colar el pilote en un molde 118.7
-, deslizamiento 144.5
-, ejes -es paralelos 54.5
-, empuje. . . . 236.2
-, mezclador - en forma de artesa 61.2
-, muela de fundición con movimiento giratorio 39.2
-, transporte. . 63.7
Horizontally, shafts arranged side by side 54.5
-, to form . . . 118.7
Hormigón 1.1
- á base de cascajo 210.4
- apisonado . . 33.3
- armado 12
- colado 33.4
- de asfalto . . 32.12
- de cal 32.9
- - cemento . . 32.8
- - cualidad inferior 156.11
- - escoria. . . 156.9
- - escorias . . 33.1
- - grava . . 33.13
- - ladrillo. . . 33.2

Hormigón de machaca bajo pavimento de madera 204.11
- - piedra pómez 156.10
- - trass 32.10
- - yeso 32.11
- durante el fraguado 37.1
- echado 199.5
- fino. 240.4
- granulado . . 240.3
- húmedo de la consistencia de la tierra 66.6
- húmedo helado 57.5
- ligero 156.8
- magro . . . 156.12
- muy mojado . 34.5
- poco mojado . 34.3
- quebrantado . 28.10
- trabajado por picapedreros 233.2
Hormigonado durante las heladas 68.7
Hornblende . . 28.5
- gestein. . . . 28.5
Horno circular 11.6
- de marcha continua 11.5
- - - intermitente 11.3
- - pozo 11.4
- - varios pisos 11.7
-, escoria de altos -s 9.4
- Hempel . . . 15.4
- Schneider . . 11.8
- tubular giratorio 11.9
Horse-drive . . 64.4
Hose pipe . . . 98.7
Hot flat iron . 209.12
-, to bend the iron whilst 70.4
- water tank. . 221.9
- - test, combined 21.8
Hourdé, plancher 154.5
Hourdis 154.5
- creux, voussoir de - en terre cuite avec brides 144.9
House, boiler . 112.5
-, light-. 200.6
-, meter. 220.6
-, tenement . . 130.2
Hubhöhe 104.1
Hueca, dovela - de barro cocido con brida 144.9
-, viga - armada 153.3
Hueco 122.6
-, bloque 245.5
-, centro 152.2
- cilíndrico . . 180.8
- cilindro . . . 152.9
-, entibación con cuerpos -s 38.2
-, ladrillo 130.5, 146.7
-, vaciar el - con la bomba 116.7
-, vertedero . 196.10
Huella 142.2
- de la grada . 162.9

Huile, couche de peinture à l' 215.4
- de goudron . 208.4
- - lin 38.4
- -, acide gras d' 215.7
-, préparer les surfaces pour recevoir la couleur à l' 215.5
Huisserie . . 132.11
Hull design . . 202.1
Hülse 116.5
-, Metall-. . . . 166.2
Humedad del aire 18.11
Humedecer, canal para 62.2
- con la regadera 58.3
- la mampostería de ladrillos 67.1
- - mezcla. . . 52.3
Húmedo, hormigón - de la consistencia de la tierra 66.6
-, mortero empleado - como la tierra 22.10
Húmico, ácido 30.11
Humide béton à consistance de terre 66.6
-, exposer à l'air 22.11
-, malaxeur double pour mélange à sec et 61.8
-, mortier à consistance de la terre 22.10
-, procédé - et schlammage 10.5
-, sable - bien damé 120.5
Humidifier au jet d'eau 240.10
Humidité, aire inférieure imperméable à l' 23.11
-, couche inférieure imperméable à l' 23.11
- de l'air . . . 18.11
-, endurir avec une matière garantissant contre l' 38.1
-, inaltérabilité à l' 37.2
-, pénétration par l' 37.8
-, résistance à l' 37.2
Humidity of air 18.11
Humique, acide 30.11
Humusartiger Stoff 80.9
-säure. 30.11
-seife, Kalk-. . 31.1
Humus, paste produced by mixing lime and 81.1
Humus, matière se rapprochant de l' 80.9
-, savon à base de chaux et d' 31.1

Humus, sapone a base di calce e 31.1
-, sostanza simile al 80.9
Humus, material semejante al humus 80.9
Hundida, ancla - en la tierra 179.4
Hundimiento . 226.2
- por inyección de agua 121.3
Hundir con el martinete 102.2
- - - pilón . . 102.2
-, el pilote se hunde 105.9
- hasta el suelo firme 121.1
Hyalin 31.6
Hydrat, Kalk-. . 15.1
Hydratation . . 8.7
-, action combinée de la chaux et des éléments d' 7.4
-, agent d' . . . 9.1
Hydrate of lime 15.1
- -, powdered 8.12
Hydrate, to . . 8.2
Hydrate de calcium 15.1
Hydratée, chaux 15.1
Hydrater 8.2
Hydration . . . 8.7
Hydratisieren . 8.2
Hydratisierung . 8.7
Hydraulefaktoren, Zusammenwirken von Kalk und 7.4
Hydraulic addition 9.1
- cement 7.9
- ingredient . . . 9.1
- ingredients, combined action of lime and 7.4
- lime 8.4
- matrice 7.9
- power, accumulated 197.3
- - installation 196.9
- press 24.9
Hydraulique, chaux 8.4
-, ciment 7.9
-, corps 7.9
-, force - accumulée 197.3
-, installation en force 196.9
-, presse 24.9
Hydraulische Presse 24.9
Hydraulischer Kalk 8.4
- Zuschlag . . . 9.1
Hydraulisches Bindemittel 7.9
Hydrofuge, enduit 215.3
-, endurir avec une matière 38.1
-, peinture . . . 215.3
Hydrogen . . . 216.9
Hydrogène . . . 216.9
Hygrométrique, état 18.11

I.

I-Eisen . 142.10, 180.10
-, Betonplatte
    zwischen 181.1
-, Melansches ge-
    bognes 148.7
I-Iron . 142.10, 180.10
-, concrete slab
    between -s 181.1
-, Melan curved
    148.7
-section, joist of
    142.10
I, fer en 142.10, 180.10
Idratazione . . 8.7
Idrato di calce in
    polvere 8.12
- - calcio . . . 15.1
Idraulica, aggiunta
    9.1
-, calce 8.4
-, forza - accumu-
    lata 197.3
-, installazione di
    forza motrice 196.9
-, materia - di presa
    al contatto del-
    l'acqua 7.9
-, pressa 24.8
Idraulici, azione
    combinata della
    calce e degli
    agenti 7.4
Idraulico, stabili-
    mento - per pom-
    pare acqua 192.10
Idrofuga, pittura
    215.3
Idrogeno . . . 216.9
Iguales, aberturas
    - y simétricas
    228.6
-, luces 228.6
Imbarcadero . 187.3
Imbarcazione,
    ponte-canale per
    una sola 238.2
Imbarcazioni,
    ponte-canale per
    due 238.3
Imbarco 187.3
Imbevere i ceppi
    208.3
Imbuto 199.6
Imitant la pierre,
    enduit 242.8
Imitate, rendering
    to - stone 242.8
Imitazione della
    pietra, intonaco
    ad 242.8
Immagazzinata,
    quantità 249.4
Immerger, bloc à
    184.5
- des sacs de sable
    107.5
Immergere dei
    sacchi di sabbia
    107.5
mmersione, cam-
    pana d' 199.9
Immondices, rési-
    dus de l'inciné-
    ration des 28.12

Immondizie, resi-
    dui della com-
    bustione delle 28.12
Impact, ramming 35.4
-, the pressure is
    vertical to the
    direction of 25.2
Impalcatura, com-
    primere l' - me-
    diante i bulloni
    e le madreviti 74.7
- con soletta in-
    feriore 112.1
- - - superiore 111.8
- continua, soffitto
    ad 149.5
- dei pilastri . 77.5
- della colonna 77.4
-, spogliare l' . 85.4
-, stavolare l' . 85.4
Impastare il
    cemento 17.6
Impastatore . . 52.10
- a funzionamento
    interrompibile 53.8
Impastatrice a
    libero scarico 53.7
-, accoppiare il
    montacarichi
    all' 65.6
-, cabina ad . . 223.1
-, carro da tras-
    porto come mac-
    china 63.2
- con cassa a bi-
    lico 56.4
- Gilbreth . . . 60.5
-, macchina - di
    malta 23.6
-, - - Gaspary . 61.7
- Ransome . . 57.6
- Smith 58.6
- tipo Broughton 54.9
-, trattenere il tam-
    buro dell' - me-
    diante freno 56.1
Impasto . . 16.5, 51.1
- a mano . . . 51.2
-, acqua per l' . 17.7
-, bagnare l' . . 52.3
-, cassa dell' - a
    forma cubica 57.1
-, - - - dadiforme
    57.1
- di cemento . 72.8
- - gesso e colla
    146.3
-, dipendenza del
    modulo di elasti-
    cità dalla dosa-
    tura dell' 42.3
-, forma a pera del
    serbatoio d' 60.9
-, grasso . . . 33.8
-, il raccoglitore d' -
    è fermo 53.9
-, - recipiente dell' -
    è dotato di un
    movimento oscil-
    lante 63.1
-, - - - - - - - pen-
    dolare 63.1
-, la cassa per l' - è
    montata a bilico
    sull'albero 55.4

Impasto magro 33.9
-, maneggiare l' 54.8
-, mantenere la
    cassa per l' - in
    posizione verti-
    cale mediante
    traverse 55.5
- normale . . . 20.5
- orizzontale, ser-
    batoio dell' - a
    forma concava
    61.2
-, osservare il pro-
    cedere dell' 54.7
-, posizione incli-
    nata della cassa
    d' - sull'albero
    di rotazione 57.3
-, procedimento
    per l' 52.9
-, proporzione
    dell' 33.6
-, prova di com-
    pressione dell' 22.2
-, rigidità dell' . 34.2
-, scala per l' . 51.4
-, secchia per pre-
    parare l' 155.11
- secco, recipienti
    da impasto per
    - ed umido 61.8
Impedire il pas-
    saggio dell'umi-
    dità 196.8
Impermeabile
    all'acqua 87.7
-, pittura . . . 215.3
-, provvedere di
    un intonaco 88.1
-, strato . . . 23.11
Impermeabili, can-
    tina con muri 112.4
Impermeabilidad
    213.2
- al agua . . . 87.6
Impermeabilità
    all'acqua 87.6
- dell'acqua . . 213.2
-, misuratore di 213.4
Imperméabilité à
    l'eau 87.6, 213.2
Impermeability
    testing appara-
    tus 213.4
- to water . . . 213.2
Impermeable al
    agua 87.7
-, lecho no . . 23.11
-, pintura . . . 215.3
Imperméable à l'eau
    87.7
-, aire inférieure - à
    l'humidité 23.11
-, couche inférieure
    - à l'humidité 23.11
Impiantito . . 153.11
- a travi di legno
    141.6
- del soffitto, ap-
    porre il tirante
    nell' 170.1
- falso . . . 154.3
- in mattoni . . 143.3
- intermedio . 142.8

Impiantito, legname
    per l' 154.2
-, non lasciare ba-
    gnare l' 52.7
-, tagliar fuori le
    aperture per le
    travi portanti l'
    79.4
Impianto dei ra-
    strelli di presa
    197.4
- delle griglie . 197.4
Impiego dei mattoni
    forati 74.6
-, località d' . . 63.6
Impiombatura 216.4
Imposta 169.2
-, pressione all' 236.5
Imposta 142.11, 142.2
    169.2, 233.8
-, presión en la 236.5
Imposte . 169.2, 233.8
Imprägnierte Jute-
    einlage 171.10
Imprägnierter Ze-
    ment 214.12
Imprägnierung,
    Kufe für Schwel-
    len- 224.1
Imprägnierungsver-
    fahren 115.1
Impregnación, pro-
    cedimiento de
    115.1
Impregnada, capa
    de yute 171.10
Impregnate, to - the
    blocks 208.3
Impregnated ce-
    ment 214.12
Impregnation, vat
    for - of sleepers
    224.1
Imprégnation de
    traverses, cuve
    pour 224.1
-, procédé d' . . 115.1
Impregnato, ce-
    mento 214.12
Impregnar, cuba
    para - traviesas
    224.1
- los bloques . 208.3
Imprégné, ciment
    214.12
-, couche de jute
    171.10
Imprégner les blocs
    208.3
Impresso, traliccio
    Rabitz 144.10
Impronta . . . 122.6
Impronte pirami-
    dali, rullo a
    mano per rigare
    ad 211.1
Impugnatura, ma-
    drevite con 75.6
Impura, acqua 290.12
Impureté . . . 241.1
Impureza . . . 241.1
Impurità . . . 241.1
Impurity . . . 241.1

In avanti, rovescis-
bile 96.9
- parte, sfioratore
chiuso 193.9
Inafflamento, doc-
cione di 62.2
Inaffiare 58.3
- l'armatura prima
del getto di calce-
struzzo 85.1
Inaffiatoio . . . 52.4
-, bagnare con l' 58.3
Inaffiatore, tubo 62.3
Inalterabilidad á la
acción del aire
21.2
- - - helada . . 87.5
- al agua . . . 87.2
- - fuego . . . 37.4
Inalterabilità al
fuoco 37.4
- - gelo 37.3
- all'acqua . . . 87.2
Inaltérabilité à l'air
21.2
- à l'eau 37.2
- à l'humidité . 87.2
- à la gelée . . 37.3
Incalzare il bordo
con la piastra
227.5
Incandescenza, pro-
va di - di una
palla 21.6
Incasement . . 39.2
Incassatura . . 205.5
- della diga . . 106.5
- - tura . . . 106.5
Incastellatura di ta-
vole 81.4
Incastrare nella fon-
dazione 135.9
Incastrato, solaio
150.1
Incastro di calce-
struzzo nella
muraglia 77.6
- per travetti secon-
dari 82.3
Incatramata, piastra
174.8
-, stuoia 174.8
Incatramato, car-
tone 210.6
Incatramatura con
bitume 115.8
Incavatura a forma
d'arco 150.6
- per correnti . 82.3
Incavo a dente 165.8
Inchiodabile . . 131.8
Inchiodare le morse
105.8
- un pezzo d'assi-
cella 76.7
Incinération, rési-
dus de l'- des im-
mondices 28.12
Inclinación de una
calle 203.5
- del tejado . . 167.7
Inclinada, grada
200.9
-, posición - de la
artesa mezcladora
61.6
-, - - del mezclador
sobre el eje de
rotación 57.3

Inclinado con rela-
ción al viento
135.7
-, coronamiento -
hacia el lado de
las aguas supe-
riores 191.4
-, esfuerzo de trac-
ción obrando en
un plano 44.1
-, plano . . 85.4, 200.9
-, - - de la cala 200.10
-, tirante 84.7
Inclinaison, angle d'
167.8
- bombée d'une
chaussée 203.5
- du toit 167.7
Inclinata, posizione
- del truogolo
mescolatore 61.6
-, - - della cassa
d'impasto sul-
l'albero di ro-
tazione 57.3
Inclinato, piano 65.4
-, - - per costru-
zione delle navi
200.10
- rispetto alla di-
rezione del vento
135.7
Inclination, angle of
167.8
Inclinazione alla
dilatazione 20.2
-, angolo d' . . 167.8
- del colmi . . 167.7
- - pioventi . . 167.7
- del tetto . . . 167.7
- della strada . 203.5
- di 45°, superficie
elicoidale che
sale con l' 44.2
- trasversale, pesto-
nare determi-
nando una 207.7
Incline 176.3
-, braking . . . 65.4
Incliné, effort de
traction - sur le
plan de la sec-
tion 44.1
- en travers, plan
200.11
-, plan - de halage
principale 201.3
-, - - - la cale de
construction 200.10
-, - - en long . 201.1
Inclinée, crête - vers
l'amont 191.4
-, position - de
l'auge de mé-
lange 61.6
-, - - du malaxeur
sur son arbre 57.3
-, voie - de la cale
de construction
200.10
Inclined planes, ten-
sile force acting
in 44.1
-, position of the
drum - to the
axis of rotation
57.3
Inclusion de matière
89.9

Inclusión de materia
89.9
Inclusione della
massa 89.9
Incollare su . . 171.6
Incombustibile 163.4
Incombustibilidad
87.4
Incombustibilité 87.4
Incombustible . 163.4
Incoming water,
stopping the 193.1
Increase of heat 16.11
- - load 44.4
- - volume . . 16.10
Incrociata, fascia-
tura 128.2
Incrociate, spire 59.3
Incrocio, collegare
con fildiferro nei
punti d' 131.4
- delle pareti del
silos, punto d' 249.2
- di ferri per arma-
tura sistema Mo-
nier 131.7
-, punto d' . . . 147.9
Incrostatura, carro
sino all' 12.3
Incrustation heat 12.3
Incurvamento . 20.6
Incurvare agli orli
196.4
Indentation . . 121.6
Indépendance de
mouvement 190.2
Indépendant, mur
135.8
Independiente,
muro 135.8
Independientes,
rellenar por
capas 108.3
Indeterminada, ma-
gnitud - estática-
mente 48.2
Indeterminado
estáticamente 46.4
Indeterminata,
grandezza stati-
camente 48.2
Indeterminato, si
presenta un mo-
mento statica-
mente 218.3
-, staticamente . 46.4
Indeterminate, a
statically - mo-
ment appears218.3
Indéterminé, stati-
quement 46.4
-, un moment stati-
quement - se pré-
sente 218.3
Indéterminée, gran-
deur statique-
ment 48.2
Indicador de carga
25.1
Indicateur de
charge 25.1
Indicator, load 25.1
Indicatore del
carico 25.1
Indipendente, muro
135.8
Individual weight
47.10

Indurimento, ener-
gia di 23.4
Indurire 18.2
Indurirsi 7.7
- al contatto del-
l'aria 7.2
Industria, fabbri-
care le colonne
all' 160.4
-, prodotti dell' -
per la fabbri-
cazione delle
pietre artificiali
242.9
Industria, productos
de la - de piedra
artificial 242.9
Industriale, fabbri-
cato per uso 129.8
Industrie, produits
de l'- de la pierre
artificielle 242.9
Industry, products
of artificial stone
242.9
Inercia, momento de
48.1
Inertia, moment of
48.1
Inertie, moment d'
48.1
Inerviare nel pla-
fone sottostante
174.1
- - solaio sotto-
stante 174.1
Inerzia, momento d'
48.1
Inférieur, bief . 191.1
-, chariot - avec
plate-forme tour-
nante 119.6
-, niveau - de la
nappe souterraine
114.1
-, point au tiers 236.9
Inférieure, aire -
imperméable à
l'humidité 23.11
-, appointé à l'ex-
trémité 123.3
-, couche - en ballast
210.3
-, - - - - pierraille
210.3
-, - - imperméable
à l'humidité 23.11
-, membrure 87.6,231.7
-, poutre avec dalle
112.1
-, tablier reposant
sur la semelle -
de la poutre 228.1
Inferior concrete
156.11
Inferior, carro - con
plataforma me-
diana y superior
119.6
-, cordón . . . 87.6
-, hormigón de
cualidad 156.11
-, lecho - liso . 146.4
-, nivel . . . 191.1
-, - - más - de la
capa de agua
subterránea 114.1
-, piso sobre el ala
149.2

Inferior, puntal 83.4
-, punto tercio . 286.9
-, tabla - de la
  vigueta 144.3
Inferiore, ala - della
  trave 144.3
-, armatura . . 87.6
-, calcestruzzo 156.11
-, membratura . 231.7
-, ponte a via . 228.1
-, strato - in ghiaia
  210.3
-, - - liscio . . 146.4
-, - - non assor-
  bente 23.11
-, struttura - della
  strada 203.4
-, superficie . . 148.5
-, terzo-punto . 286.9
Infilare una bietta
  nel palo per
  stringere 74.4
- - punta nel palo
  per stringere 74.4
Infilata a forza,
  puntazza - sul
  palo 123.9
Infiltración, agua
  de 97.9
- de agua . . . 87.9
- del agua sub-
  terránea 214.11
Infiltration, canal
  pour les eaux d'
  99.8
- d'eau 87.9
- de l'eau sou-
  terraine 214.11
-, drain à pierrailles
  d' 99.7
-, eau d' . . . 97.9
Infiltrazione, acqua
  d' 97.9
-, canale d' . . 99.8
- d'acqua . . . 87.9
- dell'acqua sotter-
  ranea 214.11
Influence, line of
  235.8
- of temperature
  18.10
- - the temperature
  173.2
Influence de la
  température 18.10
  173.2
- des ondes sou-
  levées par les
  bateaux à vapeur
  176.5
-, ligne d' . . . 235.8
Influencia de la
  temperatura 18.10
  173.2
- - las ondas levan-
  tadas por barcos
  de vapor 176.5
-, linea de . . . 235.8
Influenza dell'onda
  dei vapori 176.5
- della temperatura
  18.10, 173.2
-, linea d' . . . 235.8
Infradiciatura . 118.7
Infrastructura . 194.8
  203.4
- de hormigón 207.6
- - madera . . 185.1
- rigida 107.6

Infrastructure . 194.8
-, rigid 170.6
Infrastructure . 194.8
  203.4
- en béton . . . 207.6
- - bois 185.1
- rigide 170.6
Infrastruttura in
  calcestruzzo 207.6
- rigida 170.6
Inghiaiata, strada
  205.6
Inglés, trabazón
  de albañilería 128.1
Inglesa, construc-
  ción 207.3
Inglese, colonna da
  giardino 244.1
-, costruzione all'
  207.3
-, fasciatura della
  muratura all' 128.1
Ingranarsi, la ca-
  tena s'ingrana 59.5
Ingredient, hydrau-
  lic 9.1
Ingredients, propor-
  tion of 33.6
Iniettare i ceppi 208.3
Iniettatura, processo
  d' 115.1
Iniziale, presa . 18.1
Inizio di presa 16.8
Injection d'eau, en-
  foncement par
  121.3
- - pendant le
  battage 104.6
- -, tuyau d' . . 104.7
-, procédé d' . . 115.1
Inlaid flooring 154.4
Inlet 219.9
- chamber . . . 220.7
- channel . . . 193.3
- end 61.4
- race 193.3
- well 220.5
Inmediato, atirantar
  en el piso - in-
  ferior 174.1
Inmundicias, resi-
  duos de la com-
  bustión de 28.12
Innalzamento del
  pelo d'acqua 191.7
  198.5
- della tempera-
  tura 16.11
- di una sassaia 188.8
- in due metà . 116.6
Innaizare gradata-
  mente le due
  pareti dell'arma-
  tura 76.4
- un muro con
  mattonelle ollan-
  desi 226.5
- una parete armata
  pezzo per pezzo
  76.5
- verticalmente 118.6
Inner pillar, connec-
  tion of inner and
  outer pillar 111.2
Innere Röhre . . 121.4
- Säule, Kupplung
  einer inneren und
  äußeren Säule
  111.2

Innesto di calce-
  struzzo colla mu-
  ratura 77.6
Innigeres Mischen
  58.5
Inondazione delle
  fondazioni 105.1
Insassata, ruotabile
  205.6
Insect 115.11
Insects, protection
  against boring
  115.3
Insecte . . . 115.11
Insecto 115.11
Insekt 115.11
Insensibilidad al
  agua 37.2
Insensibilità
  all'azione del-
  l'aria 21.2
Insérer un tissu
  métallique entre
  deux cornières
  132.8
Inserimento di
  cartone 67.11
- - lamiera . . 68.1
- - legno . . . 68.2
- - quadrelli olan-
  desi a sospen-
  sione 146.8
Inserire nel calce-
  struzzo 172.4
- un tessuto metal-
  lico fra due cor-
  niere 132.8
Insertion of card-
  board 67.11
- - metal . . . 68.1
- - paper . . . 67.11
- - wood . . . 68.2
Insect 78.8
Insetto . . . 115.11
Inside lead lining
  216.2
- wall 198.8
Instalación de ag-
  tamiento 100.3
- - clarificación 192.9
- - contadores de
  agua 221.3
- - fuerza motriz
  hidráulica 196.9
- - rejas 197.4
- para quebrantar
  materiales . 247.7
Instalar un encaj-
  nado que puede
  doblarse sobre si
  mismo 76.3
- - tabique que
  puede doblarse
  sobre si mismo 76.3
Installation d'épuise-
  ment 100.3
- de compteurs
  d'eau 221.3
- - concassage 247.7
- - force hydrau-
  lique 196.9
- - grilles . . . 197.4
Installazione di chia-
  rificazione delle
  acque 192.9
- contatori
  d'acqua 221.3
- - forza motrice
  idraulica 196.9

Instrument, Nivel-
  lier- 91.8
Instrument,levelling
  91.8
Instrumento . . 51.8
- de nivelación 91.8
Instrumentos de
  agrimensura 89.7
Instruments
  d'arpentage 89.7
Insufficiently burnt
  20.1
Insuffisante, cuisson
  20.1
Insuficiente, cocción
  20.1
Insulating asphalte
  layer 171.8
- - sheet 171.8
- course 181.10
- sheet 216.5
- slab . . 171.11; 216.5
Insulation . . . 178.3
Intaccatura . . 121.6
Intagliato, prisma di
  calcestruzzo 43.7
Intelaiatura
  132.11, 206.9
- di cemento armato
  130.10
Intelaiature, legno
  per 80.5
Intemperie, resi-
  stente a la 81.8
Intempéries, à
  l'épreuve des 81.8
Intensiva, miscela
  58.5
Intérieur, diamètre -
  constant 248.6
-, revêtement exté-
  rieur et revêtement
  - en ciment 202.2
-, tube 121.4
Intérieure, garniture
  - de bois 68.2
-, garniture - de
  carton 67.11
-, - - plomb . 216.2
-, - - tôle . . . 68.1
-, semelle . . . 139.7
Interior de arcilla
  195.10
- - hormigón 195.11
- - armado . 196.2
- - la presa de bar-
  tano 195.9
-, diámetro - cons-
  tante 258.6
-, guarnición - de
  cartón 67.11
-, tubo 121.4
Interiores, sistema
  de zapatas 139.8
Intermédiaire, épui-
  ser l'espace - au
  moyen de la
  pompe 116.7
-, pilier 140.8
Intermediate floor
  154.3
- pillar 140.8
- support . . . 140.8
Intermedio, puntone
  per rinforzo 227.4
-, impiantito . . 142.8
-, mezzo - elastico
  117.6

Intermedio, pilastro
140.8
Intermedio elástico
117.6
-, pilar 140.8
-, vaciar el espacio
- con la bomba
116.7
Intermezzi cilin-
drici, soffitto ad 152.8
Intermitente, horno
de marcha 11.3
-, marcha . . . 58.6
Intermittent work
53.6
- working mixer 53.8
Intermittent, fonc-
tionnement 53.6
Interna, crosta ester-
na ed - di ce-
mento 20.2.2
Interna, gittata 186.4
-, guarnizione – ci
cartone 67.11
-, guarnizione – ci
lamiera 48.1
-, - - - legno . 48.2
-, parete 128.8
Internal action of
concrete 58.7
' diameter, uniform
2+8.6
- pipe 121.4
Internarsi, il palo
s'interna nel
terreno 105.9
Interno, collega-
mento di un
pilastro - con un
esterno 111.2
-, tubo 121.4
Interposés, maté-
riaux élastiques
117.6
Interrato, serbatoio
219.6
Interrompibile, im-
pastatore a fun-
zionamento 53.8
Interrotto, forno
con funziona-
mento 11.3
Interrumpida, mez-
clador de marcha
53.8
Interrupción del
trabajo 67.5
- en el fenómeno
del fraguado 18.12
Interruption of
work 67.5
Interruption dans
le phénomène de
la prise 18.12
- de travail . . 67.5
Interruzione del
lavoro 67.5
Intervening space,
to pump out the
116.7
Íntima, mezcla más
58.5
Intime, mélange
plus 58.5
Intonacare 152.7, 171.7
- le pareti esterne
37.10

Intonaco 131.6
- ad imitazione
della pietra 242.8
-, assicella piatta
per spalmare l'
150.5
- dei soffitti . . 153.9
- di cemento
196.6, 213.3
- impermeabile,
provvedere di
un 38.1
Intrados 148.5
Intrados d'une
voûte 148.5
-, toiture en arc à
- lisse 173.9
Intradós 148.5
-, tejado abovedado
de - liso 173.9
Intradosso . . . 148.5
Intrecciare . . . 148.1
Intrecciata, staffa
- a rete 112.3
Intreccio di pali
113.3
Introducción de
pilares por el
procedimiento
de mineros 122.2
Introduction, ap-
pareil d' 14.5
-, la pression agit
verticalement à
la direction d' 25.2
Introduire par
couches 65.8
- sans tasser . 14.3
Introdurre pala-
fitte colla berta
102.2
- per singoli stratti
108.3
- - stratti . . . 65.8
- senza ammuc-
chiare 14.3
Introduzione, appa-
recchio d' 14.5
-, la pressione agisce
in modo per-
pendicolare alla
direzione di 25.2
Intzebehälter . 219.2
Intze's reservoir 219.2
Intze, réservoir 219.2
Intze, serbatoio 219.2
Intze, depósito 219.2
Inumidire la mura-
tura in mattoni
67.1
Invariabilidad de
volumen 19.7
Inversion of
stresses 46.6
Inversion de ten-
sion 46.6
Inversión de ten-
sión 46.6
-, momento de . 134.8
Invert 193.11
-, lock 198.2
-, to put in the 185.8
Inverted arch . 112.2
Invertida, bóveda
112.2
-, piramide . . 249.3

Invertir 136.2
Invertire a con-
chiglie 185.8
Involucro metal-
lico 166.2
Inward pressure
of sides 110.3
Inyección de agua
durante el bati-
do con el pisón
104.6
-, hundimiento por
- de agua 121.3
-, procedimiento
de 115.1
Iron 2.2
-, angle
159.1, 164.5, 187.10
- balls placed loo-
sely in the drum
57.2
-, bending . . . 71.8
-, bulb . . . 6.8, 152.3
- cable . . . 168.7
- capable of being
wrought 8.6
-, channel . 6.9, 143.1
- clamps, to hold
together by -s 79.10
- column . . . 159.6
-, corner 137.4
-, corrugated . . 6.5
- cramp, to hold
together by - -s
79.10
- cutters 69.3
- dowel 180.9
- edge 223.3
-, flat - grating 78.2
- for making joints
211.1
- forgeable . . . 8.6
- framework, mason-
ry between 180.9
- framing . . . 181.4
-, guide 159.3
-, hinge 234.3
-, hoop 5.10
- hot flat . . . 209.12
- I- . . 142.10, 180.10
-, jointing . . . 211.2
-, joist . . . 180.10
-, longitudinal rein-
forcing 157.3
- mould . . . 241.4
-, overlapping . 158.4
- pile, protection of
117.2
- pin 180.9
- plate 157.6
-, overlapping -s
229.1
- -, to stop leakage
with -s 196.3
-, protecting . . 164.4
- reinforcement,
floor of bricks
with 149.9
- ring 218.1
-, round 72.10
-, scrap 72.10
-, section . . . 164.6
-, sheet 157.6
-, dividing by
vertical -s 178.9
- - piling . . . 106.1
- shoe 102.5

Iron skeleton . 181.4
-, smoothing . . 210.7
- stancheon . . 159.6
-, strengthening 71.3
- strip, to stop the
joint by means
of an - - laid
underneath 179.1
- tip-cart . . . 68.9
-, to bend the . 69.6
-, - lengthen the 70.7
-, - protect the
point of the pile
with 117.5
-, - shoe the pile
with 117.5
-, U- 143.1
- with polished
surface 5.2
- wire, annealed 72.1
75.3
- -, to bind with 71.6
- wires arranged
crossways 181.2
- -work, adapting
the 69.1
- -, appliance for
adjusting the 72.12
-, -raising the 72.11
- -, to let the - over-
lap 71.5
- -, - place the - in
two layers 49.3
-, wrought . . . 8.4
Irrigación, com-
puerta de desagüe
y 197.8
Irrigation, drainage
and - lock 197.8
Irrigation, écluse
d'assèchement
et d' 197.8
Irrigazione, chiusa
d' 197.8
Isodomon, appareil
127.8
Isolamento . . 178.3
Isolante, couche
131.10
-, dalle 171.11
- - - en asphalte
171.8
-, plaque . . . 216.5
-, lastra . . . 171.11
- - - di asfalto 171.8
-, placca . . . 216.5
-, strato . . . 131.10
Isolata, base. . 190.1
-, fondazione . 109.1
Isolato, carico 47.2
- muro 185.8
Isolée, charge . 47.2
-, fondation . . 109.1
Isolement . . . 178.3
Isoler les fondations
du bâtiment et
celles des ma-
chines 110.4
Isolierplatte . 171.11
216.5
-, Asphalt- . . . 171.8
Isolierschicht 131.10
-, Isolierung . . . 178.3
Istrumento per
rilievi 89.7

J.

Jabalcón . . . 86.4
- empotrar un - en
  el poste 74.4
Jabón á base de
  cal y de humus
      81.1
-, disolver - de po-
  tasa en el agua
      215.2
-, solución de . 38.3
Jalon 90.3
Jalón 90.3
Jamb, window 79.8
Jambaje de puerta
      137.5
Jambe de force 86.4
- du trépied . 92.10
Jardin, pilastre de
  clôture de 244.1
- suspendu . . 173.6
Jardín, azotea para
      173.6
-, columna de cerca
  de 244.1
Jarring, to avoid
      85.5
Jauge, caisse de 13.8
Jaula de montacar-
  gas 65.1
Jet of pressure
  water 104.8
Jet d'eau, humidi-
  fier au 240.10
- -, mouiller au 240 10
- - sous pression
      104.8
- de sable, meuleuse
  à 59.5
Jetée 186.4
Jetty 184.1, 186.4, 190.4
-, basin of . . . 184.2
-, coaling . . . 190.5

Jetty, reinforced
  concrete 184.11
-, root-end of . 184.3
Jeu de dilatation
      228.8
Jig 70.2
Joch . . . 87.8, 229.6
Join, to - together
      206.2
Joint 67.6, 188.6, 208.7
-, artificial . . . 177.6
-, column . . . 158.2
-, compensation 189.9
Joint, expansion
  33.8, 67.8, 174.9, 190.1,
      228.8
-, iron for making
      -s 211.2
- made to resist
  pull 71.9
- - - - tension 71.9
-, rigid 231.11
-, roller for -s . 211.3
-, soldered . . . 216.4
-, stone 233.5
-, temporary . . 233.4
-, to stop the -s 177.5
-, - - the- by means
  of an iron strip
  laid underneath
      179.1
Joint . . 67.6, 208.7
- à rainures à l'as-
  phalte 225.5
- artificiel . . . 177.6
-, aveugler les -s
      177.5
-, boucher les -s
      177.5
- contrariés, poser
  à -s 206.2
-, couvre- . . . 188.7

Joint croisé, assise
  à - -s 127.7
- de bois . . . 68.2
- - carton . . . 67.11
- - colonne . . 158.2
- - compensation
      189.9
- - dilatation 38.8,
  67.8, 174.9, 190.1,
      228.8
- - tôle 68.1
- des tuiles . . 217.2
- du batardeau,
  boucher les -s
      107.7
- - - fermer les -s
      107.7
- en bitume . . 217.3
-, molette à faire
  les -s 211.3
-, remplir les -s 67.7
Jointing iron . 211.2
- link 71.11
- piece 71.11
-, roller for . . 211.3
Joist carrying lan-
  ding 162.4
-, concrete slab be-
  tween steel -s 181.1
-, iron 180.10
- of I-section 142.10
-, opening for secon-
  dary -s 212.1
-, to fasten the laths
  to the -s 81.5
- -, - saw out spaces
  for -s 79.4
- transverse . . 230.7
-, wooden . . . 154.2
Joisted floor with
  steel girders 142.9

Jour, durée de 28
      -s 23.3
-, laps de temps de
  28 -s 23.3
-, signal de . . 200.8
Journalier, travail
      67.10
Jumelle de la
  glissière 102.9
Jumper, chisel 94.1
-, flat 94.1
-, splayed . . . 93.10
Junction of divi-
  ding partitions;
      249.2
Jungfer 117.7
Junta . . . 67.6, 208.7
-, atacadera para -s
      211.2
- con betún . . 217.3
- de columna . 158.2
- - compensación
      189.9
- - dilatación 38.8,
  67.8, 174.9, 189.9,
      190.1, 228.8
- - las tejas . . 217.2
- - ranuras de as-
  falto 225.5
-, ruleta para relle-
  nar las -s 211.3
-, soldadura . . 216.4
Juntos, torcer . 72.3
Juta inicttata, strato
  di 171.10
Juteeinlage, imprä-
  gnierte 171.10
Jute, layer of im-
  pregnated 171.10
Jute, couche de -
  imprégné 171.10

K.

Kabel 168.8
Kachel, mit -n aus-
  kleiden 222.10
Käfer, Larve des -s
      115.7
Kahn-Eisen . . 6.3
Kahnsches Eisen 6.3
Kahn-bar . . . 6.3
Kahn, fer de . 6.3
Kahn, ferro di . 6.3
Kahn, hierro . 6.3
Kai, Kohlen . 190.5
-mauer 188.11
Kali 18.4
-seife im Wasser
  auflösen 215.2
Kalk 132.3
-beton 32.9
-humusseife . . 81.1
-hydrat 15.1
- -, pulverförmiges
      8.12
-mergel 8.5
- -, tonreicher . 8.10
-mörtel . . . . .
  - verlegen 212.3
-sand 27.5

Kalksandstein 243.2
-stein, Brennen von
      7.10
- -, harter . . 10.8
- -sand . . . 239.7
Kalk, hydraulischer
      8.4
-, Kiesel- . . . 8.6
-, kohlensaurer 15.3
-, Luft- 7.8
-, Wasser- . . 8.4
-, Zusammenwirken
  von - und Hy-
  draulefaktoren 4.4
Kalotte, Kugel- 219.5
Kalt biegen, das
  Eisen 69.7
Kaltbiegevorrich-
  tung 70.1
Kaltwasserprobe 21.4
Kalziumchlorid 18.7
Kammer 219.7
-, Bühnen- . . 184.2
-, Meß-. . . . 220.8
-, Schleußen- . 198.1
-, Turbinen- . 196.10

Kammer, Vor- . 220.7
Kämpfer 169.2
-druck 236.5
-stein 233.8
Kanal . 175.5, 224.7
-brücke . . . 226.9
- -, einschiffige 238.2
- -, zweischiffige
      238.5
-mulde 193.4
-wage 91.6
Kanal, Abfluß- 197.6
-, Brücken- . . 237.5
-, Einlauf- . . 193.3
-, Sicker-. . . 99.8
-, Wehr-. . . . 193.2
Kanne, Gieß- . 52.4
Kantenlänge,
  Würfel von 7,1 cm
      24.3
-pressung . . . 111.4
-riß 20.7
Kapitälartige Aus-
  bildung des
  Säulenkopfes 80.4
Kappe, preußische
      145.3

Kapsel, Balken- 142.1
Karbolsäurelösung
      208.6
Karbonat, Natrium-
      18.6
Karre, Schieb- 51.9
Karren, Kasten- 96.8
Kästchen, Meß- 65.5
Kasten . 199.7, 241.7
-fangdamm . . 106.6
-karren 96.8
Kasten, Heißwasser-
      221.9
-, Säulen- . . . 78.6
-, Schwimm- . 186.2
-, Träger- . . . 82.5
- zur Aufnahme des
  Belastungsmate-
  riales 206.11
Keelblock . . . 201.4
Keep, to - the mixer
  in position by
  means of a brake
      56.1
Kegelrad . . . 60.2
Kegel, Seger- . 11.11

Kegelwelle,
  Frankesche 6.8
Kehldecke . . .149.9
Kehldeckeneinscha-
  lung 81.2
Keil 79.3
-. Brettstück unter
  dem 83.7
-. Flacheisen- . 80.9
-, Holz- 83.6
-, loslösender .138.7
Keilförmiger
  Schlüssel 123.6
Kelle, Spachtel- 156.4
-, Terrazzo- . 155.12
Keller 129.3
-, wasserdichter 112.4
Kerbstone, concrete
  212.4
Kern aus Formeisen
  158.11
-beton 240.3
-form 225.7
-moment . . . 285.9
Kern, Beton- 195.11
-, der - besteht aus
  Kiesschüttung
  185.3
- der Talsperre 195.9
-, Eisenbeton- . 196.2
-, Herausziehen des
  -es 247.6
-, Hohl- 153.2
-, Schal- 76.2
-. Ton- 195.10
Kesselhaus . 112.5
Kette, die - greift
  ein 169.5
-, Meß- 90.5
Kettenrad . . . 59.7
Key 144.1
-, brick with . 144.9
-, wedge-shaped 123.6
- wedgestone . 133.3
Keying 146.8
Kielklotz 201.4
Kies 26.5, 94.10
-beton 32.13
- -platte 188.6
-filter 194.2
-schüttung, der
  Kern besteht aus
  185.2
-straße 205.6
-unterbettung 177.2
  178.3
Kies, Fluß- . . . 27.13
-, Gruben- . . . 27.14
-, Schwefel- . . 81.3
- und Sandscheide-
  maschine 240.8
- - Sandwasch-
  maschine 240.9
Kieselkalk . . . 8.6
-säure, lösliche 7.5
Kiln, alternate
  working 11.3
-, continuous
  working 11.5
-, revolving tubular
  11.9
-, rotary 11.6
-, Schneider . . 11.8
-, shaft- 11.4
- with overlying
  beds 11.7
King-post, wooden
  84.6
Kippgestell . . 58.8

Kippkarren,
  eiserner 68.9
- -, Hand- 65.8
-lager, Bolzen- 234.7
-moment . . . 134.8
-trogmischmaschine
  56.4
-wagen, Seiten- 64.2
Kippbar 119.2
-, der Mischbehälter
  ist - auf der
  Welle 55.4
Kipper, Vorder- 96.9
Klammer, durch
  Eisen-n zusam-
  menhalten 79.10
Klappe 54.6
Klappenventil . 92.8
Kläranlage . . 192.9
-bottich 223.7
Kleihaltige Schicht
  192.8
Kleinkörnige
  Mischung 25.10
Kleinviehmulde 223.2
Kleinschlag . . 26.9
Kleiner Betonstößel
  66.4
Kleinstwert der
  Steigung 204.3
Klemme 93.5
Klemmfestigkeit 2.10
Klinker 12.7
-beton unter Holz-
  pflaster 204.11
-, mit -n ausmauern
  226.5
-, Portland- . . 9.6
Klostergewölbe 145.4
Klotz, die Klötze
  tränken 208.3
-, Holz- 208.2
-, Kiel- 201.4
-, Stapel- . . . 201.5
Knagge, der Holm
  liegt auf der 107.3
Kneten, durch- 54.8
Knickfestigkeit 49.10
Kniehebelpresse
  246.4
Knives, foundation
  222.8
-, ground . . . 222.8
Knotenverbindung,
  steife 231.11
Kochprobe, Kugel-
  21.7
-, Platten- . . . 21.5
Koeffizient, Aus-
  dehnungs- 45.9
-, Dehnungs- . . 41.6
-, Formänderungs-
  41.5
-, Sicherheits- . 5.7
-, Wärmeausdeh-
  nungs- 3.2
Koenensche Plan-
  decke 150.5
Koenens floor . 150.5
Koenen, soffitto
  piano sistema 150.5
Koenen, piso de cielo
  raso de 150.5
Kohle, Rückstände
  verbrannter 28.11
Kohlenkai . . . 190.5
Kohlensäure . . 7.3
-aufnahme . . 15.2

Kohlensäure, die -
  austreiben 12.1
Kohlensäure-
  haltiges Wasser
  32.4
Kohlensaurer Kalk
  157.3
Kohlensilo . . . 250.3
Kohliger Stoff. 31.2
Koks 29.1
Kolbenbelastung
  214.3
Kolben, voller 213.6
Kolk 182.3
Kollergang . . 248.2
-, wasserprobe 21.8
- Stein- und Beton-
  decke 150.9
Konisch zugespitz-
  ter Rammbär 122.4
Konischer Holz-
  stößel 78.3
Konisches Ring-
  stück 160.4
Konkave Krüm-
  mung 233.9
Konsol 188.1
-armierung . . 158.1
Konsole 188.1
Konstruktion, Dach-
  167.2
-, Doppel- . . . 189.10
-, Rabitz- 145.8
Konstruktionshöhe
  228.4
Kontingenzwinkel
  218.5
Kontinuierliche
  Balkenbrücke 228.5
- Decke 149.5
Konvexe Krüm-
  mung 233.7
Kopf, Balken- . 141.9
-, Schienen- . . 136.8
-, Schornstein- . 248.4
-, Trietz- . . . 103.3
-verschalung . 80.3
Kornbeschaffenheit
  des Magerungs-
  mittels 39.4
-form 29.11
Korn des Zuschlag-
  materiales 39.10
-, feines 29.5
-, grobes . . . 29.7
-, mittleres . . 29.6
Körnen 9.7
Körnung 240.2
Körper, Fahrbahn-
  205.7
-, Probe- . . . 23.5
-, Schleusen- . 197.10
Kosten, Grund-
  erwerb- 181.6
Krafteck . . . 47.7
-verbrauch . . 55.3
Kraft, Binde- 22.5
-, Druck- . . . 40.5
-, Molekular- . 45.6
-, Normal- . . . 40.4
-, Quer- 45.1
-, Scher- 43.5
- unter 90° . . 40.4
-, Verlauf der Kräfte
  46.3

Kraft, Zug- . . 40.6
Kräfteeck . . . 236.3
-maßstab . . . 48.9
-polygon 48.10, 236.3
Kragplatte . . 139.7
-plattensystem 139.8
-träger 229.3
Kran 64.11
-, Schwenk- . . 65.5
Kranzholz . . 85.9
-tau 103.6
Kranz, Brunnen-
  124.5
-, Zahn- 119.7
Krebs 81.1
Kreide 10.6
Kreis 169.5
Kreiselpumpe 100.10
Kreisende. wage-
  recht - Gußeisen-
  scheibe 39.2
Kreuzgewölbe 145.7
-punkt, in den -en
  mit Draht ver-
  binden 131.4
-schicht 127.7
-verband . . . 128.2
Kreuz, Andreas- 86.5
- und Quer-
  vermengung 57.5
Kreuzend, sich -e
  spiralförmige
  Windungen 59.3
Kreuzungspunkt
  der Silowand
  249.2
-stelle 147.9
Kreuzweise an-
  geordnete Eisen-
  drähte 181.2
Krispelig 5.5
Krone 184.8
-, gegen das Ober-
  wasser geneigte
  191.4
Kronenbohrer . 98.10
Krümmung, kon-
  kave 233.9
-, konvexe . . 233.7
Kruste, Zement- 52.8
Kübel 64.8
-aufzug 64.9
- mit herabklapp-
  barem Boden 65.2
-, Säure- 228.9
-, Terrazzomisch-
  155.11
Kuchen, Normal-
  20.5
Kufe für Schwellen-
  imprägnierung
  224.1
Kugelkochprobe 21.7
-fang 187.9
-glühprobe . . 21.6
-haube 219.5
-kalotte 218.5
-mühle 13.2
Kuhhaar . . . 182.5
Künstliche Asphalt-
  masse 208.11
- Belastung . . 228.7
- Fuge 177.6
- Senkung des
  Grundwassers
  199.3

Künstlicher Sand
26.4
- Stein . . 26.12, 125.2
Kunstramme . 104.5
Kunststein . . 239.1
-artiger Putz . 242.8
-balustrade . . 165.7

Kunststeinbrüstung
165.7
-industrie, Erzeug-
nisse der 242.9
-stufe 163.6
Kuppel 170.7
-gewölbe . . . 145.6

Kuppeln, den Mate-
rialaufzug an die
Mischmaschine
65.6
Kupplung . . . 63.3
- einer inneren und
äußeren Säule 111.2

Kurve, Höhenlage
der 192.1
-, Schubkraft- . 49.7
Kurvenstein . . 212.5

L.

L-shaped beam . 49.2
Laboratoire d'essai
des matériaux 1.6
Laboratorio para
pruebas de mate-
rial 1.6
Laboratory, mate-
rial testing 1.6
Labradas, pavi-
mento de piedras
no 207.4
Lac, eau de . . 32.1
Lack, Dach- . . 174.5
Lacunari, armatura
a 88.2
Ladebrücke . . 189.1
-stelle 187.3
Lados, apoyado por
los dos 164.11
-, echar de dos 108.1
-, losa aplicada en
los cuatro 149.8
Ladrillo 12.7
- armado . . . 134.1
-, cascajo de -s 28.8
- cimbrado . . 212.5
- colocado de canto
133.4
- de borde de hor-
migón 212.4
- - cemento . 210.10
- - - Portland. . 9.8
- - cristal . . . 172.8
- - hormigón grani-
tico 244.5
- - paramento . 126.4
133.7
-, formar -s . . 10.11
-, hilada de -s
planos 127.2
-, hormigón de. 33.2
- hueco . 130.3, 146.7
- lijero 130.5
- perfilado . . . 146.6
- perforado . . 130.4
-, revestir de -s 222.10
- trapezoidal . 133.3
-, utilización de -s
perforados 74.6
- vidrio 172.8
Lage, Deck- . . 184.4
-, in einzelnen -n
einbringen 108.3
-, Pack- 205.8
Lagenänderung . 3.8
Lager 59.4
-holz 154.2
-platte 230.4
-platz 63.5
-raum, frostfreier
36.6
-stuhl, gußeiserner
234.5
-, Bolzenkipp- . 234.7
-, Wider- 229.7

Lagern, drehbar 59.11
-, in feuchter Luft
22.11
-, unter Wasser 22.12
Lago, acqua di 32.1
Lago, agua de . 32.1
- colector . . . 196.1
Laisser tomber de
haut 122.5
Lait de ciment 72.8
Laitier 29.2
-, béton de 33.1, 156.9
-, broyé 156.7
-, ciment de . . . 9.3
- de haut fourneau
9.4, 28.9
- - - - à l'état pul-
vérulent 9.5
- granulé de haut
fourneau 27.11
Laiton 164.9
-, rouleau en . . 210.8
Lake, collecting 196.1
- -water 32.1
Lama pei giunti 211.2
Lamelle, pressa a 211.9
Lames, brise- . 185.9
Lamiera 157.6
-, confezione in un
tubo di 123.1
- di ferro, armare la
punta del palo
con 117.5
-, forma di - come
nocciolo dell'ar-
matura 82.8
-, guarnizione in-
terna di 68.1
-, inserimento di 68.1
-, lastre di - sovra-
cavallantisi e
scivolanti 229.1
- ondulata, arma-
tura con fogli di
83.1
- -, coperta di . 217.1
- - Franke . . . 0.8
-, palata in . . 106.2
- per l'avvolgimento
187.3
-, rivestimento in -
per impedire il
franamento 122.9
- separazione me-
diante striscie
verticali di 178.9
- sovrapposta, chiu-
dere le giunte
mediante striscie
di 179.1
-, striscia di - per
collegamenti 159.2
- zincata, rivesti-
mento di striscie
in 189.12

Lamiere di ferro,
palancata con
106.1
Lamina de granito
211.9
Laminage, texture
superficielle ré-
sultant du 44.6
Lamination . . 39.7
Lance, trépan en fer
de 93.11
Lanciamento, piano
di 201.6
-, rotaie di . . 201.7
-, tacco di . . . 201.5
Landstraße . . 204.1
Land anchor . 179.4
- chain. 90.5
-, charge for acqui-
sition of 181.6
-, to survey the 89.1
Landing 161.3
-, joist carrying 162.4
Landungssteg . 190.4
Längenverände-
rung infolge Ab-
bindens 46.4
Langsam abbinden-
der Zement 17.3
Langsambinder 17.3
Längsarmierung
110.6
-bauten 183.3
-bewegung . . 119.8
-bewehrung . . 110.6
-drähte, die - treten
heraus 179.7
-gefälle 905.2
-gerichtet, senk-
rechte und -e Be-
wegung 58.1
-helling 201.1
-quartier . . . 126.2
-rippe, Haupt- . 189.6
-schicht 144.6
-schwelle . . . 237.5
-träger 230.6
-verstrebung . 86.2
Languette, rainure
et 153.5
Lanterna della cu-
pola 170.9
Lanterne 170.9
Lanterneau . . 168.5
Lanza giratoria206.10
Lappen, Eisen- 151.9
Laps de temps de
28 jours 28.3
Large river . . 175.4
- silos 250.4
Largeur du fleuve
181.8
- normale . . . 188.2
Larghezza della cor-
rente del fiume
181.8

Larghezza normale
del fiume 183.2
Largo, mattoni messi
per 127.4
- piatto, battola a
66.5
Largo, construccio-
nes á lo 183.3
-, desplazamiento á
lo 119.3
-, un cuarto de 125.5
Larguero . . . 287.5
Larva of beetle 115.7
Larva dello scara-
faggio 115.7
Larva del esca-
barajo 115.7
Larve des Käfers
115.7
Larve de coléoptère
115.7
Lasciar accavallare
le armature in
ferro 71.5
- cadere dall'alto
122.5
Lasciare uno spazio
libero 164.2
Lasche, Stoß- . 188.7
Lasso di tempo di
28 giorni 28.3
Lastanzeiger . 25.1
-steigerung . . 44.4
Last, Bauverkehrs-
159.5
-, Bruch- . . . 47.8
-, Einzel- . . . 47.2
-, Nutz- . 141.3, 167.5
-, Schnee- . . . 167.5
-, ständige . . . 141.4
-, Strecken- . . 46.12
-, über dem ganzen
Träger verteilte
47.1
-, Verkehrs- . . 141.5
Lastenzug . . . 287.4
Lastra a griglia in
calcestruzzo 113.2
- d'ancoraggio 186.6
- da marciapiede
244.3
- - pavimento in ce-
mento 243.3
- di calcestruzzo
fino pressata 244.2
- - cemento . . 210.9
- - a mosaico 244.7
- - alla veneziana
244.7
- - copertura . 187.7
- - spinta nelle co-
struzioni 152.10
- - tra le costru-
zioni 152.10
- - stucco . . . 133.5

Lastra di vetro 19.4
- in calcestruzzo di granito 244.5
- isolante . . 171.11
- - di asfalto . 171.8
-, prova di cottura di una 21.5
- scanalata . . 151.3
Lastre di cemento armato da mettersi dietro la tura 186.9
- - -, parete in 134.4
- - gesso, parete in 134.5
- - grès, rivestire con 226.4
- - lamiera sovracavallantisi e scivolanti 229.1
- - latta, calafatare con 196.3
- - rivestimento, collegare le 189.11
- - terracotta come rivestimento 77.7
- - vetro, rivestimento con 222.2
-, parete a . . . 134.2
-, ponte a . . . 227.3
- retrostanti, palizzata d'appoggio delle 187.5
-, soffitto a - messe fra le travi in ferro 150.10
-, trave a - con scanalatura 151.3
Lastre, caja de 206.11
Lastrella di calcestruzzo armato 147.4
Lastricato . . 204.10
- a file 212.7
-, pietra da pavimento di 244.3
Lastrina di decorazione in cemento 212.4
- in cemento . 130.6
Lastroni di ghiaccio galleggianti, protezione contro 195.1
Lata de madera 172.3
- para aplanar 67.3
-, trozo de . . . 208.8
Latas, armazón de 81.4
Lateral rib . . 171.1
- wing 140.7
Lateral, ala . . 140.7
-, asegurar provisionalmente por puntales -es 136.11
-, muro - de esclusa 198.3
-, nervio 171.1
Latéral, support 86.2
Latérale, aile . 140.7
-, pareuse . . . 247.2
-, paroi 82.1
-, - - à charnière 247.5
Laterale, ala . . 140.7
-, fossato 204.5
-, nervatura . . 171.1
Laterale, parete - rovesciabile 247.5
-, parte 82.1
-, sopporto - della centina 86.2
Latéralement, machine à parer 247.2
Lateralmente, carro rovesciabile 64.2
-, vagoncino rovesciabile 64.2
Lateralmente, carretilla basculante 64.2
Laterizi, calcestruzzo di - sotto una pavimentazione di legno 204.11
Laterne 170.9
Lath 208.8
-, to fasten the -s to the joists 81.5
-, - nail a - on . 76.7
-, wooden . . . 172.3
-, wooden - for rendering 150.8
-work 81.4
- - for stucco . 142.2
Lathing for stucco 142.2
Lati, soletta appoggiata sui quattro 149.8
-, sostenente dai due 164.11
Lato, cubo di 7,1 cm di 24.3
Latón 164.9
-, rodillo de . . 210.8
Latta, calafatare con lastre di 196.3
-, copertura in . 51.7
-, forma di - come nocciolo dell'armatura 82.8
-, piastra in . . 157.6
-, scatola di . . 88.3
Latte, Abzieh-. 67.3
-, Holz- zur Putzbefestigung 150.8
-, Meß- 90.2
-, Nivellier- . . 92.1
Lattengestell . 81.4
-stück 208.8
- -, ein - aufnageln 76.7
Latte 142.3
-, bout de . . . 208.8
-, clouer un bout de 76.7
- de régalage . 67.3
- de support, fixer des -s - - aux poutres 81.5
- en bois . . . 172.3
-, morceau de . 208.8
- pour accrocher l'enduit 150.8
Lattice, to . . . 148.1
- - work, metal . 112.3
Lattis 81.4
Lauf 161.2
-bohle 188.4
-, Fluß- 182.2
-platte 162.2
-rolle 119.4
-steg 195.6
-träger 162.3
Läuferrute . . 102.9
-schicht 127.2
Lavacias, neutralización de las 226.3
Lavado de las materias añadidas 30.7
- del mineral . 30.8
-, procedimiento por la via húmeda y por 10.5
Lavador 240.6
- de cascajo y arena 240.9
Lavage des matières du mélange 30.7
- du minerai . 30.8
-, tuyau de . . 104.7
Lavaggio del minerale 30.8
-, processo di . 10.5
Lavandino . . 245.1
Lavar, cuba para 222.5
- las paredes . 214.7
-, máquina de . 240.6
Lavare le pareti 214.7
-, macchina per - ghiaia e sabbia 240.9
-, vasca per . . 222.5
Lavata, riempire con sabbia 116.8
Lavatrice . . . 240.6
Lavatura del minerale 30.8
- delle sostanze aggiunte 30.7
Laver, cuve à . 222.5
- les parois . . 214.7
-, machine à . . 240.6
Laveur 240.6
- à gravier et à sable 240.9
Lavorare col modo di tagliapietra 242.7
Lavorata a taglio, pietra 245.3
Lavorate, muro di pietre 126.9
Lavoro, carico di 141.5
- della giornata 67.10
-, interruzione del 67.5
- proprio del calcestruzzo 38.7
-, sezione di . . 67.9
Law of bending, Navier's 43.3
- - proportionality 42.2
Lay bare, to . . 177.4
-, to - concrete under water 199.4
-, - - down rubbish mixed with earth 209.3
-, - - flat 74.1
-, - - mortar on 132.6
Layer, back . 183.10
-, finishing . . . 242.2
-, front 183.9
-, height of . . 35.3
-, insulating asphalte 171.8
-, longitudinal . 144.6
- of ballast . . 227.6
Layer of bitumen sheeting 171.5
- - course stones 206.6
- - impregnated jute 171.10
- - puddle clay 198.6
-, size of the -s 95.7
-, to level the . 35.7
-, - place in -s . 65.8
-, - - in separate -s 108.3
-, - - the iron work in two -s 49.3
-, transverse . . 144.7
-, upper . 210.5, 242.2
Laying foundation by means of compressed air 124.6, 199.8
- - - pneumatic process 124.6
- the concrete, to sprinkle the casing before 85.1
Lazada 152.5
Lead flushing . 216.3
- hinge plate . 234.2
- lining, inside 216.2
- off, to - springs found in the foundation 99.2
- point, to put on a coating of 144.8
- sheet 216.3
-, strip of . . . 164.3
-, to - the water off at a lower point 99.6
Leading off of the underground water 199.2
Leakage, to stop - with iron plates 196.3
- water 97.9
Leaks, to stop . 196.8
-, - - up 107.8
Lean-to roof 168.4
Leather, to pack with 214.1
Lebhaft gefärbte Steine 155.2
Lechada 16.5
Lecho 178.4
- de cascajo . . 177.2 178.7
- - - basto . . 206.6
- - grava . . . 178.8
- - greda batida 198.6
- del río 182.1
- filtrante . . . 220.2
- inferior de cascajo 210.3
- - liso 146.4
- no absorbente 23.11
- - impermeable 23.11
Leder, mit - dichten 214.1
Legame lento . 17.3
- medio 17.2
- normale . . . 17.4
- rapido 17.1
Legare 71.7
- le tavole portanti sui piedritti 81.5
- - - - - puntelli 81.5

Legatura con filo metallico 75.2
-, fascia che serve per 127.3
-, fildiferro per 148.2
- rapida 214.8
- trasversale. . 224.5
Legature di calcestruzzo, soffitto in pietra armata con 149.4
-, fildiferro per 72.2
-, parete di pietrame con 134.6
Legen, horizontal 74.1
-, wagerecht . . 74.1
Léger, béton . . 156.8
Légère, brique 130.5
-, pierre . 130.5, 243.1
Legge della flessione del Navier 48.3
- di proporzionalità 42.2
Leggera, pietra 243.1
Leggero, calcestruzzo 156.8
-, mattone . . . 130.5
Legname delle centine 85.9
- intero 88.5
- non segato . 88.5
-, pavimento in 154.1
- per l'impiantito 154.2
Legno di frassino 120.8
- - guarnizione 79.6
- - rivestimento 79.6
-, forma in . . . 241.5
-, listello di . . 172.3
- minuto, pavimento in - a disegno 154.4
- per intelaiature 80.5
-, rivestimento in 163.9
-, sottostruttura in 185.1
- tondo 88.5
-, verme del . . 115.4
Lehm, mit Sand gemischter 108.9
-boden 178.5
-form 241.11
Lehmige Erde 108.10
Lehrgerüst . . 86.7
Lehre, Bogen- . 86.1
-, Festigkeits- . 40.1
Leibung, Fenster- 79.8
Leibungsfläche, obere 148.4
-, untere 148.5
Leichtbeton . . 156.8
-stein . . 130.5, 243.1
Leim, Mörtel aus Gips und 146.3
-mörtel, Gips- . 146.3
-wasser 132.4
Leinöl 38.4
-fettsäure . . . 215.7
Leiste, Dreikant- 79.1
-, Hand- 166.8
-, Holz- 172.5
Leistung, Tages- 67.10
Leiteisen . . . 159.3
-werk 183.7

Leitung, Düker- 224.8
-, Rohr- 214.4
-, Verteilungs- . 220.9
- Wasser- . . . 224.6
Leitungswasser 31.9
Length, change of 45.4
- due to setting 45.4
-, load distributed over a certain 46.12
- of side, cube having a - - - of 7,1 cm 24.3
-, to cut into -s 69.2
Lengthen, to - the iron 70.7
Lengüeta, ranura y 153.5
Leño muerto . 184.9
- seco 184.9
Lenta presa, cemento a 17.3
Lente, agent liant à prise 17.3
-, - pour agrégation 17.3
-, - - prise . . . 17.3
-, ciment à prise 17.3
-, élément liant à prise 17.3
-, - pour agrégation 17.3
-, - - prise . . . 17.3
-, matière liant à prise 17.3
-, - pour agrégation 17.3
-, - - prise . . . 17.3
Lento, cemento de fraguado 17.3
Lest, caisse à 206.11
Let drop, to - - from a height 122.5
Let, to - into the concrete 172.4
-, - - the prop into the upright 74.4
Letto-collettore delle acque pluviali 196.1
- di cascata . . 192.6
- - un fiume, betonaggio del 185.5
Leuchtbake . . 200.7
-turm 200.8
Leva a mano . 72.1
-, apparecchio a 24.6
- ferrata 97.2
-, torchio con ginocchio a 246.4
Levantadas, influencia de las ondas
- por barcos de vapor 176.5
Levantamiento de la sonda 93.6
- - las armaduras
- - superficie . 89.2
- del nivel de agua 191.7
- plano de agua 193.5
Levantar, aflojar y 123.7
Levare dalla forma 24.1

Levare, smuovere e 123.7
Levé d'une surface
- servant de chaussée 186.5
Levée de terre . 97.8
Level 91.8, 126.6
-, datum 89.5
- face, underlayer with 146.4
-, lowest underground water 114.1
-, normal water 176.8
- of the curve 192.1
- - underground water 98.1
-, raising of the water 191.7
-, rubber tube . 91.5
-, sinking of the underground water 100.2
-, to - the layer 35.7
-, water 91.2, 91.8, 179.9
Levelled surface of embankment 188.5
Levelling instrument 91.8
- rod 92.1
- tape 91.8
Lever apparatus 24.6
-, hand 59.8
- head 98.5
Levier à main 59.8
-, appareil à . . 24.6
- de manœuvre 59.8
Leviers coudés, presse à 246.4
Ley de flexión de Navier 48.3
- - proporcionalidad 42.2
Liage, agent de 7.1
-, matière de . 7.1
Liaison, fil de . 72.2
Liant à prise rapide 214.8
Libelle 91.2
Libera caduta,sfioratore a 192.2
Liberamente appoggiato, soffitto 149.1
-, l'ariete cade . 104.4
- portante . . 164.10
-, parete . . . 134.7
Libere,sfere di ferro introdotte - nel tamburo 57.2
Libero, lasciare uno spazio 164.2
- scarico, impastatrice a 53.7
Libertà di movimento 190.2, 230.3
Libertad de movimiento 190.2, 230.3
Liberté de se mouvoir 230.3
Libre, mezclador á caida 53.7
Librement, le mouton tombe 104.4
-, plancher reposant 149.1
-, posé - par - ses extremités 164.10

Libremente colocado, piso 149.1
-, el pisón cae . 104.4
Lichtdurchmesser, gleichbleibender 248.6
-, Ober- 168.5
-weite 168.10
Liegen, der Holm liegt auf der Knagge 107.3
-, über Wasser 187.4
Liegend herstellen 118.7
Liens de coffrage, serrage des 75.1
Lier 71.7
Lieu d'utilisation 63.6
Lift 65.1
-, height of . . 104.1
- up, to loose and 123.7
Lifting rope . . 103.4
- the boring tool 93.6
Ligado de la chimenea 127.8
Ligadura . 42.6, 72.2
-, alambre de . 148.2
- de alambre de hierro 75.2
- - varillas tensoras 71.9
-, hierro plano de 159.2
Ligaduras, apriete de las - del molde 75.1
Ligar en los puntos de cruzamiento con alambre 131.4
Ligature . 42.6, 157.4
- en fil métallique 75.2
-, feuillard de . 159.2
-, fil de . . 72.2, 148.2
Ligaturer . . . 71.7
- aux points de croisement avec du fil métallique 131.4
- avec du fil de fer 71.6
Ligero, hormigón 156.8
Light block . . 180.5
- concrete . . 156.8
- house . . . 200.6
- stone . 130.5, 243.1
Ligne d'éboulement 188.6
- d'influence . 285.8
- de fermeture du diagramme 48.7
- - poussée pour la charge totale 236.1
- neutre . . . 46.11
Lignes de fermeture, tracé des 48.6
- - poussée, procédé des 235.10
- - séparation,tracé 235.10
Lijera, piedra 130.5
Lijero, ladrillo 130.5
Lime 182.3
-, air hardening 7.8

Lime and hydraulic ingredients, combined action of 7.4
-, carbonate of . 15.3
-, common . . . 7.8
- concrete . . . 32.9
-, hydrate of . . 15.1
-, hydraulic . . 8.4
- marl 8.5
-, paste produced by mixing - and humus 31.1
- sand 27.5
-, silicious . . . 8.6
- -stone, burning of 7.10
- -, hard 10.8
- - sand 239.7
Limit, elastic . 4.3
-, load 4.2
- value 41.10
Limite 41.10
- d'allongement proportionnel 4.4
- d'élasticité . . 4.3
- d'étirage . . . 4.8
- de charge . . 4.2
- - ductibilité . 4.8
- - -, le dépassement de la - est apparent 4.9
- - la propriété, écarter le pilier de la 111.3
-, valeur 41.10
Limite di carico 4.2
- - concrezione, riscaldamento sotto il 9.2
- - duttilità . . . 4.3
- - elasticità . . 4.3
- - fusione, il varco del - è riconoscibile dall'esterno 4.9
- - proporzionalità 4.4
-, valore 41.10
Límite, apartar el pilar del - de propriedad 111.3
- de alargamiento proporcional 4.4
- - carga 4.2
- - elasticidad . 4.3
- - estirado á la tracción 4.8
- - resistencia á la tracción 4.8
- valor 41.10
Limnorie . . . 115.5
Limo de mar 115.12
Limon 162.3
- de mer . . . 115.12
- marin . . . 115.12
- mêlé de sable 108.9
-, poser les marches sur la 162.6
Limón 162.3
Limoneuse, terre 108.10
Limpiar la mampostería de ladrillo 66.8
Lin, acide gras d'huile de 215.7
-, huile de . . . 38.4
Linaza, aceite de 38.4
Line, closing . 48.6 48.7
-, neutral . . . 46.11
- of influence . 235.8
- - maximum pressure 236.6
- - minimum pressure 236.7
- - pressure for the complete load 236.1
- - -, procedure of the 235.10
- - slide 138.6
-, pipe . . 214.4, 225.6
-, to erect by 136.10
-, to - with tiles 226.4 222.10
Linea-curva dello sforzo di spinta 49.7
- - - - - taglio 49.7
- d'appoggio massima 236.6
- - minima . . 236.7
- - pel carico completo 236.1
- d'influenza . 235.8
- di chiusura del diagramma 48.7
- - scoscendimento 138.6
Línea de cierre del diagrama 48.7
- - desmoronamiento 138.6
- - influencia . 235.8
- - presiones para la carga total 236.1
Linéaire 45.10
Lineal 45.10
Lineal, die Oberfläche mit einem - abziehen 36.4
Linear 45.10
Lineare 45.10
-, spianare la superficie con il 36.4
Linee d'appoggio, procedimento delle 235.10
- di chiusura, tracciato delle 48.6
-, tracciato della direzione delle 182.12
Liner 79.6
Linie, Druck- . 148.6
-, Einfluß- . . . 235.8
-, Riß- 138.6
-, Schluß- . . . 48.7
Linienführung 182.12
Lining 183.5
-, asphalte . . . 217.3
-, bitumen . . . 217.3
-, cardboard . . 217.4
-, corrugated iron 217.1
-, inside lead . 216.2
-, metal 122.9
-, Monier . . . 145.1
- of artificial stones 216.11
- - cast stones 216.11
- peg 90.3
-, tile 217.2
- tube, sinking the - - by boring 124.3
Lining with sheets of glass 222.2
Link 92.6
-, jointing . . . 71.11
Lino, acido grasso d'olio di 215.7
-, olio di 38.4
Lino, ácido graso de aceite de 215.7
Linoleum . . 154.10
Linoléum . . 154.10
Linseed oil . . 38.4
- - acid 215.7
Linterna 170.9
Liquefare . . . 209.2
Liquéfier . . . 209.2
Liquid, column of 217.10
Liquid concrete wall 130.8
-, head of . . 217.10
-, pressure of the 217.7
Liquids, cistern for 213.1
-, reservoir for 213.1
-, tank for . . . 213.1
Liquida, colonna 217.10
Liquide, serbatoio per materie 213.1
Liquido, pressione dovuta al 217.7
Líquida, columna 217.10
Líquido, presión del 217.7
Líquidos, recipiente para 213.1
Liquide, colonne 217.10
-, poussée du . 217.7
-, pression du . 217.7
-, réservoir à -s 213.1
Lisa, hierro con superficie 5.2
-, superficie . . 30.1
Liso, lecho inferior 146.4
-, tejado abovedado de intradós 173.9
Liscia, ferro con superficie 5.2
-, superficie . . 30.1
Lisciamento, prova di 39.1
-, resistenza al 38.11
Lisciare 154.8, 155.8, 242.3
- a caldo, ferro per 209.12
- colla spatola 156.3
-, ferro per . . 210.7
- la superficie 67.2, 207.9
-, melma per . 156.2
-, pietra per - il terrazzo 156.1
Lisciata, apparecchio a mano per rigare la 210.11
Liscio, strato inferiore 146.4
-, tetto - a terrazzo in curva 173.9
Lisse, couche inférieure 146.4
-, surface . . . 30.1
Lisse, toiture en arc à intrados 173.9
Lisser 154.8
-, fer à 210.7
- la surface . . 207.9
Lissoir 210.7
Lista di legno di frizione 202.3
Lista de fijación del revoque 150.8
Listel triangulaire 79.1
Listello a sezione triangolare 79.1
- della finestra 79.7
- di legno . . . 172.3
Listón 208.8
-, clavar un trozo de 76.7
- de refuerzo . 164.8
- triangular . . 79.1
Lit 178.4
-, affermir le - de la rivière 192.5
-, bétonnage du - d'une rivière 185.5
-, bétonnage monolithique du 185.6
- de gravier 177.2, 178.8
- - pierraille . 178.7
Litergewicht . 14.2
Litre, weight per 14.2
Litre, poids par 14.2
Litro, peso per 14.2
Litro, peso por 14.2
Live load . . . 141.5
Livellare, stadia graduata per 92.1
Livellata, massa di terra 138.5
Livello a bolla d'aria 91.2
- - -, grafometro con 91.8
- ad acqua . . 91.2
- - - con tubo fisso 91.6
- - - su tubo flessibile 91.5
- delle acque del sottosuolo 98.1
- - curve nella costruzione dello sfioratore 192.1
- fisso, chiusa a 191.10
- -, sfioratore a 191.10
- normale d'acqua 176.6
Llana 210.7
Llano, pisón . 66.3
Llanta de hierro 5.10
- en dos partes 81.3
-, estribo de - pasamano 151.5
Llave en forma de cuña 123.6
Llegada, tubería de 219.9
Llenar, altura para 35.6
- de arena pura 116.8
- las juntas . . 67.7
Lleno, hacer un hormigón 33.7

Lleno, pistón . 213.6
-, saco - de arena 88.1
Lluvia, agua de 31.11
Load 40.3
- and deformation are proportional 4.5
-, assumed . . . 141.1
-, assumption of 229.10
-, breaking . . 47.8
- capacity of the pile 120.7
-, concentrated 47.2
-, dead 141.4
- distributed over a certain area 46.12
- - - - - length 46.12
- - - the whole length of the beam 47.1
- due to snow . 167.5
-, increase of . 44.4
- indicator . . 25.1
- limit 4.2
-, line of pressure for the complete 236.1
-, live 141.5
-, moving . . . 141.5
- on piston . . 214.3
- - the building ground 95.8
-, permanent . . 141.4
- producing bending moment 40.7
-, safe - on ground 109.5
-, single 47.2
-, test 95.9
-, to - and unload alternately 41.7
-, - - centrally 49.9
-, - - evenly . . 49.9
-, working 141.3, 167.3
Loaded excentrically, foundation slab 111.1
Loading 40.3
-, manner of . . 230.1
- quay 187.3
- stage . . 187.3, 189.1
-, stage of . . . 42.1
-, typical 237.4
- wharf 189.1
Loam 108.10
- mixed with sand 108.9
Local, carga . 46.12
Locale, charge 46.12
Località d'impiego 63.6
Loch, Ausfluß- 88.6
-, Bohr- 92.4
-, den Schalrahmen mit Löchern versehen 75.9
Löcher ausheben 136.6
Lochstein . . . 130.4
-, Benutzung von -en 74.6
Lock . . 197.7, 197.10
- bay head . 197.11
- bottom . . . 198.2
- chamber . . . 198.1
-, drainage and irrigation 197.8
Lock for navigation 197.9
- invert 198.2
-, side wall of . 198.3
-, to build the - in the dry 199.1
- with shafts . 200.1
Lockern und heben 123.7
Locomobile . . 101.1
Locomotiva, esercizio con 64.5
-, traino con . . 64.5
Locomotive-drive 64.5
Locomotive, traction par 64.5
Locomotoras, tracción con 64.5
Locomóvil . . . 101.1
Löffelbohrer . . 94.4
Logement de poutre 142.1
Loggie, costruzione di 173.10
Logorio del calcestruzzo 38.9
Lohassel 115.5
Lohe, Gerber- . 108.8
Loi de proportionalité 42.2
Lokomobile . . 101.1
Lokomotivbetrieb 64.5
Lomo del vertedero 191.2
Long, cale en . 201.1
-, plan incliné en 201.1
Longitud, variación de - después del fraguado 45.4
Longitudinal beam 230.6
- -, main 189.6
- bracing . . . 86.2
- constructions 183.3
- girder 230.6
- layer 144.6
- movement . 119.8
- quarter . . . 126.2
- reinforcement 110.6
- reinforcing iron 157.3
- sleeper 237.5
- slips 201.1
- slope 205.2
- wire, the - -s project 179.7
Longitudinal, armature dans le sens 110.6
-, déplacement 119.8
-, mouvement . 119.8
-, - vertical et . 58.1
-, quartier . . . 126.2
Longitudinale, fibres -s 144.6
-, nervure principale 189.6
-, pente 205.3
-, poutre 230.6
Longitudinaux, ouvrages 183.3
Longitudinal, apuntalamiento 86.2
-, armadura . . 110.6
-, cuarto 126.2
Longitudinal, desplazamiento 119.8
-, movimiento vertical y 58.1
-, pendiente . . 205.2
Longitudinales, construcciones 183.3
-, fibras 144.6
- y transversales, mezcla por sacudidas 57.5
Longitudinale, armatura 110.6
-, movimento nel senso 119.8
-, - verticale e . 58.1
-, nervatura maestra 189.6
-, pendenza . . 205.2
-, puntellamento - della centina 86.2
-, quartiere . . 126.2
-, strato 144.6
-, trave 230.6
Longitudinali, costruzioni 183.3
-, i fili - sporgono fuori 179.7
Longitudinalmente, piano-inclinato per tirare a secco le navi 201.1
Longrina . . . 237.5
Longrine . . . 237.5
- armée de fer 180.6
Longueur, changement de- ensuite de la prise 45.4
-, couper de . . 69.2
- de conduite, une certaine 225.6
Look, to - after the order of mixing 54.7
Loop 152.5
Loosely, iron balls placed - in the drum 57.2
- spread concrete 199.5
-, to fill in . . . 14.3
Loosen, to - and lift up 123.7
-, - - the screws 75.7
Losa 162.2
- apisonada en la construcción 152.10
- aplicada en los cuatro lados 149.8
- de acera . . . 244.3
- - cemento 130.6, 210.9
- - cubierta . . 137.7
- - estuco . . . 133.5
- - fundación de cemento armado 109.7
- - hormigón armado 148.9
- - - - del sistema Monier 133.8
- - - con grava 133.6
- - - de rejilla 113.2
- - - fino comprimido 244.2
- Monier entre viguetas de hierro 148.10
Losa mosaica de cemento 244.7
- perfilada . . . 212.2
- saliente . . . 139.7
Losas, asfalto en 209.9
- de granito, revestimiento con 211.6
- - hormigón armado para colocar detrás de la palizada 186.9
- - - ensambladas 111.5
- - vidrio, revestimiento de 222.2
-, formar el borde con las 227.5
-, hilada de - planas 127.2
-, prensa para . 211.9
Löschbrücke 188.12
-stelle 187.2
Lösche 29.3
Lose einlaufen lassen 14.3
- in die Trommel eingelegte Eisenkugeln 57.2
Lösen, Schrauben 75.7
Lösliche Kieselsäure 7.5
Loslösender Keil 138.7
Loss due to burning 14.9
- of material . 39.4
Lösung, Alaun- 38.2
-, Karbolsäure- 208.6
-, Seifen- 38.3
-, Zinkchlorid- . 208.5
Lot 91.3
-, Senk- 91.3
Lötnaht 216.4
Lotrecht 126.7
-, fast -e Vorderseite 191.3
Louse, wood 115.5, 115.6
Low lying roadway 228.1
Lower-boom . . 231.7
- -chord . . . 231.5
- point, to lead the water off at a 99.6
- scaffolding . . 87.6
- slipway . . . 201.2
- stage of car . 119.6
-, to- sand bags 107.5
Lowering, artificial - of the underground water 199.3
- of the underground water level 100.2
- - - water level 198.4
Lowest point of the middle third 236.9
- underground water level . 114.1
Luce . . 152.4, 168.10
- dall'alto . . . 168.5
- di carico . . . 148.6
- libera constante, diametro della 248.6
Luces iguales . 228.6
Lucida, superficie 30.1

Lucidare . . . 154.8
-, melma per . . 156.2
-, pietra per - il
   terrazzo 156.1
Luft, an der -
   erhärten 7.2
- beständigkeit 21.2
- feuchtigkeit . 18.11
- kalk 7.8
- treiber 21.3
Lugar de empleo
   63.6

Lugino-Wand . 134.3
Lugino partition134.3
Lugino, cloison 134.3
Lugino, parete . 134.3
Lugino, tabique 134.3
Lumineuse, balise
   200.7
-, bouée 200.7
Luminosa, boya 200.7
Luminoso, segnale -
   per le secche 200.7
Lunddecke . . 153.3

Lund's floor . . 153.8
Lund, plancher 153.8
Lund, copertura 153.8
-, solaio 153.8
Lund, piso . . . 153.8
Lungherina . . 237.5
Lunghezza, varia-
   zione di - in seguito
   alla slegatura 45.4
Lunghezze d'aper-
   tura simmetriche
   228.6

Lungo, strato di
   pietre messe per
   127.2
Luogo cavo . . 66.7
- di giunzione . 67.6
Lustrare 242.3
Lustratura, mac-
   china per la 242.5
Luz 47.3, 105.1, 168.10
- zenital 168.5

M.

Macadam, strada
   in 204.9
Macadamisée,
   chaussée 204.9
Macadamized road
   204.9
Macadán, camino
   de 204.9
Macchia di salici
   184.10
- morta 184.9
Macchina a doppio
   effetto 54.1
- - funzionamento
   continuo 61.1
-, carrello della 58.7
- girante nei due
   sensi 54.1
- impastatrice,
   carro da tras-
   porto come 63.2
- - di malta . . 23.6
- - Gaspary . . 61.7
-, miscela a . . 53.4
- per affilare . 242.6
- - assortire ghiaia
   e sabbia 240.8
- - fregiare il
   fondo 247.3
- - gettare in
   forma 246.5
- - la lustratura
   242.5
- - - miscela dei
   colori 246.2
- - - prova della
   resistenza alla
   compressione 24.7
- - - pulitura . 242.5
- - lavare ghiaia
   e sabbia 240.9
- - modellare . 246.5
- - ornare i bordi
   247.2
- - - il fondo . 247.3
- - rivestire i
   bordi 247.2
- - rivoltare . . 247.4
- verticale fissa 56.5
Macchine, separare
   le fondazioni
   delle - e dei
   fabbricati 110.4
Machaca, hormigón
   de - bajo pavi-
   mento de ma-
   dera 204.11
Machacada, silo
   de piedra 249.5
Machine, bottom
   facing 247.3

Machine, compres-
   sion-testing 24.7
-, double action 54.1
-, fixed 56.5
-, grinding . . . 242.6
- mixing . . . 53.4
-, mortar mixing
   23.6
-, moulding . . 246.5
-, polishing . . 242.5
-, side-facing . 247.2
-, slab moulding
   211.9
-, stationary . . 56.5
-, turning over 247.4
-, washing . . . 240.6
-, washing - for
   gravel and sand
   240.9
- with uninter-
   rupted drive 61.1
Machine à double
   effet 54.1
- à fonctionnement
   continu 61.1
- à laver . . . 240.6
- à mouler . . 246.5
- à parer latérale-
   ment 247.2
- à polir 242.5
- d'essai de résis-
   tance à la com-
   pression 24.7
- fixe 56.5
-, isoler les fon-
   dations du bâti-
   ment et celles
   des -s 110.4
-, mélange à la 53.4
Mächtigkeit der
   Bodenschicht 95.7
Macina a mole
   verticale 248.2
-, vasca da . . . 222.7
Macinare . . . 12.8
Macinatura, finezza
   della 15.5
Macinina per co-
   lori 246.3
Maciza, placa de
   hormigón 147.4
Maçonné, mur -
   par assises mixtes
   127.1
Maçonnerie, arc-
   bouter contre la
   81.6
- de parement . 126.5
-, encastrement du
   béton dans la 77.6

Maçonnerie, en-
   foncer un piller
   en - sans fouille
   113.6
- entre cloisonnage
   130.9
-, frottement des
   terres sur la 139.1
-, mouiller la - de
   briques 67.1
-, nettoyer la - de
   briques 66.8
Maçonner avec
   des briques hol-
   landaises 226.5
Madera, anillo de
   80.1
- de asiento . . 142.6
- - fresno . . . 120.6
- - la cimbra . 85.9
-, guarnición in-
   terior de 68.2
- para marco . 80.5
-, piso de . . . 154.1
-, plataforma de 51.6
-, redonda . . . 88.5
-, tapón de . . . 88.4
-, viga de . . . 141.7
Maderaje . . . 189.5
- de cimbra . . 86.7
- - puntales . . 87.1
- - servicio . . 86.8
Madero 78.3
- apoyado por
   puntales redon-
   dos 177.9
- de cemento . 243.4
- - relleno . . . 79.6
- del cuadro . . 79.2
- - marco . . . 79.2
- - molde . . . 78.6
Madre-vite . . . 143.9
Madrevite con im-
   pugnatura 75.6
Madreviti, allen-
   tare le 75.7
-, comprimere l'im-
   palcatura me-
   diante i bulloni
   e le 74.7
Madrier 78.3
- de l'encadre-
   ment 79.2
- en ciment . . 243.4
-, revêtement de
   -s maintenu par
   des pieux ronds
   177.9
Maestra, nervatura
   - longitudinale
   189.6

Maestra, strada 204.6
Maestras, vigas 231.2
Mager, in -en Kalk-
   mörtel verlegen
   212.3
Magerbeton . 156.12
Magere Mischung
   33.9
Magerungsmittel 25.8
-, Kornbeschaffen-
   heit des -s 29.4
Maglia 15.8
Maglie a 5000, cri-
   vello a 16.2
- - 900, crivello a
   16.1
-, crivello a 120 29.8
-, staccio a 120 . 29.8
Maglio 103.5
-, disagganciare il
   119.3
-, peso del . . 120.11
Magnesia, fluoruro
   di 216.1
Magnesio, fluato
   de 216.1
Magnesiumfluat 216.1
Magnesium fluate
   216.1
Magnésium, fluate
   de 216.1
Magnitud indeter-
   minada estati-
   camente 48.2
Magnitude which
   is not deter-
   mined stati-
   cally 48.2
Magro, calcestruzzo
   156.12
-, impasto . . . 33.9
Magro, hormigón
   156.12
Mahlfeinheit . 15.5
-gang. 13.1
-hölländer . . . 222.7
Mahlen 12.8
Maigre, béton 156.12
-, matière servant
   à rendre le ci-
   ment 25.8
-, mélange . . . 33.9
-, nature du grain
   pour faire une
   mélange 29.4
-, poser à bain de
   mortier de chaux
   212.3
Maille 15.8
-, blutoir a 900 -s 16.1

Maille, blutoir à
    5000 -s 16.2
-, tamis à 120 -s 29.8
Main bar, flat iron
    used as 80.7
- boom, bridge with
    trellis -s 230.10
-, concrete . . . 245.6
- longitudinal
    beam 189.6
-, Möller 225.3
- rib, flat iron used
    as - rib 80.7
- road 204.6
- slipway . . . 201.3
- wall 128.9
- - of lock . . 198.3
- -water 31.9
Main, appareil à -
    pour boucharder
        210.11
- courante. . . 166.6
-, granitoir à 210.11
-, levier à . . . 59.8
-, mélange à la 51.2
-, pelle à. . . . 52.2
Maintenir au moyen
    de presses 79.10
- le tambour-ma-
    laxeur par un
    verrou dans la
    position verti-
    cale 55.5
Maison de rapport
        130.2
Maitresse, comble
    sur -s fermes 169.6
- ferme 170.2
-, poutres -s . . 231.2
Makadamstraße 204.9
Making in two
    pieces 116.6
Makler 130.1
Malaxage du ci-
    ment 17.6
-, eau servant au 17.7
-, marche des opé-
    rations de 52.9
-, palette pour le
    - et le transport
        57.7
Malaxation du
    ciment 17.6
Malaxer 54.8
- énergiquement 18.8
- trop énergique-
    ment 18.9
Malaxeur . . . 52.10
- à auge basculante
        56.4
- à fonctionne-
    ment discontinu
        53.8
- à mortier . . 23.6
-, accoupler le
    monte-charge
    avec le 65.6
- Broughton . 54.9
- de forme cubique
        57.1
- double pour mé-
    lange à sec et
    humide 61.8
-, forme de poire du
        60.9
- Gaspary . . . 61.7
- Gilbreth . . . 60.5
- horizontal à auge
        61.2

Malaxeur, l'enve-
    loppe du - est
    fixe 53.9
-, le - est à mouve-
    ment pendulaire
        63.1
-, - - est à tambour
    basculant autour
    de l'arbre 55.4
-, position inclinée
    du- sur son arbre
        57.3
- Ransome . . 57.6
- Smith 58.6
-, wagon- 63.2
Maleable, hierro 3.6
Malla 15.8
Malleabile, ferro 3.6
Malléable, fer . 3.6
Malta . . . 16.5, 25.9
-, applicarvi della
        132.6
- di calce magra,
    disporre in 212.3
- impiegata umida
        22.10
-, macchina impasta-
    trice di 23.6
Mámpara . . . 136.4
Mampostería con-
    certada 126.9
- de paramento 126.5
-, limpiar la - de
    ladrillo 66.8
Manantial . . . 175.1
Manantiales, canali-
    zar las - que se
    presentan en una
    excavación 99.2
Manche à couler
    dans les murs 77.2
- courbe, batte plate
        à 66.5
- -, dame plate à 66.5
- de pelle . . . 96.7
Mandiere . . . 78.5
Maneggiare l'im-
    pasto 54.8
Mango para echar
    en los muros 77.2
Manga de pala 96.7
Manguera . . . 98.7
Mangueta . . . 84.6
Manico della pala
        96.7
Manifiesto, poner de
    - las propriedades
    de la estructura
        39.6
Maniglia di mon-
    tante 166.6
Maniobra, palanca
    de 59.8
Manner of loading
        230.1
- - -, most unfa-
    vourable 230.2
Mannesmann-Rohr
        97.7
Mannesmann tube
        97.7
Mannesmann, tube
        97.7
Mannesmann, tubo
        97.7
Mannesmann, tubo
    de 97.7
Manœuvre, levier de
        59.8

Mano, apparecchio
    a - per rigare la
    lisciata 210.11
-, battipalo a . 102.3
-, carretta a bilico a
        63.8
-, esercizio a . 64.3
-, impasto a . . 51.2
-, leva a 59.8
-, miscela a . . 51.2
-, rullo a - in ottone
        210.8
-, - - - per rigare
    ad impronte pira-
    midali 211.1
-, - - - - terrazzi
        155.13
-, secchia a . . 98.5
Mano, aparato de -
    para abocardar
        210.11
-, carretilla bascu-
    lante de 63.8
-, mezcla á . . 51.2
-, pisón de . . 102.3
-, tracción á . . 64.3
Manometer . . 214.5
Manomètre . . 214.5
Manometro . . 214.5
Manómetro . . 214.5
Manovra del batti-
    palo, caporale che
    dirige la 102.3
Mansard roof 169.10
Mansard, toiture à
    la 169.10
Mansard, tejado à
    la 169.10
Mansarde, tetto a
        169.10
Mansardendach
        169.10
Mantel, Wellblech-
        217.1
Mantellamento 159.7
- di calcestruzzo
        159.8
Mantener, disposi-
    ción para - en
    pie el armazón de
    la columna 78.5
- el tambor mez-
    clador por medio
    de freno 56.1
- juntamente con
    el barrilete de
    aire 79.10
- vertical del reci-
    piente mezclador
    por medio de un
    cerrojo 55.5
- - - - - - - - -pes-
    tillo 55.5
Mantenere il col-
    legamento me-
    diante fasciature
    in ferro 79.10
- la cassa per l'im-
    pasto in posizione
    verticale me-
    diante traverse
    o barre 55.5
Manto delle volte
        85.8
Manto de agua sub-
    terránea 97.10
- - plancha ondu-
    lada 217.1

Manufacture, to -
    columns 160.4
Máquina de adornar
    el fondo 247.3
- - - lateralmente
        247.2
- - cortar los hierros
        69.4
- - doble efecto 54.1
- - lavar . . . 240.6
- - marcha continua
        61.1
- - moldear . . 246.5
- - pulir. . . . 242.5
- - revestir el fondo
        247.3
- - - lateralmente
        247.2
-, fija 54.5
-, mezcla con . 53.4
- mezcladora de
    cuba basculante
        56.4
- para el ensayo de
    la resistencia á la
    compresión 24.7
- tornadora para
    volver de un lado
    á otro 247.4
Mar, agua de . 32.6
-, arena del . . 27.2
Marais 99.4
Marble 28.6, 155.5, 164.1
Marbre 28.6, 155.5, 164.1
Marca 89.4
Marcar la cadencia
        103.8
Marcare il tempo
        103.8
- la cadenza . . 108.8
Marcha, horno de -
    continua 11.5
-, - - - intermitente
        11.3
- intermitente . 53.6
-, mezclador de -
    interrumpida 53.8
Marche . . 162.2, 162.5
        163.8
- d'escalier . . 245.4
- des opérations de
    malaxage 52.9
-, droite 162.7
- du mélange, ob-
    server la 54.7
- en ciment . . 163.8
- - granit . . . 163.3
- - pierre de taille
        163.2
-, foulé de . . . 162.9
-, poser les -s sur la
    limon 162.6
- tournante . . 162.8
Marcia, acqua 220.12
Marciapiede . . 188.4
        229.4
-, copertura tubu-
    lare del - tipo
    Herbst 243.7
- della stazione,
    tetto del 173.7
-, lastra da . . 244.3
-, pavimentazione
    del 244.4
Marco 132.11
-, madero de . 79.2
- rectangular . 218.7

Mare, acqua di 38.6 115.9
-, fango di . . 115.12
-, melma di . 115.12
-, sabbia di . . 27.2
Marea, la più alta 116.1
-, ritegno della 190.9
Marea la más alta 116.1
Marécage . . . 99.4
Marée la plus haute 116.1
Marga calcárea 8.5
- - muy arcillosa 8.10
Margoso, terreno 95.1
Marin, limon 115.12
-, sable 27.2
Markierstab . . . 90.7
Marking-off board 70.6
- out the course 182.12
- - - foundation 89.6
Marl ground . 95.1
-, lime 8.5
- rich in clay . 8.10
Marmo 28.6, 155.5, 164.1
Mármol . 28.6, 155.5, 164.1
Marmor . 28.6, 155.5, 164.1
Marna 8.5
- calcare ricca di argilla 8.10
Marne calcaire très argileuse 8.10
Marneuse, chaux 8.5
Marneux, terrain 95.1
Marnosa, calce 8.5
Marnoso, terreno 95.1 108.8
Marquer la cadence 173.7
Marquise de station 173.7
Marra 52.10
Marteau-pilon 23.10
Marteler, appareil à 23.10
Martellazione, apparecchio per la 23.10
Martensscher registrierender Abbindeapparat 19.8
Martens' set registering apparatus 19.8
Martens, appareil enrégistreur du degré de prise système 19.8
Martens, apparecchio registratore di presa sistema 19.8
Martens, aparato registrador del fraguado 19.8
Martillazos, aparato para dar 23.10
Martinete 102.6, 118.8
- con cuerdas . 108.2
- de torno . . . 104.5
- - vapor . . . 104.5
-, hundir con el 102.2
Masa cruda . . 10.10
- de asfalto artificial 208.11

Masa de tierra aplanada 138.5
-, producción en 239.3
Masche 15.8
-, 900- 16.1
-. 5000- 16.2
Maschine, Bodenverblend- 247.3
-, doppelt wirkende 54.1
-, Druckfestigkeits- 24.7
-, Farbmisch- . 246.2
-, feststehende . 56.5
-, Form- 246.5
-, Kies- und Sandscheide- 240.8
-, Kies- und Sandwasch- 240.9
-, Mörtelmisch- 23.6
- mit ununterbrochenem Betriebe 61.1
-, Polier- . . . 242.5
-, Schleif- . . . 242.6
-, Seitenverblend- 247.2
-, Wasch- . . . 240.6
-, Wende- . . . 247.4
Maschinenfundament, Gebäude- und -e absondern 110.4
-mischung . . . 53.4
Maschio e femina 158.5
Masilla 138.5
- abetunada . . 209.6
Masonry 125
-, ashlar - arch 232.7
- between iron framework 130.9
-, encasing the concrete with 77.6
-, to prop against the 81.6
-, - stay against the 81.6
-, weight of . . 101.5
Maß, Band- . . 91.1
-stab, Kräfte- . 48.9
Massa artificiale di asfalto 208.11
-, bolla d'aria entro la 39.8
- cruda, cottura della 11.2
- di calcestruzzo, variazione del volume della 38.6
- - terra livellata 138.5
- greggia . . . 10.10
-, inclusione della 39.9
-, nido entro la 39.8
-, produzione in 230.3
-, prova di compressione della 22.2
-, stratificazione della 39.7
Masse brute . . 10.10
-, cuisson de la 11.2
- de béton, mettre une - dans le moule 35.5

Masse de beton, variation de volume de la 38.6
- - terre régalée 138.5
-, production en 239.3
Massenerzeugung 239.3
-produktion . . 239.3
Massicciata della strada 203.4
- di ballast non interrotta 237.7
- - ghiaia . . . 205.9
Massiccio, corpo - dello sfioratore 190.8
-, pistone . . . 213.6
Massima, linea d'appoggio 236.6
Massimo, momento 101.10
-, valore - della resistenza 25.4
Massiver Wehrkörper 190.8
Mast, Eisenbeton- 225.4
Mastello 64.8
- da chiarificazione 223.7
Mastic, asphalte 209.6
Mastic asphaltique 209.6
Mástic de asfalto 209.6
Mastice d'asfalto 209.6
Mástil de hormigón armado 225.4
Mastix, Asphalt- 209.6
Mat 142.7
Mât en béton armé 225.4
Mate, la superficie se vuelve 5.4
Materia collegante 7.1
- idraulica di presa al contatto dell'acqua 7.9
-, perdita di . . 39.4
Materia añadida 25.7
- bituminosa . 171.4
- carbonada . . 31.2
- cocida 12.6
- de agregación lenta 17.3
- - - normal . 17.4
- - fraguado lento 17.3
- - trabazón . 7.1
- extraña . . . 7.6
- filtrante . . 220.10
- para agregación de duración media 17.2
- - el fraguado rápido 17.1
- - fraguado de duración media 17.2
- - la agregación rápida 17.1
- prima 10.10

Materialaufzug 55.1
- -, den - an die Mischmaschine kuppeln 65.6
-prüfungsanstalt 1.6
- -wesen 1.5
Material, Filter- 220.10
-, Füll- 108.2
Material, bituminous 171.4
-, building . . . 2.1
-, dressing of the raw 10.3
- elevator . . . 55.1
-, filling 108.2
-, filtering . . 220.10
-, foreign . . . 25.6
- hoist 55.1
-, loss of . . . 39.4
-, mechanics of -s 40.1
-, raw 10.10
-, testing of -s . 1.5
- - laboratory . 1.6
- - to be added . 25.7
- - - burned . . 12.6
-, weight of plant and -s transported 159.5
- which mixed with cement renders it less binding 25.8
Material, resistencia de los -es 40.1
- semejante á la turba 30.10
- - al humus . 30.9
- turboso . . . 30.10
Materiales arenosos, medida de los 51.8
- brutos, preparación de los 10.3
-, carga de transporte de los 159.5
- de construcción 2.1
-, ensayo de los . 1.5
- - para el relleno 108.2
Materiale aggiunto, grano del 39.10
- cotto 12.6
- da costruzione 2.1
- - cuocersi . . 12.6
- di carico, cassa per ricevere il 206.11
- - collegamento, avvolgere completamente i grani di sabbia col 33.7
- - riempimento 108.2
- filtrante . . 220.10
- sabbioso, misurazione del 51.8
Materiali della costruzione, carico dei 159.5
-, elevatore di . 55.1
-, metodo per la prova dei 1.5
-, norme per la solidità dei 40.1
-, - - stabilità dei 40.1
-, stabilimento per la prova dei 1.6
Materias adicionales 155.1

Matériaux de construction 2.1
- - remplissage 108.2
- élastiques inter-
posés 117.6
-, essai des . . . 1.5
-, laboratoire d'essai
des 1.6
-, résistance des 40.1
- transportés, poids
des 159.5
Materie liquide, ser-
batoio per 213.1
- prime, elabora-
zione delle 10.3
Mathematical cal-
culation 139.2
Matière ajoutée 25.7
- bitumineuse . 171.4
- calcinée . . . 12.6
- charbonneuse 31.2
- colorante,addition
de 20.3
- cuite 12.6
-, cuve- 223.1
- d'agrégation nor-
male 17.4
- - rapide . . . 17.1
- de liage . . . 7.1
- - mélange, noyau
de 30.10
- - prise rapide 17.1
- du mélange, la-
vage des -s 30.7
- durcissant sous
l'eau 7.9
- étrangère . . 25.6
- filtrante . . 220.10
- garantissant
contre l'humidité,
endurir avec une
38.1
- hydrofuge, endu-
rir avec une 38.1
-, inclusion de . 39.9
- liant à prise lente
17.3
- liant à prise rapide
17.1
-, perte de . . . 89.4
- pour agrégation
de durée moyenne
17.2
- - agrégation lente
17.3
- - prise de durée
moyenne 17.2
- - prise lente . 17.3
- première, prépa-
ration des -s 10.3
- sableuse, mesu-
rage des -s 51.8
- se rapprochant de
l'humus 30.9
- servant à rendre
le ciment maigre
25.8
- terreuse, précipi-
ter les -s 209.3
- tourbeuse . . 30.10
Matières addition-
nelles 155.1
Matrai, plancher
152.6
Matraidecke . 152.6
Matrai's floor . 152.6
Matrai, soffitto tipo
152.6
Matrai, piso . . 152.6

Matrice 7.1
-, hydraulic . . . 7.9
-, quick setting 214.8
Matrix 7.1
Matte 142.7
Mattone armato in
fildiferro 134.1
- cavo . 130.3, 146.7
- da facciata . 133.7
- forato 130.4
- leggero . . . 130.5
- vuoto 130.3
Mattonella . . . 12.7
- a trapezio . . 133.3
- da muro disposta
a quadro 133.4
- di cemento 210.10
- - vetro . . . 172.8
- in cemento Port-
land 9.6
Mattonelle, asfalto
in 209.9
- in calcestruzzo,
prova delle 39.11
- olandesi,innalzare
un muro con 226.5
-, rivestimento in
160.1
-, rivestire con 222.10
Mattoni alternanti,
strato di 127.5
-, bagnare la mura-
tura in 67.1
-, calcestruzzo di
rottami 33.2
- forati,impiego del
74.6
-, formare in . . 10.11
-, inumidire la mura-
tura in 67.1
- messi per largo
127.1
-, pulire la muratura
in 66.8
-, rottami di . . 28.8
-, soffitto in . . 143.3
-, - - - con arma-
tura in ferro 146.9
-, strato di - a cro-
ciera 127.7
-, - - - spina di
pesce 127.6
-, - - grossi rottami
di 206.8
-, muro a strati di
concio lavorato
tramezzo gli strati
di 127.1
Mattress 184.5
Mattwerden, die
Oberfläche wird
matt 5.4
Mauer aus bearbei-
teten Steinen 126.9
- - Schichtstein 127.1
- - Stampfbeton
180.7
-, Bekrönung der
137.6
-, die - verankern
140.3
-, Flügel- . . . 229.8
-, Futter- . . . 138.1
- gegen Erddruck
137.10
- - Winddruck 135.1
- - Wasserdruck
140.2

Mauer, Giebel- 129.1
-, Herd- 193.11
-, Kai- 188.11
- mit Strebepfeilern
139.4
-, Quader- . . . 126.8
-, Stau- 196.5
-, Trennungs- . 193.5
-, Treppen- . . . 129.2
-, Verblend- . . 196.7
Mauerstein, hoch-
kantig gestellter
133.4
Mauerwerk . . . 125
-, abspreizen gegen
das 81.6
-, das Ziegel- nässen
67.1
-, Guß- 130.8
-pfeiler, die - ohne
Ausgraben herab-
senken 113.6
-, Verblend- . . 126.5
-, Verzahnung des
Betons mit 77.6
- zwischen Eisen-
fachwerk 130.9
Maxima, courbe des
pressions 236.6
Maximalmoment
101.10
-stützlinie . . . 236.6
Máximo, valor - de
la resistencia 25.4
Maximum moment
101.10
- pressure, centre
of 236.6
- -, line of . . . 236.6
-, triangle of . 188.9
- value of strength
25.4
Maximum, moment
101.10
Máximum,momento
101.10
Mazzapicchio . 102.3
118.8, 122.3
-, battere col . 207.5
Mazzeranga, battere
colla 207.5
Meagre mixture 33.9
Measure 52.6
- box, sand . . 52.1
Measurements,
standard 125.3
Measuring appa-
ratus 4.6
- appliances . 89.7
- bar 90.2
- box 52.6
-, graduated - tube
- of the sand . 51.3
- staff 90.2
-, volume - appa-
ratus 14.7
Mecanicamente,
prensa accionada
24.8
Mécanique, mélange
53.4
-, presse 24.8
Meccanico, pressa a
movimento 24.8
Mechanical mixing
53.4

Mechanically driven
press 24.8
Mechanics of ma-
terials 40.1
Mechanisch be-
triebene Presse
24.8
Media consistenza,
argilla di 95.4
- -, terreno di . 94.6
Medio, grano . 29.6
-, legame . . . 17.2
Media, materia para
fraguado de du-
ración 17.2
-, terreno de con-
sistencia 94.6
Medio, grano . 29.6
Medida, aparato de
4.5
-, cala de - y de
regulación 230.6
-, cámara de . . 220.3
-, cortar á . . . 69.2
- de cinta . . . 91.1
- - los materiales
arenosos 51.8
Medidor de volumen
14.7
Medir, caja para 52.6
-, - - - arena . 52.1
- un terreno. . 89.1
Medium, elastic 117.6
- grain 29.6
- setting cement 17.2
Meerschlamm . 115.12
- -wasser . . 32.6, 115.9
Mehlfeinheit, Zer-
kleinerung auf 8.8
Mehl, Stein- . . 27.12
-, Zerkleinerung zu
8.8
Meißelartige
Schneide 105.5
Meißel, mit dem -
abschlagen 69.5
Meißelbohrer . 94.1
Meister, Schwanz-
103.7
Melansches geboge-
nes I-Eisen 148.7
Melan curved I-iron
148.7
Mélan, fer I cintré
de 148.7
Melan, ferro a dop-
pia T arcuato di
148.7
Melan, hierro I cim-
brado de 148.7
Mélange 51.1
- à base d'asphalte
naturel 216.8
- à fin grain . . 25.10
- à gros grain . 26.1
- à la machine 53.4
- à la main . . 51.2
- à sec et humide,
malaxeur double
pour 51.8
-, consistance du 34.2
- du ciment . . 17.6
-, eau servant au 17.7
- finement granulé
25.10
- gras 33.8
- grossièrement
granulé 26.1

Mélange, lavage des matières du 30.7
- maigre 33.9
- -, nature du grain pour faire un 29.4
- mécanique . . 53.4
-, mouiller le . . 52.3
- normal 22.7
-, noyau de matière de 39.10
-, observer la marche du 54.7
- par mouvements croisés 57.5
- - secousses alternatives croisées 57.5
- plus intime . 53.5
-, position inclinée de l'auge de 61.6
-, processus de . 52.9
-, proportion de 33.6
-, seau pour le 155.11
- sec, additionner d' alun le 215.1
Mélangeur . . . 52.10
- à chute libre 53.7
- à couleurs . . 246.2
-, tambour - à double cône 59.1
Mélangeuses, palettes - en échelons 62.10
Mêlé de sable, limon 108.9
Melma di mare 115.12
- per lucidare . 156.2
-, separare la . . 241.3
Melt, to 209.2
Melting, asphalt obtained by 209.8
Member, bottom 231.7
-, bow 36.1
-, top 231.6
Members . . . 231.3
Membrana, pompa a 98.5
Membratura inferiore 231.7
- superiore 188.2, 231.6
- - parabolica, ponte a traliccio con 232.1
Membrure inférieure 87.6, 231.7
- polygonale. . 174.3
- supérieure 87.7, 188.2, 231.6
- - parabolique, pont en treillis avec 232.1
Menge, Aufschütt- 249.4
Mennige streichen 144.8
Menuisier, presse de 79.9
Mensola 188.1
-, armatura a . 158.1
- del pianerottolo 162.4
-, trave a . . . 229.3
Mensole, il pancone giace su . . 107.3
Ménsula sobre viga 49.2
Menudo, cascajo 26.9

Mer, eau de 32.6, 115.9
-, limon de . . 115.12
-, sable de . . . 27.2
Mergelboden . 95.1
-, Kalk- 8.5
Merkstab. . . . 90.7
Mescolanza per agitazione per dritto e pertraverso 57.5
Mescolato, cemento 9.9
Mescolatore, posizione inclinata del truogolo 61.6
Mescolatrice, aletta trasportatrice e 57.7
- con cassa a bilico 56.4
Mescolatrici, palette - scaglionate 62.10
Mesh 15.8
-, sieve with 120 -es 29.8
-, sieve with 900 -es 16.1
-, sieve with 5000 -es 16.2
Meßgerät . 4.6, 89.7
-haus 220.6
-kammer . . . 220.8
-kästchen . . . 52.6
-kette 90.5
-kettenstab . . 90.6
-latte 90.2
-rahmen, Sand- 52.1
-rohr, graduiertes 14.8
- -, mit einer Gradeinteilung versehenes 14.8
-werkzeug . . . 4.6
Messen des Sandes 51.8
Messer, Raum-. 14.7
-, Volumen- . 14.7
-welle 222.9
Messing 164.9
-walze 210.8
Mesurage de hauteur 89.3
- des matières sableuses 51.8
Mesure à ruban 91.1
-, appareil de . 4.6
-, battre la . . 103.8
- caisse de . . 52.6
-, chambre de . 220.8
- de volume. . 14.7
Mesurer, caisse pour - le sable 52.1
- un terrain . . 89.1
Metal covering sheet 51.7
-, expanded . . 6.4
- foundation . 205.8
- insertion of 68.1
- lattice-work . 112.3
- lining 122.9
-, Rabitz . . . 146.2
- reinforcement 78.7
- sheath, construction in a 123.1
- sheathing . . 122.9
- sleeve 166.2
- track 64.1
- tread 165.2

Metal desplegado 6.4
-, guarnición de - protectora 165.2
-, tabique de - desplegado 133.9
Métal déployé . 6.4
- -, cloison en . 133.9
-, garniture protectrice en 165.2
Metálica, cemento á base 165.9
-, tejado de cercha 168.2
Metálico, adoquín de tabiques -s 211.5
-, aspecto de muaré 5.3
-, enrejado - Rabitz 146.2
-, red de hilo . 131.5
-, tubo 166.2
Metallaufstoß- schlene 165.2
-hülse 166.2
-, Streck- . . . 29.8
-zement 165.9
Metallic cement 9.8
       165.9
Metallica, cemento a base 165.9
-, fune 168.7
-, passonata . 109.6
-, scorza 166.2
-, tetto a capriata 168.2
Metalliche, funi - tese diagonalmente 152.7
Metallico, cemento 9.8
-, inserire un tessuto - fra due corniere 135.8
-, involucro . . 166.2
-, legatura con filo 75.2
-, trave americana a traliccio 153.7
Metalling, road 203.3
Métallique, câble 168.7
-, ciment 9.8
-, colonne . . 159.6
-, douille . . . 166.2
-, pavé à cloisons -s 211.5
-, relèvement des armatures -s 72.11
-, treillis - Rabitz 146.2
Metallo dilatato, tramezzo di 133.9
- duttile 6.4
-, pedale di protezione in 165.2
Meter chamber 220.8
- house 220.6
Meter en un molde 78.1
Méthode graphique, par la 47.5
Metodo grafico, con 47.5
- per la prova dei materiali 11.1
Método, por el - gráfico 47.5
Metro a nastro 91.1
- - d'acciaio . 90.8

Mettere a posto 71.4
- il calcestruzzo nella forma 35.5
- - tubo di drenaggio nella fondazione 224.3
Mettre des couvrejoints en tôle 179.1
- une masse de béton dans le moule 35.5
Meulage 39.1
-, boue de . . . 156.2
Meule de cimentier 156.1
- en fonte tournant horizontalement 39.2
-, moulin à -s . 13.1
Meules verticales, moulin à 248.2
Meuler 155.7
Meuleuse à jet de sable 39.5
Mezcla 51.1
- á base de asfalto natural 216.8
- - mano . . . 51.2
-, árida. 33.9
- con máquina 53.4
-, cubo para -s 155.11
- de grano fino 25.10
- - - grueso . . 26.1
- del cemento . 17.6
- grasa 33.8
- mas intima . 53.5
- normal . . . 22.7
- pobre 33.9
- por sacudidas longitudinales y transversales 57.5
- - movimientos transversales y longitudinales 57.5
- seca, añadir alumbre á la 215.1
- - y húmeda, recipiente mezclador para 61.8
Mezclado, cemento 9.10
Mezclador . . . 52.10
- á caída libre 53.7
- Broughton . . 54.9
- de marcha interrumpida 53.8
- en forma de cubo 57.1
- horizontal en forma de artesa 61.2
- Ransome . . 57.6
-, recipiente - en forma de pera 60.9
Mezcladora de colores 246.2
- de mortero . 23.6
Gaspary . . . 61.7
- Gilberth . . . 60.5
-, máquina - de cuba basculante 56.4
-, paleta - y trans portadora 57.7
- para mezcla seca y húmeda 61.8
- Smith 38.6
Mezclar, cuba para 223.1

Mezclar, escalera
  para 51.4
Mezzo intermedio
  elastico 117.6
Middle stage of car
  119.6
- third, highest
  point of the 236.8
- -, lowest point of
  the 236.9
Miethaus 130.2
Mild steel 3.5
Milieu, pente résul-
  tant du renforce-
  ment au 227.4
Mill, ball . . . 13.2
-, colour 246.3
-, Griffin 13.3
-, grinding . . . 248.2
-, mortar 248.2
-, rolling 12.10
-, stone 13.1
-, tube 13.4
Minare i pilastri 177.4
Minatori, affonda-
  mento dei pilastri
  col sistema dei
  122.3
Mindestwert, Festig-
  keits- 25.3
Miner 177.4
Minerai, ciment de
  9.8
-, lavage du . . 30.8
-, silo à -s . . . 250.1
Mineralfarbe . 239.6
Mineral colour 239.6
Mineral, color . 239.6
-, silo para -es . 250.1
Minerale, cemento
  con 9.8
-, color 239.6
-, lavaggio del . 30.8
-, lavatura del . 30.8
Minérale, couleur
  239.6
Minerari, silos . 250.1
Mineros, introduc-
  ción de pilares
  por el procedi-
  miento de 122.2
Miners method of
  sinking piles 122.2
Mineurs, fonçage de
  piliers par le pro-
  cédé des 122.2
Minima, courbe des
  pressions 236.7
Minima, linea
  d'appoggio 236.7
Minimo, valore -
  della pendenza
  204.3
-, - - - resistenza 25.3
Minima, poligono de
  las presiones 236.7
Minimo, valor - de
  la resistencia 25.3
Minimalstützlinie
  236.7
Minimum pressure,
  centre of 236.7
- -, line of . . . 236.7
- rate of grade 204.3
- value of strength
  25.3
Minimum, rampe
  204.3

Minimum, valor -
  de las rampas
  204.3
Minio, passare a 144.8
-, tingere con . 144.8
Minio, revocar con
  144.8
Minium, peindre au
  144.8
Minuto, pavimento
  in legno - a di-
  segno 154.4
-, pietrame . . . 26.9
Mira 92.1
- de tablilla. . 91.4
- parlante . . . 90.2
Mire 91.4
- de nivellement 92.1
- parlante . . . 90.2
Miroir, appareil à
  4.7, 90.1
-, goniomètre à 90.1
Mirror apparatus 4.7
- extensometer . 4.7
Miscela 51.1
- a base di asfalto
  naturale 216.8
- - grandi grani 26.1
- - macchina . 53.4
- - mano . . . 51.2
- - piccoli grani
  25.10
- completa . . 53.5
- dei colori, mac-
  china per la 246.2
- intensiva . . 53.5
- più accurata 53.5
-, rovesciamento
  della 56.7
- secca, aggiungere
  l'allume alla 215.1
- secondo le forme
  22.7
-, tamburo conico
  doppio per la 59.1
Misch- und Trans-
  portflügel 57.7
Mischbehälter, bir-
  nenförmige Ge-
  stalt des -s 60.9
-, den - durch Riegel
  in aufrechter Stel-
  lung halten 55.5
-, der - steht fest
  53.9
- der - ist in schwin-
  gender Bewegung
  63.1
- der - ist kippbar
  auf der Welle 55.4
-, getrennte - für
  Trocken- und
  Naßmischung 61.8
-, wagerechter mul-
  denförmiger 61.2
-, würfelförmiger
  57.1
Mischen, innigeres
  53.5
Mischer 52.10
-, Broughton- . 54.9
-, Chargen- . . 53.8
-, Freifall- . . . 53.7
-schaufel, drehbare
  61.3
Mischkübel, Ter-
  razzo 155.11

Mischmaschine, den
  Materialaufzug an
  die - kuppeln 65.6
-, Farb- 246.2
-, Gasparysche 61.7
-, Gilbrethsche 60.5
-, Kipptrog- . . 56.4
-, Mörtel- . . . 23.6
-, Ransomesche 57.6
-, Smithsche . . 58.6
-, Transportwagen
  als 63.2
Mischschaufeln,
  treppenförmig an-
  geordnete 62.10
Mischtreppe . . 51.4
Mischtrog, gencigte
  Stellung des -es
  61.6
Mischtrommel, dop-
  pelkegelförmige
  59.1
-, Überstürzen der
  56.7
Mischung . . . 51.1
-, der trockenen -
  Alaun zusetzen
  215.1
-, die - benetzen 52.3
-, fette 53.8
-, grobkörnige . 26.1
-, Hand- 51.2
-, kleinkörnige 25.10
-, magere . . . 33.9
-, Ma-chinen- . 53.4
-, Naturasphalt- 216.8
-, Normen- . . 22.7
-, Steife der . 34.2
Mischungsverhält-
  nis 33.6
-, Abhängigkeit der
  Elastizitätszahl
  vom 42.3
Mischungsvorgang
  52.9
Mischvorgang, den
  - beobachten 54.7
Mischvorrichtung
  mit absatzweisem
  Betriebe 53.8
Mischzement . . 9.9
Miscuglio, vasca a
  223.1
Mise à sec de la
  fouille 99.1
Mista a sabbia, ar-
  gilla 108.9
Misto, processo 10.9
Misura, apparecchio
  - - - a specchio 4.7
-, biffa da . . . 90.1
-, tagliare su . 69.2
Misurare, apparec-
  chio per - la sab-
  bia 52.6
-, cassetta per . 52.6
-, cassone per - la
  sabbia 52.1
-, catena per . 89.1
- nel terreno . 89.1
Misuratore del vo-
  lume 14.7
- di impermeabilità
  213.4
Misurazione, cabina
  di 220.6
- del materiale sab-
  bioso 51.8

Misure, camera delle
  220.8
Mitades, compo-
  nerse de dos 123.5
Mittelbinder . . 17.2
-feld 150.3
-wagen 119.6
-wand 128.8
Mittel, Binde- . . 7.1
-, Magerungs- . 26.8
Mittelfester Boden
  04.6
- Ton 95.4
Mittleres Korn 29.6
Mix, pail to - the
  terrazzo 155.11
-, to - thoroughly
  18.8, 54.8
Mixed cement. . 9.9
- process . . . 10.9
Mixer 52.10
-, Broughton . 54.9
- chamber . . . 223.1
-, colour. . . . 246.2
-, Gaspary's . . 61.7
-, Gilbreth's . . 60.5
-, gravity . . . 53.7
-, hauling wagon as
  63.2
-, intermittent
  working 53.8
-, pug-mill . . . 53.8
- Ransome's . 57.6
-, Smith's . . . 58.6
-, the - rights itself
  55.7
-, tipping trough 56.4
-, to couple the hoist
  for the material
  to the 65.6
-, - hold the - in
  upright position
  by means of stops
  55.5
-, - keep the - in
  position by means
  of a brake 56.1
Mixing and convey-
  ing blade 57.7
-, criss-cross . . 57.5
- device, vertical 62.1
- drum, overturn-
  ing of the 56.7
-, pear shape of
  the 60.9
-, separate - -s for
  dry-and wet-mix-
  ing 61.8
- - shaped like a
  double cone 59.1
- - the - can be
  rotated on its
  axis 55.4
-, - - is fixed 53.9
-, hand. 51.2
-, homogeneous 53.5
-, machine . . . 53.4
-, mortar . . . 23.6
-, mechanical . 53.4
- of cement . 17.6
-, order of . . . 52.9
- paddles . . . 222.6
-, platform, steps
  of 51.4
-, process of . . 52.9
-, scoop, rotating 61.3
- scoops arranged
  in steps 62.10

Mixing stage, steps
  of 51.4
- tank, cubical 57.1
- to a uniform
  composition 53.5
-, - have an excess
  of 18.9
- tray, the - - has
  a swinging
  motion 63.1
- -tub, horizontal
  trough-shaped 61.2
- water 17.7
Mixte, appareil 126.8
-, mur maçonné
  par assises -s 127.1
-, plancher - en
  pierre et béton
  150.9
-, procédé ... 10.9
Mixto, proced:-
  miento 10.9
-, trabazón .. 126.8
Mixture 51.1
-, coarse grain 26.1
-, consistency of
  the 34.2
-, fine grain .. 25.10
-, meagre ... 33.9
-, natural - of
  asphalt 216.8
-, poor 33.9
-, proportion of 33.6
-, rich 33.8
-, standard .. 22.7
-, to get a full . 33.7
-, - moisten the 52.3
Mobile, puntello
  97.6
-, sbadacchio . 97.6
-, sfioratore .. 194.4
-, telaio d'ar-
  matura 75.8
Modèle, pieu .. 123.2
Modellamento,
  attitudine di -
  del calcestruzzo
  84.6
Modellare, mac-
  china per 246.5
Modellatore, tavo-
  lato da - per
  fracciare 70.6
Modello 70.2
- in gesso .. 241.8
- - stucco ... 88.3
-, palo 123.2
Modelo, estaca 123.2
Modellpfahl .. 123.2
Moderately firm
  ground 94.6
Modul, Elastizitäts-
  41.4
Module d'élasticité
  41.4
Modulo di elasticità,
  dipendenza del -
  dal quantitativo
  d'acqua aggiunta
  42.4
- - -, - - - dalla
  dosatura dell'im-
  pasto 42.3
- - -, - - - ten-
  sione 42.5
Módulo de elastici-
  dad 41.4

Modulus, depen-
  dance of the - of
  elasticity on the
  amount of water
  added 42.4
-, - - - - - -
  composition of
  the mixture 42.3
-, - - - - - -
  stress 42.5
- of elasticity . 41.4
Moellon 205.10
Moirage 5.3
Moiré, aspect . 5.3
Moise .. 86.3, 105.7
-, boulonner des -s
  105.3
Moist 33.12
-, mortar used . 22.10
-, slightly - con-
  crete 66.6
Moisten, to - the
  brickwork 67.1
-, - - - mixture 52.3
Moistening channel
  62.2
Moitiés, être com-
  posé de 123.5
Mojada, arena 68.5
Mojado, hormigón
  poco 34.3
Mojar á chorro
  de agua 240.10
- con la regadera
  53.3
-, no dejar que se
  moje el suelo 52.7
Mola 12.10
- a ruote orizzon-
  tali 13.1
- cubica 35.1
Molare 155.7
Molazza 222.7
Molde, colar el
  pilote en un -
  horizontal 118.7
- cúbico 35.1
- de apisonar . 246.7
- - arcilla .. 241.11
- - columna de
  fachada 79.5
- - columnas .. 77.4
- - fundición . 248.8
- - hierro ... 241.4
- - la columna 78.6
- - madera . 241.5
- - muro sistema
  Monier 76.6
- - núcleo ... 225.7
- - palastro como
  alma de entibación
  82.8
- - pilastro de facha-
  da 79.5
- - piso abovedado
  81.2
- - prensar .. 247.1
- - tablas .. 73.2
- - un piso de hor-
  migón armado 81.7
- - vigas .. 81.3, 82.5
- - yeso . 88.3, 241.8
- del pie de la
  columna 77.1
- para fundir . 248.6
- regulable .. 242.1
Moldeadora .. 246.5
Moldear, máquina
  de 246.5

Molduras ... 150.7
Mole 186.4
-, macina a - verti-
  cale 248.2
Môle 186.4
Moléculaire, force
  45.6
Molecular force 45.6
Molecular, fuerza
  45.6
Moleculare, forza 45.6
Molekularkraft 45.6
Moler 12.8
Molette à bourrer
  211.3
- à faire les joints
  211.3
Molida, escoria 156.7
Molienda, finura de
  la 15.5
Molino de bolas 13.2
- - cilindros . . 12.10
  229.7
- - colores .. 246.3
- - muelas .. 13.1
- - - verticales 248.2
- Griffin 13.3
Molle 34.1
-, terreno argilloso
  95.3
Möller-Rohr . . 225.3
- main 225.5
- pipe 225.3
-, tuyau de . 225.3
-, tubo tipo . 225.3
-, tubo 225.3
Mollusc ... 115.10
Mollusco ... 115.10
Mollusque ... 115.10
Molo 186.4
Molusco ... 115.10
Moment ... 101.8
-, das Stützen- ab-
  tragen 48.5
- des Winddruckes
  auf Fuge AB 135.3
-, Eck-.... 250.7
-, ein statisch un-
  bestimmtes -
  tritt auf 218.3
-, Kern-.... 235.9
-, Kipp- ... 184.8
-, Maximal- . 101.10
-, negatives . 101.9
-, Trägheits- .. 48.1
-, Verdrehungs- 144.4
Momentenfläche 48.3
-, die positive -
  auftragen 48.4
Moment 101.8
-, a statically in-
  determinate -
  appears 218.3
- due to wind pres-
  sure on joint AB
  135.3
-, maximum . 101.10
-, negative .. 101.9
- of inertia .. 48.1
- - normal force
  round centre of
  section 235.9
- - the supports, to
  subtract the 48.5
-, overturning . 184.8
-, to plot the posi-
  tive -s 48.4
-, twisting ... 144.4
-, wedging ... 250.7

Moment, aire des -s
  48.3
- d'inertie ... 48.1
- de coincement 250.7
- - renversement
  184.8
- - rotation .. 235.9
- - torsion... 144.4
- du vent sur le
  joint AB 135.3
- fléchissant négatif
  149.6
- maximum . 101.10
- négatif ... 101.9
-, porter en dessous
  les -s sur l'appui
  48.5
- positifs, ajouter
  les aires des -s 48.4
-, porter au dessus
  les aires des -s 48.4
-, soustraire les -s
  sur l'appui 48.5
-, un - statiquement
  indéterminé se
  présente 218.3
Momenti, area dei
  48.3
-, diagramma dei 48.3
- positivi, riportare
  il diagramma dei
  48.4
Momento ... 101.8
- d'appoggio, sot-
  trarre il 48.5
- d'inerzia ... 48.1
- di curvamento
  250.7
- - rotazione . 235.9
- - rovesciamento
  184.8
- - torsione .. 144.4
- flettente negativo
  149.6
- massimo.. 101.10
- negativo .. 101.9
- staticamente in-
  determinato, si
  presenta un 218.3
Momento, área de
  los -s 48.3
- de acuñamiento
  250.7
- - derribo .. 184.8
- - flexión negativo
  149.6
- - inercia .. 48.1
- - inversión . 184.8
- - rotación . 235.9
- - torsión .. 144.4
- del viento sobre
  la junta AB 135.3
- máximum . 101.10
- negativo .. 101.9
-, se presenta un -
  no determinado
  estaticamente 218.3
Moniergewebe . 131.7
-gewölbe ... 147.6
-, Stützmauer mit
  stehenden 139.5
-platte 133.8
- - zwischen eiser-
  nen Trägern 148.10
-verkleidung . 145.1
-wand 131.1
- -, die- ausdrücken
  77.3

Monierwand,
  Tasche zum Aus-
  gießen der Mo-
  nierwände 77.2
- -verschalung 76.6
Monier lining . 145.1
- reinforcing
  netting 131.7
- slab 133.8
- - between steel
  girders 148.10
- wall 131.1
- -, to form - by
  throwing on and
  ramming con-
  crete against
  mould 77.3
- walls, falsework
  for 76.6
- -, pocket for
  moulding 77.2
Monier's arch . 147.6
Monier, coffrage de
  mur système 76.6
-, comprimer le mur
  - contre le cof-
  frage 77.3
-, dalle - entre pou-
  trelles de fer 148.10
-, dalle système 133.8
-, mur 131.1
-, remplissage . 145.1
-, revêtement . 145.1
-, voûte 147.6
Monier, armatura da
  muro sistema 76.6
-, comprimere il
  muro 77.3
-, incrocio di ferri
  per armatura
  sistema 131.7
-, muro di sostegno
  con volte 139.5
-, parete in cemento
  armato sistema
  131.1
-, piastra 133.8
-, - - fra travi di
  ferro 148.10
-, rivestimento . 145.1
-, traliccio di ferri
  per armatura
  sistema 131.7
-, tubolo per la
  gettata delle
  pareti 77.2
-, volta 147.6
Monier, molde de
  muro sistema 76.6
-, muro 131.1
Monkey 103.5
- pile driver . 102.6
- release, pile-driver
  with automatic
  104.5
-, the - falls freely
  104.4
-, to unhitch the 119.3
-, weight of the 103.9
  120.11
Monolithes, fabri-
  quer les colonnes
  160.4
Monolithic bottom
  185.6
- sill 185.6
Monolithique, bé-
  tonnage - du lit
  185.6

Monolitica, gettata
  185.6
Monolítico, obra de
  hormigón - del
  lecho 185.6
Montacargas . . 55.1
- con cubos . . 64.9
-, plataforma de 65.1
Montacarichi, accop-
  piare il - all' im-
  pastatrice 65.6
-, sedia del . . 65.1
Montagne, route de
  204.7
Montaña, camino de
  204.7
Montant 73.5, 187.11
  231.4
-, assembler un étai
  dans le 74.4
- de batardeau 194.6
- - digue . . . 194.6
- - la glissière 102.9
-, dresser une barre
  en guise de 136.7
- du trépied . . 92.10
-, glisser entre des -s
  130.11
Montants formant
  glissière 120.1
Montante . . 187.11
- del telaio . . 79.2
-, maniglia di . 166.6
-, piantare una
  sbarra in guisa di
  136.7
- verticale . . . 231.4
Montanti del batti-
  palo 120.1
-, scorrere fra i 130.11
Montante 73.5, 187.11
  231.4
- de compuertas
  195.4
- - dique . . . 194.6
- - la resbaladera
  102.9
- - tripode . . 92.10
-, resbaladera de -s
  verticales 120.1
Montar cajones
  flotantes 200.5
- para un movi-
  miento giratorio
  59.11
Montare i cassoni
  natanti 200.5
- la scala . . . 162.6
Monte-charge . 55.1
- - à bennes . . 64.9
- -, accoupler le -
  avec le malaxeur
  65.6
- -, plate-forme de
  65.1
Monte, acqua da
  190.10
-, torrente a . . 175.6
Montée de l'eau
  souterraine 214.11
Monter des caissons
  flottants 200.5
- pour un mouve-
  ment de rotation
  59.11
- une cloison par
  parties 52.5
Montón . . . 52.11

Montoncillos, mover
  con la pala en los
  58.1
Mooring ring . 223.4
Morceau de latte
  208.8
Morceaux, en . 8.1
Mordente . . . 81.1
Morillo . . . 205.10
Morsa . . 81.1, 105.7
- per assi . . . 79.9
-, resistenza al-
  l'azione di una 2.10
Morse, inchiodare le
  105.8
Morsetto. . . . 93.5
Mort, bois . . . 184.9
-, poids - de la
  construction 101.5
Morta, macchia 184.9
Mortaise . . . 165.8
Mortaja . . . 165.8
Mortar. 25.9
- mill 248.2
- mixing machine
  23.6
- of plaster and clay
  146.3
-, to embed in
  common 212.3
-, - - - poor . . 212.3
-, to lay - on . 132.6
- used moist. . 22.10
Mörtel 25.9
-mischmaschine 23.6
- auftragen . . 132.6
- aus Gips und
  Leim 146.3
-, erdfeucht ange-
  wandter 22.10
-, Gips-Leim-. . 146.3
Mortero 25.9
-, aplicar - sobre
  132.6
- de yeso con mez-
  cla de cola 146.3
- empleado húmedo
  como la tierra
  22.10
-, poner con - de cal
  pobre 212.3
Mortier 25.9
- à consistance de la
  terre humide 22.10
-, appliquer du -
  132.6
- au plâtre et à la
  colle 146.3
-, échelle à . . 51.4
-, malaxeur à . 23.6
-, poser à bain de -
  de chaux maigre
  212.3
Mortised hole . 165.8
Mosaic cement slab
  244.7
- tile 244.7
Mosaica, losa - de
  cemento 244.7
Mosaico, lastra di
  cemento a 244.7
Mosaikplatte,
  Zement- 244.7
Mosaïque, carreau -
  de ciment 244.7
-, plaque en . 133.5
Most unfavourable
  manner of load-
  ing 230.2

Moteur 55.2
- à gaz 101.2
-, pompe à . . . 100.9
Motor 55.2
-, Gas- 101.2
-pumpe 100.9
Motor 55.2
- driven pump 100.9
Motor 55.2
-, bomba con . 100.9
- de gas 101.2
Motore 55.2
- a gas 101.2
-, pompa a . . 100.9
Motrice, consomma-
  tion de force 55.3
-, dépense de force
  55.3
Motrice idraulica,
  installazione di
  forza 196.9
Motriz, consumo de
  fuerza 55.3
-, instalación de
  fuerza - hidráu-
  lica 196.9
Moudre 12.8
Mouillage, rigole de
  62.2
Mouillé, béton peu
  34.3
-, - très 34.5
- gelé, béton . 37.5
-, sable 68.5
Mouillée, sciure 68.6
Mouiller au jet
  d'eau 240.10
- avec l'arrosoir 53.3
- la maçonnerie
  de briques 67.1
- le mélange . 52.3
-, ne pas laisser le
  plancher se 52.7
Mould 73.5, 199.7, 246.6
- acid 80.11
-, adjustable . 242.1
-, beam 81.8
- box 241.7
-, cap 80.3
-, clamp for . . 79.9
-, clay 241.11
-, column . . . 77.4
- core 76.2
- -, sheet-iron
  form as 82.8
-, counterfort . 77.5
-, cramp for . . 79.9
- for a front co-
  lumn 79.5
- - base of co-
  lumn 78.1
- - Monier walls 76.6
- - pressing ma-
  terials 247.1
- - ramming ma-
  terials 246.7
-, girder . . 81.8, 82.5
-, gypsum . . . 83.3
-, iron 241.4
-, pillar 77.4
-, plaster . 83.3, 241.8
-, post 77.4
-, soffit of a girder
  82.2
-, terra cotta slabs
  as -s 77.7
-, timber 241.5

Mould, to . . . 166.1
-, - put concrete
    into the 85.5
-, - remain in the
    36.5
-, - remove -s . 85.4
-, - set up the -s 78.1
-, - take out from
    the 24.1
-, to - the curb with
    the slab 227.5
-, top 80.3
-, wall-pillar . . 77.5
-, wooden . . . 241.5
Moulding frame 246.6
- machine . . . 246.5
- plate 212.2
-, pocket for -
    Monier walls 77.2
-, slab - machine
    211.9
Mouldy substance
    30.9
Moule à couler 246.6
- à damer . . . 246.7
- à noyau . . . 225.7
- cubique . . . 35.1
- d'argile . . . 241.11
- de fonderie . 246.6
- en bois . . . 241.5
- - fer 241.4
- - plâtre 83.3, 241.8
- - tôle de fer ser-
    vant de noyau
    de coffrage 82.8
- horizontal, couler
    dans un 118.7
-, mettre une masse
    de béton dans le
    35.5
- réglable . . . 242.1
-, rester dans le 86.5
- vertical, fabriquer
    dans un 118.6
Moulé, balustrade
    en ciment 165.7
-, béton 33.5
•Mouler, machine à
    246.5
-, presse à . . . 247.1
Moulin à couleurs
    246.3
- à cylindre . . 222.7
- à cylindres . 12.10
- à meules . . . 13.1
- à meules verti-
    cales 248.2
- Griffin 13.3
Moulure . . . 165.3
Mound, bullet-
    proof 187.9
-, rubble 183.8
Mount, to - on a
    rotary manner
    59.11
-, - - the steps 162.6
Mountain road 204.7
Mouth 176.1
Mouton 103.5
-, battre avec le 102.2
-, décrocher le 119.3
-, dépendre le . 119.3
-, enfoncer avec le
    102.2
-, le - tombe libre-
    ment 104.4
-, poids du 103.9, 120.11
Mouture à l'état de
    farine 8.8

Mouture, finesse de
    15.5
Mouvement de ro-
    tation, monter
    pour un 59.11
-, indépendance
    de 190.2
- longitudinal . 119.8
- pendulaire, le
    malaxeur est à
    63.1
- vertical et longi-
    tudinal 58.1
Mouvements
    croisés, mélange
    par 57.5
Mouvoir, boulets de
    fer se mouvant
    librement dans le
    tambour 57.2
-, liberté de se . 230.3
Movable weir . 194.4
Movediza, arena
    192.8
Movement, free 230.3
-, freedom of . 190.2
-, longitudinal . 119.8
Mover con la pala
    en los monton-
    cillos . . . 53.1
Móvil, bastidor 58.7
-, horizon. . . 194.10
-, virotillo . . . 97.8
Movimento girevole,
    vuotare con 59.11
-, giunzione di . 38.8
-, libertà di
    190.2, 230.3
- meccanico, pressa
    a 24.8
- nel senso longitu-
    dinale 119.8
- oscillante, il reci-
    piente dell' im-
    pasto è dotato
    di un 63.1
- pendolare, il reci-
    piente dell' im-
    pasto è dotato di
    un 63.1
- verticale e longi-
    tudinale 58.1
Movimiento auto-
    mático 62.7
-, el recipiente mez-
    clador tiene - osci-
    lante 63.1
-, libertad de
    190.2, 230.3
-, muela de fundi-
    ción con - gira-
    torio horizontal
    39.2
- vertical y longitu-
    dinal 58.1
Moving load . . 141.5
Moyen, grain . 29.6
-, rendre étanche le
    - de plaques de
    tôle 196.3
Moyenne, agent pour
    agrégation de
    durée 17.2
-, - - prise de durée
    17.2
-, argile de con-
    sistance 95.4

Moyenne, élément
    pour agrégation
    de durée 17.2
-, élément pour prise
    de durée 17.2
-, matière pour agré-
    gation de durée
    17.2
-, matière pour prise
    de durée 17.2
-, terrain de con-
    sistance 94.6
-, - - stabilité . 94.6
Muaré, aspecto de -
    metálico 5.3
Mucchi, smuovere a
    vanga i 53.1
Mucchio 52.11
Mud 94.8
- from the sea 115.12
-, to separate the
    241.3
Muela de fundición
    con movimiento
    giratorio hori-
    zontal 39.2
-, molino de -s 13.1
Muelas verticales,
    molino de 248.2
Muelle 186.4
-, muro de . 188.11
- para la carga del
    carbón 190.5
Muerto, leño . . 184.9
Muesca 165.8
Mühle, Farb- . 246.3
-, Griffin- . . . 13.3
-, Kugel- . . . 13.2
-, Rohr- 13.4
Mulde, Kanal- . 184.9
-, Kleinvieh- . . 223.2
Muldenförmig,
    wagerechter -er
    Mischbehälter 61.2
Muldengewölbe 145.5
Mulino a cilindri
    12.10
- ruote orizzon-
    tale 13.1
- - sfere . . . 13.2
- Griffin 13.3
Muller and plate 66.5
Müllverbrennung,
    Rückstände der
    28.12
Mündung . . . 176.1
Munir de trous le
    châssis du cof-
    frage 75.9
Munire il telaio di
    fori 75.9
- la palizzata di
    panconi 105.10
Muñon fijado á una
    placa 60.1
Mur à arcs-boutants
    139.4
- à contreforts 139.4
- armé 184.6
- avec assises . 126.9
-, coffrage de -
    système Monier
    76.6
-, couronnement du
    137.6
- d'appui . . 193.11
- de cage . . . 129.2
- - contreventement
    135.1

Mur de la cage
    d'escalier 163.10
- - parement
    136.5, 196.7
- - pignon . . 129.1
- - quai . . . 188.11
- - refend . . . 128.8
- - retenue . . 196.5
- - retenue d'eau
    140.2
- - revêtement 188.1
- - séparation . 193.5
- - soutènement
    137.10
- - soutènement à
    contrefort à voûte
    Monier 189.5
- - soutènement,
    contrefort d'un
    140.5
- en aile 229.8
- - béton aggloméré
    130.7
- - - coulé . . . 130.8
- - - armé . . . 131.1
- - - damé . . 130.7
- - dalles . . . 134.2
- - pierre de taille
    126.8
- - planches de
    ciment . . . 134.4
- - planches de
    plâtre 184.5
- extérieur . . 128.7
- indépendant . 135.8
- maçonné par
    assises mixtes 127.1
-, manche à couler
    dans les -s 77.2
- Monier . . . 131.1
-, comprimer le -
    contre le coffrage
    77.3
- portant le solivage
    128.9
- - un plancher
    librement posé
    134.7
- Rabitz . . . 132.1
-, utiliser les parties
    de - terminées 74.5
Muraglia, incastro
    di calcestruzzo
    nella 77.6
Muraglione della
    banchina 188.11
Murata sostenuta da
    piloni 177.9
Muratura, appog-
    giare contro la
    81.6
- da paramento 126.5
- di gettata . . 130.8
-, rivestimento 126.5
-, fasciatura della -
    all'inglese 128.1
- - fra travatura
    130.9
- in mattoni, ba-
    guare la 67.1
- - -, inumidire la
    67.1
- - -, pulire la . 66.8
-, innesto di calce-
    struzzo colla 77.6
Muri, comignolo dei
    137.6

Muri di fortifica-
zione, fasciatura
di sicurezza per
128.8
- - sponda, fascia-
tura per - dei
fiumi e torrenti
128.5
- impermeabili,
cantina con 112.4
-, puntello per so-
stenere - e co-
struzioni 83.4
-, saetta per soste-
nere - e costru-
zioni 83.4
Muriccia d'appoggio
193.11
Muro a strati di
concio lavorato
tramezzo gli strati
di mattoni 127.1
-, ancorare il . 140.3
- armato. . . . 134.6
-, armatura da -
sistema Monier 76.6
- con barbacani
139.4
- concavo, bacino in
192.6
- della scala . . 129.2
- di calcestruzzo
battuto 130.7
- - concio battuto
126.9

Muro di contra-
ventatura 135.1
- - frontispizio 129.1
- - gabbia della
scala 163.10
- - paramento . 186.5
196.7
- - pietre lavorate
126.9
- - ritegno contro
la pressione del-
l'acqua 140.2
-, rivestimento
188.1
- - sbarramento
196.5
- - sostegno . 137.10
- - - con volte
Monier 139.5
- - - d'angolo . 139.8
- - spalla . . . 229.8
- - - parallelo . 140.8
- - sponda . . 229.7
- - -, disaggregare
un 177.4
- divisorio . . 193.5
- in pietra da taglio
126.8
- indipendente 135.8
-, innalzare un - con
mattonelle olan-
desi 226.5
- liberamente
portante 134.7

Muro, mattonella
da - disposta a
quadro 133.4
- Monier, compri-
mere il 77.3
-, utilizzare le parti
di 74.5
Muro armado . 134.6
- con contrafuertes
139.4
- - estribo . . . 139.4
- de aguilón . . 129.1
- - apoyo . . 193.11
- - caja . . . 129.2
- - contención de
tierras 137.10
- - contraviento
135.1
- - hiladas de
piedras traba-
jadas 126.9
- - hormigón apiso-
nado 130.7
- - - armado . 131.1
- - - colado . 130.8
- - la caja de la
escalera 163.10
- - losas . . . 134.2
- - - de cemento 134.4
- - - yeso . . 134.5
- - muelle . . 188.11
- - obra por hiladas
mixtas 127.1
- - paramento 186.5
196.7

Muro de piedras
de talla 126.8
- - protección con-
tra las balas 187.9
- - retención . 196.5
- - - de agua . 140.2
- - revestimiento
138.1
- - separación . 193.5
- - sostenimiento
138.1
- - - con bóveda en
estribo del sistema
Monier 139.5
- divisorio. . . 128.8
- en ala 229.8
- exterior . . . 128.7
- independiente
135.8
- lateral de esclusa
198.3
-, molde de - sistema
Monier 76.6
- Monier. . . . 131.1
- portador de un
piso libremente
colocado 134.7
- - - vigas. . . 128.9
- Rabitz . . . 132.1
Mutter, Schrauben-
143.9
Muy, hormigón -
mojado . . . 34.5

N.

Nachträglich aus-
stampfen 159.4
Nadel 19.5
-, Normal- . . . 19.2
Nagel 188.9
-probe, Finger- 19.1
Nagelbar . . . 131.8
Naht, Löt- . . . 216.4
Nail 188.9
-, that in which -s
can be driven 131.8
-, to - a lath on 76.7
Nailable 131.8
Nailed, that which
can be 131.8
Naissance 144.2, 169.2
- de l'arc . . . 233.6
Nappe, abaissement
artificiel de la -
d'eau souterraine
199.3
- aquifère, fonda-
tion descendant
jusqu'à la 109.8
- souterraine . 97.10
- -, abaissement de
la 100.2
- -, abaissement na-
turel de la 114.2
- -, niveau de la 98.1,
98.2
- -, niveau le plus
bas de la 114.1
Narrow board . 142.3
Naßmischung, ge-
trennte Mischbe-
hälter für
Trocken- und 61.8

Naß- und Schlämm-
verfahren 10.5
Naß werden lassen,
den Boden nicht
52.7
Nasse Sägespäne
68.6
Nässen, das Ziegel-
mauerwerk 67.1
-, durch Wasser-
strahl 240.10
Nasser gefrorener
Beton 37.5
- Sand 68.5
Nastro d'acciaio,
metro a 90.8
-, metro a . . . 91.1
- trasportatore 64.6
Natación, estanque
de 221.5
Natante, blocco 186.1
-, cassone . . . 186.2
-, dispositivo a 221.1
Natanti, comporre i
cassoni 200.5
Natation, bassin de
221.5
Natriumkarbonat
18.6
Natron 18.5
Natte 142.7
Naturasphalt-
mischung 216.8
-steinpflaster . 207.4
Natura del grano
dello sgrassatore
29.4

Natura del terreno,
accomodare l'an-
golo alla 118.5
- - - fabbricabile
94.5
- della superficie
29.13
Natural cement . 8.9
- colour . . . 240.1
- mixture of asphalt
216.8
- sand 26.3
- settlement of the
underground
water 114.2
- sinking of the un-
derground water
114.2
- stone 125.1
- - paving . . 207.4
- stones . . . 26.11
Natural, ángulo del
talud - de la
tierra 138.8
-, arena 26.3
-, color 240.1
-, descenso - de la
capa de agua
subterránea 114.2
-, piedra. 26.11, 125.1
Naturale, abbassa-
mento - dell'aves
114.2
-, approfondamento
- dell'aves 114.2
-, color 240.1
-, miscela a base di
asfalto 216.8

Naturale, pietra
125.1
-, pietrame . . 26.11
-, sabbia . . . 26.3
Naturaleza de la
superficie 29.13
- del grano para ha-
cer una mezcla
pobre 29.4
- - terreno de edifi-
car 94.5
Nature of grain of
the aggregate 29.4
- - surface . . 29.13
- - the building
ground 94.5
Nature de la surface
29.13
- du grain pour faire
une mélange
maigre 29.4
- - sol, adapter à la
118.5
- - terrain à bâtir
94.5
Naturel, abaisse-
ment - de la nappe
souterraine 114.2
-, angle du talus -
des terres 138.8
-, mélange à base
d'asphalte 216.8
-, sable 26.3
Naturelle, couleur
240.1
-, pierre . 26.11, 125.1
Natürliche Farbe
240.1

Natürliche Senkung des Grundwasserspiegels 114.2
Natürlicher Böschungswinkel des Erdmateriales 188.8
- Sand 26.3
- Stein 125.1
Natürliches Gestein 26.11
Nave in cemento armato 201.8
Navi, cala di costruzione di 200.9
-, costole delle 201.11
-, piano inclinato per costruzione delle 200.10
-, - - - tirare a secco le - in senso trasversale 200.11
-, - - - - - - - - longitudinalmente 201.1
Navegable, via 182.11
Navegación, esclusa de 197.9
Naviersches Biegungsgesetz 43.3
Navier's law of bending 43.3
Navier, théorie de la flexion de 43.3
Navier, legge della flessione del 43.3
-, teoria della flessione del 43.3
Navier, ley de flexión de 43.3
Navigable, voie 182.11
Navigation, lock for 197.9
Navigation, écluse de 197.9
Navigazione, chiusa di 197.9
Nebenspannung 49.5
-träger, Ausschnitt für 82.3
Needle 19.5
-, standard . . . 19.2
Négatif, moment 101.9
-, - fléchissant . 149.6
Negative bending moment 149.6
- moment . . . 101.9
Negatives Biegungsmoment 149.6
- Moment . . . 101.9
Negativo, momento 101.9
-, - flettente . . 149.6
Negativo, momento 101.9
-, - de flexión . 149.6
Negozianti, casa da 130.1
Negozio . . . 130.1
Neige, charge de 167.5
Neigung, Dach- 167.7
-, Treib- . . . 20.2
Neigungswinkel 167.8
Nervadura . . 248.9

Nervadura de la cuaderna 202.1
-, piso de -s cilíndricas 152.8
Nervatura 170.10, 245.9
- con soletta inferiore 112.1
- - - superiore 111.8
- dei fianchi . . 202.1
- dell'arco . . . 235.4
- di calcestruzzo internantesi nella scarpa 180.4
- - rinforzo . . 164.8
- diagonale . . 171.2
- laterale . . . 171.1
- maestra longitudinale 189.6
- trasversale . 189.7
Nervature . . . 150.7
- di rinforzo, forma angolare con 140.1
- orizzontali, disporre delle - verso l'esterno 219.1
Nervé, planché 111.8
Nervio 170.10
- á lo largo . . 189.6
- de placa . . . 151.3
- diagonal . . . 171.2
- lateral 171.1
- transversal . 189.7
Nervios 150.7
-, bovedilla entre - de soporte 145.3
-, colocar los - horizontales hacia el exterior 219.1
-, piso con . . . 49.1
-, - de piedra armada con - de hormigón 140.4
Nervura de hormigón enganchada en el talud 180.4
Nervure 170.10, 245.9
- de béton entrant dans la berge 180.4
- - couple . . . 202.1
- - plaque . . 151.3
- - traverse . . 171.2
- en arc 235.4
- - bordure . . 171.1
-, plancher à -s 111.8
- principale longitudinale 189.6
- transversale . 189.7
-, voussette entre -s 145.3
Nervures . . . 150.7
- en béton, plancher en pierre armée avec 149.4
- cylindriques, plancher à 152.8
- horizontales, disposer de - à l'extérieur 219.1
Nest 39.8
Net, rendement 84.4
Netting, casing with wire 160.2
-, construction with wire 145.8
-, Monier reinforcing 131.7
-, Rabitz wire . 146.2

Netting, to stretch on wire 181.3
-, wall on wire 132.1
-, wire 131.5
Nettoyer la maçonnerie de briques 66.3
Network, stretched Rabitz 144.10
Netz, Draht- . . 131.5
Netzartig verschlungener Bügel 112.3
Neutra, fibra . 43.9
Neutral axis . . 43.9
- line 43.11
Neutrale Achse 43.9
Neutralisation of sewage water 226.3
Neutralisation des eaux vannes 226.3
Neutralisieren der Abwässer 226.3
Neutralización de las lavacias 226.3
Neutralizzazione delle acque di scarico 226.3
Neutre, axe 43.9, 46.11
-, fibre . . . 43.9, 46.11
-, ligne 46.11
Neutro, asse . . 43.9
Neve, carico di 167.5
Nevel of winding staircase 162.1
Nido entro la massa 39.8
Niet 188.8
Nieve, carga de 167.5
Niveau . . . 91.8
- d'eau 91.2
- - à tube flexible 91.5
- - - - rigide . 91.6
- - normal . . 176.8
- de la courbe 192.1
- - - nappe souterraine 98.1
- inférieur de la nappe souterraine 114.1
- le plus bas de la nappe souterraine 114.1
-, pied de . . . 91.7
Nivel de agua . 91.2
- - - con tubo rígido 91.6
- - - de tubo flexible 91.5
- - - normal . 176.8
- - la curva . . 192.1
- del agua subterránea 98.1
- inferior . . . 191.1
- más inferior de la capa de agua subterránea 114.1
- superior . . 190.10
Nivelación, instrumento de 91.8
Nivellement, mire de 92.1
Nivellierband . 91.9
-instrument . . 91.8
-latte 92.1
Nocciolo cavo . 153.2

Nocciolo d'argilla 195.10
- dell'armatura 76.2
- - -, forma di lamiera come 82.8
- - -, - - latta come 82.8
- della scala a spiraglio 162.1
- dello sbarramento 195.9
- di calcestruzzo 195.11
-, il - è formato di ghiaia 185.3
- in cemento armato 196.2
- - ferro profilato 158.11
Nocciuoli, calcestruzzo a 240.3
Nocciuolo, forma a 225.7
Nodo 152.5
-, berta a . . . 108.2
- fiaso 231.11
- rigido 231.11
Nodule 39.8
Nódulo 39.8
Nœud rigide 231.11
Nogging 146.8
Nomografico, diagramma 218.2
Nomográfico, diagrama 218.2
Nomographical diagram 218.2
Nomographique, diagramme 218.2
Nomographisches Diagramm 218.2
Non absorbing base 23.11
- articulated arch 232.4
- elastic 232.4
- hinged arch . 232.4
Non articulée, voûte 232.4
- chargée au centre, plaque de fondation 111.1
- élastique . . 84.7
Non interrotta, massicciata di ballast 237.7
- segato, legname 83.5
Norma di proporzionalità 42.2
Normalapparat 24.4
-binder 17.4
-breite 183.2
-druckform . . 24.2
-faß 15.8
-format 125.3
-kraft 40.4
-kuchen 20.5
-nadel 19.2
- -Null 89.5
-ringform . . . 23.7
-sack 13.9
-sand 22.9
-spatel 35.8
-stampfer . . . 35.2
-wasserstand . 176.6
-würfelform . . 23.8
-zugform . . . 23.9

Normal force, mo-
  ment of - round
  centre of section
    235.9
- set 17.4
- water level . 176.6
- width 183.2
Normal, appareil
    24.4
- au vent . . . 135.6
-, baril 13.8
-, cube 23.8
-, disque 20.5
-, effort 40.4
-, équarrissage 125.3
-, essai 21.4
-, fût 13.8
-, gateau 20.5
-, mélange . . . 22.7
-, niveau d'eau 176.6
-, sable 22.9
-, sac 13.9
-, tamis 16.3
-, zéro 89.5
Normale, dame 35.2
-, demoiselle . . 35.2
-, force 40.4
-, forme annulaire
    23.7
-, - - pour la
  traction 23.9, 24.2
-, hie 35.2
-, largeur. . . . 183.2
-, matière d'agréga-
  tion 17.4
-, pelle 35.8
-, plaquette . . 20.5

Normale, pression -
  à la direction du
  damage 36.8
-, spatule 35.1
-, dimensions -s 125.3
Normal, anchura
    183.2
-, arena 22.9
-, cero 89.5
-, criba 16.3
-, dimensiones -es
    125.3
-, forma 125.3
-, forma - para la
  tracción 23.9
-, fuerza 40.4
-, materia de agre-
  gación 17.4
-, probeta de pasta 20.5
-, saco 13.9
-, tonel 13.8
Normale, ago . 19.2
-, alla direzione del
  vento 125.6
-, apparecchio . 24.4
-, barile 13.8
-, botte 13.8
-, crivello. . . . 16.3
-, forma anulare 23.7
-, - cubica . . . 23.8
-, - della pressione
    24.2
-, forma - di trazione
    23.9
-, iormato . . . 125.3
-, mpasto . . . 20.5
-, larghezza - del
  fiume 183.2

Normale, legame 17.4
-, livello - d'acqua
    176.6
-, pestone . . . 35.2
-, prova 21.4
-, sabbia 22.9
-, sacco 13.9
-, sforzo 40.4
-, spatola 35.3
-, zero 89.5
Normali, dimensioni
    125.3
Norme per la soli-
  dità dei materiali
    40.1
- - - stabilità dei
  materiali 40.1
Normenmischung
    22.7
-probe 21.4
-sieb 16.3
Noyau creux . 153.2
- en béton armé
    165.5
- d'escalier en cri-
  maçon 162.1
- de béton . . 195.11
- - coffrage . . 76.2
- -, moule en tôle
  de fer servant de
    82.8
- - matière de mé-
  lange 89.10
- du barrage . 195.9
- en béton armé
    196.2

Noyau en fer
  profilé 158.11
-, enlèvement du 247.6
-, le - est en gravier
    185.3
-, moule à . . . 225.7
Noyer dans le béton
    172.4
Núcleo, acción de
  quitar el 247.6
- de arcilla . 195.10
- - escalera de cara-
  col 162.1
- - hormigón 195.11
- - - armado . 196.2
- - la presa de pan-
  tano 195.9
- - materia mezclada
    39.10
-, el - es de cascajo
    185.3
-, molde de . . 225.7
Nudo rigido . 231.11
Nullinie, Span-
  nungs- 46.11
Null, Normal- . 89.5
Nulle, asse delle ten-
  sioni 46.11
Nuoto, vasca da 221.5
Nut 78.9
- der Zarge . . 183.1
-, Feder und . . 153.5
Nut. 148.9
-, winged . . . 75.6
Nuteneisen . . . 6.9
Nutzbare Filter-
  fläche 220.1
Nutzlast . 141.5, 167.3

O.

Oben liegende Fahr-
  bahn 228.3
Obere Leibungs-
  fläche 148.4
- Platte, Platten-
  balken mit - r -
    111.8
- Umschließung aus
  Eisenbeton 185.2
Oberer Drittelpunkt
    236.8
Oberfläche, die - der
  Schicht aufrauhen
    38.3
-, die - ebnen . 67.2
-, die - glätten 207.9
-, die - mit einem
  Lineal abziehen
    36.4
-, die - wird matt 5.4
-, Eisen mit blanker
    5.2
-, glatte 80.1
-, rauhe 80.2
Oberflächenbe-
  schaffenheit 29.13
Oberflanschdecke
    149.3
Obergerüst . . 87.7
Obergraben . . 197.1
Obergurt 188.2, 231.6
-, Fachwerkbrücke
  mit parabolischem
    232.1

Obergurt, im - ver-
  hängtes Eisen
    151.10
Oberhalb, Strom
    175.6
Oberlicht . . . 168.5
Oberwagen . . 119.6
Oberwasser . 190.10
-, gegen das - ge-
  neigte Krone 191.4
Objetos de cemento
    239.2
Objets en ciment
    239.2
Oblique bond . 128.6
- to wind pressure
    135.7
Oblique par rapport
  au vent 135.7
-, tendeurs -s . 181.2
Obra de hormigón
  del lecho de un
  río 185.5
- - - monolitico del
  lecho 185.6
- - regularización
    188.7
- - revestimiento
    188.5
-, paralela . . . 188.7
-, parte de la - en
  construcción 87.9
Obras transversales
    188.4

Obrar, la presión
  obra vertical-
  mente á la direc-
  ción de introduc-
  ción 25.2
Observar la marcha
  de la mezcla 54.7
Observer la marche
  du mélange 54.7
Ofen, Drehrohr- 11.9
-, Etagen- . . . 11.7
-, Hempel- . . . 15.4
- mit ständigem Be-
  triebe 11.5
- - unterbrochenem
  Betriebe 11.3
-, Ring- 11.6
-, Schacht- . . . 11.4
-, Schneiderscher
    11.8
Off-set 176.7
Offsets, to widen
  footing in 109.4
Officina idraulica
  per pompare acqua
    192.10
Öffnung, Entlee-
  rungs- 58.3
-, Ventilations- 170.5
Öffnungslänge, sym-
  metrische -n 23.8
Offuscare, la super-
  ficie si offusca 5.4
Oil, linseed . . 88.4
- paint . . . 215.4

Oil, tar 208.4
Olandese, fasciatura
  all' 128.5
Olandesi, innalzare
  un muro con mat-
  tonelle 296.5
-, inserimento di
  quadrelli - a so-
  spensione 146.8
Ölanstrich, die Flä-
  chen für den -
  vorbereiten 215.5
-farbe 215.4
-, Lein- 88.4
-, Teer- 208.4
Old English bond
    128.1
Óleo, pintura al 215.4
Olio di catrame 208.4
- - lino 88.4
- - -, acido grasso
  d' 215.7
-, preparare le
  superfici per rice-
  vere i colori ad
    215.5
-, strato di vernice
  all' 215.4
Olona, tela . . 107.8
Onda dei vapori, in-
  fluenza del 176.5
Onde, influence des
  -s soulevées par
  les bateaux à va-
  peur 176.5

Ondulada, alma . 6.7
-, entibación con
  placas de palastro
    -s 88.1
-, manto de plancha
    217.1
Ondulado, palastro
  de hierro 6.5
Ondulata, coperta
  di lamiera 217.1
-, lamiera – Franke
    6.3
-, palata in lamiera
    106.2
-, soffitto in lamiera
    143.2
Ondulato, ferro . 6.5
-, gambo 6.7
-, stelo 6.7
Ondulée, âme . . 6.7
-, barre en T . . 6.3
-, coffrage en tôle
    88.1
-, paroi de batar-
  deau en tôle 106.2
-, - - soutènement
  en tôle 106.2
-, plancher en tôle
    143.2
-, revètement en tôle
    217.1
-, tôle 6.5
Ongle, essai à l' 19.1
Opening, discharge
    58.3, 62.6
- for secondary
  joists 82.3
-, symmetrical -s
    228.6
-, to saw out -s for
  beams 79.4
-, ventilation . 170.5
Opera di copertura
    183.5
- - sbarramento
    195.7
Opérations de ma-
  laxage, marche
  des 55.9
Opposite directions,
  the shafts carry-
  ing the stirring
  arms revolve in
    54.10
Opposte, pale dis-
  poste in direzioni
    62.11
Order of mixing
    62.9

Order of mixing,
  to look after
  the 54.7
Ordinare i contra-
  fissi nella parete
    218.8
- le armature . 76.3
Ordinate delle navi
    201.11
Ordini, distribuire
  le armature di
  ferro su due 49.3
Ore bins 250.1
- bunkers . . . 250.1
Orecchione . . 60.1
Oreilles, écrou à 75.6
Orifice de venti-
  lation 170.5
- d'écoulement
    62.6, 88.6
- - vidange . . 58.3
Orificio de salida
    62.6
- - vaclamiento 58.3
Orifizio di scarico
    58.3
Orígen, arena de -
  volcánico 27.6
- del arco . . 233.6
Origine volcanique,
  sable d' 27.6
Origine dell'arco
    233.6
- della volta . 233.8
Orilla 176.2
-, consolidación de
  una - vertical 181.5
-, dirección de las -s
    182.12
Orin 72.7
-, película de . 72.9
Orizzontale, passo -
  del gradino 162.9
-, proiezione . 167.4
-, serbatoio dell'im-
  pasto - a forma
  concava 61.2
-, spinta . 144.5, 236.2
-, trasporto . . 63.7
-, tratto - nel pendio
    176.7
Orizzontali, molla a
  ruote 13.1
-, mulino a ruote 13.1
Orizzontalmente
    126.6
-, alberi disposti -
  uno appresso
  all'altro 54.5

Orizzontalmente,
  disco di ferro
  fuso rotante 89.2
-, gettare un palo
    118.7
-, posare 74.1
Oriare 196.4
Oriatura pietra di
    216.6
Orli, incurvare
  agli 196.4
Orlo, ferro per l'
    223.3
-, tensione all' . 237.1
Orma 163.8
Ornament . . . 163.3
Ornamental parts
    241.9
Ornamentale Bau-
  teile 241.9
Ornamentales,
  pièces - pour la
  construction 241.9
Ornamentales,
  piezas - para
  construcciones
    241.9
Ornamentali, parti -
  della costruzione
    241.9
Ornamento . . 163.3
-, armatura della
  colonna da 79.5
Ornare i bordi, mac-
  china per 247.2
- il fondo, macchina
  per 247.3
Oscillant . . . 119.2
-, appui 234.7
Oscillante . . . 119.2
-, caja de fondo 65.2
-, el recipiente men-
  clador tiene movi-
  miento 63.1
Ossatura di cemento
  armato 130.10
- in ferro . . . 181.4
Ossature en béton
  armé 130.10
- - fer 181.4
-, plancher de béton
  armé avec pou-
  trelles d' 147.5
- rigide . . . 233.3
Osservare il proce-
  dere dell'impasto
    54.7

Ostruire con lastre
  di latta 196.3
- le fessure . . 177.5
Ottone 164.9
-, rullo a mano in
    210.8
Outer face of the
  cover 60.8
- pillar, connection
  of inner and 111.2
Outil 51.3
- pour redresser
  l'armature mé-
  tallique 72.12
Outlet 88.6
- end 61.5
- pipe, to bed the -
  in the foundation
    224.3
Output, daily . 67.10
Outside wall . 128.7
Ouverture . . 168.10
Ouvertures égales
  et symétriques
    228.6
Ouvertures, pra-
  tiquer des – à la
  scie 79.4
Ouvrage à double
  paroi 189.10
-, hauteur de l' 228.4
- parallèle . . . 183.7
Ouvrages longitu-
  dinaux 183.3
- transversaux 183.4
Ouvrant, benne à
  fond 65.2
Overflow . . . 190.7
- weir 192.2
Overlap, to let the
  ironwork 71.5
Overlapping iron
    158.4
- ironplates . . 229.1
Overlying beds,
  kiln with 11.7
-, roadway . . . 228.3
Overturn, to . . 136.2
Overturning
  moment 134.8
- of the mixing
  drum 56.7
Own strength . 22.6
Oxidar 3.1
Oxidise, to . . 3.1
Óxido, cemento de –
  de hierro 9.8

P.

Packlage . . . 205.3
-werk, Herstellung
  von 185.8
Pack, to - with
  leather 214.1
Packing board 78.8
- piece under the
  wedge 83.7
Paddle wheel,
  rotating 62.8
Paddles, mixing 222.6
Padiglione, volta a
  145.5
Padstone . . 142.11

Pail to mix the
  terrazzo 155.11
Paillasson . . 142.7
- goudronné . 174.8
Paint, oil . . 215.4
-, to prepare the
  surface to re-
  ceive the 215.5
-, - put on a coating
  of lead 144.8
-, waterproof . 215.3
Pala . . 52.2, 96.6
-, manico della . 96.7
Pala . . 52.2, 54.3, 96.6

Palafitta, passerella
  su 187.6
Palafitte, affondare
  - colla berta 102.2
Palanca per rom-
  pere 97.2
Palanca, aparato de
    24.6
- de hierro . . 97.2
- - maniobra . 59.8
Palancas acodadas,
  prensa de 246.4
Palancata 105.2, 177.9,
    180.7

Palancata ad arco
    87.3
- con lamiere di
  ferro 106.1
- in legno . . 105.3
- rimboccata . 106.8
- su piloni . . 86.10
Palastro, caja de 88.3
- de engaste . 187.8
- - hierro ondulado
    6.5
-, estancar con
  placas de 196.3

Palastro, molde
de - como alma
de entibación 82.8
-, plancha de . 157.6
Palata con lamiere
di ferro 106.1
- in cemento armato
106.3
- - lamiera ondulata
106.2
Palco 51.5
Palconata . . . 51.6
- dell' armatura di
servizio 86.9
Palconcellatura 189.8
- del soffitto a
stucco 142.2
- fra travi in ferro
142.9
Palconcello . . 142.3
Pale disposte in
direzioni opposte
62.11
Palear 53.1
Palée, cloison avec
105.2
-, - en béton armé
devant la 116.3
- de butée . . . 189.2
-, dalles which béton
armé à poser der-
rière les -s 186.9
- en pilotis de fer
et tôles 105.1
-, passerelle sur 187.6
Paleta . . 54.3, 156.4
- de mezcladora
giratoria 61.3
- mezcladora y
transportadora 57.7
- para cemento
155.12
-, rueda de -s . 62.8
Paletas mezcladoras
dispuestas en
forma de escalera
62.10
Paletta 54.3
- agitatrice gire-
vole 62.10
Palette disposte a
scalinate 62.10
- mescolatrici
scaglionate 62.10
-, ruota a . . . 62.8
Palette. 54.3
-, contre- 62.11
- d'agitateur rotatif
61.3
- pour le malaxage
et le transport 57.7
-, roue à -s . . 62.8
Palettes mélan-
geuses en échelons
62.10
Paletto per fissare
la catena 90.6
Pali, affondare i -
fino al terreno
sodo 121.1
-, conficcare dei 105.6
- cordati 118.2
- di fondazione 118.5
- - legno, sovrap-
porre pilastri in
cemento armato
su 114.3
-, fila di - con
cappello 178.1

Pali in ferro por-
tanti, protezione
dei 117.2
-, intreccio di . 118.3
-, puntazza per
preparare nel
terreno il foro
pei 179.5
Palier . . 59.4, 161.3
-, chevêtre de . 162.4
-, poutre de . 162.4
Palina 90.3
Paline, determina-
zione della se-
zione normale
della strada con
207.5
Paling 186.3
Palizada de apoyo
178.2
- - hierros perfi-
lados y chapas
106.1
- - hormigón
armado 106.3
- - palastro on-
dulado 106.2
- - tabique . . 105.3
- - tablas . . . 105.2
-, losas de hormi-
gón armado para
colocar detrás de
la 186.9
Pallizzata . . . 180.7
- d'appoggio delle
lastre retrostanti
187.5
- in cemento armato
davanti al retico-
lato di piloni 116.3
-, munire la - di
panconi 105.10
Palla, prova di
incandescenza di
una 21.6
Palle, para- . . 137.9
Palo . . . 73.5, 107.2
- a vite . . . 121.9
-, armare la punta
del - con lamiera
di ferro 117.5
- armato con ferro
180.6
- campione . . 123.2
- d'assaggio . . 114.7
- di ferro . . . 179.5
- - legno, tagliare
il 114.4
- sostegno, tetto
ad un sol 175.8
- falso 117.7
-, forza portante del
120.7
-, gettare un - oriz-
zontalmente 118.7
-, - - - vertical-
mente 118.6
-, il - s'interna nel
terreno 105.4
-, - - tira . . . 105.9
- in cemento ar-
mato conficcato
col battipalo 117.4
-, infilare una bietta
nel - per strin-
gere 74.4
-, - - punta nel -
per stringere 74.4

Palo, innalzare
verticalmente un
118.6
- modello . . . 123.2
-, peso del . . 120.10
-, piantare una ro-
taia come un 136.7
-, puntazza inflata a
forza sul 123.9
-, resistenza del -
all'estrazione 121.2
-, - - - allo strappa-
mento 121.2
- scanalato . . . 105.4
-, serie di colpi sulla
testa del 104.2
- simplex . . . 123.8
- telefonico . . 245.8
Palombaro notante,
campana da 199.9
Palomillado de
hierro 130.9
Palplanche 107.2,180.7
- à rainure . . 105.4
-, chapeau des -s 187.7
- de batardeau 194.6
- - derrière . . 187.5
- - digue . . . 194.6
Palplanches . . 105.3
-, battre des . . 105.6
-, ficher des . . 105.6
-, file de 105.2
-, garnir une file de
105.10
-, revêtement pro-
tecteur un 187.5
-, rideau de . . 194.7
Palude 99.4
Paludoso, terreno
94.8
Palustre 154.4
Panconatura, serra
a 194.5
Pancon cellata . 82.2,
154.1
Panconcello, parete
a 152.2
Panconcello . 172.5,
208.8
Pancone, il - giace
su mensole 107.3
- in cemento . 243.4
- sostenuto da sba-
dacchi tondi 177.9
- sovrapposto . 107.1
Panconi, munire la
palizzata di 105.10
Panel 75.4
-, wall in plaster -s
184.5
Panes of glass, lin-
ing with 222.2
Panneau à glissière
pour le coulage
75.8
- en planches . . 75.2
Panneresses, assise
de 17.2
Pantano 99.4
-, agua de . . . 82.2
-, presa de . . 195.7
Papel alquitranado
210.6
Paper, insertion of
67.11
- sheeting . . . 217.4
- tarred . . . 210.6
Papier, Teer- . 210.6

Papier goudronné
210.6
Pappeinlage . . 67.11
217.4
-lage 171.5
-streifen, Asphalt-
179.8
Pappenstreifen,
Dach- 85.2
Parabel 169.4
Parabola 169.4
Parábola . . . 169.4
Parabole 169.4
Parabolic upper-
chord, truss-
bridge with 232.1
Parabolica, ponte
a traliccio con
membratura
superiore 232.1
Parabólico, puente
de celosia con
cordón superior
232.1
Parabolique, pont
en treillis avec
membrure supé-
rieure 232.1
-, sommier . . . 174.3
Parabolischer Ober-
gurt, Fachwerk-
brücke mit -m
232.1
Paralela, ala . . 140.6
-, fibra - al eje 49.6
-, obra 183.7
-, viga 168.5
-, vigas -s . . . 231.2
Paralelos, ejes hori-
zontales 54.5
Paralelógramo de
las fuerzas 47.7
Parallelflügel . 140.6
-träger 168.3, 231.2
-versuch 232
-werk 183.7
- zur Achse ge-
legene Faser 49.6
Parallel braced
girder 231.2
- construction . 183.7
- girder 168.3
- test 232
- trussed girder 231.2
- wing 168.3
Parallela, ricerca 232
-, trave 168.3
Parallelamente al-
l'asse, fibre distri-
buite 49.6
Parallele, travi 231.2
Parallèle, aile . 140.6
-, arbres horizon-
taux -s 54.5
-, essai 232
-, fibre - à l'axe 49.6
-, guideau . . . 183.7
-, ouvrage . . . 188.7
-, poutre . . . 168.3
-, poutres -s . . 231.2
Parallelo, argine
188.7
-, muro di spalla
140.6
Parallelogram of
forces 47.7
Parallelogramma
delle forze 47.7

Parallélogramme
  des forces 47.7
Paramento, attrito
  fra la terra ed il
     217.9
-, muratura da . 126.5
-, muro di 136.5, 196.7
-, pietra di . . . 126.4
Paramento . . 126.3
- de madera . 163.9
-, muro de . . . 196.7
Para-palle . . . 137.9
Parapets, to make
  the beams so as
  to form 228.2
Parapetto . . . 165.6
-, formare le travi a
     228.2
- in cemento . 165.7
- - legno . . . 166.3
- - pietre artificiali
     165.7
Parata, rialzo da 195.5
Paratoia 219.8
Paraurti 189.2
Paravent . . . 183.4
Paravento . . . 183.4
Parcialmente cer-
  rado, vertedero
     193.9
Parco, colonna da
     244.1
Pare-balles . . 137.9
Pared 82.1
-, ataguía de doble
     106.7
- de hormigón
  armado 135.2
- de la excavación
     96.1
-, disponer contra-
  fuertes en la 218.8
- doble . . . 201.10
-, fuste de doble 248.7
- lateral de char-
  nela 247.5
-, lavar las -es . 214.7
- protectora . 185.10
-, punto de cruza-
  miento de las -s
  del silo 249.2
Parement 126.3, 233.1
-, brique de . . 183.7
- en pierre de taille
     232.9
-, carreaux de . 183.7
-, maçonnerie de
     126.5
-, mur de 136.5, 196.7
-, pierre de 126.4, 245.2
Parer, machine à -
  latéralement 247.2
Parete a lastre 184.2
- - panconcelli 105.2
- anteriore quasi
  verticale 191.3
- armata, innalzare
  una - pezzo per
  pezzo 76.5
- -, sovrapporre una
  - pezzo per pezzo
     76.5
-, tavola della 75.4
- dell'argine an-
  teriore 183.9
- - - del davanti
     183.9
- - - di dietro 183.10

Parete dell'argine
  posteriore 183.10
- - armatura . . 78.2
- della conca . 193.3
- dello scavo . 96.1
- di pietrame con
  legature 184.6
- - sostegno in
  cemento armato
     180.5
- - - - legno . 178.2
- - sponda in
  cemento armato
     180.5
- - tramezzo . 219.8
-, doppia . . . 201.10
- esterna . . . 126.7
-, fusto a doppia 248.7
- in cemento armato
  sistema Monier
     181.1
- - lastre di cemento
     184.4
- - - - gesso . 184.5
- interna . . . 126.8
- laterale rovescia-
  bile 247.5
- liberamente por-
  tante 184.7
- Lugino . . . 184.3
-, ordinare i contra-
  fissi nella 218.8
- portante travi
     128.9
- protettrice . 185.10
- sistema Prüss 183.2
- - Rabitz . . . 182.1
-, stradacchiare dei
  traversi fra una
  - e l'altra 97.4
- tramezza . . 128.5
Pareti del silos,
  punto d'incrocio
  delle 249.2
- dell'armatura, in-
  nalzare gradata-
  mente le due 76.4
- esterne, into-
  nacare le 37.10
- in legno, stringi-
  mento delle arma-
  ture delle 75.1
-, lavare le . . . 214.7
- Monier, tubolo per
  la gettata delle 77.2
-, puntellamento
  delle alte - a
  travi 82.7
-, tagliare con la
  spatola lungo le
     35.9
Pareuse de fond 247.5
- latérale . . . 247.2
Paris, plaster of 132.2
Parkett 154.4
Parlante, mira . 90.2
Parlante, mire . 90.2
Paroi, baigner les -s
     214.7
-, batardeau à
  double 106.7
- de batardeau en
  béton armé 106.3
- - - - tôle ondulée
     106.2
- la fouille . . 96.1
- soutènement en
  béton armé 106.3

Paroi de soutène-
  ment en tôle
  ondulée 106.2
-, disposer des
  contreforts dans la
     218.8
-, double . . . 201.10
-, élever graduelle-
  ment les deux -s
     76.4
- en dalles . . . 184.2
-, frottement de la
  terre sur la 217.9
-, fût à double . 248.7
- latérale 82.1
- - à charnière 247.5
-, laver les -s . 214.7
-, ouvrage à double
     189.10
- protectrice . 185.10
-, raidissement des -s
  des poutres 82.7
-, séparer de la 35.9
Parois de coffrage,
  échantignolles
  maintenant les 82.7
- du silo, point de
  croisement des
     249.2
- en béton armé 185.2
Parquet 154.4
Parquet flooring 154.4
Part of weight 92.8
-, volume . . . 83.10
Parte anteriore del
  piano-inclinato
     201.2
- carrozzabile . 205.7
- di peso . . . 92.8
- - volume . . 83.10
- laterale . . . 82.1
- principale del
  piano-inclinato
     201.3
Parti di muro, uti-
  lizzare le 74.5
-, ferro in due . 81.3
- ornamentali della
  costruzione 241.9
-, preparazione delle
  singole 82.4
Parte, calzata sopor-
  tada por la -
  superior 228.3
- de la obra en
  construcción 67.9
- en peso . . . 92.8
- - volumen . . 83.10
-, llana en dos -s 81.3
-, subir un tabique
  por -s 76.5
- transitable por
  carruages 205.7
Partially shut, sluice
     193.9
-, weir . . . 193.9
Partie amont du
  fleuve 175.8
- aval du fleuve 175.8
- bombée d'une
  chaussée 205.5
- carossable de la
  chaussée 205.7
- en poids . . . 92.8
- en volume . . 83.10
-, monter une cloi-
  son par -s 76.5
- supérieure de la
  poutre 228.3

Parties de mur, uti-
  liser les - termi-
  nées 74.5
Partiel, déversoir
     193.3
Partiellement fermé,
  déversoir 193.9
Partition 128.8, 219.8
-, junction of divid-
  ing 249.2
-, Lugino . . . 184.3
- on expanded
  metal 183.9
- Prüss's . . . 183.2
- wall . . 128.8, 198.5
Parts, ornamental
     241.9
Pas 43.2
Pasadizo sobre una
  empalizada 187.6
- - estacada . 187.6
Pasador 75.10
Pasamano, alargar
  los hierros -s 70.7
- de escalera . 166.6
-, estribo de llanta
     151.5
-, hierro -s portador
     80.7
Pasar al cedazo 240.5
- al tamiz . . 240.5
- el rodillo . . 174.7
Pasarela . 184.4, 195.6
Pasillo 188.5
Paso . . . 43.2, 224.9
Passage 188.5
- des solives, échan-
  crure pour le 82.3
Passaggio . . . 188.5
- d'acqua . . . 224.9
- per pedoni . . 229.4
Passare a minio 144.8
- allo staccio . 240.5
- attraverso l'épura-
  tore 220.11
Passarvi col rullo
     174.7
Passatoia . . . 166.6
Passavanti . . . 162.2
Passer au tamis 240.5
Passerella 184.4, 195.6
- su palafitta . 187.6
Passerelle 184.4, 195.6
- de service . . 86.9
- sur palée . . 187.6
Passo 161.2
-, altezza del . 43.2
- orizzontale del
  gradino 162.9
Passonata di travi
  di calcestruzzo
     113.2
- elevata . . . 113.3
- metallica . . 109.6
Pasta de cemento 72.8
-, probeta de - nor-
  mal 20.5
Paste 18.5
-board, strip of -
  for roofing 85.2
-, cement . . . 72.8
- produced by mix-
  ing lime and
  humus 31.1
Pat, standard sample
     20.5
Path, field- . . 204.8
-, foot- . . 204.8, 229.4

Pavage, béton de
  briquaillons sous
  - en bois 204.11
- en béton... 210.2
- - bois 208.1
- - pierre .. 204.10
- - pierres brutes
                207.4
- par rangées . 212.7
-, pierre de . . 244.6
Pavé à cloisons
  métalliques 211.5
- de bois ... 208.2
- - raccordement
  aux rails 211.4
Pavement, cobble-
  block 204.10
-, - stone .. 204.10
-, square dressed212.7
-, wood 208.1
Pavimentata, strada
- a pietrame 205.5
Pavimentazione del
  marciapiede 244.4
- della strada . 203.3
- di legno, calce-
  struzzo di laterizi
  sotto una 204.11
- - pietre .. 204.10
- in legno... 208.1
- - piastre di grani-
  tolde 211.6
- - pietre naturali
                207.4
- stradale in calce-
  struzzo 210.2
Pavimento.. 153.11
- a travi .. 82.2
-, appoggio del -
  con tubi in acciaio
                84.2
- con strato in
  cemento 154.6
- - - - gesso . 154.9
- della chiavica 198.2
- - conca .. 198.2
- di assoni ... 82.6
- - cemento armato
                148.8
-, formella da - con
  striscie di ferro
  incastrate 211.5
- in legname . 154.1
- - legno minuto a
  disegno 154.4
- - tavole con intra-
  mezzi di gesso 154.5
- - terracotta 154.11
-, lastra da - in
  cemento 243.3
-, pietra da - di
  lastricato 244.6
-, puntellamento del
- dopo il disarmo
                85.6
-, soletta superiore
  del 149.3
-, tavoletta da - in
  calcestruzzo
  armato 158.4,
Pavimento de hojas
  metálicas 211.5
- - hormigón . 210.2
- - madera .. 208.1
- - piedras no
  labradas 207.4
- - tabiques me-
  tálicos 211.5

Pavimento de
  unión con los
  carriles 211.4
-, hormigón de
- de madera 204.11
Paving, concrete
                210.2
-, footpath ... 244.4
-, natural stone 207.4
- on ballast .. 177.1
- stone 244.6
- -, grid-framed 211.5
Pear shape of the
  mixing drum 60.9
Peatones, camino
  para 229.4
Peaty substance 30.10
Pebble boiling test
                21.7
- heating test . 21.6
Pebbles 26.7
Pece, striscia di
  feltro immersa
  nella 208.10
- -terra ... 208.12
Pech, Erd-.. 208.12
-, in - getauchter
  Filzstreifen 208.10
Pedale..... 162.2
- di protezione in
  metallo 185.2
Pedata..... 163.8
- in legno ... 163.9
Pedazos, en .. 8.1
Pedoni, passaggio
  per 229.4
Peducci, il pancone
  giace su 107.3
Peduccio 142.11, 230.4
-, braccio a .. 229.3
- del pianerottolo
                162.4
-, trave a.... 49.6
Peg ... 75.10, 90.6
-, board provided
  with -s 70.3
-, lining 90.3
-, ring 90.7
-, wooden .. 172.5
Pegar sobre.. 171.6
Peindre au minium
                144.8
Peinture à l'huile,
  couche de 215.4
- hydrofuge .. 215.3
Peldaño . 162.5, 245.4
Película de orin 72.9
Pelle 54.3, 96.6
- à main 52.2
- manche de .. 35.8
Pelleter les tas 53.1
Pellicella di ruggine
                72.9
Pellicule de rouille
                72.9
Pelo d'acqua,
  abbassamento del
                198.4
- -, innalzamento
  del 191.7, 198.5
- di vacca .. 132.5
Pelo de vaca . 132.5
Pendante, pyramide
                249.3
Pendente, tiranta
                84.7

Pendenza della
  strada 203.5
- longitudinale 205.2
- trasversale.. 205.3
-, valore minimo
  della 204.3
Pendiente debido al
  refuerzo del
  centro 227.4
- longitudinal . 205.2
- transversal . 205.3
- - de una carretera
                203.5
Pendio..... 176.3
-, tratto orizzontale
  nel 176.7
Pendolón ... 235.5
- de madera.. 84.6
Pendulaire, le mala-
  xeur est à mouve-
  ment 63.1
Penetrable con
  clavos 131.8
Pénétrable aux
  clous 131.8
Penetración .. 120.9
- de la humedad 87.8
Penetration .. 120.9
- of dampness . 87.8
Pénétration .. 120.9
-, fer plié avec -s
  dans la zone,
  supérieure 151.10
- par l'humidité 87.8
Penetrazione . 120.9
- dell'umidità . 87.8
Pennellare ... 171.7
Pensile, giardino
                173.6
Pensillina ... 190.4
Pente du toit . 167.7
- longitudinale 205.2
- résultant du ren-
  forcement au
  milieu 227.4
- transversale . 205.3
Pequeño, pisón -
  para hormigón
                66.4
Pepaiuola, scala
  nella torre a 165.4
Pera, horma a - del
  serbatoio
  d'impasto 60.9
Pera, recipiente
  mezclador en
  forma de 60.9
Percussion, casque
  de 117.8
-, chape de .. 117.8
Percussion, cuffia
  di 117.8
-, pressione perpen-
  dicolarmente alla
  direzione di 36.8
Pérdida de materia
                39.4
- por cocción . 14.9
Perdita di materia
                39.4
- per arroventa-
  mento 14.9
Perfil, demarcación
  del - de la calle
  por estacas 207.8
Perfilada, losa 212.2
-, piedra 146.6
Perfilado, alma de
  hierro 158.11

Perfilado, hierro
                5.3, 164.6
-, ladrillo ... 146.6
Perforación .. 43.8
Perforado, ladrillo
                130.4
-, prisma de hor-
  migón 43.7
Perforados, utiliza-
  ción de ladrillos
                74.6
Perforante, rottura
                43.8
Perforated block
                130.4
- stone..... 130.4
Perforation .. 43.8
Perforator ... 122.3
-, pointed ... 122.4
Perforée, brique 130.4
-, emploi de briques
                -s 74.6
Period of fracture
                46.9
- - rupture .. 46.9
Permanecer aga-
  rrado 60.3
-, calcinación per-
  maneciendo bajo
  el límite de la
  concreción 9.2
- en el molde . 36.5
Permanent com-
  pression 41.8
- deformation . 8.11
- load 141.4
Permanente, carico
                141.4
-, compressione 41.8
-, deformazione 8.11
Permanente, charge
                41.8, 141.4
-, compression 41.8
- déformation . 8.11
Permanente, carga
                41.8, 141.4
-, compresión . 41.8
-, deformación. 8.11
Perni, asse a .. 70.3
-, assicella a .. 70.3
Perno 93.2
- cavo 153.2
- d'argilla .. 195.10
- dello sbarramento
                195.9
- di calcestruzzo
                195.11
- in acciaio .. 234.6
- - cemento armato
                196.2
- - ferro profilato
                158.11
- ferruota .. 60.1
Perpendiculaire à la
  direzione del
  vento 135.6
-, la pressione agisce
  in modo - alla
  direzione di in-
  troduzione 25.2
Perpendicolari, a
  righe - all'asse
  della strada 206.1
Perpendicolar-
  mente, pressione
- alla direzione
  di battitura 36.8
-, - - - - per-
  cussione 36.8

Perpendiculaire à
la direction du
vent 135.6
-, en rangées -s à
l'axe de la rue
206.1
Perpendicular to
wind pressure
135.6
Perpendicular á la
dirección del
viento 135.6
-, en filas -es al eje
de la calle 206.1
-, presión - á la di-
rección del apiso-
nado 36.8
Perte de matière 89.4
- par cuisson . 14.9
Pertica del trepiede
92.10
Pesce, strato di
mattoni a spina
di 127.6
Peso del maglio
130.11
- - palo 120.10
- dell' ariete . . 103.9,
120.11
- di caduta del cal-
cestruzzo 62.9
-, parte di . . . 22.8
- per litro . . . 14.2
- - volume . . 14.1
- proprio 47.10, 141.2
- - del fabbricato
101.5
-, sfregamento cor-
rispondente al
179.3
- specifico . . . 14.6
Peso de la estaca
120.10
- del pilón 103.9, 120.11
- específico . . . 14.6
-, parte en . . . 22.8
- por litro . . . 14.2
- - unidad de vo-
lumen 14.1
- propio 47.10, 141.2
- - de la obra . 101.5
Pestare posterior-
mente 159.4
Pestata, riga della
36.1
Pestato, asfalto 209.7
Pestatura . . . 65.7
Pestellino per calce-
struzzo 66.4
Pestello appiattito
66.3
- in ghisa . . . 66.1
- - legno . . . 66.2
Pestillo, soltar el 56.8
Pestonare determi-
nando una incli-
nazione trasver-
sale 207.7
Pestone, colpo di 85.4
-, forma per battere
col 246.7
- normale . . . 85.2
-, stampo per battere
col 246.7
Petit bétail, auge
pour 223.2
- -, abreuvoir pour
223.2
- pilon à béton 66.4

Petite dimension,
pierraille de 26.9
Péz, tira de fieltro
sumergida en
208.10
Pezza di ferro 151.9
Pezzi, in 8.1
Pezzo anulare co-
nico 166.4
- d'assicella, inchio-
dare un 76.7
- dell' articolazione
234.9
- di giunzione 71.11
- per pezzo, innal-
zare una parete
armata 76.5
- - -, sovrapporre
una parete ar-
mata 76.5
Pfahl 107.2
-gewicht . . . 120.10
-reihe, verholmte
178.1
-rost, Eisenbeton-
spundwand vor
dem 116.3
- -, hoher . . . 118.3
-schuh, eingescho-
bener 128.9
-spitze, die - mit
Eisenblech ar-
mieren 117.5
Pfahl, der - zieht
105.9
-, einen Holz- - ab-
schneiden 114.4
-, Festlegung des
Straßenquer-
schnittes durch
Pfähle 207.8
-, genuteter . . 105.4
-, Modell- . . . 123.2
-, Schrauben- . 121.9
-, Simplex-. . . 123.8
-, Tragfähigkeit des
-es 120.7
-, Widerstand des
-es gegen Heraus-
ziehen 121.2
Pfähle setzen . 105.6
Pfeilhöhe . . 168.11
-verhältnis . . 50.3
Pfeiler 122.1
-, bergmännische
Absenkung von
-n 122.2
-, Brücken- . . 229.5
-, die Mauerwerk -
ohne Ausgraben
herabsenken 113.6
-, Zwischen- . . 140.8
Pferdebetrieb . 64.4
Pflanzenfaser, frei
von -n 108.5
Pflanzung, Weiden-
184.10
Pflaster auf Schotter
177.1
-belagstein . . 244.6
-stein, Eisenband-
211.5
Pflaster, Holz- . 208.1
-, Naturstein-. 207.4
-, Reihen- . . . 212.7
-, Stein- . . . 204.10
Pfosten 78.5
-, die Sprieße in den
- einlassen 74.4

Pfosten, zwischen -
schieben 130.11
Pfostenartig auf-
stellen, eine
Schiene 136.7
Pfropfen, Holz- 88.4
Phare 200.6
Phase, Bruch- . 46.9
Phase de rupture
46.9
Phénique, solution
d'acide 208.6
Phénomène de la
poussée 20.4
- - - prise, inter-
ruption dans le
18.12
- du gonflement 20.4
Piallare 242.4
Piallata, asse . 85.7
-, tavola 85.7
Piana, fondazione
108.12
Pianerottolo . . 161.3
-, mensola del . 162.4
-, peduccio del 162.4
-, reggettone del
162.4
Piani inclinati,forza
di trazione agente
in 44.1
Piano 129.5
- di lanciamento
201.6
- inclinato . . . 65.4
- - parte anteriore
del 201.2
- -, - principale del
201.3
- - per costruzione
delle navi 200.10
- - - tirare a secco
le navi 200.11
- - - - - - longi-
tudinalmente 201.1
- orizzontale . 167.4
-, soffitto - sistema
Koenen 150.5
- stradale, so-
spendere il 235.6
- -, sostegno secon-
dario del 235.3
- terreno . . . 129.4
-, tetto 168.1
Piantagione di
salici 184.10
Piantare una rotaia
come un palo 136.7
- - sbarra in guisa
di montante 136.7
Piastra d'appoggio
148.6
- di calcestruzzo di
ghiaia silicica
133.6
- - cemento armato
concatenata 111.5
- - ferro . . . 151.9
- in cemento armato
148.9
- -, latta . . . 157.6
-, incalzare il bordo
con la 207.5
- incatramata . 174.8
- Monier . . . 138.8
- - fra travi di
ferro 148.10
- sagomata . . 212.2

Piastre di terracotta
come rivesti-
mento 77.7
-, ponte a . . . 227.3
- portanti, sistema a
189.8
-, torchio a . . 211.9
-, tramezzo a . 134.2
Piastrina sottoposta
143.7
Piatta, assicella -
per spalmare
l'intonaco 150.8
Piattabanda, ferro
ristretto nella
151.10
- ripartitrice di
spinta 151.4
Piattaforma 51.5, 60.7,
119.6, 189.3
- in legno . . . 51.6
Piatto, battola a
largo 66.5
-, cerchio di ferro
80.2
-, chiavetta di ferro
80.9
-, ferro 5.10
-, - - divisorio . 81.3
-, - - funzionante
come ferro por-
tante 80.7
-, griglia in ferro
78.2
-, staffa di ferro 151.5
Piazzare vertical-
mente 74.2
Piazzuola . . . 178.4
Picadero . . . 201.4
Picapedreros, hor-
migón trabajado
por 233.2
Picchetti, segnare
con - lo scavo per
la costruzione 89.6
Picchiettare poste-
riormente 159.4
Picchiettato, volta
in calcestruzzo
147.2
Piccoli grani, mi-
scela a 25.10
Piccone 97.1
Pick 97.1
Pie, aro de . . 174.2
-, confeccionar el
pilote de 118.6
-, consolidación del
- del talud 177.8
- de columna . 157.7
-, molde del - de la
columna 78.1
-, puntiagudo de
hierro 89.1
-, tejado de una sola
hilera - de 173.8
Piece, curve - . 86.1
-, distance . . . 82.9
-, jointing . . . 71.11
- of wood, free from
-s 108.4
-, side 82.1
Pieces, in . . . 8.1
Pièce d'articulation
234.9
- en béton . 283.10
- d'assemblage 71.11
- d'écartement 82.9
- de pont . . . 230.7

Pièces détachées, confection des 82.4
- ornamentales pour la construction 241.9
Pied avec pointe de fer 93.1
-, consolidation du - de berge 177.8
- de colonne . 157.7
- - la colonne, coffrage du 78.1
- - niveau . . . 91.7
-, fond au - du déversoir 192.4
-, radier de - du déversoir 192.6
Piede appuntito in ferro 93.1
-, consolidamento del 177.8
- del riparo della sponda 176.8
- della colonna 157.7
Piedra, arena de - pómez 27.8
- artificial 26.12, 125.2 239.1
- -, productos de industria de 242.9
-, balaustrada de - artificial 165.7
- caliza, calcinación de 7.10
- - dura 10.8
- de alisar el cemento 156.1
- de apoyo . . 142.11
- - arranque . 169.2
- - - de la bóveda 144.2
- - asfalto . . . 209.5
- - canal . . . 212.6
- - edificar . 242.10
- - empedrado 244.6
- - fachada . . 245.2
- - fregadero . 244.9
- - paramento . 126.4
- del borde . . 216.6
-, grada de - tallada 163.2
- lijera . . 130.5, 243.1
- machacada, silo de 249.5
- natural 26.11, 125.1
- perfilada . . . 146.6
-, piso de - armada con nervios de hormigón 149.4
-, polvo de . . . 27.12
- pómez . . . 146.10
-, revoque imitando la 242.8
Piedras arrastradas por la corriente 182.4
- de colores vivos 155.2
-, muro de - de talla 126.8
- perfiladas, revestimiento con 216.11
- quebrantadas 26.10
-, rompe- 12.9
-, saca 94.2
-, vertedero hueco relleno de 194.3
Piedritti, armatura in legno dei 81.8
-, corda tra i . 165.1
-, legare le tavole portanti sui 81.5
-, portata tra i . 165.1
Piedritto 144.2, 229.7
- del telaio . . 79.2
Piega 229.2
Piegamento del ferro 151.6
Piegare, apparecchio per - a freddo 70.1
- i ferri attorno i bordi 150.2
- - - - le flangie delle travi 150.2
- il ferro . . . 69.6
- - - a caldo . 70.4
- - - - freddo . 69.7
Piegarsi, la platea di fondazione si piega 110.1
-, lo zatterone di fondazione si piega 110.1
Piegato, cantonale in ferro 137.4
-, squadra in ferro 137.4
Piel de laminar 44.6
Pieno, pistone . 213.6
Pier 190.4
- of a bridge . 229.5
Pierraille . 26.8, 94.11
-, béton à base de 210.4
-, couche inférieure en 210.3
- de petite dimension 26.9
-, filtre à 194.2
-, lit de 178.7
Pierrailles d'infiltration, drain à 99.7
-, silo à 249.5
Pierre à bâtir 242.10
- à chaux dure 10.8
- armée, plancher en - avec nervures en béton 149.4
-, articulation en 233.5
- artificielle 26.12, 125.2 239.1
- -, produits de l'industrie de la 242.9
- d'appui . . 142.11
- d'asphalte . . 209.5
- d'évier 244.9
- de bordure . 216.6
- - parement . 126.4 245.2
- - pavage . . . 244.6
- - taille 245.3
- - -, marche en 163.2
- - -, mur en . 126.8
- - -, parement en 232.9
- - -, voûte en 232.7
- - tuf 146.10
- en caniveau . 212.6
-, enduit imitant la 242.8
- factice 239.1
- légère . 130.5, 243.1
- naturelle 26.11, 125.1
-, pavage en . 204.10
Pierre ponce 146.10
- -, béton de . 156.10
- -, sable de . . 27.8
- profilée . . . 146.6
- pulverisée . . 27.12
Pierrée 99.7
Pierres à couleurs vives 155.2
- brutes, pavage en 207.4
- calcaires, calcination des 7.10
-, caracole à retirer les 94.2
- concassées . . 26.10
- entrainées par le courant 182.4
- profilées, revêtement avec des 216.11
Piétons, chemin pour 229.4
Pietra arenaria calcare 243.2
- armata, soffitto in - con legature di calcestruzzo 149.4
-, articolazione in 233.5
- artificiale 26.12, 125.2 239.1
- -, gradino in 163.6
- calcare, bruciare della 7.10
- -, combustione della 7.10
- cintrata . . . 212.5
- d'appoggio . 142.11
- d'asfalto . . . 209.5
- -, polvere di 209.10
- da costruzione 242.10
- - pavimento di lastricato 244.6
- - rivestimento 133.7
- - taglio, muro in 126.8
- - tetto 244.8
- decorativa per facciata 245.2
- di cava . . 205.10
- - collegamento alle rotaie 211.4
- - decorazione in cemento 212.4
- - fasciatura . 216.6
- - orlatura . . 216.6
- - paramento . 126.4
- - rivestimento 126.3
- - spalla . . . 233.8
- forata per lo scolo 244.9
- in calce dura 10.8
-, intonaco ad imitazione della 242.8
- lavorata a taglio 245.3
- -, gradino in . 163.2
- leggera . . . 243.1
- naturale . . . 125.1
- per lucidare il terrazzo 156.1
-, polvere di . . 27.12
- pomice . . 146.10
- -, calcestruzzo di 156.10
- -, sabbia di . 27.8
- sagomata . . 146.6
- sporgente . . 127.3
- squadrata . . 245.3
Pietrame . . . 26.8
- minuto . . . 26.9
- naturale . . . 26.11
-, parete di - con legature 134.6
-, silos per . . . 249.5
-, sottofondo di 178.7
-, strada pavimentata a 205.5
Pietre a colori vivi 155.2
- artificiali, parapetto in 165.7
- -, prodotti dell'industria per la fabbricazione delle 242.9
- da taglio, rivestimento con 216.11
- di getto, balaustrata di 165.7
- lavorate, muro di 126.9
- messe per lungo, strato di 127.2
- naturali, pavimentazione in 207.4
-, pavimentazione di 204.10
- sagomate, rivestimento con 216.11
-, soffitto composto di beton e 150.9
Pietrisco 94.11
-, calcestruzzo di 210.4
Pieu 107.2
- à vis 121.9
-, armer la pointe du - avec de la tôle de fer 117.5
- auxiliaire conique pour le battage 114.5
-, coiffer la tête du 120.4
- emmanché, sabot de 123.9
-, faux 117.7
-, force portante du 120.7
-, le - s'enfonce 105.9
- modèle . . . 123.2
-, poids du . . 120.10
- pour défoncer la terre 179.5
-, résistance du - à l'arrachement 121.2
- simplex . . . 123.8
Pieux, battre des 105.6
- chapés, file de 178.1
-, cintre établi sur 86.10
- en béton . . . 113.4
-, ficher des . . 105.6
-, plate-forme en gril sur la tête des 113.3
-, protection des - porteurs en fer 117.2
- ronds, revêtement de madriers maintenu par des 177.9

Pieza, componerse
  en dos -s 123.2
-, confección de las
  -s sueltas 82.4
-, construcción en
  dos -s 116.6
Pieza de articula-
  ción 234.9
- - distancia . 82.9
- - unión . . . 71.11
Piezas ornamentales
  para construc-
  ciones 24.13
Pignon 129.1
Pila 49.3
- della fondazione
  112.9
- di un ponte . 229.5
Pilar 49.8, 122.1, 157.1
- de apoyo . . 87.3
- - puente . . . 229.5
- intermedio . 140.8
-, tabique de - de
  muro 77.5
Pilastra, tabique de
  - de muro 77.5
-, molde de - de
  fachada 78.5
Pilastre, coffrage
  d'un 79.5
-, coffrage des -s 77.5
- de clôture de jar-
  din 244.1
Pilastri, affonda-
  mento del - col
  sistema dei mina-
  tori 122.2
-, cassone per co-
  lonne e 73.6
-, disposizione per
  mantenere in
  piedi l'armatura
  dei - e delle co-
  lonne 78.5
-, ferro d'armatura
  per - e colonne 28.4
-, fondazione su 110.5
-, impalcatura dei
  77.5
- in cemento ar-
  mato, sovrapporre
  - su pali di legno
  114.3
-, minare i . . . 177.4
Pilastro · 49.8, 122.1
  157.1
- in muratura, pro-
  pagginare un 113.6
- intermedio . 140.3
- interno, collega-
  mento di un - con
  un esterno 111.2
-, scostare il - dal
  confine di pro-
  prietà 111.3
Pile 52.11, 107.2, 122.1
-, back row of -s
  189.5
-, batten abutting
  on round -s 177.9
- block 117.7
-, bound -s . . . 118.2
-, concrete -s . 118.4
-, - - which has been
  driven into posi-
  tion 117.4
-, - sheet piling in
  front of the -s
  116.3

Pile, connecting
  two -s by sheet-
  piling 118.5
- driver, attendant
  of a 109.7
- -, common . . 108.2
- -, monkey . . 102.6
- -, ram 102.6
- -, steam . . . 104.3
- - with automatic
  ram release 104.5
-, driving . . . 179.5
-, elevated grillage
  on -s 118.3
-, front row of -s 189.4
-, grooved . . . 105.4
- hoisting and sup-
  porting head 109.3
-, load capacity of
  the 120.7
-, miners method of
  sinking -s 122.2
- planking . . 105.2
-, preliminary . 179.5
-, protecting . . 189.2
-, reinforced con-
  crete slab to put
  behind the -s 186.9
-, resistance of the -
  to withdrawal
  121.2
-, row of -s with wa-
  lers 178.1
-, sample 123.2
-, screw 121.9
-, sheet 180.7
-, sheet - for dam
  194.6
- shoe fitted in 123.9
-, simplex . . . 123.3
- sinking by means
  of flushing 121.5
-, supporting capa-
  city of the 120.7
-, test 114.7
-, the - drives . 105.9
-, to drive the -s 105.6
-, to - in a dry state
  53.2
-, - protect the point
  of the - with iron
  117.5
-, - shoe the - with
  iron 117.5
-, weight of the 120.10
Piles with straps 118.2
Pilier 69.3, 122.1, 157.1
-, barre d'armature
  de 78.4
-, coffrage des -s 77.4
-, coffrage du . 78.6
- de la façade . 79.5
- - pont 229.5
- - support . . 87.8
-, dispositif pour
  maintenir ver-
  ticalement les
  barres du 78.5
-, écarter le - de la
  limite de la pro-
  priété 111.3
-, enfoncer un - en
  maçonnerie sans
  fouille 118.6
- extérieur, cou-
  plage d'un pilier
  intérieur et d'un
  112.2

Pilier intérieur,
  couplage d'un -
  et d'un pilier
  extérieur 111.2
- intermédiaire 140.3
-, établir des -s en
  béton sur pilotis
  en bois 114.3
-, fonçage de -s par
  le procédé des mi-
  neurs 122.2
-, fondation sur -s
  110.5
Piling, grooved and
  tongued 105.2
-, sheet 105.2
-, - - of wood . 105.3
Pilon conique . 122.4
-, coup de . . . 35.4
- en bois . . . 66.2
- - fonte 66.1
-, marteau-. . . 23.10
-, petit - à béton 66.4
- pour le fonçage
  122.3
Pilón 118.8
- cónico 122.4
- de compresión del
  suelo 122.3
- - martinete . 108.5
-, hundir con el 108.2
Piloni, armatura su
  86.10
- con testata coperta
  178.1
- in calcestruzzo
  118.4
-, murata sostenuta
  da 177.9
-, palancata su . 86.10
-, palizzata in ce-
  mento armato
  davanti al retico-
  lato di . . 116.3
Pilonné, sable
  humide bien 120.5
-, bande . . . 36.1
Pilot, gerammter
  Eisenbeton- 117.4
-, Probe- 114.7
Pilot 107.2
- d'essai 114.7
- en béton armé
  enfoncé à la
  sonnette 117.4
- faux 117.7
-, receper un . 114.4
-, réunion de deux
  -s 118.5
Pilots en béton 113.4
- frettés . . . 118.2
Pilote 107.2
- auxiliar cónico
  de madera para
  el batido 114.5
- de ensayo . . 114.7
- - hormigón ar-
  mado hundido
  al martinete 117.4
- falso 117.7
- para abrir agujeros
  de pilotaje 179.5
- ranurado . . 105.4
Pilotes de hormigón
  113.4
-, fila de - anteriores
  189.4
- guarnecidos de
  abrazaderas 118.2

Piloten, Beton- 113.4
-, spundwandartige
  Verbindung
  zweier 118.5
-, umschnürte . 118.2
Pilotis 107.2
- à rainure . . 105.4
- de fer, palée en
  - et tôles 106.1
- en bois, établir
  des piliers en
  béton sur 114.3
-, file de - antérieure
  189.4
-, - - - postérieure
  189.5
Pillar 49.8, 122.1, 157.1
  243.10
- box 78.6
- casing 77.4
-, connection of
  inner and outer
  111.2
-, cross-section of
  157.5
-, footing of a . 110.5
-, form for base of
  78.1
-, foundation of a
  110.5
-, intermediate 140.8
- mould 77.4
-, - for a front . 79.5
-, reinforcement
  bar 78.4
-, scantling-section
  of 157.5
-, sluice 195.4
-, supporting . 243.11
-, to remove the - to
  the boundary 111.3
-, wall - mould 77.5
Pin . . . 75.10, 164.7
-, iron 180.9
Pince 97.2
-, couper à la . 72.4
-, trancher à la . 72.4
Pintar, preparar las
  superficies para-
  pintarlas al óleo
  215.5
Pintura al óleo 215.4
- impermeable . 215.3
Pinza . . . 86.3, 98.5
-, cortar con la . 72.4
Pioche 97.1
Plombo a
  scandaglio 91.3
-, articolazione a
  base di 234.2
-, guarnizione
  interna di 216.2
-, placca di . . 216.3
-, striscia di . . 164.3
Piovana, acqua 81.11
Pioventi, inclina-
  zione dei 167.7
Pipe . . 92.7, 100.4
-, concrete . . . 245.6
-, discharge . . 121.7
-, discharge - of
  dam 225.2
-, drain 194.1
-, earthenware . 100.1
-, ferro-concrete
  165.5, 226.7
-, flush water . . 104.7
-, flushing . . . 104.7
-, hose 98.7

Pipe, internal . 121.4
- line . . 214.4, 225.8
-, Möller 225.3
-, press for -s . 226.6
-, reinforced con-
crete 116.4
-, supply . . . 121.5
-, to bed the outlet
- in the foun-
dation 224.3
-, - draw out the
124.1
-, vertical . . . 220.4
-, vertical - as water
tank 224.2
-, water spray . 62.3
Piquet pour chaine
d'arpenteur 90.6
Piquetage de la
fouille 89.6
- du profil de la rue
par potelets 207.3
Piquetaje de la
excavación 89.6
Piquete 90.7
Piramidali, rullo a
mano per rigare
ad impronte 211.1
Piramide sospesa
249.3
Piramide invertida
249.3
Pirita 21.3
Pirite 31.3
Piso . . 153.11, 129.5
- abovedado . . 149.9
- bajo 129.4
- combinado de
piedra y hor-
migón 150.9
- con nervios . 49.1
- - relleno . . . 142.8
- continuo . . . 149.5
- de cielo raso 149.5
- - - - de Koenen
150.5
- - desván . . . 129.6
- - hierro de hongo
152.2
- - hormigón ar-
mado 148.3
- - - - con viguetas
de hormigón ar-
mado visibles151.1
- - - sobre viguetas
147.1
- - ladrillos con ar-
mazón de hierro
146.9
- - losas de tierra
cocida 154.11
- - - entre viguetas
de hierro 150.10
- - madera . . 154.1
- - nervaduras ci-
líndricas 152.8
- - palastro ondu-
lato 143.2
- - piedra armada
con nervios de
hormigón 149.4
- - placas entre vi-
guetas de hierro
150.10
- - vigas entre vi-
guetas de hierro
142.9
- - viguetas con
placa inferior112.1

Piso de viguetas
con placa superior
111.8
- encajado. . . 150.1
- falso 154.3
- libremente colo-
cado 149.1
- Lund 153.5
- Matrai 152.6
- sobre el ala in-
ferior 149.2
- - la tabla inferior
149.2
- - - - superior 149.3
- - vigas de madera
141.6
- tubular de Herbst
243.7
Pisos, horno de
varios 11.7
Pisón de hierro
fundido 66.1
- - madera . . 66.2
- - mano . . . 102.3
- - llano 66.3
- - normal . . . 35.2
- - pequeño para
hormigón 66.4
Piston, cylindrical
88.5
-, load on . . . 214.3
-, solid 213.6
Piston, charge sur le
214.3
- cylindrique . 88.5
- plein. . . . 213.6
Pistón, carga del
214.3
- cilíndrico . . 88.5
- lleno 213.6
Pistone, carico del
214.3
- cilindrico . . 88.5
- massiccio . . 213.6
- pieno 213.6
Pit 99.4
-, catch- 99.5
- gravel 27.14
- sand 26.13
-, turbine . . 196.10
Pitch, felt strip
soaked in 208.10
- groovejoint . . 225.5
- of spiral . . . 43.2
Pitching 185.5, 184.4
- on ballast . . 177.1
Pittura idrofuga
215.3
- impermeabile 215.3
Piuolo di legno 131.9
Pivotant, avant-
train 206.10
-, timon . . . 206.10
Pivotante, grue 65.5
Pivote, grúa de 66.5
Pizzara, cubierta
de -s 172.2
- de amianto . 172.7
Placa aislante 171.11
- alquitranada 174.8
-, articulación de -s
de plomo 284.2
- de anclaje . . 186.6
- - apoyo 143.6, 290.4
- - asfalto aislante
171.8
- - guía 59.2

Placa de hierro de
anclaje 151.9
- - hormigón entre
hierros de J 181.1
- - - granítico 244.5
- - - maciza . . 147.4
- - vidrio . . . 19.4
-, ensayo de cocción
de una 21.5
-, entibación con -s
de palastro ondu-
lados 88.1
-, essayo de una -
de hormigón 39.11
-, estancar con -s de
palastro 196.3
-, nervio de . . 151.3
-, piso de -s entre
viguetas de
hierro 150.10
-, revestir con -s de
gres 226.4
-, sistema de -s
interiores 139.8
Placca di guida 59.2
- isolante . . . 216.5
Placche di grès pic-
cole, rivestire
con 226.4
Place, hollow . 66.7
-, to - alternately714
-, - - in layers . 65.8
-, - - - separate
layers 108.3
-, - - - the bars 149.7
-, - - - the iron work
in two layers 49.3
-, - - tie in the
floor 170.1
-, - - under water
22.12
-, - - upright . 74.2
-, - - vertically 74.2
-, - where the material
is used 63.6
Place, plaque de
béton damée sur
152.10
Placer les fers sur
149.7
- verticalement 74.2
Plafond en terre
cuite 143.3
-, enduit de . . 153.9
- encastré . . . 154.1
- plan de Koenen
150.5
- voûté 149.9
- voûté, coffrage de
81.2
Plafone sottostante,
inerviare nel 174.1
Plafonnage en stuc
142.2
Plan, abaissement
du - d'eau 198.4
- d'eau, soutenement
du 191.7
- de la section, effort
de traction incliné
sur le 44.1
- -inclné . . . 65.4
- - - la cale de con-
struction 200.10
- - en long . . 201.1
- - travers . 200.11

Plan, plafond - de
Koenen 150.5
-, relèvement du -
d'eau 198.5
Plancha acepillada
85.7
-, cubierta de . 51.7
- de cemento . 243.3
- de palastro . 157.6
- de plomo . . 216.3
- ondulada, manto
de 217.1
Planchas de palastro
deslizando unas
sobre otras 229.1
- - tierra cocida
como tabique 77.7
Planche. . 78.4, 241.6
-, agrafe pour -s 76.1
-, assembler des -s
par boulons 137.2
- blanchie . . . 85.7
-, cloison en - avec
revers en remblai
106.8
- de ciment, mur en
-s 184.4
- - garniture . 142.6
- de plâtre, mur en
-s 184.5
- du coffrage . 75.4
- en béton de ciment
153.4
- - ciment 130.6, 243.3
-, fond en -s . . 82.6
- garnie de goujons
70.3
-, panneau en -s 78.2
- rabotée . . . 85.7
Planché nervé . 111.8
Plancher à nervures
69.1, 111.8
- - cylindriques
152.8
- à remplissage 142.8
- apparent à som-
miers entre pou-
trelles en fer 142.9
- avec briques entre
travure en fer
146.9
-, coffrage d'un - en
béton armé 81.7
- - continu . . . 149.5
- de béton armé
avec poutrelles
d'ossature 147.5
- - camble . . . 129.6
- - Herbst à élé-
ments tubulaires
243.7
- - en béton armé
148.8
- - béton armé avec
poutres appa-
rentes en béton
armé 151.1
- - béton sur pou-
trelles 147.1
- - bois . . . 154.1
- - dalles entre
poutrelles 150.10
- - fer à champignon
152.2
- - pierre armée
avec nervures en
béton 149.4
- - tôle ondulée 143.2

Plancher, enfermer
l'entrait dans
le 170.1
-, étayement du -
après le
décoffrage 85.6
-, faux 154.3
- hourdé 154.5
-s intermédiaires
141
- Lund 153.8
- Matrai 152.6
- mixte en pierre et
béton 150.9
-, ne pas laisser le -
se mouiller 52.7
-, poutre de . . 152.1
-, poutrelle de . 151.3
-, prendre appui sur
le - inférieur 174.1
- reposant librement
149.1
- sur travure en bois
141.6
Plancheta de trans-
portar 245.1
Planchette à
glissière pour le
coulage 78.8
- à régaler . . . 67.4
- à transporter 243.1
- étroite 142.3
- garnie de goujons
70.3
Plandecke, Koenen-
sche 150.5
Planed board . 85.7
Plank 73.3
- centering . . 82.6
- falsework . . 82.6
-, to bind -s with
bolts 137.2
-, to bolt -s together
137.2
-, wooden . . . 241.6
Planked retaining
wall 106.8
- staying wall . 106.8
Planking, pile . 105.2
Plano de agua,
bajada del 198.4
-, esfuerzo de trac-
ción obrando en
un - inclinado 44.1
-, hierro 5.10
-, - - de ligadura
159.2
- inclinado 65.4, 200.9
- - de la cala 200.10
- - longitudinal 201.1
- - principal . 201.3
- - transversal 200.11
-, tejado 168.1
Plant, breaking
247.7
-, crushing . . 247.7
-, electric welding
7.1.1
-, water meter . 221.3
-, weight of - and
materials trans-
ported 159.5
Plantación de cañas
184.10
Plantation de ro-
seaux 184.10
Planting of withes
184.10

Plaque d'ancrage
186.6
- d'appui 143.6, 230.4
- de béton damée
sur place 152.10
- -, essai d'une
39.11
- - fer d'ancrage
151.9
- - fondation non
chargée au centre
111.1
- - guidage . . 59.2
- - plomb . . 216.3
- - tôle 157.6
- - verre. . . . 19.4
- en béton . . . 147.4
- - mosaïque . 133.5
- - stuc 133.5
- goudronnée . 174.8
- isolante . . . 216.5
-, nervure de . 151.3
- transversale,
poutre sous la 111.7
Plaques de grès,
revêtir de 226.4
- - plomb, articu-
lation à 234.2
- - tôle glissant les
unes sur les
autres 229.1
- en terre cuite
pour revêtement
77.7
-, essai des - à la
compression 22.2
-, rendre étanche au
moyen de - de
tôle 196.3
Plaquette, essai de
cuisson d'une 21.5
-, normale . . . 20.5
Plaster finish . 154.9
-, mortar of - and
clay 146.3
-, mould . 83.3, 241.8
- of Paris . . . 132.2
- panels, wall in 134.5
-, to 132.7
-, to add - of Paris
13.5
Plastering . . . 131.6
-, ceiling . . . 153.9
Plastic. 34.1
Plastico 34.1
Plástico 34.1
Plastique . . . 34.1
-, terrain d'argile 95.5
Plastisch . . . 34.1
Plat, cadre en fer 78.2
-, cercle en fer . 80.2
-, coin en fer . 80.9
-, fer 5.10
- -, - - en deux par-
ties 81.3
-, - - pour collier
159.2
-, gril en fer . . 78.2
-, toit 168.1
Plataforma 51.5, 60.7
- de madera . . 51.6
- - montacargas 65.1
-, empedrado sobre
- de emparrillado
77.1
Plate asphalt . 209.9
-, bearing . . . 230.4

Plate bridge . 227.3
- -, combined truss
and 227.7
-, conveyor . . 59.2
-, fish 188.7
-, glass 19.4
-, iron 157.6
-, lead hinge . . 234.2
-, moulding . . 212.2
-, muller and . 66.5
-, to stop leakage
with iron -s 196.3
Plate-bande . . 146.5
- -, voûte en . . 146.5
-, dame - à manche
courbe 66.5
Plate-forme 51.5, 60.7,
189.5
- - d'ascenseur 65.1
- - de monte-charge
65.1
- - en bois . . . 51.6
- - en gril, enroche-
ments sur 177.1
- - - - sur la tête
des pieux 113.3
-, fondation sur -
avec empattement
108.12
- - tournante,
chariot inférieur
avec 189.3
Platea 194.8
- a carico eccentrico
111.1
- di beton . . . 207.6
-, la - di fondazione
si piega 110.1
Platform . 51.5, 60.7
- roof, railway 173.7
-, steps of mixing
51.4
-, timber 51.6
Plâtre 132.2
-, ajouter du . . 13.5
-, béton de . . . 32.11
-, mortier au - et
à la colle 146.3
-, moule en 83.3, 241.8
-, revêtement en
154.9
Platte, Abdeck- 187.7
-, Anker- . . . 186.6
-, Asphaltisolier-
171.8
-, Betonrost- . 113.2
-, Blech- 157.6
-, Bürgersteig-. 244.3
-, den Bord mit der
- herstellen 227.5
-, Eisenbeton- . 148.9
-, Form- 212.2
-, Führungs- . . 59.2
-, Fundament- - aus
Eisenbeton 109.7
-, Fußsteig- . . 244.3
-, gepreßte Fein-
beton 244.2
-, Glas- 19.4
-, Goudron- . . 174.8
-, Granitbeton- 244.5
-, Isolier- 171.11, 216.5
-, Kiesbeton- . . 133.6
-, Krag- 189.7
-, Lager- 290.4
-, Lauf- 162.2
-, Monier- . . . 133.8

Platte, Platten-
balken mit
oberer 111.8
-, Plattenbalken
mit unterer 112.1
-, reine Beton- . 147.4
-, Stückstein- . 133.5
-, Trottoir- . . 244.3
-, Unterlag- . . 143.6
-, vierseitig auf-
gelagerte 149.8
-, Zement- . . . 210.9
-, Zementmosaik-
244.7
Plattenasphalt. 209.9
-balken . 49.1, 151.3
- - mit oberer Platte
111.8
- - - unterer Platte
112.1
- -brücke . . . 227.7
- -decke zwischen
eisernen Trägern
150.10
-brücke 227.3
-gelenk, Blei- . 234.2
-kochprobe . . 21.5
-presse 211.9
-probe, Beton- 39.11
-wand 134.2
Plattform . 51.5, 60.7
Platz, Lager- . 63.5
Plegado, hierro -
hacia la zona
superior 151.10
Plein, degré de 33.6
-, faire un béton 33.7
-, piston 213.6
Pleine, section - à
l'appui 231.9
Pli 229.2
Pliage du fer vers
le bas 151.6
Plié, fer - avec
pénétrations
dans la zone
supérieure 151.10
Plinto, battere il
137.1
- della colonna,
armatura del 78.1
Plomada. . . . 91.3
Plomb 91.3
-, articulation à
plaques de 234.2
-, bande de . . 164.3
-, fil à 91.3
-, garniture in-
térieure de 216.2
-, plaque de . . 216.3
Plomo 91.3
-, à 126.7
-, articulación de
placas de 234.2
-, guarnición in-
terior de 216.2
-, plancha de . 216.3
-, tira de 164.3
Plongeur, cloche à
199.9
Plot, examination of
the building 92.2
- to the positive
moments 48.4
Plug, conical
wooden 78.3
-, to connect by -s
235.1

Plug, wood 131.9
-, wooden 88.4, 172.5
Pluie, eau de 31.11
Plumb 91.3, 126.7
-, face nearly 191.3
Plummet 91.3
Pluviali, stagno delle acque 196.1
Pneumatic process, laying foundation by 124.6, 199.8
Pobre, mezcla 33.9
-, naturaleza del grano para hacer una mezcla 29.4
-, poner con mortero de cal 212.3
Poche 58.4
Pocket for moulding Monier walls 77.2
- -shaped holder 58.4
Poco, hormigón - majado 34.3
Podest 161.3
-träger 162.4
Podium 51.5
-, Holz- 51.6
Poggiare i ferri 149.7
Poids de béton tombant 62.9
- des matériaux transportés 159.5
- du mouton 103.9, 120.11
- - pieu 120.10
-, frottement correspondant au 179.3
- mort de la construction 101.5
- par litre 14.2
- - volume 14.1
-, partie en 22.8
- propre 47.16, 141.2
- - de la construction 101.5
- spécifique 14.6
Poil de vache 132.5
Poinçon 235.5
- en bois en aiguille pendante 84.6
Point beyond which the deformations cease to be proportional to the loads 4.4
-, crossing 147.9
-, highest - of the middle third 236.8
-, lowest - of the middle third 236.9
- of fracture 46.9
- - rupture 46.9
- - support of a bridge 229.9
- - the pile, to protect the - - - - with iron 117.5
-, yield 4.8
Point au tiers inférieur 236.9
- - - supérieur 236.8
- de chemin de fer 237.3
- - croisement 147.9
- - - des parois du silo 249.2
- fixe 89.4
Point plus profond, détourner les sources vers un 99.6
Points d'appui, distance entre les 47.3
- -, portée entre les 47.3
Pointe alligator 124.2
- de fer, pied avec 93.1
- du pieu, armer la - avec de la tôle de fer 117.5
- - sabot 118.4
-, trépan à 93.11
Pointed drill 93.11
- perforator 122.4
- ram 122.4
Poire, forme de - du malaxeur 60.9
Poissée, bande de feutre 208.10
Poitrail 157.3
Polacca, fasciatura 128.4
Pole, reinforced concrete 225.4
-, telegraph 245.8
-, telephone 245.8
Polea 102.8
Polie, fer à surface 5.2
Polieren (v) 242.3
Polieren 155.8
Poliermaschine 242.5
Poligonal 158.7
-, armadura 87.4
-, armazón 174.3
Poligonale 158.7
-, capriata 87.4
-, trave 174.3
Poligono 137.8
- delle forze 48.10, 236.3
- funicolare 47.6
Polígono de fuerzas 236.3
- - las fuerzas 48.10
- - las presiones máxima 236.6
- - las presiones mínima 236.7
- funicular 47.6
Polilla, protección contra el gusano de la 115.3
Poling board 105.7
Polir 155.8, 242.3
-, machine à 242.5
Polish bond 128.4
Polish, to 155.8, 242.3
Polished surface, iron with 5.2
Polishing machine 242.5
Polissage, essai au 39.1
-, résistance au 38.11
Polisseuse 242.5
Polnischer Verband 128.4
Polonais, appareil 128.4
Polonceauscher Binder 169.9
Polonceau principal 169.9
Polonceau truss 169.9
Polonceau, ferme à la 169.9
Polonceau, capriata principale alla 169.9
Polonceau, armadura 169.9
Polonés, trabazón 128.4
Polsterholz 142.6
Polvere da concia 108.8
- di pietra 27.12
- - - d'asfalto 209.10
-, idrato di calce in 8.12
-, in 8.3
Polvo de asfalto 209.10
- - piedra 27.12
-, en forma de 8.3
-, escoria de altos hornos en 9.5
Polygon, Kräfte- 48.10, 236.3
Polygon, funicular 47.6
- of forces 48.10
- - stresses 236.3
Polygonal 158.7
- beam 174.3
- bowstring 174.3
- falsework 87.4
- scaffolding 87.4
Polygonal 158.7
Polygonale, ferme 87.4
-, membrure 174.3
Polygonaler Balken 174.3
Polygone 137.8
- des forces 48.10, 236.3
- funiculaire 47.6
Pómez, arena de piedra 27.8
-, piedra 146.10
Pomice, calcestruzzo di pietra 156.10
-, pietra 146.10
-, sabbia di pietra 27.8
Pompa 213.5
- a diaframma 98.8
- - membrana 98.8
- - motore 100.9
- cavatrice 98.6
- centrifuga 100.10
-, vuotare lo scavo intermedio colla 116.7
Pompare, stabilimento idraulico per - acqua 192.10
Pompe 213.5
- à diaphragme 98.8
- à moteur 100.9
- d'épuisement 98.6
-, épuiser l'espace intermédiaire au moyen de la 116.7
Ponce, béton de pierre 156.10
-, pierre 146.11
-, sable de pierre 27.8
Ponceau 224.9
Pond, collecting 196.1
-, crown sloping towards upper 191.4
Poner al abrigo del sol 20.9
- con mortero de cal pobre 212.3
- de manifiesto las propriedades de la estructura 39.6
- horizontalmente 74.1
- la capota de protección 120.4
Pont 227.1
- à poutrelles 227.2
- à poutres 227.2
- - - continues 228.5
- - - en treillis 230.10
- - - et à dalles 227.7
- à travées solidaires 228.5
-, appui de 229.9
-, assèchement des -s 230.9
- -canal 226.9, 237.8
- - pour deux bateaux 238.3
- - - un seul bateau 238.2
-, - sur le 238.1
-, culée d'un 192.7
- -dalle 227.3
-, drainage des -s 230.9
- en arc 232.2
- - treillis avec membrure supérieure parabolique 232.1
- - voûte 232.2
-, pièce de 230.7
-, pilier de 229.5
-, tablier de 235.2
- Vierendeel 231.8
- Visintini 231.1
-, voûte de 50.2
Ponte 227.1
- a lastre 227.3
- - piastre 227.3
- - solette 227.3
- - traliccio con membratura superiore parabolica 232.1
- - travate 227.2
- - - e solette 227.7
- - travi continue 228.5
- - via inferiore 228.1
- - - superiore 228.3
- ad arco 232.2
-, appoggio del 229.9
- -canale 226.9, 237.8
- - per due imbarcazioni 238.3
- - - una sola imbarcazione 238.2
-, corpo stradale di un 235.2
-, cuscino del 229.9
- dell' armatura di servizio 86.9
- ferroviario 237.3
-, pila di un 229.5
-, spalla di un 192.7

Ponte tipo Visintini 281.1
-- travi a traliccio 280.10
- - all' americana 230.10
- Vierendeel . . 231.8
Ponti, drenaggio dei 230.9
-, scolo dei . . 230.9
-, volte dei . . . 50.2
Ponticello . . . 195.6
Pontile 190.4
- di carico . . 189.1
- - scarico . 188.12
Ponton, Schwimm- 200.4
Ponton de flottant 200.4
Pontón 190.4
- de carga. . . 189.1
- - flotación . . 200.4
-, descargadero de 188.12
- flotante . . . 200.4
Pontone 200.4
Pontoon, floating 200.4
Poor concrete 156.12
- mixture . . . 83.9
- mortar, to embed in 212.3
Porción de tubería 225.6
Poreux 81.5
Porfido . 282, 155.3
Pórfido . 282, 155.3
Porig 81.5
Poros 81.5
Poroso 81.5
Porous 81.5
Porphyr . 282, 155.3
Porphyre 282, 155.3
Porphyry . 282, 155.3
Porta, chiave della 137.5
-, ferro dell' archi-
trave della 137.5
- scorrevole . . 60.6
Portable. . . . 118.9
- engine . . . 101.1
- forge 70.5
- winch . . 194.10
Portador, cables -es
tendidos diagonal-
mente 152.7
-, galete 59.9
-, hierro pasamanos 80.7
-, muro - de vigas 128.9
-, rodillo 59.9
-, protección de los
pilares -es de
hierro 117.2
Portadora, barra 131.2, 147.7
Portant, dalle - par
ses quatre côtés 149.8
Portant, force - du
pieu 120.7
Portante, barra 131.2, 147.7
-, colonna . . 243.11
-, ferro 157.3
-, - piatto funzio-
nante come ferro 80.7

Portante, forza -
del palo 120.7
-, liberamente 164.10
-, parete libera-
mente 134.7
-, parete - travi 128.9
-, rullo 59.9
-, traliccio . . . 109.6
Portanti, protezione
dei pali in ferro 117.2
-, sistema a lastre 189.8
Portante, fuerza -
de la estaca 120.7
Portata . 47.3, 101.11
168.10
- di un giorno 67.10
- effettiva . . . 230.1
- tra i piedritti 165.1
Portátil, fragua 70.5
Porte 60.6
Portée 101.11, 165.1,
168.10
- entre les points
d'appui 47.3
Porter au dessus les
aires des mo-
ments positifs 48.4
- en dessous les
moments sur
l'appui 48.5
Porteur, câbles -s
diagonaux 152.7
-, galet 59.9
Porteuse, barre 131.2,
147.7
-, tige 147.7
Porticati, costru-
zione di 178.10
Portlandklinker 9.8
-zement 10.1
-, -, Eisen- 9.3
Portland cement 10.1
- clinker 9.6
Portland, brique de
ciment 9.6
-, ciment . . . 10.1
Portland, cemento 10.1
-, - a scorie . . . 9.3
-, mattonella in
cemento 9.6
Portland, cemento -
de escoria 9.3
Porto, chiatta da 202.4
-, gittata esterna
del 185.9
-, rivestimento pei
bacini del 187.1
Portuale, granaio 249.1
Posante ad ambe
l'estremità 164.11
Posare, il pancone
posa su mensole 107.3
- orizzontalmente 74.1
- perfettamente sul
centro 206.2
Posata, superficie 185.5
Posé librement par
ses extrémités 164.10

Poser à bain de
mortier de chaux
maigre 212.3
- à joints contrariés 206.2
- horizontalement 74.1
- les dalles sans
rejointoiement 189.11
- - marches sur la
limon 162.6
Posición de des-
carga 56.2
- inclinada de la
artesa mezcladora 61.6
- - del mezclador
sobre el eje de
rotación 57.3
Positifs, ajouter les
aires des moments 48.4
-, porter au dessus
les aires des
moments 48.4
Position, emptying 56.2
- of the drum in-
clined to the axis
of rotation 57.3
-, slab to be con-
structed in 152.10
Position de vidange 56.2
- inclinée de l'auge
de mélange 61.6
- - du malaxeur sur
son arbre 57.3
- verticale, mainte-
nir le tambour-
malaxeur par un
verrou dans la 55.5
-, reprendre auto-
matiquement la 56.3
Positiv, die -e Mo-
mentenfläche auf-
tragen 48.4
Positive, to plot the
- moments 48.4
Positivi, riportare il
diagramma dei
momenti 48.4
Positivos, añadir las
áreas de los mo-
mentos 48.4
Posizione di scarica-
mento 56.2
- inclinata del truo-
golo mescola-
tore 61.6
- - della cassa d'im-
pasto sull'albero
di rotazione 57.3
- verticale, mante-
nere la cassa per
l'impasto in - me-
diante traverse o
barre 55.5
-, riprendere auto-
maticamente la 56.3
Post . 49.3, 72.5, 187.11
- casing 77.4
-, garden . . . 244.1
-, mould 77.4
-, railing 166.5
-, signal . . . 200.8
-, suspension . 235.5

Post, to erect a rail
asa 186.7
-, truss 235.5
Posts, guide . . 120.1
-, to slide between 180.11
Poste 78.5
- de hormigón arma-
do 225.4
Poste telefónico 245.8
Postérieure, couche 183.10
Posterior, capa 183.10
-, fila de pilotes -es 189.5
Posteriore, fila di
puntelli . . 189.5
-, parete dell'argine 183.10
Posteriormente,
pestare 159.4
Posto, mettere a 71.4
Potassa 18.4
-, disolver jabón de
- en el agua 215.2
Potassa 18.4
-, sciogliere sapone
di - nell'acqua 215.2
-, silicato di . . 215.8
Potasse 18.4
-, dissoudre du savon
de - dans l'eau 215.2
Potassium, prot-
oxide of 18.4
Poteau 78.5
- cornier . . . 137.4
- d'un vannage 195.4
- du coffrage . 73.6
- en béton armé 225.4
- téléphonique 245.8
Potelets, piquetage
du profil de la
rue par 207.8
Potenzialità dello
strato di terreno 95.7
Poterie, tuyau en 100.1
Poudre, chaux
éteinte en 8.12
- d'asphalte . 209.10
- en 8.3
Poulie 102.8
-, châssis -s 103.3
Pour in, to - - the
concrete from
above 77.1
-, - - - - the top 77.1
Pourriture . . . 113.7
Poussée à la clef 236.4
-, axe des centres de
148.6
-, cercle de . . 174.2
- de l'eau . . 101.4
- - la terre . 217.8
- des terres 138.3, 198.8
- -, calcul de la 138.4
- du liquide . 217.7
- due à l'action de
l'air 21.3
-, fissure due à la 21.1
-, horizontale . 236.2
-, ligne de - pour la
charge totale 236.1

Poussée, phénomène de la 20.4
-, procédé des lignes de 235.10
-, tendance à la 20.2
Pousser 19.11
Poutre 73.3
- américaine . 153.7
-, âme de la . 143.10
- armée 84.5
- -, tirant d'une 84.7
- avec dalle inférieure 112.1
-, charge répartie sur toute la 47.1
-, coffrage de . 81.8
-, coffre de . . . 82.5
- creuse armée 153.8
- de palier . . 162.4
- - plancher . . 152.1
-, distance entre les -s 143.11
- en arc 87.3
- - bois 141.7
- - console . . 229.3
-, faire servir les -s de balustrade 228.2
-, faire servir les -s de garde-corps 228.2
-, fixer des lattes de support aux -s 81.5
-, fond de la . . 82.2
-, logement de . 142.1
- longitudinale 230.6
- parallèle . . . 168.3
-, pont à -s . . 227.2
-, - - - en treillis 230.10
-, partie supérieure de la 228.3
-, plancher en béton armé avec -s apparentes en béton armé 151.1
-, raidissement des parois des -s 82.7
- Siegwart 153.1, 248.5
- sous la plaque transversale 111.7
-, tablier reposant sur la semelle inférieure de la 228.1
-, tête de 141.9
- Visintini 153.6, 243.6
Poutres continues, pont à 228.5
- et dalles, pont à 227.7
- maitresses . . 231.2
- parallèles . . 231.2
Poutrelle, aile inférieure de la 144.3
-, console sur . . 49.2
-, damage du béton entre -s 147.3
- de plancher . 151.3
-, plancher apparent à sommiers entre -s en fer 142.9
-, plancher de béton armé avec -s d'ossature 147.5
-, plancher en béton sur -s 147.1
-, plancher en dalles entre -s 150.10
-, pont à -s . . . 227.2
Poutrelles de fer, dalle Monier entre 148.10
Pouvoir absorbant à l'eau 31.4
Pouzzolane, ciment de 8.11
Povero d'acqua, calcestruzzo 34.3
Powder, asphalt 209.10
-, in 8.3
-, stone 27.12
Powdered hydrate of lime 8.12
Power absorbed 55.3
-, accummulated hydraulic 197.3
- consumed . . 55.3
Pozo . . 100.6, 124.4
-, agua de . . . 31.10
- ascendente . 220.5
-, esclusa de . . 200.1
-, horno de . . . 11.4
Pozzi, chiusa a 200.1
Pozzo . . 100.6, 124.4
-, acqua di . . . 31.10
-, approfondire un 100.7
- ascendente . . 220.5
-, corona del . . 124.5
-, forno a . . . 11.4
Pozzolana, cemento di 8.11
- trass, beton di 32.10
Prahm, Bau- . . 202.4
Praker 66.5
Pratiquer des ouvertures à la scie 79.4
Precipitar las materias terrosas 209.3
Precipitare, far - le sostanze terrose 209.3
Précipiter les matières terreuses 209.3
Preliminary pile 179.5
Prellbock . . . 189.2
Premere, forma per 247.1
-, stampo per . 247.1
Premières, préparation des matières 10.3
Premises, business 130.1
-, factory . . . 129.8
-, habitation . . 129.7
Prendere le sorgenti 99.3
Prendre appui sur le plancher inférieur 174.1
- corps à l'air . 7.2
Prensa accionada mecanicamente 24.8
- de palancas acodadas 246.4
- hidráulica . . 24.9
- para losas . . 211.9
- - tubos . . . 226.6
Prensar en el molde apretando las tuercas 74.7
-, molde de . . 247.1
Preparación de las armaduras 69.1
- de la materia prima 10.3
- - los materiales brutos 10.3
- - los materiales crudos 10.3
- del hormigón 51
- para el encolado 132.4
Preparar 10.4
- las superficies para pintar las al óleo 215.5
Preparare . . . 10.4
- le superfici per ricevere i colori ad olio 215.5
Preparation of concrete 51
- of the raw material 10.3
Préparation des armatures 69.1
- - matières premières 10.3
Preparazione del ferro 69.1
- delle singole parti 82.4
Prepare, to . . 10.4
-, to - the surface to receive the paint 215.5
Préparer 10.4
- les surfaces pour recevoir la couleur à l'huile 215.5
Presa 16.6
-, abbreviare la durata della 214.9
-, apparecchio registratore di - sistema Martens 19.8
-, calcestruzzo durante la 87.1
-, cemento a lenta 17.3
-, - - rapida . . 17.1
-, disturbo del processo di 18.12
-, durata della . 16.4
16.7
-, fine della . . 16.9
-, forza di . . . 22.5
-, impianto dei rastrelli di 197.4
- iniziale . . . 18.1
-, inizio di . . . 16.8
-, materia idraulica di - al contatto dell'acqua 7.9
-, procedimento di 19.6
-, rimanere sempre in 60.3
Presa . . 140.2, 199.6
- de pantano . 195.7
- - valle 195.7
Presentarsi, si presenta un momento staticamente indeterminato 218.3
Présenter, un moment statiquement indéterminé se présente 218.3
Preservatives, treatment with 115.1
Presión admisible sobre el suelo 109.5
- de agua . . . 101.3
- del liquido . 217.7
- - viento . . . 167.6
-, eje de los centros de 148.6
- en el vértice 236.4
- - la dirección del apisonado 36.7
- - - imposta . 236.5
-, ensayo al vapor de alta 22.1
-, linea de -es para la carga total 236.1
- perpendicular á la dirección del apisonado 36.8
- sobre las aristas 111.4
- uniforme repartida sobre el suelo 110.2
-, zona de . . . 49.4
Preßform . . . 247.1
Preßkuchenprobe 22.2
Preßluftgründung 199.8
Press for pipes 226.6
-, hydraulic . . 24.9
-, mechanically driven 24.8
-, to - together sufficiently 68.3
- with cranked levers 246.4
Pressa a lamelle 211.9
- - movimento meccanico 24.8
- - tubi 226.6
- con ginocchio a leva 246.4
- idraulica . . 24.8
- per assi . . . 79.9
Pressare, forma per 247.1
-, stampo per . 247.1
Pressata, lastra di calcestruzzo fino 244.2
Presse, hydraulische 24.9
-, Kniehebel- . . 246.4
-, mechanisch betriebene 24.8
-, Platten- . . . 211.9
-, Rohr- 226.6
Presse à dalles 211.9
- à leviers coudés 246.4
- à mouler . . 247.1
- à tuyaux . . 226.6
- de menuisier 79.9
- hydraulique . 24.9
-, maintenir au moyen de -s 79.10
- mécanique . . 24.8
- pour fabriquer les carreaux 211.9
-, serrer au moyen de -s 79.10
Pressing, mould for - materials 247.1
Pression admissible sur le sol 109.5

Pression, cercle de 174.2
-, courbe des -s maxima 236.6
-, courbe des -s minima 236.7
- d'eau 101.3
- dans la direction du damage 36.7
-, déterminer la - sur l'appui 47.4
-, eau sous . . . 121.8
-, essai à la vapeur à haute 22.1
- de l'eau, composer la 101.6
- - la terre . . 217.8
- du liquide . . 217.7
-, jet d'eau sous 104.8
-, la - agit verticalement à la direction d'introduction 25.2
- normale à la direction du damage 36.8
-, prisme de . . 138.9
- sur le sommier 236.5
- sur les arêtes 111.4
- uniformément répartie sur le terrain 110.2
-, zone de . . . 49.4
Pressione, acqua in 121.8
- agli angoli . 111.4
- all'alto 236.4
- -imposta . . . 236.5
- ammissibile sul terreno 109.5
-, anello di . . 174.2
- d'appoggio, determinare la 47.4
- del vento sul giunto A B 135.3
- dell'acqua . . 101.3
- - -, comporre la 101.6
- - -, muro di ritegno contro la 140.2
- della terra . . 217.8
- di spalla . . . 236.5
- dovuta al liquido 217.7
-, getto d'acqua sotto 104.8
- in chiave. . . 236.4
-, la - agisce in modo perpendicolare alla direzione di introduzione 25.2
- nella direzione della battitura 36.7
- normale, forma della 24.2
- perpendicolarmente alla direzione di battitura 36.8
- - - - - percussione 36.8
-, prova col vapore ad alta 22.1
- uniformemente distribuita 110.2
Pressione unitaria sul terreno 101.7
-, zona di . . . 49.4
Pressioni, triangolo delle 138.9
Pressung, Boden- 101.7
-, Kanten- . . . 111.4
Pressure, centre of 148.6
-, - - maximum 236.6
-, circular ring to take -s 174.2
-, edge 111.4
-, extra water . 198.9
- in the direction of ramming 36.7
-, inward - of sides 110.3
-, line of - for the complete load 236.1
-, - - minimum 236.7
- of the earth . 217.8
- - - ground . . 101.7
- - - liquid . . 217.7
- on ground, uniformly distributed 110.2
-, procedure of the line of 235.10
-, standard of . 24.2
-, surplus water 198.9
-, the - is vertical to the direction of impact 25.2
-, to determine the - on the support 47.4
- vertical to the direction of ramming 36.8
- water. 121.8
-, water. 101.3
- -, jet of. . . . 104.8
-, wind 167.6
-, zone of . . . 49.4
Preußische Kappe 145.3
Prevent, to - the bottom from becoming wet 52.7
Prima qualità, calcestruzzo di 240.4
Prima, materia 10.10
Principal, Polonceau 169.9
-, radial arrangement of the -s 170.4
-, roof with -s . 169.6
Principal, carretera 204.6
-, cercha 170.2
-, plano inclinado 201.3
Principale, parte - del piano-inclinato 201.3
Principali, travi-correnti 231.2
Principale, cale de halage 201.3
-, nervure - longitudinale 189.6
-, plan incliné de halage 201.3
-, rue 204.6
Principio del fraguado 16.8
Prise 16.6
-, agent pour - de durée moyenne 17.2
-, appareil enrégistreur du degré de - système Martens 19.8
-, béton pendant la 37.1
-, changement de longueur ensuite de la 45.4
-, commencement de la 16.8, 18.1
-, condition de . 16.4
-, durée de la . 16.7
-, élément pour - de durée moyenne 17.2
-, énergie de la 23.4
-, être toujours en 60.3
-, fin de la . . . 16.9
-, interruption dans le phénomène de la 18.12
- lente, agent à 17.3
- -, - pour . . . 17.3
- -, ciment à . . 17.3
- -, élément pour 17.3
- -, liant à . . . 17.3
- -, - pour . . . 17.3
-, matière pour - de durée moyenne 17.2
-, processus de la 19.6
-, puissance de . 22.5
-, raccourcir le temps de 214.9
- rapide, agent de 17.1
- -, ciment à . . 17.1
- -, élément de . 17.1
- -, liant à . 17.1, 214.8
- -, matière de . 17.1
-, rester en . . . 60.3
Prism, slotted - of concrete 43.7
Prisma, geschlitztes Beton- 43.7
Prisma di calcestruzzo intagliato 43.7
Prisma de hormigón agujerado 43.7
- - - perforado 43.7
- - presiones . . 138.9
- triangular de desmoronamiento 138.7
Prisme de béton ajouré 43.7
- - - évidé . . 43.7
- - pression . . 138.9
- triangulaire d'éboulement 138.7
Probebelastung 95.9
-körper 23.5
- -, Stampfbeton-34.9
-pilot 114.7
Probe, Betonplatten- 39.11
-, Dampf- . . . 21.9
-, Dampfdarr- . 22.3
Probe, Fingernagel- 19.1
-, Hochdruckdampf- 22.1
-, Kaltwasser- . 21.4
-, kombinierte Heißwasser- 21.8
-, Kugelglüh- . 21.6
-, Kugelkoch- . 21.7
-, Normen- . . . 21.4
-, Plattenkoch- . 21.5
-, Preßkuchen- . 22.2
Probeta 23.5
- de hormigón apisonado 34.9
- - pasta normal 20.5
- graduada . . 14.8
Procedere dell' impasto, osservare il 54.7
Procedimento delle linee d'appoggio 235.10
- di presa . . . 19.6
- per l'impasto 52.9
Procédé d'imprégnation 115.1
- d'injection . 115.1
- des lignes de poussée 235.10
- humide et schlammage 10.5
- mixte 10.9
- par voie sèche 10.7
Procedimiento de impregnación 115.1
- - inyección . 115.1
- - las líneas de presiones 235.10
-, introducción de pilares por el - de mineros 122.2
- mixto 10.9
- por la vía húmeda y por lavado 10.5
- por la vía seca 10.7
Procedure of the line of pressure 235.10
Proceso del fraguado 19.6
Process, creosoting 115.1
-, disturbance of the setting 18.12
-, dry 10.7
-, mixed 10.9
- of mixing . . 52.9
- - setting . . . 19.6
-, washing . . . 10.5
-, wet 10.5
Processo d'iniettatura 115.1
- di lavaggio . 10.5
- - presa, disturbo del 18.12
- misto 10.9
- per via secca 10.7
- - - umida . . 10.5
Processus de la prise 19.6
- - mélange . . 52.9
Prodotti dell'industria per la fabbricazione delle pietre artificiali 242.9

Producción en masa
239.3
Producir las re-
acciones 12.5
Production, bulk
239.3
- of cement . . 10.2
-, wholesale . . 239.3
Production en
masse 239.3
Productos de la in-
dustria de piedra
artificial 242.9
Products of arti-
ficial stone in-
dustry 242.9
Produire des ré-
actions 12.5
Produits de l'indu-
strie de la pierre
artificielle 242.9
Produktion, Massen-
239.3
Produrre delle
reazioni 12.5
Produttività . . 84.4
Produzione di ce-
mento 10.2
- in massa . . . 239.3
Profileisen . . . 164.6
Profil angulaire à
semelle et contre-
forts 140.1
- de la rue, pique-
tage du - par
potelets 207.8
Profilato, ferro 5.8,
164.6
-, nocciolo in ferro
158.11
-, perno in ferro
158.11
Profilé 164.8
-, fer 5.8, 164.8
Profilée, brique 146.8
-, dalle 212.2
-, pierre 146.8
-, revêtement avec
des pierres -s
216.11
Profond, détourner
les sources vers
un point plus 99.6
Profondeur, dimi-
nution de la 182.10
- du fleuve . . 181.9
-, fondation à
grande 112.7
Profondità del
fiume 181.9
-, diminuzione della
182.10
-, fondazione a
grande 112.7
Profondo, aves 114.1
Profundidad del
río 181.9
-, diminución de la
182.10
-, fundación de gran
112.7
Profundizar un
pozo 100.7
Proiezione orizzon-
tale 167.4
Project, the longi-
tudinal wires 179.7
Projected area 167.4

Projection
horizon(alc 167.4
Projektion,
Horizontal- 167.4
Prong of bar . 151.9
Pronunciato, tra-
liccio Rabitz 144.10
Proof against the
action of the
atmosphere 21.2
-, frost- 81.7
-, weather- . . . 81.8
Prop, adjustable 97.8
-, expanding . . 97.8
-, to - against the
ground 74.3
-, - - - - masonry
81.6
-, - let the - into the
upright 74.4
-, to - the cross-
piece 83.8
-, tubular steel -s
84.2
- up, to 114.6
- -, to - against each
other 97.4
Propagginare i pali
fino al terreno
sodo 121.1
- un pilastro in
muratura 113.6
Property, cold
resisting 37.3
-, fire resisting . 8.3
37.4
-, water resisting 37.2
Propia, resistenza
22.6
Propiedad, apartar
el pilar del límite
de 111.3
Propio, peso . 47.10
141.2
-, - - de la obra 101.5
Proporción de la
mezcla 33.6
Proporcional, límite
de alargamiento
4.4
Proporcionales,
el esfuerzo y la
deformación son
4.5
Proporcionalidad
46.5
-, ley de 42.2
Proportion of
ingredients 33.6
- - mixture . . 33.6
Proportion de
mélange 33.6
Proportional, Be-
lastung und Form-
änderung sind 4.5
Proportional, load
and deformation
are 4.5
-, point beyond
which the de-
formations cease
to be - to the
loads 4.4
Proportionalität 46.5
Proportionalitäts-
gesetz 42.2
-grenze 4.4
Proportionality 46.5
-, law of 42.2

Proportionnalité 46.5
-, loi de 42.2
Proportionnel, l'ef-
fort et la dé-
formation sont
-s 4.5
-, limite d'allonge-
ment 4.4
Proporzionalità 46.5
-, legge di . . . 42.2
-, limite di . . . 4.4
-, norma di . . . 42.2
Proporzionati,
carico e deforma-
zione sono 4.5
Proporzione del-
l'impasto 33.6
Propping falsework
83.4
- scaffolding . 83.4
- to end of beam
142.1
-, - - de la con-
struction 101.5
-, résistance . . 22.6
Propria, resistenza
22.6
Propriedades, poner
manifesto las -
de la estructura
39.6
Proprietà di strut-
tura, fare apparire
la 39.6
-, scostare il pilastro
dal confine di
111.3
Propriété d'être ré-
fractaire 37.4
-, écarter le pilier de
la limite de la
111.3
Propriétés de struc-
ture, faire appa-
raître des 39.6
Proprio, peso . 47.10
141.2
-, - - del fabbricato
101.5
Prosciugamento del-
l'acqua con sec-
chie 98.4
- delle acque del-
l'area fabbrica-
bile 98.3
- dello scavo
generale 99.1
Prosciugare il sotto-
fondo 206.5
Prosciugato, scavo
generale 102.1
Protección, canto-
nera de 164.4
- contra el gusano
de la polilla 115.3
- de las orillas . 176.4
- - los pilares porta-
dores de hierro
117.2
-, muro de - contra
las balas 137.9
-, poner la capota de
120.4
Protect, to - against
draught 20.8
-, - - - the sun 20.9
-, - - the point of
the pile with iron
117.5

Protect, to - with
angle iron 241.10
Protecteur, fer -
d'angle 164.4
-, revêtement - en
palplanches 186.8
Protecting apron
192.4
- iron 164.4
- pile 189.2
- sill 192.4
- skin 116.2
- the base . . . 177.8
Protection against
boring insects
115.3
- - - worms . . 115.3
-, bank 176.4
- of iron piles 117.2
- to end of beam
142.1
- wall . . 138.1, 185.10
Protection contre
les vers 115.3
- des pieux porteurs
en fer 117.2
- - rives 176.4
Protectora, guarni-
ción de metal 165.2
-, pared . . . 185.10
-, vaina . . . 116.2
Protectrice, gaine
116.2
-, garniture - en
métal 165.2
-, paroi 185.10
Proteger con canto-
neras 241.10
- contra la corriente
de aire 20.8
- - - socavación
107.4
Protéger contre
l'affouillement
107.4
- - le courant d'air
20.8
- - - déchausse-
ment 107.4
- par les cornières
241.10
Proteggere con
cantonali 241.10
- - ferri ad angolo
241.10
Protettrice, parete
185.10
Protezione, appli-
care il cappello
di 120.4
-, - la cuffia di 120.4
-, cappello di . 117.8
- contro i vermi
corrosori 115.3
- - lastroni di
ghiaccio gal-
leggianti 195.1
-, copertura di 116.2
- dei pali in ferro
portanti 117.2
-, pedale di - in
metallo 165.2
Protoxide of potassi-
um 18.4
Prova . . . 46.1, 46.8
- a vapore . . . 21.9
- al vapore . . . 22.3
- all'acqua fredda
21.4

Prova, carico di 95.9
- col vapore ad alta
pressione 22.1
- combinata al-
l'acqua bollente
2_8
- dei materiali,
metodo per la 1.5
- -, stabilimento
per la 1.6
- della durezza per
mezzo del
l'unghia 19.1
- delle mattonelle in
calcestruzzo 39.11
- di compressione
dell'impasto . 22.2
- - - della massa
22.2
- - cottura di una
lastra 21.5
- - - - - sfera . 21.7
- - incandescenza
di una palla 21.6
- - lisciamento 39.1
- - resistenza alla
trazione 24.5
-, macchina per la
- della resistenza
alla compressione
24.7
- normale . . 21.4
Prove, serie di . 23.1
Proveer de agujercs
el armazón del
tabique 75.9
Provetta 23.5
- graduata . . 14.8
Provide, to - holes
in the frame 75.9
-, - - with a water-
tight coating 38.1
Providing head of
post with a coping
80.4
Provino in calce-
struzzo 34.9
Provisional, articu-
lación de acción
233.4
Provisionalmente,
asegurar - por
puntales laterales
136.11
Provisoire,
articulation à
action 233.4
Provisoirement,
soutenir - par des
étançons laté-
raux 136.11
Provisorisch durch
seitliche Holz-
streben sichern
136.11
- wirkendes Gelenk
233.4
Provedere di un
intonaco imper-
meabile 38.1
Provvisoria, artico-
lazione ad azione
233.4
Provvisoriamente,
assicurare - con
puntelli di legno
136.11
Proyección horizon-
tal 167.4

Prueba 46.8
- con la uña . 19.1
- de los materiales
1.5
- - resistencia á la
tracción 24.5
Prüfanstalt, Bau-
stoff- 1.6
-wesen, Baustoff- 1.5
Prüfer, Dichtig-
keits- 213.4
Prüfung 46.8
-, Zugfestigkeits- 24.5
Prüfungsanstalt,
Material- 1.6
-wesen, Material- 1.5
Prüßsche Wand 133.2
Prüss's partition 133.2
Prüss, tramezzo
sistema 133.2
Prüss, cloison
système 133.2
Prussian cap . . 145.3
- coping . . . 145.3
Prussiana, callotta
della volta alla
145.3
Psammite . . . 28.3
Puddle clay, layer
of 193.6
- core 195.10
Pudrición . . . 113.8
Puente 195.6
227.1, 233.1
- abovedado . 232.2
-, bóveda de . 50.2
- -canal . 226.9, 237.5
- - para un solo
barco 232.2
- de celosía con
cordón superior
parabólico 232.1
- ferrocarril . 237.3
- planchas . 237.3
- servicio . . 86.9
- vigas . . . 227.2
- armadas 230.10
- continuas 228.5
- de celosía 230.10
- - - y planchas
227.7
- en forma de
bóveda 232.2
-, estribo de un 192.7
-, Vierendeel . 231.8
-, Visintini . . 231.11
Puerta de cierre 60.6
- jambaje de . 187.5
Puertos, revestimi-
ento de estanques
de 187.1
Pug-mill mixer 53.8
-, to - thoroughly
54.8
Puissance de la
couche du terrain
95.7
- - prise . . . 22.5
Puits 100.6, 124.4, 182.3
-, eau de 31.10
- d'ascension de
l'eau 220.5
-, écluse à . . . 200.1
-, foncer un . . 100.7
-, rouet pour le fon-
çage d'un 124.5
-, treuil de . . . 64.9
Puleggia 102.8

Puleggie, testata
della berta con
103.3
Pulimentación,
barro de la 156.2
Pulir . . . 155.8, 242.5
-, máquina de . 242.5
Pulire 155.8
- la muratura in
mattoni 66.8
Pulitura, macchina
per la 242.5
Pull, elongation due
to 8.8
-, joint made to
resist 71.9
Pulley 102.8
Pulver, Asphaltstein-
209.10
Pulverform, in . 8.3
Pulverförmiges
Kalkhydrat 8.12
Pulverisation . . 8.8
Pulvérisation à l'état
de farine 8.8
Pulvérisée, pierre
27.12
Pulverizado . . . 8.3
Pulvérulent, laitier
de haut fourneau
à l'état 9.5
Pulvinare . . . 169.2
- della volta . 283.6
Pumice sand . 27.8
- stone concrete
156.10
Pump . . 98.6, 213.5
-, centrifugal . 100.10
-, diaphragm . 98.8
-, motor driven 100.9
-, to - out the inter-
vening space
116.7
Pumpe 213.5
-, Bau- 98.6
-, Diaphragma- 98.8
-, Kreisel- . . 100.10
-, Motor- . . . 100.9
-, Zentrifugal- 100.10
Pumping . . . 100.3
- station . . . 192.10
Punkt, Fest- . . 89.4
-, Fix- 89.4
-, oberer Drittel-
236.8
-, unterer Drittel-
236.8
Punta . . 75.10, 143.13
- a forma di coda
d'alligatore 124.2
- conica, dardo di
battipalo a 122.4
- del palo, armare
la - con lamiera
di ferro 117.5
-, inflare una - nel
palo per stringere
74.4
-, trivello a . . 93.11
Punta, ángulo de
la - del azuche
118.4
-, armar la - del pi-
lote con un azuche
de hierro 117.5
- en forma de coda
de aligador 124.2

Puntal . . 86.4, 188.10
-, asegurar provisio-
nalmente por -es
laterales 136.11
-, doble 84.1
-, empotrar un - en
el poste 74.4
- inferior . . . 88.4
Puntazza . . . 102.5
- in ferro . . . 93.1
- infilata a forza sul
palo 123.9
- per preparare nel
terreno il foro pei
pali 179.5
Puntellamento del
pavimento dopo
il disarmo 85.6
- - soffitto dopo il
disarmo 85.6
- delle alte pareti a
travi 82.7
- dello scavo . 97.3
- longitudinale
della centina 86.2
Puntellare la tra-
versa 83.8
Puntellatura doppia
84.1
- trasversale . 86.4
Puntelli di legno,
assicurare provvi-
soriamente con
136.11
-, fila di - anteriore
189.4
-, - - - posteriore
189.5
-, legare le tavole
portanti sui 81.5
Puntello 114.5
- mobile . . . 97.6
- per sostenere muri
e costruzioni
83.4
- spostabile . . 97.6
Puntiagudo, pie -
de hierro 93.1
-, trepano . . 93.11
Punti d'incrocio,
collegare con
fildiferro nei 131.4
Punto d'incrocio
147.9
- - delle pareti del
silos 249.2
- di chiave . . 144.1
- fisso 89.4
- più profondo, de-
viare le sorgenti
verso un 99.6
-, terzo- inferiore
236.9
-, - superiore 236.8
Punto de cruza-
miento 147.9
- - de las paredes
del silo 249.2
- de cruzamiento,
ligar en los -s
con alambre 131.4
- de tiro . . . 187.8
-, distancia entre
los -s de apoyo
47.3
- fijo 89.4
- tercio inferior
236.9
- - superior . . 236.8

Puntone di fonda-
  zione 113.1
Punzone. . . . 231.4
Pur, remplir de
  sable 116.8
-, voûte en béton
  232.8
Pura, acqua . 220.13
Pura, agua . 220.13
-, llenar de arena
  116.8
Pure, eau . . 220.13

Pureté du ciment
  25.5
Pureza del cemento
  25.5
Purezza del cemento
  25.5
Purity of cement
  25.5
Puro calcestruzzo,
  volta in 232.8
Puro, bóveda de
  hormigón 232.8

Put in, quantity 249.4
- -, to - - the
  invert 185.8
-, to - concrete into
  the mould 85.5
- - - on a coating
  of lead paint 144.8
Putrefacción . 113.7
Putrefazione . 113.7
Putz 131.6
-befestigung, Holz-
  latte zur 150.8
Putz, Decken- . 153.9

Putz, kunststein-
  artiger 242.8
Puzolana, cemento
  de 8.11
Puzzolan-Zement
  8.11
Puzzolana cement
  8.11
Pyramide, hängende
  249.3
Pyramide pendante
  249.3
Pyrite 31.3

Q.

Quader, Gelenk- -
  aus Beton 233.10
-gewölbe . . . 232.7
-mauer 126.8
-stein 245.3
-verkleidung . 232.9
Quadrangular
  falsework 87.5
Quadrata, cazzuola
  156.4
Quadrelli olandesi
  a sospensione,
  inserimento di
  146.8
Quadro, mattonella
  da muro disposta a
  133.4
- rettangolare . 218.7
Quai au charbon
  190.5
-, mur de . . 188.11
Qualità del grano
  dello sgrassatore
  29.4
Qualité inférieure,
  béton de 156.11
Quantità caricata
  249.4
- d'acqua trattenuta
  191.8
- immagazzinata
  249.4
Quantitativo
  d'acqua aggiunta,
  dipendenza del
  modulo di elasti-
  cità dal 42.4

Quantité d'eau, rela-
  tion entre le coef-
  ficient d'élasticité
  et la 42.4
Quantité déversée
  249.4
Quantity of water
  retained 191.8
- put in . . . 249.4
Quarry stone 205.10
Quarter . . . 125.4
-, longitudinal . 126.2
-, four -s . . . 126.1
-, one 125.5
-, three -s . . . 125.7
-, two -s . . . 125.8
Quartier . . . 125.4
-, Drei- 125.7
-, Ein- 125.5
-, Längs- . . . 126.2
-, Vier- 126.1
-, Zwei- 125.6
Quartier . . . 125.4
-, deux -s . . . 125.6
-, longitudinal . 126.2
-, quatre -s . . 126.1
-, trois -s . . . 125.7
-, un 125.5
Quartiere . . . 125.4
- longitudinale 126.2
-, un 125.5
Quartieri, due . 125.6
-, quattro . . . 126.1
-, tre 125.7
Quarzsand . . 27.4
Quartz sand . . 27.4
Quartz, spongiform
  146.10

Quartzeux, sable 27.4
Quarzifera, sabbia
  27.4
Quay, discharging
  187.2
-, loading . . . 187.3
- wall . . . 188.11
Quebradora de
  bolas 13.2
Quebrantadas,
  piedras 26.10
Quebrantado,
  hormigón 28.10
Quebrantadora 12.9
Quebrantar, instala-
  ción para - ma-
  teriales 247.7
Quelle 175.1
-, die in der Bau
  grube auftreten-
  den -n ableiten
  99.2
-, - - - - - fassen 99.3
-, die -n nach einem
  tiefer gelegenen
  Punkte ableiten
  99.6
Quemado, residuos
  del carbón 28.11
Querarmierung 110.7
-bauten . . . 183.4
-bewehrung . . 110.7
-drain . . . 220.3
-eisen 117.4
-gefälle 205.3
-, mit - stampfen
  207.7
-helling . . . 200.11

Querholz, das - ab
  streben 88.8
-kraft 45.1
-platte, Unterzug
  der 111.7
-rippe 189.2
-schicht . . . 144.7
-schnitt, am Auf-
  lager voller 231.9
-, -, Säulen- . . 157.5
- - veränderung 8.9
-schwelle . . . 237.6
-strebe 86.4
-träger . . . 230.7
-verband . . . 224.5
-verbindung . 42.6
-vermengung,
  Kreuz- und 57.5
-welle 59.6
Quick cement . 17.1
-sand 122.8
- setting cement 17.1
- - matrice . . 214.8
Quilla, zapata de
  201.4
Quille, semelle de
  201.4
Quimica, combina-
  ción - de agua
  17.5
Quimicamente, agua
  combinada 12.2
Quitar, acción de -
  el núcleo 247.6
- con la paleta 156.3
- de la pared . 35.9
- del molde . . 24.1
- el encajonado 85.4

R.

Rabattant, benne à
  fond se 65.2
Rabbet 79.7
Rabitzdecke . . 170.3
-geflecht . . . 146.2
- -, ausgedrücktes
  144.10
-haken . . . 146.1
-konstruktion . 145.8
-ummantelung 160.2
-wand 132.1
Rabitz construction
  145.8
- hook 146.1
- metal . . . 146.2
- roof 170.3

Rabitz, stretched -
  network 144.10
- wall 132.1
- wire netting . 146.2
Rabitz, construction
  145.8
-, couverture . 170.3
-, crochet . . . 146.1
-, mur 132.1
-, revêtement . 160.2
-, toile métallique
  146.2
-, - - - fortement
  tendue 144.10
-, treillis métallique
  146.2

Rabitz, avvolgi-
  mento col
  sistema 160.2
-, costruzione . 145.8
-, gancio . . . 146.1
-, parete sistema 132.1
-, rivestimento col
  sistema 160.2
-, tetto sistema 170.3
-, traliccio . . 146.2
-, - - pronunciato
  144.10
Rabitz, construcción
  145.8
-, enrejado de -
  tendido 144.10

Rabitz, muro . 132.1
Rabotée, planche 85.7
Raboter . . . 242.4
Raboteuse . . 242.6
Raccogliere, doccia
  per 58.5
Raccoglitore, canale
  194.1
- d'impasto, il - è
  fermo 53.9
Raccordement aux
  rails, pavé de
  211.4
Raccourcir le temps
  de prise 214.9
Race, head . . 197.1

Race, inlet . . . 198.3
-, tail 197.2
Racine de la digue 184.3
Racines, sans . 108.6
Racler la surface 96.3
Rad, Kegel- . . 60.2
-, Ketten- . . . 59.7
-, Schaufel- . . 62.8
Raddrizzare, appa-
recchio per - le
armature in ferro 72.12
Radial arrangement
of the principals 170.4
-, disposición - de
las armaduras 170.4
Radiale Anordnung
der Binder 170.4
Radiale, struttura -
delle capriate 170.4
Radice della diga in
terra 184.3
- dello sperone 184.3
Radici, scevro di 108.6
Radier, construire à
sec le - d'une
écluse 199.1
-, - un - en voûte
renversée 185.8
- d'écluse . . . 198.2
- de pied du
déversoir 192.6
- en forme de voûte
112.2
Raft with beams
above 112.1
- - - underneath
111.8
Rafter, roof with -s
169.6
Rafting the bottom
of the dock 187.1
Raggi del sole,
riparare dai 20.9
Raggruppamento
delle cadute
d'acqua 198.10
Rahmen 170.2
-holz 80.5
-schenkel . . . 79.2
-werk 189.8
Rahmen, recht-
eckiger 218.7
-, Sandmeß- . . 52.1
Raices, sin . . . 108.6
Raidissement des
parois des poutres 82.7
Rail, bannister hand 166.6
- border-stone. 211.4
- head 136.8
-, to erect a - as a
post 136.7
Rails 201.7
-, pavé de raccorde-
ment aux 211.4
Railing, artificial
stone baluster 165.7
- post 166.5
Railroad track. 64.1
Railway bridge 237.3
- platform roof 173.7
- sleeper . . . 245.9
- track 201.7

Railway, under-
ground 225.1
Rain-water . . . 31.11
Rainure 78.9
- et languette . 153.5
-, joint à -s à l'as-
phalte 225.6
-, palplanche à 105.4
-, pilotis à . . . 105.4
Raising of the water
level 191.7, 198.5
- the iron work 72.11
Raiz dei dique 184.3
Raja 45.7
- en el borde . 20.7
-, pointed . . . 122.4
- -release, pile driver
with automatic
104.5
-, the - falls freely
104.4
Ram, to 102.2, 207.5
-, to - additionally
159.4
-, - - down to the
solid ground 121.1
-, - - the base . 187.1
-, - - socle . . 137.1
-, - - with trans-
versal sloping
207.7
-, - unhitch the 119.3
-, weight of the 103.9
120.11
Rama cabeza del
martinete 103.3
- - - pisón . . 103.3
- superior del
martinete 103.3
- - - pisón . . 103.3
Rammbär . . . 108.5
-, konisch zuge-
spitzter 122.4
Rammstube . . 103.1
Rammtau . . . 103.4
Ramme 118.8
-, Dampf- . . . 104.3
-, Hand- 102.3
-, Kunst- . . . 104.5
-, Zug- 103.2
Rammed concrete
33.5
- arch . . . 147.2
-, test piece of 34.9
- wall . . . 130.7
-, damp well - sand
120.5
Rammen 102.2, 907.5
-, Spülung beim 104.6
Rammer 118.8, 122.3
- beam 114.5
-, cast-iron . . 66.1
-, hand 102.3
-, small 66.4
-, standard . . 35.2
-, wooden . . . 66.2
Ramming . . . 66.7
- and filling in of
the girders 147.3
-, combined flushing
and 104.6

Ramming, covering
of the - surfaces
36.2
- impact 35.4
-, mould for - mate-
rials 246.7
-, pressure in the
direction of 36.7
-, - vertical to the
direction of 36.8
- -row 36.1
- -section . . . 36.1
- space 103.1
-, to form Monier
walls by throwing
on and 77.3
Rampas, valor mini-
mum de las 204.3
Rampe minimum
204.3
Rampe, scala a due
161.4
-, - - tre . . . 161.5
Randspannung
135.4, 237.1
- stein, Beton- 212.4
- träger 49.2
Rang, rifle . . . 137.8
Rangées, disposer
les armatures en
deux 49.3
-, en - perpendi-
culaires à l'axe
de la rue 206.1
-, - - transversales à
l'axe de la rue
206.1
-, pavage par . 212.7
Ranging rod . . 90.3
Ransome-Eisen . 6.2
Ransomesche Misch-
maschine 57.6
Ransome bar . . 6.1
-'s mixer . . . 57.6
Ransome, fer . . 6.2
-, malaxeur . . 57.6
Ransome, ferro 6.2
-, impastatrice . 57.6
Ransome, hierro 6.2
-, mezclador . . 57.6
Ranura 78.9
- y lengüeta . . 153.5
Ranurada, estaca
105.4
Ranurado, pilote
105.4
Ranuras. junta de -
de asfalto 225.5
Rapida, legatura
214.8
- presa, cemento a
17.1
Rapido, legame 17.1
Rapide, agent
d'aggrégation 17.1
-, agent de prise 17.1
-, ciment à prise 17.1
-, élément d'aggré-
gation 17.1
-, - de prise . . 17.1
-, liant à prise. 17.1
-, matière d'agré-
gation 17.1
-, - de prise . . 17.1
Rapport de densité
30.5
- - flèche . . . 50.3

Rapport, maison de
130.2
Rapporto delle
saette 50.3
- di densità . . 30.5
Rapprocher, matière
se rapprochant
de l'humus 30.9
Rascar la mampos-
tería de ladrillo
66.8
- - superficie . 96.3
Rasch abbindender
Zement 17.1
Raschbinder . . 17.1
Raso, piso de cielo
149.5
Rastrelli di presa,
impianto dei 197.4
Rastrello 197.5
Rate, minimum - of
grade 204.3
Ratio between the
rise and the span
50.3
- of density . . 30.5
- - the volume of
the ready mix-
ture to the sum
of the volume of
the ingredients
- 34.4
Rauheisen, Hand-
210.11
- walze 211.1
Rauhe Oberfläche
30.2
Raumänderung der
Betonmasse 38.6
- beständigkeit 19.7
-, Dach- . . . 169.7
- gewicht . . . 14.1
- messer . . . 14.7
- teil 33.10
- vergrößerung 16.10
Ravalé, béton taillé
et 233.2
Ravaler la surface
extérieure 97.10
Raw asphalt . . 209.1
- material . . . 10.10
-, burning the 11.2
-, dressing of the
10.3
-, preparation of
the 10.3
Reacción, déter-
minar la - del
apoyo 47.4
Reacciones, producir
las 12.5
React, to . . . 12.5
Réaction, déterminer
la - de l'appui 47.4
Réactions, produire
des 12.5
Réagir 12.5
Reaktionen ein-
gehen 12.5
Reazioni, deter-
minare delle 12.5
-, produrre delle 12.5
Rebate 79.7
- of the frame . 133.1
Rebord, constituer
le - par la dalle
227.5
Rebote, caballete de
189.2

Receper un pilot 114.4
Recevoir la couleur à l'huile, préparer les surfaces pour 215.5
Réchauffer l'eau 68.8
- le sable . . . 68.9
Rechen 197.5
- anlage 197.4
Rechnerische Ermittlung 139.2
Rechnung, Annäherungs- 231.10
Rechteckiger Rahmen 218.7
Recinto 136.3
Recipiente à forma di bisaccia 58.4
- con rimescolatore 222.6
-, il - dell'impasto è dotato di un movimento oscillante 63.1
-, - - - - - - - - pendolare 63.1
Recipienti da impasto per impasto secco ed umido 61.8
-, estrarre l'acqua con 98.4
- vuoti, fondazione per 124.8
Recipiente, el - mezclador es fijo 53.9
- en forma de bolsillo 58.4
- mezclador en forma de pera 60.9
- - para mezcla seca y húmida 61.8
- para líquidos 213.1
Recocido, alambre 72.1
-, - de hierro . 75.3
Recortar aberturas para las vigas 79.4
Recourber les barres sur l'aile supérieure de la poutrelle 150.2
- - bords vers le haut 196.4
Recouvrement . 173.5
de foulé . . . 163.8
- marche . . 163.8
Recouvrir de terre 221.4
Rectangulaire, cadre 218.7
Rectangular frame 218.7
Rectangular, marco 218.7
Recubrimiento 173.5
- de las diversas superficies apisonadas 36.2
Recuit, fil de fer 72.1, 75.3
Red de alambre 131.5
- - hilo metálico 131.5
Redans, entaillage à 121.6
Redonda, madera 83.5
Redondo 158.6
-, hierro . 5.9, 146.11
Redondos, arena de granos 30.4
Redresser, le tambour se redresse automatiquement 55.7
-, outil pour - l'armature métallique 72.12
Réelle, charge . 230.1
Refend, mur de 128.8
Reforzar el tirante 169.8
- en los apoyos 152.2
- los bordes con barras de hierro 132.9
Réfractaire, propriété d'être 87.4
-, revêtement . 160.3
Refractaria, capa 160.3
Refrattario al fuoco 163.4
-, rivestimento . 160.3
Refuerzo, listón de 164.8
-, pendiente debido al - del centro 227.4
Refus 15.7
-, battre jusqu'au 121.1
- de tamis . . . 29.10
Refuse, residues of burnt town 28.12
Regadera . . . 52.4
-, mojar con la 53.3
Regador, tubo . 62.3
Régalage, latte de 67.3
Régalée, masse de terre 138.5
Régaler la couche 35.7
-, planchette à . 67.4
Regar el cajón antes de echar el hormigón 85.1
Regenwasser . 31.11
Reggettone . . 162.3
- del pianerottolo 162.4
Registering, Marten's set - apparatus 19.8
Registrador, aparato - del fraguado Martens 19.8
Registratore, apparecchio - di presa sistema Martens 19.8
Registre 62.5
Registrierender Abbindeapparat, Martensscher 19.8
Registro 62.5
Regla, aplanar la superficie con la 36.4
- dividida . . . 90.2
Réglable, moule 242.1
Réglage, bâtiment des chambres de 220.6
-, vis de 75.5
Règle, aplanir la surface avec la 36.4
- divisée 90.2
Régler la surface 67.2
Regolabile, forma 242.1
Regolarizzazione del fiume 183.1
Regolatrice, vite 75.5
Regolo per rettificare 207.10
- sulla biffa . . 91.9
- - stadia . . . 91.9
Regulable, molde 242.1
Regulación, cala de medida y de 220.6
Régularisation du fleuve 183.1
Regularización del río 183.1
Regulate, to - the strokes 103.8
Regulation of a river 183.1
Regulierung, Strom- 183.1
Reibbrett . . . 67.4
-holz 202.3
Reibung, dem Gewicht entsprechende 179.3
- zwischen Erde und Wandung 217.9
- - Erdkörper und Wandfläche 139.1
Reifen, Flacheisen- 80.2
Reihe, in -n senkrecht zur Straßenachse 206.1
-, Stampf- . . . 86.1
-, Versuchs- . . 23.1
Reihenpflaster . 212.7
Reine Betonplatte 147.4
- Eisenbetondecke, Schalung einer -n - 81.7
- Ziegeldecke . 143.3
Reines Betongewölbe 232.8
Reinforce, to . . 2.3
-, to - at bearings 151.2
Reinforced brick 134.1
- - floor with concrete beams 149.4
- - wall 134.6
- capping-piece 180.6
- concrete 1.2
- - chimney . . 248.3
- - construction . 1.4
- - core 196.2
- - floor 148.8
- - foundation slab 109.7
- - groin . . . 184.11
- - jetty . . . 184.11
- - pipe 116.4
- - pole 225.4
- - roof, centering for a 81.7
- - sheet-piling 106.3 180.5
- -, skeleton of 130.10
- - slab 148.9
Reinforced concrete slab to put behind the piles 186.9
- - sleeper . . . 246.1
- - smoke stack 248.3
- - wall 131.1
-, doubly 111.6
- head beam . . 180.6
- header 180.6
- hollow beam . 158.3
- tile 134.1
Reinforcement bar, pillar 78.4
-, cantilever . . 158.1
-, ceiling with corrugated iron 143.2
-, diagonal . . . 110.8
-, double 168.9
-, longitudinal . 110.6
- metal 78.7
- of the upper portion 117.1
-, rigid 233.3
-, spiral 42.7
-, supporting . . 157.3
-, transverse 42.6, 110.7 157.4
-, use of - for carrying centering 84.4
Reinforcing, double 148.3
- iron, longitudinal 157.3
-, Monier - netting 131.7
Reinheit des Zementes 25.5
Reinigen, das Ziegelmauerwerk 66.8
Reinwasser . 220.13
Reißboden . . . 70.6
Reja 197.5
Rejilla, armadura triangular de 87.2
- de hierro plano 78.2
Rejointoiement, poser les dalles sans 189.11
Relación de densidad 30.6
- entre el coeficiente de elasticidad y la cantidad de agua 42.4
- - - - - - - - tensión 42.5
- - - - - - - - las proporciones de la mezcla 42.3
- - la flecha y la cuerda 50.3
-, inclinado con - al viento 135.7
Relation entre le coefficient d'élasticité et la quantité d'eau 42.4
- - - - - - la tension 42.5
- - - - - - le dosage 42.3
Release, pile-driver with automatic ram 104.5
-, to - from side by the trowel 35.9
-, - - the stop hook 55.6

Relèvement des armatures métalliques 72.11
- du plan d'eau 191.7
198.5
Rellenar por capas, independientes 108.3
-, ruleta para - las juntas 211.3
Relleno . 142.5, 156.6
-, bloque de . . 186.3
-, encañizado de techo - de yeso 154.5
-, madera de . . 79.6
- Monier 145.1
-, vertedero hueco - de piedras 194.3
Remache 186.8
Remain, to – in engagement 60.3
-, - - - the mould 36.5
Remblai 97.8
-, cloison en planches avec revers en 106.8
Remblayer des deux côtés 108.1
- par couches successives 108.3
Remojado . . . 33.12
Removal of centres, supporting the floor after 85.6
Remove, to - moulds 85.4
-, - - the pillar to the boundary 111.3
Rempli d'enrochements, déversoir évidé 194.3
Remplir de sable pur 116.5
- les joints . . . 67.7
Remplissage . . 142.5
156.6
-, bloc de 186.3
-, hauteur de . . 35.6
-, matériaux de 108.2
- Monier 145.1
-, plancher à . . 142.8
Rendement net 84.4
Render, to 132.7, 171.7
Rendere ruvida la superficie dello strato 36.3
Rendering 131.6, 153.10
-, cement . 196.6, 213.3
- to imitate stone 242.3
-, wooden lath for 150.3
Rendimiento . . 84.4
Rendre étanche 196.8
- - au moyen de plaques de tôle 196.3
- - avec du cuir 214.1
Renforcement au milieu, pente résultant du 227.5
Renforcer aux appuis 151.2
- l'entrait . . . 169.8
- les bords par des barres de fer 132.9
Renformis . . . 156.6

Reno, calcestruzzo di tufo del 32.10
Renversée, construire un radier en voûte 185.2
Renversement du tambour 56.7
-, moment de . 184.8
Renverser . . . 136.2
Répandre du gravier sur 171.9
Repartición, barra de 131.3, 147.8
Repartida, presión uniforme - sobre el suelo 110.2
Répartie, charge - sur toute la poutre 47.1
-, pression uniformément - sur le terrain 110.2
Repartition bar 131.3
147.8
- rod 131.3
Répartition, barre de 131.3, 147.8
-, tige de 147.8
Repère 89.4
Repos 161.3
- par stagnation des eaux affluentes 193.1
Reposant, tablier - sur la semelle 228.5
-, - - - - - inférieure de la poutre 228.1
Repose, angle of - of the earth 138.8
Reprendre automatiquement la position verticale 56.3
Resbaladera . . 120.2
- de montantes verticales 120.1
-, montante de la 102.9
Réseau en fil métallique 181.5
-, ferme triangulaire à 87.2
Reservoir . . . 200.3
- for liquids . . 213.1
-, formation of a 112.6
-, gasholder . . 221.6
-, gasometer . . 221.6
-, Intze's . . . 219.2
-, underground 219.6
-, wine . . . 222.1
Réservoir 196.1, 200.3
- à alcool . . . 222.3
- - ammoniaque 221.6
- eau, tuyau vertical servant de 224.2
- - goudron . . 221.7
- - liquides . . 213.1
-, construction d'un 112.6
-, disposition du fond du 219.5
-, eau du - de vallée barrée 82.2
-, forme du fond du 219.3
- Intze . . . 219.2

Réservoir souterrain 219.6
- surélevé . . 221.2
Résidu 15.7
Résidus de l'incinération des immondices 28.12
- - la combustion du charbon 28.11
Residue 15.7
-, sieve 29.10
Residues of burnt coal 28.11
- - town refuse 28.12
Residui della combustione delle immondizie 28.12
- di carbon fossile 29.3
- - carbone bruciato 28.11
Residuo 15.7
Residuos 15.7
- de la combustión de immundicias 28.12
- del carbón quemado 28.11
Resist, wall to - wind pressure 135.1
Resistance, buckling 49.10
- of the pile to withdrawal 121.2
- to collapse . . 49.10
- - grinding off 38.11
- - rubbing off 38.10
- - sliding . . . 44.9
- - slipping . . 44.9
-, twisting . . . 44.3
Résistance . . . 22.4
- l'air . . . 21.2
- l'eau . . . 37.2
- l'humidité . 37.2
- la gelée . . 87.3
- - torsion . . 44.3
- au flambage . 49.10
- - frottement . 38.10
- - glissement . 44.9
- - polissage . 38.11
- - serrage . 2.10
- d'adhérence . 2.4
- d'un cube à la compression 43.4
- des matériaux 40.1
- du pieu à l'arrachement 121.2
-, essai de – à la traction 24.5
-, machine d'essai de - à la compression 24.7
- propre 22.6
-, valeur maximum de la 25.4
- - minimum de la 25.3
Résistant à la gelée 31.7
Resistencia . . . 22.4
- à la amoladura 38.11
- - compresión axial 49.10
- - helada . . 87.3
- - torsión . . 44.3
- al agua . . . 37.2

Resistencia al deslizamiento 44.9
- - empotramiento 2.10
- - frotamiento 38.10
- - fuego . . . 3.3
- de adherencia 2.4
- - los materiales 40.1
- - un cubo á la compresión 43.4
- del pilote al arranque 121.2
-, límite de - á la tracción 4.8
- propia 22.6
Resistente al fuoco 163.4
- - gelo . . . 31.7
- all' azione del tempo 31.8
- alle variazioni atmosferiche 31.8
Resistente á la intemperie 31.8
- - las heladas 31.7
-, armazón - á la compresión 151.4
Resistenza . . . 22.4
- al fuoco . 3.3, 37.4
- - gelo . . . 87.3
- - lisciamento 38.11
- all' acqua . . 37.2
- - adesione . . 2.4
- - azione dell' aria 21.2
- di una morsa 2.10
- alla compressione, macchina per la prova della 24.7
- - rottura . . 49.10
- - trazione, prova di 24.5
- allo scivolare 44.9
- - scorrimento 44.9
- - sfregamento 38.10
- del cubo a compressione 43.4
- - palo all' estrazione 121.2
- - - allo strappamento 121.2
- dell' avvolgimento 44.3
-, propria . . . 22.6
-, valore massimo della 25.4
-, - minimo della 25.3
Resistere ad uno sforzo tangenziale 217.6
Resisting, cold - property 37.3
-, fire - property 3.3, 37.4
-, water - property 37.2
Ressuer 68.4
Rester dans la moule 36.5
- en prise . . . 60.3
Resto del tamizado 29.10
Restos del cribado 15.7
Résultant, pente - du renforcement au milieu 227.4

Retained, quantity of water 191.8
-, water ' 190.9
Retaining dam 191.6
- dike 191.6
- wall . 187.10, 178.2 196.5
- -, angular . . 139.6
- -, planked . . 106.8
- - with arches in Monier rein-forced concrete 139.5
Retallo, cortadura en 121.6
- de la fundación 109.3
Rete in fildiferro 131.5
-, staffa intrecciata a 112.3
Retención de las aguas 190.9
-, dique de. . . 191.6
-, muro de . . . 196.5
-, - - - de agua 140.2
-, zapata de . . 201.5
Retenu, volume d'eau 191.8
Retenue, bassin de 196.1
- d'eau, mur de 140.2
-, digue de . . . 191.6
-, mur de . . . 196.5
Reticolato di piloni, palizzata in ce-mento armato davanti al 116.3
Retirar el tubo 124.1
Retirer le tuyau 124.1
Retour, aile en - de déversoir 194.9
Retourneuse . . 247.4
Retrait du béton 2.9
-, fendillement dû au 20.10
Retrostanti, paliz-zata d'appoggio delle lastre 187.5
Rettangolare, con-torno 218.7
-, quadro . . . 218.7
Rettificare, regolo per 207.10
Return, to - auto-matically to an upright position 56.3
Réunies, semelles - de béton 111.5
Reunion of the falls 198.10
Réunion de deux pilots 113.5
- des chutes . 198.10
-, étrier de - en fil métallique 179.2
Reunión de los saltos 198.10
Réunir au moyen de goujons 235.1
Reveal, window 79.8
Revers en remblai, cloison en plan-ches avec 106.8
Revestimiento, capa de 184.4
- con losas de granito 211.6
VIII

Revestimiento con piedras perfi-ladas 216.11
- - sillares . . . 232.9
- de acéra. . . 244.4
- - camino . . . 244.4
- - caminos . . 203.3
- - carreteras . 203.3
- - cemento . . 154.6
- - estanques de puertos 187.1
- - estuco . . . 142.2
- - grada . . . 163.8
- - las orillas de un rio 184.7
- - losas de vidrio 222.2
- - Rabitz . . . 160.2
- - tablones . . 186.8
- - yeso 154.9
- Monier. . . . 145.1
-, muro de . . . 188.1
-, tubo de . . . 98.8
Revestir con placas de gres 226.4
- de ladrillos 222.10
-, máquina de - el fondo 247.3
-, - - - lateralmente 247.2
Revêtement . . 159.7
- avec des pierres profilées 216.11
-, couche de . . 184.4
- d'allée 244.4
- d'appui . . . 178.2
- d'un bassin . 187.1
- de canal en béton armé 193.7
- - ciment. . . 196.6
- - madriers main-tenu par des pieux ronds 177.9
- - route . . . 203.3
- - soutènement 178.2
- - trottoir . . 244.4
- des rives d'une rivière 184.7
- - en bois . . . 163.9
- - ciment . . . 154.6
- - dalles de grani-toide 211.6
- - - - verre . . 222.2
- - plâtre . . . 154.9
- - stuc 142.2
- - tôle ondulée 217.1
- extérieur et revête-ment intérieur en ciment 202.2
- Monier. . . . 145.1
-, mur de . . . 188.1
-, plaques en terre cuite pour 77.7
- protecteur, base du 176.8
- - en palplanches 186.8
- Rabitz 160.2
- réfractaire . . 160.3
-, travail de . . 188.5
Revêtir de carreaux 222.10
- - plaques de grès 226.4
Revocar . 132.7, 171.7
- con materia impermeable 38.1
- - minio . . . 144.8

Revocar la super-ficie exterior 37.10
Revolve, the shafts carrying the stir-ring arms - in opposite direc-tions 54.10
Revolving, horizon-tal - cast iron disc 39.2
- tubular kiln . 11.9
Revoque. . . . 181.6
- de cemento . 196.6 213.3
- de techo . . . 153.9
- imitando la piedra 242.8
-, lista de fijación del 150.8
Rez-de-chaussée 129.4
Rialzo da parata 195.5
Rib . . 170.10, 243.9
-, arched. . . . 285.4
-, concrete - gripp-ing into the slope 180.4
-, diagonal . . . 171.2
-, flat iron used as main 80.7
-, lateral 171.1
-, stiffening . . 164.8
-, wooden circular 80.1
Ribs 150.7
Ribaltabile . . 119.2
Ribbed beam . 49.1
Ricco di terra argillosa 18.3
Ricerca parallela 23.2
Rich in clay . . 18.3
- mixture . . . 33.8
Richten, Vorrich-tung zum - der Eiseneinlagen 72.12
Richtscheit . 207.10
Richtung des Wasserlaufes 175.7
Riconoscibile, il varco del limite di fusione è - dal-l'esterno 4.9
Ricopertura . . 178.5
Ricoprimento delle differenti super-fici di battitura 36.2
Ricoprire con cuoio 214.1
Ricotto, fildiferro 72.1
-, filo di ferro . 75.3
Rideau de déversoir 194.5
- - palplanches 194.7
-, déversoir à - amovible 194.4
- en béton armé 180.5
Riegel, den - aus-lösen 55.6
-, den Mischbehälter durch - in auf-rechter Stellung halten 55.5
Riempimento . 156.6
-, altezza di . . 85.6
-, barre di . . . 231.3

Riempimento, blocco da 186.3
- con beton fra le travi 147.3
- - calcestruzzo 142.5
-, materiale di . 108.2
Riempire con la fanghiglia il giunto 67.7
- - sabbia lavata 116.8
Riffeln 154.7
Rifiuto del crivello 29.10
- della crivellatura 15.7
-, neutralizzazione delle acque di 226.3
Rifle rang . . . 137.8
Riflessione, gonio-metro a 90.1
Riga della battitura 36.1
- - pestata . . 36.1
-, splanare la super-ficie con la 36.4
Rigare, apparecchio a mano per - la lisciata 210.11
-, rullo a mano per - ad impronte piramidali 211.1
Righe perpendico-lari, a - all'asse della strada 206.1
Right, force at - angles 40.4
- itself, the mixer -s 55.7
Rigid armouring 233.3
- bar fixed into the ground 248.5
- fastening . . 187.9
- infrastructure 170.6
- joint 231.11
- reinforcement 233.3
- substructure . 170.6
Rigida, armatura 233.3
-, infrastruttura 170.6
Rígida, armadura 233.3
-, barra - empotrada en el suelo 248.5
-, infrastructura 170.6
-, unión . . . 187.9
Rigide, armature 233.3
-, assemblage . 187.9
-, barre - scellée dans le sol 248.5
-, infrastructure 170.6
-, niveau d'eau à tube 91.6
-, nœud . . . 231.11
-, ossature . . . 233.3
Rigidez 17.8
-, coeficiente de 50.4
Rigidità 17.8
-, coefficiente di 50.4
-, dell'impasto . 84.2
Rigidité 17.8
-, coefficient de 50.4

23

Rigidity 17.3
-, coefficient of 50.4
Rigido, collega-
   mento 187.2
-, nodo 231.11
Rigido, nivel de
   agua con tubo 91.6
-, nudo 231.11
Rigole de mouillage
   62.2
- - versage . . 58.5
Rilevamento delle
   altezze 89.3
- - altitudini . . 89.3
- di una superficie
   89.2
Rilevare le armature
   di ferro 72.11
Rilievi, istrumento
   per 89.7
Rillendichtung,
   Asphalt- 225.5
Rim, driving . 57.4
-, toothed . . . 119.7
Rimanere nella
   forma 36.5
- sempre in presa
   60.3
Rimboccata, palan-
   cata 106.8
Rimescolatore, reci-
   piente con 222.6
Rinceppare . . 97.5
Rinforzare agli
   . appoggi 151.2
- i bordi con sbarre
   di ferro 132.9
Rinforzo, costata di
   164.8
-, fasciatura di - per
   muri di forti-
   ficazione 128.6
-, forma angolare
   con nervature di
   140.1
- intermedio, caduta
   per 227.4
-, nervatura di . 164.8
-, trave di - della
   soletta trasversale
   111.7
Ring . . . 118.1, 188.3
-form, Einheits- 23.7
- -, Normal- . . 23.7
-ofen 11.6
-stück, konisches
   166.4
Ring, Auflager- 219.4
-, Druck- 174.2
-, Eisen- 218.1
-, Führungs- . . 120.3
-, Fuß 174.2
-, Haft- 223.4
-, Hartgummi- . 19.3
-, Holz- 80.1
Ring . . . 118.1, 188.3
-, base 174.2
-, bearing . . . 219.4
-, circular - to take
   pressures 174.2
- clamp 80.2
-, driving . . . 57.4
-, ebonite . . . 19.3
-, guide 120.3
-, iron 218.1
-, mooring . . . 223.4
- peg 90.7
-, standard . . . 23.7
-, toothed . . . 119.7

Ring, vulcanite 19.3
-, wooden circular
   80.1
Ringhiera . . . 165.6
- della scala, colon-
   netta della 166.5
Rinne 185.7
-, Aufschütt- . . 58.5
-, Befeuchtungs- 62.2
-, Dach- 178.1
Rinnstein . . . 212.6
Rinzaffare . . . 182.7
Rippe 170.10
-, Bogen- . . . 225.4
-, Diagonal- . . 171.2
-, Hauptlängs- . 189.6
-, Quer- 189.7
-, Seiten- . . . 171.1
-, Versteifungs- 164.8
Rippen 150.7
-balken 49.1
-, Horizontal- nach
   außen legen 219.1
Ripple, to . . . 154.7
Rio 175.2
Rio . . . 175.3, 175.4
- abajo 175.3
-, agua de . . . 31.12
-, arena de . . . 27.1
- arriba 175.6
-, gravo de . . . 27.13
Rios, albañilería en
   128.5
Ripa 176.2
Riparare dai raggi
   del sole 20.9
- dalla corrente
   d'aria 20.3
Riparo della sponda
   176.4
- - -, piede del 176.8
-, sponda di . . 176.7
Ripartito, carico -
   su tutta la trave
   47.1
Ripetere il carico e
   lo scarico 41.7
Ripiani, forno a 11.7
Riportare il dia-
   gramma dei mo-
   menti positivi 48.4
Riposo della volta
   233.8
Riprendere automa-
   ticamente la posi-
   zione verticale
   56.3
Riscaldamento sotto
   il limite di con-
   crezione 9.2
Riscaldare l'acqua
   68.5
Riscaldato, rullo
   209.11
Rise . . 143.13, 168.11
-, ratio between the
   - and the span 50.3
Risega della fonda-
   zione 109.3
Riser 163.1
Rising of the under-
   ground water 214.11
Riß 45.7
-linie 138.6
Riß, Kanten- . . 20.7
-, Spanten- . . 202.1
-, Treib- 21.1
-, Schwind- . . 20.10

Ristretto, ferro -
   nella piattabanda
   151.10
Ritaglio di stecca
   208.8
Ritegno, anello di
   223.4
-, colonna di . . 195.4
-, della corrente 190.9
- - marea . . . 190.9
-, diga di . . . 191.6
-, muro di . . . 196.5
-, - - - contro la
   pressione del-
   l'acqua 140.2
-, staffa di - del-
   l'assicella 79.9
Ritiro del nocciolo
   247.6
- dell'anima . . 247.6
-, screpolatura pel
   20.10
Riunire con bulloni
   a vite i tavoloni
   137.2
Riva 176.2
-, assito di rivesti-
   mento della 186.8
-, difesa della . 176.4
-, riparo della . 176.4
Rive 176.2
-, consolidation des
   -s 181.7
-, direction des -s
   182.12
-, protection des -s
   176.4
-, revêtement des -s
   d'une rivière 184.7
River 175.3
- bed, concreting
   the 185.5
-, bottom of the 182.1
-, correction of a 183.1
-, course of a . 182.2
-, depth of the . 181.9
- gravel 27.13
-, large 175.2
-, regulation of a
   183.1
- sand 27.1
-, sea and - work 175
- shore, works on
   184.7
-, sill of the . . 182.1
-, up 175.6
- -water 31.12
-, width of the 181.8
Rivestimento . 159.7
- a conci . . . 232.9
- - dadi 232.9
-, affondamento del
   tubo di 124.3
- col sistema Rabitz
   160.2
-, collegare le lastre
   di 189.11
- con lastre di vetro
   222.2
- - pietre sagomate
   216.11
- del fondo selciato
   su ghiaia 177.1
- della riva, assito
   di 186.8
- strada . . . 203.3
- di calcestruzzo
   159.3

Rivestimento di
   striscie in lamiera
   zincata 189.12
- in lamiera per im-
   pedire il frana-
   mento 122.9
- - legno . . . 163.9
- - mattonelle 160.1
- - piastre di grani-
   toide 21.6
- - terracotta . 160.1
-, lastre di terracotta
   come 77.7
-, legno di . . . 79.6
- Monier 145.1
-, muratura di . 126.5
-, muro di . . . 138.1
- pei bacini del
   porto 187.1
-, piastre di terra-
   cotta come 77.7
-, pietra da . . 133.7
-, - di 126.3
- refrattario . . 160.3
-, tubo di . . . 98.8
Rivestire con for-
   melle 222.10
- - lastre di grès 226.4
- - mattonelle 222.10
- - placche di grès
   piccole 226.4
- di catrame la tura
   107.7
- i bordi, macchina
   per 247.2
- un muro con mat-
   tonelle olandesi
   226.5
Rivet 188.8
Rivière 175.3
-, affermir le lit de
   la 192.5
-, appareil de con-
   struction en 128.5
-, bétonnage du lit
   d'une 185.5
-, cours d'une . 182.2
-, eau de 31.12
-, gravier de . . 27.13
-, sable de . . . 27.1
Rivo 175.2
Rivoltare, macchina
   per 247.4
Rivulet 175.2
Road 203.1
-, alpine . . . 204.7
- axis, in rows trans-
   verse to 206.1
-, ballast . . . 205.4
-, bed, to compact
   the - by means
   of a roller 206.4
-, country . . . 204.1
- grade 203.5
- gradient . . . 203.5
-, gravel 205.6
-, high 204.6
-, macadamized 204.9
-, main 204.6
- making 203
-, metalling . . 203.3
-, mountain . . 204.7
-, section, fixing the
   - by means of
   stakes 207.3
- town 203.6
-, traffic . . . 203.2
- vehicle . . . 204.2

Roadway . . . 230.5
–, low lying . . 228.1
–, overlying . . 228.3
–, secondary – supports 235.3
–, to suspend the 235.6
Robinet d'arrêt 214.6
Robinetto d'arresto 214.6
Roccioso, costruire direttamente sul suolo 191.5
Roce de la tierra sobre la pared 217.9
Rocheux, établir directement sur le sous-sol 191.5
Rock asphalte . 209.5
–, to build directly on 191.5
Rocker bearing, cast steel 234.8
– hinge, cast steel 234.8
Rocoso, construir directamente sobre el subsuelo 191.5
Rod, element of 218.4
–, levelling . . . 92.1
–, ranging . . . 90.3
–, repartition . 131.3
–, round iron 146.11
–, surveyor's . . 90.2
–, tension . . . 131.2
–, to strengthen the edges by iron –s 182.9
–, – take the – apart 93.9
–, turned 44.5
Rodados, cantos 26.7 182.5
Rodadura, vía de 64.1
Rodante, compuerta 195.1
Rodear 163.5
– de hormigón 115.2
– – un tabique . 78.1
Rodillo á báscula 234.7
– alisador . . 155.13
– aplanador . 155.13
– calentado . . 209.11
–, comprimir el subsuelo con el 206.4
– de abocardar 211.1
– – compresión 206.7
– – fundición . 206.8
– – latón 210.8
– – vapor . . . 207.1
– guiador . . . 59.10
–, pasar el . . . 174.7
– portador . . . 59.9
Roggio di scarico 84.7
Rohasphalt . . 209.1
-masse 10.10
– –, Brennen der 11.2
-stoffe, Aufbereitung der 10.3
-wasser . . . 220.12
Rohr . . . 92.7, 100.4
-deckenstütze, Stahl- 84.2
-leitung 214.4
-mühle 13.4
Rohrpresse . . 226.6
-strang 225.6
–, Berieselungs- 62.3
–, Beton- 245.6
–, Damm- . . . 225.2
–, das – herausziehen 124.1
–, Drain- 194.1
–, Eisenbeton- . 226.7
–, Entwässerungs- 194.1
–, Futter- 93.8
–, Mannesmann- 97.7
–, Möller- 225.3
–, Möllersches . 225.3
–, Spül- 104.7
–, Stand- 220.4
–, Stukkatur- . 142.4
–, Ton- 100.1
Röhre aus Eisenbeton 165.5
–, Eisenbeton- . 116.4
–, innere 121.4
Röhren, durch – entwässern 220.11
Rollbahn . . . 64.1
-schicht 127.5
-schütze 195.1
Roll, to 174.7
Rolle 102.8
–, Fugen- 211.3
–, Führungs- . . 59.10
–, Lauf- 119.4
–, Trag- 59.9
Rolled bars, thin skin of 44.6
– section-iron, core of 158.11
Roller bearing 234.7
–, brass 210.8
–, carrying . . . 59.9
– for jointing . 211.3
– – joints . . . 211.3
– – terrazzo . 155.13
–, guide 59.10
–, heated . . . 209.11
–, roughing . . 211.1
–, steam 207.1
–, street 206.7
–, to compact the road bed by means of a 206.4
Rollers, gate on 195.1
–, sluice on . . 195.1
Rolling mill . . 12.10
Romain, ciment . 8.9
Roman-Zement . 8.9
Roman cement . 8.9
Romano, cemento 8.9
Rompe-piedras 12.9
Rompeolas . . 185.9
Rompere, palanca per 97.2
Rompionde . . 185.9
Rompipietre . . 12.9
Rond 158.6
–, bois 88.5
–, fer 5.9, 146.11
–, sable à grains –s 30.4
Rondelle 143.7
Roof 167.1
–, angle of . . . 167.7
–, arched – with smooth surface 173.9
–, centering for a reinforced concrete 81.7
Roof construction 167.2
– covering . . . 171.5
–, double 173.4
– drainage . . . 172.9
–, flat 168.1
– garden 173.6
– gutter 173.1
–, lean-to . . . 168.4
–, Mansard . . 169.10
–, Rabitz 170.3
–, railway platform 173.7
–, slope of . . . 167.7
–, trussed . . . 168.2
– varnish . . . 174.5
–, verandah – on one row of supports 173.8
– with principals 169.6
– – rafters . . . 169.6
Roofing 171.3, 174.4
– felt, strip of asphaltic 85.2
– –, tarred . . . 208.9
–, strip of pasteboard for 85.2
– tile 244.8
– –, cement . . 172.6
Root-end of groin 184.3
– – – jetty . . . 184.3
–, free from –s . 108.6
Rope . . . 64.10, 93.3
–, lifting 103.4
Rosca, estaca con zuncho de 121.9
Roseau pour le travail en stuc 142.4
Roseaux, plantation de 184.10
Rosicare dell' acqua formando cavità 178.6
– i pilastri . . . 177.4
Rost 72.7
– aus Würsten 184.6
-haut 72.9
-platte, Beton- . 113.2
–, Flacheisen- . 78.2
–, hoher Pfahl- . 113.3
–, Träger- . . . 109.6
Rosten 3.1
Rosura fatta da vermi 113.8
Rotación, momento de 235.9
Rotaia, fungo della 136.8
–, piantare una – come un palo 136.7
Rotaie di lanciamento 201.7
–, pietra di collegamento alle 211.4
Rotante orizzontalmente, disco di ferro fuso 39.2
Rotatif 119.1
–, palette d'agitateur 61.3
–, tambour . . . 56.6
Rotary 119.1
– kiln 11.6
–, to mount on a – manner 59.11
Rotated, the mixing drum can be – on its axis 55.4
Rotating crane 65.5
– drum 56.6
– mixing scoop 61.3
– paddle wheel 62.8
– shovel wheel 62.8
Rotation, moment de 235.9
–, monter pour un mouvement de 59.11
Rotazione, momento di 235.9
–, posizione inclinata della cassa d'impasto sull' albero di 57.3
Rotella 102.8
– di scorrimento 119.4
– per giunti . . 211.3
Rotolamento, strada di – su binario 64.1
Rotondo 158.6
Rottami di mattoni 28.8
– – –, calcestruzzo di 33.2
– – –, strato di grossi 206.6
Rotti, ciottoli . 94.11
Rottura, carico di 47.8
–, fase di 46.9
– perforante . . 43.8
–, resistenza alla 49.10
–, sforzo alla . . 41.2
–, sollecitazione alla 41.2
–, – di 5.6
–, tensione di . 47.9
– trasversale . . 43.8
Rótula de acero 234.4
– – hierro . . . 234.3
Rótulas, arco con dos 232.5
–, – de articulación triple 169.3
–, – – tres . . . 169.3
Rotule 188.6
–, arc à deux –s 232.5
–, arc à trois –s 169.3 232.6
– d'acier 234.4
– en fer 234.3
Rotura, carga de 47.8
–, fuerza de . . 41.2
Roue à chaîne . 59.7
– – palettes . . 62.8
– d'angle . . . 60.2
–, transportable sur –s 118.9
Rouet pour le fonçage d'un puits 124.5
Rough grain . 29.7
– surface . . . 30.2
–, to – cast . . . 171.9
Roughen, to – the surface 36.3
Roughing of the surface of the bar 44.8
– roller 211.1
– stamp, hand 210.11
Rouille 72.7
–, pellicule de . 72.9
Rouillier . . 3.1, 117.3

Roulant, châssis 58.7
-, treuil . . . 194.10
Roulante, vanne 195.1
Roulés, cailloux 182.5
Rouleau . . . 211.1
- à vapeur . . . 207.1
-, appui à -x en acier
　　coulé 234.8
- chauffé . . . 209.11
- compresseur . 206.7
-, cylindrer le sous
　　sol au 206.4
- de cimentier 155.13
- en fonte . . 206.8
- - laiton . . . 210.8
Roulement, galet de
　　　　119.4
-, voie de . . . 64.1
Rouler le sous-sol
　　206.4
Roulés, cailloux 26.7
Round 158.6
-, half - drill . . 94.4
- iron 5.9
- - bar . . . 146.11
- - rod . . . 146.11
- pile, batten abut-
　　ting on -s 177.9
- timber 83.5
Route . . 203.1, 204.1
- carossable . . 203.2
- de montagne 204.7
- empierrée . . 205.5
- en gravier . . 205.6
-, grand' . . . 204.1
-, grande . . . 204.6
- revêtement de 203.3
- rurale . . . 204.8
-, véhicule sur . 204.2
Rovesciabile in
　　avanti 96.9
- lateralmente,
　　carro 64.2
-, parete laterale 247.5
-, vagoncino a late-
　　ralmente 64.2
Rovesciamento della
　　miscela 58.7
-, momento di . 134.8
Rovesciare . . . 136.2
Rovinacci, calce-
　　struzzo di 210.4
-, rullo per stritolare
　　i 247.7
-, silos per . . . 249.5

Rovinacci, strato
　　di 206.6
Rovinare 136.2
Row, front - of piles
　　189.4
-, in -s transverse to
　　road axis 206.1
- of piles with
　　walers 178.1
-, ramming . . . 36.1
-, verandah roof on
　　one - of supports
　　178.8
Rozamiento de las
　　tierras sobre el
　　muro 139.1
-, resistencia al 38.10
Ruban d'acier, déca-
　　mètre à 90.8
-, décamètre à . 91.1
-, mesure à . . . 91.1
Rubber stone, Ter-
　　razzo 156.1
- tube level . . 91.5
Rubbing board 67.4
- off, resistance to
　　38.10
Rubbish, to lay
　　down - mixed
　　with earth 209.3
- catch-water chan-
　　nel 99.8
- drain 99.7
- filter 194.2
- mound . . . 188.8
Rücken, Wehr- 191.2
Rücklage . . . 183.10
Rückstand . . . 5.7
-, Sieb- 29.10
Rückstände der
　　Müllverbrennung
　　28.12
- verbrannter Kohle
　　28.11
Rue 203.1, 203.6
- ballastée . . . 205.4
- en gravier . . 205.6
-, rangées perpen-
　　diculaires à l'axe
　　de la 206.1
-, - transversales à
　　l'axe de la 206.1

Rue, piquetage du
　　profil de la - par
　　potelets 207.8
- principale . . 204.6
- cónica 60.2
- de ángulo . . 60.2
- - cadena . . . 59.7
- - paletas . . 62.8
Ruedecilla . . . 119.4
Ruhende Fläche
　　135.5
Rührarm 54.1
-bütte 223.1
-, wellen, die - drehen
　　sich in entgegen-
　　gesetzter Rich-
　　tung 54.10
-werk, senkrechtes
　　62.1
Rühren, durch- 18.8
-, über- 18.9
Ruggine, pellicella
　　di 72.9
Rugosa, superficie
　　30.2
Rugosité sur la sur-
　　face de la barre
　　44.8
Rugoso 5.5
Rugueuse, surface
　　30.2
Rugueux 5.5
Ruisseau . . . 175.2
Ruleta para rellenar
　　las juntas 211.5
Rullo 206.7
- a bracere . 209.11
- - mano in ottone
　　210.8
- - - per rigare ad
　　impronte pirami-
　　dali 211.1
- - - - terrazzi 155.13
- - vapore . . 207.1
-, comprimere col -
　　il sottofondo 206.4
- di guida . . 59.10
-, passarvi col . 174.7
- per stritolare i ro-
　　vinacci 247.7
- portante . . . 59.9
- riscaldato . 209.11
Rulo de compresión
　　206.7

Rund 158.6
- aufbiegen, an den
　　Rändern 196.4
Rundeisen . 5.9, 146.11
-holz 83.5
-pfähle, durch - ge-
　　stützte Bohle 177.9
Runner 102.9
Running ground 182.4
Ruota a catena 59.7
- palette 62.8
- conica 60.2
- dentata, la catena
　　gira su di una 59.5
Ruotabile insassata
　　205.6
Ruotare, gli alberi
　　agitatori ruotano
　　in direzioni con-
　　trarie 54.10
Ruote orizzontali,
　　mola a 13.1
-, mulino a . . 13.1
Ruptura, tensión de
　　5.6
Rupture, period of
　　46.9
-, point of . . . 46.9
Ruvidezza della
　　superficie esterna
　　della verga 44.8
Rupture, charge de
　　47.8
-, effort 41.2
-, phase de . . 46.9
-, tension de 5.6, 47.9
Rural, chemin . 204.8
Rurale, route . . 204.8
Rural, calle . . 204.8
-, camino . . . 204.8
Ruscello 175.2
Rust 72.7
-, film of . . . 72.9
Rust, to. . . 3.1, 117.3
Rüster, Universal-
　　84.3
Rüststange . . . 92.10
Rute, Läufer- . 102.9
Rüttelapparat . 15.10
-vorrichtung . . 211.8
Ruvida, rendere -
　　la superficie dello
　　strato 36.3
-, superficie . . 30.2

S.

Sabbia . . . 26.2, 94.9
- acuta 30.3
- alluviale . . . 122.8
-, apparecchio per
　　misurare la 52.1
-, argilla mista a 108.9
- artificiale . . 26.4
-, avvolgere comple-
　　tamente i grani
　　di - col materiale
　　di collegamento
　　33.7
-, banco di . . 182.6
-, basaltica . . 27.9
- calcare . . . 239.7
- calcarea . . . 27.5
-, cassa per . . 88.2
-, cassone per misu-
　　rare la 52.1

Sabbia, collettore
　　di 226.1
-, cospargere di 174.6
- delle dune . . 27.3
- di cava . . . 26.13
- - fiume . . . 27.1
- - mare . . . 27.2
- - pietra pomice
　　27.8
- - scorie d'alto
　　forno 9.5
- dolce 30.4
- dolomitica . 27.10
- granitica . . 27.7
-, immergere dei
　　sacchi di 107.5
- lavata, riempire
　　con 116.8

Sabbia, macchina
　　per assortire
　　ghiaia e 240.8
-, - - lavare ghiaia e
　　240.9
- naturale . . . 26.3
- normale . . . 22.9
- quarzifera . . 27.4
-, sacco di . . . 88.1
-, scaldare la . . 68.9
-, smerigliatrice a
　　getto di 39.5
- umida 30.3
- - ben battuta 120.5
- vulcanica . . 27.6
Sabbioso, cemento
　　9.10
-, misurazione del
　　materiale 51.8

Sabbioso, terreno a-
　　granuli fini 95.6
-, - argillifero 95.3
Sable . . . 26.2, 94.9
- à grains anguleux
　　30.3
- - ronds . . . 30.4
-, artificiel . . . 26.4
-, banc de . . 182.6
- basaltique . . 27.9
- boulant . . . 122.8
-, caisse pour mesu-
　　rer le 52.1
- calcaire . 27.5, 239.7
-, ciment au . . 9.10
-, collecteur de 226.1
-, couvrir de . . 174.6
- cru 30.3

Sable d'origine volcanique 27.6
- de mer . . . 27.2
- - pierre ponce 27.8
- - rivière . . . 27.1
- des dunes . . 27.3
- dolomitique . 27.10
- doux 30.4
- extrait d'une sablonnière 26.13
- granitique . . 27.7
- humide bien damé 120.5
- - - pilonné . 120.5
-, immerger des sacs de 107.5
-, laveur à gravier et à 240.9
-, limon mêlé de 108.9
- marin 27.2
-, meuleuse à jet de 39.5
- mouillé . . . 68.5
- naturel . . . 26.3
- normal . . . 22.9
- pur, remplir de 116.8
- quartzeux . . 27.4
-, réchauffer le . 68.9
-, sac de 88.1
-, terrain de - à grains fins 95.6
-, - - - argileux 95.3
-, trieur à gravier et à 240.8
Sabler 174.6
Sableuses, mesurage des matières 51.8
Sablier 88.2
Sablonnière, sable extrait d'une 26.13
Sabot 118.3
- de pieu emmanché 123.9
- en fer 102.5
-, épointement du 118.4
-, pointe du . . 118.4
Sac 13.7, 52.5
- de sable . . . 88.1
- - -, immerger des -s 107.5
- normal . . . 13.9
Saca piedras . 94.2
Sacas, sumergir - de arena 107.5
Sacchi di sabbia, immergere dei 107.5
Sacco . . . 13.7, 52.5
- di sabbia . . 88.1
- normale . . . 13.9
Sack 13.7, 52.5
-, Einheit- . . . 13.9
-, Normal- . . . 13.9
-, Sand- 88.1
Sack 13.7, 52.5
-, standard gauge 13.9
Saco 13.7, 52.5
- lleno de arena 88.1
- normal 13.9
Sacudida, apilar por 14.4
Sacudidas, mezcla por - longitudinales y transversales 57.5
Sacudidor, aparato 15.10
Saddle, to - the steps 162.6
Saetta 168.11
- a cucchiaio . 94.4
-, aumentare di 85.3
- per sostenere muri e costruzioni 83.4
Saette, rapporto delle 50.3
Safe load on ground 109.5
- strain 41.3
- stress 41.3
Safety, coefficient of 5.7
-, factor of . . . 5.7
Sägespäne . . . 108.7
-, nasse 68.6
Sagoma 70.2
- della centina 86.1
Sagomata, piastra 212.2
-, pietra 146.6
Sagomate, rivestimento con pietre 216.11
Sagomato, ferro 164.6
Sail cloth . . . 107.6
Sal, adición de 68.10
Sala delle turbine 196.10
Salas, construcción de grandes 173.10
Salchichón de fajinada 178.3
Salchichones, enrejado de 184.6
Saldare 216.7
- a fuoco . . . 70.8
-, apparecchio elettrico per 71.1
- per via ignea 70.8
Saldato, ferro . 3.4
Saldatura 71.2, 216.4
Sale, aggiunta di 68.10
Sali, sfiorire dei 32.7
Salici, macchia di 184.10
-, piantagione di 184.10
Salida, orificio de 62.6
Saliente, arco 170.10
- de la fundación 109.3
-, losa 139.7
Salir, los alambres longitudinales salen 179.7
Salsiccione di fascine 178.3
Salt, addition of 68.10
Saltare, la scorza salta via 5.1
Saltos, reunión de los 198.10
Salz, Ausblühen der -e 32.7
-zusatz 68.10
Sammelweiher 196.1
Sample pile . . 123.2
-, test 23.5
San Andrés, cruz de 86.5
Sand 26.2, 94.9
-bank 182.6
-boden, feinkörniger 95.6
- -, tonhaltiger 95.3
-fang 226.1
-körner, die - mit dem Verkittungsmaterial satt umhüllen 33.7
-meßrahmen . . 52.1
-sack 88.1
-säcke versenken 107.5
-scheidemaschine, Kies- und 240.8
-stein, Kalk- . . 243.2
-strahlgebläse . 39.5
-topf 88.2
-waschmaschine, Kies- und 240.9
-zement 9.10
Sand, Basalt- . 27.9
-, Bims- 27.8
-, den - anwärmen 68.9
-, Dolomit- . . . 27.10
-, Dünen- 27.3
-, feuchter, gut eingestampfter 120.5
-, Fluß- 27.1
-, Granit- 27.7
-, Gruben- . . . 26.13
-, Hochofenschlacken- 9.5
-, Kalk- 27.5
-, Kalkstein- . . 239.7
-, künstlicher . 26.4
-, mit - gemischter Lehm 108.9
-, mit reinem - ausfüllen 116.8
-, nasser 68.5
-, natürlicher . 26.3
-, Normal- . . . 22.9
-, Quarz- 27.4
-, scharfer . . . 30.3
-, Schwimm- . . 122.8
-, See- 27.2
-, Vulkan- . . . 27.6
-, weicher . . . 30.4
Sand 26.2, 94.9
-, artificial . . . 26.4
- bag 88.1
- bags, to lower 107.5
-bank 182.6
-, basalt 27.9
-bed 182.6
- blast 39.5
-, - furnace slag 9.5
- cement 9.10
-, clay mixed with 108.9
- collector . . . 226.1
-, damp well rammed 120.5
-, dolomite . . . 27.10
-, down 27.3
-, granite . . . 27.7
-, gravel and - separator 240.8
- ground, argillaceous 95.3
- -, clayey . . . 95.3
- -, fine 95.6
- holder 88.2
-, lime 27.5
-, limestone . . 239.7
Sand, loam mixed with 108.9
- measure box . 52.1
-, measuring of the 51.8
-, natural . . . 26.3
-, pit 26.13
-, pumice 27.8
-, quartz 27.4
-, quick- 122.8
-, river 27.1
-, sea 27.2
-, sharp 30.3
-, shifting . . . 122.8
-, soft 30.4
-, standard . . . 22.9
-stone 146.10
- -, chalky . . . 243.2
-, vulcan 27.6
-, washing machine for gravel and 240.9
-, wet 68.5
-, to . . . 171.9, 174.6
-, - fill with clean 116.8
-, - heat the . . 68.9
Sans charge . . 45.2
- déchets de bois 108.4
- fibres végétales 108.5
- fin, chaîne . . 65.3
- racines . . . 108.6
- tension . . . 45.3
Sant'Andrea, croce di 86.5
Sapone a base di calce e humus 31.1
- di potassa, sciogliere - nell'acqua 215.2
-, soluzione di . 38.3
Sash 132.11
Sas d'écluse . . 198.1
Sassaia 182.4
-, innalzamento di una 183.8
-, l'anima è composta di 185.3
Sassaiola 26.7
Sassaiuola . . . 205.8
Sassi, apparecchio per lo spezzamento dei 247.7
-, tubo trituratore di 13.4
Satt, die Sandkörner mit dem Verkittungsmaterial - umhüllen 33.7
Saturado, envolver bien 33.7
Saucisson de fascines 178.3
Saucissonage, grillage en 184.6
Säule 49.8, 157.1, 243.10
-, die - von der Eigentumsgrenze abrücken 111.3
-, Doppel- . . . 158.3
-, eiserne . . . 159.6
-, Flüssigkeits- 217.10
-, Garten- . . . 244.1
-, gekuppelte -n 158.3
-, Gries- 195.4
-, Hänge- . . . 235.5

Säule, Kupplung einer inneren und äußeren 111.2
-, Trag- . . . 243.11
Säulen fabrikmäßig herstellen 160.4
-eisen 78.4
- -, Vorrichtung zur Aufrechterhaltung der 78.5
-fuß 157.7
- -, Verschalung des -es 78.1
-fundament . . 110.5
-kasten 78.6
-kopf, kapitälartige Ausbildung des -es 80.4
-schalung, Wand- 77.5
-querschnitt . . 157.5
-schaft 157.2
-stoß 158.2
-verschalung . 77.4
Säure, Humus- . 30.11
-, Kohlen- . . . 7.3
-kübel 223.9
-, Leinölfett- . . 215.7
Säurehaltige Abwässer 217.5
Savate 201.5
Savon à base de chaux et d'humus 31.1
- de potasse, dissoudre du - dans l'eau 215.2
-, solution de . 38.3
Sawdust 108.7
-, wet 68.6
Saw out, to - spaces for beams 79.4
Sbadacchi tondi, pancone sostenuto da 177.9
Sbadacchio mobile 97.6
- spostabile . . 97.6
Sbandare . . . 166.1
Sbarcadero . . 187.2
Sbarra, piantare una - in guisa di montante 186.7
-, testa della . . 186.8
Sbarramenti delle valli, acqua degli 32.2
Sbarramento, diga di 190.6
-, muro di . . . 196.5
-, nocciolo dello 195.9
-, opera di . . . 195.7
Sbarre di ferro, rinforzare i bordi con 132.9
Sbocco 176.1
Sbriciolamento 180.2
Scabrosità della superficie esterna della verga 44.8
Scaffolding . . 86.7
-, auxiliary . . 86.8
- batten binding piece 86.3
-, fan 87.2
-, lower 87.6
- of a dam . . 106.5
-, polygonal . . 87.4
-, propping . . 88.4
Scaffolding, staying 88.4
- tie binding piece 86.3
-, upper 87.7
Scaglia 44.6
Scaglionate, palette mescolatrici 62.10
Scaglioni, allargare a 109.4
-, doppia tura a 106.7
Scala 161.1
- a chiocciola . 161.6
- - due bracci 161.4
- - - rampe . . 161.4
- - spiraglio, nocciolo della 162.1
- - tre bracci . 161.5
- - - rampe . . 161.5
-, alzare la . . . 162.6
-, colonnetta della ringhiera della 166.5
- delle forze . . 48.9
-, erigere la . . 162.6
-, gabbia della . 166.7
-, gradino della 245.4
-, montare la . 162.6
-, muro della . 129.2
-, - di gabbia della 163.10
- nella torre a pepaiuola 165.4
- per l'impasto 51.4
Scaldare la sabbia 68.9
Scale of forces 48.9
Scalinata, palette disposte a 62.10
Scalino . 162.5, 245.4
Scalpello, taglio a smusso di 105.5
-, trivello a . . 94.1
-, troncare collo 69.5
Scalzare i pilastri 177.4
Scanalata, lastra 151.3
Scanalato, palo 105.4
Scanalatura . . 78.9
- del calastrello 133.1
- di scorrimento 120.2
- e anima . . . 153.5
-, trave a lastre con 151.3
Scanalature, chiusura della giunzione con asfalto con 225.5
-, ferro con . . 6.9
Scandaglio, piombo a 91.3
Scantling . . . 186.5
- on top of sheet-piling 187.6
- -section of pillar 157.5
Scappatoia . . 54.6
Scarafaggio, larva dello 115.7
Scaricamento, posizione di 56.2
Scaricatore . . 193.3, 197.2
Scarico 62.6
-, apertura di . 58.3
-, buco di . . . 88.6
-, canale di . . 197.2
Scarico completo 198.7
-, decantazione delle acque di 226.3
-, doccia di . . 58.5
-, doccione di . 173.1, 244.9
-, impastatrice a libero 58.7
-, orifizio di . . 58.3
-, pontile di . 188.12
-, ripetere il carico e lo 41.7
-, roggio di . . 84.7
-, stato di . . . 45.2
-, trasportare verso l'estremità di 58.2
Scarpa . . 118.3, 176.3
-, angolo della . 118.4
-, - naturale della 138.8
-, nervatura di calcestruzzo internantesi nella 180.4
-, scavare a . . 96.2
Scarto, ferro di 72.10
Scatola della trave 142.1
- di latta . . . 88.3
Scattatoio, ariete del battipalo a 104.5
-, battipalo a . . 102.6
Scavare a scarpa 96.2
- colla draga . 182.7
- dell'acqua formando cavità 178.6
- delle buche . 186.6
Scavo 96.5
- della fondazione 96.3
- generale . . . 95.10
- -, prosciugamento dello 99.1
- - prosciugato 102.1
-, ghiaia di . . . 27.14
- intermedio, vuotare lo - colla pompa 116.7
-, parete dello . 96.1
- per la costruzione 95.10
-, puntellamento dello 97.3
-, segnare con picchetti lo - per la costruzione 89.6
Scellée dans le sol, barre rigide 248.5
Sceller 166.1
Scevro di fibre vegetali 108.5
- - radici . . . 108.6
- - scheggie di legno 108.4
Schablone . . . 70.2
Schachtofen . . 11.4
-schleuse . . . 200.1
-, Steig- 220.5
Schaft, doppelwandiger 248.7
-, Säulen- . . . 157.2
Schaldiele . . . 73.6
-kern 76.2
-rahmen, den - mit Löchern versehen 75.9
- -, verstellbarer 75.8
Schaltafel . . . 75.4
-wand 73.2
- -, beide Schalwände allmählich errichten 76.4
- -, die Schalwände zum Zusammenklappen einrichten 76.3
- -, eine-stückweise aufstellen 76.5
- -, Verspannen der Schalwände 75.1
Schale, Eisenbeton- 193.7
-, mit Steinzeug -n auskleiden 226.4
Schalenförmig ausbauen 185.8
Schalung . . . 73
-, Bogen- 85.8
-, die - durch Anziehen der Mutter heranpressen 74.7
-, die - vor dem Betonieren begießen 85.1
- einer Fassadensäule 79.5
- einer reinen Eisenbetondecke 81.7
-, Hohlkörper- . 83.2
- mit Wellblechtafeln 83.1
-, Terrakottaplatten als 77.7
-, Träger- . . . 81.8
-, Wandsäulen- 77.5
Schalungskern, Eisenblechform als 82.8
-träger, Eisenarmierung als 84.4
Scharfer Sand . 30.3
Schaufel 54.3
-rad 62.8
-werk 222.6
-, Gegen- 62.11
-, Hand- 52.2
Scheggia, a . . 29.12
- di granito . . 211.7
Scheggiamento 180.1
Scheggie di legno, scevro di 108.4
Scheidemaschine, Kies- und Sand- 240.8
Scheidung . . . 240.7
Scheit, Richt- 207.10
Scheitel 144.1
-druck 236.4
-stärke 169.1
Scheitrechtes Gewölbe 146.5
Scheletro di cemento armato 130.10
Schenkel, Rahmen- 79.2
Scherkraft . . . 43.5
-spannung . . . 43.6
Schere 81.1
-, Eisen- 69.3
Schichthöhe . . 85.3
-stein, Mauer aus 127.1
Schicht, Binder- 127.4
-, Deck- 242.2
-, Decken- . . . 210.5
-, die - ebnen . 35.7

Schicht, die Ober-
fläche der - auf
rauhen 86.3
- groben Geschläges
206.6
-, Isolier-. . . 131.10
-, kleihaltige . . 192.8
-, Kreuz-. . . . 127.7
-, Längs-. . . . 144.6
-, Läufer-. . . . 127.2
-, Quer-. 144.7
-, Roll-. 127.5
-, Schutz-. . . 131.10
-, Strom-. . . . 127.6
Schichten, in - ein-
bringen 65.8
-, wasserführende
122.7
-wechsel 112.8
Schichtung . . 39.7
Schiebkarre . . 51.9
-karren 51.9
Schieben, zwischen
Pfosten 130.11
Schieber 62.5
Schiefer, Asbest-172.7
-eindeckung . . 172.2
Schiene, Eck- . 137.4
-, eine - pfostenartig
aufstellen 136.7
-, Metallaufstoß-165.2
-, Vorstoß- . . . 164.4
Schienengleis . 201.7
-kopf. 136.8
Schleßstand . . 137.3
Schiff aus Eisen-
beton 201.8
Schiffahrtschleuse
197.9
Schildzapfen . . 60.1
Schisteux, grès 28.3
Schlacke 29.2
-, gekörnte Hoch-
ofen 27.11
-, gewalzte . . . 156.7
-, Hochofen- 9.4, 28.9
Schlackenbeton 33.1
156.9
-sand, Hochofen- 9.5
Schlagbrett . . 66.5
-haube 117.8
- -, die - überstülpen
120.4
-, Ton- 193.6
Schlamm absondern
241.3
-boden 94.8
-, Meeres- . . . 115.12
-, Schleif- . . . 156.2
Schlammage, procé-
dé humide et 10.5
Schlämmverfahren,
Naß- und 10.5
Schlauch 98.7
-wage 91.5
Schleifmaschine 242.6
-schlamm . . . 156.2
-stein, Terrazzo-156.1
-versuch 39.1
Schleife 152.5
Schleifen (v). . . 242.4
Schleifen. . . . 155.7
Schleuse . . . 197.7
-, Deich- 197.8
-, Ent- und Bewässe-
rungs- 197.8
-, Schacht- . . . 200.1
-, Schiffahrt- . . 197.9

Schleusenboden 198.2
-haupt 197.11
-kammer 198.1
-körper . . . 197.10
-sohle, die - im
Trocknen her-
stellen 199.1
-wand 198.3
Schließe 143.4
-, Draht- 75.2
Schließtür . . . 60.6
Schlitz, Sicker- 99.7
Schlüssel, keilförmi-
ger 123.6
Schlußlinie. . . 48.7
Schlußlinienzug 48.6
Schmales Brett 142.3
Schmiedbares Eisen
3.6
Schmiede . . . 70.9
-, Feld-. 70.5
Schmirgel . . . 39.3
Schnecke, Förder-
62.4, 250.5
-, Transport-. . 250.5
Schneelast . . . 167.5
Schneide, meißel-
artige 105.5
-hollländer . . 222.7
-vorrichtung, Eisen-
69.4
Schneiderscher Ofen
11.8
Schneider kiln . . 11.8
Schneider, four 11.8
Schneider, forno 11.8
Schneider, horno
11.8
Schnellbinder . 17.1
214.8
Schnur, nach der -
ausrichten 136.10
Schnüren, um- . 158.8
Schöpfen, Aus- - des
Wassers 98.4
Schornstein, Eisen-
beton- 248.3
-kopf. 248.4
-verband . . . 127.8
Schotter . 26.10, 94.11
-beton 210.4
-bett 227.6
- -, durchlaufendes
237.7
-, Pflaster auf . 177.1
-straße 205.4
-unterbettung . 178.7
-unterlage . . . 210.3
Schräg, in -en Ebe-
nen wirkende
Zugkraft 41.1
Schraube, Stell- 75.5
Schrauben lösen 75.7
-bolzen, Bretter
durch - verbin-
den 137.2
-fläche, unter 45° an-
steigende 44.2
-gewinde . . . 143.8
-mutter 143.9
- - mit Handgriff 151.9
-pfahl 121.9
Schrubs 184.9
Schub, Horizontal-
144.5, 236.2
Schubkraft . . . 48.5
-kurve 49.7

Schubspannung 48.6
Schuh 118.3
-, eiserner . . . 102.5
-, Winkel des-es 118.4
Schüttbeton33.4, 199.5
Schütten, unter
Wasser Beton
199.4
Schutz eiserner
Tragpfähle 117.2
- gegen den Bohr-
wurm 115.3
-haut 116.2
-schicht . . . 131.10
-wand 185.10
Schütze, Roll- . 195.1
Schützen, durch
Winkelkanten
241.10
-, vor Sonnenschein
20.9
-, vor Zugluft . 20.8
Schützenwehr . 195.3
Schwachbrand 20.1
Schwanzmeister103.7
Schwefelhaltiges
Wasser 32.5
Schwefelkies . . 31.3
-säure, verdünnte
215.6
Schweißeisen . . 3.4
-stelle 71.2
-vorrichtung, elek-
trische 71.1
Schweißen, . . . 70.8
Schwelle, Beton-
eisen- 246.1
-, Eisenbahn- . 245.9
-, Längs- . . . 237.5
-, Quer- 237.6
Schwellenimpräg-
nierung, Kufe
für 224.1
Schwemmstein 146.10
Schwenkkran . . 65.5
Schwimmkasten186.2
-kästen zusammen-
setzen 200.5
-ponton 200.4
-sand 122.8
Schwimmende
Taucherglocke
199.9
Schwimmender
Block 186.1
Schwimmervor-
richtung 221.1
Schwinden . . . 19.10
Schwindriß . . 20.10
Schwingende Be-
wegung,derMisch-
behälter ist in -r
63.1
Schwitzen . . . 68.4
Scie, pratiquer des
ouvertures à la
74.6
-, toit en dent de168.4
Sciogliere quando si
potassa nell'acqua
215.2
Sciure de bois 108.7
- mouillée . . . 68.6
Scivolare . . . 44.7
-, resistenza allo 44.9
Scolatoio . 62.2, 99.7
Scollatura . . . 180.8

Scollatura a forma
d'arco 150.6
Scolo 62.6
-, acque di - acidi-
fere 217.5
-, canale di . . 197.6
- dei ponti . . 230.9
- delle acque . 172.9
- - -, fosso per lo 99.5
-, doccione per lo
212.6
-, fenditura di . 99.7
-, pietra forata per
lo 244.9
Sconquassata, scorie
156.7
Scoop, mixing -s
arranged in steps
62.10
-, rotating mixing
61.3
Scoops working in
a contrary direc-
tion 62.11
Scorie 29.2
-, calcestruzzo di 33.1
156.9
-, cemento Portland
a 9.3
- cilindrata . . 156.7
- d'alto forno 9.4, 28.9
- - -, sabbia di 9.5
- granulata d'alto
forno 27.11
Scorrere fra i mon-
tanti 130.11
Scorrevole, asta 102.9
-, biffa 92.1
-, porta 60.6
Scorrimento . . 44.7
-, ganascia di . 120.2
- nel calcestruzzo
5.11
-, resistenza allo 44.9
-, rotella di . . 119.4
-, scanalatura di 120.2
-, strada di . . 230.5
-, superficie di 138.2
195.2
Scorza 118.5
-, la - salta via 5.1
- metallica . . 166.2
Scoscendimento,
linea di 138.6
-, trapezio di . 138.7
Scossa, giunto lavo-
rante alla trazione
ed alla 71.9
Scosse, evitare le 85.5
Scostare il pilastro
dal confine di
proprietà 111.3
Scour, to 177.4, 178.6
Scouring . . . 177.3
-, cradle . . . 245.1
-, to secure against
107.4
Scrap-iron . . . 72.10
Screed, to . . . 154.7
Screen. 100.8
-, to wind . . . 136.4
- to 240.5
Screpolatura del-
l'estremità 211.1
- pel ritiro . . 20.10
- per il gonfiamento
21.1
- - la dilatazione 211.1

Screw, adjusting 75.5
- anchor . . . 180.3
-, conveying . . 250.5
- pile 121.9
-, to loosen the -s 75.7
-, - unfasten the -s 75.7
- with a thread angle of 45° 44.2
Scuotere, apparecchio per 211.8
Scuotimento, ammucchiare per 14.4
-, vasca a . . . 223.1
Scuotitore, apparecchio 15.10
Sea and river work 175
-, mud from the 115.12
- sand 27.2
- -water . 32.6, 115.9
Seam, soldered 216.4
Seamless tube . 97.7
Season, to - cement 155.9
Seau 64.8, 98.5
- pour le mélange 155.11
Sec, additionner d'alun le mélange 215.1
-, charger à . . 53.2
-, construire à - le radier d'une écluse 199.1
- et humide, malaxeur double pour mélange à 61.8
-, mise à - de la fouille 99.1
Sèche, cale . . 198.6
-, procédé par voie 10.7
Seca, cala . . . 198.6
-, procedimiento por la vía 10.7
- y húmeda, recipiente mezclador para mezcla 61.8
Secar 11.1
Secca, aggiungere l'allume alla miscela 215.1
-, processo per via 10.7
Seccare 11.1
Secche, segnale luminoso per le 200.7
Secchia a mano 98.5
- con fondo a botola 65.2
- per preparare l'impasto 155.11
Secchie, elevatore a 64.9
-, prosciugamento dell'acqua con 98.4
-, verricello a . 64.9
Sección de una columna 157.5
- entera en el apoyo 231.9
-, variación de la 3.9
Secco, ammucchiare a 53.2
Secco, costruire a - il fondo di una chiusa 199.1
Sécher 11.1
Seco, cargar en 53.2
-, construir en - el encachado de una esclusa 199.1
-, dique 198.6
-, leño 184.9
Secondaire, armature - en treillis diagonal 112.3
-, tension . . . 49.5
Secondaria, tensione 49.5
Secondario, sostegno - della via 235.3
Secondary force 49.5
- joists, opening for 82.3
- roadway supports 235.3
- stress 49.5
Secousses alternatives croisées, mélange par 57.5
-, appareil à . . 15.10 211.8
Secousse, tasser par 14.4
Section iron . . 164.6
- of work . . . 67.9
-, ramming- . . 36.1
-, to set up sheeting in -s 76.5
-, volume- . . . 33.10
Section d'un chantier de travail 67.9
- d'une colonne 157.5
-, effort de traction incliné sur le plan de la 44.1
- pleine à l'appui 231.9
-, variation de la 3.9
Secundaria, tensión 49.5
Secundarias, escotadura para vigas 82.3
Secure, to - against scouring 107.4
Securing the base 177.8
- - foot 177.8
Sécurité à l'égard du feu 3.3
-, charge de . . 41.3
-, coefficient de 5.7
-, effort de . . . 41.3
Sedia del montacarichi 65.1
- dell'ascensore 65.1
Sedimentación, separar por 241.2
Sedimentation, to separate by 241.2
Seesand 27.2
-wasser 32.1
Segatura di legno 108.7
- umida 68.6
Segeltuch . . . 107.6
Segerkegel . . . 11.11
Seger cone . . 11.11
Seger, cône de 11.11
Seger, cono . . 11.11
Segnalazioni, bandiera per 90.4
Segnale a traguardo 91.4
- di giorno . . 200.8
- luminoso per le scogliere 200.7
- - - - secche . 200.7
Segnare con picchetti lo scavo per la costruzione 89.6
Seguridad, carga de 41.3
-, coeficiente de 5.7
Seife, Kalkhumus- 31.1
Seifenlösung . 38.3
Seil 64.10
-eck 47.6
-, Draht- 168.7
Seitenflügel . . 140.7
-kippwagen . . 64.2
-rippe 171.1
-stößel 66.3
-verblendmaschine 247.2
-wand, umklappbare 247.5
Sekundäre Fahrbahnunterstützung 235.3
Sel, addition de 68.10
Selbständig erhärten 7.7
Selbsttätig in die aufrechte Lage zurückkehren 56.3
Selbsttätiger Antrieb 62.7
Selci 182.5
-, calcare le . . 206.3
- di silice . . . 94.10
Selciato . . . 204.10
-, rivestimento del fondo - su ghiaia 177.1
Séléniteuse, eau 32.3
Selenitosa, acqua 32.3
Selenitosa, agua 32.3
Self-emptying borer 92.5
- - drill 92.5
- supporting wall 135.8
Sella di sopporto universale 84.3
Semejante, material - al humus 30.9
Semelle de calage 83.7
- - quille . . . 201.4
- en béton armé 109.7
-, fondation sur 108.12
- inférieure de la poutre, tablier reposant sur la 228.1
- intérieure . . 139.7
- -, système à . 139.8
-, la - de fondation cède 110.1
-, - - - - fléchit 110.1
-, profil angulaire à - et contreforts 140.1
Semelle, tablier reposant sur la 228.3
Semelles réunies de béton 111.5
Semplice, battipalo 103.2
Señal, banderola de 90.4
- de día 200.8
Senklot 91.3
-walze, Beton- . 185.4
Senken des Grundwasserspiegels 100.2
-, einen Brunnen 100.7
Senkrecht, in Reihen - zur Straßenachse 206.1
- stellen 74.2
- zur Windrichtung 135.6
Senkrechte Fläche der Stufe 163.1
- und längsgerichtete Bewegung 58.1
Senkrechtes Rührwerk 62.1
Senkung des Wasserspiegels 198.4
-, künstliche - des Grundwassers 199.3
-, natürliche - des Grundwasserspiegels 114.2
Sens diagonal, armature dans le 110.8
- inverses, les arbres des agitateurs tournent en 54.10
- longitudinal, armature dans le 110.6
- transversal, armature dans le 110.7
Senso della corrente, sommità inclinata contro al 191.4
- longitudinale, movimento nel 119.8
- verticale, trasporto in 64.7
Senza fine, catena 65.3
- tensione . . . 45.3
Separación, cuña de 138.7
-, muro de . . . 193.5
- por cintas de palastro verticales 178.9
Separar 12.4
- el ácido carbónico 12.1
- - barro . . . 241.3
- - el fango . . 30.8
- las fundaciones del edificio y de las máquinas 110.4
- por sedimentación 241.2
Separare il fango 241.3

Separare la melma 241.3
- le fondazioni delle macchine e dei fabbricati 110.4
- per deposizione 241.2
Separate layers, to place in 108.3
- mixing drums for dry-and wet-mixing 61.8
-, to - building and machinery foundations 110.4
-, - - by sendimentation 241.2
-, - - the mud . 241.3
Séparation, mur de 193.5
- par bandes de tôle verticales 178.9
-, tracé des lignes de 48.6
Separator, gravel and sand 240.8
Separazione mediante striscie verticali di lamiera 178.9
Séparer de la paroi 35.9
- et soulever . 123.6
- la boue . . . 241.3
- la fange . . . 241.3
- par décantation 241.2
Serbatoio . . . 200.3
- a gas 221.6
-, conformazione del fondo del 219.3
- d'acqua, costituzione di un 112.6
- -, tubo verticale come 224.2
- d'impasto, forma a pera del 60.9
- da gas 221.8
- dell' impasto orizzontale a forma concava 61.2
- elevato . . . 221.2
- interrato . . . 219.6
- Intze 219.2
- per alcool . . 222.3
- - ammoniaca 221.8
- - catrame . . 221.7
- - fluidi . . . 213.1
- - materie liquide 213.1
- - vino 222.1
- sotterraneo · 219.6
Serie di colpi sulla testa del palo 104.2
- - prove . . . 23.1
Serie de ensayos 23.1
- - golpes . . . 104.2
Série d'essais . 23.1
- de coups. . . 23.1
Series of strokes 104.2
- - tests 23.1
Serra a panconatura 144.5
Serrage, clef de 79.9
- des liens de coffrage 75.1
-, étrésillon à . 97.8
-, résistance au 2.10

Serrer au moyen de presses 79.10
Serrin 108.7
- de madera húmedo 68.6
Service, charge en 141.5
-, échafaudage de 86.8
-, passerelle de . 86.9
Servicio, maderaje de 86.8
Servir, faire - les poutres de balustrade 228.2
Servizio, palconata dell'armatura di 86.9
-, ponte dell'armatura di 86.9
Set, double - of stays 84.1
-, Marten's - registering apparatus 19.8
-, normal 17.4
-, standard . . . 17.4
-, to - both sheetings up gradually 76.4
-, - - in air . . 7.2
- - - the steps upon the string 162.6
-, - - up the moulds 73.1
- up, to - a sheeting in sections 76.5
Setting 16.6
-, change of length due to 45.4
-, commencement of 16.8, 18.1
-, concrete during 37.1
- conditions . . 16.4
-, finish of . . . 16.9
-, medium - cement 17.2
- process, disturbance of the 18.12
-, - of 19.6
-, quick - cement 17.1
-, slow - cement 17.3
-, strength . . . 22.5
-, time 16.7
-, to shorten the time of 214.9
Settlement, natural - of the underground water 114.2
Settling vat . . 223.7
Setzen, in Verband 206.2
-, Pfähle 105.6
Seul bateau, pontcanal pour un 238.2
Sewage water, neutralisation of 226.3
Sezione completa all' appoggio 231.9
- della colonna 157.2
- di lavoro . . 67.9
- normale della strada, determinazione della
- con paline 207.8
- piena all'appoggio 231.9

Sezione triangolare, listello a 79.1
-, variazione della 8.9
Sfasciare . . . 72.4
Sfavorevole, carico 230.2
Sfera, prova di cottura di una 21.7
Sfere di ferro introdotte libere nel tamburo 57.2
-, mulino a . . 13.2
Sferica, calotta 219.5
Sfiatatoio . . . 170.5
Sfioratore . . . 190.7
- a cateratte . 195.3
- - libera caduta 192.2
- - livello fisso 191.10
-, canale dello . 193.2
- cavo 193.10
- - con riempimento di ciottoli 194.3
- chiuso in parte 193.9
-, chiusura dello 194.5
-, dorso dello . 191.2
-, fiancata dello 194.9
- in cemento armato 193.8
-, livello delle curve nella costruzione dello 192.1
- mobile 194.4
- subacqueo . 192.3
Sfiorire dei sali 82.7
Sfogo, dare uno 85.3
Sforzo alla rottura 41.2
- di flessione . 40.7
- - spinta . . . 43.5
- - -, lineacurva 87.1
- - taglio . . . 43.5
- -, lineacurva dello 49.7
- dinamico . . . 46.7
- normale . . . 40.4
- tangenziale, resistere ad uno 217.6
- trasversale . . 45.1
Sfregamento corrispondente al peso 179.3
- fra le terre ed il muro 189.1
-, resistenza allo 38.10
Sganciare l'arresto 55.6
Sgorbia, succhio a 94.4
Sgranellamento 180.1
Sgrassatore . . 25.8
-, natura del grano dello 29.4
-, qualità del grano dello 29.4
Shaft, cross . . 59.6
- -, double walled 248.7
- -kiln 11.4
- -, lock with -s . 200.1
- of column . . 157.2
- - well . . . 124.5
-, swinging . 206.10
-s carrying the stirring arms revolve in opposite directions 54.10

Shafts arranged side by side horizontally 54.5
Shaked concrete 33.4
Shaking sieve 15.10
-, to avoid . . . 85.5
-, - get compact by 14.4
Shape alternation of concrete, capacity of 34.6
-, conical 250.6
-, cube 35.1
-, hopper 250.6
- of grain . . . 29.11
-, to - into bricks 10.11
Shaped brick . 146.6
-, special - bars 5.8
- stone 146.6
Sharp sand . . 30.3
Shear 43.5
-, curve representing the 49.7
Shears 69.3
Shearing force . 43.5
- stress 43.6
Sheath, construction in a metal 123.1
Sheathing, metal 122.9
Sheddach . . . 168.4
Shed, toit . . . 168.4
-, tetto sistema 168.4
Shed, tejadillo con armadura 168.4
Sheet asphalt . 209.9
-, dividing by vertical iron -s 178.9
-, insulating . 216.5
-, insulating asphalte 171.8
-, iron 157.6
- - container . 88.3
- -, encasing . 187.8
- - form as mould core 82.8
-, holder . . . 88.3
- -, strip of galvanised 189.12
-, lead 216.3
-, metal covering 51.7
- of cement . . 243.4
- pile 180.7
- - for dam . . 194.6
-, cap-piece for -s 187.7
-, heading beam for -s 187.7
-, waler for -s 187.7
- piling 105.2
-, campsheeting on top of 187.6
-, concrete - - in front of the piles 116.3
-, connecting two piles by 113.5
-, corrugated iron 106.2
-, iron 106.1
- of wood . . 105.3
-, reinforced-concrete 106.3, 180.5
- -, scantling on top of 187.6

Sheet piling, to furnish the - with capping beam 105.10
- strip, bitumen 179.8
- of glass, lining with 222.2
Sheeting . . 73.2, 75.4
-, bitumen . . . 174.8
- board 78.8
-, camp- . 186.5, 186.8
- for dam . . . 194.7
-, layer of bitumen 171.5
-, paper 217.4
- pile, to drive - -s without previous digging 113.6
-, to make the -s to fold together 76.3
-, - set both -s up gradually 76.4
-, - - up – in sections 76.5
-, tying the -s together 75.1
Shell 118.5
-, ferro-concrete 193.7
- -fish 115.10
Shifting sand . 122.8
Shingle 26.6, 182.4, 182.5
-, underlayer of 178.7
Ship's borer . . 115.4
Shoe 118.3
-, angle of the 118.4
-, iron 102.5
-, pile - fitted in 123.9
-, to - the pile with iron 117.5
-, toothed . . . 124.2
Shoot. . . . 14.5, 58.5
Shore, adjustable 97.6
-, expanding . . 97.6
-, works on river 184.7
Shoring the foundation 97.3
- - trench . . . 97.3
Shorten, to - the time of setting 214.9
Shovel 54.3
-, hand 52.2
-, to turn the heap over with a 53.1
- wheel, rotating 62.8
Shut, sluice partially 193.9
-, weir partially 193.9
Sicherheitskoeffizient 5.7
-zahl 5.7
Sichern, gegen Unterspülung 107.4
-, provisorisch durch seitliche Holzstreben 136.11
Sicherung des Fußes 177.8
Sickerkanal . . 99.8
-schlitz 99.7
-wasser 97.9
Sickern, Durch - des Wassers 87.9
Sicurezza, coefficiente di 5.7
-, fasciatura di - per muri di fortificazione 128.6

Sicurezza, sollecitazione di 41.3
Side by side, shafts arranged - horizontally 54.5
- -facing machine 247.2
-, hinged 247.5
-, hollow . . . 201.10
- of staircase 163.10
- piece 82.1
- -tipper 64.2
- wall of lock . 198.3
Sides, inward pressure of 110.3
-, to clean the . 214.7
-, - wash the . . 214.7
Sieb 15.6
-, -rückstand . . 29.10
Sieb, Drahtstärke des -es 15.9
-, Einheit- . . . 16.3
-, 7 mm- 29.9
-, 120-Maschen- . 29.8
-, 900-Maschen- . 16.1
-, 5000-Maschen- 16.2
-, Normen- . . . 16.3
Sieben, Durch- 240.5
Siegwartbalken 153.1
Siegwart beam 153.1, 243.5
Siegwart, poutre 153.1, 243.5
Siegwart, trave 153.1, 243.5
Siegwart, viga . 153.1, 243.5
Siegwartscher Balken 243.5
Siel, Deich- . . 197.8
Sienita 155.6
Sienite 155.6
Sierra, cubierta en diente de 168.4
Sieve 15.6
- residue 29.10
-, shaking . . . 15.10
-, standard . . . 16.3
- -wire, thickness of 15.9
- with 900 meshes 16.1
- - 120 meshes . 29.8
- - 5000 meshes 16.2
-, 7 mm 29.9
Sifflet, tranchant en 105.5
Sifón 224.8
Sifone 224.8
Sift, to 240.5
Sifting device . 211.8
Sighting board 91.4
Signalfahne . . 90.4
Signal post . . 200.8
Signal de jour 200.8
Silicate of alumina 7.6
Silicato di potassa 215.8
Silicato de fluor 215.10
Silice, selci di . 94.10
Silice soluble . . 7.5
Silicea, calce . 8.6
Silicea, cal . . . 8.6
Siliceo, acido - soluble 7.5
Siliceuse, chaux . 8.6
Siliceux, ciment 9.10
Silicic acid, soluble 7.5

Silicica, piastra di calcestruzzo di ghiaia 133.6
Silicico, acido - solubile 7.5
Silicio, composto doppio fluoro e 215.10
Silicious lime . . 8.6
Silicique, anhydride - soluble 7.5
Sill, monolithic 185.6
- of the river . 182.1
-, protecting . . 192.4
-, widening of the 177.7
Sillar 245.3
- de articulación de hormigón 233.10
Sillares, arco de 232.7
Silo 249.1
-, Erz- 250.1
-, Getreide- . . 249.6
-, großräumiger 250.4
-, Kohlen- . . . 250.3
-, Steinschlag- . 249.5
-wand, Kreuzungspunkt der 249.2
-, Zellen- 250.2
-, Zement- . . . 249.7
Silo divided into bins 250.2
Silo 249.1
- à céréales . . 249.6
- - ciment . . . 249.7
- - charbon . . 250.3
- - compartiments 250.2
- - minerais . . 250.1
- - pierrailles . 249.5
- de grande capacité 250.4
-, point de croisement des parois du 249.2
Silo 249.1
- celular 250.2
- de células . . 250.2
- gran capacidad 250.4
- - piedra machacada 249.5
- para carbón . 250.3
- - cemento . . 249.7
- - cereales . . 249.6
- - minerales . 250.1
Silos 249.1
-, cement . . . 249.7
-, grain 249.6
-, large 250.4
Silos 249.1
- a celle 250.2
- - grandi spazii 250.4
- - struttura cellulare 250.2
- carboniferi . 250.3
- da cemento . 249.7
- di grande capacità 250.4
- granili 249.6
- minerari . . . 250.1
- per cereali 249.6
- pietrame . . 249.5
- rovinacci . 249.5
-, punto d'incrocio delle pareti del 249.2

Simmetriche, lunghezze d'apertura 228.6
Simplexpfahl . 123.8
Simplex pile . . 123.8
Simplex, pieu . 123.8
Simplex, palo . 123.8
Simplex, estaca 123.8
Single foundation 109.1
- load 47.2
Singole parti, preparazione delle 82.4
Sink 244.9
-, to - a well . 100.7
Sinking, concrete cylinder for 185.4
- of the underground water level 100.2
-, miners method of - piles 122.2
-, natural - of the underground water 114.2
-, pile - by means of flushing 121.3
- the lining tube by boring 124.3
Sinkstück . . 184.5
Sintergrenze, Brennen unterhalb der 9.2
Sintering limit, burning below the 9.2
Sinterungshitze 12.3
Siphon 224.8
Sistema a piastre portanti 139.8
- Martens, apparecchio registratore di presa 19.8
Sistema de placas interiores 139.8
- - zapatas interiores 139.8
- Prüss, tabique del 133.2
Sistemare il fondo del fiume 192.5
Site, examination of the bottom 92.2
Size of the layers 95.7
Skeleton, iron . 181.4
- of reinforced concrete 130.10
Skew-back . . . 144.2
189.2, 233.6, 233.8
Skin, protecting 116.2
-, thin - of rolled bars 44.6
Skylight . 168.5, 170.9
- -turret 170.9
Slab, anchor . . 186.6
-, armoured concrete 148.9
-, back 187.5
-, back -s system 139.8
-, cantilevered back 139.7
-, cement . . . 243.3
-, cement concrete 153.4
- coating, granit 211.6

Slab, compressed
  fine concrete 244.2
-, concrete 130.6, 147.4
-, concrete - be-
  tween I-rons 181.1
-, - - - steel joists
  181.1
-, - - test . . . 39.11
-, connected . . 111.5
-, coping 187.7
-, corbel back . 189.7
-, corbel -s system
  189.8
- covering, granite
  211.6
-, ferro-concrete 148.9
- for bearing . 143.6
- - footpath . . 244.3
-, foundation - load-
  ed excentrically
  111.1
-, granite concrete
  244.5
- heating test . 21.5
- in ballast con-
  crete 133.6
- - stucco . . . 133.5
-, insulating . 171.11
  216.5
-, Monier . . . 133.8
-, Monier - between
  steel girders 143.10
-, mosaic cement
  244.7
- moulding machine
  211.9
- of cement . . 210.9
-, reinforced con-
  crete 148.9
-, - - foundation
  109.7
-, - - - to put be-
  hind the piles186.9
- resting on four
  sides 149.8
-, terra cotta -s as
  moulds 77.7
-, the foundation -
  gives way 110.1
- to be constructed
  in position 152.10
-, - mould the curb
  with the 227.5
-, wall in concrete
  -s 184.4
-, - made of -s 134.2
-, - with horizontal
  139.6
Slag 29.2
-, blast furnace 9.4
  28.9
-, broken 156.7
- cement . . . 9.3
- concrete 33.1, 156.9
-, crushed . . . 156.9
-, granulated blast
  furnace 27.11
  9.5
- sand, blast furnace
Slate, asbestos . 172.7
- covering . . . 172.2
Slateing 172.2
Sleeper, cross . 237.6
-, ferro-concrete246.1
-, longitudinal . 237.5
-, railway . . . 245.9
-, reinforced con-
  crete 246.1
-, transverse . . 237.6

Sleeve, metal . 166.2
Slegatura, varia-
  zione di lun-
  ghezza in seguito
  alla 45.4
Slewing crane . 65.5
Slide . . . 62.5, 120.2
-, line of . . . 188.6
-, to - between posts
  130.11
Sliding 44.7
-, resistance to . 44.9
- surface 138.2, 195.2
- triangle . . . 138.7
- way 201.6
- ways . . . 200.10
Slightly damp con-
  crete 66.8
- moist concrete 66.8
Slimey ground 94.8
Slipping 44.7
- in the concrete 5.11
-, resistance to . 44.9
Slips 200.9
-, longitudinal . 201.1
Slipway . . . 200.9
-, breast of . . . 201.2
-, lower 201.2
-, main 201.3
-, transverse . 200.11
Slope 176.3
-, angle of . . . 167.8
- by thickening of
  the centre 227.4
-, concrete rib grip-
  ping into the 180.4
- from centre to
  side 205.3
-, longitudinal . 205.2
- of roof 167.7
-, to give a . . . 96.2
Sloping, crown -
  towards upper
  pond 191.4
-, crown - towards
  upper water 191.4
- position of the
  trough 61.6
-, to ram with trans-
  versal 207.7
Slotted prism of
  concrete 43.7
Slow cement . 17.3
Slow setting cement
  17.3
Sluice . . 194.4, 197.7
-, drainage and irri-
  gation 197.8
- gate 194.5
- head . . . 197.11
- head-beam . 195.5
- on rollers . . 195.1
- partially shut 193.9
- pillar 195.4
- weir 195.3
Small cattle trough
  223.2
- rammer . . . 66.4
Smerigliatrice a
  getto di sabbia
  89.5
Smeriglio . . . 89.3
Sminuzzamento alla
  finezza della fa-
  rina 8.8
Sminuzzare . . . 9.7
Smithsche Misch-
  maschine 58.6
Smith's mixer . 58.6

Smith, malaxeur 58.6
Smith, impastatrice
  58.6
Smith, mezcladora
  58.6
Smithy 70.9
Smoke stack, rein-
  forced concrete
  248.3
Smontare le artico-
  lazioni 98.9
Smuovere a vanga
  i mucchi 58.1
- e levare . . . 128.7
Smooth face, under-
  layer with 146.4
- surface . . . 30.1
-, to finish . . . 154.8
-, - - the surface 67.2
  207.9
Smoothing board67.3
- iron 210.7
Smusso di scalpello,
  taglio a 105.5
Snow, load due to
  167.5
Soaked, felt strip -
  in pitch 208.10
Soap solution . 38.3
Socavación . . 177.3
- de las funda-
  ciones 105.1
-, proteger contra la
  107.4
Socavar un muro
  177.4
- - pilar 177.4
Sockel, den - ein-
  stampfen 137.1
Socket, conical 166.4
Socle, column . 157.7
-, to ram the . 137.1
Sodabeimengung
  214.10
-zusatz 68.11
-, addition of . 68.11
  214.10
-, carbonate of 18.6
Soda 18.5
-, aggiunta di 68.11
  214.10
-, aditamiento de
  214.10
Sodio, carbonato di
  18.6
-, cloruro di . . 18.7
Sodium . . . 18.5
- carbonate . . 18.6
-, carbonate de 18.6
Sodo, affondare i
  pali fino al ter-
  reno 121.1
Soffit 148.5
- of a girder mould
  89.2
Soffitta 169.7
Soffitti a volta 81.2
-, intonaco dei 158.9
Soffitto 129.6
- a lastre messe fra
  le travi in ferro
  150.10
- - stucco, palcon-
  cellatura del 149.2
- - travi 141.6
- - ad impalcatura
  continua 149.5
- - intermezzi cilin-
  drici 152.8

Soffitto, appoggio
  del - con tubi
  in acciaio 84.2
- armato ed appog-
  giato 147.5
-, armatura in legno
  per un semplice
  81.7
- composto di beton
  e pietre 150.9
- con ferri bullonati
  152.2
- - travature armate
  visibili 151.1
-, disporre il tirante
  nella copertura
  del 170.1
- in calcestruzzo
  fra travi in
  ferro 147.1
- - lamiera ondu-
  lata 148.2
- - mattoni . . 148.3
- - - con armatura
  in ferro 146.9
- - pietra armata
  con legature di
  calcestruzzo 149.4
- liberamente
  appoggiato 149.1
- piano sistema
  Koenen 150.5
-, puntellamento del
  - dopo il disarmo
  85.6
-, soletta di . . 149.2
-, tagliar fuori le
  aperture per le
  travi portanti
  il 79.4
- tipo Matrai . 152.6
-, tirante fra i tra-
  vetti di un 82.9
Soft clay ground 95.5
- sand 30.4
- soap, to dissolve -
  in water 215.2
Softish earth . 94.6
Soggiacente, acqua
  97.10
Sohle des Stromes
  182.1
-, die Schleusen-
  im Trocknen her-
  stellen 199.1
Sohlenabdeckung,
  zusammen-
  hängende 185.6
-verbreiterung 177.7
Sol 153.11
-, adapter à la
  nature du 118.5
-, barre rigide
  scellée dans le
  248.5
-, compression du
  110.3
- environnant,
  appuyer sur le
  74.3
- ferme, battre
  jusqu'au 121.1
-, pression admis-
  sible sur le 109.5
-, poner al abrigo
  del 20.9
Solaio 169.7

Solaio a volte sottili 149.9
- ad intermezzi cilindrici 152.8
- con ferri bullonati 159.2
-, correnti del . 154.2
- di cemento armato 148.8
- in calcestruzzo fra travi in ferro 147.1
- - lamiera ondulata 143.2
- - mattoni con armatura in ferro 146.9
- incastrato . . 150.1
- liberamente appoggiato 149.1
- Lund 153.5
- piano sistema Koenen 150.5
- sottostante, inerviare nel 174.1
- tipo Matrai . 152.6
-, trave del . . 152.1
158.4
Solapado, hierro 71.5
Solapar las varillas 146.8
Soldado, hierro . 3.4
Soldadura 71.2, 216.4
Soldar 216.7
- el hierro caliente 70.8
Solder, to . . 216.7
Soldered joint 216.4
- seam 216.4
Sole 103.1
Sole weight . . 47.10
Sole, riparare dai raggi del 20.9
Soleil, abriter contre le 20.9
Soletta appoggiata sui quattro lati 149.8
- armata ed appoggiata 147.5
- con trave . . 49.1
- di beton fra ferri a doppio T 181.1
- - calcestruzzo armato 147.4
- - cemento armato concatenata 111.5
- - soffitto . . . 149.2
- inferiore, impalcatura con 112.1
- -, nervatura con 112.1
- superiore del pavimento 149.3
- -, impalcatura con 111.8
- -, nervatura con 111.8
- trasversale, trave di rinforzo della 111.7
Solette, ponte a 227.3
-, - - travate e 227.7
Solforico, acido-diluito 215.6
Solforosa, acqua 32.5
Solid bottom . 94.7
- dam 190.8
- flange at bearing 231.9

Solid flange at point of support 231.9
- ground . . . 94.7
-, mechanics of -s 40.1
- piston 213.6
-, to ram down to the - ground 121.1
Solidaires, pont à travées 228.5
Solidification, température de 12.3
Solidificazione . 9.2
Solidità dei materiali, norme per la 40.1
Solidity, clay of fair 95.4
Solivage, mur portant le 128.9
Solive en bois . 154.2
Solives, échancrure pour le passage des 82.3
Sollecitazione alla rottura 41.2
- ammissibile . 41.3
- di compressione 2.5
- - flessione . . . 2.7
- - rottura . . . 5.6
- - sicurezza . 41.3
- - trazione . . 2.6
Sollevamento, corsa di 104.1
Soltar el cerrojo 55.6
-, las batiduras se sueltan 5.1
- los tornillos . 75.7
Solubile, acido silicico 7.5
-, vetro 215.8
Soluble glass . 215.8
- silicic acid . 7.5
Soluble, anhydride silicique 7.5
-, silice 7.5
-, verre 215.8
Soluble,ácido siliceo 7.5
-, vidrio 215.8
Solución de ácido fénico 208.6
- - alumbre . . 38.2
- - cloruro de cinc 208.5
- - jabón 38.3
Solution, carbolic acid 208.6
- of alum . . . 38.2
-, soap 38.3
-, theoretical . . 46.2
-, zinc chloride 208.5
Solution d'acide phénique 208.6
- d'alun 38.2
- de chlorure de zinc 208.5
- - savon . . . 38.3
Soluzione d'acido fenico 208.6
- d'allume . . . 38.2
- di cloruro di zinco 208.5
- - sapone . . . 38.3
Sombrerete para batir 117.8

Sombrerete para golpear 117.8
Sommergere, blocco da 184.5
Sommet 144.1
- de cheminée 248.4
-, épaisseur au . 169.1
Sommier 142.11, 144.2 169.2, 233.8
- de fondation 113.1
- diagonal . . . 171.2
- parabolique . 174.3
-, plancher apparent à -s entre poutrelles en fer 142.9
-, pression sur le 236.5
Sommità inclinata contro al senso della corrente 191.4
-, spessore alla 169.1
Sonda, attacco colla 93.6
-, caduta della . 93.7
Sonda de cuchara 94.4
- - válvula . . . 92.5
Sondage 92.3
-, trou de . . . 92.4
Sondaggio a cucchiaio 94.3
- cilindrico . . 94.3
- del terreno . 92.3
Sondaje 92.3
Sonde à clapet 92.5
- - cuillier . . . 94.4
-, chute de la . 92.3
-, soulèvement de la 93.6
Sondeo 92.3
Sonette 102.6
Sonnenschein, vor-schützen 20.9
Sonnette 118.8
- à vapeur . . . 104.3
- - tiraude . . . 103.2
- - treuil 104.5
-, battre à la . 102.2
-, câble de . . . 103.4
-, corde de . . . 103.4
-, enfoncer à la 102.2
-, pilot en béton armé enfoncé à la 117.4
Soportada, calzada - por la tabla inferior 228.1
-, - - - - superior 228.3
Soporte 59.4
-, bovedilla entre nervios de 145.3
- de fundición 234.5
- - nivel . . . 91.7
-, viaducto de - de la calzada 235.3
Sopporto 59.4
- dei gradini . 162.3
- laterale della centina 86.2
- universale, sella di 84.3
Sopracavallato, ferro 158.4
Sopragitare . . 18.9
Soprappressione delle acque 198.9

Soprastruttura,ferro d'armatura della 117.1
Sorgente . . . 175.1
Sorgenti, deviare le 99.2
-, - - - verso un punto più profondo 99.6
-, prendere le . 99.3
Sortie, extrémité de 61.5
Sorting 240.7
Sosa 18.5
-, adición de . . 68.11
Sospendere il piano stradale 235.6
Sospensione, cavalletto di 84.5
-, ferro di . . . 80.8
-, inserimento di quadrelli olandesi a 146.8
Sospesa, piramide 249.3
Sospeso, colonna di legno a tirante 84.6
Sostanza aggiunta 25.7
- bituminosa . 171.4
- carboniosa . 31.2
- eterogenea . . 25.6
- simile al humus 80.9
- - alla terra vegetale 80.9
- torbosa . . 80.10
Sostanze addizionali 155.1
- aggiunte, lavatura delle 80.7
- terrose, far precipitare le 209.3
Sostegno che porta i gradini 162.3
- dell'armatura 80.6
- della fondazione 112.9
-, muro di . . 137.10
-, - - - con volte Monier 139.5
-, - - - d'angolo 139.6
-, parete di - in cemento armato 180.5
-, - - - legno 178.2
- secondario del piano stradale 235.3
- - della via . 235.3
- - spalla di una costruzione di 140.5
-, tetto ad un sol palo di 178.8
- universale . . 84.3
Sostén, dique de - de la calzada 186.5
-, viga de - del descanso 162.4
Sostenere dai due lati 164.11
Sostenere, armatura in ferro per - le armature in legno 84.4

Sostenimiento del
piso después del
desencajonado
85.6
-, muro de . . . 138.1
Sótano 129.3
- estanco . . . 112.4
Sotterranea,ferrovia
225.1
-, infiltrazione
dell'acqua 214.11
Sotterranee, ab-
bassamento delle
acque 100.2
-, derivazione delle
acque 199.2
Sotterraneo . . 129.3
-, serbatoio . . 219.6
Sottili, solaio a volte
149.9
Sottocarro . . . 119.6
Sottofondo, com-
primere col rullo
il 206.4
- della strada . 203.4
- di ghiaia . . 178.8
- - pietrame . . 178.7
- in ghiaia . . 210.3
-, prosciugare il 206.5
Sottoposta,piastrina
143.7
Sottostante, iner-
viare nel pla-
fone 174.1
-, strato acquifero -
alla falda acqui-
fera 114.1
Sottostrato di ghiaia
177.2
Sottostruttura . 194.8
- in legno . . . 185.1
Sottosuolo, acqua
del 97.10
-, livello delle acque
del 98.1
- roccioso, costruire
direttamente sul
191.5
Sottrarre il momen-
to d'appoggio 48.5
Soubassement,
damer le 137.1
Soude 18.5
-, addition de
68.11, 214.10
-, carbonate de 18.6
Soudé, fer . . . 3.4
Souder 216.7
- au feu . . . 70.8
- par voie ignée 70.8
Soudure . 71.2, 216.4
- électrique, appa-
reil pour 71.1
Soulèvement de la
sonde 98.6
Soulever, séparer et
123.6
Soumis, être - à un
effort tangentiel
217.6
Sound proof floor
142.8
Source 175.1
-, canaliser les -s
99.2
Source, capter les
-s 99.3

Source, détourner
les -s 99.2
-, - - -s vers un point
plus profond 99.6
Sous-sol . . . 129.3
- -, cylindrer le - -
au rouleau 206.4
- -, drainer le . 206.5
- -, établir directe-
ment sur le -
rocheux 191.5
- -, rouler le . . 206.4
Soustraire les mo-
ments sur l'appui
48.5
Soutènement, aile
en retour d'un
mur de 139.6
-, contrefort d'un
mur de 140.5
- du tablier, viaduc
de 235.3
-, mur de . . 137.10
-, - - - à contrefort
à voûte Monier
139.5
-, paroi de - en
béton armé 106.3
-, - - - en tôle on-
dulée 106.2
-, revêtement de
178.2
Soutenir provisoire-
ment par des étan-
çons latéraux 136.11
Soutenu des deux
côtés 164.11
Souterrain, chemin
de fer 225.1
-, réservoir . . . 219.6
Souterraine, abaisse-
ment artificiel de
la nappe d'eau
199.3
-, abaissement de la
nappe 100.2
-, - naturel de la
nappe 114.2
-, dérivation de l'eau
199.2
-, eau 97.10
-, infiltration de
l'eau 214.11
-, montée de l'eau
214.11
-, nappe . . . 97.10
-, niveau de la nappe
98.1, 98.2
-, - le plus bas de la
nappe 114.1
Souverposto, pan-
cone 107.1
Sovrapporre pilastri
in cemento arma-
to su pali di legno
114.3
- una parete armata
pezzo per pezzo
76.5
Space, ramming 103.1
-, to saw out -s for
beams 79.4
Spachteleisen . 156.5
-kelle 156.4
Spachteln, aus- 156.3
Spade 96.6
-, haft of the . . 96.7

Spalla 169.2
- della volta . . 233.6
- di un ponte . 192.7
- - una costruzione
di sostegno 140.5
-, muro di . . . 229.8
-, - - - parallelo 140.6
-, pietra di . . . 233.8
-, pressione di . 236.5
Spalten 72.6
Span 47.3, 101.11, 165.1
168.10
-, ratio between the
rise and the 50.3
-, symmetrical -s
228.6
Spandere dalle due
estremità 106.1
Spandril wall . 233.1
Späne, Säge- . . 108.7
Spannen . . . 132.10
Spannung 41.1
-, Abhängigkeit der
Elastizitätszahl
von der 42.5
-, Biegungs- . . 2.7
-, Bruch- . . 5.6, 47.9
-, Druck- 2.5
-, Haft- 46.10
-, Neben- 49.5
-, Rand- . 185.4, 237.1
-, Scher- 43.6
-, Schub- 43.6
-, Temperatur- . 45.8
237.2
-, Zug- 2.6
Spannungslos . 45.3
Spannungsnullinie
46.11
-wechsel . . 34.8, 46.6
Spannweite
101.11 165.1
-riß 202.1
Spanten . . . 201.11
Spargere ghiaia 171.9
Spatel, mit dem - an
den Wandungen
herunterstechen
85.9
Spaten, Grabe- . 96.6
-stiel 35.8
Spatola, ferro a 156.5
-, lisciare colla 156.3
- normale . . . 85.8
-, tagliare con la -
lungo le pareti
85.9
Spatula,standard 35.8
Spatule 156.4
-, fer de 156.5
- normale . . . 35.8
Spazii, silos a
grandi 250.4
Spazio del battipalo
103.1
- di deposito . 68.5
- intermedio, vuo-
tare lo - colla
pompa 116.7
- libero, lasciare uno
164.2
Specchio, appa-
recchio di misura
a 4.7
-, d'acqua . . . 179.9
-, goniometro a 90.1
Special shaped bars
5.8

Specific gravity 14.6
- weight 14.6
Specifico, peso . 14.6
Spécifique,poids 14.6
Spent tan . . . 108.8
Sperone, bacino
dello 184.2
- fascinato . . 184.1
- in cemento ar-
mato 184.11
- - terra 184.1
-, radice dello . 184.3
Sperre, Tal- . . 195.7
Spese per l'acquisto
del terreno 181.6
- - l'espropriazione
181.6
Spessore alla som-
mità 169.1
- del fildiferro del
crivello 15.9
- della volta . 143.12
- dello strato di
terreno 95.7
Spezifisches Gewicht
14.6
Spezzamento dei
sassi, apparecchio
per lo 247.7
Spezzatura . . 180.2
Spherical callot 219.5
Sphérique, calotte
219.5
Spianare . . . 155.8
-, assicella per . 67.3
- la superficie . 67.2
- - - con il lineare
36.4
- - - - la riga . 36.4
- lo strato . . . 35.7
Spianato lungo un
corso d'acqua 178.4
Spiegato, tramezzo
di metallo 133.9
Spiegelapparat 4.7
-, Grundwasser- 98.2
-, Wasser- . . . 179.9
-, Winkel- . . . 90.1
Spike 98.1
Spina di pesce,strato
di mattoni a 127.6
- in ferro . . . 180.9
Spini, asse a . . 70.3
-, assicella a . . 70.3
Spindel der Wendel-
treppe 162.1
Spinta, anello di 174.2
- attiva delle terre
138.3
- del vento . . 167.6
- dell'acqua verso
l'alto 101.4
- delle terre . . 198.8
- - -, calcolo della
138.4
-, lastra di - nelle
costruzioni 152.10
-, - - - tra le costru-
zioni 152.10
-, linea-curva dello
sforzo di 49.7
- orizzontale
144.5, 236.2
-, piattabanda ripar-
titrice di 151.4
-, sforzo di . . . 48.5
-, tensione di . 48.6
Spira 158.9

Spiraglio . . . 158.9
-, nocciolo della
　　scala a 162.1
Spiralarmierung 42.7
-bewehrung . . 42.7
Spirale . . 43.1, 158.9
Spiral . . . 43.1, 158.9
- coils which cross
　　each other 59.3
-, conveying . . 62.4
-, pitch of . . . 43.2
-reinforcement 42.7
- staircase . . . 161.6
Spirale . . 43.1, 158.10
-, armatura a . 42.7
-, scala a . . . 161.6
Spiralförmig, sich
　　kreuzende -e
　　Windungen 59.3
Spire . . . 158.10
Spire incrociate 59.3
Spires croisées . 59.3
Spiritusbehälter 222.3
Spitzbohrer . . 93.11
-hacke 97.1
Spitze, Alligator-
　　124.2
Spitzer eiserner
　　Fuß 93.1
Splayed boring
　　tool 93.10
- drill 93.10
- jumper 93.10
Splinter 188.7
Splintering . . 180.1
Splintery . . . 29.12
Split, to 72.6
Splitt, Granit- . 211.7
Splitterig . . . 29.12
Spogliare l'impalca-
　　tura 85.4
Sponda 176.2
- del fiume, co-
　　struzione spor-
　　gente dalla 184.7
- di riparo . . . 176.7
-, difesa della . 176.4
-, disaggregare un
　　muro di 177.4
-, fasciatura per
　　muri di - dei
　　fiumi e torrenti
　　128.5
-, muro di . . . 229.7
-, parete di - in
　　cemento armato
　　180.5
-, piede del riparo
　　della 176.8
-, riparo della . 176.4
Sponde, consolida-
　　mento verticale
　　delle 181.5
- dei fiumi, con-
　　solidamento delle
　　181.7
Spongiform quartz
　　146.10
Spontanément, se
　　durcir 7.7
Sporca, acqua 220.12
Sporgente, barra
　　164.4
-, ciglio 139.7
-, copertura . . 139.7
-, costruzione - dalla
　　sponda del fiume
　　184.7
-, pietra 127.3

Sporgere, i fili
　　longitudinali
　　sporgono fuori
　　179.7
Spostabile, puntello
　　97.6
-, sbadacchio . 97.6
-, telaio d'armatura
　　75.8
Spray of water, to
　　wet with a 240.10
-, water - pipe . 62.3
Spread, loosly -
　　concrete 199.5
Spreize, verstell-
　　bare 97.6
Sprengwerk, Drei-
　　eck- 87.2
-, Trapez- . . . 87.5
-, Vieleck- . . . 87.4
Sprieße, die - in
　　den Pfosten ein-
　　lassen 74.4
-, Doppel- . . . 84.1
Sprießung, Unter-
　　83.4
Spring 100.6, 124.4, 175.1
-, close up any -s
　　found in the
　　foundation 99.3
-, to deviate -s found
　　in the foundation
　　99.2
-, to lead off -s
　　found in the
　　foundation 99.2
Springer 144.2, 169.2
　　283.6
-, thrust at . . 296.5
Springing block
　　283.8
- stone . . . 283.8
Sprinkle, to - the
　　casing before
　　laying the con-
　　crete 85.1
-, - - mass . . 52.3
-, - - with the
　　watering can 58.3
Spritzbewurf . 153.10
Sprocket, chain 59.7
Sprofondirsi,
　　cilindro in beton
　　da 185.4
Sprosse . . . 166.5
Spruzzo . . . 153.10
Spülrohr . . . 104.7
-tisch 245.1
Spülen, hohl . 178.6
Spülung beim
　　Rammen 104.6
Spundbohle . . 180.7
Spundwand . . 105.2
-, Bollwerk auf 187.6
-, Eisenbeton- . 180.5
-holm 187.7
-, die - mit einem
　　Holm versehen
　　105.10
-, Eisenbeton- . 106.3
-, Eisenbeton - vor
　　dem Pfahlrost116.3
-, eiserne . . . 106.1
-, Holz- 106.3
-, Wellblech- . 106.2
Spundwandartige
　　Verbindung
　　zweier Piloten
　　118.5

Spur wheel,
　　bevil 60.2
- -, conical . . . 60.2
Squadra in ferro
　　piegato 187.4
Squadrata, pietra
　　245.3
Square dressed
　　pavement 212.7
St. André, croix de
　　86.5
St. Andrew's cross
　　86.5
Stab, abgedrehter
　　44.5
-element . . . 218.4
-oberfläche, Auf-
　　rauhung der 44.8
Stab, Flucht- . 90.3
-, Füllungs- . . 231.3
-, Geländer- . . 166.5
-, im Erdboden ein-
　　gespannter
　　biegungsfester
　　248.5
-, Markier- . . . 90.7
-, Merk- 90.7
-, Meßketten- . . 90.6
-, Trag- . 131.2, 147.7
-, Verteilungs- . 181.3
　　147.8
Stabilimento idrau-
　　lico per pompare
　　acqua 192.10
- per la prova dei
　　materiali 1.6
- - uso industriale
　　129.8
Stabilità dei mate-
　　riali, norme per la
　　40.1
- nella direzione
　　verticale 136.1
Stabilité . . . 136.1
- moyenne, terrain
　　de 94.6
Stability . . . 136.1
Stacciare . . . 240.5
Staccio a 7 mm 29.9
- - 120 maglie . 29.8
-, passare allo 240.5
Stadia 90.7
- graduata per livel-
　　lare 92.1
-, regolo sulla . 91.9
Städtische Straße
　　203.6
Staff, measuring 90.2
Staffa 102.4
- di ferro piatto 151.5
- - ritegno dell'assi-
　　cella 78.9
-, filo di collega-
　　mento a forma di
　　179.2
- intrecciata a rete
　　112.3
- universale . . 84.3
Stage . . . 51.5, 60.7
-, loading 187.3, 189.1
- of car, lower 119.6
- - loading . . . 42.1
-, steps of mixing
　　51.4
-, timber 51.6
-, unloading . 188.12

Stagnation, repos
　　par - des eaux
　　affluentes 193.1
Stagno delle acque
　　pluviali 196.1
Stahl 3.7
-bandmaß . . . 90.8
-bolzen, zylindri-
　　scher 234.6
-gelenk 234.4
-rohrdeckenstütze
　　84.2
Stair 162.5
Staircase . . . 161.1
-, cheek of . . 163.10
-, circular . . . 161.6
-, nevel of winding
　　162.1
-, side of . . . 163.10
-, spiral 161.6
-, tower 165.4
- wall 129.2
- well 166.7
-, winding . . . 161.6
- with three flights
　　161.5
- - two flights . 161.4
Stairs 161.1
Stairwell . . . 129.2
Stake, fixing the
　　road section by
　　means of -s 207.8
Stakes 93.4
Stamp beam . . 114.5
-, hand roughing
　　210.11
Stampa . . . 241.5
Stampfasphalt . 209.7
-beton 33.8
- -gewölbe . . 147.2
- -probekörper 34.9
-, Mauer aus . 130.7
-fläche, Über-
　　deckung der ein-
　　zelnen -n 36.2
-form 246.7
-reihe 36.1
-richtung, Druck in
　　der 36.7
- -, Druck senkrecht
　　zur 36.8
-stoß 35.4
Stampfen . . . 65.7
-, mit Quergefälle
　　207.7
Stampfer, Normal-
　　85.2
Stamping form,
　　hand roughing
　　210.11
Stampo pel getto
　　246.6
- per battere col
　　pestone 246.7
- - premere . . 247.1
- - pressare . 247.1
Stancheon . . . 49.8
-, iron 159.6
Stand,Grundwasser-
　　98.1
-, Schieß- . . . 137.8
-festigkeit . . 136.1
-rohr 220.4
- - als Wasserbehäl-
　　ter 224.2
Stand 91.7
Standard . 73.5, 87.8
- apparatus . . 24.4
- cube 23.8

Standard dimen-
    sions 125.3
- gauge bag . . 13.9
- - barrel . . . 13.8
- - sack 13.9
- measurements 125.3
- mixture . . . 22.7
- needle 19.2
- of pressure . 24.2
- - tension . . 23.9
- rammer . . . 35.2
- ring 23.7
- sample briquette
    20.5
- - pat 20.5
- sand 22.9
- set 17.4
- sieve 16.3
- spatula . . . 35.8
- test 21.4
- trowel 35.8
Ständer . 187.11,231.4
-werk 86.10
Ständige Last . 141.4
Ständiger Betrieb,
    Ofen mit -m -e 11.5
- Eingriff, in -m -
    bleiben 60.3
Standing, wall - by
    itself 135.8
Stange, Brech- . 97.2
-, Rüst- 92.10
-, Telephon- . . 245.8
-, Zug- 168.6
Stantuffo tuffante
    213.6
Stapelklotz . . 201.5
Stärke, Gewölbe-
    143.12
-, Scheitel- . . . 169.1
Starre Unterkon-
    struktion 170.6
Starrheit 17.8
Static calculation
    45.11
Statics 40.2
Statica 40.2
Statically, a - in-
    determinate mo-
    ment appears 218.3
- determined stres-
    ses, hinged arch
    with 235.7
-, magnitude which
    is not determined
    48.2
-, not - determined
    46.4
-, value which is not
    determined 48.2
Staticamente deter-
    minato, arco arti-
    colato 235.7
- indeterminata,
    grandezza 48.2
- indeterminato 46.4
- -, si presenta un
    momento 218.3
Statico, calcolo 45.11
Statik 40.2
Station, pumping
    192.10
Station de distribu-
    tion d'eau 192.10
-, marquise de . 178.7
Stationary machine
    56.5
Statique 40.2
-, calcul 45.11

Statiquement, arc
    articulé déterminé
    235.7
- indéterminé . 46.4
- indéterminée,
    grandeur 48.2
- indéterminé, un
    moment - se pré-
    sente 218.3
Statisch bestimmter
    Gelenkbogen 235.7
-, ein - unbestimm-
    tes Moment tritt
    auf 218.3
- unbestimmt . 46.4
- unbestimmte
    Größe 48.2
Statische Berech-
    nung 45.11
Stativ 91.7
Stato di scarico 45.2
Staudamm . . . 191.6
-mauer 196.5
-werk 196.5
Stavolare l'impalca-
    tura 85.4
Stay 159.2
- bolt 137.3
-, corrugated . . . 6.7
-, cross -s . . . 224.5
-, diagonal 86.4, 231.5
-, double set of -s 84.1
- for deep beams 82.7
-, foundation . . 112.9
-, suspension . . 84.7
-, to - against the
    masonry 81.6
-, transversal -s 224.5
-, vertical . . . 231.4
Stays 231.3
Staying falsework
    83.4
- scaffolding . . 83.4
- wall, planked 106.8
Stazione, tetto del
    marciapiede della
    178.7
Steam drying test
    22.3
- pile-driver . . 104.3
- roller 207.1
- test 21.9
- test, high-pressure
    22.1
Steamer's wash,
    effect of 176.5
Stecca per giunzioni
    188.7
-, ritaglio di . . 208.8
Steel 3.7
- cable 168.7
-, concrete . . . 1.2
- girder, concrete
    floor between -s
    147.1
- -, ferro-concrete
    floor between -s
    147.5
- -, floor with T-beam
    between -s 150.10
-, Monier slab be-
    tween -s 148.10
- girders, joisted
    floor with 142.9
- hinge 234.4
- hoop 5.10
- joist, concrete
    slab between -s
    181.1

Steel, mild . . . 3.5
- tape 90.8
-, twisted 6.2
Steg 243.9
-, Landungs- . . 190.4
-, Lauf- 195.6
-, Träger- . . . 143.10
-, wellenförmiger 6.7
Stegdecke, Herbst-
    sche Zylinder- 243.7
-, Zylinder- . . 152.8
Stehbolzen . . . 137.3
Stehend herstellen
    118.6
Stehendes Monier-
    gewölbe, Stütz-
    mauer mit -m - 139.5
Steife Bewehrung
    233.3
- der Mischung 34.2
- Knotenverbin-
    dung 231.11
Steifigkeitszahl 50.4
-ziffer 50.4
Steigschacht . . 220.5
Steigerung, Last- 44.4
Steigung, Kleinst-
    wert der 204.3
Steile Ufer-
    befestigung 181.5
Steinbrecher . 12.9
-eisendecke mit
    Betondruckgurt
    149.4
-füllung, hohles
    Wehr mit 194.3
-, gekesselt . . . 233.5
-hauermäßig be-
    arbeiteter Beton
    233.2
-mehl 27.12
-pflaster . . . 204.10
-schlag 26.8
- - aus Ziegel-
    steinen 88.3
- -silo 249.5
-, -straße . . . 205.5
-wand, armierte 134.6
-zeugschale, mit -n
    auskleiden 226.4
-zieher 9.12
Stein, Asphalt- 209.5
-, Auflager- . . 142.11
-, Ausguß-. . . 244.9
-, Bau- 242.10
-, Bruch- . . . 216.6
-, Dach- 244.8
-, Fassade- . . 245.2
-, Form- 146.6
-, Gleisanschluß-
    211.4
-, Hohl- 130.3
-, Kalksand- . . 243.2
-, Kämpfer- . . 233.8
-, Kunst- . . . 289.1
-, künstlicher . 26.12
-, Kurven- . . . 212.5
-, lebhaft gefärbte
    155.2
-, Leicht- 130.5, 243.1
-, Loch- 130.4
-, natürlicher . 125.1
-, Pflasterbelag- 244.6
-, Quader- . . . 245.3
-, Rinn- 212.6
-, Schwemm-. 146.10

Stein, Trapez- . 188.3
- und Betondecke,
    kombinierte 150.9
-, Verblend- 126.4,
    183.7
Steinmetzmäßig
    bearbeiten 242.7
Stelle, hohle . . 66.7
-, Kreuzungs- . 147.9
-, Lade- 187.3
-, Lösch- 187.2
-, Schweiß-. . . 71.2
-, Verbindungs- 67.6
-, Verwendungs- 63.6
Stellen, senkrecht
    74.2
- Stellschraube . 75.5
Stelo ondulato . 6.7
Stempel 114.5
-, zylindrischer 88.5
Stemperare . . 209.2
Stendere il cemento
    155.9
Step 165.5, 176.7, 245.4
-, angular . . . 162.8
-, artificial stone 163.6
-, covering of . 163.8
-, granite . . . 163.3
-, mixing scoops
    arranged in -s
    62.10
-, stone 163.2
-, straight . . . 162.7
-, to mount the -s
    162.6
-, - saddle the -s
    162.8
-, - set the -s upon
    the string 162.6
-, - widen footing
    in -s 109.4
Steps of mixing
    platform 51.4
- - - stage . . 51.4
Stich 143.13
- geben 85.3
Stick, to - on . 171.6
Stiel, Spaten- . 96.7
Stiff clay . . . 95.4
Stiffener for deep
    beams 82.7
Stiffening rib . 164.8
Stift 75.10
Stirn 233.1
Stirring arm . . 54.2
- box 223.1
- device, vertical 62.1
Stirrup 80.8
-, binding wire in
    shape of 179.2
-, flat iron . . . 151.5
-, hoop iron . . 151.5
Stockwerk . . . 129.5
Stoff, bituminöser
    171.4
-, Filter- . . . 220.10
-, Füll- 108.2
-, humusartiger 80.9
-, kohliger . . . 81.2
-, torfartiger . 80.10
-verlust 89.4
Stöße, Zuschlag-
    155.1
Stone, alluvial 146.10
- articulation . 233.5
- artificial . . . 26.12
    132.2, 289.1
-, ashlar . . . 245.3
-, - - facing . . 232.9

Stone bins . . 249.5
- breaker . . . 12.9
-, brillantly
  coloured -s 155.2
-, broken . 26.3, 26.10
-, broken - road 205.5
- building . . 242.10
- bunkers . . . 249.5
-, cement . . 210.10
-, cobble- pavement
  204.10
-, concrete tooled to
  resemble 233.2
-, coping . 137.7, 218.6
- curved . . . 212.5
- drawing tool 94.2
-, facing . 126.4, 133.7
  245.2
-, finely broken 26.9
-, flag- 244.3
- for facework 126.4
-, gutter . . . 212.6
-, hard lime-. . 10.8
- hinge . . . 233.5
-, hollow . . . 130.3
-, - weir filled with
  -s 194.3
- joint . . . 233.5
- laid on edge 133.4
-, layer of course -s
  206.6
-, light . . 130.5, 243.1
- mill 13.1
-, natural . . 125.1
-, natural -s . 26.11
-, pad 142.11
-, paving . . 244.6
- -, natural . 207.4
-, perforated . 130.4
- powder . . . 27.12
- protection, build-
  ing of 133.8
-, quarry . . . 205.10
-, rail border-. 211.4
-, rendering to
  imitate 242.8
-, sand- 146.10
-, shaped 146.6
-, springing . . 233.8
- step . . . 163.2
- -, artificial . . 163.6
-, terrazzo grinding
  156.1
-, - rubber . . . 156.1
-, trapezoidal . 133.3
-, victoria 125.2, 239.1
-, wall in ashlar 126.8
-, - - dressed . 126.8
-, - - hewn . 126.9
-, - - worked . 126.9
Stop cock . . . 214.6
- hook, to release
  the 55.6
- -, - unfasten the
  55.6
-, to - leakage with
  iron plates 196.3
-, - - leaks . . 196.8
-, - - the dam . 107.7
-, - - - joint by
  means of an iron
  strip laid under-
  neath 179.1
-, - - joints . 177.5
-, - - up leaks . 107.8
Stopping the in-
  coming water 193.1
Store 63.5

Store-room, frost-
  proof 86.6
-, to - in damp
  atmosphere 22.11
Storey 129.5
Störung des Ab-
  bindeprozesses
  18.12
Stoßlasche . . 188.7
-, Säulen- . . . 158.2
-, Stampf- . . . 85.4
-verbindung, Zug-
  71.9
Stößel, Grund- 122.3
-, gußeiserner . 66.1
-, Holz- 66.2
-, konischer Holz-
  78.3
-, Seiten- 66.3
Stoßen, die Deck-
  platte stumpf
  189.11
Strada 203.1
- acciottolata . 205.4
- alpestre . . . 204.7
- carreggiabile 230.5
- carrozzabile . 203.2
- cittadina . . . 203.6
- di campagna 204.1
- - rotolamento su
  binario 64.1
- - scorrimento 230.5
- in bitume calcare
  204.9
- - Macadam . 204.9
-, inclinazione della
  203.5
- inghiaiata . . 205.6
- maestra . . . 204.6
- pavimentata a
  pietrame 205.5
-, rivestimento della
  203.3
-, sottofondo della
  203.4
-, struttura inferiore
  della 203.4
- suburbana . . 204.1
Stradacchiare dei
  traversi fra una
  parete e l'altra 97.4
Stradale, arginatura
  portante il corpo
  186.5
-, cilindro com-
  pressore 206.7
-, corpo - di un
  ponte 235.2
-, fosso 204.5
-, pavimentazione -
  in calcestruzzo
  210.2
-, sospendere il
  piano 235.6
Strade, veicolo
  circolante per le
  204.2
Stradone . . . 204.6
Strahl, Druckwasser-
  104.8
-, durch Wasser-
  nässen 240.10
-gebläse, Sand- 39.5
Straight edge 207.10
- step 162.7
Strain 41.1
-, compressive . 40.5
- figure 5.3
-, safe 41.3

Straining, ultimate
  41.2
Strang, Rohr- . 225.6
-, Zuleitung- . . 219.9
Strap 103.8
-, piles with -s 118.2
Strappamento, resi-
  stenza del palo
  allo 191.2
Straße 203.1
-, Alpen- 204.7
-, Fahr- 203.2
-, Haupt- 204.6
-, Kies- 205.6
-, Land- 204.1
-, Makadam- . . 204.9
-, Schotter- . . 205.4
-, städtische . . 203.6
-, Steinschlag-. 205.5
-, Wasser- . . 182.11
Straßenachse, in
  Reihen senkrecht
  zur 206.1
-bau 203
-belag 203.3
-decke, Beton-. 210.2
-fahrzeug . . . 204.2
-gefälle 203.5
-graben . . . 204.5
-querschnitt, Fest-
  legung des - -es
  durch Pfähle 207.8
-walze 206.7
- -, Dampf- . . 207.1
Strata, clayey . 192.8
-, depth of the . 95.7
-, variation of . 112.8
-, water bearing 122.7
Strati acquiferi 122.7
-, asfalto in . . 209.9
- di concio lavo-
  rato, muro a 127.1
-, introdurre per
  singoli 103.3
Stratification . 39.7
-, variable . . . 112.8
Stratificazione della
  massa 39.7
- variabile . . . 112.3
Strato acquifero
  sottostante alla
  falda acquifera
  114.1
-, altezza dello 35.3
- argillifero . . 192.8
- battuto di argilla
  193.6
- continuo in as-
  falto 190.3
- corrente . . . 127.2
- di cartone . . 171.5
- - copertura . 184.4
  210.5, 242.2
- - fasciatura . 127.4
- - ghiaia . . . 227.6
- - grossi rottami
  di mattoni 206.6
- - ju a iniettata
  171.10
- - mattoni a cro-
  ciera 127.7
- - - spina di
  pesce 127.6
- - alternanti 127.5

Strato di pietre
  messe per lungo
  127.2
- - rovinacci . 206.8
- - terreno, poten-
  zialità dello 95.7
- - -, spessore dello
  95.7
- - vernice all'olio
  215.4
- filtrante . . . 220.2
- impermeabile 23.11
- in cemento, pavi-
  mento con 154.6
- inferiore in ghiaia
  210.3
- - liscio 146.4
- - non assorbente
  23.11
- isolante . . 131.10
- longitudinale 144.6
-, rendere ruvida la
  superficie dello
  36.3
-, spianare lo . 35.7
- trasversale . 144.7
Stratti, introdurre
  per 65.8
Stratum, variation
  of 112.8
Stream 181.10
-, down 175.8
-, up 175.6
-, widening the 182.9
Strebe 188.10
-pfeiler in der Wand
  anordnen 218.8
- -, Mauern mit -n
  139.4
-werk 87.1
Strebe, Hänge-. 84.7
-, Quer- 86.4
Streckgrenze . 4.8
-metall 6.4
- -wand 183.9
-verband . . . 127.9
Streckenlast . . 46.12
Street 203.1
- grade 203.5
- gradient . . . 203.5
- roller 206.7
- town 03.6
Streichen, Mennige
  144.8
Streifen, Asphalt-
  papp- 179.8
-, Blei- 164.3
-, Dachpappen- 85.2
-, Verbindungs- 159.2
Strength 22.4
-, binding . . . 2.10
-, cubic 43.4
-, maximum value of
  25.4
-, minimum value of
  25.3
-, own 22.6
-, setting . . . 22.5
-, tensile - te<t . 24.5
-, twisting . . . 44.3
Strengthen, to - the
  edges by iron rods
  132.9
Strengthening iron
  71.3
- of banks of rivers
  181.7
-, vertical - of the
  bank 181.5

Stress 41.1
- bar . . . 181.2, 147.7
- -, to arrange - -s
  on both sides 185.2
-, bending . . . 2.7
-, breaking . . . 47.9
-, change of -es 34.8
-, compressive . 2.5
-, dependance of the
  modulus of elasti-
  city on the 42.5
-, diagram of -es
  236.3
- due to tempera-
  ture 45.8, 237.2
-, dynamical -es 46.7
-, extreme fibre 237.1
-, inversion of -es
  46.6
-, polygon of -es
  236.3
-, safe 41.3
-, secondary . . 49.5
-, shearing . . . 43.6
-, tensile 2.6
-, to apply tangen-
  tial 217.6
-, ultimate . . . 5.6
Stressing, ultimate
  41.2
Stretch, to - on wire
  netting 181.3
-, - - - - trellis 181.3
Stretched, diago-
  nally - cables
  152.7
- Rabitz network
  144.10
Stretchers, course of
  127.2
Stretching bond
  127.9
Strewing with
  ballast 205.9
- - gravel . . . 205.9
Striare 154.7
Strich, Strom- 181.10
Strike, to - centres
  85.4
Striker 67.3
Striking, centre -
  device 87.9
String 162.3
- piece 105.7
-, to set the steps
  upon the 162.6
Stringer 85.9
-, bridge with con-
  tinuous -s 228.5
-, - - trussed -s 230.10
Stringere, infilare
  una bietta nel
  palo per 74.4
-, - - punta nel palo
  per 74.4
Stringimento delle
  armature delle
  pareti in legno
  75.1
Strip, asphaltic 179.8
-, bitumen sheet 179.8
- of asphaltic
  roofing felt 85.2
- - galvanised sheet
  iron 189.12
- - lead 184.8
- - pasteboard for
  roofing 85.2
-, triangular . . 79.1

Striscia di cartone
  asfaltato 179.8
- - - catramato per
  tetti 85.2
- - feltro immersa
  nella pece 208.10
- - lamiera per
  collegamenti 159.2
- - piombo . . 184.5
Striscie di ferro,
  formella da pavi-
  mento con - in-
  castrate 211.5
- in lamiera zincata,
  rivestimento di
  189.12
- verticali di la-
  miera, separa-
  zione mediante
  178.9
Stritolare i rovi-
  nacci, rullo per
  247.7
Strofinare, tavoletta
  per 67.4
Strokes, series of
  104.2
-, to regulate the
  103.8
Strom 175.4
- oberhalb . . . 175.6
- unterhalb . . . 175.8
-breite 181.8
-regulierung . . 188.1
-schicht . . . 127.6
-, Sohle des -es 188.1
-strich 181.10
-teilung 189.8
-tiefe 181.9
-verband . . . 128.5
Structure, to let
  properties of -
  appear 39.6
Strut 188.10
-, diagonal . . . 86.4
-, to let the - into
  the upright 74.4
-, to - temporarily
  with wood 186.11
-, - - the cross-piece
  88.3
Struts 87.1
Struttura cellulare,
  silos a 250.2
- del tetto . . . 174.4
-, doppia - di ferro
  168.9
-, fare apparire la
  proprietà di 39.6
- inferiore della
  strada 203.4
- radiale delle
  capriate 170.4
Stube, Ramm- . 103.1
Stuc, plafonnage en
  142.2
-, plaque en . . 133.5
-, revêtement en 142.2
-, roseau pour le
  travail en 142.1
Stuccatura, canna
  da cannetto per
  142.1
Stucco, lathing for
  142.2
-, lathwork for . 142.2
-, slab in 133.5
- tube 142.4

Stucco 146.3
-, lastra di . . . 133.5
-, modello in . . 83.3
-, palconcellatura
  del soffitto a 142.2
Stück, Gelenk- 234.9
-, Verbindungs- 71.11
Stückform, in . 8.1
Stücksteinplatte 133.5
Stückweise auf-
  stellen, eine
  Schalwand 76.5
Stufe 162.5
-, Antritt- . . . 163.1
-, Auftritt- . . . 162.9
-, Belastungs- . 42.1
-, gerade 163.7
-, gewendelte . 162.8
-, Granit 163.3
-, Kunststein- . 163.6
-, senkrechte Fläche
  der 163.1
-, Treppen- . . . 245.4
-, wagerechte Fläche
  der 162.9
-, Werkstein-. . 163.2
Stufenbelag . . 163.8
Stufenförmig ver-
  breitern 109.4
Stuhl, Fahr- . . 65.1
Stukkaturrohr . 142.4
-verschalung . 142.2
Stülpwand . . . 178.2
Stumpf stoßen, die
  Deckplatte 189.11
Stuoia 142.7
- incatramata . 174.8
Sturzbett . . . 192.6
Stütze 49.5
-, Fundament- . 112.9
-, Stahlrohrdecken-
  84.2
Stützenmoment, das
  - abtragen 48.5
-reihe, hintere 189.5
- -, vordere . . 189.4
Stützlinie für volle
  Belastung 236.1
-, Maximal- . . 236.6
-, Minimal-. . 236.7
Stützlinien-
  verfahren 235.10
Stützmauer mit
  stehendem Mo-
  niergewölbe 139.5
-, Winkel- . . 139.6
Stützweite . . . 47.3
Subacquea, chiusa
  192.3
Subacqueo, sfiora-
  tore 192.3
Subarrendada, casa
  130.2
Subida del agua
  subterránea 214.11
Subir un tabique
  por partes 76.5
Subsoildrainage 99.1
Substance, mouldy
  80.9
-, peaty 30.10
- rich in carbon 81.2
Substraer los mo-
  mentos sobre el
  apoyo 48.5
Substructure . 194.8
-, rigid 170.6
-, wooden . . . 185.1

Subsuelo, comprimir
  el - con el rodillo
  206.4
-, construir direc-
  tamente sobre el
  191.5
Subterránea, agua
  97.10
-, infiltración del
  agua 214.11
Subterráneo, depó-
  sito 219.6
-, ferrocarril . . 225.1
Subtract, to - the
  moment of
  supports 48.5
Suburbana, strada
  204.1
Successive, action -
  des forces 46.3
-, remblayer par
  couches -s 108.3
Succhiello svizzero
  98.11
Succhio a sgorbia 94.4
Sucesiva, acción -
  de las fuerzas 46.3
Sudar 68.4
Suelo 153.11
-, apuntalar sobre el
  - cercano 74.3
-, barra rígida em-
  potrada en el 248.5
- de tablas . . 82.6
- - un puente . 235.2
- del molde de la
  viga 82.2
-, hundir hasta el -
  firme 121.1
Sueltas, confección
  de las plezas 82.4
Suer 68.4
Suficientemente,
  comprimere 68.3
Sufficiently, to press
  together 68.3
Suffisamment, com-
  primer 68.3
Suficientemente,
  comprimir 68.3
Sujetar el tambor
  mezclador por me-
  dio de freno 56.1
Sulphur, water con-
  taining 81.5
Sulphuric acid, dilu-
  ted 215.8
Sulfureuse, eau 32.5
- diluido 215.6
Sulfúrico, ácido -
  diluido 215.6
Sulfurique, acide -
  dilué 215.6
Sulfurosa, agua 32.5
Sumergida, tira de
  fieltro - en péz
  208.10
Sumergir, bloque
  para 184.5
- sacas de arena 107.5
Sump 99.4
Sumpf 99.4
Sun, to protect
  against the 20.9
Suoletta sotto la
  bietta 83.7
Suolo circostante,
  appoggiare sul 74.3
-, compressione del
  110.3

Superfici di batti-
  tura, ricoprimen-
  to delle differenti
                       36.2
-, preparare le - per
  ricevere i colori
  ad olio 215.5
Superficie aderente
                       151.7
- dello strato, ren-
  dere ruvida la 36.3
- di scorrimento
            188.2, 195.2
- elicoidale che sale
  con l'inclinazione
  di 45° 44.2
- esterna del coper-
  chio 60.8
- - della verga, ru-
  videzza della 44.8
- - -, scabrosità
  della 44.8
- filtrante utile 220.1
- inferiore... 148.5
-, la - si offusca . 5.4
- liscia 30.1
- -, ferro con . . 5.2
-, lisciare la 67.2, 207.9
- lucida 30.1
-, natura della . 29.13
- posata 185.5
-, rilevamento di
  una 89.2
- ruvida 30.2
-, spianare la . 67.2
-, - - - con il lineare
  36.4
-, - - - - la riga 36.4
- superiore . . 148.4
Superficie adherente
                       151.7
-, alisar la . . . 67.2
- apisonada . . 36.1
- áspera 30.2
-, aspereza de la -
  de la varilla 44.8
- de apoyo . . 185.5
- - deslizamiento
            188.2, 195.2
- del agua . . . 179.9
- - manto de agua
  subterránea 98.2
-, el traspaso del lí-
  mite de estirado
  se conoce en la 4.9
- exterior de la cu-
  bierta 60.8
- filtrante útil . 220.1
- helizoidal á 45° 44.2
-, levantamiento de
  89.2
- lisa 30.1
- -, hierro con . . 5.2
- rugosa 30.2
- superior . . 148.4
-, vertedero de 192.2
Superficies, preparar
  las - para pintar
  las al óleo 215.5
Superficielle, texture
  - résultant du la-
  minage 44.8
Superieur, bief 190.10
-, point au tiers 286.8

Supérieure, couche
                       210.5
-, membrure . . 87.7
            188.2, 231.6
-, partie - de la
  poutre 228.3
-, pont en treillis
  avec membrure -
  parabolique 232.1
-, surface . . . 148.4
Superior, capa 210.5
-, cordón . . . 87.7
-, hierro plegado
  hacia la zona
  151.10
-, nivel 190.10
-, piso sobre la tabla
  149.3
-, punto tercio . 286.8
-, rama - del marti-
  nete 108.3
-, superficie . . 148.4
Superiore, armatura
  87.7
-, carro . . . 119.6
-, cinta - in cemento
  armato 185.2
-, copertura . . 210.5
-, fosso 197.1
-, membratura . 188.2
                       231.6
-, ponte a via . 228.3
-, soletta - del pavi-
  mento 149.3
-, superficie . . 148.4
-, terzo-punto . 286.8
Superload 141.3, 228.7
Superstructura,
  hierro de arma-
  dura de la 117.1
Superstructure in
  ferro-concrete
  185.2
- of a bridge . 285.2
Superstructure,
  armature de
  la 117.1
Supply pipe . . 121.5
-, water 191.9
Support . 49.3, 141.8
-, foundation . . 112.9
-, intermediate . 140.8
-, point of - of a
  bridge 229.9
-, secondary road-
  way -s 235.3
-, solid flange at
  point of 231.9
-, to determine the
  pressure on
  the 47.4
Support, armature
  servant de 84.4
-, colonne de . 243.11
- de la fondation
  112.9
-, fer feuillard
  comme 80.7
-, fixer des lattes de-
  aux poutres 81.5
- latéral 5.4
-, pilier de . . . 87.8
-, toit à une seule
  ligne de -s 173.8

Supported on both
  sides 164.11
Supporting capacity
  of the pile 120.7
- column . . . 243.11
-, pile hoisting and -
  head 103.3
- pillar . . . 243.11
- reinforcement 157.3
-, self - wall . . 135.5
- the floor after re-
  moval of centres
  85.6
- wall 178.2
Supposée, charge
            141.1, 229.10
Supposto, carico
            141.1, 229.10
Supuesta, carga
            141.1, 229.10
Surélevé, réservoir
  221.2
Surface, arched roof
  with smooth 178.9
-, covering of the
  ramming -s 36.2
-, efficient - of filter-
  bed 220.1
-, levelled - of em-
  bankment 138.5
-, nature of . . 29.13
- of underground
  water 98.2
-, rough 30.2
-, roughing of the -
  of the bar 44.8
-, sliding . 138.2, 195.2
-, smooth . . . 30.1
-, the - becomes
  dull 5.4
-, to dress the
  outer 37.10
-, - - prepare the - to
  receive the paint
  215.5
-, - roughen the 36.3
-, - smooth the
  67.2, 207.9
-, water 179.9
Surface adhérente
  151.7
-, aplanir la - avec
  la règle 36.4
-, araser la . . . 67.2
- d'appui . . . 185.5
- de glissement
            188.2, 195.2
- - l'eau . . . 179.9
- - la barre, rugo-
  sité sur la 44.8
- - - nappe souter-
  raine 98.2
- extérieure, badi-
  geonner la 37.10
- - du couvercle 60.8
-, endurir la . 87.10
-, ravaler la . 87.10
- filtrante utile 220.1
-, gratter la . . 36.3
- hélicoïdale à 45°
  44.2
-, la - se ternit . 5.4
-, levé d'une . . 89.2
- lisse 30.1
-, lisser la . . . 207.9

Surface, nature de
  la 29.13
- polie, fer à . 5.2
-, préparer les -s
  pour recevoir
  la couleur à
  l'huile 215.5
-, racler la . . . 36.3
-, regler la . . . 67.2
- rugueuse . . 30.2
- supérieure . . 148.4
Surplus water
  pressure 198.9
Surpression de
  l'eau 198.9
Surround, to . 158.8
                       163.5
Survey of area . 89.2
- - heights . . 89.3
-, to - the land 89.1
Surveyor's chain 90.5
- rod 90.2
Suspend, to - the
  roadway 235.6
Suspended hopper
  249.3
Suspender la
  calzada 235.6
Suspendre le
  tablier 235.6
Suspendu, jardin
  173.6
Suspension post 235.5
- stay 84.7
- truss 84.7
Suspension de
  l'armature 80.6
-, fer de 80.8
Suspensión de la
  armadura del
  piso 80.6
- en forma de
  tijera 81.1
Svizzero, succhiello
  93.11
-, trapano . . . 93.11
Svuoto cilindrico
  180.8
Swarf 156.2
Sweat, to . . . 68.4
Swimming bath 221.5
Swinging motion,
  the mixing tray
  has a 63.1
- shaft. 206.10
Syenit 155.6
Syénite 155.6
Symétriques, ouver-
  tures égales et 228.6
Symmetrical
  openings 228.6
- spans 228.6
Symmetrische Öff-
  nungslängen 228.6
Syphon 224.8
System, Krag-
  platten- 189.8
System, English
  207.3
-, French 207.2
Système à semelles
  intérieures 139.8
- Martens, appareil
  enrégistreur du
  degré de prise 19.8

T.

T-bar with fluted
  web 6.8
- beam, floor with -s
  between steel
  girders 150.10
- shaped beam 49.1
  151.3
T, ferro a doppio
  142.10
Tabique 219.8
-, adoquín de -s
  metálicos 211.5
- de hormigón
  armado 180.5
- - - - delante de
  los pilotes 116.3
- - metal desplegado
  183.9
- - pilar de muro 77.5
- - pilastra de muro
  77.5
- - tablas . . . 73.2
- del sistema Prüss
  133.2
- Lugino . . . 134.3
Tabla. . . 73.4, 241.6
-, ataguía de -s y
  terraplén 106.8
- de nivelación 92.1
- del molde . . 75.4
- inferior de la
  vigueta 144.3
-, piso sobre la –
  inferior 149.2
-, - sobre la - su-
  perior 149.3
Tableau de fenêtre
  79.7
Tablero, compuerta
  con - de maderos
  móviles 194.4
- de maderos . 194.7
- - tablestacas 194.7
- - una puente 235.2
- - vertedero . 194.5
- guarnecido de
  clavos 70.5
- para el trazado 70.6
Tablestaca· . . 180.7
-, tablero de -s 194.7
Tablier de pont 235.2
- reposant sur la
  semelle 228.3
- reposant sur la
  semelle inferieure
  de la poutre 228.1
-, suspendre le 235.6
-, viaduc de sou-
  tènement du 235.3
Tablilla bajo la
  cuña 83.7
- corrediza para
  echar el hormigón
  78.8
- cubrejunta . 188.7
- estrecha . . . 142.3
-, mira de . . . 91.4
Tablón 78.3
- de empalizada 180.7
- del molde 73.6, 75.4
-, revestimiento de
  -es 188.9
Tablones de detrás
  187.5

Tacco di lancia-
  mento 201.5
- per la chiglia 201.4
Tafel, Blei- . . 216.3
-, Dammbalken- 194.7
-, Schal- 75.4
-, Visier- 91.4
Tagesleistung . 67.10
-zeichen 200.8
Tagliapietra,
  lavorare col modo
  di 242.7
Tagliapietre, calce-
  struzzo lavorato
  col modo del 233.2
Tagliar fuori le
  aperture per
  le travi portanti
  il soffitto 79.4
- - - - - - - l'im-
  piantito 79.4
Tagliare con la spa-
  tola lungo le
  pareti 35.9
- i ferri, apparecchio
  per 69.4
- il palo di legno
  114.4
- in due 72.6
- su misura . . 69.2
Taglio a smusso di
  scalpello 105.5
-, linea-curva dello
  sforzo di 49.7
-, muro in pietra da
  126.8
-, pietra lavorata
  a 245.3
-, rivestimento con
  pietre da 216.11
-, sforzo di . . 43.5
-, tensione di . 43.6
Tail race . . . 197.2
- water 191.1
- - course . . . 197.6
Taillé et ravalé,
  béton 233.2
-, marche en pierre
  de 163.2
-, mur en pierre de
  126.8
-, parement en
  pierre de 232.9
-, pierre de . . 245.3
-, voûte en pierre
  de 232.7
Tailler le béton 242.7
Take out, to - -
  from the mould
  24.1
-, to - the rod apart
  93.9
Taking out the core
  247.6
Takt, den - angeben
  103.8
Talbrücke . . . 232.3
-sperre . . . 195.7
- -, Kern der . 195.9
-sperrenwasser 32.2
Taladro, áncora de
  180.3
-, bajado del en-
  tubado por 124.3

Taladro cilíndrico
  94.3
Talla, muro de
  piedras de 126.8
Tallada, grada de
  piedra 163.2
Tallar el hormigón
  242.7
Talleres, edificio de
  129.8
Talud 176.3
-, ángulo del - na-
  tural de la tierra
  138.8
-, cavar en . . . 96.2
Talus 176.3
-, angle du - naturel
  des terres 138.8
-, exécuter une
  fouille en 96.2
Tambor . . . . 170.›
- giratorio . . . 56.6
- mezclador bi-
  cónico 59.1
- quebrantador 13.2
Tambour . . . 170.8
-, arrêter le - par
  un frein 56.1
- basculant, le ma-
  laxeur est à - au-
  tour de l'arbre
  55.4
- boulets de fer se
  mouvant libre-
  ment dans le 57.2
-, broyeur à . . 13.4
- le - se redresse
  automatiquement
  55.7
- -malaxeur, main-
  tenir le - par un
  verrou dans la po-
  sition verticale
  55.5
- mélangeur à
  double cône 59.1
-, renversement du
  56.7
- rotatif . . . 56.6
- tournant . . . 56.6
Tamburo 102.8, 170.8
- conico doppio per
  la miscela 59.1
- dell'impastatrice,
  trattenere il - me-
  diante freno 56.1
- girevole . . . 56.6
-, il - gira automati-
  camente verso il
  basso 55.7
-, sfere di ferro intro-
  dotte libere nel
  57.2

Tamiz de 120 mallas
  29.8
- normal 16.3
Tamp, cast-iron 66.1
-, hand 102.3
-, wooden 66.2
Tamp, to 102.2, 207.5
-, to - with trans-
  versal sloping 207.7
Tamped concrete 33.3
Tamping . . . 65.7
Tampon conique en
  bois 78.3
- de bois 88.4, 131.9
- en bois . . . 172.5
Tan 108.8
Tan, spent. . . 108.8
Tangential stress,
  to apply 217.6
Tangential bean-
  spruchen 217.6
Tangentiel, être sou-
  mis à un effort
  217.6
Tangenziale, resi-
  stere ad uno
  sforzo 217.6
Tank 200.3
-, cubical mixing 57.1
- for ammonia 221.8
- - liquid. . . 213.1
- -, formation of the
  bottom of the 219.3
-, hot water . . 221.9
-, tar 221.7
-, underground 219.6
Tanque para agua
  caliente 221.9
Tapar . . 114.6, 196.8
- con hormigón 116.9
- las juntas . . 177.5
- - - del ataguía
  107.7
- - - por una cinta
  de palastro 179.1
- - vías de agua 107.8
Tape. 91.1
-, levelling . . . 91.9
-, steel 90.8
Tapered towards
  the bottom 123.3
Tapiur con ladrillos
  holandeses 226.5
Tapón cóuico de
  madera 78.3
- de madera . . 88.4
  131.9, 172.5
Tapping of the
  underground
  water 199.2
Tappo conico in
  legno 78.3
- di legno . . . 88.4
Tar, asphalte and -
  composition 216.10
- oil 208.4
- tank 221.7
Taret 115.4
Targa di protezione
  in metallo 165.2
Tarière, ancre de
  180.3
- cylindrique . 94.3

Tarjea para aguas
de infiltración 99.7
Tarmatura . . 113.8
Tarred paper . 210.6
- roofing felt . 208.9
Tarring 115.3
Tarugos, unir con
• 235.1
Tas 52.11
-, pelleter les . . 53.1
Tasche zum Aus-
gießen der Monier-
wände 77.2
Taschenartiger
Behälter 58.4
Tasser, introduire
sans 14.3
- par secousse . 14.4
Tatsche 66.5
Tau 98.3
-, Kranz- 103.6
-, Ramm- 103.4
Taucherglocke,
schwimmende
199.9
Taux de la charge
42.1
Tavola 73.3, 73.4, 241.6
- della parete
armata 75.4
- piallata . . . 85.7
Tavolato da model-
latore per trac-
ciare 70.6
-, disarmare il . 85.4
Tavole, armatura in
73.2
-, incastellatura di
81.4
-, pavimento in -
con intramezzi
di gesso 154.5
- portanti, collegare
colle travi le 81.5
- -, legare le - sui
piedritti 81.5
- -, - - - - puntelli
81.5
Tavoletta da pavi-
mento in calces-
truzzo armato
153.4
- di trasporto dei
conci 248.1
- per strofinare 67.4
- sotto la bietta 83.7
Tavolone . . . 78.5
Tavoloni, riunire
con bulloni a
vite i 137.2
Tazze, elevatore a
64.9
-, verricello a . 64.9
Techo de hormigón
armado entre
viguetas de hierro
147.5
- - tejas . . . 143.3
-, encañizado de -
relleno de yeso
154.5
-, revoque de . 153.9
Tee, waved - web 6.7
Teerbehälter . 221.7
-öl 208.4
-papier 210.6
Teerung 115.8
Tegola . . 212.5, 244.8
- in cemento . 172.6

Tegole, copertura
con 172.1
-, formare in . . 10.11
-, giunto delle . 217.2
Teil, Raum- . . 33.10
Teilung, Strom- 182.8
Teja 244.8
-, cubierta de -s
172.1
- de cemento . 172.6
- - cristal . . . 172.5
- - vidrio . . . 172.5
-, junta de las -s
217.2
-, techo de -s . 143.3
Tejado 167.1
- á la Mansard 169.10
- abovedado de
intrados liso 173.9
- de armaduras 169.6
- - armadura
metálica 168.2
- - bohardilla 169.10
- - cercha metálica
168.2
- - cerchas . . 169.6
- - una sola hilera
de columnas 173.3
- - una sola hilera
de pies 173.3
- del andén . . 173.7
- doble 173.4
- plano 168.1
Tejadillo con arma-
dura shed 168.4
Tejido, colocar un -
metálico entre dos
cantoneras 182.8
Tela da vela . . 107.5
- olona 107.5
Tela de velas . 107.5
- metálica Rabitz
146.2
Telaio 170.2, 206.9, 241.7
-, cosciale del . 79.2
- d'armatura mobile
75.8
- - spostabile . 75.8
- della finestra . 79.8
-, montante del 79.2
-, munire il - di fori
75.9
-, piedritto del . 79.2
Telefonico, palo 245.8
Telefónico, poste
245.8
Telegraph pole 245.8
Telephonstange 245.8
Telephone pole 245.8
Téléphonique,
poteau 245.8
Telescopic . . . 123.4
Telescopio, fatto a
123.4
Telescópio, en forma
de 123.4
Télescopique . 123.4
Teleskopartig . 123.4
Temperatureinfluß
18.10, 172.3
-fuge 190.1
-spannung 45.8, 237.2
Temperatura, in-
fluenza della 18.10
-, innalzamento della
16.11
-, tensione per la
45.8, 237.2

Temperatura de
calcinación 11.10
- - cocción . . 10.10
- - concreción . 12.3
-, influencia de la
173.2
Temperature, effect
of the 173.2
-, influence of . 18.10
-, influence of the
173.2
-, stress due to . 45.8
Température de
cuisson 11.10
- - solidification 12.3
-, influence de la 18.10
-, tension due à la
45.8, 237.2
Tempo, lasso di - di
28 giorni 23.3
-, marcare il . . 103.8
-, resistente all'
azione del 31.8
Temporarily, to
strut - with wood
136.11
Temporary gangway
86.9
- hinge 233.4
- joint 233.4
Temps de prise,
raccourcir le 214.9
-, laps de - de
28 jeurs 23.3
Tenaglia . . 81.1, 93.5
Tenaille, attache en
forme de 81.1
Tendance à la
poussée 20.2
- au gonflement 20.2
Tendencia á hin-
charse 20.2
Tender . . . 132.10
- por encima una
red metálica 181.3
Tendere . . . 132.10
Tendeurs obliques
181.2
Tendido, cables por-
tadores -s diago-
nalmente 152.7
-, enrejado de Rabitz
144.10
Tendre 132.10
- du treillis de fer
sur 181.3
Tendue, toile métal-
lique Rabitz forte-
ment 144.10
Tenement-house 150.2
Tensar . . . 132.10
Tensile force . . 40.6
- - acting in incli-
ned planes 44.1
- strength test . 24.5
- stress 2.6
- bar 147.7
-, to arrange - -s
on both sides 185.2
-, change of . . 46.6
-, elongation due to
8.8
-, joint made to
resist 71.9
- on edge . . . 185.4

Tension rod . . 181.2
-, standard of . 23.9
Tension 41.1
- au bord . . . 185.4
- d'adhérence . 46.10
- de rupture 5.8, 47.9
- due à l'effort
tranchant 43.6
- - - la température
45.8, 237.2
- - au cisaillement
43.6
-, inversion de . 46.6
-, relation entre le
coefficient d'éla-
sticité et la 42.5
-, sans 45.3
- secondaire . . 49.5
- sur l'arête . . 237.1
-, variation de . 34.8
46.6
Tensión 41.1
- al extremo . 185.4
- de adherencia 46.10
- - rotura . . . 47.9
- - ruptura . . . 5.8
- debida á la tem-
peratura 45.8, 237.2
- del esfuerzo cor-
tante 43.6
- en el borde . 237.1
- secundaria . . 49.5
-, sin 45.3
- térmica á la tem-
peratura 45.8
Tensione 41.1
- ai bordi . . . 185.4
- all'estremità . 237.1
- - orlo 237.1
- di aderenza . 46.10
- - rottura . . . 47.9
- - spinta . . . 43.6
- - taglio 43.6
-, dipendenza del
modulo di elasti-
cità dalla 42.5
- per la temperatura
45.8, 237.2
- secondaria . . 49.5
-, senza 45.3
-, variazione della
34.8
-, - di 46.6
Tensioni nulle, asse
delle 46.11
Tensoras, ligadura
de varillas 71.9
Tenuta dell'acqua
100.3
Teoria della flessione
del Navier 43.3
Teorica, determina-
zione 46.2
Teórica, determina-
ción 46.2
Tercio, punto - in-
ferior 236.9
-, punto - superior
236.8
Termica, coefficiente
di dilatazione 3.2
Térmica, coeficiente
de dilatación 3.2
Ternir, la surface se
ternit 5.4
Terra-cotta . . 159.9
- - floor . . . 154.11
- - slabs as moulds
77.7

Terra argillosa 108.10
- -, ricco di . . 18.3
-, argine in . . 97.8
-, attrito fra la - ed
   il paramento 217.9
-, calcestruzzo
   umido come la 66.6
- colorante . . 239.5
-, colore- 239.5
-, coprire con strati
   di 221.4
- -creta . . . 108.11
-, diga in 97.8
- dissolvente, tra-
   pezio della 138.7
- livellata, massa di
   138.5
-, pece- 208.12
-, pressione della
   217.8
-, sperone in . . 184.1
-, tura in 106.4
-, umido come la
   88.12
- vegetale, acido
   della 30.11
- -, sostanza simile
   alla 30.9
Terrace . . 96.4, 176.7
Terracotta . . . 159.9
-, chiave di flangia
   in 144.9
-, lastre di - come
   rivestimento 77.7
-, pavimento in 154.11
-, plastre di - come
   rivestimento 77.7
-, rivestimento in
   160.1
Terrain à bâtir,
   assèchement du
   98.3
- - -, charge sur le
   95.8
- - -, drenage du 98.3
- - -, examen du 92.2
- - -, nature du 94.5
- argileux . . . 95.2
-, compression du
   101.7
- d'argile plastique
   95.5
- de consistance
   moyenne 94.6
- - sable argileux
   95.3
- - - à grains fins
   95.6
- - stabilité
   moyenne 94.6
-, épaisseur de la
   couche du 95.7
- ferme . . . 94.7
-, fouille de . 95.10
-, frais d'achat du
   181.6
- marneux . . . 95.1
-, mesurer un . . 89.1
-, pression unifor-
   mément répartie
   sur le 110.2
-, puissance de la
   couche du 95.7
Terrakottafußboden
   154.11
-platten als
   Schalung 77.7
Terrakotte . . . 159.9

Terraplén . . . 97.8
-, ataguia de tablas
   y 106.8
-, tubo de . . . 225.2
Terrazzi, cazzuola
   pei 155.12
-, rullo a mano per
   155.12
Terrazzo, pietra per
   lucidare il 156.1
-, tetto a 173.7
-, - liscio a - in
   curva 173.9
Terrazzohandwalze
   155.13
-kelle 155.12
-mischkübel . 155.11
-schleifstein . . 156.1
Terrazzo grinding
   stone 156.1
-, pail to mix the
   155.11
-, roller for . 155.13
- rubber stone 166.1
-, trowel for . 155.12
Terre, ancre fichée
   en 179.4
- colorante . . 239.5
- cuite 159.9
-, dallage en 154.11
-, plafond en 143.3
-, plaques en -
   pour revêtement
   77.7
- -, voussoir de
   hourdis creux en
   - avec brides 144.9
- franche . . . 94.7
-, frottement de la
   - sur la paroi 217.9
- glaise . . . 108.11
- -, corroi de . 198.6
- humide, béton à
   consistance de 66.6
- -, mortier à consis-
   tance de la 22.10
-, levée de . . . 97.8
- limoneuse . 108.10
-, masse de - régalée
   138.5
-, poussée de la 217.8
-, poussée des -s 138.3
   198.8
-, pression de la 217.8
-, recouvrir de 221.4
Terre, spinta attiva
   delle 138.3
- - delle . . . 198.8
Terreno, accomo-
   dare l'angolo alla
   natura del . 118.5
- alluviale . . 182.4
-, àncora nel . . 179.4
-, angolo naturale
   del 138.8
- argilloso . . . 95.2
- - anelastico . 95.5
- - molle . . . 95.5
-, barra incastrata
   nel - e resistente
   alla flessione 248.5
- -, compatto . . 94.7
- di media consi-
   stenza 94.5
- fabbricabile . 92.2
- -, carico sul . 95.8
-, natura del . 94.5
-, gancio dell'àncora
   nel 179.6

Terreno, il palo
   s'interna nel 105.9
- marnoso . . . 95.1
-, misurare nel . 89.1
- paludoso . . 94.8
-, piano 129.4
-, potenzialità dello
   strato di 95.7
-, pressione ammis-
   sibile sul 109.5
-, - unitaria sul 101.7
- - sabbioso a granuli
   fini 95.6
- - argillifero . 95.3
- - sodo, affondare
   i pali fino al 121.1
-, sondaggio del 92.3
-, spese per l'ac-
   quisto del 181.6
-, spessore dello
   strato di 95.7
Terreno arcilloso
   95.2
- - blando . . . 95.5
- - de grano fino 95.6
- arenoso arcilloso
   95.3
- de consistencia
   media 94.6
- fangoso . . . 94.8
- firme 94.7
-, gastos de compra
   del 181.6
- margoso . . . 95.1
-, medir un . . 89.1
Terreuses, précipiter
   les matières 209.3
Terrosa, precipitar
   las materias -s
   209.3
Terrose, far precipi-
   tare le sostanze
   209.3
Terzo-punto ante-
   riore 236.9
- superiore . 236.8
Tessuto metallico,
   inserire un - fra
   due corniere 132.8
Test 46.1, 46.8
-, briquette . . . 22.2
-, cold water . . 21.4
-, combined hot-
   water 21.8
-, concrete slab 39.11
-, finger-nail . . 19.1
-, grinding . . . 39.1
-, high-pressure
   steam 22.1
-, parallel . . . 23.2
-, pebble boiling 21.7
-, - heating . . 21.6
- piece of rammed
   concrete 84.9
- pile 114.7
- sample . . . 23.1
-, slab heating . 21.5
-, standard . . . 21.4
-, steam 21.9
- -, drying . . . 22.3
-, tensile strength
   24.5
Testa del camino
   248.4
- - fumaiuolo . 248.4
- - palo, serie di
   colpi sulla 104.2
- della chiusa 197.11

Testa della colonna,
   armatura della
   80.4
- - -, conformazione
   a norma di capi-
   tello della 80.3
- - sbarra . . . 136.8
Testata, collega-
   mento della 163.7
- coperta, piloni con
   178.1
- della berta con
   puleggie 103.3
- - trave 141.9
Testing 46.8
- apparatus, imper-
   meability 213.4
-, compression -
   machine 24.7
- laboratory,
   material 1.6
- of materials . 1.5
Testload . . . 95.9
- train 237.4
Teta, trepano de 98.10
Tête, coffrage de la
   80.3
- d'écluse . . 197.11
- de la barre . 136.8
- - - colonne, forme
   de chapiteau de la
   80.4
- poutre . . 141.9
- des pieux, plate-
   forme en gril sur
   la 113.3
- du pieu, coiffer la
   120.4
Tetti, cartone bitu-
   minato per 208.9
-, striscia di cartone
   catramato per 85.2
Tetto 167.1
- a capriata . . 169.6
- - - metallica 168.2
- - mansarde 169.10
- - terrazzo . . 173.7
- ad un sol palo
   di sostegno 173.8
-, ardesia da . . 244.8
-, copertura dei 171.3
-, costruzione di
   167.2
- del marciapiede
   della stazione . 173.7
-, doppia copertura
   del 173.4
-, inclinazione del
   167.7
- liscio a terrazzo
   in curva 173.9
- piano . . . 168.1
-, pietra da . . 244.8
- sistema Rabitz
   170.3
- - Shed 168.4
-, vernice da . . 174.5
-, texture, costruzione
   di 173.10
Texture superficielle
   résultant du la-
   minage 44.6
Thacher-Eisen . . 6.1
Thacher bar . . . 6.1
Thacher, fer . . . 6.1
Thacher, ferro . . 6.1
Thacher, hierro de 6.1

Theoretical determi-
   nation 46.2
- solution 46.2
Theoretische Er-
   mittlung 46.2
Théorie de la flexion
   de Navier 43.3
Théorique, détermi-
   nation 46.2
Thermal expansion,
   coefficient of 3.2
Thermique, coeffi-
   cient de dila-
   tation 3.2
Thickening, camber
   by - of the centre
   227.4
Thickness at crown
   169.1
- of arch . . 143.12
- - sieve-wire . 15.9
Thin film of rolled
   bars 44.6
- skin of rolled bars
   44.6
Tholobate . . . 170.3
Thoroughly, to mix
   18.8
-, - pug 54.5
Thread angle, screw
   with a - - of 45°
   44.2
- of the tie . . 143.8
Three hinged arch
   169.3
- legged boom 92.9
Throwing on, to
   form Monier walls
   by - - and ram-
   ming concrete 77.3
Thrust, active - of
   earth 138.3
- at crown . . 236.4
- - haunch . . 236.5
- - springer . . 236.5
-, calculation of
   earth 138.4
- due to the earth
   217.8
-, horizontal 144.5,
   236.2
- of the earth . 198.8
-, wedging . . . 250.7
Thwacker . . . 66.3
Tie 143.4, 168.6, 186.7,
   235.5
- anchor. . . . 143.5
-, scaffolding - bin-
   ding piece 86.3
-, thread of the 143.8
Tie, to 132.10
-, - - back the wall
   140.3
-, - - into under-
   ceiling 174.1
-, - embed the - in
   concrete 140.4
-, - place the - in
   the floor 170.1
-, - truss the . 169.8
-, wire 75.2
Tiefe, Strom- . 181.9
-, Verminderung der
   182.10
Tiefgründung . . 112.7
Tiefster Grund-
   wasserstand 114.1
Tierra arcillosa
   108.11

Tierra cocida . 159.9
- -, piso de losas de
   154.11
- -, planchas de -
   como tabique 77.7
- colorante . . 239.5
-, empuje de -s 198.5
-, - - la 217.8
- fangosa . . 108.10
-, hormigón húmido
   de la consistencia
   de la 66.6
-, mortero empleado
   húmido como la
   22.10
-, muro de conten-
   ción de -s 137.10
-, roce de la - sobre
   la pared 217.9
Tiers, point au - in-
   férieur 236.9
-, point au - supé-
   rieur 236.8
Tiesura 17.8
Tige 93.4
- de répartition 147.8
-, démonter la . 93.9
- porteuse . . 147.7
Tight, to make the
   dam 107.7
-, - wedge . . 97.5
Tightening the
   nuts, to close up
   the framework
   by 74.7
Tightness, water 87.6
Tijera, suspensión
   en forma de 81.1
Tile, cement roofing
   172.6
- covering. . . 172.1
-, glass 172.8
- lining 217.2
-, mosaic cement 244.7
-, reinforced . . 134.1
-, roofing . . . 244.8
-, to line with -s
   222.10, 226.4
Tiling 172.1
Tilt over, to . 136.2
Timber beam . 141.7
- casing . . . 241.5
-, framing . . . 80.5
- mould . . . 241.5
- platform . . 51.6
-, round 51.6
- stage 51.6
Timbers . . . 201.11
Time of setting, to
   shorten the 214.9
- setting 16.7
Timon pivotant 206.10
Timone girante 206.10
Tin 201.4
Tina 222.4
Tingere 171.7
- con minio . . 144.8
Tinozza . 64.8, 222.4,
   223.6
- per acido . . 223.9
- - acqua calda 221.9
- - lavare . . . 222.5
Tinozzo 54.4
Tip-cart, hand . 63.8
-, - iron 63.9
Tippable 119.2
Tipped, capable of
   being 119.2

Tipper, side- . . 64.2
Tipping barrow, end
   96.9
- -, hand 63.8
- frame 58.8
- trough mixer 56.4
Tir, champ de . 137.5
Tira de fieltro su-
   mergida en péz
   208.10
- - palastro galvani-
   zado 189.12
- - plomo . . . 164.3
Tirant 143.4, 168.6, 235.5
-, armer le . . . 169.8
- d'une poutre ar-
   mée 84.7
Tirante . 143.4, 168.6
-, colonnella . . 235.5
-, contrafissare il
   169.8
-, disporre il - nella
   copertura del sof-
   fitto 170.1
- fra i travetti di un
   soffitto 82.9
- pendente . . 84.7
- sospeso, colonna
   di legno a 84.6
Tirante . . 82.9, 143.4,
   168.6, 235.5
- inclinado . . 84.7
-, tornillo . . . 187.3
Tirare a secco, piano-
   inclinato per - le
   navi in senso tras-
   versale 200.11
- - -, - - - - - lon-
   gitudinalmente
   201.1
-, il palo tira . 105.9
Tiraude, erseau d'at-
   tache des -s 103.6
-, estrope d'attache
   des -s 103.6
-, sonnette à . . 103.2
Tiretto 62.5
Tiro, campo di 137.8
Tiro de escalera 162.2
- punto de . 137.5
Tisch, Spül- . . 245.1
Tissu, insérer un -
   métallique entre
   deux cornières
   132.8
Tiza 10.6
Tizón 127.3
-, trabazón de -es
   127.9
Toba 146.10
Toccata per la
   chiglia 201.4
Toe of the bank pro-
   tection 176.3
Togliere le armature
   di ferro 72.11
- - articolazioni 98.9
- - aste l'una dal-
   l'altra 93.9
Toile à voile . . 107.8
- métallique Rabitz
   146.2
- - - fortemente ten-
   due 144.10
Toit 167.1
- à une seule ligne
   de supports 178.3

Toit avec ferme
   métallique 168.2
-, couverture du 171.3
-, disposition de -
   voûté 170.4
- en dent de scie
   168.4
- plat 168.1
- shed 168.4
Toiture . 167.1, 174.4
- à la Mansard 169.10
-, construction de la
   167.2
- en arc à intrados
   lisse 178.9
-, enduit pour . 174.5
Tôle 157.6
-, boite en . . . 88.3
-, couverture en 51.7
- d'enchâssement
   187.8
- de fer, armer la
   pointe du pieu
   avec de la 117.5
- - -, moule en - ser-
   vant de noyau de
   coffrage 82.8
-, fabrication dans
   un tubage en 123.1
-, garniture en . 122.9
-, - intérieure de 68.1
-, joint de . . . 68.1
-, mettre des couvre-
   joints en 179.1
- ondulée 6.5
-, coffrage en 83.1
-, paroi de batar-
   deau en 106.2
-, - souténement
   en 106.2
-, plancher en 143.2
-, revêtement en
   217.1
-, palée en pilotis de
   fer et -s 106.1
-, plaque de . 157.6
-, plaques de - glis-
   sant les unes sur
   les autres 229.1
-, rendre étanche au
   moyen de plaques
   de 196.3
-, tubage en . . 122.9
Tombant, poids de
   béton 62.9
Tomber de haut,
   laisser 122.5
-, le mouton tombe
   librement 104.4
Tombino . 224.9, 225.2
Ton, mittelfester 95.4
-boden 95.2
- -, weicher . . 95.5
-erde . . . 7.6, 108.11
-erdereich . . . 18.3
-haltiger Sand-
   boden 95.3
-kern 195.10
-reicher Kalk-
   mergel 8.10
-rohr 100.1
-schlag . . . 193.6
Tondo, ferro 5.9, 146.11
Tonel 223.9
- normal . . . 13.8
Tongue, groove and
   158.5
Tongued, grooved
   and - piling 105.2

Tonnengewölbe 145.2
Tool 51.3
-, dropping the
    boring 93.7
-, lifting the boring
    93.6
-, stone drawing 94.2
Toothed rim . . 119.7
- ring 119.7
- shoe 124.2
Top, campsheeting
    on - of sheet -
    piling 187.6
- face 148.4
- flange 188.2
- -, floor resting on
    149.3
- in ferro-concrete
    185.2
- member . . . 231.6
- mould 80.3
-, scantling on - of
    sheet-piling 187.6
-, to fix concrete
    piles on - of
    wooden ones 114.3
-, - pour in the con-
    crete from the 77.1
Topf, Sand- . . 88.2
Torbellino . . . 182.3
Torbosa, sostanza
    30.10
Torcedura . . . 20.6
Torcer juntos . 72.3
Torcere assieme 72.3
Torchio a piastre
    211.9
- con ginocchio a
    leva 246.4
Tordre ensemble 72.3
Torfartiger Stoff
    30.10
Tornadora, máquina
- para volver de un
    lado á otro 247.4
Torneada, barra 44.5
Tornillo de asiento
    75.5
- de fijación . . 75.5
- tirante . . . 137.3
- transportador 62.4
    250.5
Tornita, verga . 44.5
Torno 93.2
-, martinete de 104.5
- móvil . . . 194.10
Torre a pepaiuola,
    scala nella 165.4
Torre de agua 224.4
-, escalera de . 165.4
Torrente. . . . 175.4
- a monte . . . 175.6
- - valle 175.8
Torrenti, fasciatura
    per muri di
    sponda dei muri
    e 128.5
Torsion, moment de
    144.4
-, résistance à la 44.3
Torsión, momento
    de 144.4
-, resistencia à la 44.3
Torsione, momento
    di 144.4
Totale, ligne de
    poussée pour
    la charge 236.1
Toter Busch. . 184.9

Tour, escalier de165.4
Tourbeuse, matière
    30.10
Tourbillon . . . 182.3
Tourillon en acier
    234.6
- fixé à un flasque
    60.1
Tournant . . . 119.1
-, chariot inférieur
    avec plate-forme
    -e 119.6
-, escalier . . . 161.6
-, four tubulaire 11.9
- horizontalement,
    meule en fonte
    39.2
-, marche -e . . 162.8
-, tambour . . . 56.6
Tournée, barre 44.5
Tourner, les arbres
    des agitateurs
    tournent en sens
    inverses 54.10
Tower staircase 165.4
-, water . 221.2, 224.4
Town refuse, resi-
    dues of burnt 28.12
- road 203.6
- street 203.6
Trabajo diario 67.10
-, interrupción del
    67.5
- del hormigón 38.7
Trabajos de hormi-
    gón durante las
    heladas 63.7
Trabazón cruzado
    128.2
- de albañilería
    inglés 128.1
- - avance continuo
    127.9
- - fortificación 128.6
- - la chimenea 127.8
- - tizones . . 127.9
- del hormigón con
    la mampostería
    77.6
- holandés . . 128.3
-, materia de . 7.1
- mixto . . . 126.8
- para construcción
    128.5
- polonés . . . 128.4
Tracage, aire de 70.6
Tracciare, tavolato
    da modellatore
    per 70.6
Tracciato della dire-
    zione delle linee
    182.12
- delle linee di chiu-
    sura 48.6
Tracción à mano 64.3
- con caballos . 64.4
- - locomotoras 64.5
-, esfuerzo de . 2.6
-, fuerza de . . 40.6
Tracé des lignes de
    fermeture 48.6
- - - séparation 48.6
Track, metal. . 64.1
-, railroad . . . 64.1
-, railway . . 201.7
Traction à bras 64.3
- - chevaux . . 64.4
- allongement par
    3.8

Traction, assem-
    blage de barres
    parallèles soumis
    à la 71.9
-, effort de 2.6
-, - de - incliné sur
    le plan de la
    section 44.1
-, - extérieur de 40.6
-, essai de résistance
    à la 24.5
-, force extérieure
    de 40.6
-, forme normale
    pour la 23.9, 24.2
- par locomotive 64.5
Traffic road . . 203.2
- way 205.7
Trageisen . . . 157.3
-, Flacheisen als 80.7
- - von beiden
    Seiten anbringen
    135.2
-fähigkeit des
    Pfahles 120.7
-pfähle, eiserner
    eiserner 117.2
-konstruktion,
    Widerlager von
    -en 140.5
-latten an die Träger
    anbinden 81.5
-rolle 59.9
-säule 243.11
Tragstab 131.2, 147.7
Trägheitsmoment48.1
Trägerboden . . 82.2
-kasten 82.5
-oberflansch, ein
    Eisen um den -
    biegen 102.2
-rost 109.6
-schalung . . . 81.8
-seite, Versteifung
    hoher -n 82.7
-steg 143.10
-unterflansch . 144.3
Träger, armierte
    Betondecke zwi-
    schen eisernen -n
    147.5
-, Ausstampfen der
    147.3
-, Betondecke zwi-
    schen eisernen -n
    147.1
-, Bogen- 87.3
-, Decken- . . . 152.1
-, den - als Geländer
    ausbilden 228.2
-, Fachwerk- . . 158.7
-, Fundament- . 118.1
-, Krag- . . . 229.3
-, Längs- . . . 230.6
-, Lauf- 162.3
-, Monierplatte zwi-
    schen eisernen -n
    148.10
-, Parallel- 168.3, 231.2
-, Plattenbalken-
    decke zwischen
    eisernen -n 150.10
-, Podest- . . . 162.4
-, Quer- . . . 230.7
-, Rand- 49.2
-, über dem ganzen -
    verteilte Last 47.1

Traguardo, segnale
    a 91.4
Traida, conducto de
    - de agua 121.5
Train, testload 237.4
Train d'épreuve 237.4
Traino con cavalli
    64.4
- - locomotiva 64.5
Traliccio, centina-
    tura a 86.7
- di ferri per arma-
    tura sistema
    Monier 131.7
- in fildiferro, dis-
    tendere del 181.3
- metallico, trave
    americana a 158.7
-, ponte a - con
    membratura su-
    periore parabo-
    lica 232.1
-, - - travi a . 230.10
- portante . . . 109.6
- Rabitz 146.2
- - impresso . 144.10
Tramezza, parete
    128.8
Tramezzare con
    calcestruzzo 116.9
Tramezzo a piastre
    134.2
- di metallo dilatato
    133.9
- - - spiegato . 133.9
- in lastre di ce-
    mento 134.4
- - travicelli di
    gesso 134.5
-, parete di . . . 219.8
- sistema Prüß 133.2
Tramo de escalera
    161.2
Tramoggia, forma
    di 250.6
Trampilla . . . 54.6
Tranchant à biseau
    105.5
-, courbe d'effort 49.7
- effort. 48.5
- en sifflet . . . 105.5
-, tension due à
    l'effort 43.6
-, trépan à . . 94.1
Tranchée de fonda-
    tion 96.3
Trancher à la pince
    72.4
Tränken, die Klötze
    208.3
Tränkung . . . 115.1
Tranquillizzare le
    acque che so-
    praggiungono
    193.1
Transitable, parte -
    per carruages
    205.7
Transito, carga
    debida al 141.5
Transpirar . . . 68.4
Transportband 64.6
-flügel, Misch- und
    57.7
-schnecke . . . 250.5
-vorrichtung . 63.4

Transportwagen als Mischmaschine 63.2
Transport, Horizontal- 63.7
-, Vertikal- . . . 64.7
Transport, appareils de 63.4
- horizontal . . 63.7
-, palette pour le malaxage et le 57.7
-, véhicules de . 63.4
- vertical . . . 64.7
Transportable, châssis 58.7
- sur roues . . 118.9
Transportable sobre ruedas 118.9
Transportador, tornillo 62.4, 250.5
-, vagón - como máquina mezcladora 63.2
Transportadora, banda 64.6
-, paleta mezcladora y 57.7
Transportar al extremo donde tiene lugar el vaciado 58.2
-, plancheta de 248.1
Transporte, carga de - de los materiales 159.5
- horizontal . . 63.7
- vertical . . . 64.7
Transporter, planchette à 248.1
- vers l'extrémité de vidange 58.2
Transporteur à vis 62.4
Transporteuse, courroie 64.6
-, vis . . . 62.4, 250.5
Transportieren, zum Entleerungsende 58.2
Transversal, arbre 59.6
-, armature dans le sens 110.7
-, assemblage . 224.5
-, effort 45.1
-, drain 220.3
-, fer 157.4
Transversale, armature 42.6
-, couche 144.7
-, en rangées -s à l'axe de la rue 206.1
-, fibres -s . . . 144.7
-, force 45.1
-, nervure . . . 189.7
-, pente 205.3
-, poutre sous la plaque 111.7
Transversal bracings 224.5
- force 45.1
- sloping, to ram with 207.7
- stays 224.5
Transversal, armadura 110.7
Transversal, desagüe 220.3
-, eje 59.6
-, ensamblado . 224.5
-, ensamblaje . 42.6
-, fuerza 45.1
-, hierro 157.4
-, nervio 189.7
-, pendiente . . 205.3
-, fibras -es . . 144.7
-, obras -es . . 183.4
Transverse beam 189.7
- constructions 183.4
- drain 220.3
- girder 230.7
- joist 230.7
- layer 144.7
- reinforcement 42.6 110.7, 157.4
- sleeper 237.6
- slipway . . 200.11
Trap 54.6
Trapano a corona 93.10
- svizzero . . . 93.11
Trapezsprengwerk 87.5
-stein 133.3
Trapeziforme, capriata 87.5
Trapezio della terra dissolvente 138.7
- di scoscendimento 138.7
-, mattonella a . 133.3
Trapezoidal brick 133.3
- stone 133.3
Trapezoidal, armadura de forma 87.5
-, ladrillo . . . 133.3
Trapézoidale, brique 133.3
-, ferme 87.5
Trasdós 148.4
Traspaso, el - de límite de estirado se conoce en la supperficie 4.9
Trasportabile . 118.9
Trasportare verso l'estremità di scarico 58.2
Trasportatore a bovolo 250.5
- - coclea . . . 250.5
-, nastro 64.6
Trasportatori, apparecchi 63.4
-, veicoli 63.4
Trasportatrice, aletta - e mescolatrice 57.7
Trasporto, apparecchi di 63.4
-, carro da - come macchina impastatrice 63.2
- dei conci, tavoletta di 248.1
- in senso verticale 64.7
- orizzontale . 63.7
-, veicoli di . . 63.4
Traßbeton . . 32.10
Trass concrete 32.10
Trass, béton de 32.10
Trass, beton di pozzolana 32.10
Trass, hormigón de 32.10
Trasudare . . . 68.4
Trasversale, albero 59.6
-, armatura . . 110.7
-, congiungimento 224.5
-, drenaggio . . 220.3
-, fasciatura . . 42.6
-, ferro 157.4
-, legatura . . . 224.5
-, nervatura . . 189.7
-, pendenza . . 205.3
-, pestonare determinando una inclinazione 207.7
-, piano-inclinato per tirare a secco le navi in senso 200.11
-, puntellatura . 86.4
-, rottura 43.8
-, sforzo 45.1
-, strato 144.7
-, trave 230.7
-, - di rinforzo della soletta 111.7
Trasversali, costruzioni 183.4
Trattenere il tamburo dell'impastatrice mediante freno 56.1
Trattenuta, quantità d'acqua 191.8
Tratto orizzontale nel pendio 176.7
Travail de revêtement 183.5
- du béton . . 38.7
- en stuc, roseau pour le 142.4
-, interruption de 67.5
- journalier . . 67.10
-, section d'un chantier de 67.9
Travata . 87.8, 229.6
Travate e solette, ponte a 227.7
-, ponte a . . . 227.2
Travatura ausiliare in legno 86.8
- di ferro, muratura fra 130.9
Travature armate visibili, soffitto con 151.1
Trave a lastre con scanalatura 151.3
- - mensola . . 229.3
- - peduccio . . 49.2
-, ala inferiore della 144.3
- americana a traliccio metallico 153.7
-, anima della 143.10
- armata 84.5
-, carico ripartito su tutta la 47.1
- cava armata . 153.3
- del solaio . . 152.1
- della diga . . 194.6
- di fascia . . . 49.2
- - fondazione 113.1
Trave di rinforzo della soletta trasversale 111.7
- in legno . . . 141.7
- longitudinale 230.6
- parallela . . . 168.3
- poligonale . . 174.3
-, scatola della . 142.1
- Siegwart 153.1, 243.5
-, soletta con . . 49.1
-, testata della . 141.9
- trasversale . . 230.7
- Visintini 153.6, 243.6
Travée 229.6
- solidaire, pont à -s 228.5
Travers, cale en 200.11
-, plan incliné en 200.11
Traversa 237.6
- corrente . . . 107.1
- in cemento armato 246.1
-, puntellare la . 88.8
Traverse mantenere la cassa per l'impasto in posizione verticale mediante 55.5
Traversi, stradacchiare dei - fra una parete e l'altra 97.4
Traverse . 157.4, 230.7 237.6
-, contreventer la 88.8
-, cuve pour imprégnation de -s 224.1
- de chemin de fer 245.9
- en béton armé 246.1
-, nervure de . 171.2
Traversina da ferrovia 245.9
Traversine, vasca per iniettare le 224.1
Traverso, mescolanza per agitazione per dritto e per 57.5
Travetti di un soffitto, tirante fra i 82.9
- secondari, incastro per 82.3
Travi a parapetto, formare le 228.2
-, ascialone applicato su 194.7
-, collegare colle - le tavole portanti 81.5
- continue, ponte a 228.5
- -correnti principali 231.2
- di ferro, piastra Monier fra 148.10
- - legno, impiantito a 141.6
-, distanza fra le 143.11
- in ferro . . . 142.9
- - -, soffitto a lastre messe fra le 150.10

Travi in ferro, sof-
  fitto in calce-
  struzzo fra 147.1
- parallele . . . 231.2
-, parete portante
  128.9
-, pavimento a . 82.2
-, piegare i ferri
  attorno le flangie
  delle 150.2
-, ponte- - a tra-
  liccio 230.10
- portanti, armatura
  in legno delle 81.8
- -, cassone per 82.5
-, puntellamento
  delle alte pareti a
  82.7
-, riempimento con
  beton fra le 147.3
-, soffitto a . . . 141.6
-, tagliar fuori le
  aperture per le -
  portanti il soffitto
  79.4
-, - - - - - - - -
  l'impiantito 79.4
Travicelli di gesso,
  tramezzo in 134.5
Travicello . . . 230.7
Traviesa . 230.7, 237.6
-, apuntalar la . 83.8
- armada de hierro
  180.6
-, cuba para im-
  pregnar -s 224.1
- de ferrocarril 245.9
- - hormigón
  armado 246.1
Travure en bois,
  plancher sur 141.6
- - fer, plancher avec
  briques entre 146.9
Trazado, tablero
  para el 70.6
Trazione, allunga-
  mento alla 3.8
-, forma normale
  di 23.9
-, forza di . . . 40.6
-, - - - agente in
  piani inclinati
  44.1
-, giunto lavorante
  alla - ed alla
  scossa 71.9
-, giunzione lavo-
  rante alla - ed
  alla scossa 71.9
-, prova di resistenza
  alla 24.5
-, sollecitazione di
  2.6
Trazo de las líneas
  de cierre 48.6
Tread . . 162.2, 162.9
-, metal 165.2
Treatment with
  preservatives 115.1
Treiberscheinung
  20.4
-neigung . . . 20.2
-riß 21.1
Treiben 19.11
Treiber, Luft- . 21.3
Treillis, barres de
  231.3

Treillis d'armature
  système Monier
  181.7
- de fer, tendre du
  - - - sur 181.3
- diagonal, arma-
  ture secondaire
  en 112.3
- métallique Rabitz
  146.2
-, pont à poutres en
  230.10
-, - en - avec mem-
  brure supérieure
  parabolique
  232.1
Treillisser . . . 148.1
Trellis, bridge with
  - main booms
  230.10
-, to stretch on wire
  181.3
- -work bridge with
  parabolic upper-
  chord 232.1
Trémie 199.6
-, forme de . . . 250.6
Tren de carga de
  ensayo 237.4
Trench, foundation
  96.3
-, shoring the . 97.3
Trennung durch lot-
  rechte Blech-
  streifen 178.9
Trennungsmauer
  193.5
Treno di collaudo
  237.4
Trépan à couronne
  93.10
- - pointe . . . 93.11
- - tranchant . 94.1
- en fer de lance
  93.11
Trepano de cincel
  94.1
- - corona . . . 93.10
- - teta . . . 93.10
-, puntiagudo . 93.11
Trépidations, éviter
  les 85.5
Trepidaciones,
  evitar las 85.5
Trépied . . 91.7, 92.9,
  102.7
-, jambe du . . 92.10
-, montant du . 92.10
Trepiede . 91.7, 102.7
-, asta del . . . 92.10
-, pertica del . 92.10
Trepiedi, cavalletto
  a 92.9
Treppe 161.1
-, dreiarmige . 161.5
-, Misch- 51.4
-, Turm- 165.4
-, Wendel- . . . 161.6
-, zwelarmige . 161.4
Treppenförmig an-
  geordnete Misch-
  schaufel 62.10
Treppenhaus . 166.7
-mauer 129.2
-stufe 245.4
-wange . . . 163.10
Tres cuartos . . 125.7
Trestle . . 87.8, 229.6

Treuil 93.2
- de puits . . . 64.9
-, sonnette à . . 104.5
- roulant . . . 194.10
Triage 240.7
Trial 46.1
Triangle of maxi-
  mum pressure
  138.9
-, sliding . . . 138.7
Triangolare,
  capriata 87.2
-, listello a sezione
  79.1
Triangolo delle
  pressioni 138.9
Triangulaire, ferme
  - à réseau 87.2
-, listel 79.1
-, prisme - d'éboule-
  ment 138.7
Triangular false-
  work 87.2
- fillet 79.1
- strip 79.1
Triangular, arma-
  dura de rejilla,
  87.2
-, listón 79.1
-, prisma - de des-
  moronamiento
  138.7
Trichter . . . 199.6
-form 250.6
Trickling trough of
  water 87.9
Trietzkopf . . . 103.3
Trieur à gravier et
  à sable 240.8
Triple articulation
  arch 232.6
- hinged arch . 232.6
Triple, arco de arti-
  culación 169.3
Tripod 91.7, 92.9, 102.7
Tripode 91.7, 92.9, 102.7
Tritolato, calce-
  struzzo 28.10
Tritume di beton
  28.10
Trituración hasta la
  finura de la
  harina 8.8
Trituratore di sassi,
  tubo 13.4
Trivella a valvola
  92.5
-, àncora foggiata a
  - per terreno 180.3
- attacco colla . 93.6
Trivellazione . 92.3
-, foro della . . 92.4
Trivello a corona
  93.10
- a punta . . . 93.11
- - scalpello . . 94.1
Trocken
  aufschütten 53.2
- gelegte Baugrube
  102.1
Trockendock . 198.6
-legung der Bau-
  grube 99.1
- und Naßmischung,
  getrennte Misch-
  behälter für 61.8
-verfahren . . . 10.7

Trockene Mischung,
  der -n - Alaun
  zusetzen 215.1
Trocknen . . . 11.1
Trocknen, die
  Schleusensohle
  im - herstellen
  199.1
Trog 54.4
-, Vieh- 245.7
-, Wasser- . . . 223.6
-, wasserfassender
  238.1
Trolley, under . 58.9
Trommel, die - dreht
  sich selbsttätig
  nach unten 55.7
-, umlaufende . 56.6
Troncare collo scal-
  pello 69.5
Tronco di tubatura
  225.6
Tronçon de conduite
  225.6
Trottoirplatte . 244.3
Trottoir, dalle de
  244.3
-, revêtement de 244.4
Trou, creuser des -s
  136.6
- de sondage . 92.4
-, munir de -s le
  châssis du
  coffrage 75.9
Trough 54.4
-, cattle . . . 245.7
- containing water
  238.1
- -shaped, horizontal
  - mixing tub
  61.2
-, sloping position of
  the 61.6
-, small cattle . 223.2
-, tipping - mixer
  56.4
- vaulting . . . 145.5
-, water . . . 223.6
Trowel . . 67.4, 156.4
- flat 156.5
- for terrazzo 155.12
-, standard . . . 35.8
-, to - off . . . 156.3
-, - release from side
  by the 35.9
Trozo, clavar un -
  de listón 76.7
- de lata . . . 208.8
- madera, sin -s
  108.4
- - tubería . . 225.6
-, en -s 8.1
Truelle 156.4
- de cementier 155.12
-, enlever à la
  156.3
-, fer de . . . 156.5
Trunnion . . . 60.1
-, cylindrical steel
  234.6
Truogolo . . . 54.4
- d'acqua . . 223.6
- mescolatore, posi-
  zione inclinata
  del 61.6
Truss bridge with]
  parabolic upper-
  chord 232.1

Truss, combined - and plate bridge 227.7
- frame 84.5
-, Polonceau . . 169.9
- post 235.5
- -, wooden . . 84.6
-, suspension . . 84.7
-, to - the tie . 169.8
Trussed beam . 153.7
-, bridge with - girders 230.10
-, - - - stringers 230.10
-, parallel-girder 231.2
- roof 168.2
Trussing 84.5
Tub 54.4, 222.4
-, washing . . . 222.5
- with dump bottom 65.2
- - hinged bottom 65.2
Tubage 93.8
-, descente du - par forage 124.3
- en tôle 122.9
- - -, fabrication dans un 123.1
Tubatura, tronco di 225.6
Tubería 214.4
- de conducción 219.9
- - llegada . . 219.9
-, trozo de . . . 225.6
Tube . . . 92.7, 243.8
-, centering by means of -s 83.2
-, graduated measuring 14.8
-, hollow 152.9
-, Mannesmann 97.7
- mill 13.4
-, rubber - level 91.5
-, seamless . . . 97.7
-, sinking the lining - by boring 124.3
-, stucco 142.4
-, to draw out the 124.1
Tube 92.7
- en béton armé 116.4
- flexible, niveau d'eau à 91.5
- intérieur . . 121.4
- Mannesmann 97.7
- rigide, niveau d'eau à 91.6
Tubi in acciaio, appoggio del pavimento con 84.2
-, pressa a . . . 226.6
Tubo 92.7, 100.4, 152.9 243.8
-, cavar fuori il 124.1
- della diga . . 225.2
- di argilla . . 100.1
- - calcestruzzo 245.6
- - cemento armato 226.7
- - drenaggio . 194.1
- - -, mettere il - nella fondazione 224.3
- - lamiera, confezione in un 123.1
- - rivestimento 93.8
- - -, affondamento del 124.3
-, estrarre il . . 124.1
- fisso, livello ad acqua con 91.6
- flessibile . . . 98.7
- -, livello ad acqua su 91.5
- graduato . . 14.8
- in cemento armato 116.4, 165.5
- - cotto 100.1
- inaffiatore . . 62.3
- interno . . . 121.4
- Mannesmann 97.7
- per il getto d'acqua 104.7
- tipo Möller . 225.3
- trituratore di sassi 13.4
- verticale . . . 220.4
- - come serbatoio d'acqua 224.2
Tubo . . . 100.4, 92.7
-, apoyo de piso de - de acero 84.2
-, canalización con -s 214.4
- cerámico . . 100.1
-, colocar el - de desague en la fundación 224.3
- de dique . . . 225.2
- - drenaje . . 194.1
- - hormigón . 245.6
- - - armado 116.4 165.5, 226.7
- - inyección de agua 104.7
- - Mannesmann 97.7
- - revestimiento 93.8
- - terraplén . 225.2
- flexible . . . 98.7
- -, nivel de agua de 91.5
- interior . . . 121.4
- metálico . . . 166.2
- Möller 225.3
- regador . . . 62.3
Tubo rígido, nivel de agua con 91.6
- vertical . . . 220.4
- - como depósito de agua 224.2
Tubolare, condotto - in beton 245.6
-, fodera 93.8
-, forno - girevole 11.9
Tubolo per la gettata delle pareti Monier 77.2
Tubulaire, four - tournant 11.9
-, plancher de Herbst à éléments -s 243.7
Tubular, armoured - flooring 152.8 243.7
- drill 94.3
- kiln, revolving 11.9
- steel props . 84.2
Tubular giratorio, horno 11.9
-, piso - de Herbst 243.7
Tubulare, condutture 214.4
-, copertura - del marciapiede tipo Herbst 243.7
Tuch, Segel- . . 107.6
Tuerca 143.9
- de alas . . . 75.6
-, prensar en el molde apretando las -s 74.7
Tuf, pierre de 146.10
Tuffante, stantuffo 213.6
Tufo del Reno, calcestruzzo di 32.10
Tuile 244.8
-, couverture en -s 172.1
- en ciment . . 172.6
-, joint des -s . 217.2
Tür, Schließ- . 60.6
-zarge 137.5
Tura a cassoni 106.6
-, calafatare la 107.7
-, doppia - a scaglioni 106.7
- in terra . . . 106.4
-, incassatura della 106.5
-, lastre di cemento armato da mettersi dietro la 186.9
Turare le fenditure 107.8
Turba, material semejante á la 30.10
Turbinas, cámara de las 196.10
Turbine pit . 196.10
Turbine, chambre des -s 196.10
Turbine, sala delle 196.10
Turbinenkammer 196.10
Turboso, material 30.10
Turm, Leucht- 200.6
-treppe 165.4
-, Wasser- . . . 224.4
Turn 158.10
- back, the drum -s automatically 55.7
-, to - the heap over with a shovel 58.1
-, to - up the edges 196.4
Turned bar . . 44.5
- rod 44.5
Turning over machine 247.4
Turret, skylight- 170.9
Tuyau . . 92.7, 100.4
- d'arrosage . . 62.3
- d'injection d'eau 104.7
- de digue . . . 225.2
- - drainage . 194.1
- - lavage . . . 104.7
- - Möller . . . 225.3
-, disposer le - d'écoulement dans la fondation 224.3
- en béton . . . 245.6
- - - armé 92.7, 226.7
- - poterie . . . 100.1
- flexible . . . 98.7
-, presse à -x . 226.6
-, retirer le . . 124.1
- vertical . . . 220.4
- - servant de réservoir à eau 224.2
Tuyauterie . . 214.4
Twist, to 72.3
Twisted steel . 6.2
Twisting moment 144.4
- resistance . . 44.3
- strength . . . 44.3
Tying, cross . . 42.6
- the sheetings together 75.1
Typical loading 237.4

U.

U-Eisen 143.1
U-iron 143.1
U, fer en 143.1
U, ferro in forma di 143.1
Überbau, Armatureisen des -es 117.1
Überdeckung . 174.4
- der einzelnen Stampfflächen 36.2
Überdruck, Wasser- 198.9
Übereinanderschleifende Blechplatten 229.1
Überfallwehr . 192.2
Übergreifen, die Eiseneinlagen - lassen 71.5
Überrühren . . 18.9
Überschneidendes Eisen 158.4
Überschreitung, die - der Fließgrenze ist äußerlich erkennbar 4.9
Überspannen, mit Eisendrahtgewebe 181.3
Überstreichen . 171.7
Überstülpen, die Schlaghaube 120.4
Überstürzen der Mischtrommel 56.7
Ufer 176.2
-befestigung an Flüssen 181.7
- -, steile 181.5
-schutz 176.4

Uferschutz, Fuß-
punkt des -es 176.8
Ultérieurement,
damer 159.4
Ulteriormente,
apisonar 159.4
Ultimate straining
41.2
-, stress 5.6
-, stressing . . . 41.2
Umhüllen, die Sand-
körner mit dem
Verkittungsmate-
rial satt 83.7
Umkippen . . . 136.2
Umida, conservare
all'aria 22.11
-, malta impiegata
22.10
-, processo per via
10.5
-, sabbia 68.5
-, - - ben battuta
120.5
-, segatura . . . 68.6
Umidità dell'aria
18.11
-, impedire il pas-
saggio dell' 196.8
-, penetrazione dell'
87.8
Umido come la terra
33.12
- - - -, calcestruzzo
66.6
-, recipienti da im-
pasto per im-
pasto secco ed
61.8
Umklappbare
Seitenwand 247.5
Umlaufende Trom-
mel 56.6
Ummanteln . . 163.5
Ummantelung . 159.7
-, Backstein- . . 160.1
-, Beton- 159.8
-, Feuertrotz- . 160.3
-, Rabitz- 160.2
Umschaufeln, in
die Häufchen 53.1
Umschließung,
obere - aus Eisen-
beton 185.2
Umschnüren . 158.8
Umschnürte Piloten
118.2
Umwickeln, mit
Eisendraht 71.6
Umwicklung, Draht-
158.5
Uña, ensayo con la
19.1
Unbelasteter Zu-
stand 45.2
Unbestimmt, ein sta-
tisch -es Moment
tritt auf 218.3
-, statisch . . . 46.4
-, - -e Größe . 48.2
Under trolley . 58.7
- wagon 58.7
Underceiling, to tic
into 174.1
Underframing of
fascines 184.6

Underground rail-
way 225.1
- reservoir . . 219.6
- tank 219.6
- water 97.10
-, artificial lower-
ing of the 199.3
-, leading off of the
199.2
- - level, foundation
carried down to
the 109.8
- - -, lowering of the
100.2
- -, - of 98.1
- - -, sinking of the
100.2
- -, lowest - - level
114.1
- -, natural settle-
ment of the 114.2
- -, - sinking of the
114.2
- -, rising of the
214.1
- -, surface of . 98.2
- -, tapping of the
199.2
Underlayer, broken
stone 210.3
- of ballast . . 178.7
- - gravel . . . 178.8
- - shingle . . 178.7
- with level face
146.4
- - smooth face
146.4
Undermine, to . 178.6
Undermining . 177.3
-, to secure against
107.4
Undichtigkeiten
verstopfen 107.8
Undurchlässig,
wasser- 37.7
Undurchlässigkeit,
Wasser- 213.2
Unelastisch . . 84.7
Unfasten, to - the
screws 75.7
-, to - the stop hook
55.6
Unfavourable, most
- manner of
loading 230.2
Unfiltered water
220.12
Unghia, prova della
durezza per mezzo
dell' 19.1
Ungünstige Be-
lastung 230.2
Unhitch, to - the
monkey 119.3
-, to - the ram
119.3
Unidad, peso por -
de volumen 14.1
Uniform composi-
tion, mixing to a
53.5
- internal diameter
248.6
Uniforme repartida,
presión - sobre el
suelo 110.2

Uniformément ré-
partie, pression -
sur le terrain 110.2
Uniformemente di-
stribuita, pres-
sione 110.2
Uniformly distri-
buted pressure on
ground 110.2
Uninterrupted bal-
last 287.7
- drive, machine
with 61.1
Unión 208.7
-, pavimento de -
con los carriles
211.4
-, pieza de . . . 71.11
- rigida 187.9
Unir con tarugos
235.1
Unit, weight per - of
volume 14.1
Unitaria, pressione
- sul terreno 101.7
Universalrüster 84.3
Universal, estribo
84.3
Universale, sella di
sopporto 84.3
-, sostegno . . . 84.3
-, staffa 84.3
Universel, étrier 84.3
Unload, to alterna-
tely load and 41.7
Unloaded condition
45.2
Unloading stage
188.12
- wharf 188.12
Unrammed concrete
199.5
Unreinigkeit . 241.1
Unstrained . . 45.3
Unstressed . . 45.3
Untenliegende
Fahrbahn 228.1
Unter Wasser lagern
22.12
Unterbau 194.8, 203.4
-, Beton- 185.1
Unterbeton . 156.11
Unterbettung, Kies-
177.2, 178.8
-, Schotter- . . 178.7
Unterbrechung, Ar-
beits- 67.5
Unterbrochener Be-
trieb, Ofen mit
-m -e 1.3
Untere Leibungs-
fläche 148.5
- Platte, Plattenbal-
ken mit unterer
Platte 112.1
Unterer Drittel-
punkt 236.9
Unterflanschdecke
149.2
-, Träger- . . . 144.3
Untergerüst . . 87.6
Untergraben . 197.2
Untergrund, den -
entwässern 206.5
-bahn 225.1

Untergurt . . . 231.7
Unterhalb, Strom
175.8
Unterkonstruktion,
starre 170.6
Unterlagbrett mit
Dornen 70.3
-plättchen . . . 143.7
-platte 143.6
Unterlage, nicht ab-
saugende 23.11
-, Schotter- . . 210.3
Unterschicht, ebene
146.4
Untersprießung 83.4
Unterspülung . 177.3
-, gegen - sichern
107.4
Unterstützung der
Decken nach dem
Ausschalen 85.6
Untersuchung des
Baugrundes 92.2
Unterwagen . . 119.6
Unterwaschen der
Fundamente 105.1
Unterwasser . 191.1
Unterzug der Quer-
platte 111.7
Ununterbrochener
Betrieb, Maschine
mit -m -e 61.1
Up river . . . 175.6
- stream . . . 175.6
Upper beam, bars
bent into the -s
151.10
- -boom 231.6
- -chord 231.6
-, truss bridge
with parabolic
232.1
- -flange . . . 231.6
- layer . 210.5, 242.2
- portion. reinforce-
ment of the 117.1
- scaffolding . . 87.7
- stage of car . 119.6
- yield point . . 4.8
Upright . 78.5, 187.11
231.4
- conveying . . 64.7
- course 127.5
- position, to hold
the mixer in - by
means of stops 55.5
-, - return auto-
matically to an
56.3
-, to let the prop
into the 74.4
-, - place 74.2
Uprights . . . 86.10
Upstream water
190.10
Urbaine, voie . 208.6
Urbana, via . . 208.6
Urbana, via . . 208.6
Uscita, estremità di
61.5
Use of grouters 74.6
- - reinforcement
for carrying the
centering 84.4
Usine, bâtiment d'
129.8
Usure du béton 38.9
Utensile 51.3

Útil 51.3
-, carga 141.3
- para enderezar las
  armaduras 72.12
-, superficie filtrante
  220.1

Utile, charge . 141.3
  167.3
-, surface filtrante
  220.1
Utile, carico . 141.3
  167.3

Utile, superficie
  filtrante 220.1
Utilisation, lieu d'
  63.6
Utiliser les parties
  de mur terminées
  74.5

Utilización de la-
  drillos perforados
  74.6
Utilizzare le parti
  di muro 74.5

V.

Vaca, pelo de . 132.5
Vacca, pelo di 132.5
Vache, poil de 132.5
Vaciado 152.4
-, agujero de . 88.6
- completo . . 198.7
-, transportar al ex-
  tremo donde tiene
  lugar el 58.2
Vaciamiento arque-
  ado 150.6
- orificio de . . 58.3
Vaciar 164.2
- el espacio inter-
  medio con la
  bomba 116.7
- - hueco con la
  bomba 116.7
Vagón transpor-
  tador como má-
  quina mezcla-
  dora 63.2
Vagoncino rove-
  sciabile lateral-
  mente 64.2
Vagoneta de hierro
  basculante 68.9
Vaina 116.5
- protectora . . 116.2
Valeur limite . 41.10
- maximum de la
  résistance 25.4
- minimum de la
  résistance 25.3
  175.8
Valle, torrente a
Valli, acqua degli
  sbarramenti delle
  82.2
Valle, presa de 195.7
Vallée, barrage de
  195.7
- barrée, eau de
  réservoir de 32.2
Valley, dam across a
  195.7
Valor indetermi-
  nado estatica-
  mente 48.2
- limite 41.10
- máximo de la
  resistencia 25.4
- mínimo de la
  resistencia 25.3
- - - las rampas
  204.3
Valore limite . 41.10
- massimo della
  resistenza 25.4
- minimo della pen-
  denza 204.3
- - - resistenza 25.3
Value, limit . . 41.10
-, maximum - of
  strength 25.4
-, minimum - of
  strength 25.3

Value which is not
  determined stati-
  cally 48.2
Valve 54.6
Valve, flap- . . 92.8
Valvola 54.6
- a cerniera . . 92.8
-, trivella a . . 92.5
Válvula 54.6, 62.5, 92.8
-, sonda de . . . 92.5
Vanga . . . 52.2, 96.6
-, smuovere a - i
  mucchi 53.1
Vannage, barrage à
  195.3
-, couronnement
  d'un 195.5
-, poteau d'un . 195.4
Vanne 62.5
-, eaux -s acides 217.5
-, neutralisation des
  eaux -s 226.3
- roulante . . . 195.1
Vapeur, essai à la
  21.9, 22.3
-, - - - - à haute
  pression 22.1
-, rouleau à . . 207.1
-, sonnette à . . 104.3
Vapor, ensayo al 21.9
-, influencia de las
  ondas levantadas
  por barcos de 176.5
-, martinete de 104.3
-, rodillo de . . 207.1
Vapore, battipalo a
  104.3
-, prova a . . . 21.9
-, - al 22.3
-, - col - ad alta
  pressione 22.1
-, rullo a 207.1
Vapori, influenza
  dell'onda dei 176.5
Varco, il - del
  limite di fusione
  è riconoscibile
  dall'esterno 4.9
Variabile, strati-
  ficazione 112.8
Variable, estrati-
  ficación 112.8
Variable, strati-
  fication 112.8
Variación de án-
  gulo 218.6
- - la sección . 3.9
- de longitud des-
  pués del fraguado
  45.4
- - tensión 34.8, 46.6
- - volumen . . 19.9
- - - de la masa de
  hormigón 38.6
Variation of forces
  46.3
- - strata . . . 112.8

Variation of stra-
  tum 112.8
- - volume of the
  concrete mass 88.6
Variation de la
  section 3.9
- - tension 34.8, 46.6
- - volume . . 19.9
- - - de la masse de
  béton 38.6
Variazione del vo-
  lume della massa
  di calcestruzzo
  88.6
- della sezione . . 3.9
- - tensione . . 34.8
- - di forma . . . 2.8
- - lunghezza in
  seguito alla slega-
  tura 45.4
- - tensione . . 46.6
- - volume . . 19.9
Variazioni atmo-
  sferiche, resi-
  stente alle 31.8
Varilla, asperezza de
  la superficie de
  la 44.8
Varillas, alargar las
  70.7
- de la armadura 78.7
-, ligadura de - ten-
  soras 71.9
Varnish, roof . 174.5
Vasca . . . 54.4, 224.4
- a miscuglio . 223.1
- - scuotimento 223.1
- da bagno . . 223.5
- - chiarificazione
  223.7
- - macina . . 222.7
- - nuoto . . . 223.8
- per acido . . 223.9
- - iniettare le tra-
  versine 224.1
- - lavare . . . 222.5
Vase 94.8
Vástago . . . 93.4
-, desmontar el 93.9
Vat 222.4
- for alcohol . 223.3
- - impregnation of
  sleepers 224.1
-, settling . . . 223.7
-, washing . . . 222.5
-, wine 222.1
Vault, barrel . 145.2
-, circular . . . 145.4
-, cloister . . . 145.4
Vaulting, cross 145.7
-, trough 145.5
Vegetable matter,
  free from 108.5
Vegetale, acido della
  terra 30.11
-, sostanza simile
  alla terra 30.9

Vegetali, scevro di
  fibre 108.5
Végétales, sans
  fibres 108.5
Vehicle, road . 204.2
Véhicule sur route
  204.2
Véhicules de trans-
  port 63.4
Vehículo sobre
  camino 204.2
Vehículos y apara-
  tos transporta-
  dores 63.4
Veicoli di trasporto
  63.4
- trasportatori . 63.4
Veicolo circolante
  per le strade 204.2
Vela, tela da . 107.6
Velas, tela de . 107.6
Veneziana, lastra di
  cemento alla 244.7
Vent, charge due
  au 167.6
-, moment du - sur
  le joint A B 135.3
-, normal au . . 135.6
-, oblique par rap-
  port au 135.7
-, perpendiculaire à
  la direction du
  135.6
Ventilbohrer . . 92.5
-, Klappen- . . . 92.8
Ventilación, aber-
  tura para la 170.5
Ventilationsöffnung
  170.5
Ventilation opening
  170.5
Ventilation, orifice
  de 170.5
Ventilazione, aper-
  tura per la 170.5
Vento, inclinato ri-
  spetto alla dire-
  zione del 135.7
-, normale alla dire-
  zione del 135.6
-, pressione del - sul
  giunto A B 135.3
-, spinta del . . 167.6
Verandah roof on
  one row of sup-
  ports 173.8
Veränderung, Quer-
  schnitt- 3.9
-, Volumen- . . 19.9
Verankern, die
  Mauer 140.3
-, Eisen 151.8
Verband, Block- 128.1
-, Festungs- . . . 128.6
-, holländischer 128.3
-, in - setzen . . 206.2
-, Kreuz- 128.2

Verband, polnischer 128.4
-, Quer- 224.5
-, Schornstein- . 127.8
-, Streck- 127.9
-, Strom- 128.5
Verbinden, Bretter durch Schraubenbolzen 137.2
-, durch Dollen 235.1
-, in den Kreuzpunkten mit Draht 131.4
Verbindung, feste 187.9
-, Quer- 42.6
-, Zugstoß- . . . 71.9
Verbindungsdraht, bügelförmiger 179.2
-stelle 67.8
-streifen 159.2
-stück 71.11
Verblendmaschine, Boden- 247.3
- -, Seiten- . . . 247.2
-mauer 196.7
- -werk 126.5
-stein . . 126.4, 133.7
Verblendung . . 126.3
Verbolzen, Zangen 105.8
Verbrannte Kohle, Rückstände -r 28.11
Verbrauch, Kraft- 55.3
Verbreitern, stufenförmig 109.4
Verbreiterung des Wasserlaufes 182.9
- im Fundament 109.2
-, Sohlen- 177.7
Verdrehungsmoment 144.4
Verdünnte Schwefelsäure 215.6
Verfahren, gemischtes 10.9
-, halbnasses . . 10.9
-, halbtrocknes . 10.9
-, Imprägnierungs- 115.1
-, Trocken- . . . 10.7
Verflüssigen . . 209.2
Verga, ruvidezza della superficie esterna della 44.8
-, scabrosità della superficie esterna della 44.8
- tornita 44.5
Vergießen . . . 166.1
Vergine, acqua 220.13
Vergrößerung, Raum- 16.16
Verhaken . . . 71.8
Verhältnis, Dichtigkeits- 30.5
-, Mischungs- . . 33.6
-, Pfeil- 50.3
Verhängtes Eisen, im Obergurt 151.10
Verholmte Pfahlreihe 178.1
Verjüngt, nach unten 123.3
Verkehrslast . . 141.5
-, Bau- 159.5
Verkeilen 97.5, 206.3
Verkleidung, Formstein- 216.11
Verkleidung mit Glastafeln 222.2
-, Monier- 145.1
-, Quader- . . . 232.9
Verkrümmung . 20.6
Verkürzen, die Abbindezeit 214.9
Verlängern, das Eisen 70.7
Verlauf, Abbinde- 19.6
- der Kräfte . . 46.3
Verlegen, den Zugstab in die Geschoßdecke 170.1
-, in mageren Kalkmörtel 212.3
Verlöten 216.7
Verlust, Glüh- . 14.9
-, Stoff- 39.4
Vermeiden, Erschütterungen 85.5
Vermessen, Gelände 89.1
Verme del legno 115.4
Vermi corrosori, protezione contro i 115.3
-, rosura fatta da 113.8
Verminderung der Tiefe 182.10
Vermoulure . . 113.8
Vernice all'olio, strato di 215.4
- da tetto . . . 174.5
Verputz, Zement- 196.6, 213.3
Verputzen, die Außenfläche 37.10
Verre, brique de 172.8
-, plaque de . . 19.4
-, revêtement en dalles de 222.2
- soluble . . . 215.8
Verricello a secchie 64.9
- - tazze 64.9
Verrosten . . . 117.3
Verrou, dégager le 55.6
-, maintenir le tambour-malaxeur par un - dans la position verticale 55.5
Vers, protection contre les 115.3
Versage, rigole de 58.5
Versare, assicella per - il calcestruzzo 78.8
- sott'acqua . . 22.12
Versato, calcestruzzo 33.4
Verschalung des Säulenfußes 78.1
-, Kopf- 80.3
-, Monierwand-. 76.6
-, Säulen- 77.4
-, Stukkatur- . . 142.2
Verschlungen, netzartig -er Bügel 112.3
Verschluß, Wehr- 194.5
Versehen, mit wasserdichtem Anstrich 38.1
Versenken, Sandsäcke 107.5
Versenkter Behälter 219.6
Versenkung durch Einspülung 121.3
Versetzt anordnen 71.4
Versorgung, Wasser- 191.9
Verspannen der Schalwände 75.1
-, in die darunter liegende Decke 174.1
Verspreizen, gegeneinander 97.4
Verstärken, an den Auflagern 151.2
Verstärkung, Gefälle durch - in der Mitte 227.4
Verstärkungsrippe, Winkelform mit 140.1
Versteifen, an den Rändern durch Eisenstäbe 132.9
Versteifung hoher Trägerseiten 82.7
Versteifungsrippe 164.8
Verstellbare Form 242.1
- Spreize . . . 97.6
Verstellbarer Schalrahmen 75.8
Verstopfen, Undichtigkeiten 107.8
Verstrebung, Längs- 86.2
Versuch 46.1
-, Parallel- . . 23.2
-, Schleif- 39.1
Versuchsreihe . 23.1
Vertedero . . . 190.7
- bajo de las aguas 192.3
-, cuerpo del . . 190.8
- de hormigón armado 193.8
- - superficie . 192.2
- fijo 191.10
- hueco . . . 193.10
- - relleno de piedras 194.3
- parcialmente cerrado 193.9
Verteilt, gleichmäßig -e Bodenpressung 110.2
Verteilungsleitung 220.9
-stab . . . 131.3, 147.8
Vertical 126.7
- brace 231.4
- conveying . . 64.7
- cylinder as water tank 224.2
-, face nearly . 191.3
- mixing device 62.1
- motion in the direction of the main axis 58.1
- pipe 220.4
Vertical pipe as water tank 224.2
-, pressure - to the direction of ramming 36.8
- stay 231.4
- stirring device 62.1
- strengthening of the bank 181.5
Vertical 126.7
-, agitateur . . . 62.1
-, fabriquer dans un moule 118.6
-, mouvement - et longitudinal 58.1
-, transport . . 64.7
-, tuyau 220.4
-, - - servant de réservoir à eau 224.2
Vertical 126.7
-, agitador . . . 62.1
-, armadura . . 157.3
-, consolidación de una orilla 181.5
-, hierro 159.3
-, movimiento - y longitudinal 58.1
-, transporte . . 64.7
-, tubo 220.4
Verticale, armature 157.3
-, barre 159.3
-, maintenir le tambour-malaxeur par un verrou dans la position 55.5
-, reprendre automatiquement la position 56.3
-, moulin à meules -s 248.2
Verticale, agitatore 62.1
-, bullone . . . 137.3
-, consolidamento - delle sponde 181.5
-, fascia - del gradino 163.1
-, macchina - fissa 56.5
-, macina a mole 248.2
-, mantenere la cassa per l'impasto in posizione - mediante traverse o barre 55.5
-, montante . . 231.4
-, movimento - e longitudinale 58.1
-, parete anteriore quasi 191.3
-, riprendere automaticamente la posizione 56.3
-, stabilità nella direzione 136.1
-, trasporto in senso 64.7
-, tubo 220.4
-, - - come serbatoio d'acqua 224.2
Verticalement, dispositif pour maintenir - l'armature 78.5
-, - - - - les barres du pilier 78

Verticalement, la
  pression agit -
  à la direction
  d'introduction25.2
-, placer 74.2
Vertically, to form
                118.6
-, - place . . . 74.2
Verticalmente . 126.7
-, drizzare . . . 74.2
-, gettare un palo
                118.6
-, innalzare - un
          palo 118.6
-, piazzare . . . 74.2
-, confeccionar el
        pilote 118.6
Vertice 144.1
Vértice, espesor en
        el 169.1
-, presión en el 236.4
Vertiefung, zapfen-
      artige 165.8
Vertikale . . . 231.4
Vertikaltransport
                64.7
Verwendungsstelle
                63.6
Verzahnung . . 121.6
- des Betons mit
  dem Mauerwerk
                77.6
Verzinkter Eisen-
  blechstreifen189.12
Vessel for acids 223.9
Vetro, lastra di 19.4
-, mattonella di 172.8
-, rivestimento con
  lastre di 222.2
- solubile . . . 215.8
Vetroso 81.6
Via 203.1
- di campagna 204.5
- - comunicazione
  su acqua 182.11
- ignea, saldare per
                70.3
- inferiore, ponte a
                228.1
- secca, processo per
                10.7
-, sostegno secon-
  dario della 235.3
- superiore, ponte
          a 228.3
- umida, processo
        per 10.5
- urbana . . . 203.6
Via de desliza-
    miento 201.6
- - rodadura . 64.1
- inclinada de la
  cala 200.10
- húmeda, procedi-
  miento por la -
  y por lavado 10.5
- navegable . 182.11
- para carruages
                203.2
- seca, procedi-
  miento por la 10.7
- urbana . . . 203.6
Viaducto . . . 235.3
- de soporte de la
  calzada 235.3
Vías de agua, tapar
      las 107.8
Viadotto 232.3

Viaduc 232.3
- de soutènement
  du tablier 235.3
Viaduct 232.3
Vibrazioni, evitare
        le 85.5
Vicatapparat . 19.2
Vicat, aiguille 19.2
-, apparecchio . 19.2
-, aguja de . . . 19.2
Victoria-stone . 125.2
                289.1
Vidange complète
                198.7
-, orifice de . . 58.3
-, position de . 56.2
- transporter vers
  l'extrémité de 58.2
Vidrio, ladrillo 172.8
-, placa de . . . 19.4
-, revestimiento de
  losas de 222.2
- soluble . . . 215.8
Vidrioso . . . 81.6
Vie d'acqua, cala-
  fatare le 107.8
Viehmulde, Klein-
                233.2
-trog 245.7
Vieleckig . . . 158.7
Vieleckiger Balken
                174.3
Vieleckspregwerk
                87.4
Viento, momento
  del - sobre la
  junta AB 135.3
-, presión del . 167.6
Vierendeelsche
      Brücke 231.8
Vierendeel bridge
                231.8
Vierendeel, pont
                231.8
Vierendeel, ponte
                231.8
Vierendeel, puente
                231.8
Vierquartier . . 126.1
Vierseitig aufge-
  lagerte Platte149.8
Viga americana 153.7
- armada . . . 84.5
- arqueada . 170.10
- - lateral . 171.1
-, carga distribuida
  sobre toda la 47.1
- de consola . 229.3
- - fundación . 118.1
- - madera . . 141.7
- - piso . 151.3, 152.1
- - sostén del des-
    canso 152.4
- del borde . . 49.2
- - diagonal . . 171.2
- - hueca armada 153.3
- - longitudinal . 230.6
- - paralela . . 168.3
- Siegwart 153.1, 243.5
- Visintini 153.6, 243.6
Vigas maestras 231.2
-, paralelas . . 231.2
Vigueta de madera
                154.2
- - piso 152.1
Vin, cuve à . . 222.1
Vino, serbatoio per
                222.1

Vino, cuba para222.1
Viottolo . . . 204.8
Virotillo móvil 97.6
Vis de réglage   75.5
-, escalier à . . 161.6
-, pieu à . . . 121.9
-, transporteur à 62.4
- transporteuse 62.4
                250.5
Visibili, soffitto con
  travature armate
                151.1
Visiertafel . . . 91.4
Visintini-Balken153.6
Visintini beam 153.6
                243.6
- bridge 231.1
Visintini, pont 231.1
-, poutre . 153.6 243.6
Visintini, ponte tipo
                231.1
-, trave . . 153.6, 243.6
Visintini, puente
                231.1
-, viga . . 153.6, 243.6
VisintinischeBrücke
                231.1
Visintinischer
      Balken 243.6
Vite, madre-. . 143.9
-, palo a . . . 121.9
- regolatrice . . 75.5
Viti, filettatura delle
                143.8
Vitreous 81.6
Vitreux 81.6
Vivamente, amasar
                18.8
Vive, pierres à
  couleurs -s 155.2
Vivi, pietre a colori
                155.2
Vivienda, edificio
  de 129.7
Voie carossable 203.2
- d'eau, boucher les
        -s 107.8
- de glissement 201.6
- - roulement . 64.1
- - ignée, souder par
                70.8
- inclinée de la cale
  de construction
                200.10
- navigable . 182.11
- urbaine . . . 203.6
- sèche, procédé par
                10.7
Voile, toile à . 107.6
Volcadora,carretilla
- por delante 96.9
Volcánico, areno de
        origén 27.6
Volcanique, sable
      d'origine 27.6
Volcamiento del
      tambor 56.7
Volcar 136.2
-, acción de - del
      tambor 56.7
Volée . . 104.2, 161.2
-, escalier à deux -s
                161.4
-, escalier à trois -s
                161.5
Volle Belastung,
  Stützlinie für 236.1
Voller Kolben 213.6

Völlige Entleerung
                198.7
Volquete 96.8
Volta a botte . 145.2
- - chiostra . . 145.4
- - crociera . . 145.7
- - cupola . . . 145.6
-, forma di . . 112.2
- - padiglione 145.5
- - tutto centro145.2
- alla prussiana,
  callotta della 145.3
-, àncora della 143.5
-, armatura per sof-
  fitti a 81.2
- calcolo di una 50.1
- dritta 146.5
- in calcestruzzo
      battuto 147.2
- - puro calce-
      struzzo 232.8
- Monier . . . 147.6
-, origine della 233.8
-, pulvinare della
                233.6
-, riposo della . 233.8
- senza cerniere232.4
-, spalla della . 233.6
-, spessore della143.12
Volte del ponti 50.2
-, manto delle . 85.8
- Monier, muro di
  sostegno con 139.5
- sottili, solaio a 149.9
Volume, alteration
  of 19.9
-, constancy of 19.7
-, increase of . 16.10
- measuring appa-
      ratus 14.7
- -part 83.10
- -section . . . 83.10
-, variation of - of
  the concrete mass
                88.6
-, weight per unit of
                14.1
Volume, constance
  de 19.7
- d'eau retenu 191.8
-, mesure de . . 14.7
-, partie en . . 83.10
-, poids par . . 14.1
-, variation de . 19.9
- - - de la masse
  de béton 88.6
Volume, aumento di
                16.10
-, costanza di . 19.7
-, misuratore del 14.7
-, parte di . . 83.10
-, peso per . . . 14.1
-, variazione dei -
  della massa di
  calcestruzzo 88.6
-, - di 19.9
Volumenmesser 14.7
-veränderung . 19.9
Volumen, invaria-
  bilidad de 19.7
-, medidor de . 14.7
-, parte en . . 83.10
-, peso por unidad de
                14.1
Volumeter . . . 14.7
Volver automática-
  mente á la posi-
  ción vertical 56.3

Volver, máquina
  tornadora para
- de un lado á
  otro 247.4
Volverse mate, la
  superficie se
  vuelve mate 5.4
Vorbereiten, die
  Flächen für den
  Ölanstrich 215.5
Vorderkipper . 96.9
Vorderseite, fast
  lotrechte 191.3
Vordere Stützen-
  reihe 189.4
Vorgang,Mischungs-
  52.9
Vorhelling . . . 201.2
Vorkammer . . 220.7
Vorlage 183.9
Vorrichten des
  Eisens 69.1
Vorrichtung. Aus-
  rüstungs- 87.9
-, Rüttel- 211.8
-, Schwimmer- . 221.1
-, Transport- . . 63.4

Vorrichtung zum
  --Richten der
  Eiseneinlagen 72.12
- zur Aufrechterhal-
  tung der Säulen-
  eisen 78.5
Vorstoßschiene 164.4
Vortice 182.2
Vortreiber . . . 179.5
Voussette entre ner-
  vures 145.3
Voussoir de hourdis
  creux en terre
  cuite avec brides
  144.9
Voûte, ancre de 143.5
-, calcul d'une . 145.2
-, coffrage de pla-
  fond 81.2
-, coffrage pour -s
  85.8
- d'arête 145.7
- de pont . . . 50.2
-, douelle d'une 148.5
- en arc de cloitre
  145.4, 195.5

Voûte en berceau
  145.2
- - béton damé 147.2
- - - pur . . . 232.8
- - coupole . . 145.6
- - plate-bande 146.5
- - pierre de taille
  232.7
-, épaisseur de la
  143.12
-, extrados d'une
  148.4
-, intrados d'une 148.5
- Monier 147.6
- -, mur de soutène-
  ment à contrefort
  à 139.5
- non articulée 232.4
-, radier en forme
  de 112.2
- renversée, cons-
  truire un radier
  en 185.8
-, pont en . . . 232.2
Voûté, disposition
  de toit 170.4
-, plafond . . . 149.9

Voutendecke . 149.9
Voutendeckenein-
  schalung 81.2
Voyant 91.4
Vuelta, grada . 162.8
Vulcan sand . . 27.5
Vulcanica, sabbia
  27.5
Vulcanite ring 19.3
Vulkansand . . 27.5
Vuotamento com-
  pleto 198.7
Vuotare con movi-
  mento girevole
  59.11
- lo scavo inter-
  medio colla
  pompa 116.7
- - spazio inter-
  medio colla
  pompa 116.7
Vuoti, fondazione
  per recipienti
  124.8
Vuoto 192.6
-, mattone . . . 130.3

W.

Wacke, gray- . 28.3
Wage, Kanal- . 91.6
-, Schlauch- . . 91.5
-, Wasser- . . . 91.2
Wagerecht . . 126.6
- kreisende Guß-
  eisenscheibe 89.2
- legen 74.1
- nebeneinander
  liegende Wellen
  54.5
Wagerechte Fläche
  der Stufe 162.9
Wagerechter
  muldenförmiger
  Mischbehälter 61.2
Wagen 119.5
-, Mittel- 119.6
-, Ober- 119.6
-, Unter- 119.6
Wagon 119.5
-, hauling - as
  mixer 63.2
-, lower stage of
  119.6
-, under 58.7
Wagon-malaxeur
  63.2
Wagonnet bas-
  culant sur le côté
  64.2
Wale . . . 105.7, 142.3
-, to bolt the -s 105.8
Waler for sheet
  piles 187.7
-, row of piles with
  -s 178.1
Wall, angular
  retaining 129.2
-, cantilevered . 134.7
- carrying floor 129.9
-, coping of the 137.6
-, division . . . 193.5
-, external . . . 128.7
-, face 196.7

Wall, foundation
  96.1
-, friction between
  earth and 217.9
-, - of earth against
  139.1
-, front . . 136.5, 196.7
-, gable 129.1
-, hollow . . . 201.10
- in ashlar stone
  126.8
- - concrete slabs
  134.4
- - dressed stone
  126.8
- - hewn stone 126.9
- - plaster panels
  134.5
- - worked stone
  126.9
-, inside 128.8
-, liquid concrete
  130.5
- made of slabs 134.2
-, main 128.9
-, main - of lock
  198.3
-, Monier . . . 131.1
- on wire netting
  132.1
-, outside . . . 128.7
-, partition 128.8, 193.5
- -pillar casing 77.5
- - mould . . . 77.5
-, planked retaining
  106.8
-, - staying . . 106.8
-, protection 138.1,
  185.10
-, quay 188.11
-, Rabitz 132.1
-, rammed concrete
  130.7
-, reinforced brick
  134.6

Wall, reinforced
  concrete 131.1
-, retaining 187.10,
  178.2, 196.5
-, retaining - with
  arches in Monier
  reinforced con-
  crete 139.5
-, self supporting
  135.8
-, side - of lock 198.3
- spandril . . . 233.1
-, staircase . . . 129.2
- standing by itself
  135.8
-, supporting . 178.2
-, to arrange but-
  tresses in the 218.8
- - resist wind
  pressure 135.1
-, - tie back the
  140.3
-, wing 229.8
- with buttresses
  139.4
- - counterforts
  139.4
- - horizontal
  courses 127.1
- - - slab . . . 139.6
Walled, double -
  shaft 248.7
Walling for dam
  194.7
-, outside and inside
  cement 202.2
Walzhaut . . . 44.6
-werk 12.10
Walze, Betonsenk-
  185.4
-, Dampfstraßen-
  207.1
-, erwärmte 209.11
-, Messing- . . . 210.8
-, Rauh- 211.1

Walze,Straßen- 206.7
-, Terrazzohand-
  155.13
Walzen, den Unter-
  grund fest- 206.4
Wälzgelenk aus
  Gußstahl 234.8
Wandfläche, die -n
  abwaschen 214.7
- -, Reibung
  zwischen Erd-
  körper und 139.1
-säulenschalung 77.5
-verschalung,
  Monier- 76.6
Wand, Abteilungs-
  219.8
-, Außen- . . . 128.7
-, Balken tragende
  128.9
-, Blend- . . . 186.5
-, freitragende . 134.7
-, Doppel- . . 201.10
-, gestülpte Bretter-
  106.8
-, Gipsdielen- . 134.5
-, Gruben- . . . 96.1
-, Holzspund- . 105.3
-, Lugino- . . . 134.3
-, Mittel- 128.8
-, Monier- . . . 131.1
-, Platten- . . . 134.2
-, Prüfsche . . 133.2
-, Rabitz- . . . 132.1
-, Schal- 78.2
-, Schleusen- . . 198.3
-, Schutz- . . . 185.10
-, Spund- . . . 105.2
-, Strebepfeiler in
  der - anordnen
  218.8
-, Streckmetall- 133.9
-, Stül- 178.2
-, Zementdielen-
  134.4

Wandung, Reibung
  zwischen Erde
  und 217.9
Wange 82.1
-, Treppen- . 163.10
Wanne, Bade- . 223.5
Ware, Zement- 239.2
Warm biegen, das
  Eisen 70.4
Warm, to - the
  water 63.8
Wärmeausdeh-
  nungskoeffizient
  8.2
- -zahl 8.2
-erhöhung . . . 16.11
-, Brenn- 11.10
Waschholländer222.5
-maschine . . . 240.6
- -, Kies- und Sand-
  240.9
Wash away, to 177.4
-, effect of steamer's
  176.5
Wash, to 67.7
-, to - the sides 214.7
Waschen, aus. . 177.4
- der Zuschlagstoffe
  30.7
Washer 143.7
Washing away 177.3
- -, to secure
  against 107.4
- cradle 245.1
- machine . . . 240.6
- - for gravel and
  sand 240.9
- of the aggregates
  30.7
- out the foundation
  105.1
- process . . . 10.5
- tub 222.5
- vat 222.5
Wasserabzuggraben
  99.5
-armer Beton . 34.3
-aufnahme . . 14.10
- -vermögen . . 81.4
-auftrieb . . . 101.4
-bau 175
-behälter, Stand-
  rohr als 224.2
-beständigkeit . 37.2
-bindung,chemische
  17.5
-dicht, mit -em An-
  strich versehen
  38.1
-dichter Anstrich
  215.3
- - Keller . . . 112.4
-dichtigkeit . . 37.6
-druck 101.3
- -, den - mit dem
  Eigengewicht zu-
  sammensetzen
  101.6
- -, Mauer gegen
  140.2
-fassender Trog 238.1
-führende Schichten
  122.7
-glas 215.8
-haltung . . . 100.3
-kalk 8.4
-kraftanlage . . 106.9
- -, aufgespeicherte
  197.3

Wasserlauf, Rich-
  tung des -es 175.7
- -, Verbreiterung
  des -es 182.9
-leitung . . . 224.6
-leitungsbau . 226.8
-menge, aufgestaute
  191.8
- -, Aufspeicherung
  von -n 195.8
-messeranlage . 221.3
-reicher Beton 34.5
-säulenhöhe . . 214.2
-spiegel 179.9
- -, Grund- . . . 98.2
- -, Hebung des -s
  191.7, 198.5
- -, Senkung des -s
  198.4
-stand, gewöhn-
  licher 176.6
- -, Grund- . . . 98.1
- -, Normal- . . 176.6
-stoffgas . . . 216.9
-strahl, Druck- 104.8
- -, durch - nässen
  240.10
-straße . . . 182.11
-trog 223.6
-turm 224.4
-überdruck . . 198.9
-undurchlässig 37.7
-undurchlässigkeit
  213.2
-versorgung . . 191.9
-wage 91.2
-werk 192.10
-zusatz 38.11
- -, Abhängigkeit
  der Elastizitäts-
  zahl vom 42.4
Wasser, Anmache-
  17.7
-, Ausschöpfen des
  -s 98.4
-, Beruhigung des
  ankommenden -s
  193.1
-, Brunnen- . 31.10
-, chemisch gebun-
  denes 12.2
-, das - anwärmen
  68.8
-, Druck- 121.8
-, Fluß- 81.12
-, gipshaltiges . 32.3
-, Grund- . . 97.10
-, kohlensäure-
  haltiges 132.4
-, Leim- 132.4
-, Leitungs- . . 132.9
-, Meer- . . 32.6, 115.9
-, Ober- . . . 190.10
-, Regen- 31.11
-, Rein- 220.13
-, Roh- 220.12
-, schwefelhaltiges
  32.5
-, See- 32.1
-, Sicker- 97.9
-, Talsperren- . 32.2
-, über - liegen 187.4
-, Unter- . . . 191.1
-, unter - Beton
  schütten 199.4
-, unter - lagern 22.12
Waste-water weir
  192.2

Watch, to - the
  order of mixing
  54.7
Water absorbing
  capacity 31.4
-, absorption of 14.10
-, accumulation of
  195.8
-, acidulous drain
  217.5
-, addition of . 33.11
-, baling out the 98.4
- bearing strata 122.7
-, calcarious . . 32.3
-, chemical combi-
  nation of 17.5
-, chemically
  combined 12.2
-, cold - test . . 21.4
- conduit 224.6, 226.8
- containing car-
  bonic acid 31.4
- - sulphur . . 31.5
-, crown sloping to-
  wards upper 191.4
- dam- 32.2
- distribution . 191.9
- downstream . 191.1
-, filtered . . . 220.13
-, head 190.10
-, high 116.1
-, impermeability to
  213.2
-, lake- 32.1
-, leakage . . . 97.9
- level 91.2, 91.6, 179.9
-, lowering of the
  198.4
-, normal . . . 176.6
-, raising of the
  191.7, 198.5
- main- 31.9
- meter plant . 221.3
-, mixing . . . 17.7
-, neutralisation of
  sewage 226.8
- pipe, flush . . 104.7
- pressure . . . 101.3
-, pressure . . . 121.8
-, extra 198.9
-, surplus . . . 198.9
-, to combine the
  weight of the ma-
  sonry with the
  101.6
-, quantity of -
  retained 191.8
-, rain- 31.11
- resisting property
  37.2
-, retained . . . 190.9
-, river- . . . 31.12
-, sea- . . 32.6, 115.9
- spray pipe . . 32.3
-, stopping the in-
  coming 193.1
- supply . . . 191.9
- surface . . . 179.9
-, tail 191.1
-, tail - course 197.6
-, tank, elevated 221.2
- -, vertical pipe as
  224.2
- tightness . . 37.6
-, to deposit under
  22.12
-, lay concrete
  under 199.4

Water, to lead the :
  - off at a lower (
  point 99.6
-, - warm the . 68.8
- tower . 221.2, 224.4
- trough 223.6
-, unfiltered . 220.12
-, underground 97.10
-, upstream . . 190.10
-, well- 81.10
Waterproof . . 37.7
- cellar 112.4
- paint 215.3
Watertight . . 37.7
-, to provide with a
  - coating 38.1
Waterway . . 182.11
Waterwork . . 175
Watering can . 52.4
- -, to sprinkle with
  the 58.3
Wave 229.2
Waved tee web . 6.7
Way, cart . . 205.7
- foot- 229.4
-, gang- . 188.5, 195.6
-, ground -s . 200.10
-, road- 230.5
-, sliding 201.6
-, sliding -s . 200.10
-, traffic . . . 205.7
Wear of concrete 88.9
Weather-proof . 31.8
Web 243.9
- of girder . 143.10
-, T-bar with fluted
  6.8
-, waved tee . . 6.7
Wechsel, Schichten-
  112.8
-, Spannungs-
  34.8, 146.5
Wedge 79.3
-, flat iron . . 80.9
-, packing piece
  under the 88.7
- -shaped key . 128.6
-, to - in . . . 206.3
-, to - tight. . 97.5
-, wooden . . . 88.6
Wedgestone, key
  188.3
Wedging moment
  250.7
- thrust 250.7
Weg, Feld- . . . 204.8
-, 'ieh- 229.4
Wehr 190.7
- aus Eisenbeton
  193.8
-flügel 194.9
-kanal 193.2
-körper, massiv
  190.8
-rücken . . . 191.2
-verschluß . . . 194.5
Wehr, bewegliches
  194.4
-, festes . . . 191.10
-, Grund- 192.3
-, hohles . . . 193.10
-, hohles - mit Stein
  füllung 192.3
-, Schützen- . . 195.3
-, teilweise ge-
  schlossenes 193.9
-, Überfall- 192.2
Weich 84.1

Weicher Sand . 30.4
- Tonboden . . 95.5
Weichtier . . 115.10
Weidenpflanzung
        184.10
Weight 108.5
-, balance- . . . 60.4
-, counter- . . . 60.4
-, dead 141.2
-, falling - of the
    concrete 62.9
-, friction correspon-
    ding to dead 179.3
- of masonry. : 101.5
- - plant and mate-
    rials transported
        159.5
- - the monkey 108.9
        120.11
- - - pile . . . 120.10
- - - ram 108.9, 120.11
-, part of 22.8
- per litre . . . 14.2
- - unit of volume
        14.1
-, sole 47.10
-, specific 14.6
-, to combine the -
    of the masonry
    with the water
    pressure 101.6
Weights, box for
    containing 206.11
Weiher, Sammel-
        196.1
Weinbehälter . 222.1
Weir . . . 190.6, 190.7
- canal 193.2
-, ferro-concrete 193.8
-, fixed 191.10
-, flush 192.3
-, hollow . . . 193.10
-, hollow - filled
    with stones 194.3
-, movable . . . 194.4
-, overflow . . . 192.2
- partially shut 193.9
-, sluice 195.3
-, waste-water . 192.2
-, wing of the . 194.9
Weite, Licht- . 168.10
-, Spann- 101.11, 165.1
-, Stütz- 47.3
Weld 71.2
Weld, to 70.8
Welding plant,
    electric 71.1
Well . . . 100.5, 124.4
-, inlet 220.5
-, shaft of . . . 124.5
-, staircase . . . 166.7
-, to sink a . . . 100.7
- -water 81.10
Wellblechdecke 143.2
-mantel 217.1
-spundwand . . 106.2
-tafel, Schalung mit
        -n 88.1
Welle . . 98.2, 229.2
-, Messer- 222.9
-, Quer- 59.6
Wellenbrecher 185.9
-eisen 6.5
-förmiger Steg . 6.7
-, wagrecht neben-
    einander liegende
        54.5
Wendemaschine247.4

Wendeltreppe . 161.6
-, Spindel der . 162.1
Werk, Bohl- . . 186.8
-, Boll- 186.5
-, Deck- 183.5
-, Leit- 183.7
-, Parallel- . . . 183.7
-, Rahmen- . . . 189.8
-, Stau- 190.6
-, Wasser- . . . 192.10
Werksteinstufe 163.2
Werkzeug . . . 51.3
-, Meß- 4.6
Wert, Grenz- . . 41.10
Wet concrete . 84.5
- frozen concrete
        87.5
- process . . . 10.5
- sand 68.5
- sawdust . . . 68.8
-, separate mixing
    drums for dry
    and - mixing 81.8
-, to prevent the bot-
    tom from beco-
        ming 52.7
-, to - the casing be-
    fore laying the
    'concrete 85.1
-, - - with a spray of
        water 240.10
Wetterbeständig 81.8
Wharf, coaling 190.5
-, discharging . 187.2
-, loading . . . 189.1
-, unloading . . 188.12
Wheel barrow . 51.9
-, chain 59.7
-, conical spur . 60.2
-, guiding . . . 119.4
Whirlpool . . . 182.3
Wholesale produc-
    tion 239.3
Widen, to - footing
    in offsets 109.4
- - - - steps . 109.4
Widening of the sill
        177.7
- the foundation
        109.2
- - stream . . . 182.9
Widerlager 144.2,229.7
- von Tragkonstruk-
    tionen 140.5
Widerstand des
    Pfahles gegen
    Herausziehen
        121.2
- gegen Abreiben
        38.10
- - Abschleifen 38.11
-, Gleit- 44.9
Widerstandsfähig-
    keit, Feuer- 8.3
Width 168.10
-, normal 183.2
- of the river . 181.8
Wiederholen, die Be-
    lastung und die
    Entlastung 41.7
Winch, bucket 64.4
-, portable . . 194.10
Winddruck . . 167.5
-, Mauer gegen
        135.1
- -, Moment des -es
    auf Fuge A B 135.5
-fang 136.4

Windrichtung,
    geneigt zur 135.7
- -, senkrecht zur
        135.6
Wind pressure 167.5
- -, moment due to
    - on joint A B
        185.3
- -, oblique to . 135.7
- -, perpendicular to
        135.6
- -, wall to resist
        135.1
- screen 136.4
Winde, fahrbare
        194.10
Winding . . . 158.10
- staircase . . . 161.6
- -, nevel of . . 162.1
Window jamb . 79.8
- reveal 79.8
Windung . . . 158.10
-, sich kreuzende
    spiralförmige -en
        59.3
Wine reservoir 222.1
- vat 222.1
Wing, lateral . 140.7
- of the weir . 194.9
-, parallel . . . 140.6
- wall 229.8
Winged nut . . 75.6
Winkeländerung
        218.6
-eisen 159.1,164.5,187.10
-schenkel, ein
    Drahtgewebe
    zwischen zwei -
    einklemmen 182.8
-form mit Verstär-
    kungsrippe 140.1
-kanten, durch -
    schützen 241.10
-spiegel . . . 90.1
-stützmauer . . 139.6
Winkel, den - der
    Bodenart anpas-
    sen 118.5
- des Schuhes . 118.4
-, Kontingenz- . 218.5
-, Neigungs- . . 167.3
Wire, annealed iron
        72.1
-, binding . 72.2, 148.2
-, - - in shape of
    stirrup 179.2
- hooping . . . 158.5
-, iron - arranged
    crossways 181.2
- netting . . . 181.5
-, casing with 160.2
-, construction
    with 145.8
-, Rabitz . . . 142.2
-, to fix - between
    two angle irons 132.8
-, to stretch on 181.3
-, wall on . . 182.1
-, the longitudinal -s
    project 179.7
- tie 75.2
-, to bind with - at
    crossing 131.4
- - - iron . . 71.6
- trellis, to stretch
    on 181.3
Wirksamer Erd-
    druck 188.3

Wirkung, dynami-
    sche 230.8
Withdraw, to - from
    the mould 24.1
Withdrawal, re-
    sistance of the
    pile to 121.2
Withdrawing the
    core 247.6
Withes, planting of
        184.10
Wohngebäude 129.7
Wood, ash- . . 120.6
- block 208.2
- covering . . . 163.9
- dowel 131.9
- floor 154.1
-, free from pieces of
        108.4
-, insertion of . 68.2
- louse . . 115.5, 115.6
- pavement . . 208.1
- paving, clinker
    concrete under-
    neath 204.11
- pile, to cut off a
        114.4
- -, - dress a . 114.4
- plug 181.9
-, sheet piling of 105.3
-, to strut tempora-
    rily with 136.11
Wooden bannisters
        166.3
- beam . 141.7, 154.2
- - floor 141.6
- board 241.6
- circular rib . 80.1
- - ring . . . 80.1
-, conical - core 78.3
- - - plug . . 78.3
- dowel . . . 172.5
- foundation . 185.1
- joist 154.2
- king-post . . 84.6
- lath 172.3
- - for rendering
        150.8
- mould 241.5
- peg 172.5
- plank . . . 241.6
- plug . . 88.4, 172.5
-, rammer . . . 66.2
- substructure . 185.1
-, tamp 66.2
-, to fix concrete
    piles on top of
    - ones 114.3
- truss-post . . 84.6
- wedge . . . 83.6
Work, depth of
    the 228.4
-, intermittent . 53.6
-, interruption of
        67.5
-, section of . 67.9
Works on river
    shore 184.7
Worked stone,
    wall in 126.9
Working, alternate
    - kiln 11.3
- concrete in frosty
    weather 68.7
-, continuous - kiln
        11.5
- load . . 141.3, 167.3
Worm 94.2
-, conveying . 62.4

Worm, damage
    done by -s 118.8
- eaten 118.8
-, protection against
    boring -s 115.3
Wrought iron . 8.4

Wrought, iron ca-
    pable of being 8.6
Wulsteisen 6.6, 152.3
- -decke 152.2
Würfelfestigkeit 43.4
-form 85.1
- -, Einheits- . . 23.8

Würfelform,
    Normal- 23.5
-förmiger Misch-
    behälter 57.1
- von 7,1 cm Kanten-
    länge 24.3
Wurm, Bohr- . 115.4

Wurmfraß . . . 118.8
Wurst, Faschinen-
    178.3
-, Rost aus Würsten
    184.6
Wurzel,Buhnen-184.3
-, frei von -n . 108.6

Y.

Yard 68.5
Yeso 132.2
-, molde de . . 241.8
Yield point . . 4.8

Yield point, the
    exceeding of the
            45.9
- - is externally
    visible 4.9

Yield point, upper
              4.8
Yute, capa de -
    impregnada 171.10

Z.

Zaffo, cavità in
    forma di 165.8
Zahl, Ausdehnungs-
            45.9
-, Dehnungs- . . 41.6
-, Elastizitäts- . 41.4
-, Formänderungs-
            41.5
-, Sicherheits- . . 5.7
-, Steifigkeits- . 50.4
Zahnkranz . . 119.7
Zanca 162.3
Zange . . 86.3, 105.7
Zangen verbolzen
            105.8
Zanja 204.5
- de abajo . . . 197.2
- - arriba . . . 197.1
- - desagüe . . 99.5
- - descarga . 197.2
Zapata de la losa
    transversal 111.7
- - quilla . . . 201.4
- - retención 201.5
Zapatas, sistema de
    - interiores 139.8
Zapfenartige Ver-
    tiefung 165.8
Zapfen, Schild- 60.1
Zappa 97.1
Zarge 182.11
-, Nut der . . . 133.1
-, Tür- 137.5
Zatterone di fon-
    dazione 111.1
- - - in cemento
    armato 109.7
-, lo - di fondazione
    si piega 110.1
Zavorra . . . 26.10
Zeichen, Tages- 200.8
Zeichnerische Er-
    mittlung 189.2
Zeit, Abbinde- . 16.7
-raum von 28 Tagen
            23.3
Zelle 200.2
Zellensilo . . . 250.2
Zement ablagern
            155.9
-beton 82.8
- -diele 153.4
-bohle 243.4
brei 72.8

Zementdachstein
            172.6
-diele . . 130.6, 243.3
-dielenwand . . 134.4
-erzeugung . . 10.2
-estrich 154.6
-fliese 210.10
-haut, äußere und
    innere 202.2
-kruste 52.8
-mosaikplatte . 244.7
-platte 210.9
-silo 249.7
-verputz 196.6, 213.3
-ware 289.2
Zement, Anmachen
    des -es 17.6
-, Eisenportland- 9.3
-, Erz- 9.8
-, Farbenzusatz zum
            155.10
-, Färbung des -es
            289.4
-, Gieß- 17.1
-, imprägnierter
            214.12
-, langsam ab-
    bindender 17.3
-, Metall- . . . 165.9
-, Misch- 9.9
-, Portland- . . 10.1
-, Puzzolan- . . 8.11
-, rasch abbindender
            17.1
-, Roman- . . . 8.9
-, Sand- 9.10
Zenital, luz . . 165.5
Zentrifugalpumpe
            100.10
Zentrisch belasten
            49.9
Zerkleinerung auf
    Mehlfeinheit 8.8
- zu Mehl . . . 8.8
Zero 89.5
Zero normale . 89.5
Zéro normal . 89.5
Ziegelbeton . . 83.2
-decke mit Eisen-
    einlage 146.9
-, reine . . . 143.3
- eindeckung . 172.1
-mauerwerk, das -
    nässen 67.1

Ziegelmauerwerk,
    das - reinigen
            66.8
-stein, Steinschlag
    aus -en 28.8
Ziegel, Draht- . 134.1
-, Flansch- . . . 144.9
-, Hohl- 146.7
-, zu -n formen 10.11
Ziehen, der Pfahl
    zieht 105.9
Zieher, Stein- . 94.2
Zierwerk . . . 165.3
Ziffer, Steifigkeits-
            50.4
Zinc chloride solu-
    tion 208.5
-, solution de
    chlorure de 208.5
Zincata, rivesti-
    mento di strisce
    in lamiera 189.12
Zinguée, bande de
    tôle de fer 189.12
Zinkchloridlösung
            208.5
Zinshaus 130.2
Zócalo, apisonar el
            187.1
Zoccolo 96.4
-, battere lo . . 187.1
- della colonna 157.7
Zona di pressione
            49.4
Zona de presión 49.4
Zone, Druck- . 49.4
- of pressure 49.4
Zone centrale . 150.3
- de pression . 49.4
- extrême . . . 150.4
Zueco 170.9
- de hierro . . 102.5
Zugfestigkeits-
    prüfung 24.5
-form, Einheits- 23.9
- -, Normal- . . 23.9
- -, in schrägen
    Ebenen wirkende
            44.1
-luft, vor - schützen
            30.8
-ramme 108.2
-spannung . . . 2.6

Zugstab, den - in
    die Geschoßdecke
    verlegen 170.1
-stange 168.6
- -, die - absprengen
            169.8
-stoßverbindung 71.9
Zug, Lasten- . . 237.4
-, Schlußlinien- 48.6
Zulässige Bean-
    spruchung 41.3
Zulässiger Boden-
    druck 109.5
Zuleitung . . . 121.5
Zuleitungsstrang
            219.9
Zuncho 118.1
Zunder, der -
    springt ab 5.1
Zurückkehren,
    selbsttätig in die
    aufrechte Lage
            56.3
Zusammendrehen
            72.3
-drückung, blei-
    bende 41.8
- -, federnde . . 41.9
-fassung der Ge-
    fälle 198.10
-halten, durch Eisen-
    klammern 79.10
-hängende Beton-
    platte 111.5
- - Sohlen-
    abdeckung 185.6
-klappen, die Schal-
    wände zum - ein-
    richten 76.3
-pressen, genügend
            68.3
-pressung des
    Bodens 110.3
-setzen, den Wasser-
    druck mit dem
    Eigengewicht
            101.6
-, Schwimm-
    kästen 200.5
-wirken von Kalk
    und Hydraulie-
    faktoren 7.4
-ziehen des Betons
            2.9
- -, sich stark . 19.10

Zusatz, Farb- . 20.3
-, Salz- 68.10
-, Soda- 68.11
-, Wasser- . . . 33.11
Zuschlag, hydrau-
  lischer 9.1
-material, Korn des
  -es 39.10
-stoff 25.7
-stoffe 155.1

Zusetzen, der trock-
  nen Mischung
    Alaun 215.1
-, Gips 13.5
Zustand, un-
  belasteter 45.2
Zweiarmige Treppe
    161.4
-gelenkbogen . 232.5
-quartier 125.6

Zweischiffige Kanal-
  brücke 288.3
-teiliges Flach-
  eisen 81.3
Zwinge, Bohlen- 79.9
Zwischendecke 141
-mittel, elastisches
    117.6
-pfeiler 140.8
-raum, den - aus
  pumpen 116.7

Zylinder 243.8
-bohrer 94.3
-förmige Aus-
  sparung 180.8
-stegdecke . . . 152.8
- -, Herbstsche 243.7
-, gußeiserner . 206.8
-, Hohl- 152.9
Zylindrischer Stahl-
  bolzen 234.6
- Stempel . . . 88.5

25*

А.

Аабестовый ши-
фер 172.7
Акваріумъ . . 226.3
Акведукъ . . 223.8
Активное давле-
ніе земли 188.3
Альпійская до-
рога 204.7
Аналитическое
опредѣленіе 189.2
Англійская си-
стема 207.3
Андреевскій
крестъ 86.5
Анкерная плита
186.6
Анкеръ . . . 186.7
Аппаратъ для
встряхиванія 15.10
- Мартенса ре-
гистрирующій
схватываніе
цемента 19.3

Аппаратъ песко-
струйный 39.5
Арка безъ шар-
нировъ 232.4
- двухшарнирная
232.5
- мостовая . . 50.2
- трехшарнирная
169.3, 232.6
- шарнирная,
статически
опредѣлимая
235.7
Арматура верх-
няго строенія
117.1
- двойная . . 148.3
- - желѣзная 168.9
- діагональная 110.8
- желѣзная . 78.7
- , служащая для
поддержанія опа-
лубки 84.4

Арматура жесткая
233.3
- консоли . . 158.1
- поперечная 110.7
- продольная 110.6
- спиральная 42.7
Армированная
каменная стѣна
184.6
- пустотѣлая бал-
ка 158.3
- стѣнка. . . 181.1
-ный кирпичъ 134.1
-ныя бетонныя
перекрытія
между желѣз-
ными балками
147.5
Армировать . . 2.3
Арочный мостъ 232.2
Архитравный
мостъ 227.3

Архитравъ . 146.5
Аспидная кровля
172.2
Асфальтовая ис-
кусственная
масса 208.11
- мастика . . 209.6
- мостовая . . 205.1
Асфальтовый бе-
тонъ 82.12
- изолирующій
слой 171.8
- камень . . 209.5
- порошокъ 209.10
- сплошной слой
190.3
Асфальтъ 38.5, 208.12
- берберскій . 210.1
- литой . . . 209.8
- плиточный . 209.9
- сырой . . . 209.1
- трамбованный
209.7

Б.

Баба . . 108.5, 122.3
-, заостренная
коническа 122.4
- падаетъ сво-
бодно 104.4
- ручная . . 102.3
Бабка деревян-
ная 84.6
Багоръ . . 90.6
Бадья 64.8
- съ откиднымъ
дкомъ 65.2
База. 157.7
Базальтовый
песокъ 27.9
Базальтъ . . 28.7
Балка армиро-
ванная пусто-
тѣлая 158.3
- Визинтини
158.6, 243.6
- двутавровая гну-
тая Мелана 148.7

Балка деревянная
141.7
- Зигварта
158.1, 248.5
- консольная 229.3
- крайняя . . 49.2
- площадки . 162.4
- площадочная
162.4
- полигональная
174.3
- поперечная 230.7
- потолочная 152.1
- продольная 230.6
- рѣшетчатая 153.7
- съ параллель-
ными поясами
231.2
- шандорная . 194.6
Балки конецъ 141.9
Балластный слой
изъ гравія 227.6

Балластный слой
непрерывный
237.7
Балочная форма
82.5
-ное деревянное
перекрытіе 141.6
- перекрытіе меж-
ду желѣзными
балками 142.9
-ный мостъ . 227.2
- - неразрѣзной
228.5
Балюстрада изъ
искусственнаго
камня 165.7
Балясина . . 166.5
Балясникъ . 166.5
Банкетъ . . 3.8
Барабана наклон-
ное положеніе
къ оси вращенія
57.3

Барабанъ вра-
щающійся 56.6
- въ формѣ двой-
ного конуса 59.1
- горизонталь-
ный корыто-
образный мѣ-
шальный 61.2
- желѣзный . 88.3
- кубическій . 57.1
- мѣшальный на-
ходится въ ка-
чательномъ
движеніи 58.1
Барабаны отдѣль-
ные для сухого
и мокраго смѣ-
шиванія 61.8
Баржа строитель-
ная 202.4
Бассейнъ . . 200.3
- для купанія 221.5
- отстойный . 192.9

Башенная — 389 — Вальцованный

Вальцовая мельница 12.10
Ванна для купанія 223.5
Ватерпасный 126.6
Ватерпасъ . . 91.2
Ведро 98.5
- для смѣшиванія террацно 155.11
Ведущій поясокъ 57.4
Величина, статически неопредѣлимая 48.2
Вентиляціонное отверстіе 170.5
Веревочный многоугольникъ 47.6
Вертикальное и поступательное движеніе 58.1
- перемѣщеніе 64.7
-ный 126.7
- мѣшальный механизмъ 62.1
Верхніе лѣса 87.7
Верхній бьефъ 190.10
- покровъ . . 184.4
- поясъ 188.2, 231.6
- свѣтъ . . . 168.5
- слой 242.2
Верхняя оболочка изъ желѣзобетона 185.2
- поверхность 148.4
- телѣжка . . 119.6
- точка трети 236.8
Верховая вода 97.9
Вещество битуминозное 171.4
- обугленное . 81.2
- связывающее 7.1
- - гидравлическое 7.9
Взаимодѣйствіе извести и гидравлическихъ факторовъ 7.4
Вздирать поверхность слоя 36.3
Видъ матеріала въ состояніи текучести 5.3
Визинтини балка 158.6, 243.6
- мостъ . . . 231.1
Визирка . . . 91.4
Вика приборъ 19.2
Вилкообразный 71.10
Винтовая лѣстница 161.6
Винтовая нарѣзка 148.8
- поверхность, поднимающаяся подъ угломъ въ 45° 44.2
- свая . . . 121.9
Винтовой транспортеръ 62.4
Винтъ транспортный 250.5
- установочный 75.5
Вирандeля мостъ 231.8
Висячая пирамида 249.3
-чій садъ . . 173.6
Витки спиральные скрещивающіеся 59.3
Віадукъ . . . 232.3
Вкладышъ деревянный 79.6
Влажность воздуха 18.11
Влажный песокъ 120.5
Вліяніе пароходныхъ волнъ 176.5
- температуры 18.10, 173.2
Внутренній болванъ 76.2
- - для полой отливки 225.7
- цементный покровъ 202.2
-няя труба . 121.4
Внѣшній цементный покровъ 202.2
Вогнутая кривизна 233.9
Вода верховая 97.9
- грунтовая . 97.10
- для цементнаго раствора 17.7
- дождевая . 81.11
- клеевая . . 182.4
- колодезная 31.10
- морская 32.6, 115.9
- напорная . 121.5
- неочищенная 220.12
- озерная . . 32.1
- очищенная 220.13
- проведеная 31.9
- прудовая . 32.2
- рѣчная . . 31.12
- содержащая гипсъ 32.3
- - углекислоту 32.4
- сырая . . 220.12
- сѣрная . . 32.5
- углекислая 32.4
Вода, химически связанная 12.2
Водная накопленная сила 197.3
-ное стекло . 215.8
-ный путь . 182.11
Водобойный полъ 192.6
Водоемная башня 224.4
-ный лотокъ 238.1
Водоемъ . . . 196.1
Водолазный колоколъ 199.9
Водомѣрная камера 220.8
Водонапорный резервуаръ 221.2
Водонепроницаемая окраска 215.3
Водонепроницаемость 87.6, 218.2
Водонепроницаемый 87.7
- подвалъ . . 112.4
Водоносные слои 122.7
Водоотводная канава 99.5
- канавка . . 99.7
-ный каналъ 99.8
Водопроводъ 224.6
Водородный газъ 216.9
Водосливная плотина 192.2
Водоснабженіе 191.9
Водоспускная плотина 192.3
Водостойкость 87.2
Водосточный желобъ 178.1
Воды сточныя, содержащія кислоты 217.5
Водяная станція 192.10
- - силовая . 196.9
Водяной нивеллиръ 91.6
- - съ гутаперчевой трубкой 91.5
- уровень . . 91.2
-ныя сооруженія 175
Возводить дно шлюзы на суши 199.1
- палубный щитъ по частямъ 76.5
- постепенно оба палубныхъ щита 76.4
Возвращаться автоматически въ вертикальное положеніе 56.3
Воздвигать непосредственно на скалистомъ грунтѣ 191.5
Воздушная известь 7.8
Возникать, возникаетъ статически неопредѣлимый моментъ 218.3
Возрастающее увеличеніе нагрузки 44.4
Волна коническая Франка 6.8
- листа волнистаго желѣза 229.2
Волноломъ . 185.9
Волнообразное желѣзо 6.5
- ребро . . . 6.7
Волокно оси, расположенное параллельно 49.6
Волосъ коровій 182.5
Воронка . . . 199.6
- для опусканія бетона 185.4
- - отливки стѣнокъ Монье 77.2
Воронки форма 250.6
Воротъ съ бадьями 64.9
Впадина сводчатая 150.6
Впускной каналъ 193.3
- конецъ . . 61.4
Вращающаяся бетоньерка 56.6
- мѣшальная лопасть 61.3
- печь 11.9
-щійся 119.1
- барабанъ . 56.6
Временно дѣйствующій шарниръ 233.4
Время схватыванія 16.7
Врѣзать подкосы въ стойки 74.4
Вспомогательные лѣса 86.8
Вспучиваніе отъ воздуха 21.3

Вставная доска 78.8
-ной башмакъ 123.9
Вступать въ реак-
цію 12.5
Встрѣчная ло-
пасть 62.11
Встряхивать же-
лѣзную арма-
туру 72.11
Второстепенная
опора проѣз-
жей части 285.3
-ное напряженіе
49.5
Втулка кольцевая
коническая 166.4
Вулканическій
песокъ 27.6
Въ верхнемъ те-
ченіи рѣки 175.6
- видѣ подзор-
ной трубы 123.4
- кускахъ . . . 8.1
- нижнемъ те-
ченіи рѣки 175.8
- порошкѣ . . 8.9
- состояніи ну-
левыхъ напря-
женій 45.3

Выгонять угле-
кислоту 12.1
Выдавленное пле-
теніе Рабица
144.10
Выдергивать
трубу 124.1
Выдерживать во
влажномъ воз-
духѣ 22.11
- въ водѣ . . 22.12
Выдѣлять осаж-
деніемъ 241.2
Выемка . . . 96.5
- цилиндрическая
180.8
Вызывать танген-
ціальныя напря-
женія 217.6
Выкачивать изъ
промежуточнаго
пространства
116.7
Выкрашиваніе180.2
Вымывать . . 177.4
178.6
Выниманіе керна
247.6
Выносъ . . 143.13

Выправка желѣза
69.1
Выправленіе
русла 183.1
Выпуклая кривиз-
на 233.7
Выпускать гори-
зонтальныя
ребра наружу
219.1
Выпускное отвер-
стіе 58.3
-ной конецъ . 61.5
Выпускъ . . 62.6
Выравнивать по-
верхность 67.2
- по шнуру . 136.10
Высокій рост-
веркъ на сваяхъ
113.3
Высота водяного
столба 214.2
- конструкціи 228.4
- наполненія 85.6
- паденія . 190.8
- подъема . 104.1
- слоя 85.3
- строительная
228.4

Высота срѣлы
подъема 168.11
- шага . . . 48.2
Выступать, про-
дольные прутья
выступаютъ
179.7
Выходное отвер-
стіе 88.6
Выцвѣтаніе . 68.12
- солей . . . 82.7
Вычерпываніе
воды 98.4
Вѣнецъ зубчатый
119.7
- колодца . . 124.5
Вѣсовая часть 22.8
Вѣсъ бабы
108.9, 120.11
- литра . . . 14.2
- объемный . 14.1
- сваи . . . 120.10
- собственный
47.10, 141.2
- удѣльный . 14.8
Вѣха 90.3
Вязательная про-
волока 72.2, 148.2
Вязать . 71.7, 148.1

Г.

Газгольдеръ 221.6
Газовый двига-
тель 101.2
- моторъ . . 101.2
Газъ водородный
216.5
Гайка 148.9
- съ рукояткой
75.6
- - ушками . 75.6
Галлерея . . 178.10
Галька . 26.7, 182.5
Гарь . . . 28.11
Гаспари мѣшалка
61.7
Гвоздь . . . 188.9
Георта перекрытіе
изъ трубъ и
реберъ 152.8
Гербста перекры-
тіе 243.7
Гидравлическая
известь 8.4
-скій добавокъ 9.1
- прессъ . . 24.9
-ское связываю-
щее вещество 7.9
Гидратизація 8.7
Гидратизировать
8.2
Гидратъ извести
15.1

Гидратъ извести
порошкообраз-
ный 8.12
Гидромодуль 16.4
Гидротехническія
сооруженія
175
Гильва . . . 116.5
- металлическая
166.2
Гипсовая форма
88.3, 241.6
Гипсово-клеевой
растворъ 146.3
Гипсовый бетонъ
32.11
- монолитный
полъ 154.9
- сплошной полъ
154.9
Гипсъ 132.2
Главное продоль-
ное ребро 189.6
-ный эллингъ 201.3
Гладилка . . 210.7
Гладкая поверх-
ность 80.1
- сводчатая
крыша 178.9
Глина, смѣшан-
ная съ пескомъ
108.9

Глина средней
плотности 95.4
Глинистая земля
108.10
- почва . . . 178.5
Глинисто-песча-
ный грунтъ 95.3
Глинистый
грунтъ 95.2, 178.5
- мягкій грунтъ
95.5
Глинобитный
слой 198.6
Глиноземъ
7.8, 108.11
Глиняная форма
241.11
-ный керн
195.10
Глубина потока
181.9
Гніеніе . . . 118.7
Гнутая двутавро-
вая балка Ме-
лана 148.7
Гнуть желѣзо 69.6
- - въ горячемъ
состояніи 70.4
- - холодномъ
состояніи 69.7
- - на-горячо . 70.4
- - -холодно 69.7

Гнѣздо . . . 89.8
- балки . . 142.1
- шипообразное
165.8
Голландская пе
реявка 128.3
Голлендеръ . 222.4
Головка дымовой
трубы 248.4
- копра съ бло-
ками 108.3
- рельса . . . 186.8
Головная часть
шлюза 197.11
Гончарная труба
100.1
-ныя плиты для
опалубки 77.7
Горизонтальная
корытообразная
бетонѣрка 61.2
- проекція . . 167.4
Горизонтально
вращающійся
чугунный дискъ
89.2
Горизонтальное
перемѣщеніе
68.7
-ные валы, лежа-
щіе рядомъ
54.5

Горизонтальный 126.6
- корытообразный мѣшальный барабанъ 61.2
- распоръ 144.5 236.2
-ныя ребра выпускать наружу 219.1
Горка тормазная 65.4
Горно переносное 70.5
Горный гравій 27.14
- песокъ . . 26.13
Городковая крыша 168.4
Городская дорога 203.6
- улица . . . 203.6
Горшокъ песочный 88.2
- съ пескомъ 88.2
Горячій утюгъ 209.12
Готовить колонны фабричнымъ способомъ 160.4
Гравій . 26.5, 94.10
- горный . . 27.14
- карьерный . 27.14
- рѣчной . . 27.13
Градуированная измѣрительная трубка 14.8
Гранитная ступень 168.3
-ныe осколки 211.7
-ный песокъ 27.7
- шарниръ . . 234.1
Гранитъ 28.1, 155.4
Гранулировать 9.7
Графическій . 47.5
-ское опредѣленіе 189.3
Гребень, наклонный къ поверхности верховой воды 191.4
Гриффина мельница 13.3
Грузъ разрушающій 47.8
- распредѣленный 46.12
- сосредоточенный 47.2
Грунтовая вода 97.10
- дорога . . . 204.1
Грунтъ глинистый 95.2, 178.5
- глинистопесчаный 95.3
Грунтъ илистый 94.8
- мергелистый 95.1
- мягкій глинистый 95.5
- песчаный мелкозернистый 95.6
- плотный . . 94.7
- средней крѣпости 94.6
- - плотности 94.6
Грушевидная бетоньерка 60.9
- форма мѣшальнаго барабана 60.9
Грязь отъ шлифовки 156.2
Густота раствора 34.2
- смѣси . . . 34.2

Д.

Давать подъемъ 85.3
- тактъ . . . 103.8
Давленіе активное земли 188.3
- воды 101.3
- въ замкѣ . 236.4
- вѣтра . . . 167.6
-, допускаемое на грунтъ 109.5
- жидкости . 217.7
- земли . 198.8, 217.8
- опорное . . 236.5
- разностное воды 198.9
Давленія земли опредѣленіе 138.4
- кривыхъ способъ 235.10
Дамба запрудная 191.6
- продольная 183.7
- струенаправляющая 183.7
Дать падать съ высоты 122.5
Дверная коробка 187.5
Двигатель газовый 101.2
Движеніе вертикальное и поступательное 58.1
- продольное 119.3
Движенія свобода 190.2, 230.3
Двойная арматура 148.3
Двойная желѣзная арматура 168.9
- колонна . . 158.3
- конструкція 189.10
- кровля . . . 173.4
- перемычка . 106.7
- подпора . . 84.1
- стѣна . . 201.10
Двойное дно 201.9
- перекрытіе 178.4
- плетеніе . . 148.3
- полосовое желѣзо 81.3
Двустѣнный стволъ 248.7
Двутавровая гнутая балка Мелана 148.7
-вое желѣзо 142.10 180.10
Двухосновное соединеніе фтористаго кремнія 215.10
Двухшарнирная арка 232.5
Дебаркадеръ 187.2
Дегтярное масло 208.4
Дерево дубовое 120.6
- круглое . . 88.5
Деревянная бабка 84.6
- балка . . . 141.7
- коническая пробка 78.3
- мостовая . . 206.1
Деревянная платформа 51.6
- подвѣска . 84.6
- пробка 88.4, 131.9, 172.5
- прокладка . 68.2
- рейка . . . 172.3
- - для прикрѣпленія штукатурки 150.8
- стѣнка, обшитая въ закрой 106.8
- трамбовка . 66.2
- форма . . . 241.5
- шпонка . . 172.5
Деревянное балочное перекрытіе 141.6
- кольцо . . . 80.1
Деревянный быкъ 87.5
- вкладышъ . 79.6
- клинъ . . . 88.6
- настилъ . . 168.9
- охранный брусъ 202.3
- полъ 154.1
- станокъ . . 241.6
- шпунтовый рядъ 105.3
Деревянныя перила 166.3
Дерюга . . . 142.7
Деформація . 2.8
- остаточная . 3.11
- остающаяся 3.11
- поперечнаго сѣченія 8.9
Деформація упругая 3.10
Джутовая пропитанная прокладка 171.10
Динамическое дѣйствіе 230.8
- - нагрузки . 46.7
Діабазъ . . . 28.4
Діагональ . . 231.5
Діагональная арматура 110.8
-ное ребро . 171.2
-ныe канаты 152.7
Діаграмма номографическая 218.2
- скалывающихся усилій 49.7
Діаметръ постоянный въ свѣту 248.6
Діоритъ . . . 28.4
Дневная производительность 67.10
-ной знакъ . 200.8
Дно балки . 82.2
- двойное . . 201.9
- досчатое . . 82.6
- рѣки . . . 182.1
- шлюза . . . 198.2
Добавленіе краски къ цементу 155.10
- красящее . 20.3
- соды 68.11
- соли 68.10

Добавлять гипсъ 18.5
Добавокъ 25.7, 155.1
- гидравличе-
  скій 9.1
Добавочная при-
  мѣсь 25.7
-ное напряженіе
  49.5
-ные матеріалы
  155.1
-ный прутъ . 71.3
Дождевая вода
  81.11
Докъ сухой . 198.6
Доломитовый
  песокъ 27.10
Долото . . . 94.1
- острое . . . 93.11
Доменный дро-
  бленный шлакъ
  27.11
- шлакъ . . . 28.9
Домъ доходный
  130.2
- жилой . . 129.7

Домъ подъ тор-
  говыя помѣще-
  нія 130.1
Донная запруда
  192.3
Допускаемое
  давленіе на
  грунтъ 109.5
- напряженіе 41.3
- сжатіе грунта
  109.5
Дорога альпій-
  ская 204.7
- большая . . 204.1
- городская . 203.6
- грунтовая . 204.1
- изъ гравія . 205.6
- макадамовая 204.9
- обыкновенная
  203.1
- подземная . 225.1
- проѣзжая . 203.2
- столбовая . 204.6
- съ булыжной
  одеждой 205.5
- шоссейная . 205.4

Дорога щебеноч-
  ная 205.4
Дорожный катокъ
  206.7
Доска 78.4
- вставная . . 78.8
- закладная . 187.5
- кружальная 86.1
- подкладная 248.1
- строганная 85.7
- съ шипами 70.3
- толстая . . 78.3
- узкая . . . 142.3
-, упирающаяся
  въ колья 177.9
- шпунтовая . 180.7
- цементно-бетон-
  ная 153.4
Достаточно сжи-
  мать 68.3
Досчатое дно 82.6
Доходный домъ
  130.2
Древоточецъ 115.4
Дренажная труба
  194.1

Дренажъ попереч-
  ный 220.3
Дренировать 220.11
Дробить . . . 9.7
Дробленый домен-
  ный шлакъ 27.11
Дубильная кора
  108.3
Дубовое дерево
  120.6
Дубъ 120.6
Дымовая желѣзо-
  бетонная труба
  243.3
Дышло . . 206.10
Дѣлать непрони-
  цаемымъ 196.3
Дѣйствіе динами-
  ческое 230.3
- нагрузки ди-
  намическое 46.7
- пароходныхъ
  волнъ 176.5
- періодическое 53.6
Дневный песокъ
  27.3

Е.

Елочная пере-
  вязка 126.5
-ный рядъ . 127.6

Емкость . . . 249.4
Естественная ка-
  менная порода 26.11

Естественное по-
  ниженіе 114.2
-ный камень 125.1

Естественный
  песокъ 26.3
- цвѣтъ . . . 240.1

Ж.

Желобчатое же-
  лѣзо 6.9
Желобъ водосточ-
  ный 173.1
- для смачиванія
  62.2
- насыпной . 58.5
Желонка . . 94.3
Желтая мѣдь 164.9
Желѣзная арма-
  тура 78.7
- - двойная . 168.9
- -, служащая для
  поддержанія
  опалубки 84.4
- заостренная
  нога 93.1
- колонна . . 159.6
- лапа . . . 151.9
- обшивка . . 187.3
- отожженная
  проволока
  73.1, 75.3
- подвѣска . 80.3
- тележка съ
  опрокиднымъ
  кузовомъ 63.9

Желѣзная форма
  241.4
- шпонка . . 180.9
Желѣзнодорож-
  ная шпала
  245.9
-ный мостъ . 237.3
Желѣзное кольцо
  218.1
Желѣзные кана-
  ты, распо-
  ложенные по
  діагонали
  152.7
- обрубки . . 72.10
Желѣзный бара-
  банъ 88.3
- башмакъ . 102.5
- листъ . . . 157.6
- остовъ . . . 181.4
- шарниръ . 234.3
- шпунтовый
  рядъ 106.1
Желѣзныя
  плиты, сколъзя-
  щія другъ по
  другу 229.1

Желѣзныя про-
  волоки, кре-
  стообразно рас-
  положенныя
  181.2
Желѣзо . . . 2.2
- бимсовое . 6.6
- бортовое . 223.3
- „бульба“ 6.6, 152.3
- волнообразное 6.5
- двойное тавро-
  вое 81.3
- двутавровое
  142.10, 180.10
- желобчатое 6.9
-, заходящее
  другъ за друга
  158.4
-, заякоренное въ
  верхнемъ поясѣ
  151.10
- Кана . . . 6.3
- ковкое . . . 3.6
- колонное . . 78.4
- коробчатое . 143.1
- круглое 5.9, 146.11
- литое . . . 8.5

Желѣзо напра-
  вляющее 159.3
- полосовое . 5.10
- - составное 81.3
- - поперечное 157.4
- профильное 164.6
- - работающее 156.3
- Рансома . . 6.2
- сварочное . 3.4
- сортовое . . 5.3
- съ ясной поверх-
  ностью 5.2
- Тахера . . 6.1
Желѣзо угловое
  159.1, 164.5, 187.10
- U-образное . 143.1
- фасонное . . 5.3
  164.6
- цвелерное . 143.1
Желѣзобетонная
  дымовая труба
  243.3
- забитая свая
  117.4
- запруда . . 193.3
- мачта . . . 225.4
- плита . . . 148.9

Желѣзобетонная
труба 116.4, 165.5,
226.7
- чаша . . . 195.7
- шпала . . . 246.1
- шпунтовая
стѣнка 180.5
Желѣзобетонное
перекрытіе
148.8
- - съ видимыми
желѣ обетон-
ными балками
151.1
- сооруженіе 1.4

Желѣзобетон-
ный керпъ
196.2
- столбъ . . . 225.4
- шпунтовый рядъ
106.3
- шпунтъ передъ
ростверкомъ
116.3
Желѣзобетонныя
плиты для
закладки за
больверкомъ
186.9
Желѣзобетонъ 1.2

Желѣзо-каменное
перекрытіе съ
бетоннымъ сжа-
тымъ поясомъ
149.4
Жесткая арма-
тура 283.3
- подконструкція
170.6
-кій стержень,
закрѣпленный
въ грунтѣ 248.5
- узелъ . . . 281.11
-кое соединеніе
187.9

Жесткости коеф-
фиціентъ 50.4
Жесткость . 17.8
Жестяная обшив-
ка 51.7
- прокладка . 68.1
Живая сила па-
дающаго бетона82.9
Жилая постройка
129.7
-лой домъ . . 129.7
Жильберта мѣ-
шалка 60.5
Жирный растворъ
88.8

З.

Забетониваніе
балокъ 147.3
- дна рѣки . 185.5
Забиваніе свай
съ промывкой
104.6
Забивать . 102.2
- до отказа . 121.1
- - плотнаго
грунта 121.1
Забитая желѣзо-
бетонная свая
117.4
Заборъ . . . 186.3
Забѣжная ступень
162.8
Зависимость мо-
дуля упругости
отъ количества
добавленной
воды 42.4
- - - - напряженія
42.5
- - - - соотноше-
нія составныхъ
частей смѣси 42.3
Заглаживаніе 154.8
Загонять между
столбами 130.11
Заготовка отдѣль-
ныхъ частей 82.4
Задвижка 54.6, 62.5
Задерживаніе
воды 100.3
Задній рядъ
стоекъ 189.5
-няя сторона за-
пруды 191.2
Задѣланный од-
нимъ концомъ
164.10
Задѣлка . . 163.7
- бетона въ кладку
77.8
- стыковъ асфаль-
томъ 225.5

Задѣлывать въ
нижележащій
потолокъ 174.1
- швы 177.5
Закатывать по
краямъ 196.4
Закладная доска
187.5
Закладывать въ
бетонъ 172.4
- затяжку въ чер-
дачное перекры-
тіе 170.1
- исходящую
трубу въ фунда-
ментъ 224.3
- откосъ . . . 96.2
Заклепка . . 188.8
Заклинивать
97.5, 206.3
Законъ изгиба
Навье 48.3
- пропорціональ-
ности 42.2
Закоперщикъ 103.7
Закрѣпительная
труба 93.8
Закрѣпить стѣну
анкерами 140.3
Закрѣпленное
перекрытіе 150.1
Закрѣплять въ
основаніи 135.9
- - фундаментѣ
135.9
- желѣзо . 151.8
Закрѣпъ палуб-
ная 76.1
Заливать . . 166.1
Залогъ . . . 104.2
Замокъ . . . 144.1
Замыкающая 48.7
Зандъ-цементъ
9.10
Заостренія баш-
мака уголъ 118.4

Заостренная же-
лѣзная нога 98.1
-ный долотообраз-
но конецъ 106.5
Запаивать . . 216.7
Запалубить . 78.1
Запаса коеффи-
ціентъ 5.7
Запаять . . . 216.7
Заполненіе . 156.6
- массой бетона
89.9
Заполнять чи-
стымъ пескомъ
116.8
Запорный кранъ
214.6
Запоръ плотины
194.5
Запруда 190.6, 195.7
- донная . . . 192.3
- желѣзобетон-
ная 193.8
- массивная . 190.8
- подвижная . 194.4
- пустотѣлая 193.10
- - съ заполне-
ніемъ камнями
194.3
- частичная . 193.9
Запрудная дамба
191.6
Запускать же-
лѣзные прутья
другъ за друга
71.5
Запѣвало . . 103.7
Зарубъ . . . 186.8
Заслонка . . 60.6
Засоренность 241.1
Засыпать съ
обоихъ кон-
цовъ 108.1
Засыпка 142.5, 178.5
Затрамбовать
впослѣдствіи 159.4

Затыкать неплот-
ныя мѣста 107.8
Затяжка 143.4, 168.6
- свода . . . 143.5
Захватъ въ видѣ
ножницъ 81.1
Захватываніе 146.8
Захватывать,
цѣпь захваты-
ваетъ 59.5
Заходящее другъ
за друга же-
лѣзо 158.4
Зацѣпленіе зуб-
чатое 121.6
Защемлять пле-
теніе между
двумя уголь-
никами 132.8
Защита желѣз-
ныхъ свай 117.2
- отъ сверлянки
115.3
- - пашня . . 115.3
Защитная стѣна
185.10
Защищать края
угольникомъ
241.10
Защищающій по-
кровъ 116.2
Заякоренное въ
верхнемъ поя-
сѣ желѣзо 151.10
Заякоривать же-
лѣзо 151.8
Звено соедини-
тельное 71.11
Зегера конусъ
11.11
Землистыя при-
мѣси осаждать
209.3
Земля глинистая
108.10
- красящая . 239.5

Земляная краска 289.7
- лопата ... 96.8
- насыпь .. 97.3
-ное тѣло, огра-
ниченное пло-
скостями 188.5

Земляной якорь 179.4
Зеркальный при-
боръ 4.7
- эккеръ ... 90.1
Зернистость . 240.2
Зерно 240.2

Зерно крупное 29.7
- мелкое ... 29.5
- примѣси .. 89.10
- среднее .. 29.6
Зигварта балка 158.1, 243.5
Знакъ дневной 200.8

Значеніе предѣль-
ное 41.10
Зубчатая крыша 168.4
-тое зацѣпленіе 121.6
-тый вѣнецъ 119.7

И.

Ивовое насаж-
деніе 184.10
Игла ... 19.5, 90.7
- нормальная 19.2
Игра силъ . 46.3
Избѣгать сотря-
сеній 85.5
Известково-ульми-
новая розсыпь 81.1
Известково-пес-
чаный камень 248.2
- вый бетонъ . 82.9
- мергель ... 8.5
- -, богатый гли-
ною 8.10
Известняковый
песокъ 27.5
Известнякъ твер-
дый 10.3
Известь ... 182.3
- воздушная .. 7.3
- гидравлическая 8.1
- кремневая . . 8.6
- углекислая 15.3
Изгиба законъ
Навье 43.3

Изгибающая на-
грузка 40.7
-щій отрицатель-
ный моментъ 149.6
Изготовленіе въ
желѣзной тру-
бѣ 123.1
Изготовлять бортъ
за одно цѣлое
съ плитой 227.5
- лежма ... 118.7
- сваи въ гори-
зонтальныхъ
формахъ 118.7
- стойма ... 118.6
Издѣлія произ-
водства искус-
ственнаго кам-
ня 242.9
- цементныя . 239.2
Измѣненіе дли-
ны вслѣдствіе
схватыванія 45.4
- объема ... 19.3
- - бетонной мас-
сы 218.6
- угла ... 218.6
Измѣритель объ-
ема 14.7

Измѣрительная
градуирован-
ная трубка 14.8
- калиброванная
трубка 14.8
- камера ... 220.6
-ные приборы 89.7
-ный приборъ . 4.6
- ящикъ ... 52.6
Иволирующая
плита 216.5
-щій асфальтовый
слой 171.3
- слой 181.10, 171.11
Изоляція .. 173.3
Изслѣдованіе
строительнаго
грунта 92.2
Илистый грунтъ 94.3
- слой ... 192.3
Инерціи моментъ 48.1
Инструментъ 51.3
Инфлюентная
линія 235.3
Инце резервуаръ 219.2

Искривленіе . 20.6
Искусственная
асфальтовая
масса 208.11
- нагрузка .. 228.7
-ное пониженіе
грунтовой воды 199.3
-ный камень . 26.12
125.2, 239.1
- песокъ ... 26.4
- шовъ ... 177.6
Использованіе 84.4
Испытаніе 46.1, 46.8
- бетонной плиты 39.11
- лепешки кипя-
ченіемъ 21.5
- матеріаловъ 1.5
- на разрывъ 24.5
- - стачиваніе 89.1
- паровой суш-
кой 22.3
- паромъ . 21.9
- - высокаго да-
вленія 22.1
- прессованной
лепешки 22.2
Источникъ . 175.1

К.

Кабель ... 168.3
Кали 18.4
Калиброванная
измѣрительная
трубка 14.8
Каменная ар-
мированная
стѣна 134.6
- естественная
порода 26.11
- кладка ... 125
- мостовая . 204.10
- мука 27.12
- одежда .. 183.1
отсыпь между
плетнякомъ 177.1
- усиленная
стѣна 134.6

Каменный шар-
ниръ 233.5
Камень асфаль-
товый 209.5
- бетонный
бордюрный 212.4
- бортовый . 216.6
- для мостовой 244.6
- - обкладки
рельсовъ 211.4,
211.5
- естественный 125.1
- известково-
песчаный 248.2
- искусственный
26.12, 125.2, 239.1
- легкій ... 243.1

Камень легковѣс-
ный 180.5
- лекальный 212.5
- лотковый . 212.6
- облицовочный
196.4, 133.7
- опорный . 142.11
- пемзовый 146.10
- пустотѣлый
130.3, 245.5
- пятовый . 233.5
- сточный . 212.6,
244.3
- строительный
- стѣны карниз-
ный 137.6
- съ полосовымъ
желѣзомъ 211.5

Камень тесаный 245.3
- трапецоидаль-
ный 133.5
- фасадный . 245.2
- фасонный . 146.6
- шлифовальный
для терраццо 156.1
Камера . 200.2, 219.7
- водомѣрная 220.8
- измѣритель-
ная 220.6
- отстойная . 220.7
- турбинная 196.10
- шлюзовая . 198.1
Камерный
шлюзъ 200.1

Камнедробилка
   12.9, 247.7
Камнеподъем-
   ный крюкъ 94.2
Камни яркоокра-
   шенные 155.2
Кана желѣзо 6.3
Канава водо-
   отводная 99.5
- фундамент-
   ная 96.3
Канавка . . . 204.5
- водоотводная 99.7
Каналъ . . . 175.5
   224.7
- водоотводный 99.8
- впускной . 198.2
- запруды . . 198.2
- мостовой . . 287.8
- - на два судна
   288.5
- - - одно судно
   288.2
- отводящій . 197.2
- приводящій 197.1
- сточный . . 197.6
Канатъ . 64.10, 98.5
- проволочный
   168.7
Канаты діаго-
   нальные 152.7
- желѣзные, рас-
   положенные
   по діагонали
   152.7
Капитальная
   стѣна 128.9
Карбонатъ . . 18.6
Каркасъ изъ по-
   лосового же-
   лѣза 78.2
Карнизная плита
   187.7
-ный камень
   стѣны 187.6
Картонная про-
   кладка 67.11, 217.4
Карьерный
   гравій 27.14
- песокъ . . 26.13
Катокъ . . . 119.4
- дорожный . 206.7
- мѣдный . . 210.8
- нагрѣтый 209.11
- паровой . . 207.1
- ручной для тер-
   раццо 155.18
- шероховатый
   211.1
Качество строи-
   тельнаго грунта
   94.5
Кварцевый пе-
   сокъ 27.4
Кенена плоское
   перекрытіе 150.5

Кернъ бетонный
   195.11
- глиняный 195.10
- желѣзобетон-
   ный 196.2
- запруды . . 195.9
- палубный . 76.2
- полый . . 158.2
Кессонъ . . 124.7
Килевой лежень
   201.4
Кирпичное пере-
   крытіе 143.3
- - съ желѣзной
   прокладкой
   146.9
-ный бетонъ . 83.2
- щебень . . 28.6
Кирпичъ армиро-
   ванный 184.1
- облицовочный
   183.7
-, поставленный
   на ребро 183.4
- пустотѣлый 180.4
- трехчетвертной
   125.7
- фланцовый 144.9
- цѣлый . . 126.1
Кислота льняно-
   масляная 215.7
- перегнойная 80.11
- разбавленная
   сѣрная 215.6
- растворимая
   кремневая 7.5
- угольная . 7.3
- ульминовая 80.11
Кладка изъ теса-
   наго камня 126.3
- каменная . 125
- между желѣз-
   нымъ фахвер-
   комъ 130.9
- съ прокладными
   рядами 197.1
Клапанъ 54.8, 92.8
Класть въ пере-
   вязку 206.2
- на тощемъ
   известковомъ
   растворѣ 212.3
Клеевая вода 182.4
Клинкеръ . . 12.7
Клинообразный
   ключъ 128.6
Клинъ . . . 79.3
- деревянный 88.6
- изъ полосового
   желѣза 80.8
Клѣтка лѣстнич-
   ная 166.7
Клѣточный си-
   лосъ 250.2
Ключъ . . . 175.1

Ключъ клинооб-
   разный 128.6
Ковкое желѣзо 8.6
Коэффиціентъ де-
   формаціи 41.5
- жесткости . 50.4
- запаса . . . 5.7
- надежности 5.7
- прочности . 5.7
- расширенія 8.2
- удлиненія . 41.6
   45.9
Кожухъ изъ вол-
   нистаго желѣза
   217.1
Коксъ 29.1
Колесо . . . 102.8
- для разрывки
   211.3
- коническое 60.2
- лопастное . 62.8
- цѣпное . . 59.7
Количество ва-
   пруженной воды
   191.8
Колода для мел-
   каго скота 288.2
Колодезная вода
   81.10
Колодезь 100.6, 124.4
- для спуска сы-
   рой воды 220.5
Колоколъ водо-
   лазный 199.9
Колонна 49.8, 157.1
   243.10
- витой лѣстницы
   162.1
- двойная . 158.3
- желѣзная . 159.6
-, несущая грузъ
   243.11
- садовая . . 244.1
Колонная форма
   78.6
-ное желѣзо 78.4
Колотушка . 66.5
Колчеданъ сѣрый
   81.3
Колъ мѣрной
   цѣпи 90.6
Колышекъ цѣп-
   ной 90.7
Кольцевая кони-
   ческая втулка
   166.4
- печь . . . 11.6
Кольцеобразная
   нормальная
   форма 23.7
Кольцо 118.1, 188.2
- деревянное 80.1
- для привязи
   223.4
- желѣзное . 218.1
- колодца . . 124.5

Кольцо направ-
   ляющее 120.3
- опорное 174.2, 219.4
- эбонитовое . 19.3
Комаръ . . . 162.1
Комбинированное
   испытаніе кипя-
   ченіемъ 21.8
- перекрытіе изъ
   камня и бетона
   150.9
Компенсаторъ
   174.2, 189.9, 228.8
Композиція ас-
   фальта и гу-
   дрона 216.10
Конгломератъ
   сѣровакковый
   28.3
Конецъ балки
   141.9
- впускной . 61.4
- выпускной . 61.5
-, заостренный
   долотообразно
   105.5
- затвердѣванія 16.9
- схватыванія 16.9
Коническая волна
   Франка 6.8
- деревянная
   пробка 78.3
- кольцевая
   втулка 166.4
Конически зао-
   стренная баба
   122.4
Коническое
   колесо 60.2
Конная тяга 64.4
Консоль . . 139.7
Консольная балка
   229.3
- плита . . 139.7
Консольныхъ
   плитъ система
   139.8
Конструкція двой-
   ная 189.10
- крыши . . 167.2
- Рабица . . 145.3
Конусъ Зегера
   11.11
Концевой крюкъ
   72.5
Коперъ 102.6, 118.8
- механическій
   23.10, 104.3
- паровой . . 104.3
- ручной . . 103.2
Кора дубильная
   108.3
- цементная . 52.3
Корабельный
   червь 115.4

Кордонный слой 184.4
Корень буны 184.3
Корка цементная 52.3
Кормовое корыто 245.7
Коробка . . 132.11
- дверная . . 187.5
Коробчатое желѣзо 143.1
Коровій волосъ 132.5
Корона . . . 184.8
Корыто . . . 54.4
- для воды . 223.6
- - мелкаго скота 223.2
- - пропитки шпалъ 224.1
- кормовое . 245.7
Корытообразный горизонтальный мѣшальный барабанъ 61.2
Корье 108.8
Косоуръ . . . 162.3
Косякъ . . 132.11
Котельная . 112.5
Котлованъ осушенный 102.1
Кочегарка . . 112.5
Крайній пролетъ 150.4
-няя балка . 49.2
Кранъ . . . 64.11
- запорный . 214.6
- поворотный 65.5
Краска земляная 239.7
Краска масляная 215.4
Краскотерка . 246.3
Красный брусъ 195.5
Красящая земля 239.5
-щее добавленіе 20.3
Кремневая известь 8.6
- растворимая кислота 7.5
Крестовая перевязка 128.2
-вый рядъ . . 127.7
- сводъ . . . 145.7
Крестообразно расположенныя желѣзныя проволоки 181.2
Крестъ Андреевскій 86.5
Кривая давленія 148.6
- - для полной нагрузки 236.1
- наибольшаго давленія 236.6
- наименьшаго давленія 236.7
- сдвигающихъ усилій 49.7
Кривизна вогнутая 233.9
- выпуклая . 233.7
Кривой брусъ 87.3
Кривыхъ давленія способъ 235.10
Кривыя шпангоутовъ 202.1
Кровельный лакъ 174.5
Кровля . . . 171.3
- аспидная . 172.2
- двойная . . 173.4
- черепичная 172.1
- шиферная . 172.2
Кронштейнъ универсальный 84.3
Кругликъ . . 83.5
Круглое дерево 83.5
- желѣзо 5.9, 146.11
Круглый . . 158.6
Кругъ 169.5
Кружало 85.9, 86.1
- изъ полосового желѣза 80.7
Кружальная доска 86.1
-ное ребро . 86.1
Крупное зерно 29.7
Крупнозернистая смѣсь 26.1
Крыло откосное 229.8
- - запруды . 194.9
Крылья откосныя 140.7
- - параллельныя 140.6
- смѣшивающія и транспортирующія 57.7
Крыша . . . 167.1
- городковая . 168.4
- зубчатая . . 168.4
- мансардовая 169.10
Крыша одностержневая 178.8
- перронная . 178.7
- плоская . . 168.1
- сводчатая гладкая 178.9
- стропильная 169.6
- фахверковая 168.2
- Шедъ . . . 168.4
Крыши конструкція 167.2
Крѣпленіе котлована 97.3
Крѣпостная перевязка 128.6
Крѣпость . . 22.4
- собственная 22.6
- чистаго матеріала 22.6
Крюкъ земляного якоря 179.6
- камнеподъемный 94.2
- концевой . 72.5
- палубный . 80.6
- Рабица . . 146.4
Кубикъ въ 7,1 сант. въ сторонѣ 24.3
Кубическій барабанъ 57.1
Кувалда . . . 179.5
Кузница . . . 70.9
Куполъ . . . 170.7
Купольный сводъ 145.6
Кустъ мертвый 184.9
Куча 52.11
Кюветъ . . . 204.5

Л.

Лабораторія механическая 1.6
Лага 142.6
Лаги 154.2
Лакъ кровельный 174.5
Лапа желѣзная 151.9
Латунь . . . 164.9
Лебедка подвижная 194.10
Легкій бетонъ 156.8
- камень . . 248.1
Легковѣсный камень 130.5
Лежать на кобылкѣ, насадка лежитъ на кобылкѣ 107.3
Лежень килевой 201.4
Лежень продольный 237.5
- шпангоутный 201.5
Лейка 52.4
Лекальный камень 212.5
Лента мѣрная 91.1
- нивеллировочная 91.9
- стальная мѣрная 90.8
- транспортная 64.6
Линейный . . 45.10
Линія вліянія 235.8
- инфлюентная 235.8
- нулевыхъ напряженій 46.11
Линолеумъ 154.10
Листъ желѣзный 157.6
- свинцовый . 216.3
Литисья . . . 98.6
Литое желѣзо 3.5
-той асфальтъ 209.8
- бетонъ . . . 33.5
Лицевая сторона почти отвѣсна 191.3
Личинка жука 115.7
Ложка . . . 94.4
Ложковая перевязка 127.8
-вый рядъ . . 127.2
Ложкообразное сверло 94.4
Локомобиль . 101.1
Ломанная замыкающихъ 48.6
Ломъ 97.2
Лопарь . . . 108.4
Лопасти . . . 222.6
-, расположенныя ступенями 62.10
Лопастное колесо 62.8
Лопасть . . . 54.3
- вращающаяся мѣшальная 61.3
- встрѣчная . 62.11
- мѣшальная 54.2
Лопата земляная 96.6
Лопатка . 52.2, 54.3
- для террацо 155.12
- - шпаклевки 156.4
Лотковый камень 212.6
- сводъ . . . 145.5

Лотокъ водоем-
ный 238.1
- канала . . . 193.4
Лотъ 91.3
Лубъ 106.3
Луджино стѣнка
184.3

Льняное масло 88.4
Льняномасляная
кислота 215.7
Лѣса 86.7
- верхніе . . 87.7
- вспомогатель-
ные 86.8

Лѣса основные 87.8
Лѣстница . . 161.1
- башенная . 185.4
- винтовая . . 161.6
- въ два марша
161.4
- въ три марша161.5

Лѣстничная клѣт-
ка 166.7
- ступень . . 245.4
-ное помѣщеніе
166.7
Люнда перекрытіе
153.8

М.

Магнезіальный
флуатъ 216.1
Макамадовая до-
рога 204.9
Максимальное
сопротивленіе
25.4
-ный моментъ
101.10
Малая бетонная
трамбовка 66.4
Мальчикъ для
передачи уда-
ровъ забиваемой
сваѣ 117.7
Манометръ . 214.5
Мансардовая
крыша 169.10
Мартенса аппа-
ратъ, регистри-
рующій схваты-
ваніе цемента19.8
Маршъ . . . 161.2
Масло дегтярное
208.4
- льняное . . 88.4
Масляная краска
215.4
Масса асфальто-
вая искусствен-
ная 208.11
- сырая . . . 10.10
Массивная за-
пруда 190.3
-ный поршень 218.6
Массинъ для за-
полненія 186.3
- плавающій . 186.1
- шарнирный изъ
бетона 283.10
Массовое произ-
водство 239.3
Мастика асфальто-
вая 209.6
Масштабъ силъ
48.9
Материкъ . . 94.7
Матеріалъ для
заполненія 108.2
- строительный 2.1
- фильтрующій
220.10
Матеріалы доба-
вочные 155.1

Матрая перекры-
тіе 152.6
Мачта железо-
бетонная 225.4
Машина двойного
дѣйствія 54.1
- для испытанія
на раздавлива-
ніе 24.7
- - смѣшиванія
красокъ 246.2
- неподвижная
56.5
- непрерывнаго
дѣйствія 61.1
- облицовочная
съ вращающей-
ся формой 247.4
- - - вращающим-
ся дномъ 247.5
- пескодувная 39.5
- полировочная
242.5
- сортировочная
для гравія и
песка 240.6
- формовочная
246.5
- шлифовальная
242.6
Машинная смѣсь
53.4
Маякъ 200.6
Медленно схваты-
вающій цементъ
17.3
Междуэтажныя
перекрытія 141
Меженній уровень
воды 176.6
Межень . . . 176.6
Мелана гнутая
двутавровая
балка 148.7
Мелкій щебень 26.9
-кое зерно. . 29.5
Мелкозернистая
смѣсь 25.10
-тый песчаный
грунтъ 95.8
Меллера труба
225.3
Мельница валь-
цовая 121.10

Мельница Гриф-
фина 18.3
- для красокъ
246.3
- трубчатая . 18.4
- шаровая . . 18.2
Мельничный по-
ставъ 18.1
Мергелистый
грунтъ 95.1
Мергель известко-
вый 8.5
- - богатый гли-
ною 8.10
Мерзлый бетонъ
87.5
Мертвый кустъ
184.9
Металлическая
гильза 166.2
-скій валикъ 165.2
- цементъ . . 165.9
Металлъ цѣль-
норѣшетчатый
6.4
Механизмъ верти-
кальный мѣ-
шальный 62.1
- ударный . . 102.6
Механическая ла-
бораторія 1.6
-скій копер-
23.10, 104.5
- прессъ . . . 24.8
Минимальное со-
противленіе 25.3
-ный подъемъ
204.3
Многоугольная
шпренгельная
система 87.4
Многоугольникъ
веревочный 47.6
- силъ 47.7, 48.10, 286.3
Многоугольный
158.7
Модуль упругости
41.4
Мозаичная
цементная плита
244.7
Мойка 240.6
- для гравія и
песка 240.9

Мокрица бурявя-
щая 115.6
Мокрый бетонъ 87.5
- песокъ . . . 68.5
- способъ . . 10.5
Мокрыя опилки
68.6
Молекулярная
сила 45.6
Молоть . . . 12.8
Молъ 186.4
Моментъ . . 101.8
- въ углѣ . . 250.7
- въ швѣ $A B$
отъ давленія
вѣтра 185.3
- инерціи . . 48.1
- максимальный
101.10
- наибольшій 101.10
- опрокидываю-
щій 184.8
- отрицательный
101.9
- - изгибающій
149.6
- скручивающій
144.4
- ядра . . . 285.9
Монастырскій
сводъ 145.4
Монолитный полъ
154.5
- - гипсовый 154.9
- - цементный 154.6
Монье облицовка
145.1
- плетеніе . . 181.7
- плита . . . 183.8
- - между же-
лѣзными бал-
ками 148.10
- - сводъ . . . 147.6
- - стѣнка . . 181.1
- - стѣнки опа-
лубка 76.6
Морозостойкій 81.7
Морозостойкость
87.3
Морская вода 82.6
115.9
- тина . . . 115.12
Морской песокъ
27.2

Мостикъ рабочій 195.6
Мостки . . . 86.9
Мостовая . . 203.3
- арка 50.2
- асфальтовая 205.1
- бетонная . . 210.2
- деревянная 208.1
- изъ естествен-
наго камня 207.4
- каменная . 204.10
- надстройка 285.2
Мостовой каналъ
287.8
- - на два судна
288.3
- - - одно судно 288.2
- сводъ . . . 50.2
Мостовый быкъ
229.5
Мостъ 227.1
- арочный . . 232.2
- архитравный
227.3
- балочный . 297.2
- Византини . 231.1
- Вирандедя . 231.8
- для канала 226.9
- желѣзнодорож-
ный 287.3

Мостъ изъ ребри-
стыхъ плитъ 227.7
- нагрузочный
189.1
- неразрѣзной
балочный 228.5
- разгрузочный
188.12
- рѣшетчато-
балочный 230.10
- рѣшетчатый
съ параболиче-
скимъ верх-
нимъ поясомъ
232.1
Моторный на-
сосъ 100.9
Моторъ . . . 55.2
- газовый . . 101.2
Мотыга . . . 97.1
Мощеніе въ елку
212.7
- рядами . 212.7
Мощность пласта
95.7
Мраморъ 28.6, 164.1,
155.5
Мука каменная
27.12

Мусоръ уголь-
ный 29.3
Мыльный ра-
створъ 38.3
Мѣдный катокъ
210.8
Мѣдь желтая 164.9
Мѣлъ 10.6
Мѣрная лента 91.1
- рейка . . . 90.2
- стальная лента
90.8
- цѣпь 90.5
Мѣсто потребле-
нія 68.6
- сварки . . . 71.2
- складочное 68.5
- соединенія . 67.6
Мѣшалка . . 52.10
223.1
- Браутона . 54.9
- Гаспари . . 61.7
- для раствора 23.6
- Жильберта . 60.5
- періодическаго
дѣйствія 53.8
- Рансома . . 57.8
- Смита . . . 58.6
Мѣшалка сту-
пенчатая 51.4, 58.7

Мѣшалка съ
опрокидываю-
щимся коры-
томъ 56.4
Мѣшальная ло-
пасть 54.2
- - вращающаяся
61.3
Мѣшальные валы
вращаются въ
противополож-
номъ направле-
ніи 54.10
Мѣшальный бара-
банъ находится
въ качательномъ
движеніи 63.1
- вертикальный
механизмъ 62.1
- корытообраз-
ный горизон-
тальный ба-
рабанъ 61.2
Мѣшокъ . 13.7, 52.5
- нормальный 13.9
- съ пескомъ 88.1
Мягкій . . . 84.1
- глинистый
грунтъ 95.5
- песокъ . . . 80.4

Н.

На деревянныя
сваи наращи-
вать бетонныя
114.3
Набережная стѣн-
ка 188.11
Наблюдать за про-
цессомъ смѣ-
шиванія 54.7
Навигаціонный
шлюзъ 197.9
Навье законъ из-
гиба 43.3
Нагружать цен-
трально 49.9
Нагрузка . . 40.3
- грунта . . 95.8
- и деформація
взаимно про-
порціональны 4.5
- изгибающая 40.7
- искусственная
228.7
- наиневыгод-
нѣйшая 230.2
- на поршень 214.3
- отъ снѣга . 167.5
- подвижная . 141.5
- полевая . . 141.3
167.3
- постоянная 141.4

Нагрузка пре-
дѣльная 47.8
- принятая
141.1, 229.10
- пробная . . 95.9
- разрушенія 47.8
-, распредѣленная
по всей длинѣ
балки 47.1
- строительная
подвижная
159.5
Нагрузки пре-
дѣлъ 4.2
- случай . . . 280.1
Нагрузочная
платформа 187.3
-ный мостъ . 189.1
- поѣздъ . . 237.4
Нагрѣтый катокъ
209.11
Надежности коэф-
фиціентъ 5.7
Надстройка мо-
стовая 285.2
Надѣвать насад-
ку 120.4
Наждакъ . . 89.3
Наибольшее со-
противленіе 25.4

Наибольшій мо-
ментъ 101.10
- приливъ . . 116.1
Наименьшее со-
противленіе 25.3
Наиневыгоднѣй-
шая нагрузка
230.2
Накапливаніе во-
ды 195.8
Накатъ 142.8, 154.3
Накладка стыко-
вая 188.7
Накладывать бе-
тонную массу
въ форму 85.5
Наклеивать . 17.8
Наклонно къ на-
правленію вѣ-
тра 185.7
Наклонное поло-
женіе бара-
бана къ оси
вращенія 57.3
- - мѣшальнаго
корыта 61.8
Накопленная
водная сила
197.3
Налетъ ржавый
72.9

Наливать бетонъ
сверху 77.1
Намазывать стѣн-
ку Монье 77.3
Наносить положи-
тельную
площадь мо-
ментовъ 48.4
- растворъ . . 182.6
Напластованіе 89.7
Напластованія
перемѣна 112.8
Напорная вода
121.8
- струя воды 104.8
Направленіе те-
ченія 175.7
Направляющая
102.9, 120.1
- плита . . . 59.2
-щее желѣзо 159.3
- кольцо . . . 120.3
-щій валикъ 59.10
Напряженіе . 41.1
- второстепенное
49.5
- добавочное . 49.5
- допускаемое 41.3
- крайнято во-
локна 185.4, 287.1
- на изгибъ . 2.7

Напряженіе на
    разрывъ 2.6
- - сдвигъ . . 48.6
- - сжатіе . . 2.5
- - срѣзываніе 48.6
- предѣльное
    5.6, 41.2, 47.9
- при изгибѣ . 2.7
- - растяженіи 2.6
- - сдвигѣ . . 48.6
- - срѣзываніи 48.6
- температурное
    45.8, 287.2
Напряженія тан-
    генціальныя
    вызывать 217.6
Наращать желѣ-
    зо 70.7
Наружная по-
    верхность
    крышки 60.8
- стѣна . . . 128.7
Нарушеніе про-
    цесса схваты-
    ванія 18.12
Нарѣзка винто-
    вая 148.8
Насадка . 86.6, 107.1
-, обдѣланная
    желѣзомъ 180.6
- сваи 117.8
- съ блокомъ 108.3
- шпунтовой
    стѣнки 187.7
Насажденіе изо-
    вое 184.10
Насаживать
    114.6- 162.6
Наслоеніе . . 89.7
Насосъ . . . 213.5
- „Летести" для
    строительныхъ
    работъ 98.6
- моторный . 100.9
- строительный
    98.6

Насосъ съ діа-
    фрагмой 98.8
- центробѣжный
    100.10
Настилъ деревян-
    ный 163.9
- изъ гранитоид-
    ныхъ плитъ
    211.6
Насыпать въ су-
    хомъ видѣ 58.2
- неплотно . 14.3
- рыхло . . . 14.3
Насыпной бетонъ
    83.4, 199.5
- желобъ . . 58.5
Насыпь земляная
    97.8
Насыщеніе водою
    87.8
Насѣкомое . 115.11
Натръ 18.5
- углекислый 18.6
Натуральный
    цвѣтъ 240.1
Натягивать 132.10
Натянуть . . 132.10
Находиться въ
    постоянномъ за-
    цѣпленіи 60.3
- надъ водою 187.4
Начало затвердѣ-
    ванія 16.8, 18.1
- схватыванія 16.8
- теченія . . 4.8
Нашивать бру-
    сокъ 76.7
Невсасывающая
    подкладка 23.11
Невывѣтриваю-
    щійся 31.8
Не допускать сма-
    чиванія дна 52.7
Нейтрализація
    сточныхъ водъ
    226.3

Нейтральная ось
    43.9
Ненагруженное
    состояніе 45.2
Неочищенная
    вода 220.12
Непластичный 34.7
Неподвижная ма-
    шина 56.5
- поверхность 185.5
Непрерывнаго
    дѣйствія машина
    61.1
Непрерывный
    балластный
    слой 237.7
Непроницаемымъ
    дѣлать 196.8
Неразрѣзная бе-
    тонная плита 111.5
-ное перекрытіе
    149.5
-ной балочный
    мостъ 228.5
Неэластичный 34.7
Нивеллирная рей-
    ка 92.1
Нивеллировка 89.3
Нивеллировочная
    лента 92.9
Нивеллиръ . 91.8
- водяной съ гута-
    перчевой труб-
    кой 91.5
Нижнее строеніе
    208.4
-ній бьефъ . 191.1
- поясъ . . . 231.7
- фланецъ балки
    144.5
Нижняя поверх-
    ность 148.5
- - плоская . 146.4
- полка балки 144.8
- тележка . . 119.6
- точка трети 236.9

Низкій уровень
    грунтовой воды
    114.1
-кое основаніе
    108.12
Нога заостренная
    желѣзная 98.1
- треноги . . 92.10
Ножницы для рѣз-
    ки желѣза 69.3
Номографическая
    діаграмма 218.2
Нормальная бочка
    18.8
- игла 19.2
- кольцеобразная
    форма 23.7
- лепешка . . 20.5
- лопатка . . 35.8
- проба . . . 21.4
- сила 40.4
- смѣсь . . . 22.7
- трамбовка . 35.2
- форма образца
    на растяженіе 23.9
- - - - сжатіе 24.2
- ширина . . 183.2
Нормально къ на-
    правленію вѣ-
    тра 135.6
- схватывающій
    цементъ 17.4
Нормальное сито
    16.3
Нормальные раз-
    мѣры 125.3
Нормальный мѣ-
    шокъ 18.9
- нуль . . . 89.5
- песокъ . . 22.9
- приборъ . . 24.4
- уровень воды
    176.6
- форматъ . 125.3
Нуль нормальный
    89.5

0.

Обвязывать . 158.8
Обдѣлка . . 159.7
- бетономъ . 159.8
- кирпичомъ 160.1
Обезпеченіе не-
    проницаемости
    битумами . 217.3
- - посредствомъ
    облицовки чере-
    пицей 217.2
Обезпечивать не-
    проницаемость
    шва подкладкою
    изъ жестяной
    полосы 179.1

Обетонивать
    анкеръ 140.4
- якорь . . 140.4
Обжиганіе из-
    вести 7.10
- сырой массы 11.2
- сырья . . . 11.2
Обжигать ниже
    точки спеканія
    9.2
Обжигъ слабый
    20.1
Обкладка порто-
    вого бассейна
    187.1

Облицовка
    126.3, 159.7
- бетономъ . 159.8
- изъ гранитоид-
    ныхъ плитъ 211.6
- тесанаго камня
    232.9
- фасонныхъ
    камней 216.11
- кирпичомъ 160.1
- Монье . . 145.1
- огнестойкая 160.8
- Рабица . . 160.2
- стеклянными
    плитами 222.2

Облицовка це-
    ментная 196.6
Облицовочная
    кладка 126.5
- машина съ
    вращающимся
    дномъ 247.3
- - съ вращаю-
    щейся формой 247.4
- стѣнка . . . 196.7
Облицовочный
    камень 126.4, 188.7
- кирпичъ . 188.7
Облицовывать 163.5
- бетономъ . 115.2

Облицовывать из-
разцами 222.10
- керамиковыми
скорлупами 226.4
- клинкеромъ 226.5
Обманка роговая
28.5
Обматывать . 158.3
- желѣзной про-
волокой 71.6
Обмотка прово-
лочная 158.5
Обмывать поверх-
ность стѣнъ 214.7
Обнаруживать
свойства вну-
тренняго строе-
нія 89.6
Обноска . . . 136.3
Обозначеніе по-
перечнаго про-
филя дороги
кольями 207.3
Оболочка верхняя
изъ желѣзобе-
тона 185.2
Оборотъ . . 158.10
Обрабатывать
каменотеснымъ
способомъ 242.7
Обработка пред-
варительная
сырья 10.3
Образецъ . . 28.5
- пробный трам-
бованнаго бе-
тона 34.9
Образованіе изъ
двухъ половинъ
116.6
- резервуара . 112.6
- угловъ . . 212.1
Образцовая свая
123.2
Обратный слой
183.10
Обрубки желѣз-
ные 72.10
Обручъ изъ поло-
соваго желѣза
80.2
Обрѣзъ фунда-
мента 109.3
Обсадка изъ ли-
стоваго желѣза
122.9
Обсадная труба 98.3
Обтягивать прово-
лочной сѣткой
181.3
Обугленное ве-
щество 81.2
Обшивка для шту-
катурки 142.2
- желѣзная . 187.3
- жестяная . 51.7

Обшивка ступеней
168.3
Объемная часть
83.10
-ный вѣсъ . 14.1
Обыкновенная
дорога 203.1
- перевязка . 128.1
Огибать желѣзо
вокругъ верхней
полки балки 150.2
Огнестойкая обли-
цовка 160.3
Огнестойкій . 168.4
Огнестойкость 8.3
87.4
Одежда . . . 188.5
- дороги . . 203.3
- каменная . 138.1
- пѣшеходной до-
роги 244.4
- тротуара . 244.4
Одностержневая
крыша 178.3
Озерная вода 82.1
Окалина . . . 44.6
Оконный откосъ
79.3
- притворъ . 79.7
Окошко для вто-
ростепенныхъ
балокъ 82.3
Окраска водоне-
проницаемая
215.3
Окрашиваніе це-
мента 239.4
Окрашивать сури-
комъ 144.8
Окутать бетономъ
115.2
Опалубить . . 78.1
Опалубка . . 78
- арки . . . 85.3
- балокъ . . 81.3
- головки . . 80.3
- для перекрытія
съ подшивными
пятами 81.4
- изъ волнистаго
желѣза 83.1
- - пустотѣлыхъ
элементовъ 88.2
- колоннъ . . 77.4
- перекрытія съ
поддугами 81.2
- перемычки 106.3
- пилястровъ 77.5
- подошвы ко-
лонны 78.1
- свода . . . 85.3
- стѣнки Монье
78.6
- чисто желѣзо-
бетоннаго по-
крытія 81.7

Опалубка фа-
садной колонны
79.5
Опилки . . . 108.7
- мокрыя . . 68.6
Опирать на
грунтъ 74.3
- опалубку верх-
нихъ частей
сооруженія на
возведенныя
части стѣнъ 74.5
Опора 141.3
- арки . . . 283.6
- второстепенная
проѣзжей части
235.5
- моста 229.5, 229.9
- пролетныхъ
строеній 140.5
- промежуточная
140.6
- шарнирная . 284.7
Опоражниваніе
полное 198.7
Опорная плита
230.4
-ное давленіе 236.5
- кольцо 174.2, 219.4
-ный валикъ 59.8
- камень . . 142.11
Опредѣленіе
аналитическое
139.2
- графическое 139.5
- давленія земли
138.4
- теоретическое
46.2
Опредѣлять
опорное давле-
ніе 47.4
Опрокидываться
136.2
-, барабанъ опро-
кидывается ав-
томатически 55.7
Опрокидываю-
щій моментъ
134.3
Опрокидываю-
щійся 119.2
Опусканіе обса-
дочной трубы
буреніемъ 124.3
- подмывомъ 121.3
- столбовъ гор-
нымъ спосо-
бомъ 122.2
Опускать камен-
ный столбъ безъ
рытья 113.6
- колодезъ . 100.7
- мѣшки съ це-
скомъ 107.5
Ординаръ . . 176.6

Орнаментирован-
ныя части со-
оруженія 241.9
Орнаментъ . 165.3
Оросительная
трубка 62.3
-ный шлюзъ 197.8
Осадка . . 120.9
Осаждать зем-
листыя при-
мѣси 209.3
Освобождать . 12.4
- болты . . 75.7
- задвижку . 55.5
Осколки гранит-
ные 211.7
Осмолка . . . 115.8
Основаніе . 194.3,
203.4, 205.8
- бетонное . 207.6
- вровень съ по-
верхностью грун-
товой воды 109.8
- изъ дерева 185.1
- колонны . 157.7
- на пустотѣ-
лыхъ масси-
вахъ 124.3
- низкое . . 108.12
- рамное . . 103.1
- щебеночное 210.3
Основаній устрой-
ство на глубинѣ
112.7
Основанія . . 89
Основная рама
103.1
-ное уравненіе 48.8
-ной слой . . 183.9
Основные лѣса
87.6
Оставлять 24 часа
въ формѣ 36.5
Оставлять впа-
дину . 164.2
Остатки мусо-
росжиганія 28.12
- сгорѣвшаго
угля 28.11
Остатокъ . . 15.7
- на ситѣ . 29.10
Остаточная де-
формація 8.11
-ное сжатіе . 41.8
Остающаяся де-
формація 8.11
Остовъ желѣз-
ный 181.4
- изъ желѣзо-
бетонныхъ
стоекъ 180.10
Острое долото 98.11
Острый . . 29.12
- песокъ . . 80.3
Осушать осно-
ваніе 206.5

Осушеніе котло-
ванна 99.1
- строительнаго
грунта 98.3
Осушенный кот-
лованъ 102.1
Осушительный
шлюзъ 197.8
Ось нейтраль-
ная 48.9
Отверстіе 15.3, 122.6
- вентиляціон-
ное 170.5
- выпускное . 58.3
- выходное . 88.6
Отводить ключи
къ ниже лежа-
щей точкѣ
99.6
- -, пробиваю-
щіеся въ кот-
лованѣ 99.2
Отводъ . 100.5, 121.7
-воды 204.4
- - съ крыши
172.9
- - - мостовъ
230.9
- грунтовой воды
199.2
Отводящій
каналъ 197.2

Отвѣсное берего-
вое укрѣпле-
ніе 181.5
Отвѣсный . . 126.7
Отвѣсъ . . . 91.3
Отгибаніе же-
лѣза 151.6
Отдѣлывать по-
верхность 87.10
Отдѣльные бара-
баны для сухо-
го и мокраго
смѣшиванія 61.8
Отдѣльный фун-
даментъ 109.1
Отдѣлять илъ
241.3
- фундаменты
подъ машины
отъ фундамен-
товъ зданія 110.4
Откалываніе 180.1
Откидная боко-
вая стѣнка 247.5
Откладывать
опорный мо-
ментъ 48.5
Откосное крыло
229.8
- - запруды . 194.9
Откосныя крылья
140.7

Откосныя крылья
параллельныя
140.6
Откосъ . . . 176.3
- оконный . . 79.8
Откусить щип-
цами 72.4
Отливная форма
246.6
Отмель песчаная
182.6
Отмѣриваніе
песка 51.8
Отнимать опа-
лубку 85.4
- форму . . . 24.1
Отношеніе плот-
ностей 30.5
- стрѣлы къ
пролету 50.3
Отодвигать ко-
лонну отъ гра-
ницы владѣнія
111.3
Отожженная же-
лѣзная прово-
лока 72.1, 75.3
Отощатель 25.8
Отпускать болты
75.7
Отрицательный
моментъ 101.9

Отрицательный
моментъ изги-
бающій 149.6
Отскакивать, ока-
лина отскаки-
ваетъ 5.1
Отстойная камера
220.7
-никъ . 192.9, 223.7
- для песка . 226.1
Отстойный бад-
сейнъ 192.9
Отсыпь каменная
между плетня-
ми 177.1
Оттягивать за-
движку 55.6
Отцѣплять бабу
119.3
Охранный брусъ
189.2
- деревянный
брусъ 202.3
Очертаніе бере-
говое 188.12
Очищать . . 182.7
- кирпичную
кладку 66.8
Очищенная вода
220.13
Оштукатурка
потолка 158.9

П.

Паденія высота
120.8
Пазъ 78.9
- коробки . . 133.1
Палуба . . . 73.6
Палубить . . 73.1
Палубная за-
крѣпь 76.1
- раздвижная
рама 73.3
Палубный керн
76.2
- крюкъ . . 80.6
- стержень . 76.2
- щитъ . 73.2, 75.4
- - возводить по
частямъ 76.5
Палька . . 94.11
Парабола . 169.4
Параллельно
оси располо-
женное волокно
49.6
Параллельное
испытаніе 23.2
-ныя откосныя
крылья 140.6
Паркетъ . . 154.4
Паровая тяга 64.5

Паровой катокъ
207.1
-копер . . . 104.3
Паромъ строи-
тельный 202.4
Парусина . . 107.8
Пемзовый бетонъ
156.10
- камень . 146.10
- песокъ . . 27.3
Пепелъ . . . 28.13
Первый этажъ
129.4
Переваливаніе
барабана 56.7
Перевозочный
станъ 58.7
Переворачиваніе
бетоньерки 56.7
Перевязка гол-
ландская 128.3
- елочная . . 128.5
- крестовая . 128.2
- крѣпостная 128.6
- ложковая . 127.8
- обыкновенная
128.1
- польская . 128.4
- тычковая . 127.9

Перевязка шлюзо-
вая 128.5
Перегнойная
кислота 30.11
Передвигать къ
выпускному
концу 58.2
Передвижной
118.9
Передній рядъ
стоекъ 189.4
Передовой слой
188.9
Перекатъ . . 182.6
Перекрывать
бетономъ 116.9
Перекрытіе . 174.4
- балочное между
желѣзными бал-
ками 142.9
- бетонное между
желѣзными бал-
ками 147.1
- Гербста . . 243.7
- двойное . . 178.9
- деревянное ба-
лочное 141.6
- желѣзобетонное
148.8

Перекрытіе же-
лѣзобетонное
съ видимыми
желѣзобетон-
ными балками
151.1
- желѣзо-камен-
ное съ сжатымъ
бетоннымъ поя-
сомъ 149.4
- закрѣпленное
150.1
- изъ волнистаго
желѣза 143.2
- бимсоваго
желѣза 152.2
- - желѣза
„бульба" 152.2
- трубъ и реберъ
Георга 152.8
- кирпичное . 143.3
- съ желѣзной
прокладкой 146.9
- комбиниро-
ванное изъ
камня и бетона
150.9
- Люнда . . 153.8
- Матрая . . 152.6

Перекрытіе неразрѣзное 149.5
- отдѣльныхъ затрамбованныхъ слоевъ 36.2
- плоское Кенена 150.5
- по верхнимъ полкамъ балокъ 149.3
- - нижнимъ полкамъ балокъ 149.2
- Рабица . . 170.3
- ребристое . 151.3
- - между балками 150.10
-, свободно лежащее 149.1
- съ падугами 149.9
Перекрытія армированныя бетонныя между желѣзными балками 147.5
- междуэтажныя 141
Перелопачивать въ кучки 53.1
Перемычка 106.4, 146.5
- двойная . . 106.7
- ящикомъ . 106.6
Перемѣна напластованія 112.8
- напряженій 46.8
- напряженія 34.8
Перемѣшивать 18.9
Перемѣщеніе вертикальное 64.7
- горизонтальное 63.7
Переносная форма съ откидными стѣнками для облицовочныхъ камней 247.2
-ное горно . 70.5
Перепадъ . . 226.2
Перерывъ въ работѣ 67.5
Пересѣченіе . 147.9
- стѣнокъ силоса 249.2
Перехватывать ключи, пробивающіеся въ котлованѣ 99.3
Переходъ за начало теченія характеризуется внѣшними признаками 4.9
Перила . . . 165.6
- деревянныя 166.3

Періодическое дѣйствіе 58.6
Періодъ въ 28 дней 23.3
- работы . . . 67.9
Перронная крыша 178.7
Песка отмѣриваніе 51.3
Пескодувная машина 89.5
Пескоструйный аппаратъ 89.5
Песокъ . 26.2, 94.9
- базальтовый 27.9
- влажный . 120.5
- вулканическій 27.6
- горный . . 26.13
- гранитный . 27.7
- доломитовый 27.10
- дюнный . . 27.3
- естественный 26.3
- известняковый 27.5
- изъ доменнаго шлака 9.5
- искусственный 26.4
- карьерный 26.13
- кварцевый . 27.4
- мокрый . . 68.5
- морской . . 27.2
- мягкій . . . 30.4
- нормальный 22.9
- острый . . 30.3
- пемзовый . 27.8
- рѣчной . . 27.1
-, хорошо утрамбованный 120.5
Песочница . . 226.1
Песочный горшокъ 88.2
- цементъ . . 9.10
Песчаная отмель 132.6
-ный мелкозернистый грунтъ 95.6
Петля 152.5
Печь вращающаяся 11.9
- Гемпеля . . 15.4
- кольцевая . 11.6
- непрерывнаго дѣйствія 11.5
- періодическаго дѣйствія 11.5
- шахтенная . 11.4
- Шнейдера . 11.8
Пирамида висячая 249.3
Пирамидальный буръ 98.10

Плавающій массивъ 186.1
Плавучій понтонъ 200.4
- ящикъ . . . 186.2
Планка . . . 208.8
- съ ножами . 222.8
- треугольная 79.1
Пластинка стеклянная 19.4
Пластичность бетона 34.6
Пластичный . 34.1
Платформа 51.5, 60.7, 189.3
- деревянная 51.6
- нагрузочная 187.3
- разгрузочная 187.2
Пленка ржавчины 72.9
Плести . . . 148.1
Плетеніе выдавленное Рабица 144.10
- двойное . . 148.3
- Монье . . . 131.7
- Рабица . . 146.2
Плита анкерная 186.6
- бетонная между двутавровыми балками 181.1
- неразрѣзная 111.5
- желѣзобетонная 148.9
- изолирующая 216.5
- изъ гранитнаго бетона 244.5
- карнизная . 137.7
- консольная 189.7
- Монье . . . 133.8
- между желѣзными балками 148.10
- направляющая 59.2
- на четырехъ опорахъ 149.3
- опорная . . 230.4
-, поддерживающая маршъ 162.2
- прессованная 244.2
- ребристая . 49.1
- съ плитою внизу 112.1
- - - - наверху 111.8
- сжатая, устраиваемая на мѣстѣ постройки 152.10
- сплошная бетонная 147.4

Плита тротуарная 244.3
- фасонная . 212.2
- фундаментная изъ желѣзобетона 109.7
- -, нагруженная внѣцентренно 111.1
- - - эксцентрично 111.1
- цементная 180.6, 210.10
- - мозаичная 244.7
Плитка изъ бетона съ гравіемъ 133.6
- цементная 210.10
- штучная . . 133.5
Плиточный асфальтъ 209.6
- прессъ . . . 211.9
Плиты гончарныя для опалубки 77.7
- желѣзныя, скользящія другъ по другу 229.1
- желѣзобетонныя для закладки за больверкомъ 186.9
Плоская крыша 186.1
- нижняя поверхность 146.4
-скій сводъ . 146.5
-ское перекрытіе Кенена 150.5
Плоскость обрушенія 188.6
- скольженія 188.2, 195.2, 201.6
Плотина 140.2, 190.7
- водосливная 192.2
- водоспускная 192.3
- постоянная 191.10
- съ заслонками 195.3
- щитовая . . 195.3
Плотно облѣплять песчинки связывающимъ веществомъ 33.7
- утряхивать 14.4
Плотностей отношеніе 30.5
Плотный грунтъ 94.7
Площадка . . 161.2
Площадочная балка 162.4
Площадь моментовъ 43.5
- фильтра полезная 290.1

Плывунъ . . 122.8
Поверхность верх-
  няя 148.4
- винтовая, под-
  нимающаяся
  подъ угломъ въ
  45° 44.2
- воды . . . 179.9
- гладкая . . 80.1
- грунтовой воды
  98.2
- дѣлается
  тусклой 5.4
- крышки наруж-
  ная 60.8
- неподвижная
  185.5
- нижняя . . 148.5
- плоская нижняя
  146.4
- сцѣпленія . 151.7
- шероховатая 80.2
Повозка . . 204.2
Поворотный
  кранъ 65.5
Повторять нагруз-
  ку и разгрузку 41.7
Повышеніе по-
  верхности воды
  198.5
- температуры 16.11
Поглощеніе воды
  14.10
- углекислоты 15.2
Погружать мѣш-
  ки съ пескомъ
  107.5
Погруженный ре-
  зервуаръ 219.6
Подбабокъ . 117.7
Подборъ . . 142.8
Подбутка . . 156.1
Подвалъ . . 129.3
- водонепроницае-
  мый 112.4
Подвергать пе-
  ремѣнной на-
  грузкѣ 41.7
Подвижная за-
  пруда 194.4
- лебедка . 194.10
- нагрузка . 141.5
- строительная
  нагрузка 159.5
Подвѣска . . 285.5
- деревянная 84.6
- желѣзная . 80.8
Подвѣсная си-
  стема 84.5
- ферма . . . 84.5
Подвѣшивать
  проѣзжую часть
  285.6
Подвязывать ос-
  новные бруски
  къ балкамъ 81.5

Подготовлять по-
  верхность для
  масляной кра-
  ски 215.5
Поддающійся при-
  бивкѣ гвоздями
  181.8
Подземная дорога
  225.1
Подкладка . . 143.6
- невсасывающая
  28.11
- подъ клиномъ
  88.7
- съ шипами 70.3
Подкладная доска
  248.1
Подконструкція
  жесткая 170.6
Подкосъ . . 188.10
Подмывъ . . 177.3
- фундаментовъ
  105.1
Поднимать . 123.7
Подовая стѣнка
  193.11
Подогрѣвать воду
  68.2
- песокъ . . 68.9
Подошва берего-
  вой защиты 176.8
Поддертый на
  обоихъ концахъ
  164.11
Подпираніе . 88.4
- перекрытій
  послѣ отъемки
  опалубки 85.6
Подпирать затяж-
  ку у 169.8
- поперечину под-
  косами 88.8
Подпора двойная
  84.1
Подпорная стѣна
  178.2
- противъ давле-
  нія воды 140.2
- - со стоячимъ
  сводомъ Монье
  189.5
Подпорная стѣнка
  187.10
- угловая стѣна
  189.6
Подпоръ . . 190.9
- воды . . . 101.4
- грунтовой воды
  214.11
Подпрудная
  стѣна 196.5
Подстилка изъ
  гравія 178.8
- щебеночная
  178.7
Подступень . 163.1

Подсыпка гра-
  віемъ 177.2
Подушка чугун-
  ная 234.5
Подшипникъ . 59.4
Подъемникъ . 65.1
- матеріала . 55.1
- бура 98.6
- давать . . . 85.2
- минимальный
  204.3
- уровня воды 191.7
Показатель на-
  грузки 25.1
Покровъ верхній
  184.4
- защищающій
  116.2
- цементный
  внутренній 202.2
- - внѣшній . 202.2
Покрываніе фто-
  ристымъ соеди-
  неніемъ 215.9
Покрывать слоя-
  ми земли 221.4
Покрывающій
  слой 210.5
Покрытіе сплош-
  ное дна 185.6
- шиферомъ . 172.2
Полевая дорога
  204.3
- нагрузка . 141.3,
  167.3
- площадь филь-
  тра 220.1
Поливать опалуб-
  ку передъ забе-
  тонираніемъ 85.1
Полигональная
  балка 174.3
- ферма . . . 174.3
Полировать . 155.3
  242.3
Полировочная
  машина 242.5
Полка нижняя
  балки 144.3
Полное опораж-
  ниваніе 198.7
- сѣченіе на опорѣ
  231.9
-ный поршень 213.6
Половина про-
  дольная 126.2
Половинка . 125.6
Положеніе на-
  клонное мѣ-
  шпальнаго ко-
  рыта 61.6
- при опоражни-
  ваніи 56.2
Полонсо ферма
  169.9

Полоса оцинко-
  ваннаго желѣза
  189.52
- свинцовая . 164.3
- соединительная
  159.2
- толевая 85.2, 179.8
Полоскательный
  столъ 245.1
Полосовое двой-
  ное желѣзо 5.10
- желѣзо . . 81.3
- составное
  желѣзо 81.3
Полосы войлока
  просмоленныя
  208.10
Полотно балки
  148.10
- безконечное 64.6
- эллинга . 200.10
Полузапруда 184.7
- поперечная 184.1
Полусухой . . 33.12
- бетонъ . . . 66.6
- способъ . . 10.9
Полусырой спо-
  собъ 10.9
Полъ . . . 153.11
- водобойный 192.6
- деревянный 154.1
- кирпича . . 125.6
- монолитный 154.5
- гипсовый . 154.9
- сплошной . 154.5
- гипсовый 154.9
- цементный 154.6
- терракотовый
  154.11
- цементный . 243.3
- монолитный
  154.6
Полый кернъ 158.2
- цилиндръ . 152.9
Польская пере-
  вязка 128.4
Помѣщеніе
  лѣстничное 166.7
- складочное, за-
  щищенное отъ
  мороза 36.6
Пониженіе есте-
  ственное 114.2
- искусственное
  грунтовой воды
  199.3
- поверхности
  воды 198.4
- уровня грунто-
  вой воды 100.2
Понтонъ плавучій
  200.4
Поперечная арма-
  тура 110.7
- балка . . . 280.7

Поперечная по-
лувапруда 184.1
- связь . 42.6, 224.5
- сила 45.1
- шпала . . . 287.6
-ное желѣзо . 157.4
- ребро . . . 189.7
Поперечный валъ
59.6
- дренажъ . . 220.3
- разрѣзъ . . 144.7
- уклонъ . 205.3
- эллингъ . 200.11
Поперечныя рас-
порки 86.4
- сооруженія 188.4
Пористый . . 81.5
Порогъ . . . 192.3
Порода естествен-
ная каменная
26.11
Порошкообраз
ный гидратъ
извести 8.12
Порошокъ ас-
фальтовый 209.10
Портландскій
цементъ 10.1
Портландъ-клин-
керъ 9.6
- -цементъ . . 10.1
- - шлаковый 9.3
Поручень . . 166.6
Порфиръ 282, 155.3
Поршень . . 88.5
- массивный . 218.6
- полный . . 218.6
Поставъ мель-
ничный 18.1
Посторонняя на-
грузка 25.6
Постоянная на-
грузка 141.4, 191.10
-ный діаметръ
въ свѣту 248.6
Постоянство объ-
ема 19.7
Постройка жи-
лая 129.7
- фабричная . 129.8
Посыпать гра-
віемъ 171.9
- пескомъ . . 174.6
Потеря при на-
каливаніи 14.9
Потолочная бал-
ка 152.1
Потребленія
мѣсто 68.6
Потѣть . . . 68.4
Почва глинистая
178.5
Поѣздъ нагру-
зочный 237.4

Поясокъ ведущій
57.4
Поясъ верхній
188.2, 231.6
- нижній . . 231.7
- сжатія . . . 49.4
- сжатый . . 151.4
- -, подлежащій
изготовленію
на мѣстѣ 152.10
Правило . . 207.10
- [рейка] . . . 67.3
Предваритель-
ная обработка
сырья 10.3
Предохранять
отъ подмыва
107.4
- - сквозняка 20.9
- - солнца . . 20.9
Предѣльная на-
грузка 47.3
-ное значеніе 41.10
- напряженіе
5.6, 41.2, 47.9
Предѣлъ нагруз-
ки 4.2
- пропорціональ-
ности 4.4
- текучести . 4.3
- упругости . 4.3
Прессованная
плита 244.2
Прессовочная
форма 247.1
Прессъ гидравли-
ческій 24.9
- для трубъ . 226.6
- механическій 24.8
- плиточный . 211.9
- приводный . 24.8
- рычажно-колѣн-
чатый 246.4
Прибавленіе во-
ды 38.11
- красящаго ве-
щества 20.3
Прибавлять ква-
сцы къ сухой
смѣси 215.1
Прибалчивать
схватки 105.6
Прибивать бру-
сокъ 76.7
Приближенный
расчетъ 231.10
Приборъ Вика 19.2
- для гнутья же-
лѣза въ холод-
номъ состоя-
ніи 70.1
- - испытанія
плотности 218.4
- - насыпки . 14.5
- - рѣзки желѣза
69.4

Приборъ для сва-
риванія элек-
тричествомъ 71.1
- зеркальный . 4.7
- измѣритель-
ный 4.6
- Мартенса, ре-
гистрирующій
схватываніе
цемента 19.8
- нормальный 24.4
- рычажный Фрю-
линтъ-Миха-
элисъ 24.6
Приборы измѣ-
рительные 89.7
Приводный
прессъ 24.8
Приводъ само-
дѣйствующій
62.7
Приводящій ка-
налъ 197.1
Приготовленіе
сырья 10.3
Приготовлять 10.4
Придавать бал-
кѣ форму пе-
рилъ 228.2
- форму чаши 185.3
Приданіе голов-
кѣ колонны
формы капи-
тели 80.4
- дну формы 219.3
- пруту шерохо-
ватой поверх-
ности 44.8
Прижимать опа-
лубку подтяги-
ваніемъ гайки
74.7
Призма бетон-
ная съ про-
дольнымъ про-
рѣзомъ 48.7
- обрушенія . 188.7
Приливъ наи-
большій 116.1
Примѣненіе бе-
тона въ по-
стройкахъ 1.3
- желѣзобетона
въ построй-
кахъ 1.4
- пустотѣлыхъ
камней 74.6
Примѣсь земли-
стыя осаждать
209.3
Примѣсь доба-
вочная 25.6
- постороння 25.6
- соды . . . 214.10
Принятая на-
грузка 142.1, 229.10

Приподнять же-
- лѣзную арма-
туру 72.12
Приспособленіе
для встряхива-
нія 211.6
- - выправленія
стержней же-
лѣзной арма-
туры 71.12
- - опусканія опа-
лубки 87.9
- - перетяги-
ванія 211.6
- - сгибанія же-
лѣза на-холодно
70.1
- - удержанія ко-
лоннаго желѣза
въ вертикаль-
номъ положеніи
78.5
- съ поплавкомъ
221.1
- транспортное 63.4
Приспособлять къ
условіямъ грун-
та уголъ зао-]
стренія 118.5
Пристань . . 190.4
- угольная . 190.5
Притворъ окон-
ный 79.7
Пріемникъ въ
видѣ ковша 58.4
- мѣшалки не-
подвижной 58.9
- приспособленъ
къ опрокидыва-
нію 55.4
Проба . . . 28.5
- на кипяченіе
шарика 21.7
- - пребываніе въ
холодной водѣ
21.4
- прокаливаніе
шарика 21.6
- ногтемъ . . 19.1
Пробирать отвер-
стія 186.6
Проба деревян-
ная 88.4, 131.9, 172.5
- коническая
деревянная 78.3
Пробная нагрузка
95.9
- свай . . . 114.7
-ный образецъ
трамбованнаго
бетона 84.9
Проведенная вода
81.9
Проводка . . 121.5
Проволока вяза-
тельная 72.2, 148.2

Проволока отож-
женная желѣз-
ная 72.1, 75.3
Проволоки желѣз-
ныя, крестооб-
разно располо-
женныя 181.2
Проволочная об-
мотка 158.5
- связь . . . 75.2
- сѣтка . . . 181.5
Проволочной сѣт-
кой обтягивать
181.3
Проволочный
канатъ 168.7
Прогибаться, фун-
даментная плита
прогибается
110.1
Прогонъ попереч-
ной плиты 111.7
Продольная арма-
тура 110.6
- балка . . . 230.6
- дамба . . . 183.7
- половина . 126.2
- расшивка . . 86.2
- шпала . . . 237.5
Продольное глав-
ное ребро 189.6
- движеніе . 119.8
-ный лежень 287.5
- разрѣзъ . . 144.6
- уклонъ . . 205.2
- эллингъ . . 201.1
Продольныя
сооруженія 183.3
Продуктъ обжига
12.6
Проекція гори-
зонтальная 167.4
Производитель-
ность дневная
67.10

Производить
съемку мѣст-
ности 89.1
Производство
массовое 239.3
- фашинной
кладки 188.8
- цемента . . 10.2
Прокладка дере-
вянная 68.2
- жестяная . 68.1
- картонная . 67.11
217.4
- пропитанная
джутовая 171.10
- свинцовая . 216.2
- толевая . . 67.11
- упругая . . 117.6
Пролетъ 47.3, 101.11
165.1
- въ свѣту . 168.10
- крайній . . 150.4
- средній . . 150.3
Пролеты симме-
тричные 238.6
Промежуточная
опора 140.8
- стѣна . . . 138.8
Проминать . . 54.8
Промонна . . 182.3
Промываніе при-
мѣсей 80.7
Промывная труба
104.7
Промѣшивать 18.8
Пропитанная
джутовая про-
кладка 171.10
-ный цементъ 214.12
Пропитки способъ
115.1
Пропитывать
торцы 208.3
Пропорціональ-
ности законъ 42.2

Пропорціональ-
ность 46.5
Пропорція смѣси
88.6
Прорѣзать
окошки для по-
толочныхъ ба-
локъ 79.4
Прорѣзъ 48.3, 152.4
Просачиваніе
воды 87.9
Просмоленный
толь 208.9
-ныя полосы вой-
лока 208.10
Пространство
между двумя
буками 184.2
Проступень . 162.9
Проступь . . 162.9
Просѣивать . 240.5
Противовѣсъ 60.4
Проточная труба
219.9
Профильное
желѣзо 164.6
Процессъ смѣши-
ванія 52.9
- схватыванія 19.6
Прочности
коэффиціентъ 5.7
Прочность
кубика 48.4
- защемленія 2.10
- спѣпленія 24, 46.10
Проѣзжая дорога
203.2
- часть . . . 230.5
- дороги . . 205.7
- расположена
внизу 238.1
- - наверху 238.3
Прудовая вода 82.2
Прускій сомкну-
тый сводъ 145.3

Прутъ добавоч-
ный 71.3
- работающій
181.2, 147.7
- распредѣляю-
щій 181.3, 147.8
- соединительный
въ формѣ скобы
179.2
- точеный . . 44.5
Прутья работаю-
щіе 110.6
- распредѣленія
110.7
- сопротивленія
110.6
Прюсса стѣна
188.2
Прямая ступень
162.7
Прямоугольная
рама 218.7
Пустота . . . 66.7
Пустотѣлая арми-
рованная балка
158.3
- запруда . . 193.10
- съ заполне-
ніемъ камнями
194.3
Пустотѣлый
камень 180.3, 245.5
- кирпичъ . 130.4
146.7
- цилиндръ . 152.9
Путь для откатки
64.1
- рельсовый . 201.7
Пуццолановый
цементъ 8.11
Пѣшеходная
часть 229.4
Пята . . 144.2, 169.2
Пятовый камень
238.3

Р.

Рабица выдавлен-
ное плетеніе
144.10
- конструкція
145.3
- крюкъ . . . 146.1
- перекрытіе 170.3
- плетеніе . . 146.2
- стѣнка . . . 138.1
Работа бетона 38.7
Работающее же-
лѣзо 157.3
Работающіе
прутья 110.6
-щій прутъ
181.2, 147.7

Работы періодъ
67.9
Рабочій мостикъ
195.6
Равномѣрно
распредѣленное
сжатіе грунта
110.2
Равнять слой 85.7
Радіальное распо-
ложеніе фермъ
170.4
Разбавленная сѣр-
ная кислота 215.6
Разбивка котло-
вана 89.6

Развинчивать
штангу 93.9
Разводить . . 72.6
Разгрузочная
платформа 187.2
-ный мостъ 188.12
Раздвижная па-
лубная рама
75.8
- распорка . 97.8
- форма . . . 243.1
Раздѣленіе верти-
кальными же-
лѣзными поло-
сами 178.9
- рѣки . . . 182.9

Раздѣлительная
стѣнка 193.5, 219.8
Разлагать . . 12.4
Размельченіе въ
муку 8.8
Размѣры нормаль-
ные 125.3
Размѣчать длину
69.2
Размѣщать сваи
105.6
Разностное давле-
ніе воды 196.9
Разрубать . . 72.6
Разрушающій
грузъ 47.3

Разрывное усиліе
47.3
Разрывъ . . 45.7
- вслѣдствіе рас-
ширенія 21.1
- - усадки . . 20.10
- кромки . . 20.7
Разрѣзка . . 211.2
Разрѣзъ попереч-
ный 144.7
- продольный
144.8
Разстояніе между
балками 148.11
Рама 170.2
- основная . 108.1
- прямоугольная
218.7
- раздвижная па-
лубная 75.8
Рамное основаніе
103.1
Рамочная система
189.8
-ный брусъ . 80.5
Рансома желѣзо
6.2
- мѣшалка . 57.8
Раскосная система
87.1
Раскосъ . . . 281.5
- подвѣсной си-
стемы 84.7
- - фермы . . 84.7
Распалублявать
85.4
Распираніе боко-
выхъ щитовъ
высокихъ ба-
локъ 82.7
- котлована . 97.3
Распирать . . 97.4
Расплавлять . 209.2
Располагать въ
разбѣжку 71.4
- желѣзо надъ .
149.7
- желѣзную арма-
туру въ два ряда
49.3
- контрофорсы въ
стѣнѣ 218.8
- плиты въ при-
тыкъ 189.11
- попеременно
186.9
- съ обѣихъ сто-
ронъ желѣз-
ные прутья
135.2
Расположеніе
радіальное
формъ 170.4
Распорка . . 82.9
- раздвижная 97.6

Распорки попе-
речныя 86.4
Распорный болтъ
137.3
Распоръ гори-
зонтальный 144.5
236.2
Распредѣленный
грузъ 46.12
Распредѣлитель-
ная сѣть трубъ
220.9
-ный трубопро-
водъ 220.9
Распредѣляю-
щій прутъ 181.3,
147.8
-щіе прутья . 110.7
Растворимая
кремневая кис-
лота 7.5
-мое стекло . 215.8
Растворъ . . 25.9
- быстровяжу-
щій 214.8
- гипсово-клее-
вой 146.3
- жирный . . 83.8
- карболовой
кислоты 208.6
- квасцовъ . 83.2
- мыльный . 88.3
- наносить . . 132.6
- тощій . . . 83.9
- употреблен-
ный въ полу-
сухомъ состоя-
ніи 22.10
- хлористаго
цинка 208.5
Растворять въ
водѣ калійное
мыло 215.2
Растворять це-
ментъ 17.6
Растягивающая
сила 10.6
-щее усиліе, дѣй-
ствующее въ
наклонныхъ
плоскостяхъ
44.1
Расходъ силы 55.3
Расчетъ прибли-
женный 231.10
- свода . . . 50.1
- статическій 45.11
Расшатывать 123.7
Расшивка про-
дольная 86.2
Расширеніе отъ
воздуха 21.3
- подошвы . 177.7
- русла . . . 182.9
Расширенія коэф-
фиціентъ 2.3

Расширитель-
ный шовъ 174.9,
228.8
Расширяемость 20.2
Расширяться 19.11
Ребра 150.7
- арки 235.4
- горизонталь-
ныя впускать
наружу 219.1
Ребристая плита
49.1
- съ плитою
внизу 112.1
- - - наверху 111.8
Ребристое пере-
крытіе 151.8
- - между бал-
ками 150.10
Ребро . 170.10, 248.8
- балки . . . 148.10
- бетонное, впу-
щенное въ
откосъ 180.4
- боковое . . 171.1
- волнообразное
6.7
- главное про-
дольное 189.8
- діагональное171.2
- жесткости . 164.8
- кружальное 86.1
- поперечное 189.7
Регулировка
русла 183.1
Резервуаръ об-
разованіе 112.6
Резервуаръ 196.1,
200.3
- водонапорный
221.2
- въ видѣ стояка
234.2
- для аммiака 221.8
- - вина . . . 229.1
- - горячей воды
221.9
- - спирта . . 229.3
- Инце . . . 219.2
- погруженный
219.6
Резервуары для
жидкости 213.1
Рейка 208.8
- деревянная 172.8
- - для прикрѣ-
пленія штука-
турки 150.8
- мѣрная . . 90.2
- нивеллирная 92.1
Рельсовый путь
201.7
Реперъ . . . 89.4
Ржавчина . . 72.7
Ржавый налетъ
72.9

Ржавѣть 3.1, 117.9
Ряфлить . . 154.7
Ровнять поверх-
ность линейкой
86.4
Роговая обманка
28.5
Родъ зерна, упо-
требляемаго
въ качествѣ
отощателя 29.4
Розсыпь изве-
стково-ульмино-
вая 81.1
Роликъ . . . 102.8
Роллъ . . . 222.5
- для мытья . 222.5
- - размельченія
222.7
Роль 222.4
Романскій це-
ментъ 8.9
Романъ-цементъ
8.9
Ротверкъ бетон-
ный 113.2
- высокій на
сваяхъ 113.3
- изъ балокъ 109.6
- фашинный . 184.6
Рубить зубиломъ
69.5
Рудный цементъ
9.8
Рукавъ . . . 98.7
Рулетка . . . 91.1
Русло . 182.2, 185.7
Ручей 175.2
Ручка 102.4
- лопаты . . 96.7
Ручная баба 102.3
- тележка съ
опрокиднымъ
кузовомъ 68.8
- тяга . . . 64.3
- шероховатая
терка 210.11
Ручное смѣши-
ваніе 51.2
-ной катокъ для
терраццо 155.13
- коперъ . . 103.2
- рычагъ . . 59.8
Рытье котлована
95.10
Рычагъ ручной
59.8
Рычажно-колѣн-
чатый прессъ
246.4
Рычажный при-
боръ Фрюлинг-
Михаэлисъ 24.6
Рѣка 175.3
- широкая . . 175.4
Рѣчка . . . 175.3

Рѣчная вода 81.12
-ной гравій . 27.13
- песокъ . . . 27.1
Рѣшетина . . 197.5
Рѣшетка . . 197.4
- изъ полосового
    желѣза 78.2
Рѣшетчатая балка
    158.7
Рѣшетчатобалоч-
    ный мостъ
        280.10

Рѣшетчатый
    мостъ съ пара-
    болическимъ
    верхнимъ
    поясомъ
        232.1
Рядами нормаль-
    но къ оси до-
    роги 206.1
Рядомъ лежащіе
    горизонтальные
    валы 54.5

Рядъ вертикаль-
    ныхъ тычковъ127.5
- въ елку . . 127.6
- деревянный
    шпунтовый 105.3
- елочный . . 127.6
- желѣзобетон-
    ный шпунтовый
        106.3
- желѣзный
    шпунтовый 106.1
- задній стоекъ 189.5

Рядъ кольевъ съ
    насадкой 178.1
- крестовый . 127.7
- ложковый . 127.2
- однородныхъ
    испытаній 28.1
- передній стоекъ
        189.4
- трамбовочный
        86.1
- тычковый . 127.4
- шлюзовый . 127.6

С.

Садиться . . 19.10
-, свая садится105.9
Садовая колонна
    244.1
Садъ висячій 178.6
Самодѣйствующій
    приводъ 62.7
Сваи бетонныя
    118.1
Свариваніе вну-
    тренней и на-
    ружной колон-
    ны 111.2
Сваривать . . 70.8
Сварка . . 71.2
Сварочное желѣзо
        8.1
Свая 107.2
- винтовая . 121.9
- забитая желѣзо-
    бетонная 117.1
- изъ желѣзобе-
    тона въ обоймѣ
        118.2
- образцовая . 123.2
- пробная . . 114.7
- симплексъ . 123.8
- съ пазами . 105.4
Сверло ложко-
    образное 94.1
Сверлянка . . 115.1
Свинцовая полоса
        164.3
- прокладка . 216.2
-вый листъ . 216.3
Свобода движенія
    190.2, 280.3
Свободно лежа-
    щее перекрытіе
        149.1
- положенные въ
    барабанъ желѣз-
    ные шары 57.2
- стоящая стѣна
        185.8
Свободнонесущая
    стѣна 184.7
Свода расчетъ 50.1
- форма . . . 112.2

Сводчатая впади-
    на 150.6
- гладкая крыша
        178.9
Сводъ бочарный
        145.2
- изъ тесанаго
    камня 232.7
- - трамбованнаго
    бетона 147.2
- крестовый . 145.7
- купольный 145.8
- лотковый . 145.5
- монастырскій
        145.4
- Монье . . . 147.6
- мостовой . . 50.2
- плоскій . . 146.5
- прусскій сом-
    кнутый 145.3
- сплошной бетон-
    ный 232.8
Свойство расши-
    ряться 20.2
Свѣтъ верхній
        168.5
Свѣтящійся буй
        200.7
Связующая сила
        25.5
Связывать доски
    болтами 187.2
- проволокой въ
    точкѣ пересѣче-
    нія 131.1
Связывающее
    вещество 7.1
- -, твердѣющее
    въ водѣ 7.9
- гидравлическое
    вещество 7.9
Связь . 187.3, 148.4
- поперечная
        42.6, 224.5
- проволочная 75.2
- свода . . . 148.5
Сглаживать по-
    верхность 207.9
- - линейкой 86.1

Сдвигающее
    усиліе 48.5
Сегментъ шаровой
        219.5
Семимиллиметро-
    вое сито 29.9
Сжатая плита,
    устраиваемая на
    мѣстѣ построй-
    ки 152.10
Сжатіе грунта
    101.7, 110.3
- - допускаемое
        109.5
- -, равномѣрно
    распредѣленное
        110.2
- нормально къ
    направленію
    трамбованія 86.3
- остаточное . 41.8
- по направленію
    трамбованія 86.7
- происходитъ от-
    вѣсно къ напра-
    вленію трамбо-
    ванія 25.2
- - перпендику-
    лярно къ напра-
    вленію трамбо-
    ванія 25.2
- у крайней грани
        111.4
- упругое . . 41.9
Сжатія поясъ 49.4
Сжатый поясъ
        151.4
- -, подлежащій
    изготовленію на
    мѣстѣ 152.10
Сжимать доста-
    точно 68.3
Сжимающая сила
        40.5
Сигнальный фла-
    чокъ 90.4
Сила живая пада-
    ющаго бетона
        62.9

Сила молекуляр-
    ная 45.6
- накопленная
    водная 197.3
- нормальная 40.4
- поперечная 45.1
- растягивающая
        40.6
- сдвига . . 48.5
- сжимающая 40.5
Силовая водяная
    станція 196.9
Силосъ . . . 249.1
- большой емкости
        250.4
- для зерна . 249.6
- - руды . . . 250.1
- - угля . . . 250.3
- - цемента . 249.7
- - щебня . . 249.5
- клѣточный 250.2
- ячеечный . 250.2
Силы расходъ
        55.3
Симметричные
    пролеты 228.6
Система англій-
    ская 207.3
- консольныхъ
    плитъ 139.8
- кружалъ на
    стойкахъ 86.10
- многоугольная
    шпренгельная
        87.4
- подвѣсная . 84.5
- рамочная . 189.8
- раскосная . 87.1
- трапецоидаль-
    ная шпренгель-
    ная 87.5
- треугольная
    шпренгельная
        87.2
- французская
        207.2
Сито 15.6
- въ 120 отверстій
        29.8

Сито въ 900 от-
  верстій 16.1
- - 5000 отверстій
                16.2
- нормальное 16.3
- семимиллиметро-
  вое 29.9
Сифонъ . . . 224.8
Сіэнитъ . . . 155.6
Скважина буро-
  вая 92.4
Скелетъ изъ же-
  лѣзо-бетонныхъ
  стоекъ 180.10
Складочное мѣсто
                63.5
- помѣщеніе, за-
  щищенное отъ
  мороза 36.6
Складывать
  давленіе воды
  съ собствен-
  нымъ вѣсомъ
                101.6
- цементъ . . 155.9
Скоба 102.4
Скольженіе . 44.7
- въ бетонѣ . 5.11
Скольженія пло-
  скость 138.2
Скользящія другъ
  по другу желѣз-
  ныя плиты 229.1
Скрещивающіеся
  бюгеля 112.3
- спиральные
  витки 59.3
Скручивать . 72.8
Скручивающій
  моментъ 144.4
Слабый обжигъ
                20.1
Слизнякъ . 115.10
Слои водоносные
                138.7
Слой асфальтовый
  изолирующій
                171.8
- балластный изъ
  гравія 227.6
- верхній . . 242.2
- глинобитный
                193.6
- гудрона . . 174.8
- изолирующій
  181.10, 171.11
- илистый . . 192.8
- кордонный 184.4
- крупнаго щебня
                206.6
- непрерывный
  балластный
                237.7
- обратный 183.10
- основной . 183.9
- передовой . 183.9

Слой покрываю-
  щій 210.5
- сплошной
  асфальтовый
                190.3
- толевый . . 171.5
- фильтрующій
                220.2
Случай нагрузки
                230.1
Смазывать . 171.7
Смачивать водя-
  ной струей 240.10
- изъ лейки . 58.3
- кирпичную
  кладку 65.1
- смѣсь . . . 52.3
- спрыскомъ . 67.7
Смита мѣшалка
                58.6
Смоляная бумага
                210.6
Смѣсь 51.1
- крупнозер-
  нистая 26.1
- машинная . 53.2
- мелкозернистая
                25.10
- натуральнаго
  асфальта 216.8
- нормальная 22.7
Смѣшанный спо-
  собъ 10.9
- цементъ . . 9.9
Смѣшиваніе
  болѣе тѣсное 53.5
- вдоль и попе-
  рекъ 57.7
- ручное . . . 51.2
- цемента съ во-
  дой 17.6
Смѣшиванія про-
  цессъ 52.9
Смѣшивающія и
  транспортирую-
  щія крыла 57.7
Снабжать водо-
  непроницаемой
  окраской 88.1
- палубную раму
  отверстіями 75.9
- шпунтовый рядъ
  насадкой 105.10
Снашиваніе бе-
  тона 88.9
Снимать со стѣ-
  нокъ лопаткой
                85.9
Собственная крѣ-
  пость 22.6
-ный вѣсъ . 47.10
                141.2
- - сооруженія 101.5
Соды добавленіе
                68.11

Соединеніе . 63.3
- бетона съ клад-
  кой зубомъ 77.6
- двухосновное
  фтористаго крем-
  нія 215.10
- двухъ свай
  шпунтовой
  стѣнкой 113.5
- жесткое . . 187.9
- стыковое раст я-
  гиваемаго прута
                71.9
Соединенія мѣсто
                67.6
Соединительная
  полоса 159.2
-ное звено . . 71.11
-ный прутъ въ
  формѣ скобы
                179.2
Соединить болта-
  ми 285.1
Соединять крюч-
  комъ 71.8
Сокращать время
  схватыванія 214.9
Солей выцвѣтаніе
                32.7
Соли добавленіе
                68.10
Сомкнутый прус-
  скій сводъ 145.3
Сооруженіе бетон-
  ное 1.3
- дорогъ . . 203
- желѣзобетонное
                1.4
Сооруженія водя-
  ныя 175
- гидротехни-
  ческія 175
- поперечныя 183.4
- продольныя 183.3
Соотвѣтствующій
  уголъ измѣне-
  нія 213.5
Сопротивленіе
  наибольшее 25.4
- максимальное
                25.4
- минимальное 25.3
- наименьшее 25.3
- продольному
  изгибу 49.10
- сван выдерги-
  ванію 120.7
- - нагрузкѣ . 120.7
- скольженію 44.9
- скручиванію 44.9
- стачиванію 88.11
- стиранію . 88.10
Сопрягать плаву-
  чіе ящики 200.5
- подъемникъ съ
  мѣшалкой 65.6

Сортировка . 240.7
Сортировочная
  машина для
  гравія и песка
                240.8
Сортовое желѣзо
                5.8
Сосредоточенный
  грузъ 47.2
Составное поло-
  совое желѣзо 81.3
Составъ смѣси
                38.6
Состояніе нена-
  груженное 45.2
Состоятъ изъ
  двухъ половинъ
                123.5
Спай . . 67.6, 216.4
Спираль 43.1, 158.9
Спиральная арма-
  тура 42.7
-ные скрещиваю-
  щіеся витки 59.3
Сплошная бетон-
  ная плита 147.4
-ное покрытіе дна
                185.6
-ной асфальтовый
  слой 190.3
- бетонный сводъ
                262.8
- гипсовый полъ
                154.9
- полъ . . . 154.5
- цементный полъ
                154.6
Споласкивать 30.8
Способность бе-
  тона подвер-
  гаться дефор-
  маціямъ 84.6
- впитывать воду
                31.4
- невывѣтри-
  ваться 21.2
- расширяться 20.2
Способный сопро-
  тивляться моро-
  зу 31.7
Способъ кривыхъ
  давленія 285.10
- мокрый . . 10.5
- полусухой . 10.9
- полусырой . 10.9
- пропитки . 115.1
- смѣшанный 10.9
- сухой . . . 10.7
Спрыскъ . 158.10
Спускать съ
  высоты 122.5
Спускъ бура 98.7
Среднее зерно 29.6
Средне-схваты-
  вающій цементъ
                17.2

Средній пролетъ 150.3
-няя телѣжка 119.6
Средство отощать растворъ 25.8
Срѣзать сваю 114.4
Срѣзывающее усиліе 43.5
Сталь 3.7
Стальная мѣрная лента 90.8
-ной цилиндрическій болтъ 234.6
- шарниръ . 234.4
Станокъ . . 206.9
- деревянный 241.6
- для опрокидыванія 58.8
- чертежный 70.6
Станція водяная 192.10
- - силовая . 196.9
- для испытанія матеріаловъ 1.6
Станъ перевозочный 58.7
Стативъ . . . 91.7
Статика . . . 40.2
Статически неопредѣлимая величина 48.2
- неопредѣлимый 46.4
- - моментъ возникаетъ 218.3
- опредѣлимая шарнирная арка 235.7
Статическій расчетъ 45.11
Стволъ двустѣнный 248.7
- колонны . 157.2
Стекло водное 215.8
- растворимое 215.8
Стекловидный 81.6
Стеклянная пластинка 19.4
- черепица . 172.8
Степень плотности 80.6
Стержень жесткій, закрѣпленный въ грунтѣ 248.5
- колонны . 157.2
- палубный . 76.2
Стержни рѣшетки 231.3
Стоймость пріобрѣтенія земли 181.6
Стойка 49.8, 78.5, 157.1 187.11, 231.4
- изъ стальной трубы 84.2
Стойка плотины 195.4
Столбовая дорога 204.6
Столбъ . . . 122.1
- желѣзобетонный 225.4
- жидкости 217.10
- телефонный 245.8
- фундаментный 112.9
Столъ полоскательный 245.1
Сторона задняя запруды 191.2
- лицевая почти отвѣсна 191.3
Сточный камень 212.6, 244.9
- каналъ . . 197.6
Сточныя воды, содержащія кислоты 217.5
Стоякъ . . . 220.4
Стремянка . 188.3
Строганная доска 85.7
Строеніе нижнее 203.4
Строительнаго грунта изслѣдованіе 92.2
Строительная баржа 202.4
- высота . . . 228.4
- подвижная нагрузка 159.5
-ный камень 242.10
- матеріалъ . 2.1
- насосъ . . 98.6
- паромъ . . 202.4
Строительство бетонное 1.3
- изъ желѣзобетона 1.4
Стропильная крыша 169.6
Струенаправляющая дамба 183.7
Стрѣлы отношеніе къ пролету 50.3
- подъема высота 168.11
Стрѣльбище 187.8
Ступенчатая мѣшалка 51.4, 58.7
Ступень . . . 162.5
- гранитная . 163.3
- забѣжная . 162.8
- изъ искусственнаго камня 163.6
- - штучнаго камня 163.2
- лѣстничная 245.4
- нагрузки . 42.1
- прямая . . 162.7
Стыковая накладка 188.7
-вое соединеніе растягиваемаго прута 71.9
Стыкъ колонны 158.2
Стѣна армированная каменная 134.6
- блиндажная 186.5
- двойная .. 201.10
- защитная 185.10
- изъ литого бетона 130.8
- - обработаннаго камня 126.9
- - плитъ . . 134.2
- - трамбованнаго бетона 130.7
- капитальная 128.9
- наружная . 128.7
-, несущая балки 128.9
-, - лѣстницу 129.2
- подпорная . 178.2
- - противъ давленія воды 140.2
- - со стоячимъ сводомъ Монье 139.5
- подпрудная 196.5
- промежуточная 128.8
- противъ давленія вѣтра 135.1
- Прюсса . . 133.2
- свободнонесущая 134.7
-, свободно стоящая 135.8
- сзади мишени 187.9
- съ контрфорсами 139.4
- угловая подпорная 139.6
- усиленная каменная 134.6
- фронтонная 129.1
- шлюза . . . 198.3
- шпунтовая . 105.2
- щипцовая 129.1
Стѣнка армированная 131.1
- деревянная, обшитая въ закрой 106.8
- желѣзобетонная шпунтовая 180.5
- изъ гипсовыхъ плитъ 134.5
- изъ цементныхъ плитъ 134.4
- - цѣльно-рѣшетчатаго матеріала 133.9
Стѣнка котлована 96.1
- Луджино . 134.3
- Монье . . . 131.1
- набережная 188.11
- облицовочная 196.7
- откидная боковая 247.5
- паденія . . 192.4
- подпорная 187.10
- подовая . 193.11
- Рабица . . 132.1
- раздѣлительная 193.5, 219.8
- шпунтовая изъ волнистаго желѣза 106.2
Стягиваніе палубныхъ щитовъ 75.1
Судно изъ желѣзобетона 201.8
Суженный книзу 123.3
Суммированіе паденій 198.10
Сухой докъ . 198.6
- способъ . . 10.7
Сушить . . . 11.1
Схватка 79.9, 86.3, 105.7
Схватываніе . 16.6
- воды химическое 17.5
Схватыванія процессъ 19.6
Схватывать желѣзными скобами 79.10
Сцѣпленія поверхность 151.7
Съ двойной арматурой 111.6
Съемка высотъ мѣстности 89.3
- плана . . . 89.2
Сырая вода 220.12
- масса . . . 10.10
-рой асфальтъ 209.1
Сырьё . . . 10.10
Сѣрая вакка 28.3
Сѣрная вода 32.5
- разбавленная кислота 215.6
Сѣровакковый конгломератъ 28.3
Сѣрый колчеданъ 81.3
Сѣтка проволочная 131.5
Сѣть распредѣлительная трубъ 220.9
Сѣченіе колонны 157.5
- полное на опорѣ 231.9

Т.

Тамбуръ . . 170.8
Тангенціальныя напряженія вызывать 217.6
Танька . . . 103.6
Тахера желѣзо 6.1
Тачка . . 51.9, 96.8
- съ корытомъ, опрокидывающимся впередъ 96.9
Твердый известнякъ 10.8
Твердѣть . . 18.2
- на воздухѣ . 7.2
- самостоятельно 7.7
Телескопообразный 123.4
Телефонный столбъ 245.8
Телѣжка . . 119.5
- верхняя . . 119.6
- желѣзная съ опрокиднымъ кузовомъ 63.9
- нижняя . . 119.6
- ручная съ опрокиднымъ кузовомъ 63.8
- средняя . . 119.6
Температура обжига 11.10
- спеканія . . 12.3
Температурное напряженіе 45.8, 237.2
-ный швъ 67.8, 190.1
Температуры повышеніе 16.11
Теоретическое опредѣленіе 46.2
Теорія сопротивленія матеріаловъ 40.1
Терка . . 67.4, 210.7
- ручная шероховатая 210.11
Терракотовый полъ 154.11
Терракотта . 159.9
Тесаный камень 245.3
Тетива . . . 163.10
Тина морская 115.12
Толевая полоса 85.2, 179.8
- прокладка . 67.11
-вый слой . . 171.5
Толстая доска 73.3
Толщина въ замкѣ 168.11
- проволокъ сита 15.9
- свода . . 148.12
- слоя 85.3
Толь просмоленный 208.9
Тонкость измола 15.5
- помола . . . 15.5
Торецъ . . . 208.2
Тормазная горка 65.4
Торфяныя частицы 80.10
Торцевой шипъ 60.1
Торцы пропитывать 208.3
Точеный прутъ 44.5
Точка верхняя трети 236.9
- нижняя трети 236.9
Тощій бетонъ 156.12
- растворъ . . 83.9
Траекторія нулевыхъ напряженій 46.11
Трамбованный асфальтъ 209.7
- бетонъ . . . 83.3
Трамбовать . 65.7, 207.5
- съ поперечнымъ уклономъ 207.7
- цоколь . . . 187.1
Трамбовка боковая 66.3
Трамбовка деревянная 66.2
- малая бетонная 66.4
- нормальная 85.2
- чугунная . 66.1
Трамбовочная форма 246.7
-ный рядъ . . 86.1
Транспортеръ винтовой 62.4
Транспортная лента 64.6
-ное приспособленіе 63.4
-ный винтъ . 250.5
Трапецоидальная шпренгельная система 87.5
-ный камень 138.3
Трассовый бетонъ 82.10
Треніе земли о стѣну 217.9
- между стѣной и земляной массой 189.1
-, соотвѣтствующее вѣсу 179.3
Тренога . 92.9, 102.7
Треножникъ . 91.7
Треугольная планка 79.1
- шпренгельная система 87.2
Треугольникъ давленія 188.9
Трехчетвертка 125.7
Трехчетвертной кирпичъ 125.7
Трехшарнирная арка 169.3, 232.6
Трещина . . 45.7
Три четверти кирпича 125.7
Тростникъ штукатурный 142.4
Тротуарная плита 244.3
Тротуаръ . . 229.4
Труба . 92.7, 100.4, 152.9, 224.9
- бетонная . . 245.6
- внутренняя 121.4
- гончарная . 100.1
- дренажная . 194.1
- желѣзобетонная 116.4, 165.5, 226.7
- - дымовая . 248.3
- закрѣпительная 98.8
- Маннесмана 97.7
- Меллера . . 225.3
- обсадная . . 93.8
- подъ насыпью 225.2
- промывная 104.7
- проточная . 219.9
Трубка градуированная измѣрительная 14.8
- калиброванная измѣрительная 14.8
- оросительная 62.3
Трубопроводъ 214.4, 225.6
- распредѣлительный 220.9
Трубчатая мельница 18.4
Турбинная камера 196.10
Тускнѣть, поверхность тускнѣетъ 5.4
Тычковая перевязка 127.9
-вый рядъ . . 127.4
Тычокъ . . . 127.3
Тѣло земляное, ограниченное плоскостями 138.5
Тѣсто 16.5
- цементное . 72.6
Тюфякъ фашинный 184.5
Тяга конная . 64.4
- паровая . . 64.5
- ручная . . . 64.3

У.

Увеличеніе нагрузки возрастающее 44.4
- объема . . . 16.10
Увлажнять смѣсь 52.3
Углекислая вода 82.4
- известь . . 15.3
Углекислота . 7.3
Углекислый натръ 18.6
Угловая броня 187.4
- подпорная стѣна 189.6
- форма съ ребрами жесткости 140.1
Угловое желѣзо 159.1, 164.5, 187.10
Углубленіе . 122.6
- шипообразное 165.8

Уголъ естествен-
наго откоса
земляныхъ
массъ 188.8
- заострешя баш-
мака 118.4
- измѣненiя соот-
вѣтствующiй218.5
- наклона . . 167.8
Угольная кис-
лота 7.8
- пристань . . 190.5
-ный мусоръ 29.8
Ударный меха-
низмъ 102.6
Ударъ трамбовки
85.4
Удерживать
прiемникъ въ
опредѣленномъ
положенiи тор-
мазомъ 56.1
- - - стоячемъ по-
ложенiи посред-
ствомъ крюка
55.5
Удлиненiе при
растяженiи 8.8
Удлинять желѣзо
70.7
Удлиняться . 45.5
Удѣльный вѣсъ
14.6
Узелъ жесткiй
231.11
Узкая доска . 142.8
Укатывать . 174.7
- основанiе . 206.4
Укладка . . 178.4
Укладывать бе-
тонъ подъ водою
199.4

Укладывать гори-
зонтально 74.1
- отдѣльными
слоями 108.2
- слоями . . . 65.8
Уклонъ дороги
208.5
-, достигнутый
утолщенiемъ въ
серединѣ 227.4
- крыши . . . 167.7
- поперечный 205.8
- продольный 205.2
Укрѣпленiе бере-
говое отвѣсное181.5
- береговъ . . 178.4
- подошвы . . 177.8
- рѣчныхъ бере-
говъ 181.7
Укрѣплять вре-
менно деревян-
ными подкосами
186.11
- дно рѣки . 192.5
- подкосы въ
стойки 74.4
Улица городская
203.6
Ульминовая кис-
лота 80.11
Уменьшенiе глу-
бины 182.10
Универсальный
кронштейнъ 84.8
U-образное желѣ-
зо 148.1
Упирать въ клад-
ку 81.6
Уплотнять желѣз-
ными листами
196.2
- кожей . . . 214.1

Уплотнять пе-
ремычку 107.7
Упругая дефор-
мацiя 8.10
- прокладка . 117.8
-гое сжатiе . 41.9
Упругость . . 4.1
Уравненiе основ-
ное 48.8
Уравнивать слой
85.7
Уровень водяной
91.2
- грунтовой воды
98.1
- кривой . . . 192.1
- меженнiй воды
178.6
- низкiй грунто-
вой воды 114.1
- нормальный
воды 176.8
Усадка бетона во
время твердѣнiя
2.9
Усиленная камен-
ная стѣна 184.6
Усиливать . . 2.3
- конецъ сваи
листовымъ же-
лѣзомъ 117.5
- края желѣзны-
ми прутьями 132.9
- опоръ . . . 151.2
Усилiе разрывное
47.8
- сдвигающее 48.5
- срѣзывающее
48.5
Успокоенiе при-
бывающей воды
198.1

Устанавливать
вертикально 74.2
- по отвѣсу . 74.2
- распорки другъ
противъ друга 97.4
Установить вра-
щающейся на
оси 59.11
- рельсъ столбомъ
186.1
Установка водо-
мѣровъ 221.1
Установочный
винтъ 75.5
Устой 229.7
- берегового моста
192.7
- пролетныхъ
строенiй 140.5
Устойчивость 186.1
Устраивать палуб-
ные щиты склад-
ными 76.3
Устройство осно-
ванiй на глу-
бинѣ 112.7
- - съ примѣне-
нiемъ сжатаго
воздуха 124.6
- основанiя при
помощи сжа-
таго воздуха 199.8
- подпоръ . . 88.4
Устье 176.1
Утрамбованный
хорошо песокъ190.5
Утюгъ горячiй
209.12
Уширенiе фунда-
мента 109.2
Уширять ступе-
нями 109.4

Ф.

Фабричная
постройка 129.8
Фаза разрушенiя
46.9
Фасадный камень
245.2
Фасонная плита
212.2
-ное желѣзо . 5.8
164.6
-ный камень 146.6
Фахверковая
крыша 168.2
Фашина . . . 178.8
Фашинной кладки
производство
188.8
- тюфякъ . . 184.5

Фашинный ро-
стверкъ 184.6
Фашины . . 183.6
Ферма подвѣсная
84.5
- полигональная
174.8
- Полонсо . 169.9
- съ параллель-
ными поясами
168.8
Фермъ радiаль-
ное располо-
женiе 170.4
Фильтрующiй
матерiалъ 220.10
- слой . . . 222.9
Фильтръ 100.8, 219.10
- изъ гравiя . 194.2

Фланецъ нижнiй
балки 144.8
Фланцовый кир-
пичъ 144.9
Флачокъ сигналь-
ный 90.4
Флуатированiе
215.9
Флуатъ магне-
зiальный 216.1
Фонарь . . . 170.9
Форма балочная
82.5
- воронки . . 250.6
- гипсовая 88.8, 241.8
- глиняная 241.11
- грушевидная
мѣшальнаго
барабана 60.9

Форма деревян-
ная 241.5
- желѣзная . 241.4
- зерна . . . 29.11
- изъ листового
желѣза въ ка-
чествѣ палуб-
наго керна
82.8
- стер-
жня 82.8
- колонная . 78.6
- куба . . . 85.1
- нормальнаго
кубика 23.8
- нормальная
кольцеобразная
23.7
- отливная . 246.6

Форма переносная съ откидными стѣнками для облицовочныхъ камней 247.2
- прессовочная 247.1
- раздвижная 242.1
- свода . . . 112.2
- трамбовочная 246.7
Форма угловая съ ребрами жесткости 140.1
Форматъ нормальный 125.3
Формовать въ кирпичи 10.11
Формовочная машина 246.5
Форэллингъ . 201.2
Франка коническая волна 6.3
Французская система 207.2
Фронтонная стѣна 129.1
Фрюлингъ-Михаэлисъ рычажный приборъ 24.6
Фтористымъ соединеніемъ покрываніе 215.9
Фундаментная балка 113.1
- канава . . . 96.3
Фундаментная плита изъ желѣзобетона 109.7
- -, нагруженная внѣцентренно 111.1
- -, - эксцентрично 111.1
Фундаментный столбъ 112.9
Фундаментъ отдѣльный 109.1
- подъ колонну 110.5
Фустъ 157.2

Х.

Характеръ поверхности 29.13
Химически связанная вода 12.2
Химическое схватываніе воды 17.5
Хлористый кальцій 18.7
Ходъ 188.5
Хомутъ . . . 93.5
Хомутъ изъ полосового желѣза 151.5
Хрящъ . . . 26.5

Ц.

Цвѣтъ естественный 240.1
- натуральный 240.1
Цементная кора 52.8
- корка . . . 52.8
- мозаичная плита 244.7
- облицовка . 196.6
- плита 180.6, 210.10
- плитка . . 210.10
- черепица . 172.6
- штукатурка 213.3
Цементно-бетонная доска 153.4
-ное тѣсто . . 72.8
-ный бетонъ . 32.8
- брусъ . . . 243.4
Цементный внѣшній и внутренній покровъ 202.2
- монолитный полъ 154.6
- полъ . . . 243.3
- сплошной полъ 154.6
Цементныя издѣлія 239.2
Цементъ безглиноземный 9.8
- быстро-схватывающій 17.1
- медленно-схватывающій 17.3
- металлическій 165.9
Цементъ нормально-схватывающій 17.4
- песочный . 9.10
- портландскій 10.1
- пропитанный 214.12
- пуццолановый 8.11
- романскій . 8.9
- рудный . . 9.8
- смѣшанный 9.9
- средне-схватывающій 17.2
Цемянка . . 9.1
Центробѣжный насосъ 100.10
Цикля . . . 156.5
Цилиндрическая выемка 180.8
Цилиндрическій стальной болтъ 234.6
Цилиндръ . . 248.8
- полый . . . 152.9
- пустотѣлый 152.9
- чугунный . 206.8
Циновка . . 142.7
Цистерна для амміака 221.8
Цѣлый кирпичъ 126.1
Цѣльнорѣшетчатый металлъ 6.4
Цѣпное колесо 59.7
-ной колышекъ 90.7
Цѣпь безконечная 65.3
- мѣрная . . 90.5

Ч.

Чанъ для горячей воды 221.9
Части сооруженія орнаментированныя 241.9
Частицы перегноя 30.9
- торфяныя . 30.10
Частичная запруда 193.9
Часть вѣсовая 22.8
- объемная . 33.10
- по вѣсу . . 22.8
Часть по объему 33.10
- проѣзжая . 230.5
- - дороги . . 205.7
- - расположена внизу 228.1
- - - наверху 228.3
- пѣшеходная 229.4
- шарнирная 234.9
- шлюза головная 197.11
Чаша желѣзобетонная 193.7
Червоточина 118.8
Червь корабельный 115.4
Чердакъ . . 129.6, 169.7
Черепица . . 244.8
- стеклянная 172.8
- цементная . 172.6
Черепичная кровля 172.1
Черпать . . . 182.7
Чертежный станокъ 70.6
- щитъ . . . 70.6
Четвертка . . 125.5
Четверть . . 125.4
- кирпича . . 125.5
Чистота цемента 25.5
Чистый бетонъ 240.4
Чугунная подушка 234.5
- трамбовка . 66.1
-ный дискъ, вращающійся горизонтально 89.2
- цилиндръ . 206.8

Ш.

Шаблонъ . . 70.2
Шага высота 48.2
Шайба . . . 148.7
Шандорная балка 194.6
-ный щитъ . 194.7
Шарнирная арка, статически опредѣлимая 235.7
- опора . . . 234.7
- часть . . . 234.9
-ный массивъ изъ бетона 233.10
Шарниръ 92.6, 188.6
-, временно дѣйствующій 233.4
- гранитный . 234.1
- желѣзный . 234.3
- изъ литой стали 234.8
- каменный . 233.5
- со свинцовыми прокладками 234.2
- стальной . . 234.4
Шаровая мельница 18.2
-вой сегментъ 219.5
Шахтенная печь 11.4
Шашень . . 115.4
Швелерное желѣзо 143.1
Шедъ крыша 168.4
Шелыга . . 144.1
Шероховатая поверхность 80.2
- ручная терка 210.11
Шероховатый . 5.5
- катокъ . . . 211.1
Шипообразное гнѣздо 165.8
- углубленіе . 165.8
Шипъ торцевой 60.1
Ширина нормальная 188.2
- потока . . . 181.8
Широкая рѣка 175.4
Шиферная кровля 172.2
Шиферъ азбестовый 172.7
Шлаковый бетонъ 83.1, 156.9
- портландъ-цементъ 9.3
Шлакъ . . . 29.2
- вальцованный 156.7
- доменный . 28.9
- доменныхъ печей 9.4
- дробленый доменный 27.11
Шлепка . . . 66.5
Шлифовальная машина 242.6
-ный камень для терраццо 156.1
Шлифовать 155.7, 242.4
Шлюзовая камера 198.1
- перевязка . 128.5
-вый рядъ . . 127.6
Шлюзъ . . . 197.7
- камерный . 200.1
- навигаціонный 197.9
- оросительный 197.8
- осушительный 197.8
- шахтенный 200.1
Шнейдера печь 11.8
Шовъ 208.7
- искусственный 177.6
-, обезпечивающій свободу движенія 88.8
- расширительный 174.9, 228.8
- температурный 67.8, 190.1
Шоссе . . . 205.4
Шоссейная дорога 205.4
Шоссированіе 205.9
Шпаклевать 156.3
Шпала желѣзнодорожная 245.9
- желѣзобетонная 246.1
- поперечная 237.6
- продольная 237.5
Шпангоутный лежень 201.5
Шпангоуты 201.11
Шпилька . . 90.7
Шпинекъ . . 75.10
Шпонка деревянная 172.5
- желѣзная . 180.9
Шпренгельная многоугольная система 87.3
- трапецоидальная система 87.5
- треугольная система 87.2
Шпунтовая доска 180.7
- желѣзобетонная стѣнка 180.5
- стѣна . . . 105.2
- стѣнка изъ волнистаго желѣза 106.2
-вый деревянный рядъ 105.3
- желѣзобетонный рядъ 106.1, 106.3
Шпунтъ желѣзобетонный передъ ростверкомъ 116.3
- и пазъ . . . 158.5
Штанга . . . 93.4
Штативъ . . 91.7
Штемпель . . 114.5
Штукатурка 181.6
- подъ искусственный камень 242.8
- цементная . 213.3
Штукатурный тростникъ 142.4
Штурцбетъ . 192.6
Штучная плитка 188.5
Штырь . . . 164.7

Щ.

Щебененіе . 205.9
Щебенка . . 26.9
Щебеночная дорога 205.4
- подстилка . 178.7
-ное основаніе 210.8
Щебень . 26.8, 26.10
- бетонный . 28.10
- кирпичный . 28.8
- мелкій . . . 26.9
Щека 82.1
- арки 233.1
Щека направляющей 120.2
Щипцовая стѣна 129.1
Щитовая плотина 195.3
Щитъ на роликахъ 195.1
- палубный . 73.2, 75.4
- шандорный 194.7
- чертежный 70.6

Ѣ.

Ѣзда по верху 228.3
Ѣзда по низу 228.1

Э.

Эбонитовое кольцо 19.3
Эккеръ веркальный 90.1
Элементъ стержня 218.4
Элементы рѣшетки 231.3
Эллингъ . . . 200.9
- главный . . 201.3
- поперечный 200.11
- продольный 201.1
Энергія твердѣнія 23.4
Этажная печь 11.7
Этажъ . . . 129.5
- первый . . 129.4

Я.